中草药种子DNA条形码分子鉴定

宋经元　刘金欣　石林春 等 著

科学出版社

北　京

内 容 简 介

本书是中草药种子DNA条形码分子鉴定研究与实践的学术专著，全面展示了该领域的研究成果，分为总论和各论两篇。总论主要介绍中草药种子DNA条形码分子鉴定体系及标准操作流程和研究实例；各论以《中华人民共和国药典》（2020年版）收载药材为主要对象，提供了210种中草药种子的形态、采集与储藏、DNA提取与序列扩增、ITS2或*psbA-trnH*峰图与序列。本书既注重学术性亦体现实用性，具有较高的学术和实用参考价值。

本书对于中草药种子鉴定的科学化、标准化和现代化发展及从源头保障中草药临床安全用药具有重要的现实意义，可让读者全面了解中草药种子DNA条形码分子鉴定体系的理论及应用。本书可供从事中草药种子物种鉴定、企业质量管理、检验检疫、科研教学等方面的人员参考阅读。

图书在版编目（CIP）数据

中草药种子DNA条形码分子鉴定 / 宋经元等著. -- 北京 : 科学出版社，2024. 10. -- ISBN 978-7-03-079367-6

Ⅰ. S567

中国国家版本馆CIP数据核字第2024TN9134号

责任编辑：陈　新　郝晨扬 / 责任校对：张小霞

责任印制：肖　兴 / 封面设计：无极书装

科学出版社 出版

北京东黄城根北街16号

邮政编码：100717

http://www.sciencep.com

北京中科印刷有限公司印刷

科学出版社发行　各地新华书店经销

*

2024年10月第　一　版　开本：889 × 1194　1/16

2024年10月第一次印刷　印张：18　1/2

字数：480 000

定价：298.00元

（如有印装质量问题，我社负责调换）

主要著者简介

宋经元

中国医学科学院药用植物研究所研究员，博士生导师，享受国务院政府特殊津贴，入选国家百千万人才工程，获授“有突出贡献中青年专家”“国家卫生计生突出贡献中青年专家”荣誉称号，担任中药资源教育部工程研究中心主任。作为主创人，创建了“本草基因组学”学科及中草药DNA条形码分子鉴定技术，该技术列入《中华人民共和国药典》指导原则，入选2016年中国十大医学进展；《本草基因组学》被列为普通高等教育“十三五”规划教材，该课程于2020年入选北京协和医学院精品课程。以第二完成人获国家科学技术进步奖二等奖1项、省部级一等奖3项、省部级二等奖1项。承担国家自然科学基金面上项目和重点项目、“重大新药创制”国家科技重大专项等。

刘金欣

中央民族大学药学院副教授，硕士生导师，入选河北省“三三三人才工程”，获得河北省普通高等学校青年拔尖人才计划项目资助。主要从事中药资源学及中药分子鉴定研究，完成了黄芩、苍术、柴胡等200余种中草药种子鉴定研究，建立了中草药种子DNA条形码分子鉴定体系；在国际上首次提出并验证shotgun metabarcoding混合物鉴定策略，有效解决了中成药复方成分的物种精准鉴定难题；首次制备得到新型纳米复合材料，并成功应用于山柰酚、阿魏酸、丹参素等的电化学检测传感器构建，相关研究论文发表在*Small*、*Rare Metals*等学术期刊上。发表学术论文70余篇，其中以第一作者或通信作者发表论文近50篇；获得国家发明专利授权6项；主编学术著作2部。作为主要完成人，获得河北省科学技术进步奖二等奖1项。主持国家自然科学基金、中国博士后科学基金、河北省自然科学基金等15项，参与“重大新药创制”国家科技重大专项、国家重点研发计划等10余项。

石林春

中国医学科学院药用植物研究所研究员，博士生导师，主要从事中药资源学与生物信息学研究，在DNA条形码数据库构建、叶绿体基因组分析工具开发及水蛭质量评价和规范化养殖研究等方面取得了较显著成果，包括行业首创水蛭无土繁殖技术、建立水蛭桶式规范化养殖模式等。在*Nucleic Acids Research*、*Small*等学术期刊上发表学术论文100余篇，其中ESI高被引论文1篇、被引＞500次论文2篇；获得国家发明专利授权7项，获得计算机软件著作权6项；主编学术著作1部，参与制定《中华人民共和国药典》指导原则2项。作为主要完成人，获得国家科学技术进步奖二等奖1项、教育部等省部级奖励3项。主持国家自然科学基金、北京市自然科学基金、四川省重点研发计划等项目。

赵　晴

保定市第一中心医院中药师，硕士，毕业于承德医学院中药学专业，硕士在读期间主要从事中草药种子DNA条形码鉴定、中成药原料药材的基原鉴定等研究工作。2019年承担河北省教育厅在读研究生创新能力培养项目“基于宏条形码技术中成药中苍术原料药材基原鉴定研究”（CXZZSS2019132）。发表《基于DNA条形码技术的北柴胡种子分子鉴定》等学术论文10余篇，参与编写著作《北方中药材栽培实用技术》。

谢红波

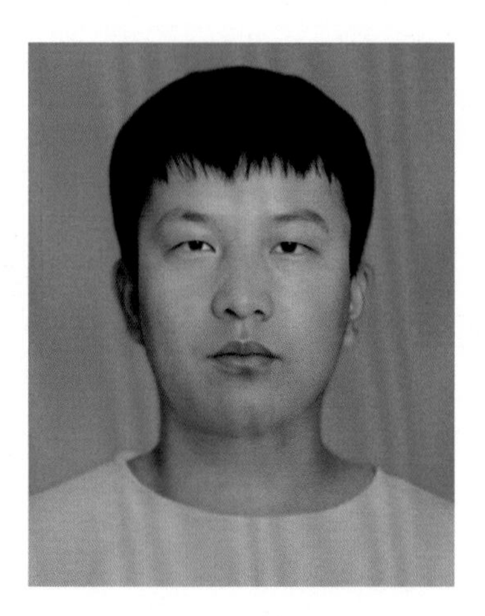

承德市中心医院初级中药师，硕士，毕业于承德医学院中药学专业，硕士在读期间主要从事中药资源学、中草药DNA条形码鉴定等研究工作。发表学术论文10余篇（其中以第一作者发表SCI论文2篇），参与编写著作《北方中药材栽培实用技术》《水蛭的现代研究》《热河黄芩栽培及病虫害防治技术》，硕士研究生毕业论文《苍术属五种药用植物的鉴别及药材质量评价》被评为河北省优秀硕士毕业论文。

辛天怡

中国医学科学院药用植物研究所鉴定中心副研究员，中国中药协会人参属药用植物研究发展专业委员会青年委员。博士毕业于北京协和医学院，博士期间赴美国哈佛大学医学院联合培养（CSC资助），获得国家奖学金、北京市优秀毕业生等奖励和称号。研究方向为中草药DNA条形码鉴定，提出了构建中药全产业链基原物种鉴定新体系。在*Acta Pharmaceutica Sinica B*、*Molecular Plant*、《药学学报》等学术刊物上发表论文58篇，参与编写著作3部，获得授权美国专利1项、中国专利9项。主持国家自然科学基金青年基金1项，参与国家重点研发计划项目1项。

臧二欢

中国医学科学院药用植物研究所在读博士生，生药学专业，主要从事中草药DNA条形码鉴定和药用植物基因组研究工作。以第一作者或共同第一作者发表8篇SCI论文和2篇中文核心论文。参与编写著作《阴山中蒙药资源图志》和《中国中药资源大典·内蒙古卷》，参与制订《内蒙甘草种子繁育技术规程》等地方标准。

金　钺

中国医学科学院药用植物研究所助理研究员，硕士，毕业于北京协和医学院。主要从事药用植物种质资源收集与保藏工作。“十二五”期间参与国家科技重大专项“中药材种子种苗和种植（养殖）标准平台”建设，近年主要承担中央财政部门预算项目“国家药用植物种质保存与利用支撑平台的可持续发展”子课题“北药种质资源的补充收集、检测及日常维护”。主编著作《中药材种子图鉴》，参与编写著作《中药材种子种苗标准研究》《中国中药材种业发展报告（2022）》等。

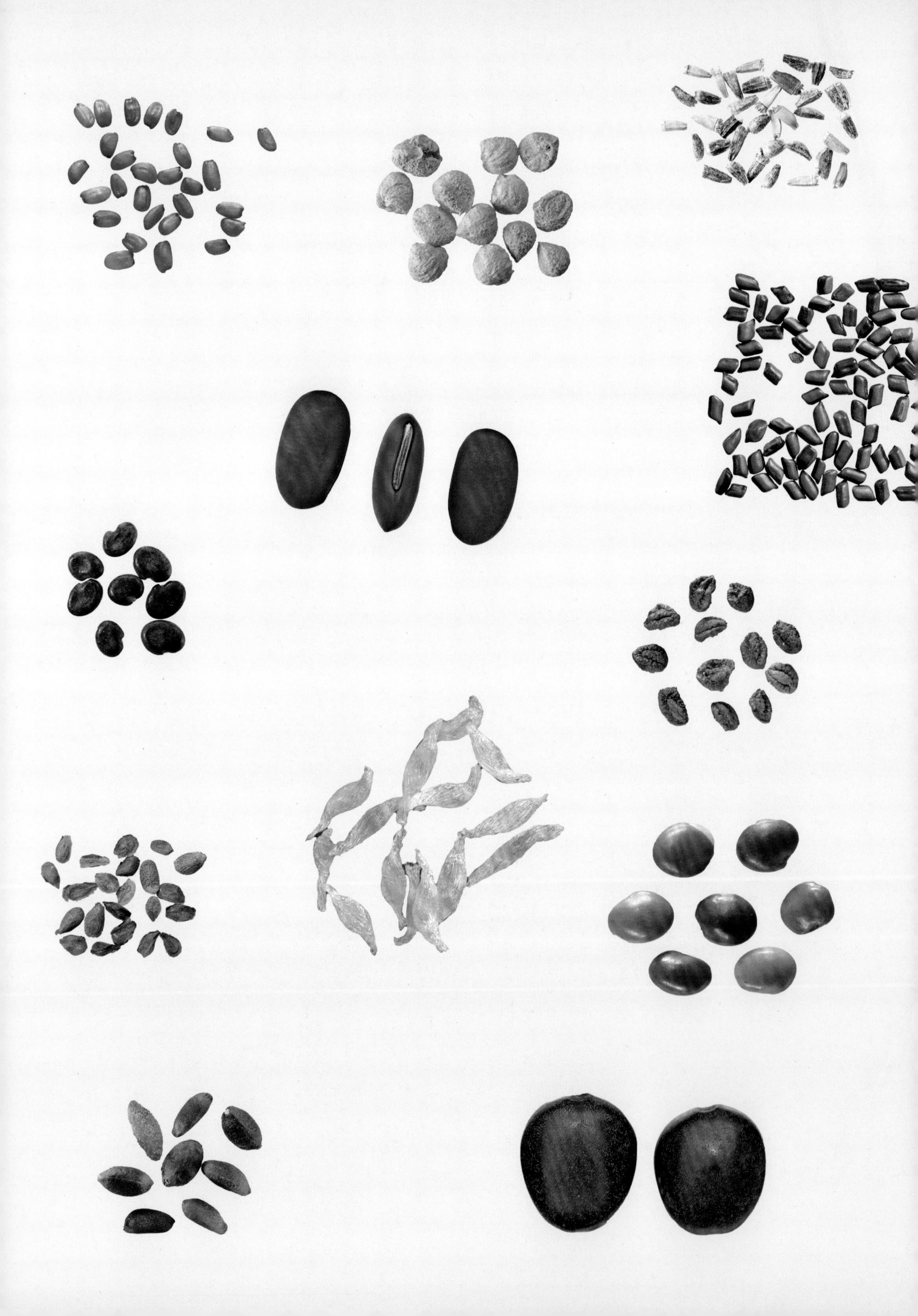

著者名单

主要著者

宋经元　刘金欣　石林春　赵　晴
谢红波　辛天怡　臧二欢　金　钺

其他著者

（以姓名笔画为序）

于　娟　王　瑀　王金灿　尹佳雪　卢富华　田　宇　史萌萌
冯丽肖　冯佳卉　刘云翔　刘佳丽　刘建辉　许炜炜　李　军
李明玥　李欣益　李艳龙　杨　岚　沈春阳　张立秋　张召雷
陈建辉　陈姗姗　陈雪萌　陈彩霞　林余霖　易小哲　金盼盼
周丽思　赵春颖　赵静怡　茹扎·也里扎提　侯超旭　聂嘉璇
徐青斌　郭光瑛　唐先明　常心怡　崔欣萍　韩江海　曾令超
谭　立　穆威杉　鞠　淼　魏妙洁

序

中草药作为我国传统医学的重要组成部分，其种子类型繁多、形态复杂，单凭传统的形态学鉴定方法难以准确区分。随着分子生物学技术的迅猛发展，DNA条形码技术已成为中草药种子鉴定中的新工具。这一技术通过对种子特定DNA片段进行序列分析，建立标准化的基因数据库，实现对物种的快速鉴定，为中草药种植、科研和产业发展提供源头保障。在此背景下，《中草药种子DNA条形码分子鉴定》一书顺利完成，为中草药种子鉴定提供了一种高效、准确的新方法。

该书系统介绍了DNA条形码技术的基本原理及其在中草药种子鉴定中的应用。通过对多个实际案例的深入分析，展示了DNA条形码在提高鉴定准确性和效率方面的巨大优势。总论主要介绍了中草药种子DNA条形码分子鉴定体系及操作流程和研究实例，各论分别介绍了210种中草药种子的形态、采集与储藏、DNA提取与序列扩增、ITS2或*psbA-trnH*峰图与序列，为读者提供了全面、实用的理论指导和技术指南。

宋经元研究团队在中草药鉴定领域拥有丰富的研究经验和深厚的学术积累，以严谨的科学态度和创新的研究思路，探索了DNA条形码技术的应用潜力和发展前景。该书不仅是宋经元研究团队多年研究成果的总结，也是对未来研究方向的有益指引。《中草药种子DNA条形码分子鉴定》一书的出版，必将推动中草药种子鉴定技术的发展，为相关科研人员提供宝贵的参考资料，对提升中草药质量控制水平作出积极贡献。

在此，我谨向宋经元研究团队表示由衷的敬意，向为该书出版付出辛勤劳动的所有撰稿人和工作人员表示衷心的感谢，并祝愿该书能得到广大读者的喜爱和认可，为中草药研究与应用开辟新的天地。

中国工程院院士　陈士林

2024年10月

前　言

近年来，随着《中医药发展战略规划纲要（2016—2030年）》《中华人民共和国中医药法》等的颁布实施，我国加大了对中医药产业的扶持力度。中草药是中医药产业传承和发展的物质基础，但其野生资源破坏严重，需要依赖人工种植供应。同时，全国也在大力推进中草药种植产业高质量发展，种植规模不断扩大。种子作为中草药种植的源头，存在种源混乱、种质混杂等现象，质量参差不齐，鉴定错误的种子不仅会带来严重的经济损失，也会给临床用药带来极大的安全隐患。DNA条形码利用一段标准的DNA序列从基因层面对物种进行鉴定，不受植物生长环境、发育阶段、样品形态和组织部位的限制，弥补了传统中药鉴定方法对于中草药种子鉴定的空缺，逐渐成为中草药种子鉴定的研究热点。宋经元研究团队当前已收集200余种中草药种子样品，中草药种子的大小存在较大差异。目前对中草药种子的鉴定集中在千粒重1～100g的中小型种子，与常规动植物DNA提取的样品称样量相近，而对于千粒重小于1g的微型中草药种子和大于100g的大型中草药种子尚缺乏系统的研究。宋经元研究团队经实验发现不同类型的中草药种子若采用同一实验方法易导致实验结果不稳定。经过对一系列实验条件的摸索，宋经元研究团队总结了不同类型中草药种子进行DNA条形码分子鉴定的原则，并提出了利用DNA宏条形码技术鉴定市售混合中草药种子的研究方法，为中草药种子鉴定提供了新的研究思路。

本书分为总论和各论两篇。总论对中草药种子的特点、分类与储藏以及中草药种子鉴定的目的、意义和传统方法进行了介绍，详细说明了中草药种子DNA条形码分子鉴定的技术体系、操作流程和鉴定数据库，提供了不同类型中草药种子的鉴定实例。各论不仅从种子形态、采集与储藏对中草药种子的特点进行阐述，而且针对中草药种子的特点，如质地、千粒重、结构等，介绍了如何获得该种中草药种子的DNA条形码序列、当通用方法无法获得DNA条形码序列时如何进行方法调整，提供了中草药种子的特征性DNA条形码峰图和序列。相信本书的出版将有助于从源头上保证中草药种子的真实性，对保障中草药质量具有重要的现实意义，让读者对中草药种子DNA条形码分子鉴定体系的理论及应用有全面了解，以期为我国中草药种子质量标准的制定和推动中草药种子种苗标准化进程作出微薄贡献。

本书相关研究工作得到了中国医学科学院医学与健康科技创新工程（2021-I2M-1-022）、国家自然科学基金项目（82003906）、国家重点研发计划“政府间国际科技创新合作”重点专项（2022YFE0119300）、阿坝州应用技术研究与开发资金项目（R23YYJSYJ0015）等项目

的资助。在本书写作过程中，中国医学科学院药用植物研究所、承德医学院中药研究所、中央民族大学药学院等单位领导和专家提供了宝贵意见及大力支持；此外，还有其他很多合作单位和个人给予了鼓励与帮助。在此，一并致以最诚挚的谢意！

由于著者水平和经验有限，书中不足之处恐难避免，敬请广大读者在阅读过程中提出批评和指正，以便完善和提高。

著　者

2024年10月

编写说明

中草药种子DNA条形码分子鉴定是指利用ITS2为主体序列、*psbA-trnH*为辅助序列鉴定中草药种子的基原物种。本书共收载210种中草药基原植物的种子，涵盖了微型种子、小型种子、中型种子、大型种子，利用DNA条形码技术获得中草药种子DNA条形码标准序列，为中草药种子的基原物种鉴定提供分子依据。

中草药种子DNA条形码分子鉴定法的注意事项如下。

1）本方法适用于植物种子来源的中草药鉴定。

2）本方法暂不适用于经过加工、蒸煮后的中草药种子样品。

3）为防止外源真菌污染，实验前须将实验用品进行高压灭菌，并用75%乙醇擦洗中草药种子表面或者用75%乙醇浸泡1min。为进一步确保实验结果不被真菌污染，可在中药材DNA条形码分子鉴定系统或GenBank数据库用BLAST方法对所获ITS2序列进行检验，以确保序列准确。

本书分为总论和各论两篇。总论主要概述了中草药种子鉴定的目的、意义和方法；中草药种子的形成与发育，形态与分类，采收、加工和储藏，检验与质量评价；中草药种子DNA条形码分子鉴定体系的构建。结合研究实例，总论还对中草药种子的DNA提取、PCR扩增等流程以及不同类型中草药种子DNA条形码关键技术进行了详细介绍。各论按照植物中文名笔画顺序排列，分别介绍了果实类、根及根茎类、全草类、花类、皮类、叶类、藤本类等共210种中草药种子的形态、采集与储藏、DNA提取与序列扩增、ITS2或*psbA-trnH*峰图与序列。

关于具体项下的体例及内容，说明如下。

中草药名称、基原植物拉丁名以《中华人民共和国药典》（2020年版　一部）为准，同时参考《中国植物志》和*Flora of China*（简称FOC）。如有不同的中文名或拉丁名，则在括号中注明其在FOC中对应的中文名或拉丁名。对于《中华人民共和国药典》（2020年版　一部）未收录的中草药，其基原植物中文名和拉丁名以FOC为准。

【种子形态】根据拍摄的图像，结合《实用中药种子技术手册》《中国药用植物种子原色图鉴》《种子生物学》《中药鉴定学》《全国中药材种子原色图谱》《国家植物标本馆种子图谱》《中国中药材种子原色图典》等相关文献，记述种子主要外观形态特征。本书所述种子是指生产中可以用于繁殖、扩大再生产的植物器官，与植物形态学所述种子略有不同。

【采集与储藏】参考相关专著并结合实地考察，记录花期、果期以及采收与储藏方法。

【DNA提取与序列扩增】描述了种子DNA提取方法。DNA条形码序列的获取依据《中华人民共和国药典》(2020年版　四部)中的“9107　中药材DNA条形码分子鉴定法指导原则”。

【ITS2峰图与序列】列出了ITS2峰图及其序列的碱基组成。峰图中4种颜色的波形代表4种碱基的信号强度。绿色代表A，红色代表T，蓝色代表C，黑色代表G。

【*psbA-trnH*峰图与序列】列出了*psbA-trnH*峰图及其序列的碱基组成。峰图说明同【ITS2峰图与序列】。

目 录

第一篇 总论

第一章 绪论……2

第一节 种子的概念……2

一、基本概念……2

二、中草药种子的特点……2

第二节 国内外种子保藏现状与意义……3

一、国外种子保藏现状……3

二、我国种质资源库的现状及意义……3

第三节 中草药种子鉴定的目的和意义……4

一、中草药种子鉴定的目的……4

二、中草药种子鉴定的意义……5

第四节 中草药种子鉴定的内容与方法……6

一、中草药种子鉴定的内容……6

二、中草药种子的传统鉴定方法……6

第五节 中草药种子鉴定的新技术与发展趋势……8

一、图像识别……8

二、DNA 条形码……8

三、DNA 宏条形码……9

第二章 中草药种子概述……10

第一节 中草药种子的形成与发育……10

一、中草药种子的形成……10

二、中草药种子的成熟……11

三、中草药种子的休眠……11

第二节 中草药种子的形态与分类……12

一、中草药种子的外部形态……12

二、中草药种子的内部结构……14

三、中草药种子的分类……15

第三节　中草药种子的采收、加工与储藏……16
一、中草药种子的采收……16
二、中草药种子的加工……17
三、中草药种子的储藏……21
第四节　中草药种子的检验与质量评价……24
一、中草药种子的扦样……24
二、中草药种子的检测……25
三、中草药种子的质量评定与管理……27
第三章　中草药种子DNA条形码分子鉴定体系……29
第一节　DNA条形码技术的原理与方法……29
一、DNA条形码的概念……29
二、DNA条形码的原理及其筛选标准……30
三、DNA条形码的发展……30
四、中草药DNA条形码分子鉴定……31
第二节　中草药种子DNA条形码分子鉴定技术流程……32
一、样品收集……32
二、前处理……32
三、DNA提取……33
四、聚合酶链反应……34
五、琼脂糖凝胶电泳……36
六、序列分析与物种鉴定……37
第三节　中草药种子DNA条形码分子鉴定与服务平台……37
一、数据库构成……38
二、数据库序列核查……38
三、物种鉴定操作方法……39
第四节　不同类型中草药种子DNA条形码分子鉴定关键技术……39
第四章　中草药种子DNA条形码分子鉴定研究实例……42
第一节　微型中草药种子的DNA条形码分子鉴定研究……42
一、微型中草药种子的DNA条形码分子鉴定关键技术……42
二、研究实例……42
第二节　小型中草药种子的DNA条形码分子鉴定研究……44
一、小型中草药种子的DNA条形码分子鉴定关键技术……44
二、研究实例：基于DNA条形码技术的黄芩种子基原鉴定……44
第三节　中型中草药种子的DNA条形码分子鉴定研究……46
一、中型中草药种子的DNA条形码分子鉴定关键技术……46
二、研究实例：基于DNA条形码技术的知母种子基原鉴定……47
第四节　大型中草药种子的DNA条形码分子鉴定研究……48
一、大型中草药种子的DNA条形码分子鉴定关键技术……48
二、研究实例……49

第二篇　各论

1 七叶树……54
2 人参……55
3 八角茴香……56
4 九里香……57
5 刀豆……58
6 三七……59
7 土木香……60
8 大三叶升麻……61
9 大麦……62
10 大花红景天……63
11 大豆……64
12 大麻……65
13 山里红……66
14 山茱萸……67
15 山桃……68
16 山楂……69
17 川牛膝……70
18 川党参……71
19 川楝……72
20 广州相思子……73
21 广金钱草……74
22 飞扬草……75
23 马齿苋……76
24 马鞭草……77
25 天麻……78
26 木通……79
27 木棉……80
28 木蝴蝶……81
29 五味子……82
30 中华青牛胆……83
31 牛蒡……84
32 牛膝……85
33 毛钩藤……86
34 爪哇白豆蔻……87
35 丹参……88
36 凤仙花……89
37 文冠果……90
38 巴豆……91
39 巴戟天……92
40 甘草……93
41 石竹……94
42 石香薷……95
43 石榴……96
44 龙眼……97
45 平车前……98
46 北乌头……99
47 白木通……100
48 白术……101
49 白头翁……102
50 白芥……103
51 白英……104
52 白蜡树……105
53 白鲜……106
54 半枝莲……107
55 宁夏枸杞……108
56 丝瓜……109
57 地丁草……110
58 地肤……111
59 地榆……112
60 地锦……113
61 芍药……114
62 亚麻……115
63 西瓜……116
64 西伯利亚杏……117
65 西洋参……118
66 百合……119
67 当归……120
68 肉桂……121
69 朱砂根……122
70 华中五味子……123
71 华东覆盆子……124
72 多序岩黄芪……125

73 决明……126
74 关苍术……127
75 祁州漏芦……128
76 阳春砂……129
77 防风……130
78 红花……131
79 红蓼……132
80 麦蓝菜……133
81 远志……134
82 赤小豆……135
83 花椒……136
84 芥……137
85 苍耳……138
86 苏木……139
87 杜仲……140
88 杜虹花……141
89 杠板归……142
90 杠柳……143
91 连翘……144
92 吴茱萸……145
93 牡丹……146
94 牡荆……147
95 皂荚……148
96 羌活……149
97 沙棘……150
98 补骨脂……151
99 忍冬……152
100 鸡冠花……153
101 苦参……154
102 苘麻……155
103 茅苍术……156
104 构树……157
105 刺五加……158
106 刺果甘草……159
107 轮叶沙参……160
108 虎杖……161
109 虎掌……162
110 咖啡黄葵……163
111 知母……164
112 垂序商陆……165
113 使君子……166
114 侧柏……167
115 金荞麦……168
116 金莲花……169
117 金樱子……170
118 泽泻……171
119 珊瑚菜……172
120 荆芥……173
121 茜草……174
122 草珊瑚……175
123 茴香……176
124 胡芦巴……177
125 胡椒……178
126 荔枝……179
127 南酸枣……180
128 枳……181
129 枳椇……182
130 栀子……183
131 枸骨……184
132 柽柳……185
133 鸦胆子……186
134 韭菜……187
135 香椿……188
136 胖大海……189
137 狭叶柴胡……190
138 扁豆……191
139 扁茎黄芪……192
140 秦艽……193
141 素花党参……194
142 莲……195
143 桔梗……196
144 夏枯草……197
145 破布叶……198
146 柴胡……199
147 党参……200
148 铁皮石斛……201
149 射干……202
150 徐长卿……203

151 脂麻……204
152 拳参……205
153 益母草……206
154 益智……207
155 宽叶羌活……208
156 桑……209
157 菘蓝……210
158 黄芩……211
159 黄连……212
160 黄荆……213
161 黄蜀葵……214
162 黄檗……215
163 菟丝子……216
164 菊苣……217
165 野老鹳草……218
166 曼陀罗……219
167 蛇床……220
168 银杏……221
169 银柴胡……222
170 甜瓜……223
171 粗茎秦艽……224
172 密花豆……225
173 绿豆……226
174 越南槐……227
175 萹蓄……228
176 朝鲜苍术……229
177 棉团铁线莲……230
178 粟……231
179 紫苏……232
180 紫茉莉……233
181 紫草……234
182 紫薇……235
183 黑果枸杞……236
184 鹅不食草……237
185 蒺藜……238
186 蒲公英……239
187 蒙古黄芪……240
188 槐……241
189 路边青……242
190 蜀葵……243
191 蔓荆……244
192 榼藤子……245
193 酸枣……246
194 酸浆……247
195 酸橙……248
196 膜荚黄芪……249
197 辣椒……250
198 漆树……251
199 播娘蒿……252
200 樟……253
201 橄榄……254
202 暴马丁香……255
203 稻……256
204 薯蓣……257
205 薏米……258
206 薄荷……259
207 橘……260
208 藁本……261
209 瞿麦……262
210 藿香……263

参考文献……264
中文名索引……268
拉丁名索引……271

第一篇 总论

第一章　绪　　论

第一节　种子的概念

一、基本概念

种子在植物学上指由胚珠受精后发育而成的繁殖器官。而在生产上，种子泛指所有可以用于传种接代、繁殖、扩大再生产的植物器官。为了与植物学上的种子有所区别，将农业生产上的种子称为“农业种子”更为恰当，但在习惯上，农业工作者为了方便起见，统称为“种子”。广义的种子大致分为以下4类：一是由胚珠受精后发育而成的植物学意义上的种子，如黄芪、党参、牡丹、山莨菪的种子；二是某些作物的干果，成熟后不开裂，可以直接用果实作为播种材料，如毛茛的瘦果、莎草的小坚果等；三是用于繁殖的营养器官，如地黄、山药、川芎等的根状茎、块根、带芽的根、带芽的茎等；四是植物人工种子，即将植物离体培养而产生的胚状体（主要指体细胞胚）包埋在含有营养成分和保护功能的物质中，在适宜条件下能够发芽出苗，长成正常植株的颗粒体。

二、中草药种子的特点

中草药种子与农作物种子具有一些共性，但两者在种子的大小、形状和颜色上皆因种类不同而异。由于药用植物种类繁多，其生物学特性与农作物相比大相径庭。因此，中草药种子具有其独特的特点。

1. 发芽周期长

药用植物的生长环境复杂，很多种类的植物种子产生了与环境适应的休眠特性，使种子躲过恶劣的环境而在条件适宜时发芽，从而保证物种延续。例如，甘草、黄芪等种子由于种皮阻碍了水分或气体的通过，降低了气体交换的速度或阻止了种子吸胀而引起的休眠。许多该类种子需要较长时间和特定外界环境的影响才能突破种皮进而萌发。

2. 发芽势低

很多药用植物种子发芽势低，如狭叶柴胡、防风、五味子、刺五加等。造成发芽势低的主要原因来自植株个体间的差异及其他因素，如在20℃条件下，狭叶柴胡、防风两者发芽持续时间可达1个月以上，根据药用植物发芽势低的特性，在播种后需进行不同的田间管理。

3. 寿命差异明显

不同的药用植物种子由于其生物学特性差异明显，种子寿命也大大不同。例如，细辛种子经过两个月的干燥储藏基本失去发芽能力；五味子种子在干燥室温条件下储存5个月基本丧失发芽能力，而在湿润条件下可储存1年以上；丹参种子采收后最好在6个月内播种，最迟不能超过1年；而莲的种子可以较长时间储存，适宜条件下，甚至在保存上千年后依然具有生活力。

因此，在药用植物种子生产、采收、加工等过程中，要结合其复杂的生物学特性进行不同的处理，否则会带来严重的经济损失，甚至给临床用药造成潜在的安全隐患。

第二节　国内外种子保藏现状与意义

药用植物种质资源是指一切可用于药物开发的植物资源，是所有药用植物物种的总和，是中医药产业的源头，对我国中医药产业的发展有着举足轻重的作用。药用植物种质资源的保存主要包括对植株、种子、花粉、组织、细胞、营养体和基因等遗传载体的保存，主要有两种保存方法，即原生境保存和非原生境保存。原生境保存是指在原来的生态环境中就地保存植物种质，如通过建立各种自然保护区或天然公园等途径来保护处于危险或受到威胁的植物，主要适用于群体较大的野生及近缘植物。非原生境保存是指将种质保存于该植物原生态生长地以外的地方，包括建立种质圃和种质库。种质圃主要用于保存无性繁殖的多年生植物。种质库保存是以种子为繁殖材料的种类最简便、最经济、应用最普遍的资源保存方法，针对耐低温、干燥的正常型种子，绝大多数植物都属于这一类型，保存方式是建立低温种质资源库。

一、国外种子保藏现状

据1996年6月在德国莱比锡召开“国际植物遗传资源技术会议”报道，20世纪70年代初期，世界上种质库数量不足10个，储存的种质数量仅有50万份。到目前为止，世界上大约有1750个种子库和基因库，保存了超过700万份种子、插条或遗传物质样本。

美国国家种子储藏实验室于1958年率先建立了世界上第一座国家级现代化低温种子库，保存作物种质40余万份，从而使种子储藏寿命大大延长。英国皇家植物园于1975年建立了野生植物种子保存部，并于1992年开始实施“千年种子库”工程，“千年种子库”已覆盖超过97个国家或地区，250多个组织参与其中（Liu et al.，2018），拥有约4万种24亿颗种子，是世界上最大的种子库（White et al.，2023）。始建于2006年6月的挪威斯瓦尔巴全球种子库被称为“植物王国的诺亚方舟”，它拥有超过110万份约4000个物种的种质（Breman et al.，2021），是世界上最大的粮食补给站。

二、我国种质资源库的现状及意义

中国农业科学院先后建成了两个国家种质库和一个国家农作物种质保存中心。种质库1号库于

1984年建成，并于1985年开始使用。种质库2号的主体结构于1986年建成，已于1988年开始使用。国家农作物种质保存中心是由农业部于1999年3月立项批准，在原国家种质库1号库原址上重新建设而成，于2002年11月正式投入使用。2005年开始建设的中国西南野生生物种质资源库位于昆明北郊黑龙潭的中国科学院昆明植物研究所，该库是中国第一座国家级野生生物种质资源库，也是目前亚洲最大、世界第二大的野生植物种质库。

我国首座现代化的国家药用植物种质资源库在中国医学科学院药用植物研究所落成，它既是我国也是全世界收集和保存药用植物种质资源最多的专业种质库，对于我国中草药种质资源保存、药用资源可持续利用以及国家药用生物安全将发挥重要而深远的作用。

药用植物种质资源是中医药事业发展的基础，是中草药新药、植物药开发，优良品种选育的基因来源。为了永久保存历经亿万年进化和积累的优良基因资源，满足中医药和天然药物的巨大市场需求，中国医学科学院药用植物研究所成立40多年来，致力于“中国药用植物资源保护与可持续发展研究”，在以肖培根院士为首的研究人员的不懈努力下，对我国近8000种药用植物种质资源系统开展了收集、保存、调查、整理研究，已建成世界上最大、最完整的药用植物种质资源迁地保护平台，实现了对280科5282种药用植物的迁地保护，以活体形式保存了大批珍贵基因资源。其中，国家珍稀濒危保护物种243种，国外引进物种150种以上。目前，该所拥有全世界规模最大的迁地保护、专业药用植物园，分布于热带、亚热带和温带地区，覆盖了我国主要气候区，总面积达5000余亩（1亩≈666.7m^2，后文同）。

药用植物园等迁地保护平台和离体保护平台——国家药用植物种质资源库的建立，对中草药资源可持续发展理论、方法和技术体系的构建提供了很大的帮助，标志着我国药用植物资源保护框架体系建设的完成。迁地保护和离体保护的药用植物种质资源、珍稀濒危药用基因资源的物种数量和份数均达到亚洲第一、世界前列。

第三节　中草药种子鉴定的目的和意义

一、中草药种子鉴定的目的

中草药种子是中草药生产和发展的源头，是实现中草药稳产、高产的科学前提。目前，中草药种子市场存在种源混乱、种质退化等现象（李隆云等，2010）。伪劣的种子不仅致使许多道地、大宗药材产量和质量逐年下降，在国内外市场上竞争力低下，更为严重的是给临床用药的安全性和有效性带来极大隐患，严重影响了中草药在国内外市场的声誉。究其根本，中草药种子市场混乱的原因如下：①中草药生产粗放，年复一年地使用旧种，致使中草药种质退化、品质变劣；再加上环境污染、滥用农药等因素，严重影响中草药种子质量。②中草药的良种选育进展缓慢，优良品种、品系少，退化种子的提纯复壮工作滞后。③中草药种子的生产、采收、采购、经营等部门工作人员缺乏专业知识，导致中草药种子的使用缺乏科学指导，严重制约了中草药种子质量的提高。④由于缺乏专业的中草药种子市场管理和质量监管体系，不良商家有意掺伪作假，以假充真。⑤中草药种子质量标准少之又少，严重影响中草药种子鉴定体系的完善。

中草药种子鉴定的目的是确定中草药种子真伪，确保中草药种子质量，整理中草药种子品种，解决中草药种子市场种源混乱、种质退化等问题，因此亟须建立一套标准化的中草药种子鉴定流程，以便研究和制定中草药种子质量标准，从而实现中草药种子鉴定的标准化。

二、中草药种子鉴定的意义

国以农为先，农以种为先，种子是中草药产业链的起点。只有优良的中草药种子种苗，才能生产出优质的中草药。中草药种子鉴定是保证优质中草药种子的重要措施，对中医药产业的发展具有极其重要的意义。

1. 促进中草药新资源的开发利用

随着现代中医药产业的发展，药用植物濒危物种逐年增加，濒危中草药资源的开发利用面临着资源短缺问题。寻找新的药源及替代品成为中草药资源研究的一个重要方向。亲缘关系相近的药用动植物往往含有相同的化学活性物质，中草药资源调查方法一般是在同属植物中广泛寻找，并结合每种植物化学成分的分析进行确定，从而发现可替代的新的资源物种。中草药种子鉴定能够确定中草药种子品种，为中草药种子的品种选育、繁育等提供了良好的基础，这将大大加快中草药新资源寻找的进程。

2. 为道地种质资源整理和保护提供帮助

中医药是我国独具特色的健康服务资源，在人民群众的医疗健康、养生保健等方面发挥着重要的作用。但是由于人为、历史等诸多因素，中草药品种混乱现象严重。对于这些宝贵的遗产和财富，应运用现代科学知识与技术加以考证并整理出有用的药学史料和品种，以丰富和促进中草药科学的发展。中草药种子的鉴定和研究，可以从源头上确保中草药生产的准确性和有效性，有利于药用植物种子库的管理，为道地种质资源整理和保护提供了很大的帮助。

3. 给中草药种子市场流通管理带来巨大帮助

中草药种子质量参差不齐是影响中草药种子市场流通管理的关键。中草药种子的生产周期多为1～3年，甚至更长，因此，使用假种、劣种造成的损失往往无法挽回。只有保证中草药种子优质可靠，才能保障药农利益，才能促进中草药种植业的发展。中草药种子鉴定可以确保中草药种子的质量，防止种源混乱和掺假现象的发生，为中草药种子市场流通管理提供巨大的帮助。

4. 为中草药种子质量标准制定提供基础

与其他农作物相比，中草药种子质量标准少之又少，虽然国家已经对20余种中草药种子质量标准进行了研究，但对于我国上百种大宗种植中草药来说，相关良种繁育技术和标准的研究工作仍然处于薄弱阶段。到目前为止，我国只有人参、甘草、黄芪、远志等少数中草药种子具有国家标准，而针对种子种苗处理、储藏、加工包装等方面则几乎处于空白。研究和制定规范化的中草药种子标准，是促进中草药现代化、科学化、国际化的重要前提，是中草药种子鉴定在新形势下的工作重点（姚霞和曹海禄，2021）。中草药种子的品质评价过程也是研究中草药种子标准化的过程，中草药种子的真伪优劣靠质量标准鉴别。提高中草药种子的质量标准，就是提高中草药种子的质量可控性。

第四节　中草药种子鉴定的内容与方法

一、中草药种子鉴定的内容

与农作物相比，中草药种子鉴定尚没有成熟的具体流程，目前主要参照农作物种子检测相关内容，以及结合中草药种子本身的特性进行鉴定。中草药种子鉴定是一个多方面考量的过程，需要考虑多因素的影响，不仅要检验种子本身的质量，还要结合气候、气温、降水量以及一些人为的影响因素来考察种子对中草药基原植物生长的影响，同时还要预测中草药继续生长发育的趋势以及未来的最终产量，这是一个相对而言比较长期的过程，也是对种子全生命周期的质量考察；专家鉴定应该以事实为依据，结合有关种子法规、标准，依据相关的专业知识，本着科学、公平、公正的态度对种子的相关情况进行检测和鉴定。这需要有关的鉴定人员具有丰富和扎实的专业知识，对因鉴定错误造成事故的原因或损失程度进行分析并做出准确、合理且公正的判断。

二、中草药种子的传统鉴定方法

（一）形态鉴定

中草药种子的形态鉴定是一种依据中草药种子的性状特征来进行鉴定的方法，通过眼观、手摸、鼻闻、口尝、水试等方法直接观察得到其性状特征，包括形状、大小、色泽、表面特征、质地、折断面、气、味以及水试法和火试法中的现象。性状鉴定是最经典的中草药鉴定方法，也是中草药鉴定的特色技术，其优点是快速、简便、无损，但需要鉴定者具有一定的理论基础和丰富的实践经验。进行鉴定时，除仔细观察样品外，有时亦需要核对标本和文献。性状鉴定的内容，一般包括以下几个方面。

1）形状：每种中草药种子的形状一般都比较固定。描写时对形状较典型的用“形”，类似的用“状”，必要时可用“×形×状”，形容词一般用长、宽、狭，如长圆形、宽卵形等。

2）大小：指长短、粗细、厚薄。要得出相对准确的大小数值，应观察较多的样品。若测量大小与规定有差异，可允许有少量样品稍高于或低于规定的数值，中草药种子的大小一般有一定的差异。

3）色泽：各种中草药种子的颜色是不同的，色泽变化一般与种子的质量和成熟度有关。一般应在日光下观察中草药种子的色泽。色泽的描述包括表面和断面色泽。描写时应避免使用各地理解不同的术语，如“青色”“粉白色”等。

4）表面特征：指中草药种子表面是光滑的还是粗糙的，有无皱纹、皮孔或茸毛等。

5）质地：指中草药种子的软硬、坚韧、疏松、致密等特征。

6）折断面：指药材折断时的现象，如易折断或不易折断，有无粉尘散落及折断时的断面特征等。自然折断的断面应注意是否平坦，或显纤维性、颗粒性或裂片状，断面有无胶丝，是否可以层层剥离等。一般来说，对于根及根茎、茎和皮类药材的鉴别，折断面的观察很重要。

7）气：指某些中草药种子具有的特殊香气或臭气。

8）味：指鉴定时口尝的实际滋味。它与四气五味的味不能等同，四气五味的味一般是指药物的性味，也是药物机体作用的反映，不仅以口尝的味来确定其味，还有一些是经临床验证，与药材功能相对应的味。

9）水试法：水试法是利用药材在水中或遇水发生沉浮、溶解、颜色变化及透明度、膨胀性、旋转性、黏性、酸碱性变化等特殊现象进行鉴别药材的一种方法。

10）火试法：有些药材用火烧之，能产生特殊的气味、颜色、烟雾、闪光和响声等现象，可以作为鉴别手段之一。

（二）显微鉴定

显微鉴定是当前应用最广泛的中草药种子鉴定方法。传统的显微鉴定是通过药材的组织切片、粉末、解离组织或表面制片的显微特征进行观察鉴定的一种方法。中草药种子的显微鉴定主要利用显微镜、扫描仪等仪器对种子的种皮表面和种皮细胞进行观察来加以鉴定。运用显微鉴定方法进行鉴定时，鉴定者必须具备植物解剖的基本知识，掌握制片的基本技术。根据鉴定材料的不同，选择不同的显微鉴定方法。鉴定时，首先根据观察对象和目的，选择具有代表性的材料，制备不同的显微制片，然后依照方法进行鉴别。显微鉴定一般分为以下几类。

1. 组织构造与细胞形态鉴别

（1）横切片或纵切片

选取药材适当部位切成10～20μm厚的薄片，用甘油乙酸试液、水合氯醛试液或其他试液处理后观察。对于果实、种子类需做横切片及纵切片。组织切片的方法有徒手切片法、滑走切片法、石蜡切片法、冷冻切片法等。其中以徒手切片法最为简便、快速，较为常用。为了能够清楚地观察组织构造和细胞及其内含物的形状，必要时可采用适当的溶液对手切的薄片进行处理和封藏。

（2）解离组织制片

如需观察细胞的完整形态，尤其是纤维、导管、管胞、石细胞等细胞彼此不易分离的组织，需利用化学试剂使组织中各细胞之间的细胞间质溶解，使细胞分离。

（3）表面制片

取果皮、种皮制成表面制片，加入适宜试液，观察表皮特征。

2. 细胞内含物鉴定和细胞壁性质检查

（1）细胞内含物鉴定

观察不同组织切片内含物时，可加入不同的试剂进行观察。一般用甘油乙酸试液或蒸馏水装片观察淀粉粒，并利用偏光显微镜观察未糊化淀粉粒的偏光现象；用甘油装片观察糊粉粒，加入碘试液显棕色或黄棕色，加入硝酸汞试液显砖红色；对于脂肪油、挥发油或树脂，加入苏丹Ⅲ试液呈橘红色、红色或紫红色；加入乙醇后脂肪油不溶解，挥发油则溶解。

（2）细胞壁性质检查

木质化细胞壁加间苯三酚试液1或2滴，稍放置，加盐酸1滴，因木质化程度不同，显红色或紫红色。木栓化或角质化细胞壁遇苏丹Ⅲ试液，稍放置或微热，呈橘红色至红色。纤维素细胞壁遇氯化锌碘试液或先加碘试液再加硫酸溶液显蓝色或紫色。硅质化细胞壁遇硫酸无变化。

（3）显微测量

观察细胞和后含物时，常需要测量其直径、长短（以微米计算），作为鉴定依据之一。测量可采用目镜测微尺。

3. 电子显微镜的应用

中草药显微鉴定的手段和方法发展很快，透射电子显微镜（透射电镜）、扫描电子显微镜（扫描电镜）、扫描电镜和X射线能谱分析联用等都有了新的发展。其中应用最多的是扫描电镜。与光学显微镜及透射电镜相比，扫描电镜具有以下特点：①能够直接观察样品表面的结构，样品的尺寸最大为120mm×80mm×50mm。②样品制备过程简单，不用切成薄片，有的粉末和某些新鲜材料可直接观察。③样品可以在样品室中做三维空间的平移和旋转，因此，可以从各种角度对样品进行观察。④景深大，图像富有立体感（郭世阳等，2019）。扫描电镜的景深较光学显微镜大几百倍，比透射电镜大几十倍。⑤图像的放大范围广，分辨率也比较高，可放大几十倍到几十万倍，它基本上包括了从放大镜、光学显微镜到透射电镜的范围。分辨率介于光学显微镜与透射电镜之间，可达3nm。⑥电子束对样品的损伤与污染程度较小。⑦在观察形貌的同时，还可以利用从样品中发出的其他信号进行微区成分分析。

扫描电镜现已应用在动物学、植物学、医药学等多种学科中，尤其在对同属不同种药材表面细微特征的鉴别方面效果显著，在植物种与变种间都存在着稳定的显微区别，为近缘植物分类提供了新的证据（黄远洁等，2017）。

第五节　中草药种子鉴定的新技术与发展趋势

一、图像识别

随着计算机信息技术和各种高科技电子仪器的不断更新与发展，数字图像处理技术与传统中草药种子鉴定方法逐步走向融合。尤其是计算机自动化、智能化技术在中草药种子鉴定领域中的应用，将为中草药鉴定提供更加方便快捷的方法。借助计算机图像学、计算机三维重建和图像分析系统等手段，将中草药组织形态学研究推向三维化、可视化、定量化。数字图像处理是将图像信号转换成数字信号并利用计算机对其进行处理的过程，其主要研究内容包括图像压缩、图像增强、图像分割和边缘检测、图像特征描述和识别等。数字图像处理技术起源于20世纪20年代，之后经过多次重大的发展与完善，到20世纪60年代初期，数字图像处理正式成为一门学科。现如今数字图像处理技术已被普遍应用于众多领域，旨在采用计算机处理不同层次的二维图像，获取该图像的三维定量数据。

图像分析与常规测量相比具有很多优点，用计算机代替人工进行烦琐的形态学测量，操作更加简便、快捷，所得到的三维立体参数准确可靠。将数字图像处理技术与中草药种子鉴定相结合，对中草药种子图像进行提取与模式识别，识别不同种属的中草药种子及其近缘植物或易混淆的中草药种子。图像识别技术有望成为中草药种子自动化识别的研究手段。

二、DNA条形码

DNA条形码技术是一种利用基因组中一段公认标准的、相对较短的DNA片段来进行物种鉴定的分子鉴定技术（Hebert et al.，2003）。相比传统方法，DNA条形码技术不受环境和人为主观因素的影响以及样品形态和材料部位的限制，可以更加高效、精准地鉴定中草药种子种苗。2010年，陈士林等提出将ITS2作为药用植物的通用条形码，相关研究表明利用ITS2序列能够很好地鉴定伞形科、芸香科、蔷薇科、豆科、菊科等多个科属的药用植物（罗焜等，2010）。在此基础上，陈士林等（2013）建立了以ITS2为核心、*psbA-trnH*为补充序列的药用植物DNA条形码分子鉴定体系，广泛运用于中草药鉴定的各个领域，并纳入《中华人民共和国药典》（2015年版），推动了中药鉴定学的“文艺复兴”（Chen et al.，2014）。

DNA条形码分子鉴定技术直接分析生物的基因型，与传统的鉴定方法相比，具有下列特点：①遗传稳定性，DNA分子作为遗传信息的直接载体，不受外界因素和生物体发育阶段及器官组织差异的影响，每一个体的任意体细胞均含有相同的遗传信息。因此，采用DNA分子特征作为物种鉴定的依据更为准确可靠。②遗传多样性，DNA分子由A、C、G、T 4种碱基构成，为双螺旋结构的长链状分子，生物体信息便包含在特定的碱基排列顺序中，不同物种遗传上的差异表现为4种碱基排列顺序的变化，这就是生物的遗传多样性。通过比较物种间DNA分子遗传多样性的差异来鉴别物种。③化学稳定性，DNA分子作为遗传信息的载体，除具有较高的遗传稳定性外，在诸多的生物大分子，如蛋白质、同工酶等中，具有较高的化学稳定性。

三、DNA宏条形码

目前的DNA条形码分子鉴定技术单次实验只能鉴定单粒种子，对于大批量种子种苗以及细小种子的鉴定，具有很大的局限性。若只抽取其中一粒种子，则误差极大，不具有说服力；若抽取几十或者几百粒种子进行鉴定，又使鉴定工作变得过于烦琐，不具有可操作性。随着高通量测序技术的发展，一种结合了DNA条形码技术和高通量测序的新型物种鉴定技术开始出现在人们视野中，即DNA宏条形码（DNA metabarcoding）。与传统的只能对单一的DNA分子进行测序有所不同，DNA宏条形码技术可以获得大容量样本中每一个DNA分子的序列，这种技术结合了DNA条形码技术和高通量测序技术的共同优点，可以得到来自混合样本中所有目标DNA片段的序列，之后将这些序列与合适的数据库进行比对即可确定其代表的物种，从而分析混合样本中的物种组成，具有测序通量高、速度快、成本低等优点。目前，DNA宏条形码技术已经广泛运用于微生物群落和动植物多样性的研究中。

DNA宏条形码技术对混合样品的鉴定具有很大的优势，而市售中草药种子种苗数量庞大，基原混杂，若将这项技术运用在中草药种子种苗的鉴定中，将会带来巨大的便利，改变目前DNA条形码技术仅适用于单一物种鉴定的现状，使得大批量中草药种子种苗的鉴定更具可操作性（赵文吉等，2012）。

第二章　中草药种子概述

种子是植物在系统发育过程中达到高级阶段的产物，其形态结构和生理功能对种族的繁衍具有特殊意义。种子是种子植物特有的繁殖器官。据《中国植物志》记载，我国有植物301科3408属31 142种，仅次于马来西亚（约4.5万种）、巴西（约4万种），居世界第三位。目前，地球上能产生种子的植物可分为两大类，即被子植物和裸子植物。

第一节　中草药种子的形成与发育

药用植物种类繁多，所产生的种子也形形色色，各有不同。但其形成过程基本一致，主要包括传粉、受精以及胚、胚乳、种皮的发育，直至果实成熟。

一、中草药种子的形成

花是形成果实和种子的基础，典型被子植物的花一般由花梗、花萼、花瓣、雄蕊和雌蕊组成。雄蕊由花药及花丝组成，雌蕊由柱头、花柱及子房组成。花药中包含着花粉粒，子房中则包含着胚囊。

被子植物种子的形成。开花后，成熟的花粉粒依靠风、虫、鸟、水等媒介传播而落在雌蕊柱头上，从柱头上的分泌液吸收水分和养料，使花粉粒的外壁破裂，由内壁自发芽孔处突出，并逐渐伸长形成花粉管，花粉管穿过柱头沿着花柱向子房方向生长，由珠孔穿过珠心层进入胚囊，这时花粉管的末端破裂，管内的内含物，包括营养细胞及两个精子进入胚囊。进入胚囊的营养细胞很快解体，两个精子中一个与卵融合成为合子，另一个与极核（中央细胞）融合成为受精极核，这一过程称为双受精。双受精过程是被子植物所特有的。

受精后的卵（合子）经过一个休眠时期才能开始分裂。合子第一次分裂一般是横分裂，分为两个细胞，在近珠孔一端的细胞经过分裂或直接形成胚柄。胚柄把胚伸向胚囊以利其发展，并且还具有供应胚发育时所需营养物质的作用；另一个细胞经过多次分裂形成胚体。胚体进一步分裂，并且开始分化，分化出子叶、胚芽、胚轴和胚根等部分，逐渐形成具有一定形态结构的胚。在胚发育初期，双子叶植物与单子叶植物之间基本相同，在胚分化过程中则出现差别，其主要差别是单子叶植物胚的子叶原基不均等发育，在成熟胚中形成一个明显的单子叶。

胚乳则由受精的极核经过分裂发育而成，最初只是核的分裂，暂不进行细胞质分裂，直至核布满整个胚囊，这时开始形成细胞壁，进行细胞质的分裂，形成细胞，从而形成胚乳细胞。有的植物在种子形成时，胚将胚乳中的养分完全吸收，形成无胚乳种子，其营养物质主要储藏在子叶内，如豆科、葫芦科、菊科等植物的种子。伞形科、禾本科等植物的种子是有胚乳种子。极少数植物的珠心存留，成为一层类似胚乳的组织，储藏营养物质，称为外胚乳，如石竹科或藜科中一部分植物的种子。

种皮由胚珠周围的珠被发育而成，内珠被发育成内种皮，外珠被发育成外种皮。内种皮常为薄膜质，外种皮坚硬，木质、革质或骨质，具有保护胚组织的功能。大多数被子植物种皮成为干种皮。

受精后的胚珠发育成种子时，整个子房迅速生长发育为果实，子房壁则形成果皮，包于种子外部，花的其他部分通常多枯萎凋谢，但有时花托、花萼等部分参与果实的形成。

裸子植物种子形成与被子植物种子形成的差别是：没有双受精现象；胚乳直接由胚珠产生而不是由受精极核产生；种子裸露于张开的种鳞上，而不是包被于果皮中。另外，裸子植物的种皮可以为肉质种皮。

二、中草药种子的成熟

种子成熟是卵细胞受精以后种子发育过程的终结。种子成熟包括两方面的意义，即形态上和生理上的成熟，生理成熟就是种子发育到一定大小，种子内部干物质积累到一定数量，胚已具有发芽能力。形态成熟就是种子中营养物质停止积累，含水量减少，种皮坚硬致密，种仁饱满，达到成熟时应具有的颜色。一般情况下种子成熟的过程是经过生理成熟再到形态成熟，但也有一些种子形态成熟在先而生理成熟在后，如浙贝母、五加、人参、山杏等种子，当果实达到形态成熟时，胚还没有完全发育，种子采收后，经过储藏和处理，胚再继续发育成熟。还有一些种子如泡桐、杨树种子，它们的形态成熟与生理成熟的时间几乎是一致的。真正的成熟种子包括生理成熟和形态成熟两个方面。在中草药生产中，种子成熟程度的确定是根据种子形态成熟时的特征来判断的。

种子成熟后其所含的干物质停止积累，含水量降低，硬度和透明度提高，种皮的颜色由浅变深，呈现品种的固有色泽，在实际采种时，还要考虑到果皮的颜色变化，一些果实成熟时其形态特征也不同。浆果、核果类（多汁果）果皮软化，变色，如南酸枣、杏、木瓜，果皮由绿色变为黄色；枸杞、山楂、毛冬青、山茱萸等果皮由绿色变为红色；龙葵、土麦冬、女贞等果皮由绿色变为黑色。蒴果、荚果、翅果、坚果等干果类果皮由绿色变为褐色，由软变硬，其中蒴果和荚果果皮自然裂开，如浙贝母、四叶参、泡桐、甘草、黄芪等。球果类果皮一般都是由青绿色变成黄褐色，大多数种类的球果鳞片微微裂开，如成熟时油松、侧柏、马尾松等的果皮。

三、中草药种子的休眠

种子休眠通常是指种子在有利于幼苗生长的条件下仍然不能萌发的现象。这种现象在药用植物种子中非常普遍。很多种子在母株上或刚脱离母株时便进入休眠状态，这种生理休眠由遗传基因决定，我们称之为原初休眠。成熟时环境条件可以影响基因的表达，从而影响种子的休眠深度。种子离开母株一定时间后才引起的休眠称为次生休眠。非休眠种子或已打破原初休眠的种子，因周围环境条件不合适，如不适的温度、低水势、缺氧或高二氧化碳等，就会进入次生休眠。

休眠是植物一种有益的生物学特性，是植物经过长期进化而成的对环境的适应机制。种子休眠可以防止植物在不良环境中生长，以维持物种的生存。同时，可防止种子在母株上“胎萌”，抑制

果实的成熟。此外，种子萌发需要不同的条件及地理环境。例如，有些种子要求保持15℃几个星期或几个月的条件，才能打破休眠，在自然界中经过一个冬季后即可在春季萌发，完成其整个生长发育过程。而对于另外一些种子，冬季低温可引起其休眠，到夏季才开始萌发。然而，种子休眠也给实际生产带来诸多不便，很多名贵中草药，如人参、刺五加、黄连、三七、川贝、天麻等种子，由于休眠时间长，延长了育苗时间，提高了生产成本。因此，如何打破种子休眠、缩短种子繁殖时间成为生产中迫切需要解决的问题。

药用植物种子休眠的原因很复杂，造成种子休眠，可能是单方面因素，也可能是多方面因素综合影响的结果。种子休眠一般由种被障碍、胚未成熟、内源抑制物质、二次休眠、综合休眠等因素引起。综合休眠是指两个以上因素同时出现在同一种子中，必须同时去除这些因素，才能打破休眠。例如，山茱萸种子的休眠由种皮及胚休眠引起，只有剪破种皮，同时在低温下层积完成胚后熟才能萌发；五味子种子的休眠是由胚未成熟和内源抑制物质的存在两个因素引起的。

第二节　中草药种子的形态与分类

在植物分类学中，种子的形态是植物物种鉴别的重要依据，可分为外部形态和内部结构。药用植物的种子千姿百态，不同的种子具有各自独特的形态。

一、中草药种子的外部形态

种子的外部形态是指从外观上所能看到的形状，包括种子的形状、大小和颜色。

（一）中草药种子的形状

种子的形状是指整个种子的外部轮廓。描写形状一般采用几何学术语，如球状（乌药、天门冬、白菜的种子，图2-1），三角形（马齿苋、雀儿舌头的种子），椭圆形（菘蓝、草木樨的种子），菱形（山扁豆、决明的种子，图2-2），矩圆形（树豆的种子），圆柱形（田菁的种子）等。也有以实物形象作比拟描述的形状，如肾形（猪屎豆、甘草、蒙古黄芪的种子），棒形（白蜡树的种子），楔形（春黄菊、牛蒡的种子），纺锤形（胡颓子、沙枣、山茱萸的种子），卵形（相思豆、独行菜的种子），圆盘形（岩豆藤的种子），心脏形（白三叶、密花豆的种子，图2-3），马蹄形（裂叶牵牛、圆叶牵牛的种子，图2-4），船形（长叶车前的种子）等。确定种子的形状一般不管种子在果实内或植株上的位置如何，均以种脐朝下时的形状为准。着生种脐的一端为基端（或下端），其相对的另一端为顶端（或上端）。

因为种子是一个实体，具有立体形状，所以用上文所述的几种平面图形来说明种子的形状是远远不够的，因而在描述种子的过程中，我们往往采用状和形来表示，状表示横面的形状，形表示纵面的形状，如三棱状卵形（部分蓼科植物的种子）、倒卵状肾形（蒙古黄芪的种子，图2-5）、三四棱状倒卵形（地锦的种子，图2-6）、棱柱状短棒形（毛蕊花的种子）、肾状椭圆形（五味子、野苜蓿的种子）等。

（二）中草药种子的大小

种子的大小差异很大，如椰子长10～15cm，最长达40cm以上，马达加斯加出产的海椰子，被

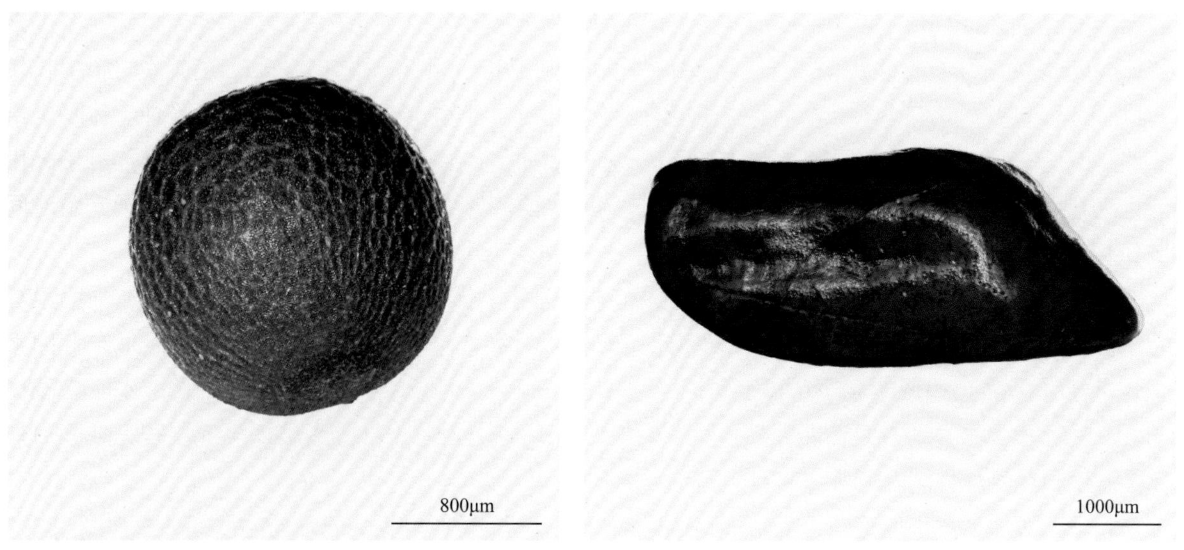

图2-1　白菜种子（球状）

图2-2　决明种子（菱形）

图2-3　密花豆种子（心脏形）

图2-4　圆叶牵牛种子（马蹄形）

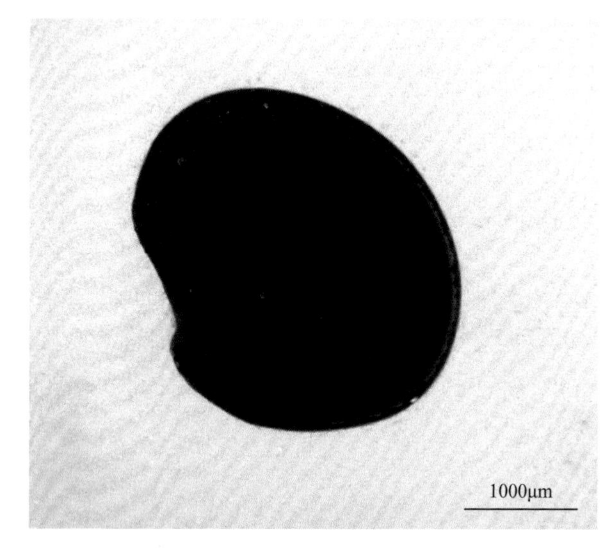

图2-5　蒙古黄芪种子（倒卵状肾形）

图2-6　地锦种子（三四棱状倒卵形）

认为是世界上最大的种子（植物学上实为坚果）。而有些兰科植物种子小得肉眼很难看清其形状，只有借助体视显微镜才能辨认出来，如天麻、白及种子等。种子的大小一般以种体的长、宽、厚（圆形种子以直径）表示。确定种子的长度有3种方法：①以种子的最长轴为长度；②以垂直于脐面的种子长轴为长度；③以胚根尖指向的一端与其相对的另一端间的长轴为长度。

（三）中草药种子的颜色

种皮由于含有各种不同的色素，往往呈现各种不同的颜色及斑纹，日常生活中出现的各种颜色在种子中几乎都有，不过多数种子的颜色偏向暗色，如褐色、黑色、棕色。由于一种单一颜色的描述往往不能正确形容种子的颜色，所以常用红褐色、黄棕色、灰黑色等复合颜色进行描述。还有一些种子表皮常具有两种以上颜色混合形成的各种条纹或斑块，如地锦、水飞蓟等的种子。大戟科植物和豆科植物的种子表皮常具光泽。

种子的颜色因成熟度的不同会有所变化。如乌药、香果树种子，未成熟时先呈绿色，后呈红色，成熟后则呈黑色。有时成熟的种子因储藏条件不利也会引起颜色的变化，相思豆种子就是如此，储藏不当，其种子受到温度和空气的影响，种皮发生氧化，红色逐渐变暗淡，失去光泽。

二、中草药种子的内部结构

种子的内部结构基本相同，主要由三部分组成：种皮、胚乳和胚。

（一）种皮

种皮由珠被发育而来。种皮有一层或两层。在两层种皮中有内外种皮之分，外种皮由外珠被形成，内种皮由内珠被形成。外种皮常为原壁组织，起保护作用，常具有各种附属物，如表皮毛（洋葵、裂叶牵牛），小颗粒或瘤状或疣状物等各种小突起（银边翠、野西瓜苗、黄花木），网状纹或网眼（酸浆），纵棱（灯心草、烟草、密花金丝桃），具翅（杠柳、密蒙花），刺（窃衣、鬼针草、破子草），芒（禾本科植物颖果），冠毛（菊科植物瘦果顶端的毛，除了冠毛，菊科植物瘦果顶端还常具一圈窄而直立的衣领状物，称为衣领状环）。内种皮薄，一般为薄膜质，透明或不透明。有的植物在种皮外还有一层包被，起源于珠柄或胎座，或种子的先端，包于种子外围，称为假种皮，通常为肉质，如卫矛、荔枝、龙眼、辛夷等。

种皮在种子鉴别过程中具有重要意义，因为种皮表面还具有许多鉴别特征，如种脐、种脊（脐条）、脐沟、脐褥、种瘤、晕环、晕轮、种阜、种孔、合点，在此不一一赘述。

（二）胚乳

胚乳是储藏养料的组织，供给胚发育时所需的养料。通常胚乳包被于胚的外围，或肥厚（紫金牛、百合科植物种子）或薄片状，甚至卷成多层（蜡梅种子），有的粉质状（麦冬种子），有的具油性（松、香榧种子）。

有些种子的胚乳在发育前期逐渐被胚所吸收，而使营养物质向子叶转移，使得子叶相当发达，形成无胚乳种子，如豆科植物种子。在禾本科等植物种子中，常具有外胚乳，它由残留的珠心组成，起储藏营养的作用。

（三）胚

胚通常有不分化与分化两种类型。不分化的胚很小，只是一团未分化的原生质很浓的小的分生组织，如肿节风、荞麦叶大百合种子。分化的胚一般由四部分组成：胚芽、胚轴、胚根、子叶，如豆科植物种子胚、菊科植物种子胚。

不同物种胚的形态各异，胚的形状对于种子形态鉴别具有重要作用，根据胚的外部形态可将其分为以下6种。①直立型：胚轴、胚根和子叶与种子纵轴平行，如葫芦科、菊科植物。②弯曲型：胚根和胚芽弯曲成钩状，如豆科植物。③螺旋型：子叶与胚盘卷成螺旋型，如茄科植物。④环状型：胚细而长，且沿种皮内层绕一周呈环状，如藜科、苋科植物。⑤折叠型：子叶发达，折叠数层充满于种皮内部，如锦葵科植物。⑥偏在型：胚较小，位于胚乳的侧面或背面的基部，如禾本科植物。

一般每个胚珠通过受精作用发育成为一粒具有胚的完整种子，这是正常现象。但有些植物在种子发育初期由于内因的作用和外因的干扰，往往产生各种异常现象，如多胚、无胚和无性种子等。

三、中草药种子的分类

种子分类的意义在于研究植物类群间的异同以及阐明物种之间的亲缘关系、进化过程和发展的规律。种子资源极为丰富，且关乎着人类的生存和发展。但是面对形态各异且数量庞大的种子，如果没有明确的分类方法，很容易出现混乱现象。此外，种子分类也为种子鉴定提供了依据，可以帮助人们了解新物种、发现新物种、促进种质资源的开发和利用，也可为濒临灭绝的物种寻找替代品。因此，种子分类显得尤为重要。

1. 根据有无胚乳分类

有胚乳种子由种皮、胚和胚乳组成，在有胚乳的种子中储存营养物质的部分是胚乳。有胚乳种子的子叶较薄，主要起转运营养的作用。根据内外胚乳所占大小，还可以分为三类：内胚乳发达，如百合科的百合、五加科的人参及茄科、蓼科、禾本科等的药用植物种子；内胚乳和外胚乳同时存在，此类种子较少，如胡椒科的胡椒种子、姜科的药用植物种子；外胚乳发达，此类种子在胚形成发育的过程中将内胚乳消耗，外胚乳被保留下来，如苋科、石竹科的部分药用植物种子。

无胚乳种子由种皮和胚两部分组成，种子成熟时缺乏胚乳，胚乳中的养料被胚吸收，在种子成熟的过程中转移到子叶中储存。无胚乳种子相比有胚乳种子的子叶发达肥厚，且含有丰富的营养物质，如十字花科、豆科、葫芦科、锦葵科、菊科的药用植物种子。

2. 根据种子化学成分分类

根据种子化学成分种类和含量的不同，可以将其分为三类：粉质种子、蛋白质种子和油质种子。粉质种子中含量最高的为淀粉（60%～70%），蛋白质含量为8%～12%，脂肪含量较少（1%～4%），如禾谷类的药用植物稻、大麦、粟等。蛋白质种子中蛋白质的含量明显较高（20%～30%），如豆科药用植物刀豆、赤小豆等。油质种子中脂肪含量明显较高（30%～50%），如无患子科的文冠果、唇形科的紫苏等。

3. 根据种子大小分类

种子大小有两种表示方法：一种是测量种子的长、宽、厚，用于分级清选；另一种是种子千粒重（或百粒重），也是衡量种子品质的重要指标。不同植物种子大小差异悬殊，相对于同一品种来说，种子的长度和宽度易受遗传与环境变化的影响，厚度和千粒重受影响较小。根据种子千粒重的不同，可大致分为四类：大型种子，千粒重大于100g，如苏木、七叶树等；中型种子，千粒重为5～100g，如蒙古黄芪、甘草等；小型种子，千粒重为1～5g，如黄芩、丹参等；微型种子，千粒重小于1g，如泽泻、藿香、蒲公英等。

第三节　中草药种子的采收、加工与储藏

药用植物种类繁多，繁殖方式可分为有性繁殖（种子繁殖）、无性繁殖和孢子繁殖，其中种子繁殖最为普遍。用种子进行繁殖时，繁殖系数高，在大面积生产时，多采用种子繁殖获得大量的实生苗，如人参、板蓝根、决明、党参、桔梗、黄芪、西洋参、黄连、当归等大部分中草药都采用种子繁殖（刘金欣等，2016）。优质药用植物种子是获得高产优质中草药的前提和保证。要获得优质的种子，不光要选择适宜采收的栽培生态环境，还要注意采种技术，尤其是药用植物种子的加工和储藏技术。

一、中草药种子的采收

（一）采收时间

药用植物种类繁多，其种子成熟时间各不相同，采种时期应根据成熟时间而定。选择适当的采种时期是非常重要的：采种时期过早，种子还未成熟，影响种子的品质；采种时期过迟则大部分种子都已从母株上脱落，减少采种的数量。适时采种，不仅可以采到成熟的种子，而且可以获得数量较多的种子。

大部分药用植物种子在秋季成熟，如人参、乌药、九头狮子草、三尖杉等，有的在夏季成熟，如蒲公英、皱叶酸模、鼠曲草、山杏等，也有的在冬季成熟，如土麦冬、虎刺、车桑子等，还有的在春季成熟，如秋牡丹、小巢菜、大巢菜、枇杷等。

有些种子成熟时间前后持续较长，种子一直悬挂在植株上；有些种子成熟时间前后持续较短，季节一过，种子即全脱落。在确定采种季节时，首先要确定该种子成熟的季节，然后在该季节里根据种子的成熟状况来确定采种时期。前者确定采种时期是比较容易的，而后者就较为困难，即使是同一种种子，在不同地区、不同年份其采种时期也不相同，华南、华东的采种时期就要比华北和东北早，不同的年份中气候变化也影响种子成熟期。因此选择合适的采种时期不能千篇一律，而应根据具体的产地和植物来定，最好的方法就是要求采种人员勤于观察，根据种子成熟程度来确定采种时期。

（二）种子和果实的采收

不同药用植物果实和种子的大小差异较大，成熟后的散布习性也不同。有些种子成熟后即脱

落，随风飞散；有些种子成熟期不一致，随熟随脱落；有些种子和果实成熟后，要经过一段时间才脱落，个别甚至翌年春天才脱落。按照种子和果实脱落方式的不同，采种时也应分别采取不同的方式。对于成熟时自然开裂、落地或因成熟而开裂散播的种子（蓇葖果、荚果、蒴果、长角果、球果等），在掉落以前，直接从植株上采集；其中黄芩、车前等不容易掌握成熟度，可以在地面铺上塑料薄膜等，收集成熟散落的种子，而一些果实或种子较大的，可以直接从地面拾取。对于种子成熟时果实不开裂的植物，可待全株的种子完全成熟时一次性采收，如薏米、朱砂根等的种子，否则宜及时分批采收，或待大部分种子成熟后收割，后熟脱粒，如穿心莲、白芷、北沙参、补骨脂等（陶萌春等，2014；张改霞等，2016a；周建国等，2016）。

由于药用植物种类繁多，每一种药用植物种子的采收期都是由自身生长发育特性、活性成分含量和疗效决定的，因此不一一赘述。

二、中草药种子的加工

中草药种子和一般农作物种子相比具有很多特殊性，如种子寿命长短不一、种子休眠现象比较常见等。因此，中草药种子的加工需要根据不同药用植物种子特性研究开发不同的加工技术。

（一）中草药种子的调制

采集药用植物种子时，一般都是采集果实，把种子从果实中取出的过程称为调制。有的药用植物种子适宜在果实中保存，至翌年播种前脱粒，如巴豆、枸杞种子在果实中保存比以种子方式保存时间长；而大部分种类以种子方式保存。种子的调制工作应分两步进行：首先清除果实中的枝、叶、土块等混杂物；然后进行种子处理。种子调制是否得当，对种子品质影响很大，如处理不当，常影响种子的产量和生活力。

1. 干果类种子的调制

干果有开裂（裂果）和不开裂（阴果）两种。干果类种子含水量差异较大，干燥时宜采用不同的方法，含水量低的种子可直接放在阳光下晒干，而含水量高的种子应采用室内阴干或直接放在湿沙中储藏，否则种子会因失水过快而丧失活力。由于此类种子类型较多，现分别叙述如下。

（1）蒴果类种子的调制

药用植物中浙贝母、细辛、四叶参、柽柳、乌桕、泡桐等的种子都属于蒴果类种子，此类种子一般在种子成熟而果实还未开裂时采摘，采收过早则种子还未成熟，影响种子质量，采收过迟则蒴果已开裂，种子散落。蒴果采收后可放在阳光下晒干，对于较轻的果实，要采取防风措施，防止果实被风吹散。油茶、茶等含水量较高的蒴果，在阳光下暴晒易引起种子变质，一般适宜在通风处阴干后脱粒取出种子，储藏备用。

（2）荚果类种子的调制

荚果类药用植物种子所占比例也较大，甘草、黄芪、合欢、相思子、槐、小巢菜等均属于这一类种子。此类种子由于含水量较低，种皮保护能力强，可采用晒干的方法来进一步干燥果实，晒干后，用棍棒敲打果荚，使种子从开裂的荚果中脱开，除去果荚壳等杂质后，清选、储藏备用。

（3）翅果类种子的调制

枫杨、臭椿、白蜡树、菘蓝等的翅果，可直接在阳光下晒干，不需要脱去果翅，即可进行储藏。但是杜仲种子不宜直接置于阳光下暴晒，否则种子易丧失生活力，应采用阴干法干燥。

（4）坚果类种子的调制

筋骨草、梧桐等的果实，经日晒后，可使果柄、苞片等与果实分离，或经搓揉后，去除杂质，清选后即可储藏备用。

2. 肉质果类种子的调制

肉质果类，包括浆果、核果、梨果以及聚花果和聚合果等。肉质果果皮柔软，含有较多的果胶和其他糖类，容易受到微生物的侵染，引起霉变和腐烂，影响种子品质。肉质果的调制包括软化果肉、用水淘洗种子、干燥和净种。

天门冬、绞股蓝、麦冬、山豆根、肉桂、女贞、人参等肉质果，可先在水中浸泡后直接在水中搓去并漂洗掉果皮、果肉等杂质，捞出种子后用清水洗净，放在阳光下晒干或置阴凉通风处晾干，储藏备用。对于一些果皮较厚的核桃、银杏等，即使用水浸泡，也较难软化果皮从而使其与种子分离，可采用堆沤的方法。通常把果实堆积后，保持堆内湿度，待果皮软腐后取出种子。但应注意堆积时间不宜过长，并常翻动，避免堆内温度过高而影响种子质量。苦楝、川楝的肉质果可不进行脱皮，待果肉晾干后即可进行储藏或播种。

3. 球果类种子的调制

一些药用植物如三尖杉、粗榧、侧柏等果实属于球果，一般在球果未开裂时采收，调制方法是把球果摊在晒席上晾晒5～6天，注意经常翻动，当鳞片张开时，用木棒轻轻敲打球果，种子即可脱出，然后进行清选。有些种子需要后熟，则将其放在室内或荫棚内摊成薄层，而不直接在太阳下干燥，要注意预防鼠、雀为害。

为了尽快使球果干燥，取出种子，有时把球果放入干燥室烘干。烘干温度随种类不同而异，温度过高，会严重影响种子品质，一般不能超过50℃。干燥室的温度应逐渐上升，并注意通风，球果干燥后鳞片裂开，种子脱出，应立即取出并放在阴凉处，晾好后进行储藏。

不适当的调制常会损伤种子生活力，如球果干燥温度过高或加热太快，或种子在高温下停留时间太长，以及种子在脱粒、清选过程中敲打或振动过于强烈，使种皮产生裂缝或被划破，常会影响种子的耐藏性和生活力。总之，种子是一个活体，调制过程中必须尽可能减少机械损伤。

（二）中草药种子的干燥

种子的干燥就是通过干燥介质给种子加热，使种子内部水分不断向外表面扩散和表面水分不断蒸发来降低种子水分含量，减弱种子内部生理代谢作用的强度，消灭或抑制微生物及仓库害虫的繁殖和活动，确保其安全储藏，达到较长时间保持种子优良播种品质的目的。

经脱粒净种后的种子要进一步干燥，应干燥到种子的标准含水量，即种子内的含水量达到仅能维持其生命活动所必需的最低限度，如果高于此含水量，则种子的新陈代谢作用旺盛，不利于长期保存，低于此含水量即引起对种子的伤害。大多数种子的标准含水量和充分气干时的含水量大致相等，如杜仲为13%～14%，皂荚为5%～6%（张长征，2013）。

干燥方法中最常用的是晒干，大部分喜阳、生长在开阔地带的药用植物都采用晒干的方法，如黄芪、党参、甘草、连翘、长春花、仙鹤草、地耳草、茵陈蒿、毛地黄、侧柏、曼陀罗、鸡冠花、国槐、地榆、苍术、苦参、紫草、川楝、云实、云木香、白术、百部、香薷、夏枯草、萹蓄、瞿麦、千日红、白花菜、桔梗等的种子（涂媛等，2014）。

而一些来源于高海拔地区的或喜阴药用植物，或种子内含油较高的种类，则适合阴干，如大黄、当归、龙胆、荆芥、知母、白芷、黄芩、羌活、龙葵、白屈菜、黄柏、蒲公英、前胡、商陆、刺五加、千里光、桑、秦艽、金盏花、枸杞等的种子。

另外有一些药用植物种子不耐干燥，干后丧失发芽率，如细辛、重楼、枳壳、七叶树、罗汉松、红毛七及很多原产热带或亚热带的药用植物种子适宜随采随播，或采后清洗出种子，随即用湿沙储藏。适宜随采随播或沙藏的种类还有升麻、天葵、掌叶半夏、独活、八角枫、三颗针、天南星、忍冬、银杏、吴茱萸、明党参、贝母、牡丹、杜仲、厚朴、五味子、人参、天门冬、使君子、败酱、血盆草及其他很多热带药用植物（徐志强，2018）。

此外，太阳能干燥、红外线干燥、干燥剂干燥、微波干燥、冷冻干燥等新型干燥技术也先后应用于药用植物种子的干燥中。

（三）中草药种子的处理

由于一些药用植物种子存在休眠现象，出苗时间长、出苗率低，制约了药用植物的生产，在采用种子繁殖药用植物时，需要采取物理、化学或机械的方法处理种子，提高药用植物种子的出苗率，缩短出苗时间，满足生产需求。下面主要介绍几种常用的种子处理方法。

1. 物理处理

物理处理方法可以提高种子种苗活力，同时也是一种防治病虫害的有效措施，主要包括高温、低温处理，电场处理，各种射线和辐射处理，各种机械处理等。

袁梦博等（2023）对低温冷藏的君迁子种子进行75℃高温浸种，能促进君迁子种子的萌发，使其发芽时间提前；此外，低温冷藏的君迁子种子经过清水浸泡后进行横切和剥胚处理，可显著提高发芽率和发芽势。孙长君等（2023）研究发现冷处理能极显著提高海南高温储存的毛酸浆种子的发芽势、发芽率、发芽指数和简化活力指数，最优条件为4℃冷处理24h，显著或极显著高于其他处理。李英杰等（2020）发现随着电压、电场处理时间的增加，金莲花种子的萌发特性呈增强趋势，当电压增加到一定值时会抑制金莲花种子萌发。当处理时间为30min、电压达到14kV时，金莲花种子的发芽率、发芽势、发芽指数达到最高。韦思梅（2019）发现经70℃温水浸种20min的薏苡经济产量明显提高，并且该处理可防治黑穗病，防治效果高达82.64%，适用于大田种植处理带菌种子。

2. 化学处理

化学处理方法不仅可以有效促进种子萌发、生根以及生长，而且可以有效防治种子病虫害的发生。它比物理处理方法更加有效、快捷，可用于种子仓库害虫和地下害虫的防治及种子病害的防治。

朱艳霞等（2021）研究发现1%～5%聚乙二醇、1～100mg/L赤霉素和0.01～5mg/L硝酸钾浸种均可促进野甘草种子萌发。姜云天等（2022）研究了不同浓度水杨酸浸种对月见草种子萌发的影响，发现低浓度水杨酸浸种可促进月见草种子萌发，发芽率、发芽指数和苗鲜重均显著提高，以0.25mmol/L效果最佳，而高浓度的水杨酸则抑制月见草种子萌发。陆姣云等（2023）研究发现H_2O_2浸种可以提高苜蓿种子的发芽势、发芽指数和活力指数，且5μmol/L H_2O_2浸种优于100μmol/L H_2O_2浸种。此外，利用药剂拌种的方式可有效防治病虫害。例如，15%三唑酮按薏苡种子质量的0.2%～0.3%拌种，可以防治薏苡黑穗病（姚天月等，2019）；采用多菌灵拌种，可有效预防黄芪根腐病（李文义等，2023）。

3. 种子引发

种子引发是控制种子缓慢吸水使其停留在吸胀的第二阶段，让种子进行预发芽的生理生化代谢和修复作用，促进细胞膜、细胞器、DNA的修复和活化，处于准备发芽的代谢状态。种子引发的方法主要有：渗调引发、滚筒引发、起泡柱引发、搅拌器生物反应器引发、固体基质引发、水引发和生物引发。种子引发处理可促进种子萌发，提高种子的出苗率及整齐率（特别是对于促进不易萌发种子的出芽），提高种子的抗寒、抗旱及抗渍的能力。

4. 种子包衣和丸粒化

种子包衣和丸粒化是指按照一定的目的在自然种子的表面黏附某些非种子物质材料，以改善种子播种性能的各种处理，统称为种子包衣处理。从加工方面来说，种子包衣是以一定的药种比例将种衣剂均匀、牢固地包裹在种子表层的过程。

张浩等（2015）研究发现甘草种子经种衣剂处理后，可以显著提高甘草植株的根系活力和硝态氮、叶绿素、蛋白质及可溶性糖含量。沈奇等（2018）使用艾科顿种衣剂对紫苏种子进行包衣处理后，能够有效降低根腐病、白粉病及锈病的发病率，提高了植株的抗病性能。

此外，尚有种子带和种子毯等条带夹层种子包衣处理手段。种子带是指用纸或其他材料制成窄带，种子随机排列成簇状或单行，并固定其上。种子毯是指用纸或其他材料制成宽带如毯状，种子随机分布其上。

（四）中草药种子的包装

种子包装是指为了便于种子储存、销售和计量工作而进行的一种加工处理方式。良好的种子包装不仅有利于种子储藏、运输和销售的现代化，而且是保证种子质量和数量、方便运输供应、精确计量和点检的重要措施。但是，包装不善可能引起种子混杂、破损，影响种子的播种品质，如种子水分、净度、发芽率等。

1. 种子包装的一般要求

包装的种子必须达到包装所要求的种子含水量和净度等标准，确保包装容器内的种子在储藏和运输过程中不变质，保持原有的质量和活力。同时要根据包装目的和条件选择包装材料和方式。包装种子时包装外面应加印或贴标签。

对于特殊种子包装，由于种子使用者对新的科学技术了解较少，必要时应该附有转基因种子、包衣丸粒化种子的品种名称、品种特征特性、栽培技术等简单说明材料，包装时要装入种子袋内。

2. 包装材料的种类

不同包装材料对种子发芽率、种子活力等指标有不同的影响。目前市场上应用比较普遍的种子包装材料主要有麻布袋、编织袋、纸袋、纸板盒、聚乙烯薄膜及铝箔等。

（1）麻布袋

麻布袋非常结实，储藏时可堆高，搬运时也不易损坏，可反复多次使用，但应清除袋内残留种子及杂质。

（2）编织袋

编织袋用于种子储存、运输或小包装销售等，具有一定韧性、强度，但防湿性能不佳。一般内衬聚乙烯袋，增强防湿效果。

（3）纸袋

纸袋广泛用于种子包装，小种子袋多用漂白的亚硫酸盐纸或漂白牛皮纸。

（4）纸板盒

纸板盒广泛用于种子包装。纸板容器能保护种子的物理品质，并能应用自动装包和封口设备，使种子免受机械混杂，但缺乏防潮性能。

（5）聚乙烯薄膜

聚乙烯薄膜是用途最广的热塑性薄膜。用于种子包装材料的聚乙烯薄膜应从抗张、抗撕裂的强度，对水汽、CO_2和O_2的透过速度，密闭性，延伸性，耐折性和抗戳性等指标衡量其优劣。

（6）铝箔

铝箔用于短期或中期使用的种子包装，有许多微孔，透气、透湿率不高。铝箔上孔眼的数目和大小随着铝箔片的增厚而缩减。

3. 种子包装方法和包装标签

目前种子包装主要有按种子质量包装和按种子粒数包装两种。一般农作物和牧草种子采用质量包装。按作物生产规模、播种面积和用种量进行包装。

种子包装时必须遵循《中华人民共和国种子法》，该法要求在种子包装容器上必须附有标签。标签上的内容主要包括种子公司名称、种子名称、种子净度、发芽率、异物和杂草种子含量、种子处理方法和种子净重或粒数等项目。

三、中草药种子的储藏

种子从成熟收获至播种之前，必须经过或长或短的储藏过程。在该过程中，种子内部发生的生理变化与生化代谢反应会直接影响到种子储藏的安全性。因此，了解和研究种子储藏期间其内部生理生化代谢的反应规律和变化特点及其与外部环境条件的相互关系，对提高种子的耐储藏性有很大的帮助。

（一）中草药种子储藏的生理变化

1. 种子的呼吸作用

种子呼吸是种子储藏期间生命活动的集中和具体表现。种子的呼吸强度和种子安全储藏有密切的关系。概括地讲：呼吸作用对种子储藏有两方面的影响，有利方面是呼吸作用可以促进种子的后熟作用，但通过后熟的种子还是要设法降低种子的呼吸强度；在种子充分干燥和密闭储藏的情况下，种子自体呼吸降低O_2浓度、增加CO_2浓度，一方面可以达到驱虫和抑制霉菌繁殖的目的；另一方面可以抑制种子的呼吸作用，起到所谓“自体保藏”的效果。不利方面是在储藏期间种子呼吸强度过高会产生诸多问题。例如，储藏种子养分的消耗；种子堆发热和种子水分增加；有毒物质的积累；促使仓库害虫和微生物大量繁殖。

2. 种子的后熟作用

种子的后熟作用是储藏物质由量变为主转到质变为主的生理过程，其主要变化表现在种子储藏

物质的组成比例、分子结构和存在状态等方面。总体变化方向与成熟期基本一致，即物质的合成作用占优势。随着后熟作用的逐渐完成，种子中的可溶性物质不断减少，而淀粉、蛋白质和脂肪等高分子物质不断积累，酸度降低；种子内酶的活性由强变弱。

在种子储藏时，新入库的种子，由于后熟作用尚在进行中，胚细胞内的代谢作用仍然相当旺盛，尤其是呼吸作用释放的水分和大分子物质经过转化降解过程产生水，使得种子的水分逐渐增多，其中一部分蒸发成为水汽，充满种子堆的间隙，一旦达到过饱和状态，水汽就会凝结成微小水滴附着在籽粒表面，这就是种子的“出汗”现象。这种情况可引起种堆内水分的再分配，导致局部种子的呼吸作用加强，使得储藏期的种子安全性降低。此时如果没有及时发现并正确处理则往往引起种子回潮发热，为微生物的滋生提供有利条件，严重时会导致种子霉变结块甚至腐烂，导致种仓的储藏安全性降低。应该指出的是，种子“出汗”现象和种子“结露”现象外观表象非常相似，但它们产生的原因却截然不同。“出汗”是由于种子细胞生理生化活动旺盛而释放出大量的水分，而“结露”则是种子堆周围大气中温度、湿度与种子本身的温度及水分含量存在一定的差距所造成的。处于后熟期间的种子，对恶劣环境的抵抗力较强，此时进行高温干燥处理或化学药剂熏蒸杀虫，对种子生活力的损害较轻。

（二）中草药种子的储藏条件

1. 种子含水量

种子含水量对种子的生理代谢和储藏安全性具有重大意义。在某种环境条件下，如果能保持种子含水量在安全储藏所要求的水平以下，则可保证种子长期稳定，具有较高的发芽率和较强的生活力。如果种子储藏在较高水分条件下，则种子内部可能出现自由水，并引起微生物与仓库害虫的活动和繁殖。对大多数药用植物种子来说，充分干燥是延长种子寿命的基本条件。但是，有一类种子具有“脱水敏感性”，即种子含水量低于某一相对较高的临界含水量时，种子的生活力全部丧失，称为顽拗型种子。Roberts（1972）根据种子的储藏行为将种子分为正常型种子和顽拗型种子，Ellis等（1991）认为在这两者之间还存在中间类型即中间型种子。种子的顽拗性是一个数量性状，具有连续性，分为低度顽拗型种子、中度顽拗型种子、高度顽拗型种子。顽拗型种子通常不经过脱水干燥，在脱离母体时通常含有大量的水分，存在胎萌现象。同时对水分的缺失存在高敏感性。在整个发育过程中不耐脱水，轻度脱水后生活力显著下降，多数种子在含水量降低至15%～20%时受到损伤，有关种子寿命与风干种子储藏环境关系的生活力公式并不适合这一类种子。顽拗型种子通常对低温敏感，不能在10℃以下保存；在适合正常型种子储藏的条件下，即使将其储藏在湿润环境中，寿命仍很短。但顽拗型种子耐脱水的程度在不同种类中有差异。所以，储藏时应注意物种对种子含水量的特殊要求。

2. 温度

储藏温度是影响种子新陈代谢的因素之一。种子在低温条件下，呼吸作用非常微弱，种子内储藏的物质和能量消耗极少，胚细胞能长期保持其生活力。但当低温伴随游离水分出现时，种子易受冻而死亡。实验研究发现，种子在储藏过程中，较安全的温度是－10～－5℃。在这样的温度条件下种子呼吸强度极低，储藏安全，种子的寿命可显著延长。在0～45℃时，温度每下降5℃，种子寿命可延长1倍。

3. 通气状况

空气中除氮气、氧气和二氧化碳外，还带有水汽和热量。如果种子长期储藏在通气条件下，由于吸湿增温使其生命活动由弱变强，种子很快就丧失生活力。一般来讲，正常干燥种子以储藏在密闭条件下较为有利。

（三）中草药种子储藏的新技术

在常规条件下，种子储藏生命力周期较短，种子保存的有效性与安全性受到影响，对中草药的生产和种质资源的保存造成严重威胁。同时，由于药用植物种类繁多，种子的生物学特性也各不相同，对于一些对干燥和低温敏感的中草药种子，常规方法无法有效保存，致使种子失去活力或劣变。因此，加强对中草药种子储藏技术的研究刻不容缓。

1. 超低温储藏

超低温储藏是指在－80℃以下的超低温中保存种质资源的一整套生物学技术。超低温采用干冰（－79℃）、深冷冰箱、液氮（－196℃）及液氮蒸气相（－140℃）等获得。由于冷源通常选用液氮，因此超低温储藏又称为液氮储藏。从理论上来说，在超低温条件下保存的种子等生物材料，其新陈代谢活动基本处于停滞状态，因而能达到长期保存种质的目的。

史锋厚等（2012）通过对油松种子长期超低温储藏的研究发现，油松种子利用超低温方式进行储藏，不但可以较好地延缓种子衰老，而且对种子的有些性能具有一定的促进作用。方坚等（1992）通过对半夏种子储藏的研究表明，半夏种子采收后，在常温储藏条件下生活力丧失较快，在液氮中储藏的种子发芽率基本保持不变。常青等（2016）通过对白木通种子开展7种不同储藏方法的研究，结果表明沙藏法明显优于其他6种方法，但超低温储藏是目前实现种子中长期储藏的主要手段之一，实验数据表明，超低温保存种子的发芽率可达71.0%，仅次于沙藏法，因此继续开展白木通种子的超低温储藏研究很有必要。

2. 超干种子储藏

超干种子储藏亦称超低含水量储藏，是指种子含水量降至5%以下，密封后在室温或略低于室温的条件下储藏种子的方法，常用于种质资源和珍贵育种材料的保存。

成清琴等（2010）通过对丹参种子的超干种子储藏研究认为，在丹参种子短期保存中，采用超干种子储藏方法比采用低温冷藏效果更好。冶建明等（2018）发现文冠果种子适于超干种子储藏，最佳超干种子含水量为3.20%，有利于保持文冠果种子的萌芽特性。

3. 顽拗型种子储藏

顽拗型（异端型）种子是指那些不耐干燥和低温的种子，即对干燥和低温敏感的种子。这是对能在干燥、低温条件下长期储藏的正常型（正规型）种子而言的。据研究，产生顽拗型种子的植物有两大类：①水生植物，如凤眼莲与菱的种子。②具有大粒种子的木本多年生植物，包括若干重要的热带药用植物，如白木香、龙眼、肉桂等；一些温带药用植物，如七叶树等。还有一些种类，其储藏特性居于异端型和正规型之间，可称为亚异端型或中间型，如银杏种子等。

顽拗型种子的储藏应注意考虑以下两方面：①防干、防霉、防萌发、保持含氧量。黄皮树种子在自然条件下的寿命只有10天左右，将生理成熟期的新鲜种子部分脱水后加入4%～6%的百菌清，

于15℃装入塑料袋，600天后仍保持90%的发芽率。②超低温保存，如我国保存茶种子获得成功，含水量为13.83%的茶种子用液氮保存118天，发芽率达93.3%。

第四节　中草药种子的检验与质量评价

药用植物种子是药用植物最基本的生产资料，也是实施中草药生产质量管理规范（GAP）、实现中草药现代化的重要基础。种子检验是保证种子质量的重要措施，通过种子检验，掌握种子质量，对质量低的种子可限制播种，而选用质量高、符合标准的种子播种；通过种子检验，掌握种子杂质、水分、病虫害等情况，可及时采取措施，防止种子发热、霉变、生虫，保证种子储藏、运输的安全性，同时也可以防止病、虫和杂草的传播蔓延。因此，种子检验在药用植物生产中具有重要意义。

一、中草药种子的扦样

种子检验是根据扦取有代表性的种子样品的检测结果估计一批种子的种用价值。所有的检验操作都是针对样品进行的，如果种子样品不能真实无偏差地代表种子批的实际质量状况，这样的检验结果就没有任何价值。扦样是种子检验工作的第一步，也是非常重要的一步，种子检验扦取的样品有无代表性是决定检验结果正确与否的关键之一。

要从一批种子中扦取样品，一般都用特制的扦样器来进行，袋装种子用单管扦样器和双管扦样器，在口袋的不同部位均匀取样，将取样器插入袋内，插入时槽口向下，然后旋转180°，使槽口向上，抽出取样器，即得到一个样品。散装种子用圆筒形扦样器或圆锥形扦样器，扦样时以30°的斜度插入种子堆内，到达一定深度后，用力向上一拉，使活动塞离开进种门，略微振动，使种子掉入，然后抽出扦样器。当散堆种子数量不多，堆的深度不超过40cm时，可进行徒手提取；对于流动性较差的种子和大粒种子，更宜徒手提取，手插入时，手指要伸直并拢，捏紧抽出时，手指要一直紧合在一起。

从袋子或散堆种子中扦取的样品，经过混合后组成一个原始样品。从原始样品中分取送检样品，可采用分样器法或四分法。

1）分样器法：适用于种粒小、流动性大的种子。常用的分样器有圆锥形分样器和钟鼎式分样器。将混合样品倒入分样器漏斗，不可振动分样器，迅速拨开漏斗下面的活动阀门，使种子迅速下落至两个盛接器内，关闭漏斗口，然后取其中一个盛接器的样品按上述方法继续分取，直至分出的样品达到规定质量为止。

2）四分法：将样品倒在光滑、干净的桌上或地板上，用分样板将样品先纵向混合，再横向混合，重复混合4或5次，然后将种子推平成四方形，用分样板画两条对角线，使样品分成4个三角形，再取两个对顶三角形内的样品继续按上述方法分取，直到两个三角形内的样品接近两份实验样品的质量为止。

经过分样取得的两份样品，一份用于检验净度（包括千粒重、纯度、发芽率），另一份用于检验水分、病虫害并作为保留样品，应立即放入密闭容器内。

二、中草药种子的检测

中草药生产基本属于农业生产范畴，药用植物的种子种苗生产、经营也应按照农业模式管理。目前，我国已先后出台了各种农作物种子国家标准。鉴于药用植物种植的特殊性和药用植物种子市场混乱的现状，应参照农作物模式，尽快出台药用植物种子种苗国家标准（张尚智等，2019）。药用植物种子标准应包含种子的纯度、净度、千粒重（大粒种子可用百粒重）、含水量、生活力、发芽势、发芽率、病虫害等检验标准。其中最重要的含水量、发芽率和发芽势、净度、纯度四大指标，应作为强制性质量标准执行。由于药用植物品种繁多，可以先从一些大宗常用道地药材着手，制定地方标准或国家标准。下文就种子含水量、发芽率和发芽势、净度、纯度四大指标的测定进行简单介绍。

（一）种子含水量的测定

种子含水量是指种子中所含有水分的质量占种子总质量的百分率，种子含水量是影响种子品质的重要因素之一，与种子安全储藏有着密切关系，在储藏前和储藏过程中均需测定含水量。测定种子含水量通常采用105℃恒重法（标准法）和130℃高温快速法。

1. 105℃恒重法（标准法）

将待测的样品放入烘箱中，用105℃的温度烘烤6～8h，根据样品前后质量之差来计算含水量。其测定过程如下。

（1）样品处理

将种子用磨碎机进行磨碎，立即装入磨口瓶密封备用，细小种子（如密蒙花、白桦、阴行草、黄花蒿、泡桐等）可以原样烘干而不必磨碎；大粒种子（如核桃、七叶树、桃、胡桃楸等）可将种子切开或打碎；油质种子不易碾碎，可切成小片。

（2）试样的称取

经过处理后的样品，一般从中称取3～15g，用于测定种子含水量，具体情况根据种子千粒重大小而定。千粒重大的种子则称取量应适当大一些；千粒重小的种子，称取量可小一些。

（3）烘干称重

先将称量盒放在105℃烘箱烘干，并称重，再将样品放入预先烘干和称重的样品盒内，在感量为0.0001g的天平上称取试样两份。之后打开盒盖，一起放入预热至110℃的烘箱内并关好箱门，保持105℃（±2℃），经6～8h后取出，盖上盖子，移入干燥器内冷却至室温称重。

（4）含水量的计算

$$\text{种子含水量（\%）}=\frac{\text{试样烘前质量}-\text{试样烘后质量}}{\text{试样烘前质量}}\times 100\% \qquad (2\text{-}1)$$

2. 130℃高温快速法

该方法适用于含油脂不高的药材种子。将两份测定样品放入预热到140～145℃的烘箱中，在放入试样后5min内，应使烘箱温度稳定在（130±2）℃，烘60min，采用上述方法，计算出种子的含水量。

（二）种子发芽率和发芽势的测定

种子发芽率是指发芽实验终期，在规定日期内全部正常发芽种子数占供试种子数的百分率。种

子发芽率是反映种子播种品质的重要指标，发芽率高，表示有生活力的种子多、播种后出苗数多。种子发芽势是指发芽实验初期，在规定日期内正常发芽的种子数占供试种子数的百分率。种子发芽势高，表示种子生活力强，发芽整齐，出苗一致。种子发芽率和发芽势的测定步骤如下。

1. 数种

从经过净度测定的纯净种子中随机数100粒种子，用于发芽测定，重复4次。种粒大的可以50粒或25粒为一次重复。

2. 发芽基质

进行发芽实验时，用来安放种子并供给种子水分和空气的衬垫物称为发芽基质。发芽基质可以是滤纸、纱布、细沙、蛭石、珍珠岩等，使用时，必须先经过消毒，也可以在滤纸下面垫上海绵，以保证滤纸上湿度均匀。一般小粒种子适宜放在滤纸上，大粒种子适宜放在沙粒等基质中。

3. 种子的预处理

为了使种子尽快发芽，种子在摆放前可用始温为45℃水浸种24h，对于种皮致密、透水性差的种子需采用较高温度浸种，相思子、山茱萸可用始温为100℃水浸种2min，自然冷却24h。

有些种子在发芽实验前，还需要在一定的低温条件下经过层积才能萌发，厚朴需经过2.5个月5℃左右的低温层积后，种子才能萌发，杜仲、山杏需要经过1个月5℃左右的低温层积才能使种子萌发。山核桃在0～5℃条件下层积60天，黄连木在0～5℃条件下层积50天，浙贝母在0～5℃条件下层积60天。

4. 发芽的观察和记载

种子放置完毕后必须在摆放种子的培养皿上贴上标签，注明种子名称、开始实验日期、样品号、种子粒数。每天观察记载种子发芽情况并加水。对于一些发芽持续时间较长的种子，可每隔3～4天观察一次。

5. 发芽率和发芽势的计算

$$发芽率（\%）=\frac{发芽总粒数}{实验总粒数}\times 100\% \qquad（2\text{-}2）$$

$$发芽势（\%）=\frac{规定天数内发芽种子数}{实验种子数}\times 100\% \qquad（2\text{-}3）$$

（三）种子净度的测定

种子净度是指样品中去掉杂质和废种子后，留下的该植物优良种子的质量占样品总质量的百分率，种子净度检验应区分优良种子、废种子、杂质（有生命和无生命）。

$$种子净度（\%）=\frac{试样质量-废种子质量-杂质质量}{试样质量}\times 100\% \qquad（2\text{-}4）$$

种子净度是衡量种子品质的一项重要指标，优良种子应该是洁净的，不含任何杂质和其他废品。净度低的种子含杂质多，降低了种子的利用率，影响种子储藏与运输的安全性。在以质量为基础的商业贸易中，种子净度低，其价格也低。

（四）种子纯度的检验

种子纯度是种子在形态特征和生物学特征方面典型一致的程度，是种子品质的重要指标之一，一批种子的纯度越高，含有的其他异形品种越少。品种纯度检验可分为田间检验和室内检验两大部分。田间检验是在作物生育期间，到田间进行取样分析，鉴定品种纯度，并对杂草感染率、病虫感染率、田间生育和倒伏情况进行检查。室内检验是在种子收获脱粒后取样分析鉴定，主要是检验种子真实性和品种纯度。在进行品种纯度检验时，必须了解被鉴定品种的特征特性，还应分清主要性状、次要性状、特殊性状、易受环境条件影响的性状。品种纯度的室内检验方法可分为籽粒形态鉴定法、种苗形态鉴定法、石炭酸（酚）染色法、荧光法和解剖法等。目前品种纯度检验在农作物中特别是杂交水稻和杂交玉米中开展较为广泛，而在药用植物中这部分工作还做得不多。

三、中草药种子的质量评定与管理

（一）中草药种子质量评定的内容

种子是种植业生产和发展的源头。种子质量是实现各种种植业稳产、高产的科学前提。从广义上讲，种子质量应包括两个方面：一是品种本身所具备的内在品质，即品种特性，包括品种的生产性能、适应性、抗逆性、熟性、营养和加工品质等，特性优良的品种是育种家选育的成果；二是种子品质，即品种品质和播种品质，品种品质是指品种的真实性和一致性，播种品质包括净度、发芽率、发芽势、生活力、含水量、千粒重、健康度等指标。优良的品种品质和播种品质是品种优良特性得以实现的保证。因此，种子质量评定主要是对种子的品种品质和播种品质两方面进行评定。其中种子纯度、净度、发芽率、水分4项指标必须达到现行有效规定（如种子质量标准、合同约定、标签标注）的最低要求。从管理角度来讲，商品种子的质量内容还应该包括种子标签、计量和包装状况及售后服务等［《农作物种子标签和使用说明管理办法》（农业部令2016年第6号）］。

（二）中草药种子质量评定的依据

进行种子质量指标的检验是评定种子质量的前提。质量评定是将检验得到的结果与目标要求进行比较，并给出相应结论的过程。而种子的质量标准是进行种子质量评定的主要依据。开展种子质量检验所依据的标准大致可分为4类：一是国家标准，是指国家颁布的有关种子生产、经营的质量标准和技术规程，主要是各类农作物种子的良种繁育规程、田间检验规程、种子检验规程和有关种子质量标准，但中草药种子质量评定的标准很少。二是行业标准，是指国家行业主管部门（农业主管部门）根据需要颁布的农作物种子的良种繁育规程、田间检验规程、种子检验规程和有关种子质量标准。三是地方标准，是地方各级政府为了加强种子质量管理、促进种子产业发展而颁布的有关种子质量标准。四是企业标准，是企业根据自己生产、经营的种子类型而制定的企业内标准，当企业标准的内容与国家、行业、地方标准相同时，其参数要求必须高于国家、行业、地方标准。

目前，我国常用的300多种中草药中，仅人参等少数中草药的种子质量有国家标准，如《人参种子》（GB 6941—1986），当归、党参、黄芩、牛蒡、秦艽、羌活、菘蓝、北柴胡、西红花等中草药种子质量有地方标准，在企业实施中草药规范化种植基地和中草药GAP基地建设中，乌拉尔甘草等中草药品种建立了种子企业质量标准（王金鹏等，2012）。近年来，随着国家标准化战略的推进，中草药规范化生产对中草药种子质量标准化的需求日益明显，出现了一系列中草药种子质量分

级标准方面的研究成果。为了使真实、优质中草药种子进入生产环节，制定中草药种子质量标准和检验规程尤为重要，但我国中草药种子质量标准的建立明显滞后。

（三）中草药种子质量的管理

在我国实施的中草药现代化产业发展进程中，中草药种子质量的管理，随着管理机构和职能的调整相继发生变化，1998年以前，中草药生产由中草药公司管理，1998年之后，医药产业由国家发展改革委管理，中草药质量由国家药品监督管理局监管，中草药种子纳入农业部（现为农业农村部）颁布的《中华人民共和国种子管理条例农作物种子实施细则》管理范畴，由各级种子管理部门实施监管，2000年废除该条例后，中草药种子列入《中华人民共和国种子法》管理范畴，2002年国家药品监督管理局颁布实施《中药材生产质量管理规范（试行）》，规定对药用动植物物种需准确鉴定，对种子、菌种和繁殖材料需保证质量和防止病虫害及杂草的传播，阻止伪劣种子、菌种和繁殖材料的交易与传播。在长期监管实施过程中，法律关系主要隶属于农业部，质量与科研内容归药品监督管理局。中草药种子监管处于边缘地带，监管环节薄弱。因此，中草药种子质量的管理问题亟须解决。

第三章　中草药种子DNA条形码分子鉴定体系

第一节　DNA条形码技术的原理与方法

一、DNA条形码的概念

DNA条形码技术是一种利用基因组中一段公认标准的、相对较短的DNA片段来进行物种鉴定的分子鉴定技术。DNA条形码技术是由加拿大科学家Paul Herbert于2003年首次提出的一种新型生物物种鉴定技术。要实现对所有物种的快速识别，就要建立完善的DNA条形码数据库，这是一项浩大的工程。中国科学院昆明动物研究所原所长张亚平院士说："传统的分类学鉴定费时费力，又可能出现错误。如果每一个物种都携带有表明自己身份的'条形码'，那么物种分类和鉴定工作将得到很大简化"。尽管DNA条形码技术在理论上和具体应用上仍存在很多争论，但是相比传统方法，DNA条形码技术不受环境和人为主观因素的影响以及样品形态和材料部位的限制，可以更加高效、精准地进行物种鉴定。

DNA条形码的基本操作过程主要分为以下几个步骤。①提取DNA：包括破碎细胞壁，释放DNA，DNA的分离和纯化，DNA的浓缩、沉淀与洗涤等基本步骤。目前常用试剂盒法，包括植物基因组DNA提取试剂盒和动物组织/细胞基因组DNA提取试剂盒。②利用通用引物进行PCR扩增：根据目标产物的长度设计PCR的条件，以样品DNA为模板，以通用引物进行PCR扩增，如果扩增失败，需要重新进行引物设计或PCR条件的设计，直到获得扩增条带。植物类中药及其基原物种扩增ITS2或*psbA-trnH*序列，动物类中药及其基原物种扩增*CO I*序列。PCR反应体系以25μL为参照，包括1×PCR缓冲液（不含$MgCl_2$）、2.0mmol/L $MgCl_2$、0.2mmol/L dNTPs、0.1mmol/L引物对、模板DNA、1.0U *Taq* DNA聚合酶，加灭菌双蒸水至25μL。设置未加入模板DNA的PCR反应为阴性对照。③PCR产物检测：采用琼脂糖凝胶电泳方法检测PCR产物。电泳后，PCR产物应在相应的DNA条形码序列长度位置出现一条目的条带，阴性对照应无条带。④测序：有PCR扩增条带的样品送测序公司进行DNA序列测定。使用DNA测序仪对目的条带进行双向测序，以PCR扩增引物作为测序引物，测序原理同Sanger测序法。⑤DNA条形码序列的获得：主要包括序列拼接、序列质量与方向两方面。应用专业软件对双向测序峰图进行序列拼接，去除引物区，获得相应的DNA序列。为了确保DNA条形码序列的可靠性，需要去除测序结果两端的低质量序列。序列方向应与PCR扩增正向引物方向一致。⑥结果判定：DNA条形码分子鉴定分析方法主要有3种，即BLAST分析法、距离法和建树法。BLAST分析法是将获得的序列在中药材DNA条形码分子鉴定系统或GenBank数据

库中应用BLAST进行结果判定，结果中相似性最高的序列对应物种为与查询序列最接近的物种。距离法是使用K2P（Kimura 2-parameter）模型计算条形码平均距离和最近距离从而进行鉴定。建树法是基于系统发育树的等级聚类方法进行鉴定，并基于HKY（Hasegawa-Kishino-Yano）模型建立遗传距离模拟序列的系统进化关系。

DNA条形码技术已被学术刊物和其他媒体大量报道，利用该方法可以进行物种的鉴定，发现新物种，更有可能解决形态学手段难以攻克的隐存种问题，完成一些传统形态学及保护生物学无法完成的工作，对缓解传统鉴定人才的缺乏和药材鉴定困难极为必要，不需要多年的经验积累，技术易于掌握，可以满足不同行业、不同科研背景工作者对中草药快速鉴定的要求（Coissac et al.，2012）。Miller（2007）称DNA条形码技术推动了分类学的“文艺复兴”。DNA条形码技术操作的简便性和高效性，将加快物种鉴定和分类进化研究的步伐。DNA条形码技术通过构建标准化数据库进行物种鉴定，容易数字化，短时间即可掌握，易于推广，这是传统医药走向国际化的巨大推动力，是中草药分子鉴定方法学上的创新（Chen et al.，2014）。

利用DNA条形码技术，仅仅需要一小块组织，任何人都可以简单地利用这项技术来检测所遇到的任何生命体，就和商场中扫描仪检测条形码的方式几乎完全一样。我们有理由相信，如果专门针对中草药的DNA条形码进行微型分析扫描仪研制，并连接包括资源分布、功效主治、药品生产信息等海量的数据库，将未知中草药的一部分放进微型分析扫描仪中进行分析，就可以迅速鉴定出该中草药的生物物种，同时还可以了解其在全世界的分布、资源量、所含主要化学成分及其主要功效等各种信息。将微型扫描仪与二维码自动识别技术相结合，将二维码作为DNA的信息载体，并利用日益普及的携带摄像/扫描功能的通信终端及覆盖面积不断扩大的无线网络使得待鉴定对象的信息采集与传输变得更加简单方便，是一种物种移动鉴别系统，能够实现以移动方式进行物种信息的采集和识别，使物种鉴别更为方便快速。

二、DNA条形码的原理及其筛选标准

因为每个物种的DNA序列都是唯一的，DNA条形码通过测定基因组上一段标准的、具有足够变异的DNA序列来实现物种鉴定。理论上这个标准的DNA序列对每个物种来讲都是独特的，每个位点都有A、T、G、C 4种碱基的选择，15bp的DNA序列就有4^{15}种组合编码，从理论上来讲完全可以编码地球上的所有物种。

DNA条形码的选择标准：①标准的短片段。②要有足够的变异，可将物种区分开。作为DNA条形码的序列必须在种间差异比较大，便于进行种的区分；种内序列变异尽量小，从而使种间和种内变异有一个很明晰的界定。③序列两端相对保守，方便引物的设计。

三、DNA条形码的发展

DNA条形码技术是由加拿大科学家Paul Herbert于2003年首次提出的一种新型生物物种鉴定技术。同年，线粒体基因*CO I*被选作动物DNA条形码，因为*CO I*在能够保证足够变异的同时又很容易被通用引物扩增，其DNA序列本身很少存在插入和缺失。同时它还拥有蛋白编码基因所共有的特征，即密码子第三位碱基不受自然选择压力的影响，可以自由变异。Vences等（2005）探讨了DNA条形码对两栖爬行类物种的鉴定能力，结果显示*CO I*基因可以准确鉴定各个物种。Janzen等（2005）建立了基于*CO I*基因序列的分类学平台，对北美哥斯达黎加地区1000多种鳞翅目昆虫的

生物多样性进行调查，发现*CO I*可以鉴定97%的物种。也有学者利用*CO I*序列对鸟类、鱼类、鳞翅目昆虫进行有效的物种鉴别（Hebert et al.，2004；Ward et al.，2005；Hajibabaei et al.，2006）。

然而，植物DNA条形码序列的确定还存在一定的争议，而且关于形态学分类修订和植物DNA条形码相结合的研究较少。另外，在植物DNA条形码筛选研究中同一种内的取样个数不足，应该涉及多产地样品的取样，综合建立该物种的一致序列。Lahaye等（2008）分析了以兰科为主的1600份植物的DNA序列，提出*matK*基因可以揭示隐存种，认为该条形码可有效鉴定《国际濒危野生动植物种贸易公约》（CITES）中列举的濒危植物物种。相对于其他基因组，叶绿体基因组进化较慢，单一条形码可能提供不了足够的变异，可以选择复合序列进行鉴定。然而由于研究材料不同，得出的结论也有所不同。Kress等（2007）认为*psbA-trnH*和*rbcL*序列适合作为植物的条形码，而Chase等（2007）提出*rpoC1*、*rpoB*和*matK*组合，或者*rpoC1*、*matK*和*psbA-trnH*组合作为植物的条形码。2009年在墨西哥召开的第三届国际DNA条形码大会上，国际生命条形码联盟植物工作组发表正式声明，将植物DNA标准条形码的核心条形码定为叶绿体*rbcL*和*matK*两个基因片段，但这对条形码组合对属内物种水平的分辨率较低。2010年，我国学者陈士林等在国际上通过与英国皇家植物园中草药鉴定中心和香港大学的合作研究，对6000余份药用植物样品进行DNA条形码序列筛选，研究表明ITS2的鉴定能力优于国际生命条形码联盟植物工作组提出的*matK*和*rbcL*组合，确立ITS2序列作为药用植物通用条形码。进一步研究表明ITS2在大于5万份植物样本和大于1万份动物样本中具有较强的鉴定能力，并且建立了ITS2用于物种鉴定的网站平台。2013年，陈士林首次提出建立以ITS2为核心、*psbA-trnH*为补充序列的药用植物DNA条形码分子鉴定体系和以*CO I*序列为核心、ITS2为辅助序列的动物类药材DNA条形码分子鉴定体系。该团队创建的中草药DNA条形码分子鉴定系统和数据库涵盖中国、日本、韩国、美国和欧洲药典中记载的绝大部分药材的DNA条形码序列（Chen et al.，2014），对推进中草药鉴定方法通用化、标准化和国际化发挥了重要作用。

四、中草药DNA条形码分子鉴定

DNA条形码目前已广泛运用于药用植物、药材、饮片、中草药种子和中成药等各个领域（赵晴等，2019）。大量学者经过实验研究表明ITS2序列能够很好地鉴定芸香科、蔷薇科、豆科、重楼属、菊科、大戟科、鼠尾草属等多个科属的植物，其鉴定效率均能达到100%（朱英杰等，2010；Gao et al.，2010a，2010b；Pang et al.，2010；方海兰等，2016）。同时相关研究表明*psbA-trnH*序列能够较为准确地鉴定蕨类、忍冬属、列当科、五加科、马鞭草科药用植物（韩建萍等，2010；Ma et al.，2010；Sun et al.，2011；Zuo et al.，2011；陈倩等，2012）。

在中草药方面，辛天怡等（2012）对31份羌活样品的ITS/ITS2序列进行鉴定。结果表明，ITS/ITS2序列能够稳定、准确地鉴定羌活。罗焜等（2012）选取多基原中药材秦艽作为研究对象，广泛收集其主产区不同基原和常见混伪品及其近缘种共86个样品，经过实验发现基于ITS2序列可以100%成功鉴定秦艽药材及其混伪品。庞晓慧等（2012）对27个麻黄基原物种及其混伪品样品进行鉴定，结果显示ITS2序列能鉴别麻黄药材与其他混伪品物种。此外，相关研究表明，DNA条形码对花椒、党参、山茱萸、羌活、赤芍等中药材有良好的鉴定效果（孙稚颖等，2011，2012；赵莎等，2013；Hou et al.，2013；张改霞等，2016b）。

在中药饮片方面，Xin等（2015）采用DNA条形码技术研究了从市场上购买的100份样品中的红景天中药饮片，其中只有36份是2010年版《中华人民共和国药典》收录的大花红景天，其他皆为伪品。辛天怡等（2021）研究了212份市售中药饮片，包含根及根茎、果实或种子、全草、花、叶、

皮、茎木等不同入药部位，证实中药材DNA条形码分子鉴定法能有效检出市售中药饮片的掺伪/混伪现象，可用于市售中药饮片的基原物种鉴定，值得在中药饮片加工生产企业及药品监督检验管理机构推广。

在中成药方面，石林春等（2018）基于DNA宏条形码技术对如意金黄散处方成分进行鉴定，结果显示基于DNA宏条形码技术可检测到除厚朴外的全部处方成分；检测到苍术药材的混伪品朝鲜苍术和天南星药材的混伪品虎掌南星。Xin等（2018a）以龙胆泻肝丸为例建立基于鸟枪法宏基因组测序（shotgun metagenomics sequencing）的中成药基原物种鉴定方法，结果显示市售样品采用"川木通"替代组方规定的"木通"，表明该方法能够检测中成药物种组成，是对复杂组方中成药基原物种鉴定方法研究的新突破。为解决二代测序读长短、耗时长、测序结果需拼接等问题，以益母丸、九味羌活丸为例建立基于SMRT测序（single molecule, real-time sequencing）技术的中成药基原物种鉴定方法，为中成药基原物种鉴定方法开发提供新思路（Jia et al.，2017，Xin et al.，2018b）。刘金欣等基于shotgun metabarcoding对五虎散、青果丸和妇科得生丸进行鉴定，结果显示在市售样品中除检测到处方成分外，还可以有效检测出混伪品、杂质或真菌等非处方成分（Liu et al.，2021a，2021b；Xie et al.，2021）。

第二节　中草药种子DNA条形码分子鉴定技术流程

一、样品收集

对于实验，优质的样品和准确清晰的样品信息是最基本的保障，所以种子样品的收集占有非常重要的地位，通常要考虑到采集、处理、编号等多个方面。

将采集到的新鲜种子摊在阴凉通风处充分阴干，避免阳光暴晒。然后将种子放入烘箱，彻底干燥，使之失去生活力而避免以后霉变等的发生。将干燥后的种子用塑封袋依次装好密封，并在塑封袋上注明采集日期、采集地区，并依据规范的编号格式依次标上相应的编号，确保每一袋样品都有自己的规范编号且不重复、不缺漏，方便之后的实验开展。

二、前处理

1）将样品按序号排好，在实验记录本上记录样品编号和实验编号。摆放2.0mL离心管，写好实验编号。

2）制作酒精棉球，用酒精棉球将桌面、剪刀、镊子等接触种子的所有物品擦拭一遍，剪刀、镊子每次接触种子之前还要用酒精灯灼烧一下，将其上的酒精挥发，防止造成实验误差。

3）千粒重小于1g的种子，归类为微型种子。因个体太小，我们采取以量取样，即称取总质量在3～5mg的多粒种子，共同进行之后的DNA提取；或采用种子萌发的方法取样，挑选一株或多株健壮、无病虫害的种芽，进行总DNA的提取。

4）千粒重在1～5g的种子，归类为小型种子。可采取多粒（一般2粒或3粒即可）取样的方法进行DNA提取；或采用种子萌发的方法取样，挑选一株健壮、无病虫害的种芽，进行总DNA的提取。

5）千粒重在5～100g的种子，归类为中型种子。我们采取单个取样，即以单粒种子为实验量，每次取样之前需用酒精棉球擦拭种子表面，以除去种子表面的灰尘、分泌物等污染物。

6）千粒重大于100g的种子，归类为大型种子。我们仍采取以量取样，即将大种子分成小块，称取质量为30～50mg的碎块、种皮或子叶，进行之后的DNA提取。

7）每份样品中加入两个灭菌后的研磨球。

8）将质量相近的样品两两对称放入球磨仪中，研磨2min。

三、DNA提取

DNA提取主要分为3个步骤，每个步骤的具体方法可以根据样品的种类、影响提取的物质以及后续步骤的不同而各有差异。第一步：细胞裂解。第二步：加入蛋白酶、乙酸盐沉淀，酚-氯仿溶液抽提，从而除去蛋白质、多糖、脂质等杂质。第三步：根据DNA不溶于醇溶液的性质，将DNA置于冷乙醇或者异丙醇中沉淀，可以进一步除去盐分。DNA提取效果依据不同样品类型来确定，一般通过A_{260}、A_{260}/A_{280}分别检测DNA的浓度、纯度，纯度较高DNA的A_{260}/A_{280}值应在1.8～2.0。DNA提取通常采用CTAB法，也可使用商品试剂盒（包括分柱式法和磁珠式法），具体如下。

（一）CTAB提取法

CTAB是一种阳离子去污剂，具有从低离子强度溶液中沉淀核酸与酸性多聚糖的特性。在高离子强度的溶液中（>0.7mol/L NaCl），CTAB与蛋白质和多聚糖形成复合物，且不能沉淀核酸。通过有机溶剂抽提，去除蛋白质、多糖、酚类等杂质后加入乙醇沉淀即可使核酸分离出来。具体操作步骤如下。

1）2% CTAB抽提缓冲液在65℃水浴中预热。

2）在经前处理后的样品中加入700μL 2% CTAB抽提缓冲液，轻轻振动。

3）65℃水浴2h或56℃水浴过夜。

4）加入700μL氯仿-异戊醇溶液（24∶1），振荡2min，使两者混合均匀。

5）12 000r/min离心5min，与此同时，将600μL异丙醇加入另一个新的灭菌离心管中。

6）用移液枪轻轻地吸取上清液，转入含有异丙醇的离心管内，将离心管慢慢上下摇动30s，使异丙醇与水层充分混合。

7）12 000r/min离心5min，倒掉液体。

8）加入720μL 75%乙醇及80μL 5%乙酸钠，轻轻转动，用手指弹管底。

9）放置30min。

10）12 000r/min离心1min，倒掉液体，再加入800μL 75%乙醇，将DNA再洗涤30min。

11）12 000r/min离心30s，立即倒掉液体，将离心管倒立于铺开的纸巾上；数分钟后直立离心管，干燥DNA。

12）加入50μL 0.5×TE缓冲液，使DNA溶解。

（二）分柱式试剂盒提取法

采用分柱式试剂盒提取总DNA时，DNA与组蛋白构成核小体，核小体缠绕成中空的螺旋管状结构，即染色丝，染色丝再与许多非组蛋白形成染色体。染色体存在于细胞核中，外有核膜及细胞膜。从组织中提取DNA必须先将组织分散成单个细胞，然后破碎细胞膜及核膜，使染色体释放出来，同时去除与DNA结合的组蛋白及非组蛋白。具体操作步骤如下。

1）种子样品经前处理后，加入700μL 65℃预热的裂解液，涡旋混匀2min，包封口膜，65℃水浴2h或56℃水浴过夜。在通风橱中加入700μL酚-氯仿-异戊醇溶液（25：24：1），混匀2min，12 000r/min离心5min，用200μL移液枪吸取上清液，记录上清液的量（若中间层很多，重复此步骤）。

2）在通风橱中加入与上清液等量的氯仿-异戊醇溶液（24：1），混匀2min，12 000r/min离心5min，用200μL移液枪吸取上清液，记录上清液的量。

3）加入与上清液等量的异丙醇，上下轻柔颠倒混匀，放置于－20℃冰箱中，冷藏30min以上（异丙醇提前－20℃预冷）。

4）从冰箱中取出样品，将样品用移液枪转移到DNA纯化柱中，放置2min，12 000r/min离心45s，弃滤液。

5）加入500μL漂洗液1（新试剂用前加乙醇），放置2min，12 000r/min离心45s，弃滤液。

6）加入600μL漂洗液2（新试剂用前加乙醇），放置2min，12 000r/min离心45s，弃滤液。此步骤重复一次。

7）再次12 000r/min离心2min。

8）取足够数量的尖头离心管，管身标号并写上日期，将DNA纯化柱取出并放入离心管中，在灭菌后的超净工作台中打开盖子（要提前紫外灭菌，20～30min），使乙醇挥发（5min左右，中档风，太久则DNA过干）。

9）加入50μL双蒸水于中间白色膜上（每加一次都要更换枪头，否则造成污染），放置2min，12 000r/min离心2min，弃DNA纯化柱。尖头离心管中的液体即DNA模板。

（三）磁珠式试剂盒提取法

采用磁珠式试剂盒提取DNA是利用了磁珠的磁性以及特异性吸附的能力，通过在磁珠表面加入能够与DNA特异性结合吸附的基因，DNA被吸附到磁珠表面，而蛋白质等分子不可以被吸附，从而实现对DNA的富集与纯化。采用磁珠式试剂盒提取的DNA纯度较高，并且可免除离心这一操作步骤，可以实现自动化提取。具体操作步骤如下。

1）在前处理后的种子样品中加入制备的裂解液700μL（可视种子的量而定），65℃水浴2h或56℃水浴过夜。

2）12 000r/min离心5min，取上清液转移到新离心管。

3）涡旋振荡磁珠储存液，使磁珠悬浮。在液体中加入磁珠7μL（使用前混匀），短暂涡旋振荡，室温放置5min以上。

4）短暂涡旋振荡，将离心管放于磁力架上，磁性分离马上开始，小心吸取并弃去溶液。

5）加入制备的裂解液100μL，重复步骤4）。

6）加入制备的洗涤液（通常为70%～80%的乙醇水溶液）500μL，重复步骤4），共洗涤2次或3次。

7）在室温下干燥5～10min，加入洗脱液或纯水50～100μL，短暂涡旋振荡。

8）短暂涡旋振荡后，将离心管放于磁力架上，将洗脱的DNA液体转移到另一个离心管中，即获得DNA模板。

四、聚合酶链反应

聚合酶链反应（polymerase chain reaction，PCR）是指在DNA聚合酶的催化下，以母链DNA为模板，以特定引物为延伸起点，通过变性、退火、延伸等步骤，体外复制出与母链模板DNA互补的子链DNA的过程。PCR可以在体外扩增任一目的DNA，具有很强的高效性和特异性，可用于基因序列分析、基因表达调控、基因多样性研究等许多方面。

PCR扩增采用通用引物，常用DNA条形码引物及反应条件见表3-1。在中药材DNA条形码分子鉴定原则指导下，以ITS2为例，扩增正向引物ITS2F为5′-ATGCGATACTTGGTGTGAAT-3′，扩增反向引物ITS3R为5′-GACGCTTCTCCAGACTACAAT-3′。PCR扩增体系共25μL，分别为：PCR预混液（Mix）12.5μL，ddH_2O 8.5μL，正向、反向引物（2.5μmol/L）各1μL，DNA模板2μL。PCR扩增程序为：94℃ 5min；94℃ 30s，56℃ 30s，72℃ 45s，40个循环；72℃ 10min。具体操作步骤如下。

1）提前取出引物、双蒸水和Mix，置于4℃冰箱解冻。摆好PCR管，并写上实验编号。

2）用酒精棉球仔细擦拭移液枪和超净工作台台面。

3）将移液枪、枪头、PCR管放在超净工作台中紫外灭菌10min左右。

4）计算PCR体系，每个PCR管中Mix 12.5μL，双蒸水8.5μL，正向、反向引物各1μL，DNA模板2μL。Mix、双蒸水、引物按比例配好，置于1.5mL尖头离心管中，上下颠倒混匀，弹去气泡后短暂离心。

5）用冰盒取冰，将DNA模板、引物、双蒸水和Mix放在冰上。引物和Mix颠倒混匀后短暂离心。

6）每个PCR管中放入23μL PCR体系。

7）再加入2μL DNA模板。

8）轻弹混匀，弹去管中气泡并短暂离心。

9）放入PCR仪中，尽量居中放置。选择条件，点击“运行”。

表3-1　常用DNA条形码引物及反应条件

序列名称	引物名称	引物序列（5′→3′）	PCR反应条件
ITS2	ITS2F	ATGCGATACTTGGTGTGAAT	94℃ 5min；94℃ 30s，56℃ 30s，72℃ 45s，40个循环；72℃ 10min
	ITS3R	GACGCTTCTCCAGACTACAAT	
	ITS2F1	CAGAATCCCGTGAACCATC	94℃ 5min；94℃ 30s，56℃ 30s，72℃ 45s，35个循环；72℃ 10min
	ITS2R1	TCCTCCGCTTATTGATATGC	
psbA-trnH	*psb*AF	GTTATGCATGAACGTAATGCTC	94℃ 5min；94℃ 30s，55℃ 1min，72℃ 1min，35个循环；72℃ 10min
	*trn*HR	CGCGCATGGTGGATTCACAATCC	
	*psb*A	CGAAGCTCCATCTACAAATGG	94℃ 5min；94℃ 1min，55℃ 1min，72℃ 1.5min，30个循环；72℃ 7min
	*trn*H	ACTGCCTTGATCCACTTGGC	

PCR反应的最大特点是具有较大的扩增能力与极高的灵敏性，但令人头痛的问题是易污染，极其微量的污染即可造成假阳性的产生。造成污染的原因主要有以下几个方面。

1）标本间交叉污染：标本污染主要有收集标本的容器被污染，或标本放置时，由于密封不严溢于容器外，或容器外粘有标本而造成相互间交叉污染；核酸模板在提取过程中，由移液枪污染导致标本间污染；有些微生物标本尤其是病毒可随气溶胶或形成气溶胶而扩散，导致彼此间的污染，这一点是非常容易忽视的。

2）PCR试剂的污染：主要是在PCR试剂配制过程中，加样枪、容器、双蒸水及其他溶液被核酸模板污染。

3）PCR扩增产物污染：这是PCR反应中最主要、最常见的污染问题，因为PCR产物拷贝量

大（一般为10^{13}个拷贝/mL），远远高于PCR检测数的极限，所以极微量的PCR产物污染就可造成假阳性。

4）实验室中克隆质粒的污染：在分子生物学实验室及某些用克隆质粒做阳性对照的检验室，这种污染比较常见。因为克隆质粒在单位容积内含量相当高，在纯化过程中需用较多的用具及试剂，而且在活细胞内的质粒，由于活细胞生长繁殖快且具有很强的生命力，其污染可能性也很大。

而针对以上污染问题，我们总结出了几个应对措施，以便降低实验污染率。

1）合理分隔实验室：将样品的处理、配制PCR反应液、PCR循环扩增及PCR产物的鉴定等步骤分区或分室进行，特别注意样本处理及PCR产物的鉴定应与其他步骤严格分开。最好能划分：①标本处理区；②PCR反应液制备区；③PCR循环扩增区；④PCR产物鉴定区。其实验用品及吸样枪应专用，实验前应将实验室用紫外线消毒以破坏残留的DNA或RNA。

2）防止移液枪污染：移液枪污染是一个比较常见的问题。由于操作时不慎将样品或核酸模板吸入枪内或粘到枪头上而成为一个严重的污染源，因而加样或吸取核酸模板时要十分小心，吸样要慢，吸样时尽量一次性完成，忌多次抽吸，以免交叉污染或产生气溶胶污染。

3）预混并分装PCR试剂：所有的PCR试剂都应小量分装，如有可能，PCR反应液应预先配制好，然后小量分装，−20℃保存，从而减少重复加样次数，避免污染。另外，PCR试剂、PCR反应液应与样品及PCR产物分开保存，不应放于同一冰盒或同一冰箱中。

4）防止操作人员污染，使用一次性手套，吸头、离心管不要重复使用。

5）设立适当的阳性对照和阴性对照，阳性对照以能出现扩增条带的最低量的标准病原体核酸为宜，并注意交叉污染的可能性，每次反应都应有一管不加模板的试剂对照及相应不含有被扩增核酸的样品作为阴性对照。

6）减少PCR循环次数，只要PCR产物达到检测水平就适可而止。

7）选择质量好的离心管，避免样品外溢及外来核酸污染，打开离心管前应先离心，将管壁及管盖上的液体甩至管底部。开管动作要轻，以防管内液体溅出。

五、琼脂糖凝胶电泳

电泳是用于分离和纯化DNA片段的常用手段，琼脂糖凝胶电泳是以琼脂糖作为支持介质的一种电泳方法。DNA分子在琼脂糖凝胶中泳动时有电荷效应和分子筛效应。DNA分子在高于其等电点的pH溶液中带负电荷，在电场中向正极移动。由于糖-磷酸骨架在结构上的重复性质，相同数量的双链DNA几乎具有等量的净电荷，因此它们能以同样的速率向正极方向移动。电泳需在独立的区域进行，并划分洁净区和污染区，操作时应避免污染洁净区。

本实验的琼脂糖浓度为1%，缓冲液为0.5% TBE，需要注意的是缓冲液多次使用后，可能会出现条带不清晰、不规则的现象。参考电泳条件为U=140V，I=30A，30min。点样量为3～5μL。详细操作步骤如下。

1）以制作100mL凝胶为例，称取1g琼脂糖放入胶瓶中，量取100mL TBE加入胶瓶中，摇匀溶解并放入微波炉中，中火加热溶解。其间戴好手套摆放制胶盒和梳子，摆好污染区胶瓶。

2）取出微波炉中的胶瓶，置于水龙头下冲洗瓶壁，使胶瓶温度降至60℃左右。

3）打开染色剂瓶口，拿移液枪吸取染色剂并加入污染区胶瓶中，伸入液面以下抽打3或4次。

4）摇匀琼脂后倒入胶盒中，左右摇动排出气泡，若有大气泡则用剪子剪碎或重新插梳子。

5）清洗污染区胶瓶。

6）PCR完成后，取出样品。打开电泳仪，取出制好的胶，放入电泳槽中。电泳槽中的液体应没过胶。

7）从每个PCR原液中吸取3～5μL进行点样，一头一尾点Marker。

8）盖上电泳槽盖子，点击“开始键”开始电泳。

9）电泳完成后，打开凝胶成像仪和计算机软件。小心取出胶，放入凝胶成像仪中，在白光下调整大小。点击“UV”，点击“自动曝光”，待图像清晰后点击“停止”，拍照并保存。

六、序列分析与物种鉴定

1977年，Sanger等发展建立了一种DNA测序方法，即双脱氧链末端终止法。

双脱氧链末端终止法通过使用链终止剂——2′,3′-双脱氧核苷三磷酸（ddNTP），将延伸的DNA链特异性地终止。反应体系包括单链模板、引物、4种dNTP和DNA聚合酶。共分4组，每组按一定比例加入一种ddNTP，它能随机渗入合成的DNA链中，一旦渗入合成即终止，于是各种不同片段大小的末端核苷酸必定为该组对应的核苷酸，可以从放射自显影带上直接阅读DNA的核苷酸序列。双脱氧链末端终止法不仅具有化学测序法的优点，而且更适用于大规模的测序。但它要求有一个纯净的单链DNA模板和一个合成反应所需的特异性引物。因此，早期的工作仅局限于以单链噬菌体为模板，以若干个不同的特定限制性内切酶酶解片段为引物，在模板链的不同部位引导合成，从而确定出噬菌体DNA的核酸序列。

CodonCode Aligner是一个DNA序列分析软件，可用于DNA测序峰图的查看、突变分析、contig编辑、序列拼接，广泛用于进化学、生物学以及生物制药领域。具体操作步骤如下。

1）建立一个新的project，导入测序文件（注意文件格式为.ab1）。

2）进行序列组装：点击“Assemble”或“Assemble in group”按钮，“Assemble in group”可以根据数据的命名格式，选择合适的区分条件将相同样品的序列合并在一起。

3）查看每个contig的首尾端测序结果，对结果不好的contig进行人工校对或删除。

4）依次点击“File”“Save Project as”，保存文件名为“样品名称_引物名_日期”的project文件。

5）依次点击“File”“Export”“Consensus Sequences”，保存文件名为“样品名称_引物名_日期.fasta”的consensus文件。

6）关闭project文件，将consensus文件拖入CodonCode Aligner软件中，选中全部序列，依次点击“contig”“Align with Muscle”，打开生成的contig，切除正反引物。

7）依次点击“File”“Export”“Samples”，保存文件名为“RemovePrimer_样品名称_引物名_日期.fasta”的文件。

8）若是ITS2序列，切除其5.8S和28S序列；若是*psbA-trnH*序列，切除其*psbA*和*trnH*序列。保存文件名为“Annotate_样品名称_引物名_日期.fasta”的文件。

9）将获得的序列在中药材DNA条形码分子鉴定系统或GenBank数据库中通过BLAST方法进行物种鉴定。

第三节　中草药种子DNA条形码分子鉴定与服务平台

在获得中草药种子的DNA条形码序列后，即可通过DNA条形码数据库进行物种鉴定。该数

据库是陈士林团队在国际科技合作项目、卫生行业科研专项、863计划项目等的资助下，经过10余年研究，先后收集了近万个物种的样品并测序，获得了数万条DNA条形码序列。涵盖2010年版《中华人民共和国药典》收录的几乎所有动植物药材及其常见混伪品，同时包含日本、韩国、印度、美国和欧洲药典95%以上的药材。中草药种子DNA条形码分子鉴定扩展数据库中共包含数十万个物种，百万余条序列。为确保样品的准确性和代表性，样品采集尽量覆盖药材原产地、主产地及其主要分布区，并由国内外权威专家采用经典分类方法确定其基原。数据库中的其他序列来源于国内合作者以及经核实的GenBank序列。为保证中草药种子DNA条形码数据库的可靠性，序列采用严格的校对机制，以确保获得的序列和基原样品的一致性，规范数据库管理，实现数据库安全维护和有序增减。

中药材DNA条形码数据库用于存储中药材的样品采集信息、标准DNA条形码序列、相关研究资料和操作流程，是实现中药材DNA条形码研究和中药材DNA条形码分子鉴定的重要生物信息学平台，是中药材DNA条形码分子鉴定法顺利实施的重要保障。当前，中药材监管部门、中药材生产企业、中药材研究单位和个人均可通过中药材DNA条形码分子鉴定系统（http://www.tcmbarcode.cn）进行自由访问。

一、数据库构成

中药材DNA条形码数据库由样品数据库、序列数据库和文献数据库构成。其中，样品数据库包含完整的样品采集和鉴定信息，即样品编号、分类信息、凭证信息、采集者、采集地、鉴定者、一张到数张样品及生境照片等。序列数据库包含药材的DNA条形码序列，其中植物药材以ITS2序列为主，以*psbA-trnH*序列为辅；动物药材以*CO Ⅰ*序列为主，以ITS2序列为辅。文献数据库包含国内外中药材DNA条形码相关研究文献和中药材DNA条形码分子鉴定法标准操作流程。

中药材DNA条形码分子鉴定系统包括首页、物种鉴定、方法与流程、数据库、新闻资讯、文献资料、数据提交、联系我们等8个模块。其中，首页为导航页面，包括系统介绍、新闻资讯、物种鉴定、方法与流程、文献资料和友情链接等。物种鉴定模块用于实施DNA条形码序列鉴定，可用于鉴定的序列包括ITS2、*psbA-trnH*和*CO Ⅰ*。方法与流程模块包括样品采集流程、DNA提取流程、扩增和测序流程、序列拼接流程和物种鉴定流程，详细过程见中药材DNA条形码分子鉴定技术流程：①样品采集流程，主要包括植物类药材和动物类药材的样品采集、前处理和保存；②DNA提取流程，包括DNA提取的常用方法，进行中药材DNA提取的注意事项；③扩增和测序流程，包括PCR扩增方法和序列测定方法；④序列拼接流程，包括序列质量与方向的评价和序列拼接软件的应用；⑤物种鉴定流程，包含使用“物种鉴定”功能进行鉴定的基本方法。数据库模块主要介绍中草药DNA条形码分子鉴定数据库的基本信息、鉴定方法。新闻资讯模块报道DNA条形码的最新进展和会议等。文献资料模块对DNA条形码的最新文献、操作方法进行跟踪。

二、数据库序列核查

依照《中药材DNA条形码分子鉴定法指导原则》对实验序列进行质量核验，并核实序列与样品形态学鉴定的一致性。质量核验的方法为：以20bp的窗口分别从序列5′端和3′端进行滑动，如果窗口内有多于2个碱基的Q值＜20，则删除一个碱基，窗口继续滑动一个碱基，如果窗口碱基Q值＜20的数目少于或等于2个，窗口停止滑动。测序峰图的剩余部分长度≥300bp，平均Q值≥30。

拼接结果长度须＞150bp，Q值＜20的碱基数须≤总碱基的1%，平均Q值≥40。

对于来自GenBank的序列采用BLAST分析防错、系统树分析防错和Barcoding Gap检验防错等三大校对防错机制核验序列的可靠性。具体为：①BLAST分析防错，即采用BLAST方法，将待核验序列与DNA条形码数据库或GenBank公共数据库进行比对，查看数据库中该序列所对应物种或密切相关物种的序列是否在“Best Hit”中；②系统树分析防错，即对于待核验序列与数据库中已获得的该序列所对应物种和密切相关物种的序列，利用MEGA6软件构建NJ系统发育树，查看NJ系统发育树中该序列与该序列所对应物种和密切相关物种序列的相互关系，并结合已有相关研究文献进行验证；③Barcoding Gap检验防错，即计算待核验序列与数据库中已获得的该序列所对应物种种内K2P遗传距离，计算待核验序列与数据库中已获得的该序列所对应物种和密切相关物种序列的种间K2P遗传距离，分析种内最大K2P遗传距离和种间最小K2P遗传距离。

三、物种鉴定操作方法

未知样品可通过中药材DNA条形码分子鉴定系统进行鉴定，访问地址为http://www.tcmbarcode.cn。目前，该系统分为中文版和英文版，但数据库始终保持一致性。操作方法主要分为查询序列输入、序列鉴定和结果判断3个过程。

1. 查询序列输入

用户首先选择物种鉴定模块，然后根据序列选择相应的序列数据库，如ITS2或*psbA-trnH*，将测序获得的DNA条形码序列粘贴到物种鉴定模块的查询框中。

输入序列分为两种格式：fasta序列格式和纯序列格式。对于查询序列，ITS2序列应大于150bp，*psbA-trnH*序列应大于100bp。对于不确定的碱基N，应不多于序列总长度的1%。

2. 序列鉴定

在输入序列后，用户可点击“提交”按钮进行鉴定。中药材DNA条形码数据库网络信息平台可以很快查询到数据库中与未知样品序列最相似的序列，并给出数据库中该序列查询到的物种信息。

3. 结果判断

系统在鉴定完成后，返回3个结果以帮助用户判断查询序列的物种。首先，该系统给出与查询序列最接近的物种信息，包括物种的拉丁名、异名和中文名。其次，该系统给出查询结果的列表信息，为便于使用者对鉴定结果进行核对，物种鉴定系统同时列出了数据库中与查询序列相似性最高的前20条序列，并列出序列相似性、分值、E值及比对信息，其中，序列相似性和分值越高的序列比对结果越好，E值越小比对结果越可靠。最后，该系统显示出详细的序列比对信息，帮助用户对比对结果进行详细分析。

第四节　不同类型中草药种子DNA条形码分子鉴定关键技术

各种药用植物种子的大小、形状、外表的颜色，以及种子内所含的成分（如蛋白质、脂质、多糖等）各不相同。而DNA提取的重要步骤就是加入蛋白酶、乙酸盐沉淀，酚/氯仿溶液抽提，尽可

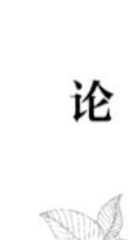

能去除蛋白质、多糖、脂质等杂质，得到纯净的DNA样品。本部分按照种子千粒重进行分级，讨论不同类型种子的处理方法。

对于千粒重小于1g的种子，归类为微型种子。微型种子在提取时，若采取单粒取样的方法，由于种子个体极小，易产生以下问题：一是取样过程十分困难，会出现多粒粘连、不易夹取等；二是提取结果中的OD值非常小，甚至有些小于10。因此，对于微型种子，我们采取定量取样的方法，即称取总质量为3～5mg的种子，共同进行之后的提取步骤。例如，对于鹅不食草种子（图3-1），称取总质量为4.00mg的样品；对于毛钩藤种子（图3-2），称取总质量为4.41mg的样品。

图3-1　鹅不食草种子　　图3-2　毛钩藤种子

对于千粒重为1～5g的种子，归类为小型种子。小型种子在提取时，采用多粒种子的取样方法，也可以采用在适宜条件下种子萌发的办法。

对于千粒重为5～100g的种子，归类为中型种子。处于这个范围内的种子，实验操作比较简单，实验结果通常也在理论范围内，提取DNA浓度较高，若非油质种子，其杂质也相对较少。我们采取个体取样的方法，即以单粒种子为实验量，每次取样之前需用酒精棉球擦拭种子表面，以除去种子表面的灰尘、分泌物等污染物。

对于千粒重大于100g的种子，归类为大型种子。这类种子由于个体较大，取样时常面临两个问题：一是样品太大，将其转移到2mL 离心管时存在很大困难，并且在之后的研磨中较难磨碎；二是这个范围内的种子体内含有的蛋白质、脂质、多糖等杂质较多，对实验结果有很大影响。因此，对于大型种子，采用种皮或子叶取样的方法，使用酒精棉球消毒后，称取质量为30～50mg的种皮，再进行之后的提取步骤。例如，对于刀豆种子（图3-3），种皮取样量为18.98mg；对于使君子种子（图3-4），种皮取样量为31.08mg；对于山桃种子（图3-5），子叶取样量为29.80mg；对于赤芍种子（图3-6），种皮取样量为46.27mg。

不同类型的种子按照各自的方法完成取样后，我们采用分柱式试剂盒进行DNA提取，之后进行PCR扩增、琼脂糖凝胶电泳、测序与序列拼接，具体操作方法参见第三章第二节。最后，结合中药材DNA条形码数据库进行物种鉴定。

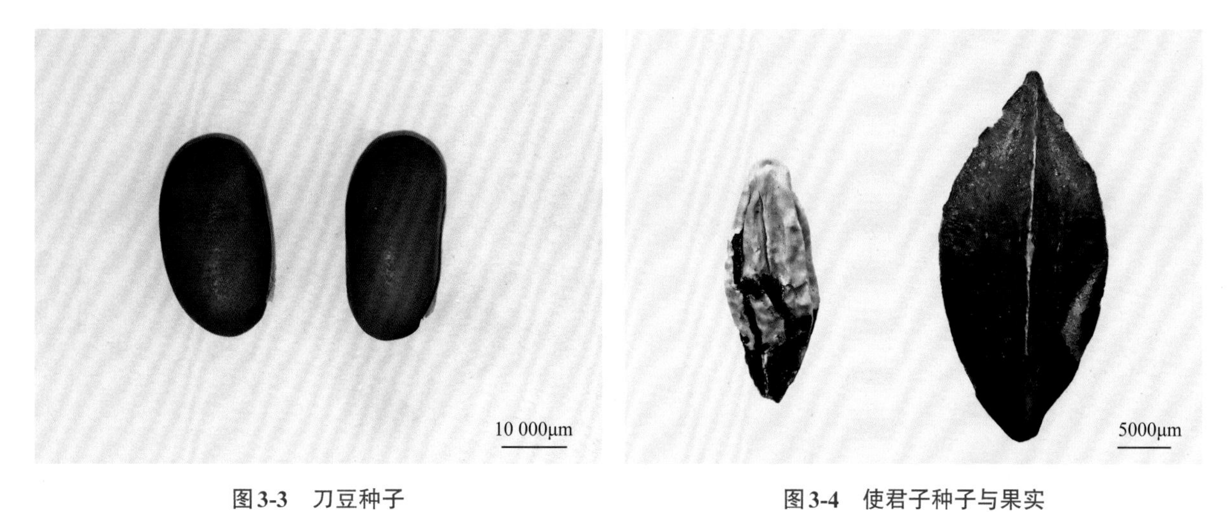

图3-3　刀豆种子

图3-4　使君子种子与果实

图3-5　山桃种子与果核

图3-6　赤芍种子

第四章　中草药种子DNA条形码分子鉴定研究实例

传统鉴定方法仅可以对种子类中草药和部分中草药种子进行鉴定，同时中草药种子与中草药有所不同，不同产地、不同生存气候产出的种子的形态特征有较大差异，即使是同一产地的种子也会有很多变异类型，利用物种表现型的差异进行鉴定易出现误差。因此，需要采用一种准确率高、不受环境条件影响、不依赖种子的表现型和内含物成分的方法对中草药种子进行鉴定。本章按照不同类型中草药种子的DNA条形码分子鉴定技术展开叙述，中草药种子的详细分类标准参照第三章第四节。

第一节　微型中草药种子的DNA条形码分子鉴定研究

一、微型中草药种子的DNA条形码分子鉴定关键技术

对于单粒质量小于1mg的种子，称取多粒种子3～5mg；或针对DNA难以提取的微型种子，如蒲公英、薯蓣等，取多粒种子，在适宜条件下萌发，挑选一株健壮、无病害的种芽，使用酒精棉球擦去其表面杂质后晾干，称重，记录，之后进行总DNA的提取。其余步骤参照第三章第二节中草药种子DNA条形码分子鉴定技术流程。

二、研究实例

（一）毛钩藤种子的DNA条形码分子鉴定

毛钩藤 *Uncaria hirsuta* Havil.，茜草科藤本，以带钩茎枝入药。

1. DNA提取与序列扩增

称取3～5mg，按照微型种子DNA提取方法操作。ITS2序列通用引物扩增困难，采用新设计引物ITS2F1/ITS2R1进行扩增，反应体系和扩增程序参照《中华人民共和国药典》（2020年版　四部）中的“9107　中药材DNA条形码分子鉴定法指导原则”标准流程操作。

2. ITS2峰图与序列

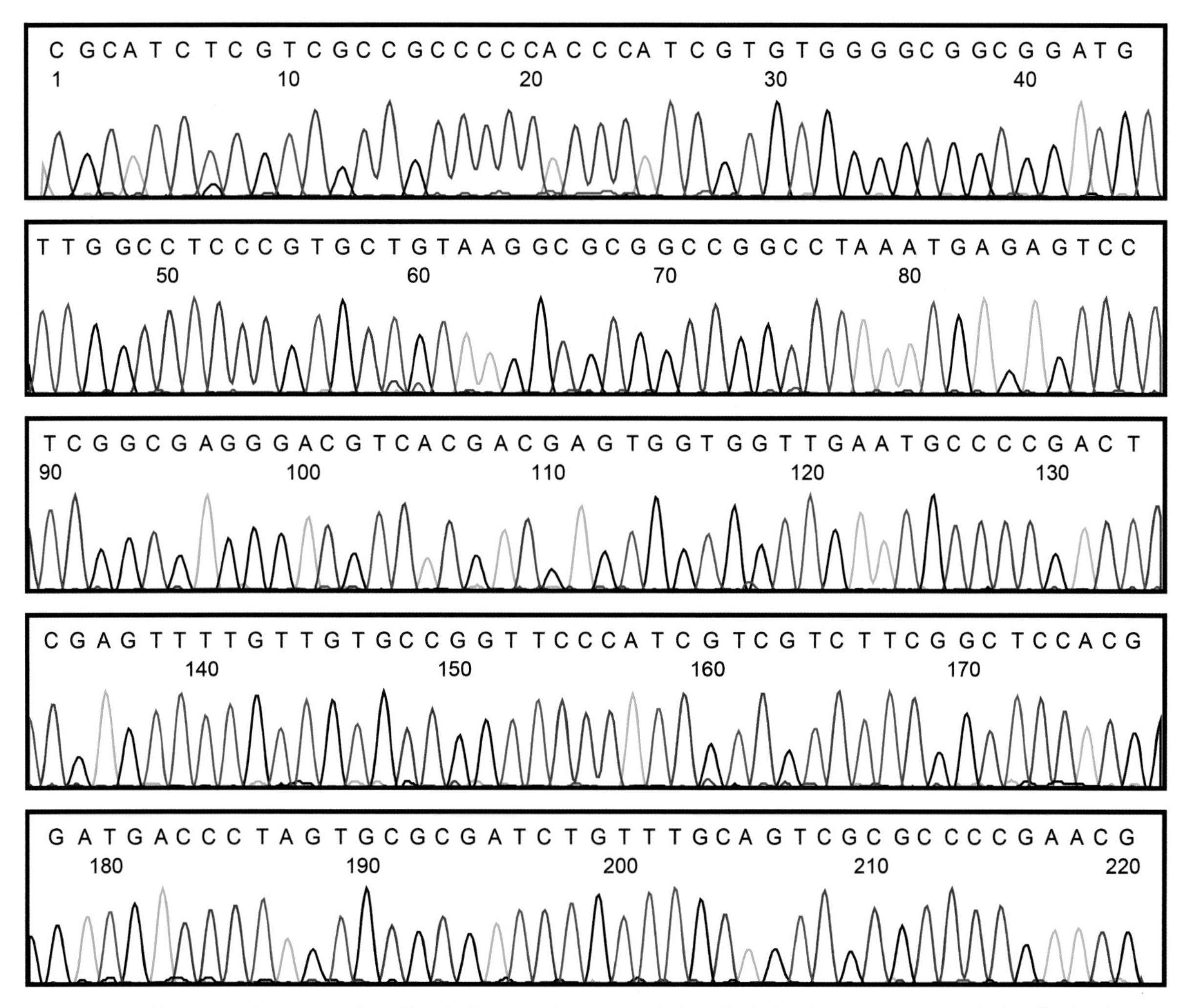

1　CGCATCTCGT CGCCGCCCCC ACCCATCGTG TGGGGCGGCG GATGTTGGCC TCCCGTGCTG TAAGGCGCGG CCGGCCTAAA
81　TGAGAGTCCT CGGCGAGGGA CGTCACGACG AGTGGTGGTT GAATGCCCCG ACTCGAGTTT TGTTGTGCCG GTTCCCATCG
161 TCGTCTTCGG CTCCACGGAT GACCCTAGTG CGCGATCTGT TTGCAGTCGC GCCCCGAACG

（二）蒲公英种子的DNA条形码分子鉴定

蒲公英*Taraxacum mongolicum* Hand.-Mazz.，菊科多年生草本，以全草入药。

1. DNA提取与序列扩增

在适宜条件下萌发种子，挑取一株健壮、无病害的种芽，按照种芽DNA提取方法操作。ITS2序列的获得参照“9107　中药材DNA条形码分子鉴定法指导原则”标准流程操作。

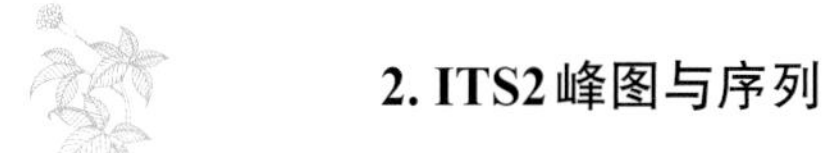

2. ITS2峰图与序列

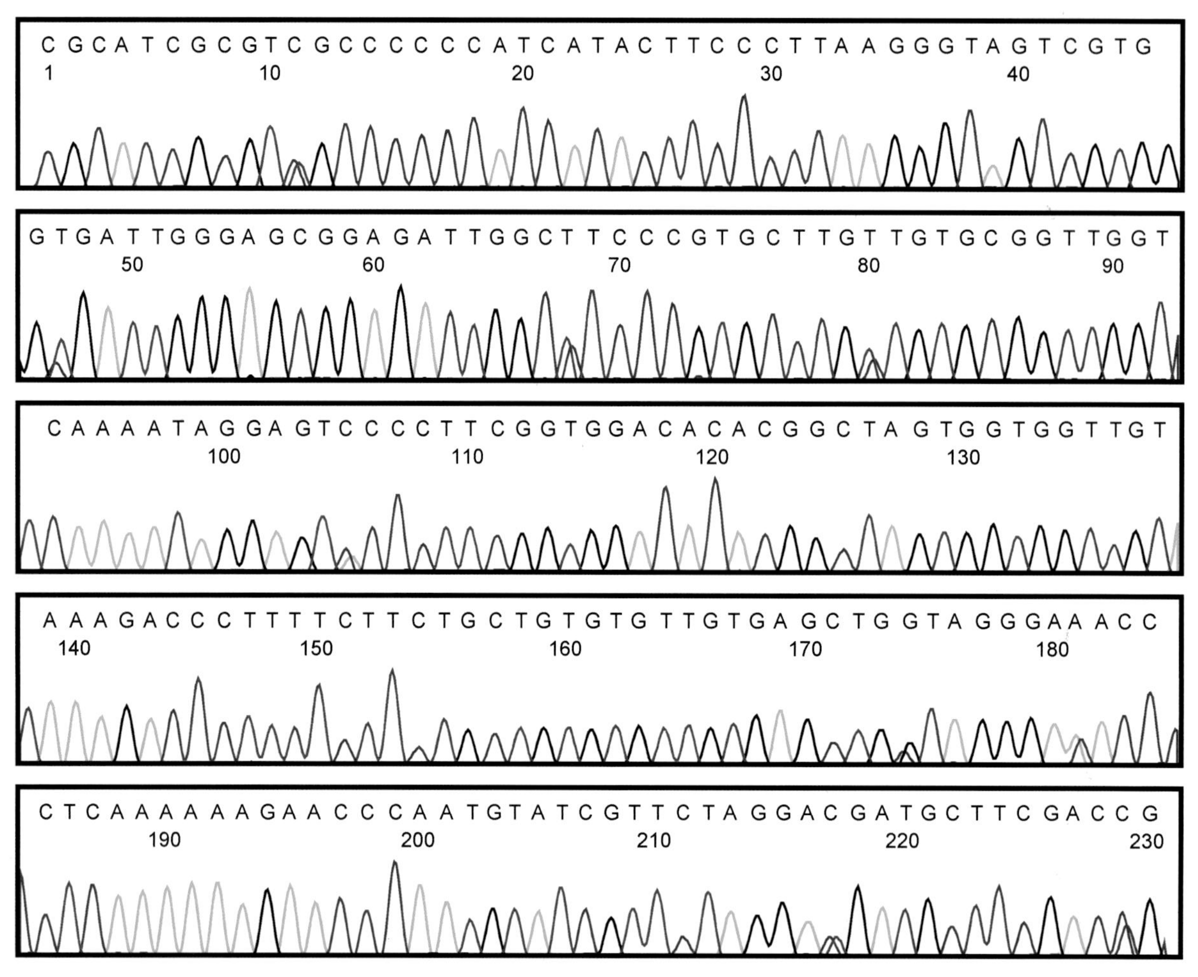

1 CGCATCGCGT CGCCCCCCAT CATACTTCCC TTAAGGGTAG TCGTGGTGAT TGGGAGCGGA GATTGGCTTC CCGTGCTTGT
81 TGTGCGGTTG GTCAAAATAG GAGTCCCCTT CGGTGGACAC ACGGCTAGTG GTGGTTGTAA AGACCCTTTT CTTCTGCTGT
161 GTGTTGTGAG CTGGTAGGGA AACCCTCAAA AAAGAACCCA ATGTATCGTT CTAGGACGAT GCTTCGACCG

第二节　小型中草药种子的DNA条形码分子鉴定研究

一、小型中草药种子的DNA条形码分子鉴定关键技术

对于单粒质量为1～5mg的种子，既可以采取多粒取样的方法也可以采取种子萌发的办法。其余步骤参照第三章第二节中草药种子DNA条形码分子鉴定技术流程。

二、研究实例：基于DNA条形码技术的黄芩种子基原鉴定

中草药黄芩为唇形科植物黄芩 *Scutellaria baicalensis* Georgi的干燥根。近几年来，随着黄芩价格走出低谷，各地产区均有扩种，对黄芩种子需求也大幅增加，供求关系导致黄芩种子价格稳步上

扬、货源紧张、质量良莠不齐，存在部分混杂现象。准确鉴定黄芩种子基原，从源头上保证黄芩药材质量稳定可控，意义重大。

1. DNA提取与序列扩增

挑选多粒籽粒饱满的种子，按小型种子DNA提取方法操作。ITS2序列的扩增引物、PCR体系和扩增程序参照“9107　中药材DNA条形码分子鉴定法指导原则”标准流程操作。PCR产物经纯化后，使用测序仪进行双向测序，参照“9107　中药材DNA条形码分子鉴定法指导原则”判断测序峰图质量。

2. 黄芩标准ITS2条形码序列特征

共收集黄芩样品93份，包含对照药材、基原植物、生药材和GenBank序列，获得93条ITS2序列。黄芩种内K2P遗传距离的平均值为0.0037±0.0057，种内K2P遗传距离的最大值为0.0222。黄芩代用品主要为甘肃黄芩和黏毛黄芩，其中黄芩与甘肃黄芩的种间距离平均值为0.0436±0.0048，种间距离的最小值为0.0404。黄芩与黏毛黄芩的种间距离平均值为0.0320±0.0072，种间距离的最小值为0.0271。由构建的NJ系统发育树可知，黄芩、甘肃黄芩、黏毛黄芩分别聚为独立的支，相互之间可以明确区分（图4-1）。

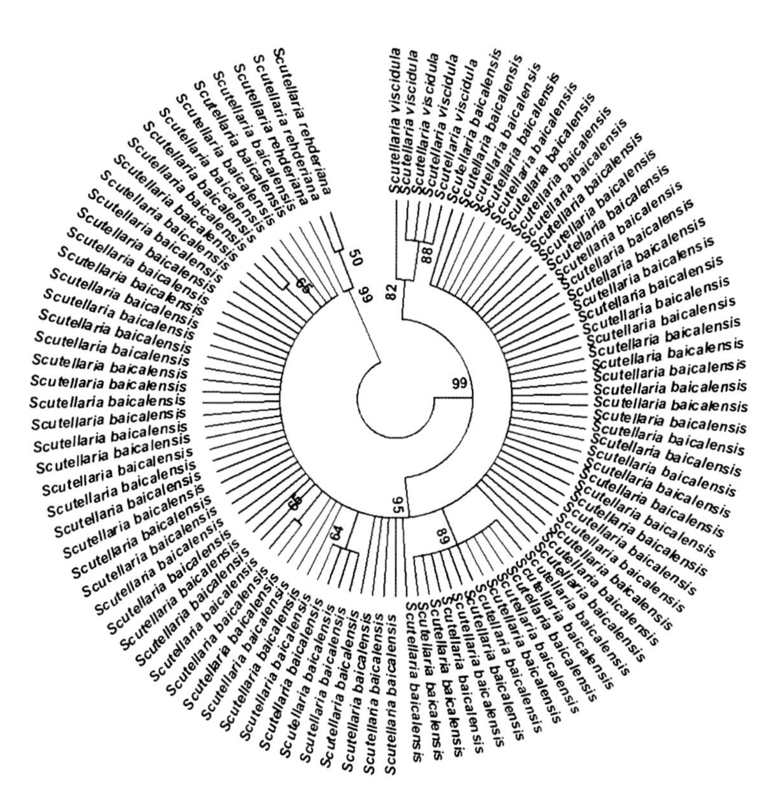

图4-1　基于黄芩及其代用品的ITS2序列构建的NJ系统发育树

3. 市售黄芩种子的基原鉴定

共收集黄芩种子样品62份，每份样品挑取3粒或4粒种子进行ITS2条形码序列获取，共获得195条序列，相关序列已提交NCBI（https://www.ncbi.nlm.nih.gov）。基于建立的黄芩ITS2条形码

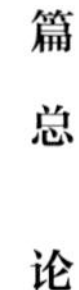

数据库，分别使用BLAST方法、遗传距离法、NJ系统发育树法进行基原物种鉴定，结果表明193条ITS2序列的基原物种为黄芩；2条ITS2序列的基原物种非黄芩（HQS001MT01、HQS054MT03），进一步在NCBI中使用BLAST比对，表明两者均为真菌序列（图4-2）。基于ITS2序列，可对黄芩种子的物种进行有效鉴别（刘金欣等，2018）。

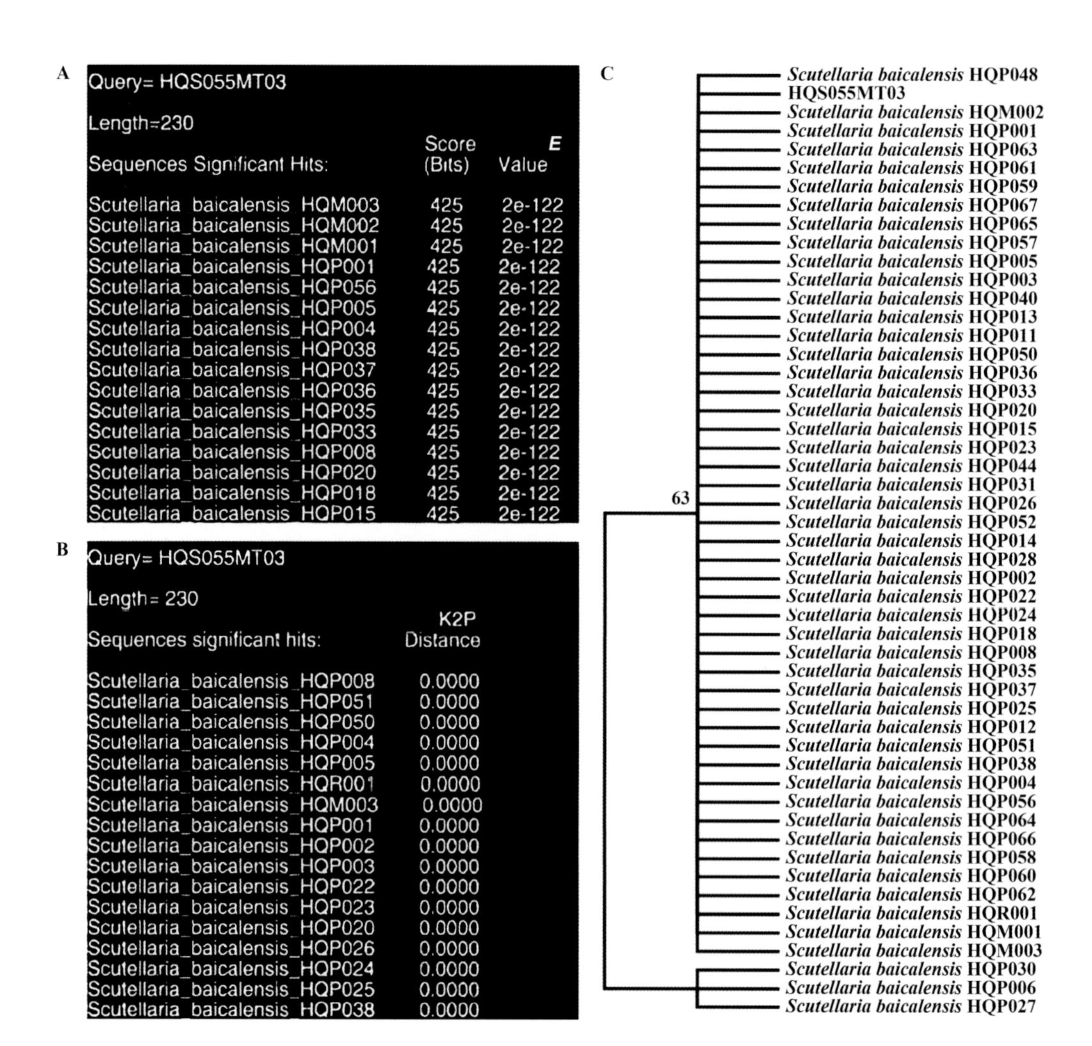

图4-2　基于ITS2序列的黄芩种子鉴定（以序列HQS055MT03为例）

A. BLAST方法；B. 遗传距离法；C. NJ系统发育树法

第三节　中型中草药种子的DNA条形码分子鉴定研究

一、中型中草药种子的DNA条形码分子鉴定关键技术

对于单粒质量为5～100mg的种子，采取单粒取样的方法，即以单粒种子为实验量，每次取样之前需用酒精棉球擦拭种子表面，以除去种子表面的灰尘、分泌物等污染物。其余步骤参照第三章第二节中草药种子DNA条形码分子鉴定技术流程。

二、研究实例：基于DNA条形码技术的知母种子基原鉴定

知母为临床常用药材，其来源为百合科植物知母*Anemarrhena asphodeloides* Bunge的干燥根茎，具有清热泻火、滋阴润燥的功能。知母种子的真伪优劣是保障知母药材质量的基础，使用错误鉴定的知母种子不仅会造成严重的经济损失，还会给知母的临床安全用药带来潜在风险。

1. DNA提取与序列扩增

挑选一粒籽粒饱满的种子，使用酒精棉球擦拭其表面污垢并进行消毒，按中型种子DNA提取方法操作。ITS2和*psbA-trnH*序列的扩增引物、反应体系和扩增条件参照“9107　中药材DNA条形码分子鉴定法指导原则”标准流程操作。ITS2序列测序困难，*psbA-trnH*序列的获得参照“9107　中药材DNA条形码分子鉴定法指导原则”标准流程操作。

2. 知母*psbA-trnH*参考序列的确定及其序列特征分析

收集标准参考序列样品39份，包含基原植物样品30份、生药材样品9份。共获得知母*psbA-trnH*序列39条，分为6个单倍型H1～H6，比对后长度为581bp，有3个变异位点。知母种内变异平均值为0.0018±0.0015，种内变异最大值为0.0035；种间变异平均值为0.1013±0.0023，种间变异最小值为0.1。在NJ系统发育树上，知母均为独立的支，Bootstrap支持率为100%（图4-3）。*psbA-trnH*是适合鉴定知母种子的条形码序列，可用于知母种子的真实性鉴定（石林春等，2018）。

3. 基于*psbA-trnH*序列的待检测种子基原物种鉴定

共收集待检测知母种子样品51份，每份样品挑取3粒种子，共获得153条*psbA-trnH*序列。将获得的知母*psbA-trnH*参考序列进行BLAST鉴定分析，结果表明待检测种子的153条*psbA-trnH*序列的最相似物种均为知母（图4-4A）；将待检测种子的153条*psbA-trnH*序列分别与知母*psbA-trnH*参考序列进行遗传距离计算，结果表明所有序列的遗传距

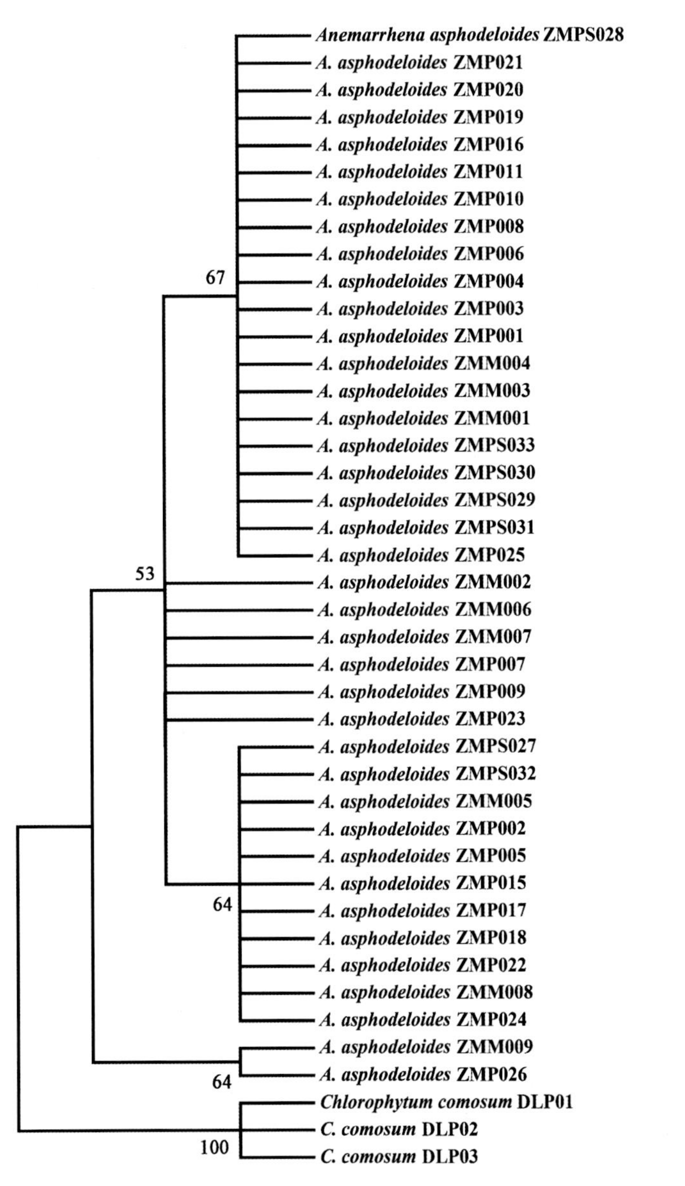

图4-3　以吊兰为外类群构建的知母*psbA-trnH*序列NJ系统发育树

离最小值均为0，小于知母*psbA-trnH*参考序列的种内变异最大值0.0035，表明待检测种子的基原物种均为知母（图4-4B）。将待检测种子序列与参考序列进行NJ系统发育树构建，结果表明所有序列均和知母的*psbA-trnH*参考序列聚为共同的支，表明待检测种子的基原物种均为知母（图4-4C）。

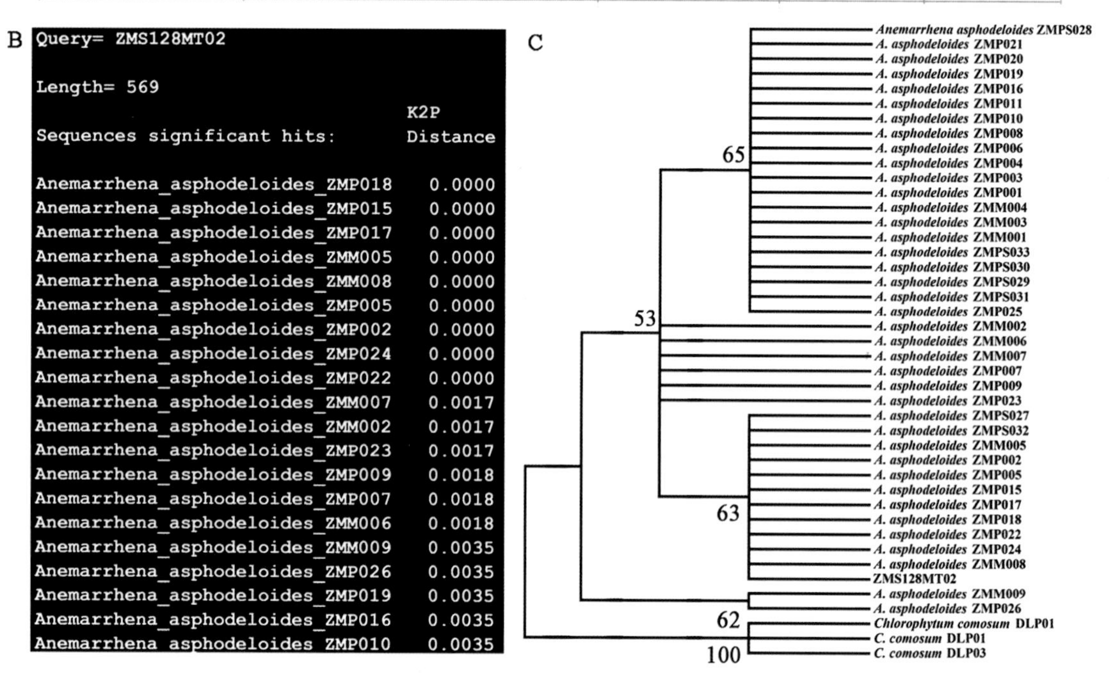

图4-4　基于BLAST方法（A）、遗传距离法（B）和NJ系统发育树法（C）的待检测知母种子基原鉴定
［以ZMS128样品的第2次抽样（ZMS128MT02）为例］

第四节　大型中草药种子的DNA条形码分子鉴定研究

一、大型中草药种子的DNA条形码分子鉴定关键技术

对于单粒质量大于100mg的大型种子，为保障DNA的提取数量和质量，针对不同种子类型采取相对应的取样方法：对于包含内、外果皮的种子，如山桃、杏等，采用内果皮或子叶取样的方法；若种子过大、淀粉含量过多，则取其种皮，如刀豆；若种子过于坚硬，则采用外力将其碾碎，

取其碎块，如银杏；若种子油脂或内含物过多，则取其子叶，如扁豆。对于处理好的种子样品，称取30～50mg，并用酒精棉球消毒，之后进行总DNA的提取。其余步骤参照第三章第二节中草药种子DNA条形码分子鉴定技术流程。

二、研究实例

（一）西伯利亚杏种子的DNA条形码分子鉴定

西伯利亚杏 *Prunus sibirica* L.，蔷薇科乔木，以干燥成熟种子入药。

1. DNA提取与序列扩增

取内果皮，按照大型种子DNA提取方法操作。采用ITS2通用引物或新设计引物ITS2F1/ITS2R1进行扩增，反应体系和扩增程序参照“9107　中药材DNA条形码分子鉴定法指导原则”标准流程操作。

2. ITS2峰图与序列

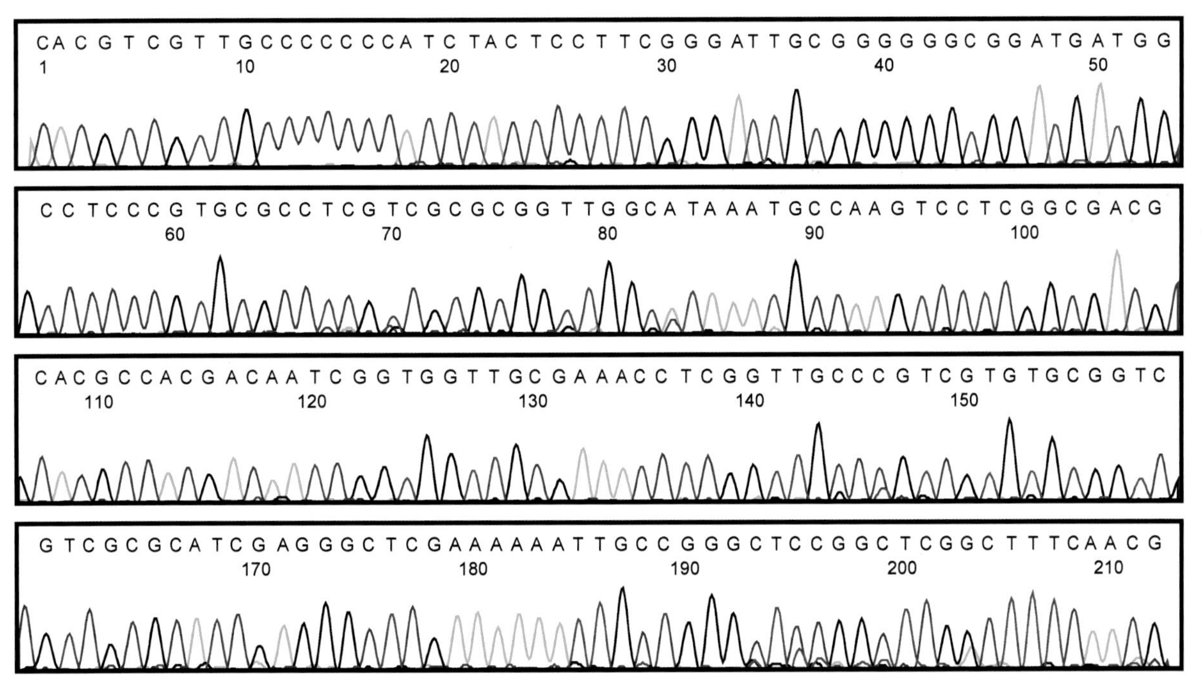

1　CACGTCGTTG CCCCCCCATC TACTCCTTCG GGATTGCGGG GGGCGGATGA TGGCCTCCCG TGCGCCTCGT CGCGCGGTTG
81　GCATAAATGC CAAGTCCTCG GCGACGCACG CCACGACAAT CGGTGGTTGC GAAACCTCGG TTGCCCGTCG TGTGCGGTCG
161 TCGCGCATCG AGGGCTCGAA AAAATTGCCG GGCTCCGGCT CGGCTTTCAA CG

（二）刀豆种子的DNA条形码分子鉴定

刀豆 *Canavalia gladiata* (Jacq.) DC.，豆科一年生缠绕性草本，以种子入药。

1. DNA提取与序列扩增

取种皮或子叶，按照大型种子DNA提取方法操作。ITS2序列通用引物扩增困难，采用新设计

引物ITS2F1/ITS2R1进行扩增，反应体系和扩增程序参照“9107　中药材DNA条形码分子鉴定法指导原则”标准流程操作。

2. ITS2峰图与序列

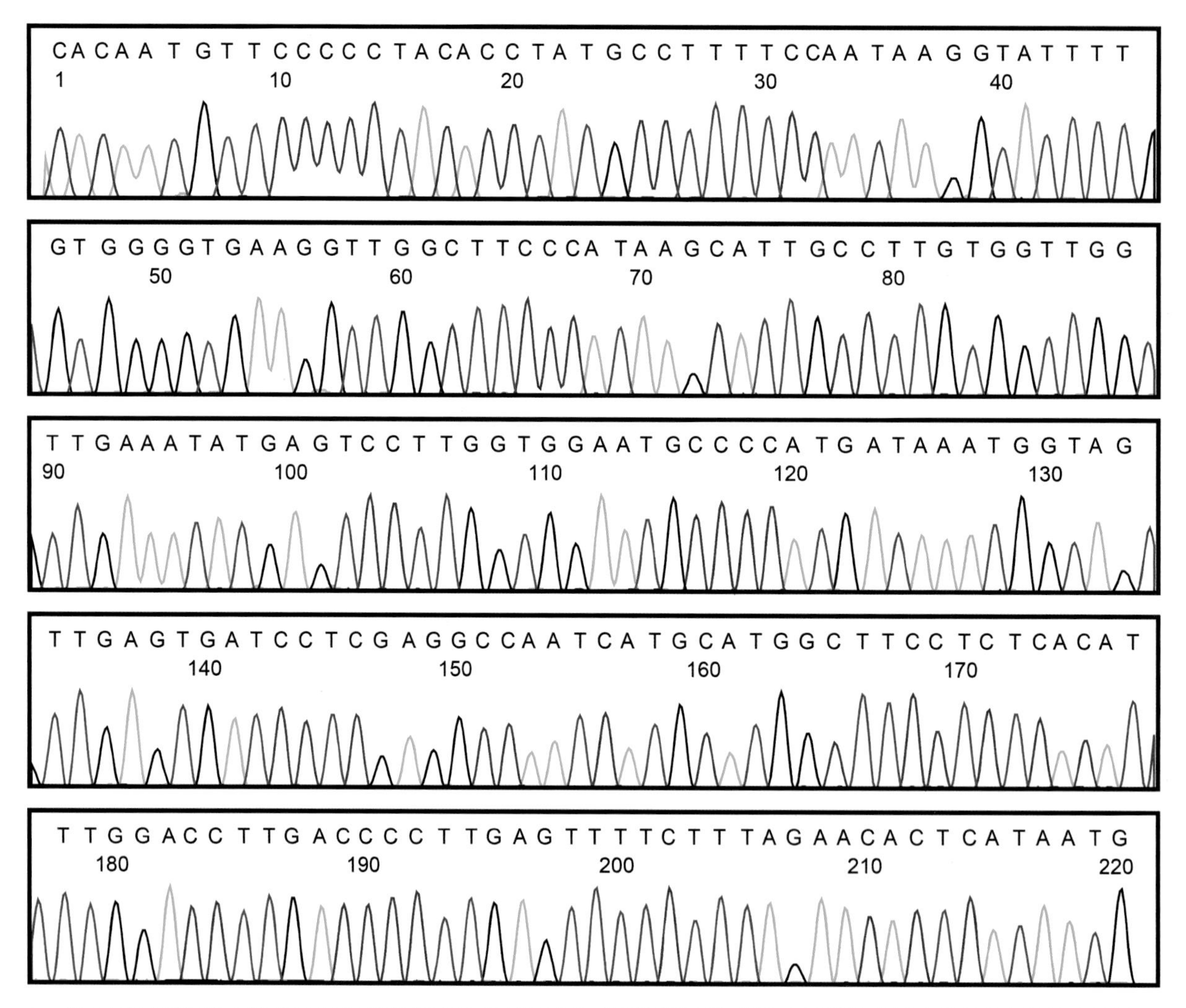

1　CACAATGTTC CCCCTACACC TATGCCTTTT CCAATAAGGT ATTTTGTGGG GTGAAGGTTG GCTTCCCATA AGCATTGCCT
81　TGTGGTTGGT TGAAATATGA GTCCTTGGTG GAATGCCCCA TGATAAATGG TAGTTGAGTG ATCCTCGAGG CCAATCATGC
161　ATGGCTTCCT CTCACATTTG GACCTTGACC CCTTGAGTTT TCTTTAGAAC ACTCATAATG

（三）银杏种子的DNA条形码分子鉴定

银杏 *Ginkgo biloba* L.，银杏科乔木，以叶和种子入药。

1. DNA提取与序列扩增

砸碎，取种子碎块，按照大型种子DNA提取方法操作。采用ITS2通用引物，或对于ITS2序列通用引物扩增困难的居群，采用新设计引物ITS2F1/ITS2R1进行扩增，反应体系和扩增程序参照“9107　中药材DNA条形码分子鉴定法指导原则”标准流程操作。

2. ITS2峰图与序列

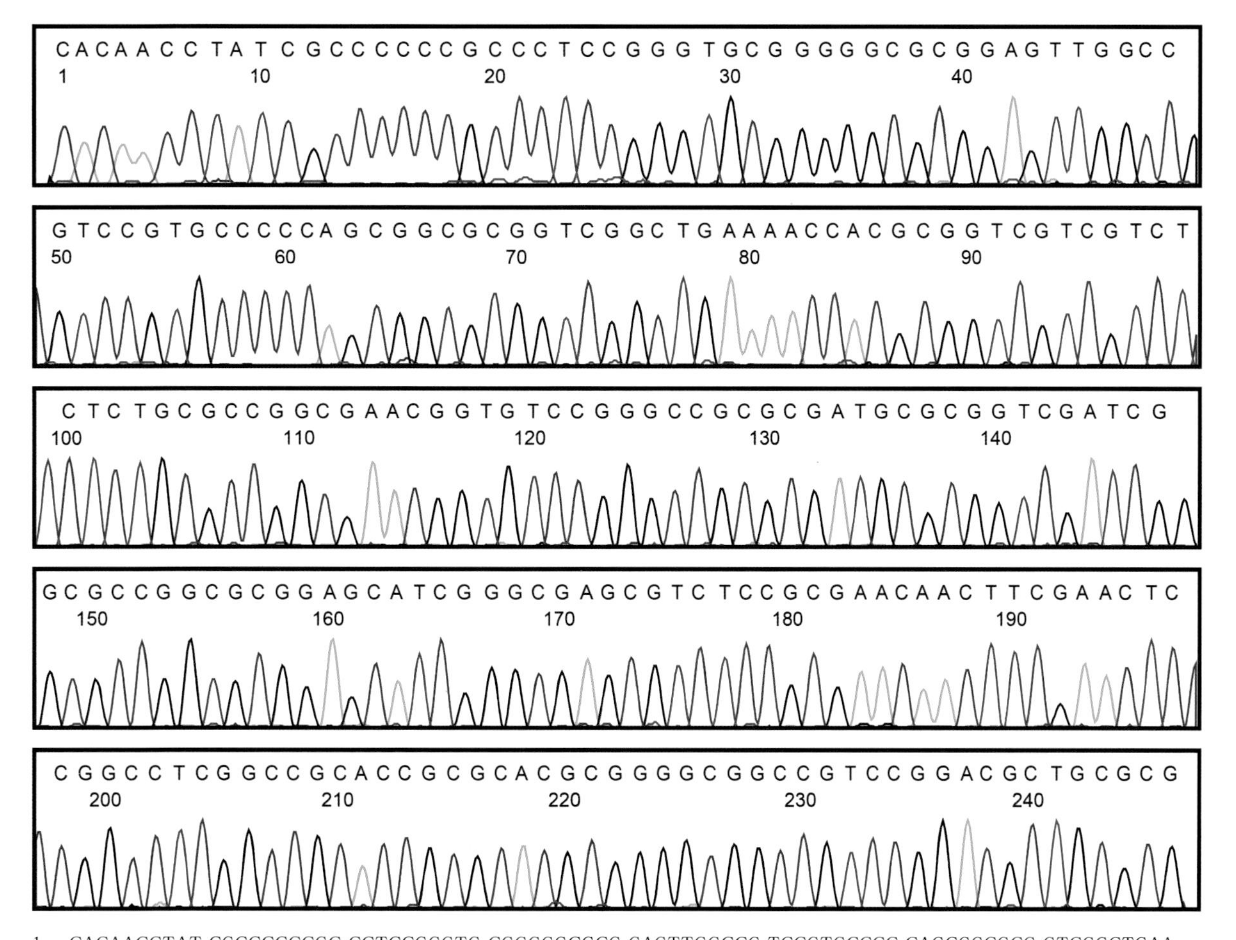

1 CACAACCTAT CGCCCCCCGC CCTCCGGGTG CGGGGGCGCG GAGTTGGCCG TCCGTGCCCC CAGCGGCGCG GTCGGCTGAA
81 AACCACGCGG TCGTCGTCTC TCTGCGCCGG CGAACGGTGT CCGGGCCGCG CGATGCGCGG TCGATCGGCG CCGGCGCGGA
161 GCATCGGGCG AGCGTCTCCG CGAACAACTT CGAACTCCGG CCTCGGCCGC ACCGCGCACG CGGGGCGGCC GTCCGGACGC
241 TGCGCG

（四）扁豆种子的DNA条形码分子鉴定

扁豆*Dolichos lablab* L.，豆科多年生缠绕藤本，以种子入药。

1. DNA提取与序列扩增

取子叶，按照大型种子DNA提取方法操作。ITS2序列的获得参照“9107　中药材DNA条形码分子鉴定法指导原则”标准流程操作。

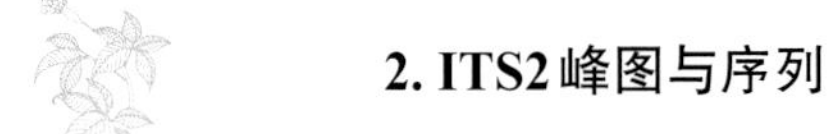

2. ITS2峰图与序列

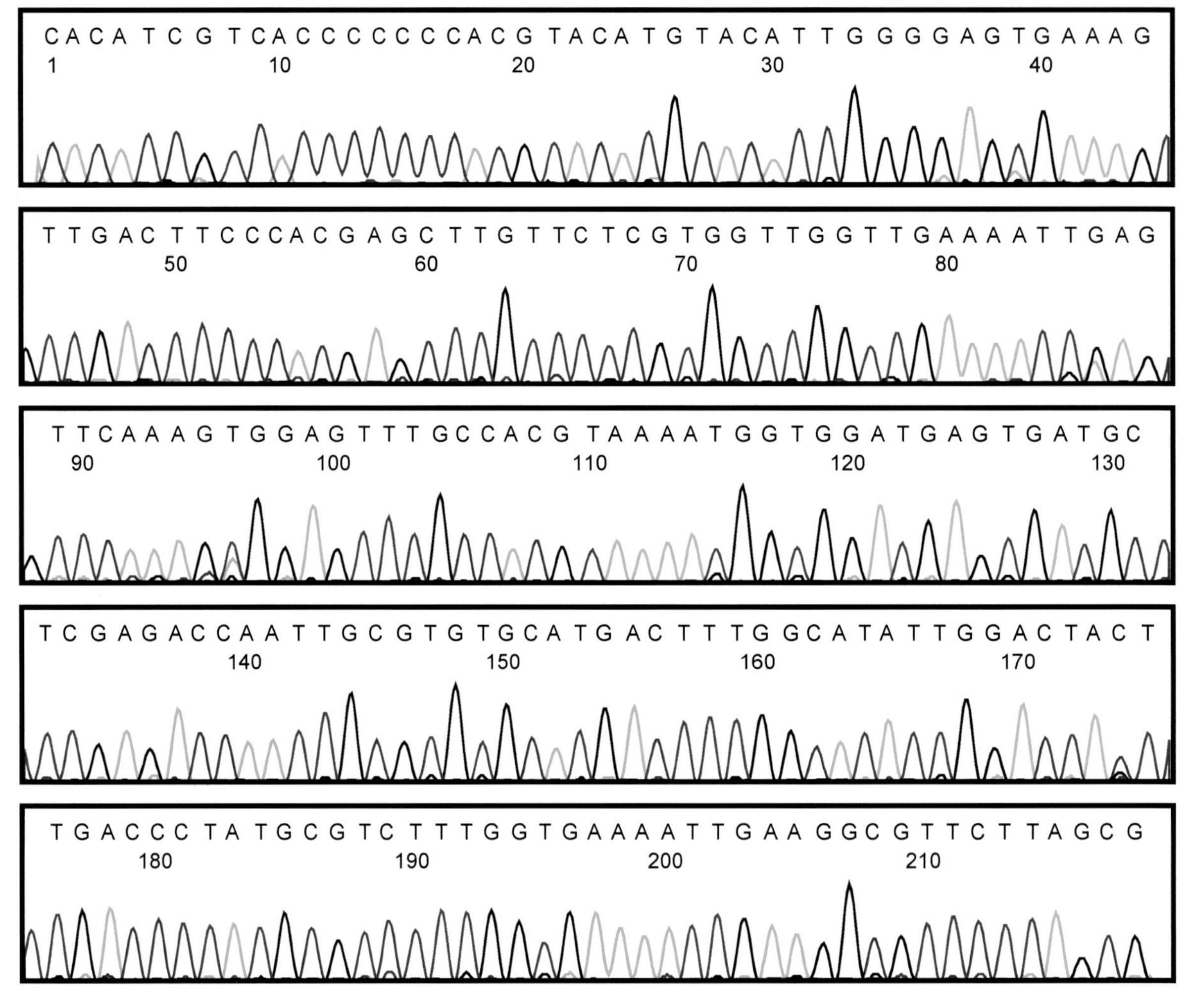

1 CACATCGTCA CCCCCCCACG TACATGTACA TTGGGGAGTG AAAGTTGACT TCCCACGAGC TTGTTCTCGT GGTTGGTTGA
81 AAATTGAGTT CAAAGTGGAG TTTGCCACGT AAAATGGTGG ATGAGTGATG CTCGAGACCA ATTGCGTGTG CATGACTTTG
161 GCATATTGGA CTACTTGACC CTATGCGTCT TTGGTGAAAA TTGAAGGCGT TCTTAGCG

第二篇 各论

1 七叶树

七叶树*Aesculus chinensis* Bge.，七叶树科落叶乔木，以种子入药。主要分布于河北南部、山西南部、河南北部、陕西南部，仅秦岭有野生植株。

【种子形态】蒴果球形或倒卵形，直径3.0～4.0cm，黄褐色，先端钝圆，中部以下凹陷，呈葫芦状。密生疣点，成熟时3瓣裂，果壳干后厚5.0～6.0mm。种子近球形，直径2.0～3.5cm，棕褐色，种脐淡白色，大小约占种子体积的1/2。胚弯曲；子叶肥厚，互相黏合，不易分开；胚根卷于种皮之内。千粒重约10.6kg。

【采集与储藏】花期4～5月，果期10月。9月下旬至10月中旬，当果实呈棕褐色时采集，除去外壳，湿藏。

【DNA提取与序列扩增】砸碎，取种子碎块，按照大型种子DNA提取方法操作。ITS2序列的获得参照“9107 中药材DNA条形码分子鉴定法指导原则”标准流程操作。

【ITS2峰图与序列】ITS2峰图及其序列如下。

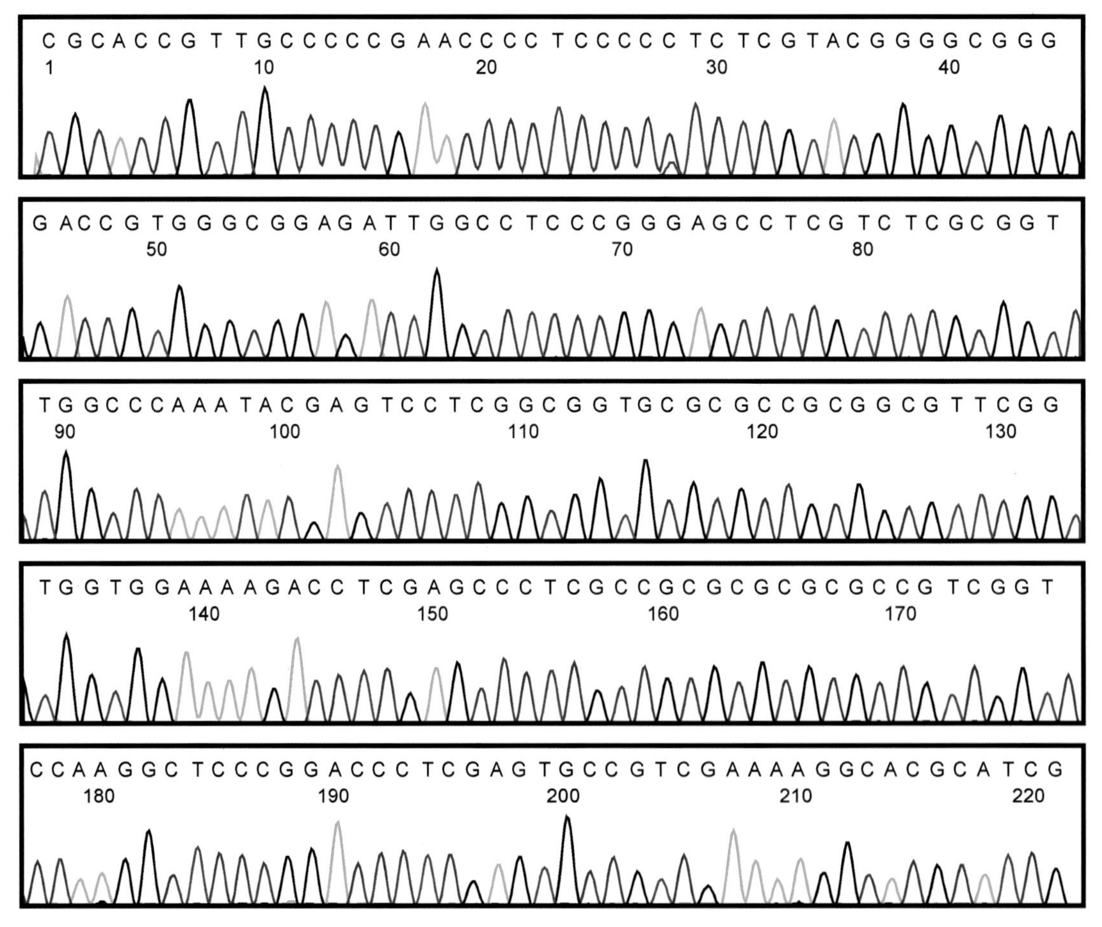

1 CGCACCGTTG CCCCCGAACC CCTCCCCCTC TCGTACGGGG CGGGGACCGT GGGCGGAGAT TGGCCTCCCG GGAGCCTCGT
81 CTCGCGGTTG GCCCAAATAC GAGTCCTCGG CGGTGCGCGC CGCGGCGTTC GGTGGTGGAA AAGACCTCGA GCCCTCGCCG
161 CGCGCGCGCC GTCGGTCCAA GGCTCCCGGA CCCTCGAGTG CCGTCGAAAA GGCACGCATC G

2 人参

人参*Panax ginseng* C. A. Mey.，五加科多年生草本，以叶、根、根茎入药。主要分布于辽宁、吉林、黑龙江等地区，河北、山西有引种。

【种子形态】种子肾形，乳白色。长4.8～7.2mm，宽3.9～5.0mm，厚2.1～3.4mm，表面黄白色或浅棕色，粗糙；背侧呈弓状隆起；两侧面较平；腹侧平直，或稍内凹，基部有1个小尖突，上具1个小点状吸水孔，吸水孔上方有一条脉（有时脱落或部分脱落），由种子腹侧经顶端，再经背侧达基部，脉至种子上端后开始分为数枝，凡脉经过处，种子均向内微凹而呈浅沟状，外种皮木质，厚约0.5mm，内表面平滑，有光泽；内种皮菲薄，淡棕色，贴生于胚乳；腹侧平或稍内凹，具1条黄色或棕黄色线状种脊，至顶端常分为2（1～3）枝，至基部相连于1个小尖状种柄。胚乳有油性；胚细小，埋生于种仁的基部。千粒重约27.0g，特大者可达40.0g。

【采集与储藏】花期5～6月，果实7月中旬至8月中旬成熟，成熟时呈鲜红色，果肉变软，应成熟一批采集一批。人参种子采收后要及时搓洗，使果肉与种子分开。搓籽时，挑出病果，清除瘪粒，用清水洗净后，捞出并放在席子上晾干，当年不播种、不催芽的种子含水量降至15%时即可入库储藏。储藏库要通风、干燥、温度低，或者放阴凉通风处保存，超低温保存为宜。

【DNA提取与序列扩增】取单粒种子，按照中型种子DNA提取方法操作。ITS2序列的获得参照“9107　中药材DNA条形码分子鉴定法指导原则”标准流程操作。

【ITS2峰图与序列】ITS2峰图及其序列如下。

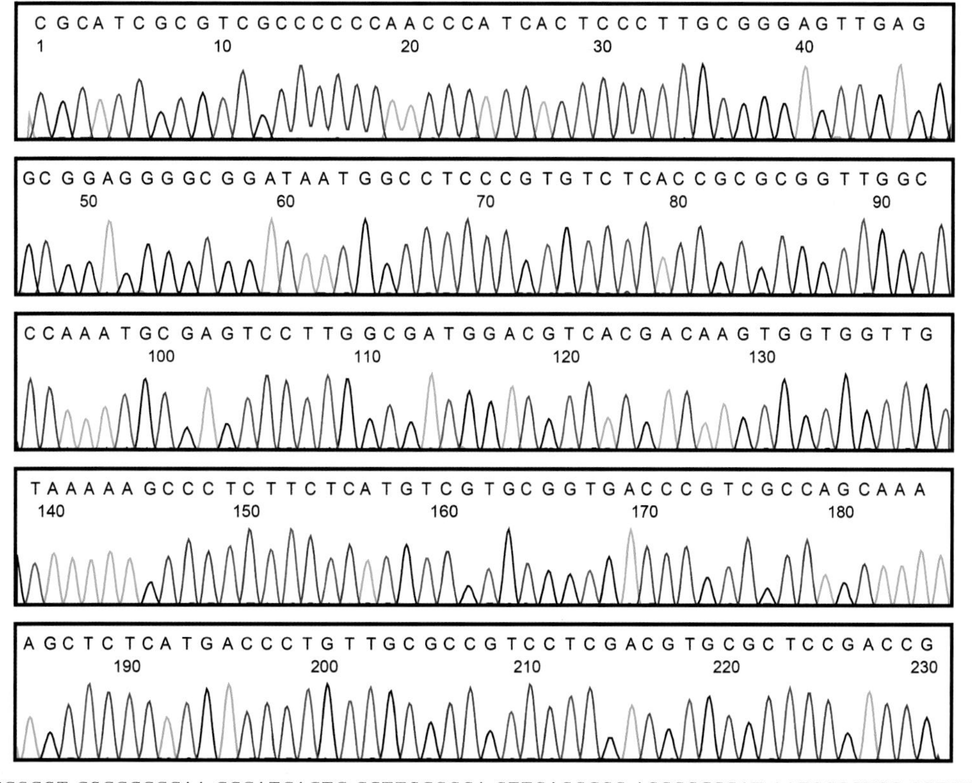

1　CGCATCGCGT CGCCCCCCAA CCCATCACTC CCTTGCGGGA GTTGAGGCGG AGGGGCGGAT AATGGCCTCC CGTGTCTCAC

81　CGCGCGGTTG GCCCAAATGC GAGTCCTTGG CGATGGACGT CACGACAAGT GGTGGTTGTA AAAAGCCCTC TTCTCATGTC

161 GTGCGGTGAC CCGTCGCCAG CAAAAGCTCT CATGACCCTG TTGCGCCGTC CTCGACGTGC GCTCCGACCG

3 八角茴香

八角茴香*Illicium verum* Hook. f.（FOC：八角），木兰科常绿乔木，以果实入药。主要分布于福建、广东、广西、云南、贵州、台湾等地区。

【种子形态】蓇葖果呈星芒状排列，常由8个（少数6～13个）蓇葖果集合成聚合果，放射状排列，星状体径2.5～3.5cm，幼时绿色，成熟时红棕色，干燥时多数有皱纹。中轴下有1个钩状弯曲的果柄。每个蓇葖果小艇形，长5.0～20.0mm，高5.0～10.0mm，宽约5.0mm，顶端钝尖而平直，内含种子1粒，每个聚合果含种子6～13粒。种子扁卵形，长约7.0mm，宽约4.0mm，厚约2.0mm，种皮棕色或灰棕色，光亮，一端有小种脐，旁边有明显珠孔，另一端有合点，种脐与合点之间有淡黄色的狭细种脊。种皮质脆，内含白色种仁，富含油脂。千粒重约64.5g。

【采集与储藏】正糙果3～5月开花，9～10月果熟，春糙果8～10月开花，翌年3～4月果熟。当果实变为红棕色时，采收充分成熟的果实，选择粒大饱满的种子，不要日晒或风干过久，宜随采随播，或短期摊放在阴湿处，或用微湿的清洁河沙混合置于空气流通、干湿适度的地方，储藏至翌年3～4月春播。八角茴香种子以室温湿沙储藏较好。

【DNA提取与序列扩增】取单粒种子，按照中型种子DNA提取方法操作。ITS2序列通用引物扩增困难时，可采用新设计引物ITS2F1/ITS2R1进行扩增，反应体系和扩增程序参照“9107　中药材DNA条形码分子鉴定法指导原则”标准流程操作。

【ITS2峰图与序列】ITS2峰图及其序列如下。

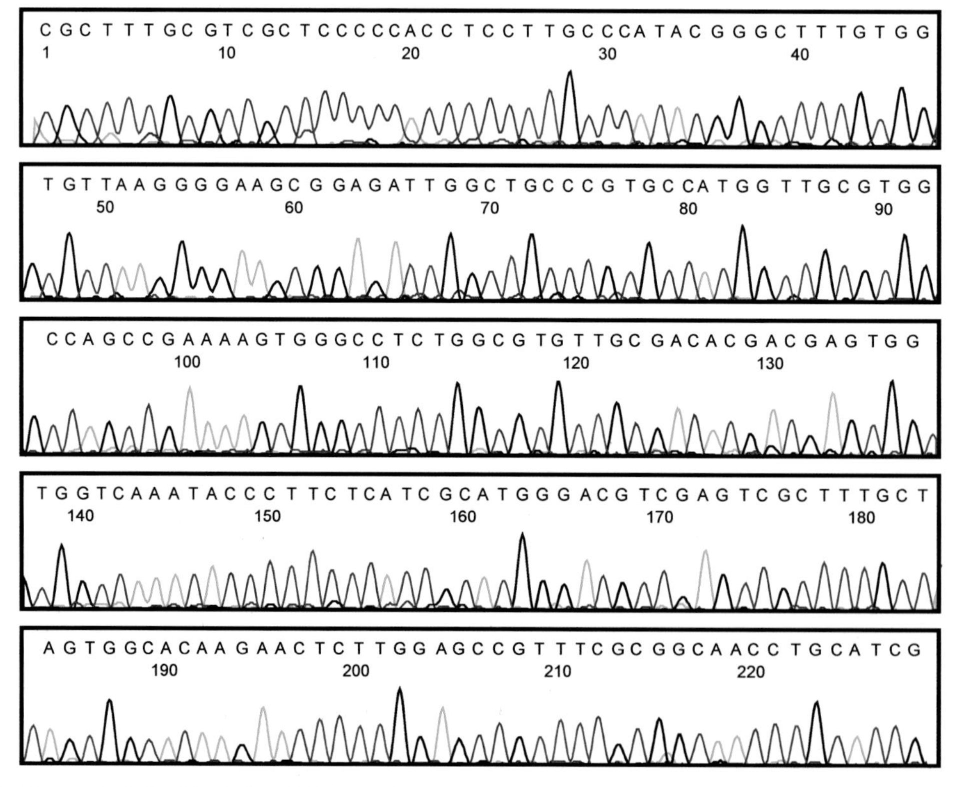

1　CGCTTTGCGT CGCTCCCCCA CCTCCTTGCC CATACGGGCT TTGTGGTGTT AAGGGGAAGC GGAGATTGGC TGCCCGTGCC
81　ATGGTTGCGT GGCCAGCCGA AAAGTGGGCC TCTGGCGTGT TGCGACACGA CGAGTGGTGG TCAAATACCC TTCTCATCGC
161 ATGGGACGTC GAGTCGCTTT GCTAGTGGCA CAAGAACTCT TGGAGCCGTT TCGCGGCAAC CTGCATCG

4 九里香

九里香*Murraya exotica* L.，芸香科小乔木，以叶和带叶嫩枝入药。主产于台湾、福建、广东、海南、广西五省（区）南部。

【种子形态】浆果阔卵形或近圆形，长0.8～1.6cm，宽0.7～1.1cm，果皮表面光滑，成熟时朱红色，内有种子1或2粒。种子杏仁形，一面平，一面突起，长6.5～10.8mm，宽5.1～6.9mm，顶端尖，基部圆形，种脐位于种子基部，呈棕黄色小突起，并被有白色短茸毛，种皮膜质，并被白色绵毛。无胚乳，子叶浅绿色，鲜种子千粒重约56.8g。

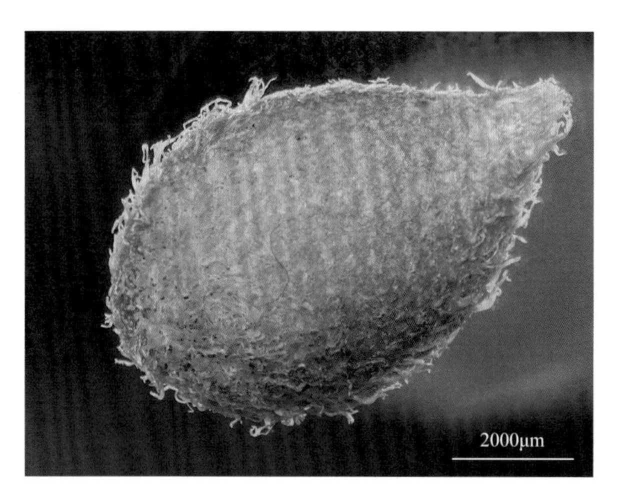

【采集与储藏】花期4～8月，也有秋后开花，果期9～12月。果实大量成熟季节为1月中旬至2月中旬，于秋季浆果转红时采收。采用潮沙储藏3个月，可以保持较高的生命力。

【DNA提取与序列扩增】取单粒种子，按照中型种子DNA提取方法操作。ITS2序列的获得参照“9107　中药材DNA条形码分子鉴定法指导原则”标准流程操作。

【ITS2峰图与序列】ITS2峰图及其序列如下。

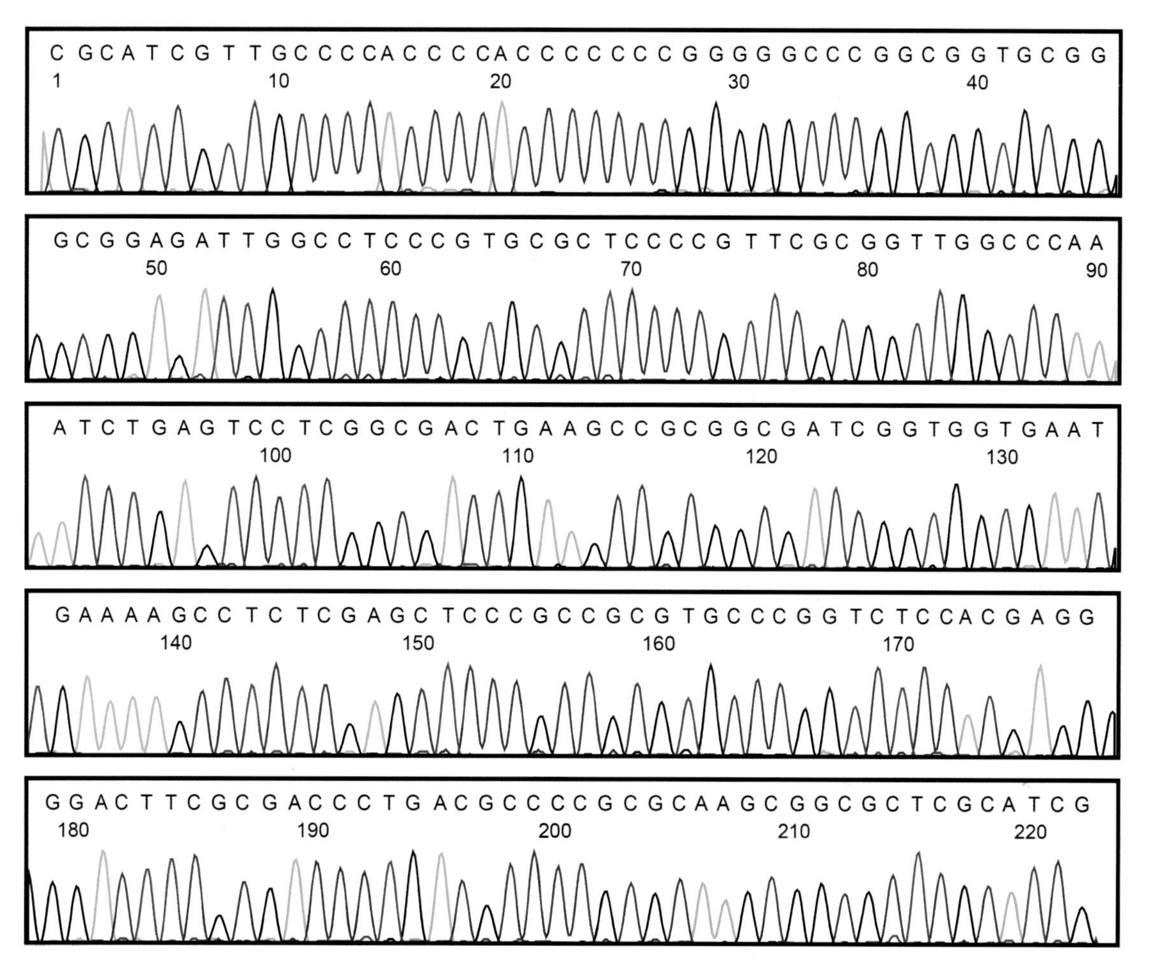

1　CGCATCGTTG CCCCACCCCA CCCCCCCGGG GGCCCGGCGG TGCGGGCGGA GATTGGCCTC CCGTGCGCTC CCCGTTCGCG
81　GTTGGCCCAA ATCTGAGTCC TCGGCGACTG AAGCCGCGGC GATCGGTGGT GAATGAAAAG CCTCTCGAGC TCCCGCCGCG
161 TGCCCGGTCT CCACGAGGGG ACTTCGCGAC CCTGACGCCC CGCGCAAGCG GCGCTCGCAT CG

5 刀豆

刀豆*Canavalia gladiata* (Jacq.) DC.，豆科一年生草本，以种子入药。主要分布于长江以南各地。

【种子形态】荚果带形而扁，略弯曲，长约30.0cm，边缘有隆脊。种子呈扁肾形或椭圆形，长2.0～3.5cm，宽1.0～2.0cm，厚0.5～1.2cm，表面淡红色或红紫色，略有光泽，微有皱纹或凹陷。种脐灰蓝色，线形，位于种子边缘，长1.5～2.0cm，宽约2.0mm，其上有白色膜状珠柄残余。近种脐一端有凹点状的珠孔，另一端有深色合点。种脐与合点之间有隆起的种脊。质硬，子叶2枚，乳白色，有豆腥气。千粒重约328.0g。

【采集与储藏】花期7～9月，果期10月。秋季荚果成熟时采收果实，室温牛皮纸袋内储藏。

【DNA提取与序列扩增】取种皮或子叶，按照大型种子DNA提取方法操作。ITS2序列通用引物扩增困难时，可采用新设计引物ITS2F1/ITS2R1进行扩增，反应体系和扩增程序参照“9107 中药材DNA条形码分子鉴定法指导原则”标准流程操作。

【ITS2峰图与序列】ITS2峰图及其序列如下。

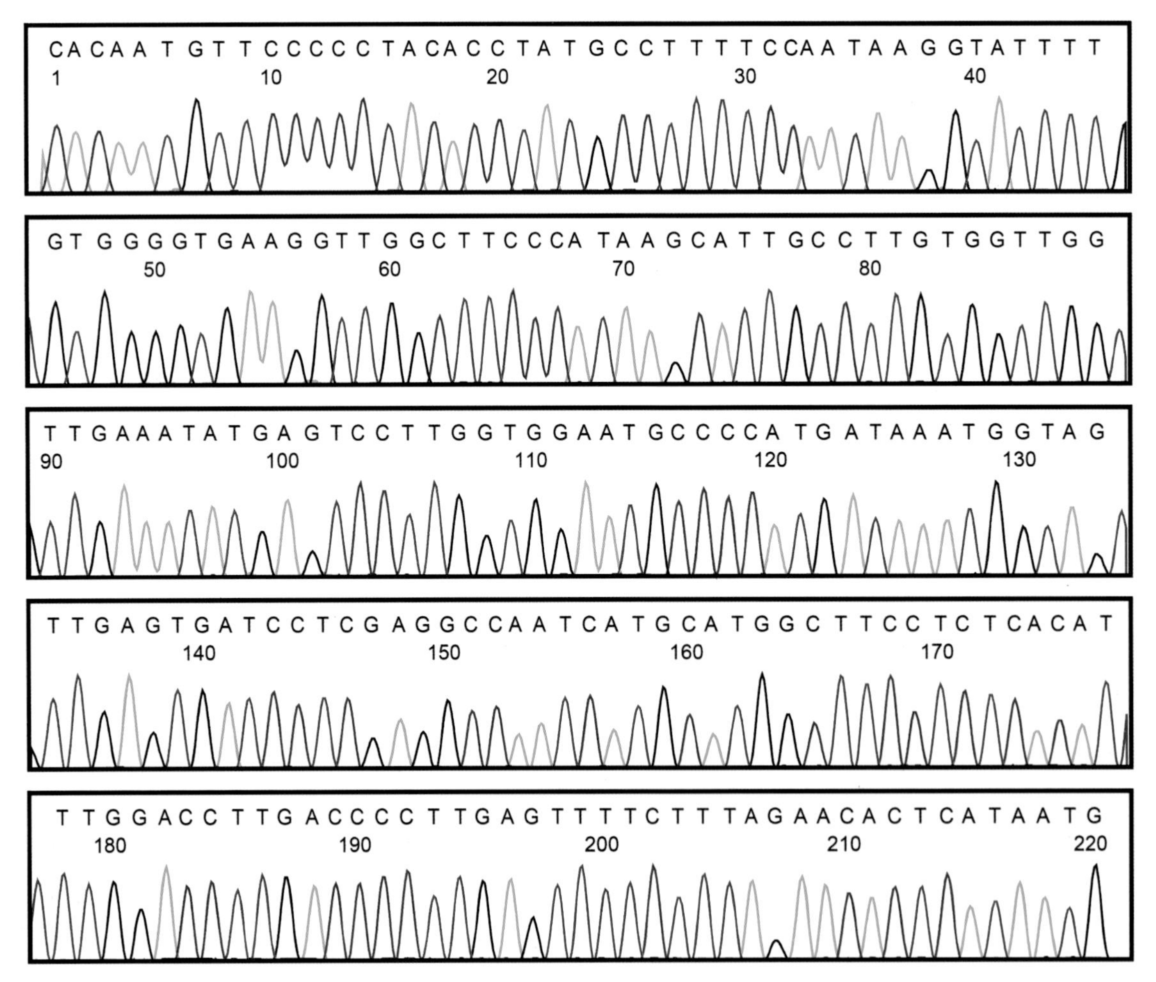

1 CACAATGTTC CCCCTACACC TATGCCTTTT CCAATAAGGT ATTTTGTGGG GTGAAGGTTG GCTTCCCATA AGCATTGCCT
81 TGTGGTTGGT TGAAATATGA GTCCTTGGTG GAATGCCCCA TGATAAATGG TAGTTGAGTG ATCCTCGAGG CCAATCATGC
161 ATGGCTTCCT CTCACATTTG GACCTTGACC CCTTGAGTTT TCTTTAGAAC ACTCATAATG

6 三七

三七*Panax notoginseng* (Burk.) F. H. Chen，五加科多年生草本，以干燥根和根茎入药。主要分布于云南、广西，广东、福建、江西、浙江等地区也有试种。

【种子形态】种子侧扁或三角状卵形，直径5.0～7.0mm，黄白色，表面粗糙。种子平直的一面有种脊，靠基部有1个圆形吸水孔。胚乳丰富，白色；胚细小，位于胚乳基部，歪斜。千粒重100.0～108.0g，大粒种鲜重可达300.0g。

【采集与储藏】花期6～7月，果期10月中旬至12月。当果实成熟呈鲜红色时分批采收，若不及时采集，种子过熟便会自动脱落。将种子薄薄摊放在竹席上，置阴凉通风处3～5天，使其外皮稍干后，将种子剥成单粒，播种。如果皮上病虫害较多，可将种子放在流水中，揉搓洗去果皮，注意不要擦伤种子，种子不宜暴晒并应及时播种或用湿沙储藏。

【DNA提取与序列扩增】取单粒种子，按照大型种子DNA提取方法操作。ITS2序列的获得参照“9107　中药材DNA条形码分子鉴定法指导原则”标准流程操作。

【ITS2峰图与序列】ITS2峰图及其序列如下。

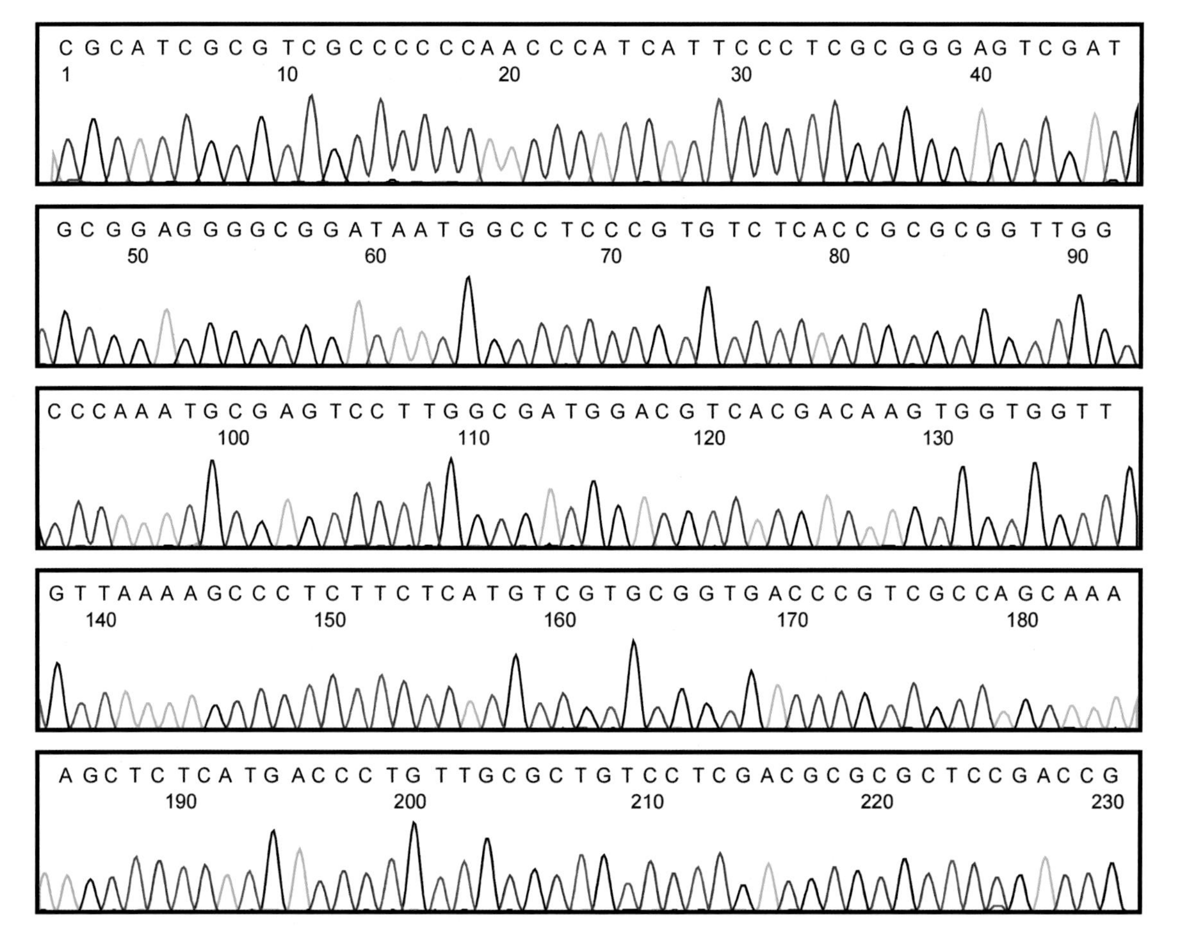

1　CGCATCGCGT CGCCCCCCAA CCCATCATTC CCTCGCGGGA GTCGATGCGG AGGGGCGGAT AATGGCCTCC CGTGTCTCAC
81　CGCGCGGTTG GCCCAAATGC GAGTCCTTGG CGATGGACGT CACGACAAGT GGTGGTTGTT AAAAGCCCTC TTCTCATGTC
161 GTGCGGTGAC CCGTCGCCAG CAAAAGCTCT CATGACCCTG TTGCGCTGTC CTCGACGCGC GCTCCGACCG

7 土木香

土木香*Inula helenium* L.，菊科多年生草本，以根入药。主要分布于新疆，其他许多地区常栽培。

【种子形态】瘦果柱状，具宿存冠毛，长（不计冠毛）3.4～3.8mm，宽0.6～0.9mm，表面棕褐色或灰绿色，具多条纵肋和纵沟；顶端截形稍外张，上着污白色冠毛（多已折断）且有细微刺毛状分枝；基部有黄白色圆环，内具微凹果脐。种皮薄，含种子1粒。种子柱状，褐色，具纵肋和纵沟；下端具污白色线形种脊。胚直生，褐色，油性；子叶2枚。千粒重约2.0g。

【采集与储藏】南方花期5～6月，果期7～8月；北方花期6～7月，果期8～10月。土木香种子不耐储藏，隔年种子不能再用。待种子成熟表面呈棕褐色时摘下。

【DNA提取与序列扩增】取多粒种子，按照小型种子DNA提取方法操作。ITS2序列的获得参照“9107　中药材DNA条形码分子鉴定法指导原则”标准流程操作。

【ITS2峰图与序列】ITS2峰图及其序列如下。

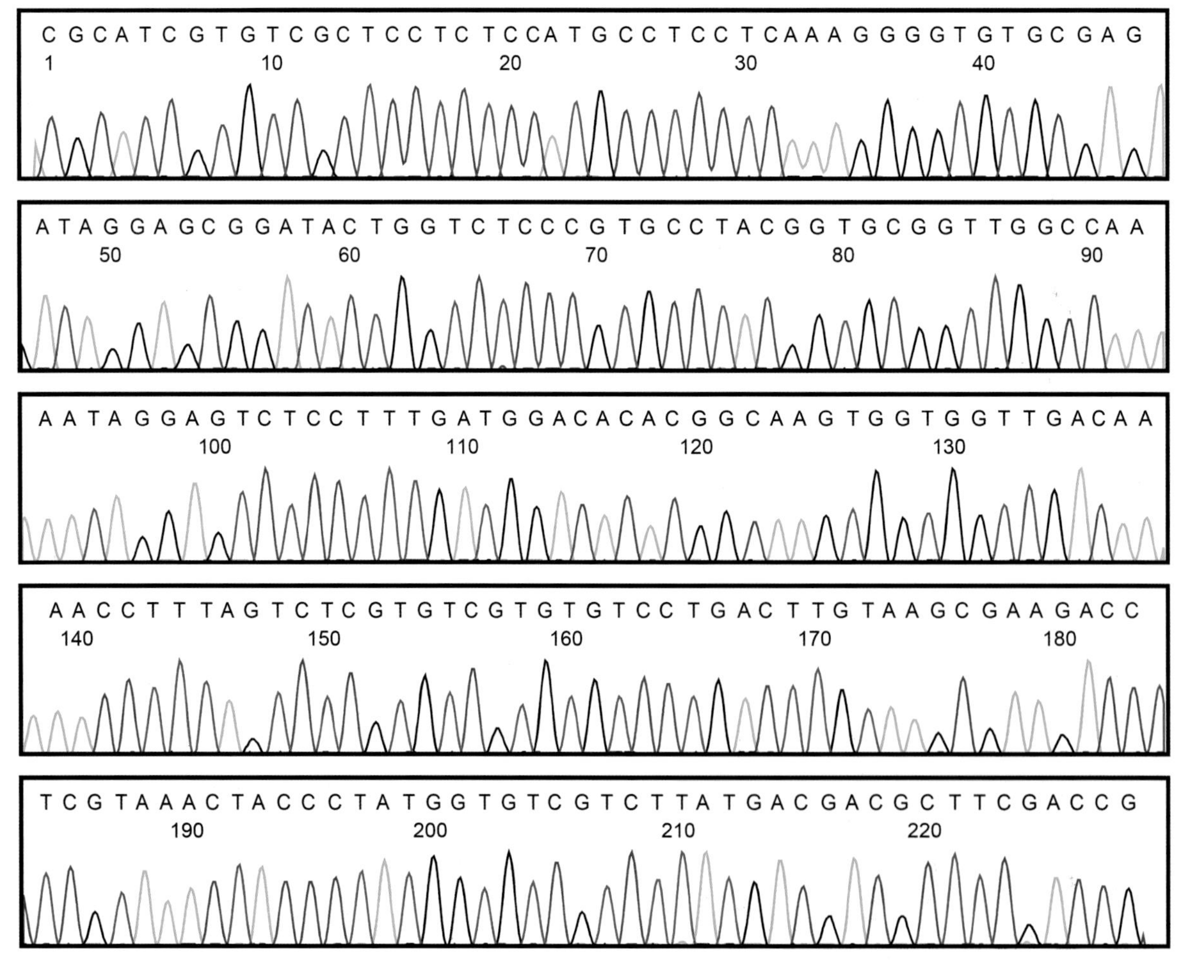

1　CGCATCGTGT CGCTCCTCTC CATGCCTCCT CAAAGGGGTG TGCGAGATAG GAGCGGATAC TGGTCTCCCG TGCCTACGGT
81　GCGGTTGGCC AAAATAGGAG TCTCCTTTGA TGGACACACG GCAAGTGGTG GTTGACAAAA CCTTTAGTCT CGTGTCGTGT
161 GTCCTGACTT GTAAGCGAAG ACCTCGTAAA CTACCCTATG GTGTCGTCTT ATGACGACGC TTCGACCG

8 大三叶升麻

大三叶升麻*Cimicifuga heracleifolia* Kom.，毛茛科多年生草本，以根茎入药。主要分布于云南、四川、青海、甘肃、陕西、河南、山西等地区。

【种子形态】蓇葖果长方状倒卵形，长0.8～1.4cm，成熟时棕褐色，上被微毛，种子6～8粒。种子椭圆形或卵圆形，扁，长2.5～3.0mm，宽1.5～2.0mm，表面金黄色或棕褐色，上有多个鳞片，背面和腹面的鳞片短于两侧鳞片，两侧鳞片呈翅状，鳞片上有多条平行条纹，种脐不明显。胚乳丰富，油质；胚小；子叶略歪斜。千粒重约1.0g。

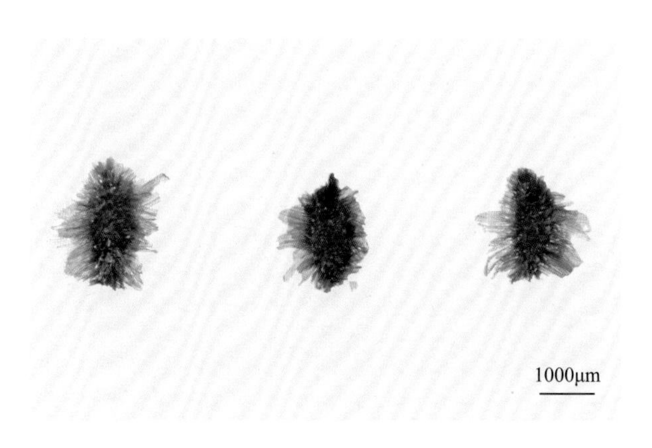

【采集与储藏】花期8～9月，果期9～10月，蓇葖果变褐色尚未开裂时采收果序，摊晾阴干，略加敲打，脱粒过筛，除去杂质，室内干燥储藏。

【DNA提取与序列扩增】取多粒种子，按照小型种子DNA提取方法操作。ITS2序列的获得参照“9107　中药材DNA条形码分子鉴定法指导原则”标准流程操作。

【ITS2峰图与序列】ITS2峰图及其序列如下。

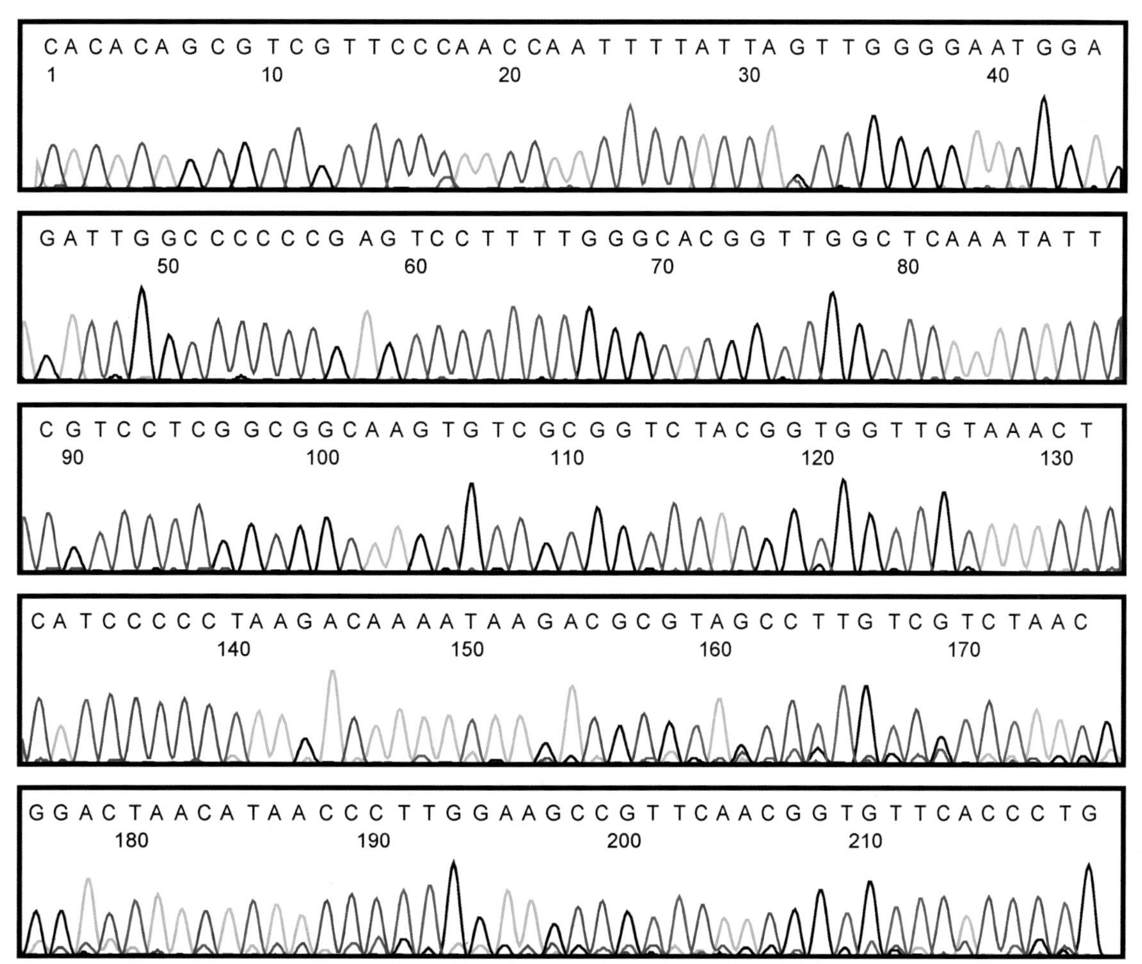

1 CACACAGCGT CGTTCCCAAC CAATTTTATT AGTTGGGGAA TGGAGATTGG CCCCCCGAGT CCTTTTGGGC ACGGTTGGCT
81 CAAATATTCG TCCTCGGCGG CAAGTGTCGC GGTCTACGGT GGTTGTAAAC TCATCCCCCT AAGACAAAAT AAGACGCGTA
161 GCCTTGTCGT CTAACGGACT AACATAACCC TTGGAAGCCG TTCAACGGTG TTCACCCTG

9 大麦

大麦*Hordeum vulgare* L.，禾本科一年生草本，以果实入药。我国各地均有栽培。

【种子形态】颖果，淡黄褐色，光滑，尖端尖，具有芒，容易折断。芒背具有稀疏的短刺毛。内稃具有2条脊，鳞被2片，先端具有须毛。颖果椭圆形，长6.7～9.0mm，宽3.0～3.7mm，厚2.0～3.0mm，表面黄褐色。顶部钝圆，具有灰白色茸毛，脐不明显。腹面具沟。胚椭圆形，长约占颖果的1/4，色深于颖果。千粒重约49.4g。

【采集与储藏】花果期5～6月，当大麦成熟时采摘。晒干后种子储藏于牛皮纸袋中，置干燥阴凉处保存。

【DNA提取与序列扩增】取单粒种子，按照中型种子DNA提取方法操作。ITS2序列的获得参照“9107　中药材DNA条形码分子鉴定法指导原则”标准流程操作。

【ITS2峰图与序列】ITS2峰图及其序列如下。

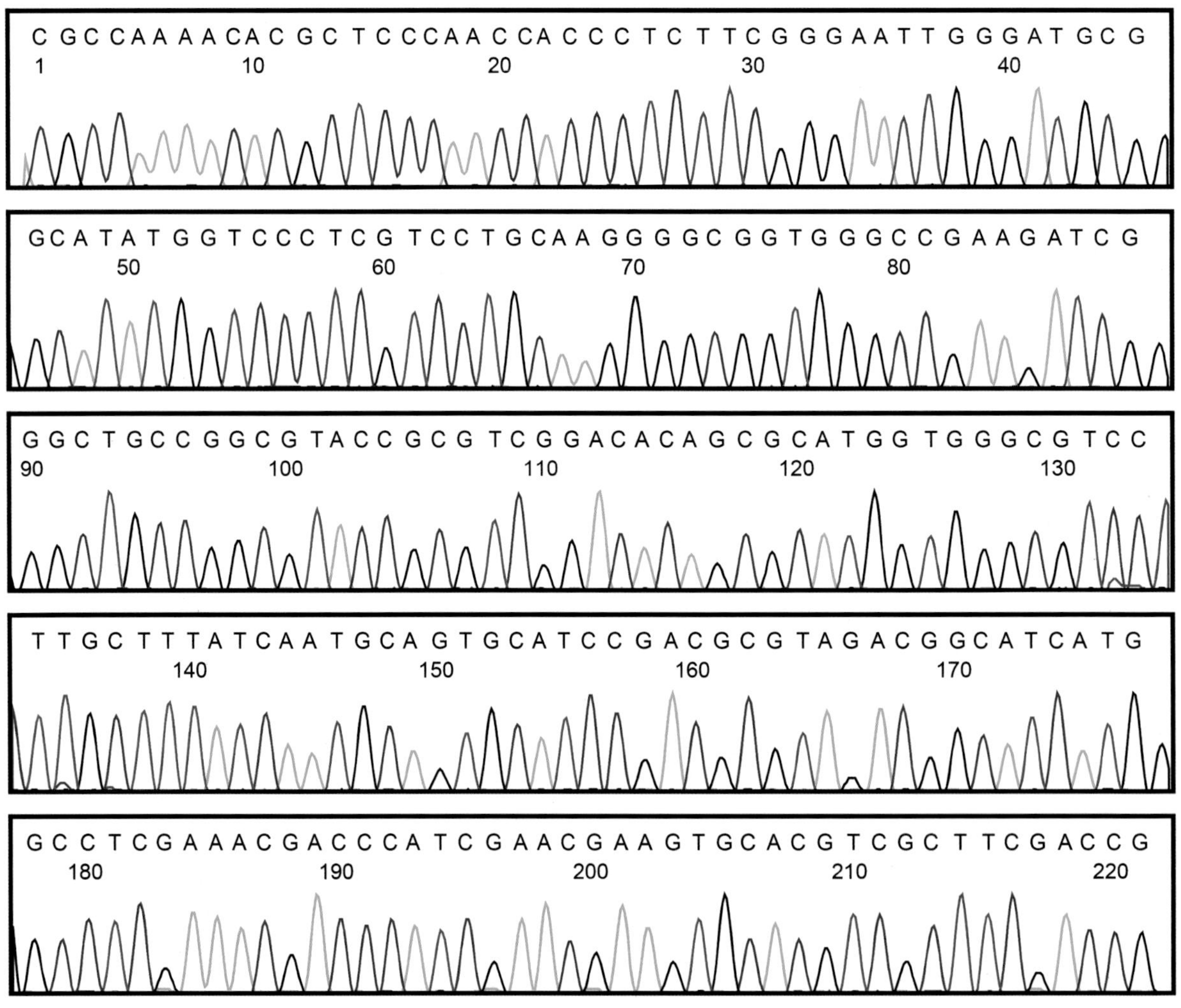

1　CGCCAAAACA CGCTCCCAAC CACCCTCTTC GGGAATTGGG ATGCGGCATA TGGTCCCTCG TCCTGCAAGG GGCGGTGGGC
81　CGAAGATCGG GCTGCCGGCG TACCGCGTCG GACACAGCGC ATGGTGGGCG TCCTTGCTTT ATCAATGCAG TGCATCCGAC
161 GCGTAGACGG CATCATGGCC TCGAAACGAC CCATCGAACG AAGTGCACGT CGCTTCGACC G

10 大花红景天

大花红景天*Rhodiola crenulata* (Hook. f. et Thoms.) H. Ohba，景天科多年生草本，以根和根茎入药。产于西藏、云南西北部、四川西部。

【种子形态】果蓇葖直立。种子倒卵形，种粒微小，长1.5～2mm，宽约0.5mm，两端有翅。成熟时呈褐色。千粒重约0.1g。

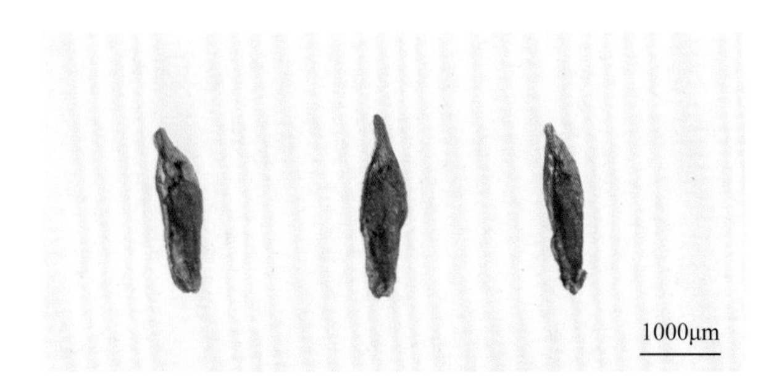

【采集与储藏】花期6～7月，果期7～8月。当果实表面变成褐色，果皮变干，果实顶端即将开裂时即可采收种子，先将果穗剪下，放阴凉处晒干后，用木棒将种子打下，除去果皮及杂质，置于阴凉、通风、干燥处保存。

【DNA提取与序列扩增】称取3～5mg种子，按照微型种子DNA提取方法操作，或在适宜条件下萌发种子，取种芽进行DNA提取。ITS2序列的获得参照“9107　中药材DNA条形码分子鉴定法指导原则”标准流程操作。

【ITS2峰图与序列】ITS2峰图及其序列如下。

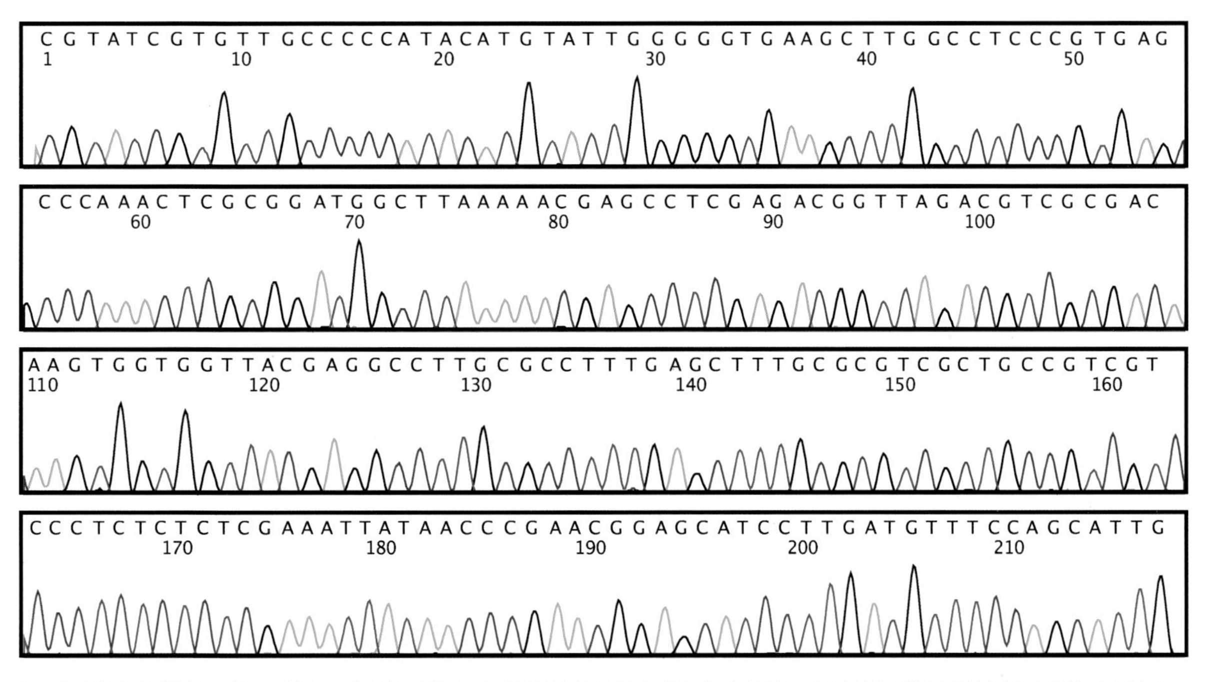

1　CGTATCGTGT TGCCCCCATA CATGTATTGG GGGTGAAGCT TGGCCTCCCG TGAGCCCAAA CTCGCGGATG GCTTAAAAAC
81　GAGCCTCGAG ACGGTTAGAC GTCGCGACAA GTGGTGGTTA CGAGGCCTTG CGCCTTTGAG CTTTGCGCGT CGCTGCCGTC
161 GTCCCTCTCT CTCGAAATTA TAACCCGAAC GGAGCATCCT TGATGTTTCC AGCATTG

11 大豆

大豆*Glycine max* (L.) Merr.，豆科一年生草本，以种子入药。我国各地均有栽培，以东北地区最知名。

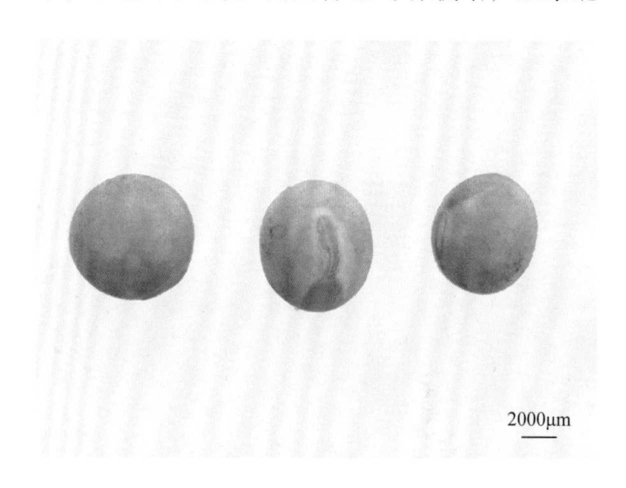

【种子形态】荚果线形或长椭圆形，具果颈，种子间有隔膜。种子2～5粒，椭圆形、近球形、卵圆形至长圆形，长约1.0cm，宽5.0～8.0mm，在体视显微镜下可观察到种皮光滑，种脐明显，椭圆形。千粒重约193.0g。

【采集与储藏】花期6～7月，果期7～9月。待果实成熟时采收。储藏时应严格控制入库水分，适时通风，低温状态下密闭储藏。

【DNA提取与序列扩增】砸碎，取种子碎块，按照大型种子DNA提取方法操作。ITS2序列的获得参照“9107 中药材DNA条形码分子鉴定法指导原则”标准流程操作。

【ITS2峰图与序列】ITS2峰图及其序列如下。

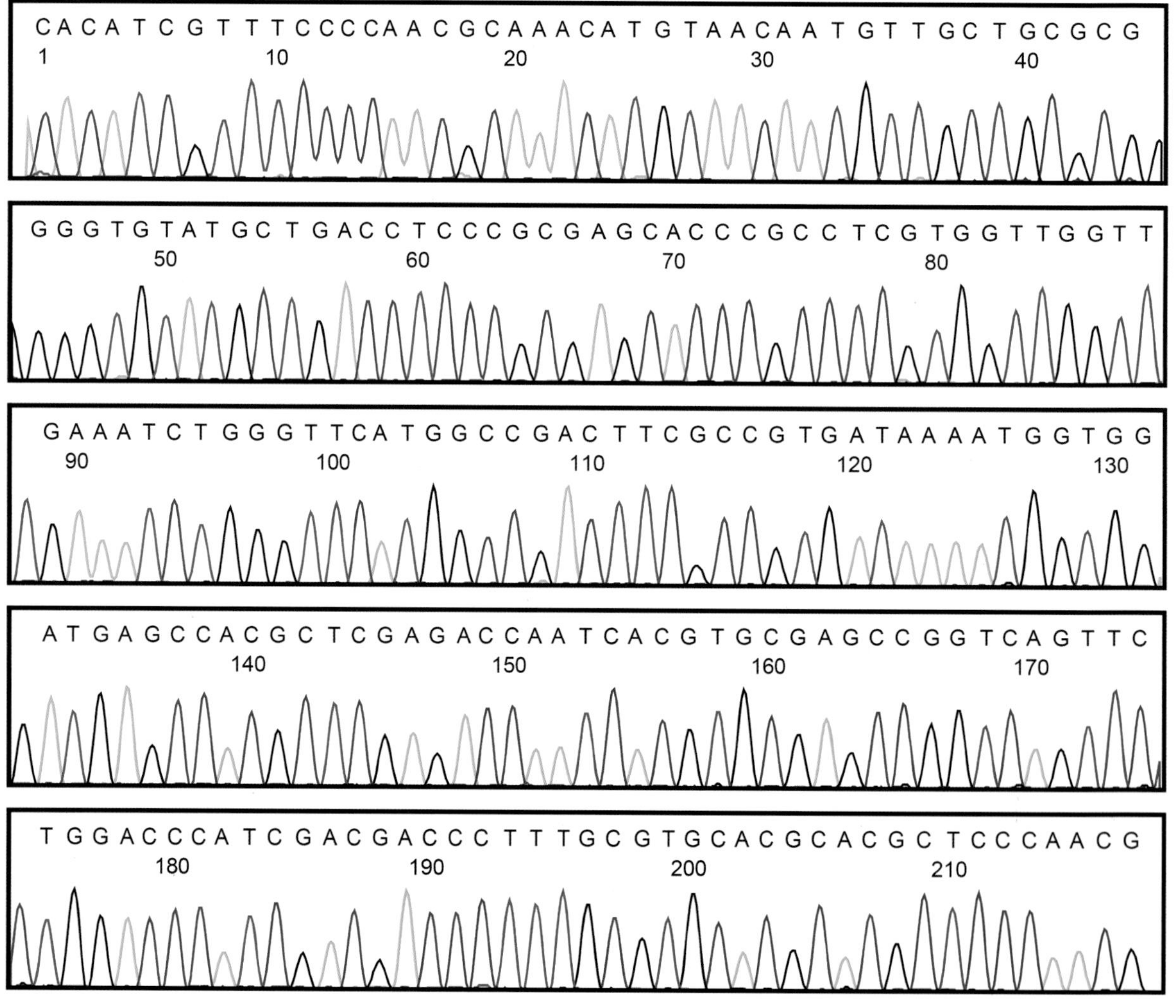

1 CACATCGTTT CCCCAACGCA AACATGTAAC AATGTTGCTG CGCGGGGTGT ATGCTGACCT CCCGCGAGCA CCCGCCTCGT
81 GGTTGGTTGA AATCTGGGTT CATGGCCGAC TTCGCCGTGA TAAAATGGTG GATGAGCCAC GCTCGAGACC AATCACGTGC
161 GAGCCGGTCA GTTCTGGACC CATCGACGAC CCTTTGCGTG CACGCACGCT CCCAACG

12 大麻

大麻*Cannabis sativa* L.，桑科一年生直立草本，以果实入药。原产于不丹、印度和中亚。

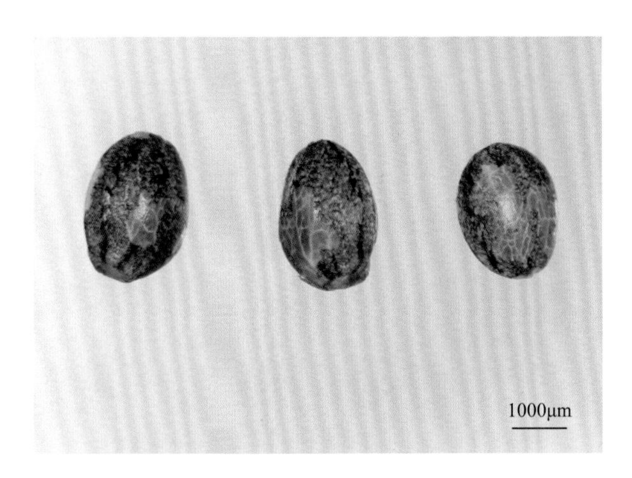

我国各地有栽培或逸为野生，新疆常见野生。

【种子形态】瘦果卵圆形，长4.0～5.5mm，直径2.5～4.0mm，为宿存黄褐色苞片所包，果皮坚脆，表面具细网纹。种子包于内果皮中，扁平，种皮绿色。胚乳肉质；胚悬垂，弯曲；子叶2枚，肥厚，肉质，乳白色，具油性。千粒重约19.5g。

【采集与储藏】花期5～6月，果期7月。收种应在雌株果实60%成熟时开始进行。

【DNA提取与序列扩增】取单粒种子，按照中型种子DNA提取方法操作。ITS2序列的获得参照“9107　中药材DNA条形码分子鉴定法指导原则”标准流程操作。

【ITS2峰图与序列】ITS2峰图及其序列如下。

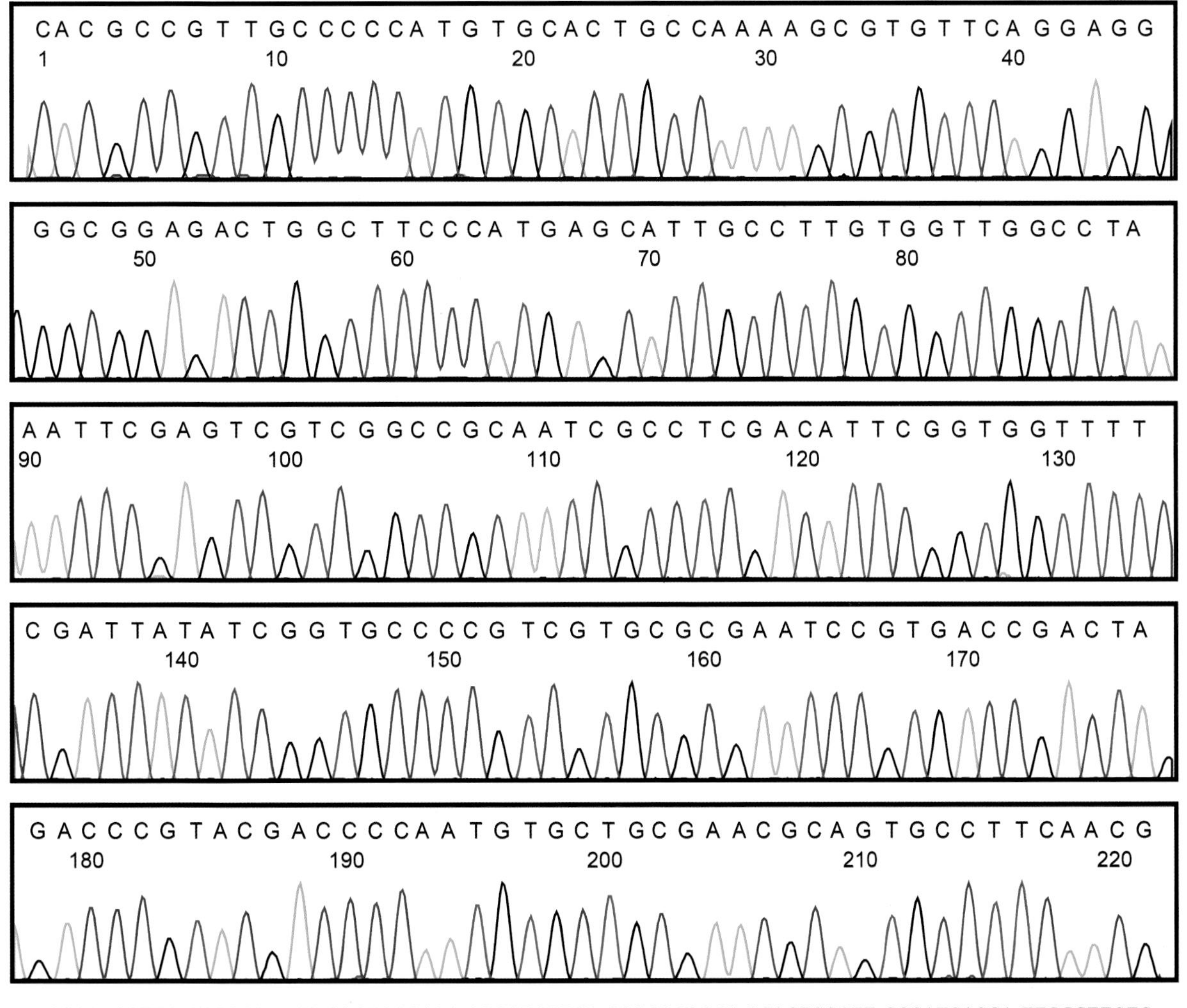

1　CACGCCGTTG CCCCCATGTG CACTGCCAAA AGCGTGTTCA GGAGGGGCGG AGACTGGCTT CCCATGAGCA TTGCCTTGTG
81　GTTGGCCTAA ATTCGAGTCG TCGGCCGCAA TCGCCTCGAC ATTCGGTGGT TTTCGATTAT ATCGGTGCCC CGTCGTGCGC
161 GAATCCGTGA CCGACTAGAC CCGTACGACC CCAATGTGCT GCGAACGCAG TGCCTTCAAC G

13 山里红

山里红*Crataegus pinnatifida* Bge. var. *major* N. E. Br.，蔷薇科落叶乔木，以成熟果实和叶入药。主要分布于河北。

【种子形态】梨果球形或梨形，成熟时红色，表面有小斑点，内有1～5个果核（种子）。果核三棱状肾形，长9.9～11.8mm，宽5.8～7.1mm，表面淡黄色或黄棕色；背面呈弓状隆起，中央具1条浅纵沟，沟内常可见1条脉附着；两侧面较平，近腹棱常见有分枝脉附着；腹棱较平直，中下部具1个吸水孔。果皮极厚，硬骨质，内表皮淡黄棕色，平滑，有光泽；含种子1粒。种子扁，倒卵状肾形，表面淡黄棕色，稍具皱纹；顶端钝圆，下端尖，腹侧近下端具1个薄片状突起的种柄，种脊棕色合点位于腹侧顶端，棕色或暗棕色种皮薄，膜质。胚略弯曲，白色，含油分；胚根短小；子叶2枚，椭圆状肾形，基部微心形。千粒重约102.0g。

【采集与储藏】花期5～6月，果期9～10月。10月梨果呈深亮红色时采摘，将欲采种的果实晾成薄层，避免受热，待果实变软时浸在水中，漂洗除去果肉，充分晾干保存。因为小坚果有硬骨质的内果皮，使空瘪种子不易漂浮，所以饱满种子的百分率较低。低温沙藏可增加萌发率。

【DNA提取与序列扩增】砸碎，取种子碎块，按照大型种子DNA提取方法操作。ITS2序列的获得参照“9107　中药材DNA条形码分子鉴定法指导原则”标准流程操作。

【ITS2峰图与序列】ITS2峰图及其序列如下。

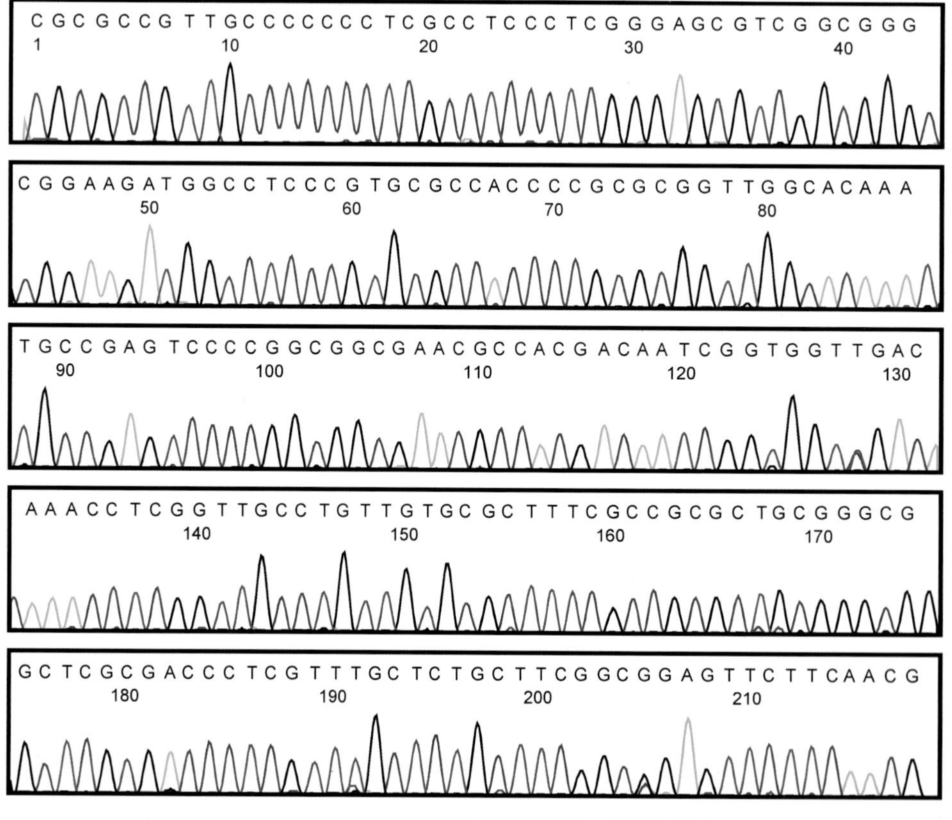

1 CGCGCCGTTG CCCCCCCTCG CCTCCCTCGG GAGCGTCGGC GGGCGGAAGA TGGCCTCCCG TGCGCCACCC CGCGCGGTTG
81 GCACAAATGC CGAGTCCCCG GCGGCGAACG CCACGACAAT CGGTGGTTGA CAAACCTCGG TTGCCTGTTG TGCGCTTTCG
161 CCGCGCTGCG GGCGGCTCGC GACCCTCGTT TGCTCTGCTT CGGCGGAGTT CTTCAACG

14 山茱萸

山茱萸*Cornus officinalis* Sieb. et Zucc.，山茱萸科落叶乔木或灌木，以果肉入药。主要分布于山西、陕西、甘肃、山东、江苏、浙江、安徽、江西、河南、湖南等地区，四川有引种栽培。

【种子形态】核果长方状椭圆形，长约1.5cm，直径约7.0mm，成熟后鲜红色至枣红色。种子长椭圆形，长约1.3cm，直径约0.5cm，先端钝圆，基部圆形，有1个白色不闭合的圆圈，圆圈内凹陷处为种脐，两侧各有一线延伸至果实下部2/3处。胚乳透明而有黏性；胚小而直；子叶2枚，扁平。千粒重约188.0g。

【采集与储藏】花期3～4月，果期9～10月。当果实呈红色时采摘。箱装或麻袋储藏，包装后宜放置干燥阴凉处保存，以防受潮，但也不宜过分干燥。一般储藏温度为26～28℃，相对湿度为70%～75%。生石灰夹层储藏。

【DNA提取与序列扩增】砸碎，取种子碎块，按照大型种子DNA提取方法操作。ITS2序列的获得参照"9107　中药材DNA条形码分子鉴定法指导原则"标准流程操作。

【ITS2峰图与序列】ITS2峰图及其序列如下。

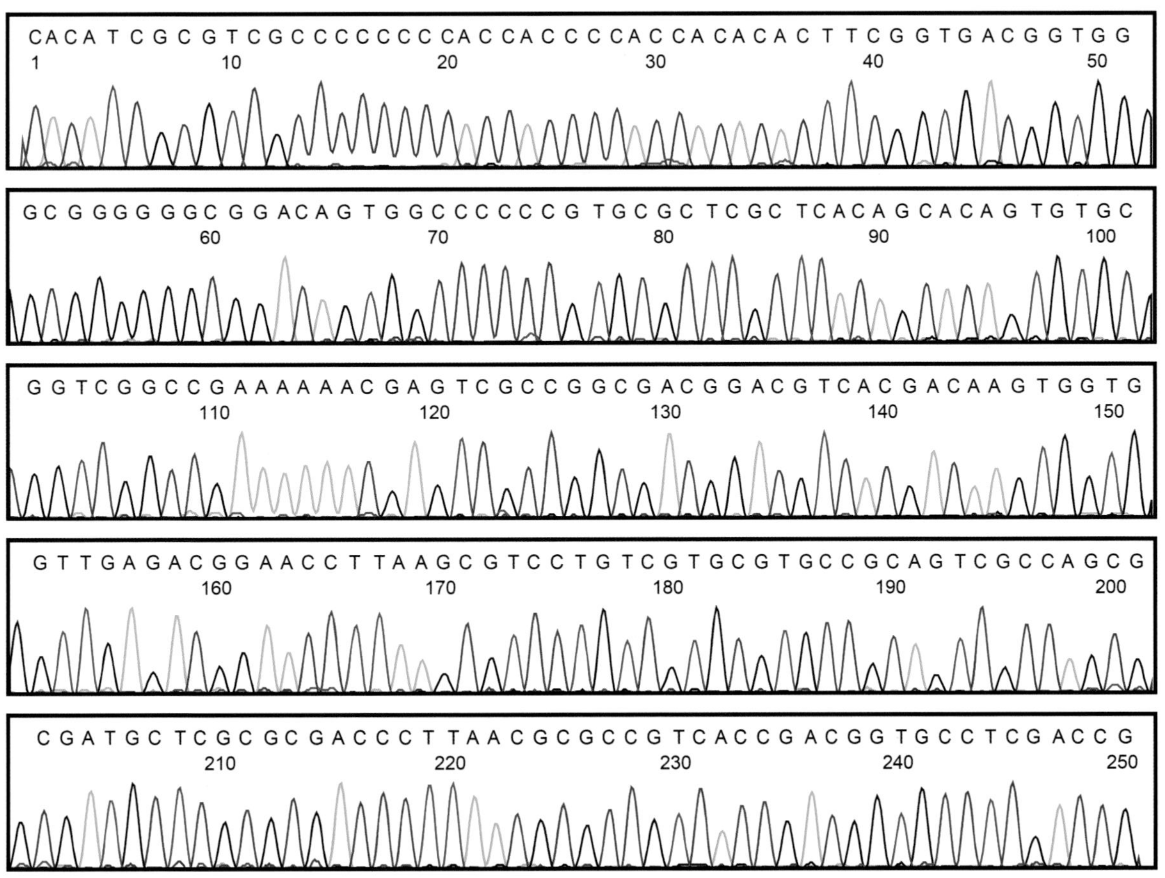

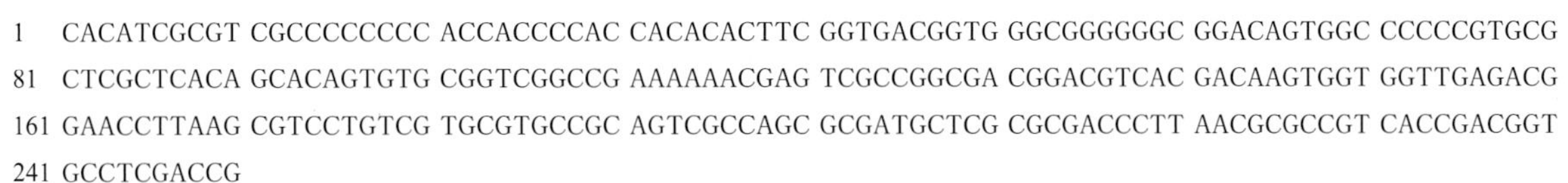

1　CACATCGCGT CGCCCCCCCC ACCACCCCAC CACACACTTC GGTGACGGTG GGCGGGGGGC GGACAGTGGC CCCCCGTGCG
81　CTCGCTCACA GCACAGTGTG CGGTCGGCCG AAAAAACGAG TCGCCGGCGA CGGACGTCAC GACAAGTGGT GGTTGAGACG
161 GAACCTTAAG CGTCCTGTCG TGCGTGCCGC AGTCGCCAGC GCGATGCTCG CGCGACCCTT AACGCGCCGT CACCGACGGT
241 GCCTCGACCG

15 山桃

山桃*Prunus davidiana* (Carr.) Franch. [FOC：*Amygdalus davidiana* (Carrière) de Vos ex Henry]，蔷薇科乔木，以种子入药。主要分布于山东、河北、河南、山西、陕西、甘肃、四川、云南等地区。

【种子形态】果实近球形，直径2.5～3.5cm，淡黄色，外面密被短柔毛，果梗短而深入果洼；果肉薄而干，不可食，成熟时不开裂；果核球形或近球形，两侧不压扁，顶端圆钝，基部截形，表面具纵、横沟纹和孔穴，与果肉分离，种皮厚，种仁味苦或甜。种子呈卵圆形，基部偏斜，较小而肥厚，长0.9～1.5cm，宽约7mm，厚约5mm。种皮红棕色或黄棕色，表面颗粒较粗而密。千粒重约1200.0g。

【采集与储藏】花期3～4月，果期7～8月。果实成熟后摘下，除去果肉，将种子在水中冲洗干净，捞出晾干，沙藏。也可将种子干燥后置于通风干燥的地方进行储藏。

【DNA提取与序列扩增】取内果皮或子叶，按照大型种子DNA提取方法操作。ITS2序列的获得参照“9107　中药材DNA条形码分子鉴定法指导原则”标准流程操作。直接测序困难时，可采用克隆方法获取序列。

【ITS2峰图与序列】ITS2峰图及其序列如下。

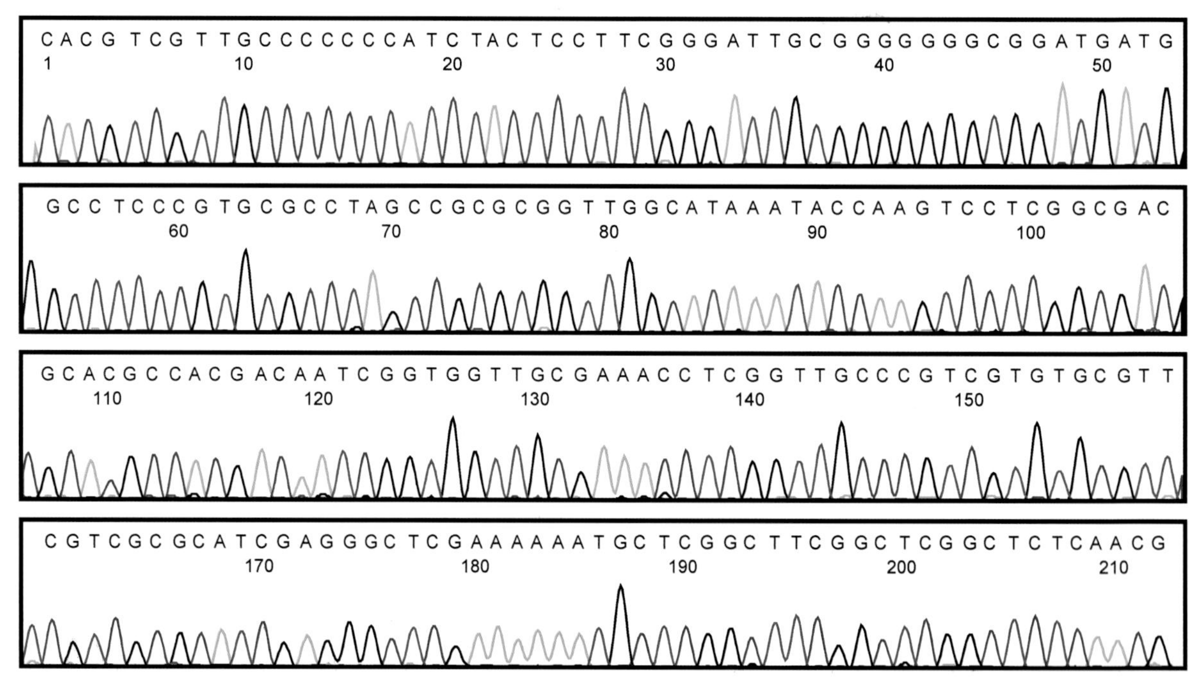

1　CACGTCGTTG CCCCCCCATC TACTCCTTCG GGATTGCGGG GGGGCGGATG ATGGCCTCCC GTGCGCCTAG CCGCGCGGTT
81　GGCATAAATA CCAAGTCCTC GGCGACGCAC GCCACGACAA TCGGTGGTTG CGAAACCTCG GTTGCCCGTC GTGTGCGTTC
161 GTCGCGCATC GAGGGCTCGA AAAAATGCTC GGCTTCGGCT CGGCTCTCAA CG

16 山楂

山楂*Crataegus pinnatifida* Bge.，蔷薇科落叶乔木，以成熟果实和叶入药。主要分布于黑龙江、吉林、辽宁、内蒙古、河北、河南、山东、山西、陕西、江苏。

【种子形态】梨果球形或梨形，成熟时红色，表面有小斑点，内有1～5个果核（种子）。果核三棱状肾形，长9.9～11.8mm，宽5.8～7.1mm，表面淡黄色或黄棕色；背面呈弓状隆起，中央具1条浅纵沟，沟内常可见1条脉附着；两侧面较平，近腹棱常见有分枝脉附着；腹棱较平直，中下部具1个吸水孔。果皮极厚，硬骨质，内表皮淡黄棕色，平滑，有光泽；含种子1粒。种子扁倒卵状肾形，表面淡黄棕色，稍具皱纹；顶端钝圆，下端尖，腹侧近下端具1个薄片状突起的种柄，种脊棕色合点位于腹侧顶端，棕色或暗棕色种皮薄，膜质。胚略弯曲，白色，含油分；胚根短小；子叶2枚，椭圆状肾形，基部微心形。千粒重约201.6g。

【采集与储藏】花期5～6月，果期9～10月。10月梨果呈深亮红色时采摘，将欲采种的果实晾成薄层，避免受热，待果实变软时浸在水中，漂洗除去果肉，充分晾干保存。因为小坚果有硬骨质的内果皮，导致空瘪种子不易漂浮，所以健全种子的百分率较低。低温沙藏常可增加萌发率。

【DNA提取与序列扩增】砸碎，取种子碎块，按照大型种子DNA提取方法操作。ITS2序列的获得参照“9107　中药材DNA条形码分子鉴定法指导原则”标准流程操作。

【ITS2峰图与序列】ITS2峰图及其序列如下。

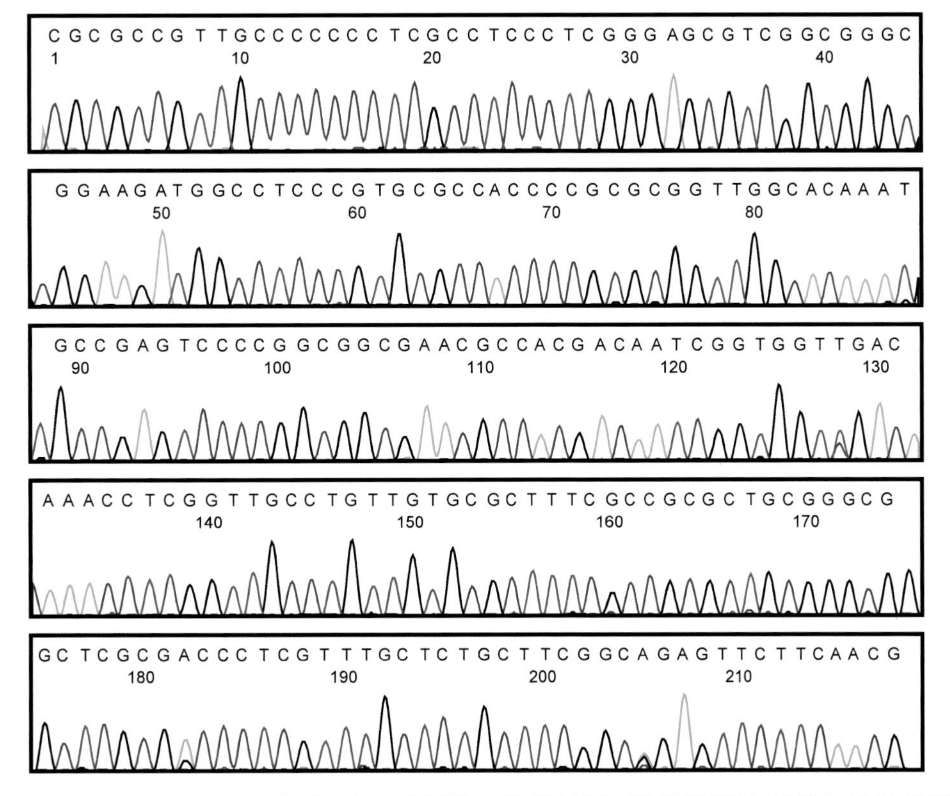

1　CGCGCCGTTG CCCCCCCTCG CCTCCCTCGG GAGCGTCGGC GGGCGGAAGA TGGCCTCCCG TGCGCCACCC CGCGCGGTTG
81　GCACAAATGC CGAGTCCCCG GCGGCGAACG CCACGACAAT CGGTGGTTGA CAAACCTCGG TTGCCTGTTG TGCGCTTTCG
161 CCGCGCTGCG GGCGGCTCGC GACCCTCGTT TGCTCTGCTT CGGCAGAGTT CTTCAACG

17 川牛膝

川牛膝*Cyathula officinalis* Kuan，苋科多年生草本，以根入药。主要分布于四川、云南、贵州等地区。

【种子形态】胞果呈椭圆形或倒卵形，长2.0～3.0mm，宽1.0～2.0mm，淡黄色，内含种子1粒。种子卵圆形，透镜状，长约2.0mm，直径约1.0mm，表面赤褐色，有光泽，无毛。胚环状；胚乳粉质。千粒重约1.4g。

【采集与储藏】花期6～7月，果期8～9月。选3～4年新生植株采种，待果实成熟后割取果序，晾干搓出种子，簸净杂质，置于干燥阴凉处储藏。

【DNA提取与序列扩增】取多粒种子，按照小型种子DNA提取方法操作。ITS2序列的获得参照"9107　中药材DNA条形码分子鉴定法指导原则"标准流程操作。

【ITS2峰图与序列】ITS2峰图及其序列如下。

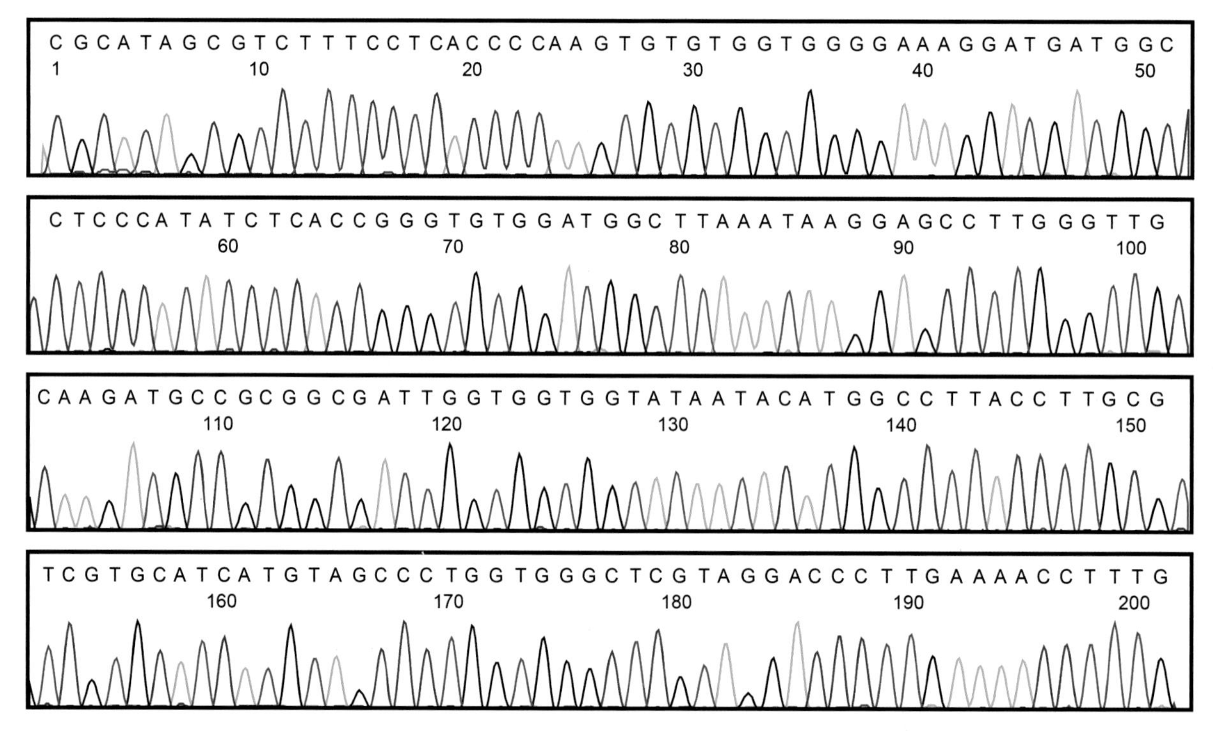

1　CGCATAGCGT CTTTCCTCAC CCCAAGTGTG TGGTGGGGAA AGGATGATGG CCTCCCATAT CTCACCGGGT GTGGATGGCT
81　TAAATAAGGA GCCTTGGGTT GCAAGATGCC GCGGCGATTG GTGGTGGTAT AATACATGGC CTTACCTTGC GTCGTGCATC
161 ATGTAGCCCT GGTGGGCTCG TAGGACCCTT GAAAACCTTT G

18 川党参

川党参*Codonopsis tangshen* Oliv.，桔梗科草质藤本，以根入药。主要分布于四川、贵州、湖南、湖北、陕西等地区。

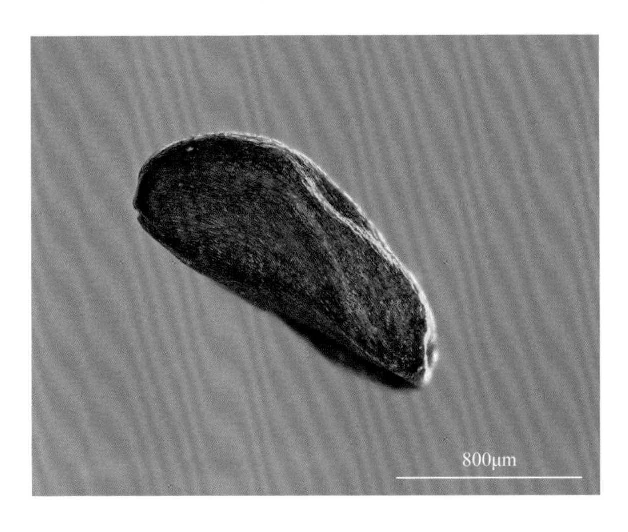

【种子形态】蒴果圆锥形，3室，有宿存花萼。种子多粒，小，卵状椭圆形，长1.5～1.8mm，宽0.6～1.2mm，表面棕褐色，有光泽，在体视显微镜下可见密被纵线纹，顶端钝圆，基部具1个圆形凹窝状种脐。胚乳半透明，含油分；胚细小，直生；子叶2枚。千粒重约0.3g。

【采集与储藏】花果期7～10月。待果实呈黄褐色变软，种子呈深褐色时采收，脱粒去杂后干藏。

【DNA提取与序列扩增】称取3～5mg种子，按照微型种子DNA提取方法操作。ITS2序列的获得参照“9107　中药材DNA条形码分子鉴定法指导原则”标准流程操作。

【ITS2峰图与序列】ITS2峰图及其序列如下。

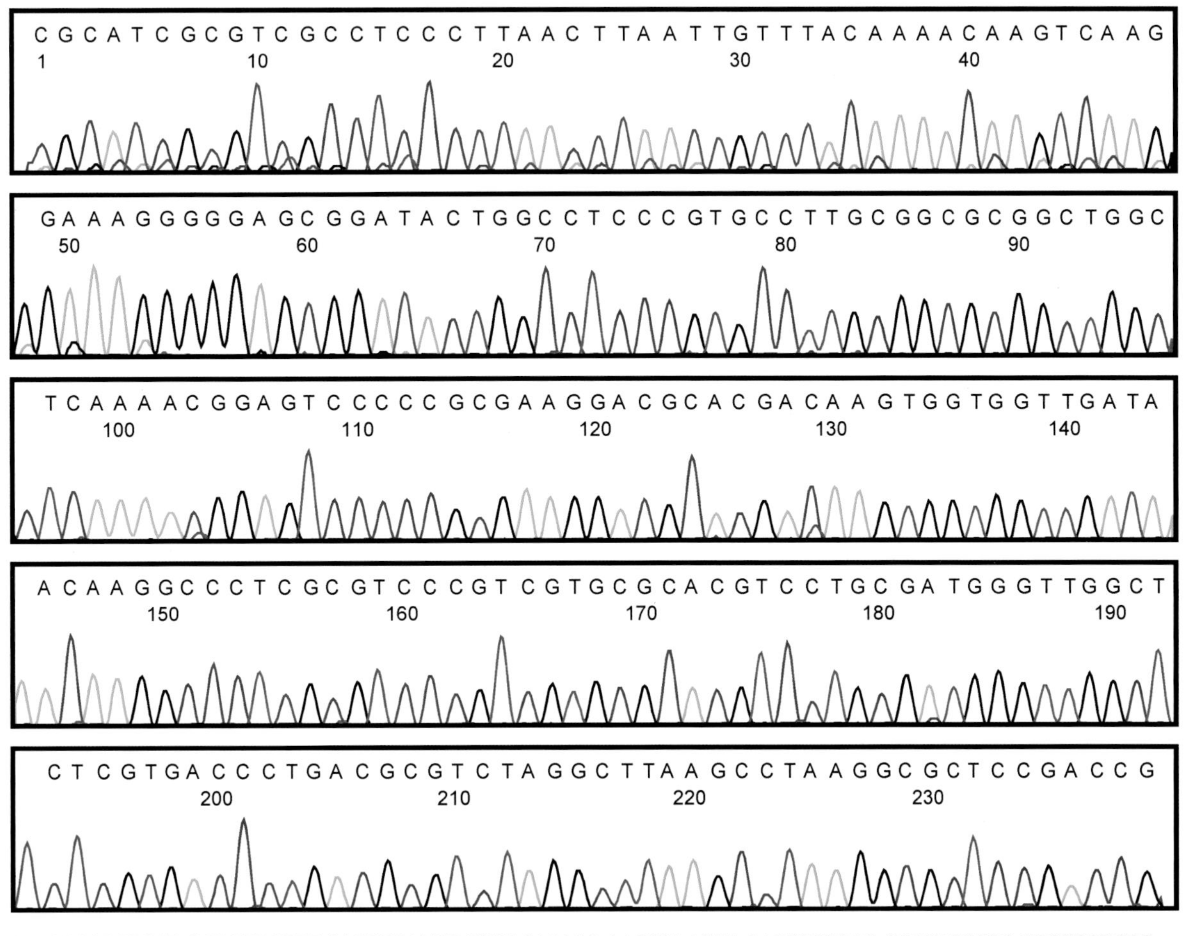

1　CGCATCGCGT CGCCTCCCTT AACTTAATTG TTTACAAAAC AAGTCAAGGA AAGGGGGAGC GGATACTGGC CTCCCGTGCC
81　TTGCGGCGCG GCTGGCTCAA AACGGAGTCC CCCGCGAAGG ACGCACGACA AGTGGTGGTT GATAACAAGG CCCTCGCGTC
161 CCGTCGTGCG CACGTCCTGC GATGGGTTGG CTCTCGTGAC CCTGACGCGT CTAGGCTTAA GCCTAAGGCG CTCCGACCG

19 川楝

川楝*Melia toosendan* Sieb. et Zucc.（FOC：楝*Melia azedarach* L.），楝科乔木，以树皮和根皮或果实入药。产于我国黄河以南各地区。

【种子形态】核果大，椭圆状球形，长约3.0cm，宽约2.5cm，果皮薄，熟后淡黄色；核稍坚硬，有5～8条突出的棱线，6～8室，每室内具种子1粒。种子长椭圆形，稍扁，长约10mm，宽约3mm，厚约2.5mm，黑紫色，表面光滑，顶端稍尖，基端斜截。种脐线性，黄褐色。种脊黑色线形，从基端到顶端。胚乳污白色；胚直生；子叶2枚，白色。千粒重约3750.0g。

【采集与储藏】花期3～4月，果期10～11月。在11～12月果皮呈浅黄色时，即可采收。用含水量约10%的湿沙储藏，一层湿沙，一层果实，层层堆积，进行沙藏催芽，至翌年3月沙藏的果实见胚根时播种。

【DNA提取与序列扩增】砸碎，取种子碎块，按照大型种子DNA提取方法操作。ITS2序列的获得参照“9107　中药材DNA条形码分子鉴定法指导原则”标准流程操作。

【ITS2峰图与序列】ITS2峰图及其序列如下。

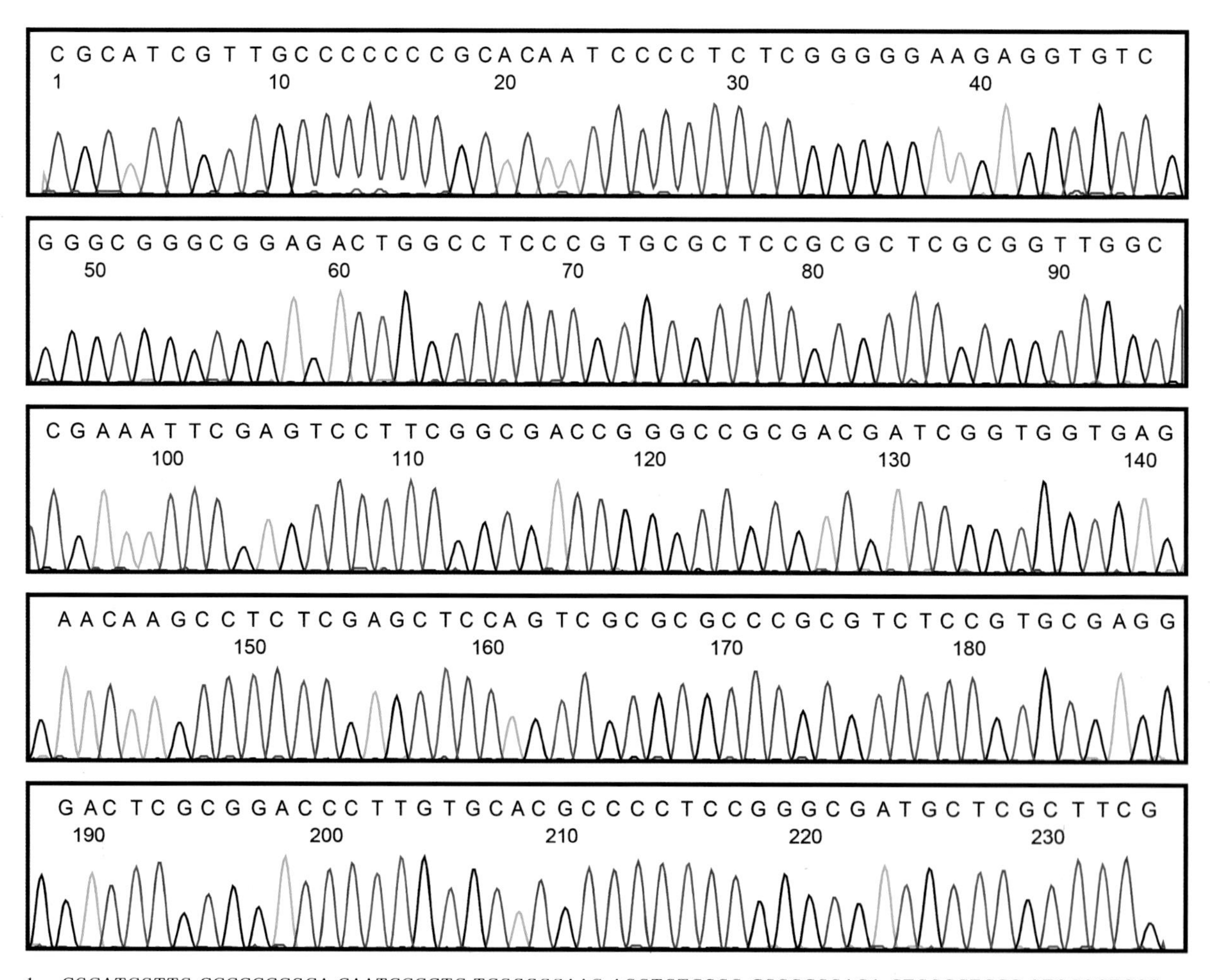

1　CGCATCGTTG CCCCCCCGCA CAATCCCCTC TCGGGGGAAG AGGTGTCGGG CGGGCGGAGA CTGGCCTCCC GTGCGCTCCG
81　CGCTCGCGGT TGGCCGAAAT TCGAGTCCTT CGGCGACCGG GCCGCGACGA TCGGTGGTGA GAACAAGCCT CTCGAGCTCC
161 AGTCGCGCGC CCGCGTCTCC GTGCGAGGGA CTCGCGGACC CTTGTGCACG CCCCTCCGGG CGATGCTCGC TTCG

20 广州相思子

广州相思子*Abrus cantoniensis* Hance，豆科攀援灌木，以全草入药。主要分布于湖南、广东、广西等地区。

【种子形态】荚果矩圆形，扁平，成熟时棕黄色，上面有淡黄色短柔毛，长约2.0cm，宽约5.0mm。种子4～6粒，倒卵状椭圆形或矩圆形，扁平，棕色、黑色或棕褐色，长3.0～4.0mm，宽2.0～3.0mm，厚约1.7mm，表面光亮，或有棕黑相间的花斑；种脐凹陷，线形，脐冠长圆形，基部有1个晕圈。子叶肥大，黄绿色；胚根短小。千粒重约15.0g。

【采集与储藏】花期6～7月，果期8～10月。当荚果棕黄色时，采摘摊晒至干，脱粒，筛簸去杂。室温储藏。

【DNA提取与序列扩增】取单粒种子，按照中型种子DNA提取方法操作。ITS2序列的获得参照“9107　中药材DNA条形码分子鉴定法指导原则”标准流程操作。

【ITS2峰图与序列】ITS2峰图及其序列如下。

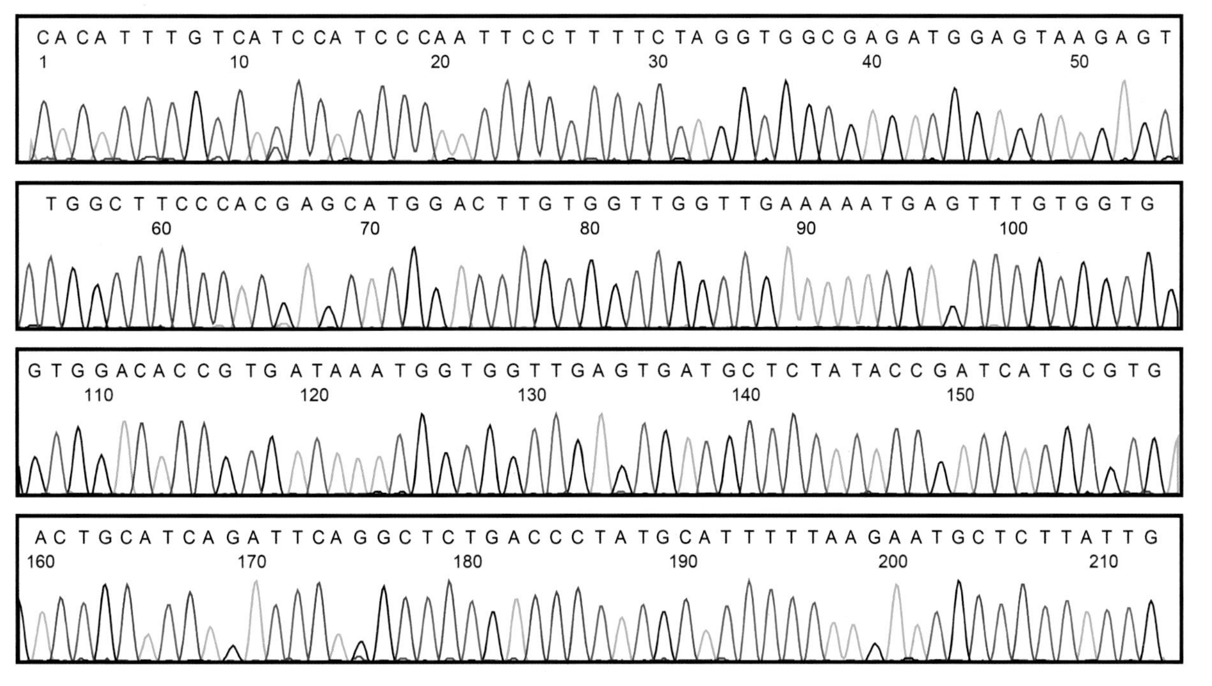

1　CACATTTGTC ATCCATCCCA ATTCCTTTTC TAGGTGGCGA GATGGAGTAA GAGTTGGCTT CCCACGAGCA TGGACTTGTG
81　GTTGGTTGAA AAATGAGTTT GTGGTGGTGG ACACCGTGAT AAATGGTGGT TGAGTGATGC TCTATACCGA TCATGCGTGA
161 CTGCATCAGA TTCAGGCTCT GACCCTATGC ATTTTTAAGA ATGCTCTTAT TG

21 广金钱草

广金钱草*Desmodium styracifolium* (Osb.) Merr.（FOC：广东金钱草），豆科亚灌木状草本，以干燥地上部分入药。主要分布于广东、海南、广西南部和西南部、云南南部。

【种子形态】荚果长1.0～2.0cm，宽2.5～3.0mm，黄褐色，腹缝线直，背缝线波状，表面有不规则网纹，被短柔毛和钩状毛，有3～6荚节，每荚节长约3.3mm，宽约2.6mm，厚约0.9mm。每荚节内有种子1粒，肾形，扁，长1.9～2.3mm，宽1.3～1.7mm。种子黄色或紫褐色，种脐圆形，位于一侧中部凹陷处，黑色。荚节千粒重约3.2g，种子千粒重约1.6g。

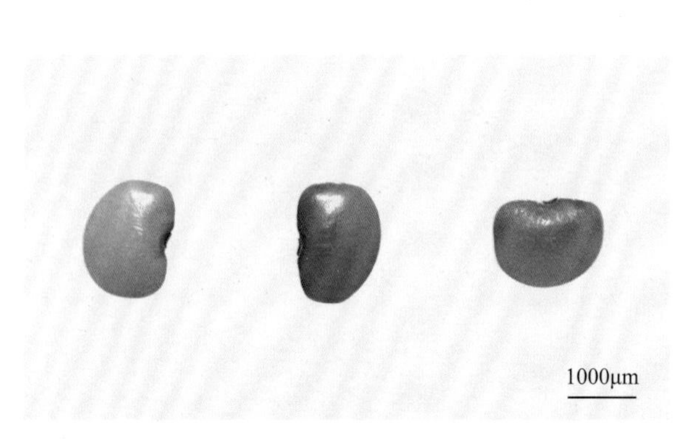

【采集与储藏】花果期8～10月。当广金钱草荚果饱满时即可采收，采收后保持荚果湿润，于室内放置4～5天，使种子充分后熟，然后搓去果荚，晾干种子。将种子装入纸袋内，储藏于4℃冰箱中。

【DNA提取与序列扩增】取多粒种子，按照小型种子DNA提取方法操作。ITS2序列的获得参照“9107　中药材DNA条形码分子鉴定法指导原则”标准流程操作。

【ITS2峰图与序列】ITS2峰图及其序列如下。

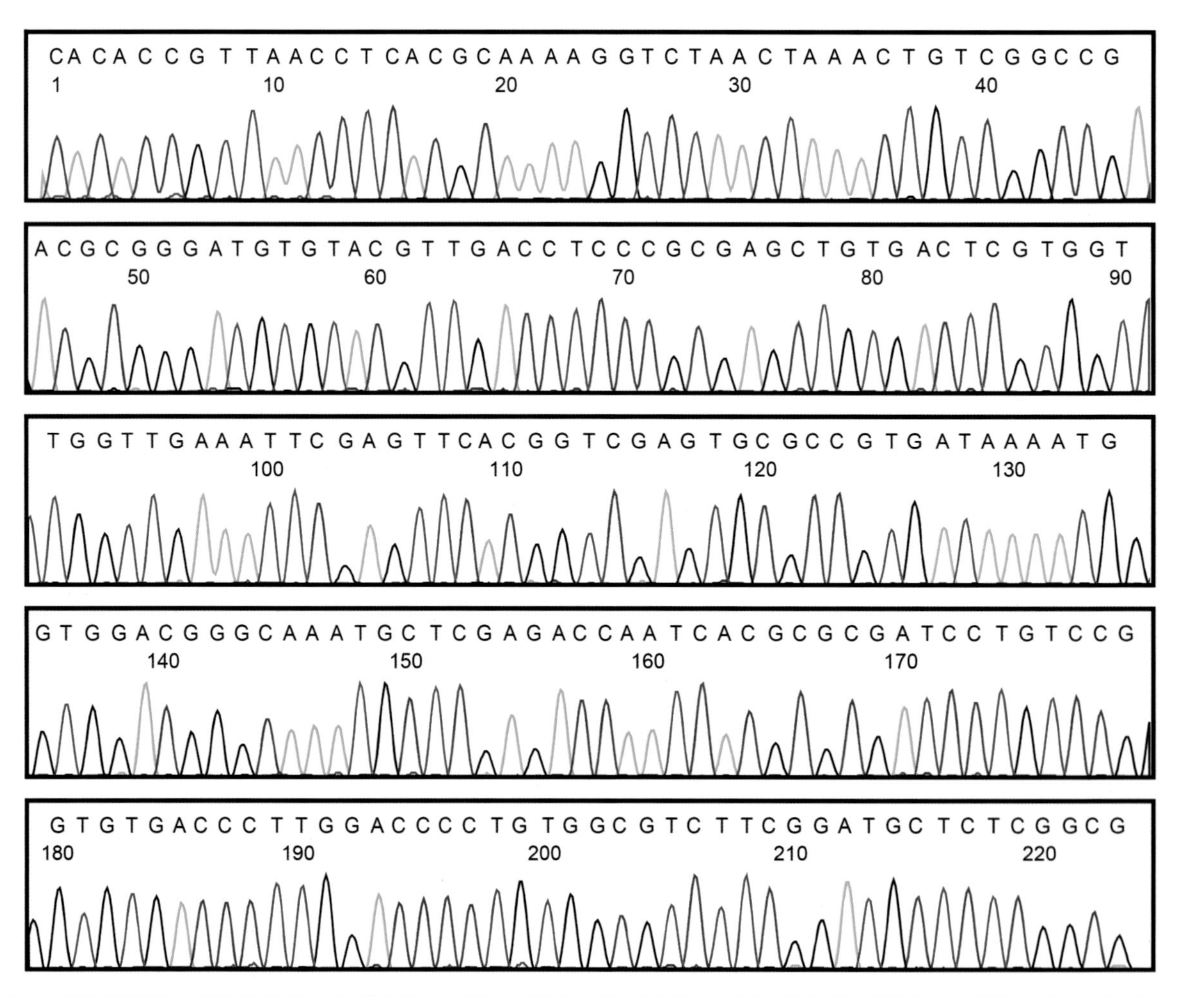

1　CACACCGTTA ACCTCACGCA AAAGGTCTAA CTAAACTGTC GGCCGACGCG GGATGTGTAC GTTGACCTCC CGCGAGCTGT
81　GACTCGTGGT TGGTTGAAAT TCGAGTTCAC GGTCGAGTGC GCCGTGATAA AATGGTGGAC GGGCAAATGC TCGAGACCAA
161 TCACGCGCGA TCCTGTCCGG TGTGACCCTT GGACCCCTGT GGCGTCTTCG GATGCTCTCG GCG

22 飞扬草

飞扬草*Euphorbia hirta* L.，大戟科一年生草本，以全草入药。主要分布于江西、湖南、福建、台湾、广东、广西、海南、四川、贵州、云南等地区。

【种子形态】蒴果卵状三角形，长约1.0mm，直径1.0～1.2mm，表面有平伏短毛。种子卵状四棱形，灰褐色或玉红褐色，背面拱圆，腹面中间有1个纵肋，分为两个微斜面，长0.5～0.8mm，宽约0.5mm，表面有小疣点。胚乳丰富；胚大，直立；子叶2枚，椭圆形。千粒重约0.1g。

【采集与储藏】花果期6～12月。当种子呈黄绿色时采集。室温储藏。

【DNA提取与序列扩增】称取3～5mg种子，按照微型种子DNA提取方法操作。ITS2序列的获得参照“9107 中药材DNA条形码分子鉴定法指导原则”标准流程操作。直接测序困难时，可采用克隆方法获取序列。

【ITS2峰图与序列】ITS2峰图及其序列如下。

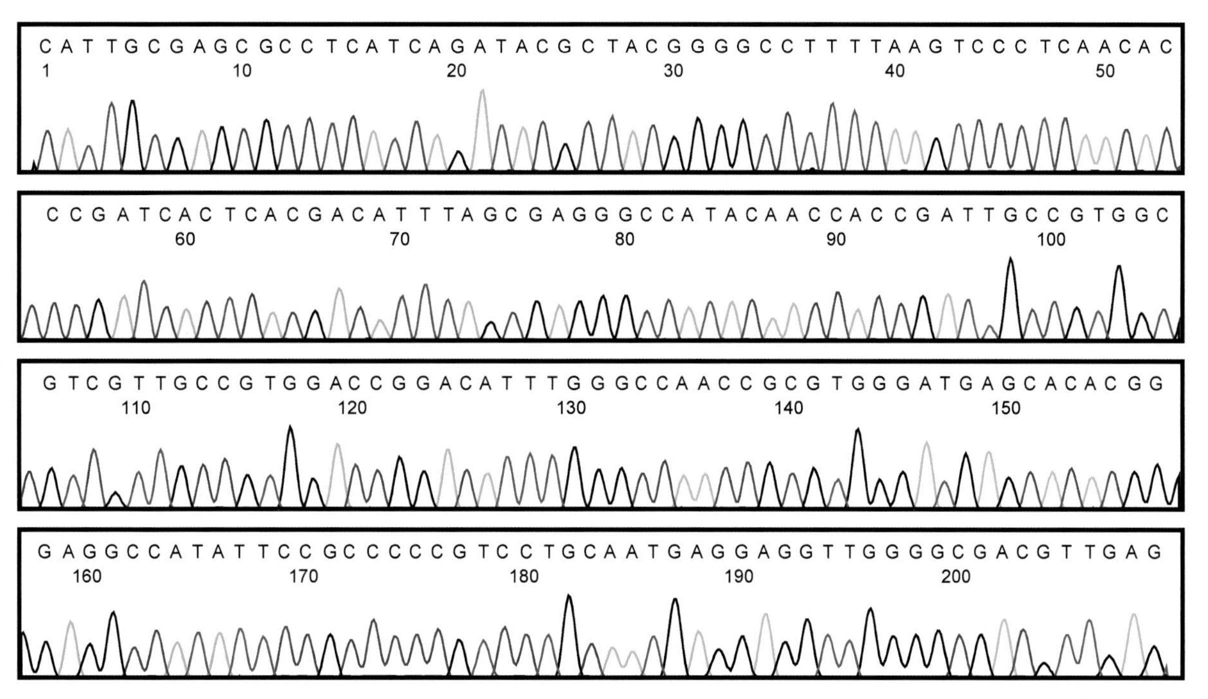

1 CATTGCGAGC GCCTCATCAG ATACGCTACG GGGCCTTTTA AGTCCCTCAA CACCCGATCA CTCACGACAT TTAGCGAGGG
81 CCATACAACC ACCGATTGCC GTGGCGTCGT TGCCGTGGAC CGGACATTTG GGCCAACCGC GTGGGATGAG CACACGGGAG
161 GCCATATTCC GCCCCCGTCC TGCAATGAGG AGGTTGGGGC GACGTTGAG

23 马齿苋

马齿苋*Portulaca oleracea* L.，马齿苋科一年生草本，以干燥地上部位入药。我国各地广泛分布。

【种子形态】蒴果圆锥形，自腰部横裂成帽盖状。种子多粒，扁圆形或逗点形，直径0.7～0.8mm，厚约0.4mm，表面黑色或棕黑色，稍有光泽。体视显微镜下可见表面密布排列成行的颗粒状突起，种子腹侧中下部微凹，有1个灰白色种脐。胚乳白色，半透明，含油分；胚白色；子叶2枚。千粒重约0.4g。

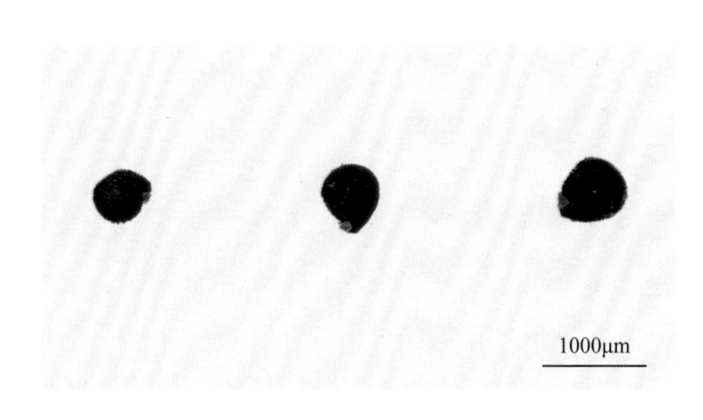

【采集与储藏】花期5～8月，果期6～9月。待蒴果大部分成熟时，割全草，抖落种子，置于干燥阴凉处保存。

【DNA提取与序列扩增】称取3～5mg种子，按照微型种子DNA提取方法操作。ITS2序列的获得参照“9107　中药材DNA条形码分子鉴定法指导原则”标准流程操作。

【ITS2峰图与序列】ITS2峰图及其序列如下。

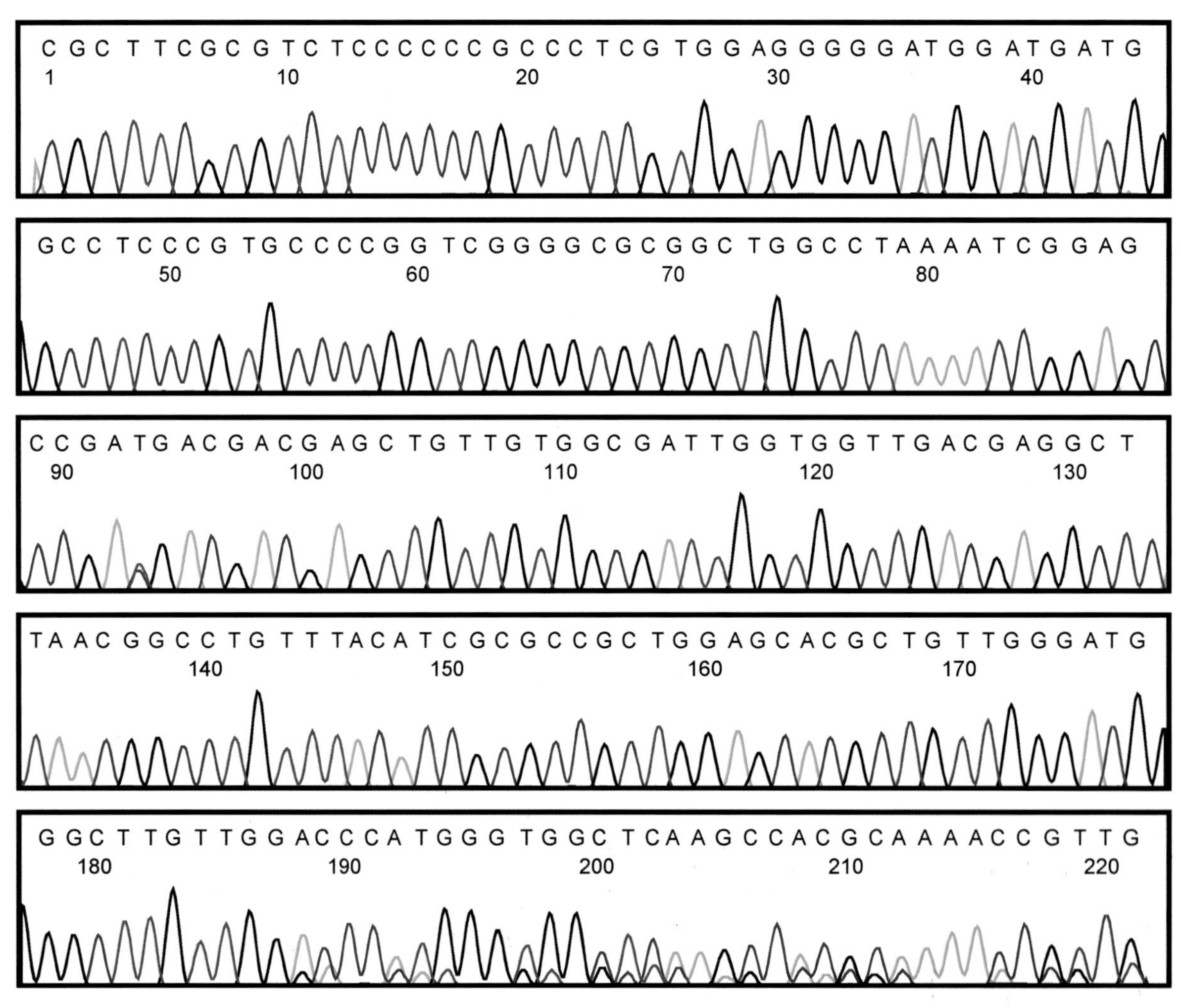

1　CGCTTCGCGT CTCCCCCCGC CCTCGTGGAG GGGGATGGAT GATGGCCTCC CGTGCCCCGG TCGGGGCGCG GCTGGCCTAA
81　AATCGGAGCC GATGACGACG AGCTGTTGTG GCGATTGGTG GTTGACGAGG CTTAACGGCC TGTTTACATC GCGCCGCTGG
161 AGCACGCTGT TGGGATGGGC TTGTTGGACC CATGGGTGGC TCAAGCCACG CAAAACCGTT G

24 马鞭草

马鞭草*Verbena officinalis* L.，马鞭草科多年生草本，以干燥地上部分入药。主产于山西、陕西、甘肃、江苏、安徽、浙江、福建、江西、湖北、湖南、广东、广西、四川、贵州、云南、新疆、西藏等地区。

【种子形态】小坚果三棱状矩圆形，上下宽度几乎相等，下部边缘翅状，两端钝圆，长1.5～2.0mm，宽0.5～0.8mm；背面具3～5条细纵棱，只是在边缘和上端1/3处以上才有数条小横棱，将纵棱连接起来，具小瘤；腹面由两个面构成1条纵脊，具稠密的虫卵状白色突起。背面红褐色，粗糙，无光泽。果脐在腹面基端的中间，三角状圆形，直径约0.3mm，白色或浅黄色。含种子1粒。种子与果实同形。种皮膜质，内含少量油质胚乳，胚直生。千粒重约0.4g。

【采集与储藏】花期6～8月，果期7～10月。采收成熟的种子，晒干储藏。种子寿命约1年。

【DNA提取与序列扩增】称取3～5mg种子，按照微型种子DNA提取方法操作。ITS2序列的获得参照“9107　中药材DNA条形码分子鉴定法指导原则”标准流程操作。

【ITS2峰图与序列】ITS2峰图及其序列如下。

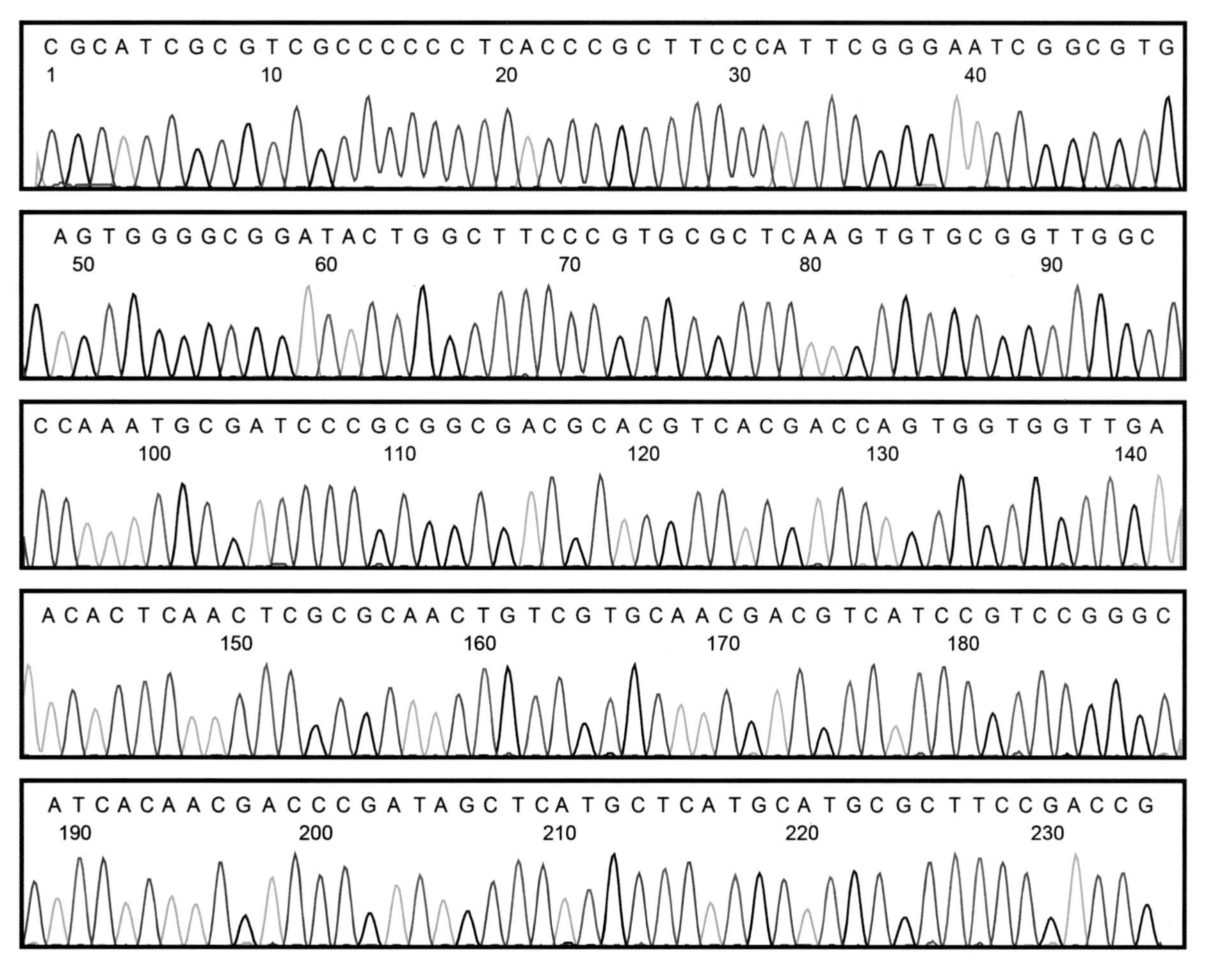

1　CGCATCGCGT CGCCCCCCTC ACCCGCTTCC CATTCGGGAA TCGGCGTGAG TGGGGCGGAT ACTGGCTTCC CGTGCGCTCA
81　AGTGTGCGGT TGGCCCAAAT GCGATCCCGC GGCGACGCAC GTCACGACCA GTGGTGGTTG AACACTCAAC TCGCGCAACT
161 GTCGTGCAAC GACGTCATCC GTCCGGGCAT CACAACGACC CGATAGCTCA TGCTCATGCA TGCGCTTCCG ACCG

25 天麻

天麻*Gastrodia elata* Bl.，兰科多年生草本，以块茎入药。分布于吉林、辽宁、内蒙古、河北、山西、陕西、甘肃、江苏、安徽、浙江、江西、台湾、河南、湖北、湖南、四川、贵州、云南、西藏等地区。

【种子形态】蒴果长圆形至长倒卵形，有短梗，长1.5～1.7cm，直径8mm。表面红色或淡褐色，具有棕色的斑点和六条纵缝线，顶端常留有花被残基，内有种子上万粒。种子细小，长纺锤形粉尘状，长0.7～1.0mm，宽0.15～0.2mm。表面浅灰黄色。体式显微镜下可见种子由胚及单层细胞的种皮组成，无胚乳。种皮薄而透明，常延伸成翅状。胚椭圆形，未分化，胚柄色较深，明显，着生于种皮上。千粒重约1.453mg。

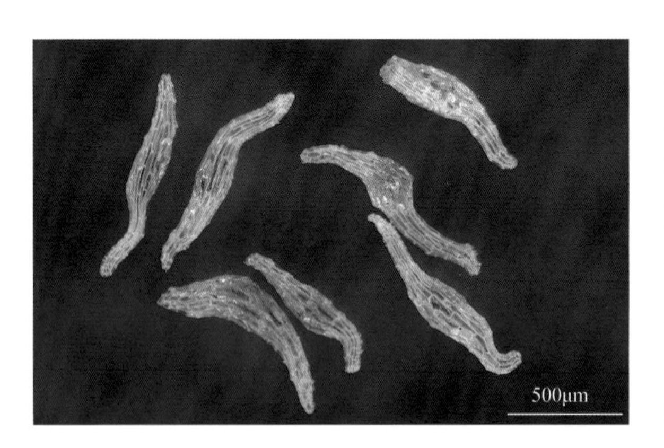

【采集与储藏】花期5～6月，果期6～7月，待蒴果呈棕色或淡褐色、表面出现棕色斑点、缝线明显但不开裂、手摸上去发软时及时采收；否则，果开裂，种子散出。将采收的蒴果放入纸袋或其他容器，带回室内后摊开。于蒴果未开裂前剥开果皮抖出种子，马上播种，此时的发芽率最高，等果皮裂开后种子的发芽率会有所降低。但在清洁的保湿情况下，种子含于蒴果内，可延长到一个月仍然有效。因此，如采种后不能及时播种，可将蒴果置于0～4℃条件下储藏。

【DNA提取与序列扩增】称取3～5mg种子，按照微型种子DNA提取方法操作。ITS2序列采用特异性引物（F：TGGACGTCAAGCATTACCCC，R：TGAGGCACACAACGTTTCCT）扩增（马秋贺等，2024），其余步骤参照“9107　中药材DNA条形码分子鉴定法指导原则”标准流程操作，或参照《中国药典中药材DNA条形码标准序列》获得其ITS2序列。直接测序困难时，可采用克隆方法获取序列。

【ITS2峰图与序列】ITS2峰图及其序列如下。

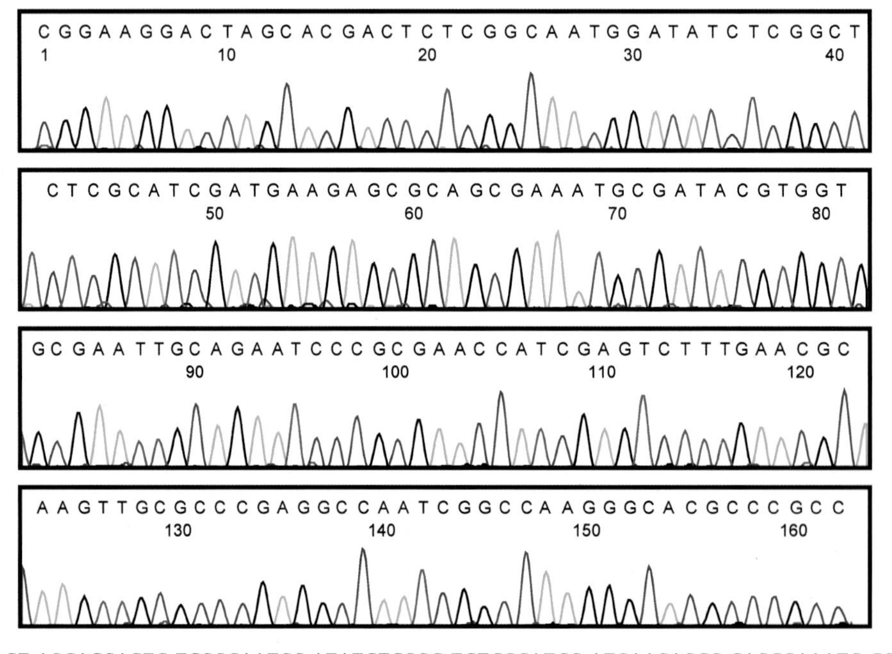

1　CGGAAGGACT AGCACGACTC TCGGCAATGG ATATCTCGGC TCTCGCATCG ATGAAGAGCG CAGCGAAATG CGATACGTGG
81　TGCGAATTGC AGAATCCCGC GAACCATCGA GTCTTTGAAC GCAAGTTGCG CCCGAGGCCA ATCGGCCAAG GGCACGCCCG
161 CC

26 木通

木通*Akebia quinata* (Thunb.) Decne.，木通科落叶木质藤本，以藤茎、果实入药。主要分布于长江流域各地区。

【种子形态】浆果长椭圆形或略呈肾形，肉质，长6.0～8.0cm，直径2.0～3.0cm，成熟时紫色，两端圆，柔软，沿腹缝线开裂。种子多粒，长卵圆形，稍扁，黑色或黑褐色，有光泽。种脐位于基部一侧，略突起，黄褐色。千粒重约35.0g。

【采集与储藏】花期4～5月，果期6～8月。拣去杂质，用水浸泡后捞出晒干。将采摘来的浆果及时水洗搓去果肉，用湿润河沙、在10月至11月室温条件下储藏30～35天，让种子完成形态后熟作用和层积发芽。

【DNA提取与序列扩增】取单粒种子，按照中型种子DNA提取方法操作。ITS2序列的获得参照“9107　中药材DNA条形码分子鉴定法指导原则”标准流程操作。

【ITS2峰图与序列】ITS2峰图及其序列如下。

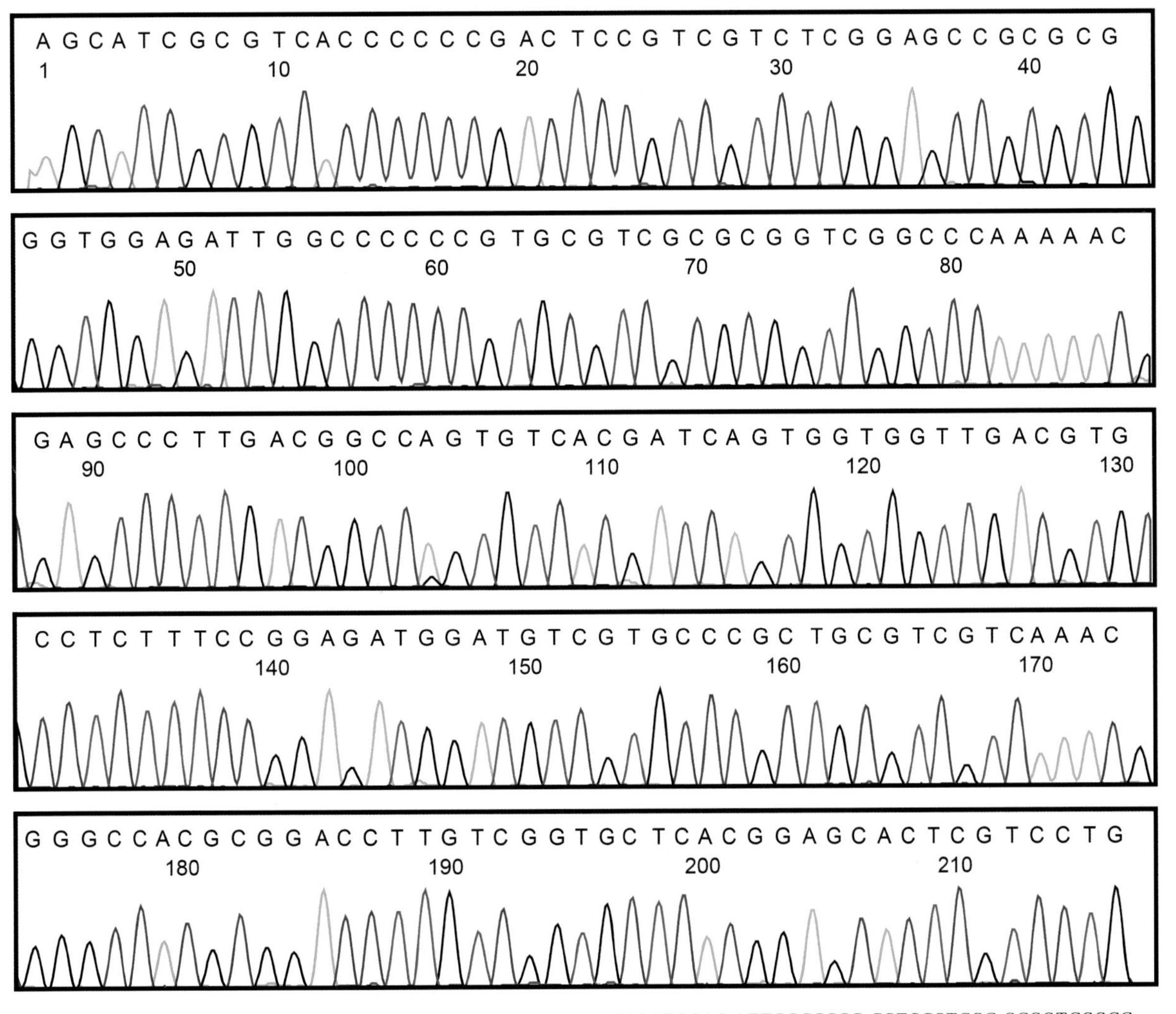

1　AGCATCGCGT CACCCCCCGA CTCCGTCGTC TCGGAGCCGC GCGGGTGGAG ATTGGCCCCC CGTGCGTCGC GCGGTCGGCC
81　CAAAAACGAG CCCTTGACGG CCAGTGTCAC GATCAGTGGT GGTTGACGTG CCTCTTTCCG GAGATGGATG TCGTGCCCGC
161　TGCGTCGTCA AACGGGCCAC GCGGACCTTG TCGGTGCTCA CGGAGCACTC GTCCTG

27 木棉

木棉*Gossampinus malabarica* (DC.) Merr.（FOC：*Bombax ceiba* L.），木棉科落叶大乔木，以干燥的花入药。主要分布于云南、四川、贵州、广西、江西、广东、福建、台湾等地区。

【种子形态】蒴果椭圆状卵形，长约5.0cm，顶端急尖，果皮有明显的窝点和油腺，内有种子8～11粒。种子卵形，有喙，长1.0～1.4cm，宽5.2～6.6mm，具白色长绵毛，两端有黄色纤毛，成熟时种皮呈黑色且硬，表面有突起的纵向网纹。千粒重约154.2g。

【采集与储藏】花期3～4月，果期为夏季。果实成熟时，果皮室开裂，露出带白色长毛的种子时采摘。木棉种子采用鸡心瓶或冰箱储藏。

【DNA提取与序列扩增】砸碎，取种子碎块，按照大型种子DNA提取方法操作。ITS2序列的获得参照"9107　中药材DNA条形码分子鉴定法指导原则"标准流程操作。

【ITS2峰图与序列】ITS2峰图及其序列如下。

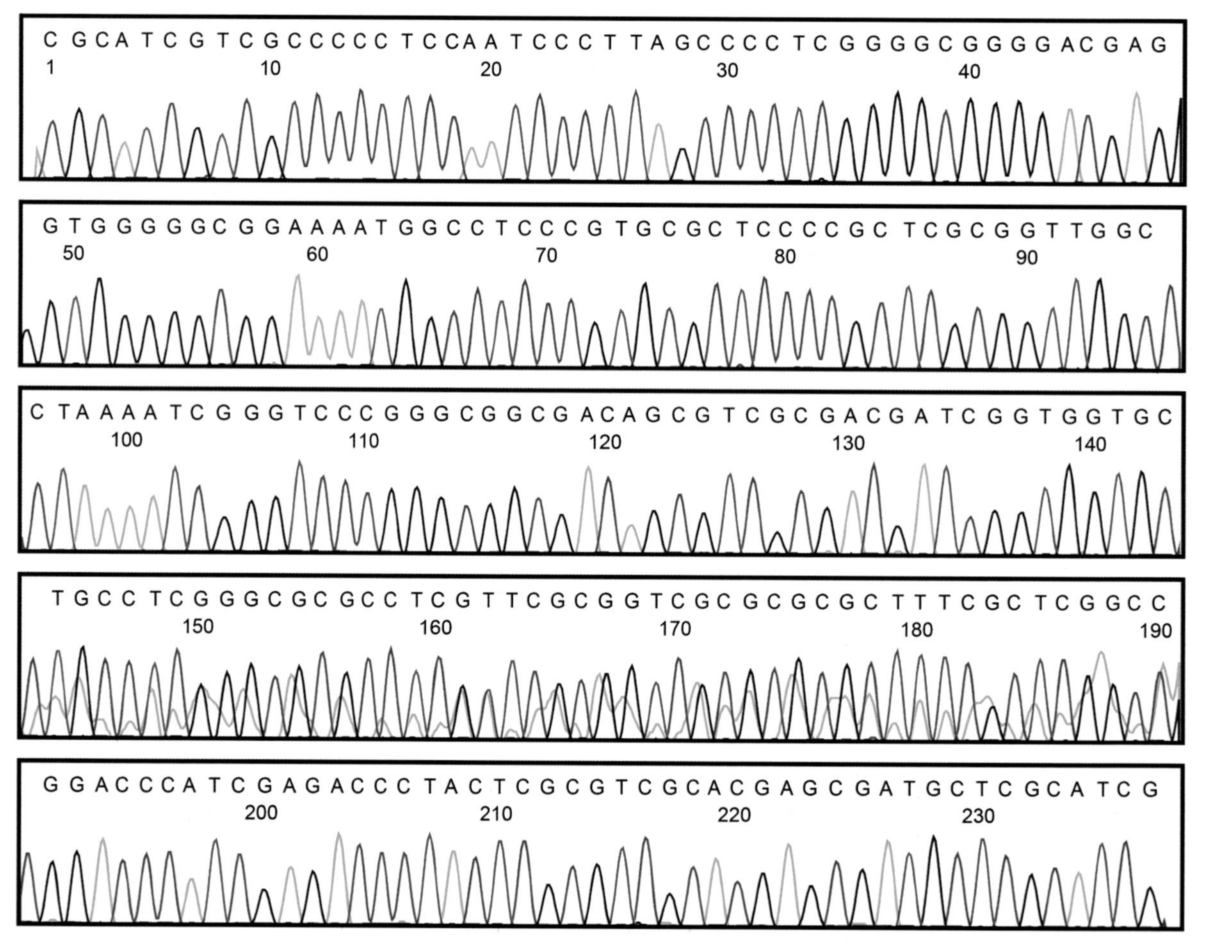

1 CGCATCGTCG CCCCCTCCAA TCCCTTAGCC CCTCGGGGCG GGGACGAGGT GGGGGCGGAA AATGGCCTCC CGTGCGCTCC
81 CCGCTCGCGG TTGGCCTAAA ATCGGGTCCC GGGCGGCGAC AGCGTCGCGA CGATCGGTGG TGCTGCCTCG GGCGCGCCTC
161 GTTCGCGGTC GCGCGCGCTT TCGCTCGGCC GGACCCATCG AGACCCTACT CGCGTCGCAC GAGCGATGCT CGCATCG

28 木蝴蝶

木蝴蝶*Oroxylum indicum* (L.) Vent.，紫葳科直立小乔木，以干燥成熟的种子入药。主产于福建、台湾、广东、广西、四川、贵州、云南。

【种子形态】蒴果扁平，长30.0～90.0cm，宽5.0～5.8cm，厚约1.0cm，外缘稍内弯似马刀，木质；成熟时棕黄色，开裂成两片。种子多粒，薄而扁平，卵圆形，有白色透明的膜翅，种子连翅共长6.0～7.5cm，宽3.4～4.7cm，厚0.6～0.8cm。除基部外全部为膜质的翅所包围，表面隐约可见心形子叶和胚根。千粒重约90.0g。

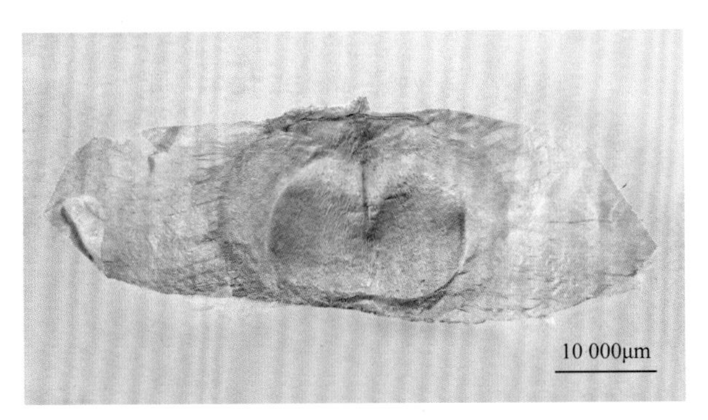

【采集与储藏】花期为夏季和秋季，果期为秋季。当蒴果由青绿色转为棕褐色，果瓣木质时采收。果实采回后应置于避风干燥处晾干，蒴果开裂后剥出种子，置干燥阴凉处保存。

【DNA提取与序列扩增】取单粒种子，按照中型种子DNA提取方法操作。ITS2序列的获得参照“9107　中药材DNA条形码分子鉴定法指导原则”标准流程操作。

【ITS2峰图与序列】ITS2峰图及其序列如下。

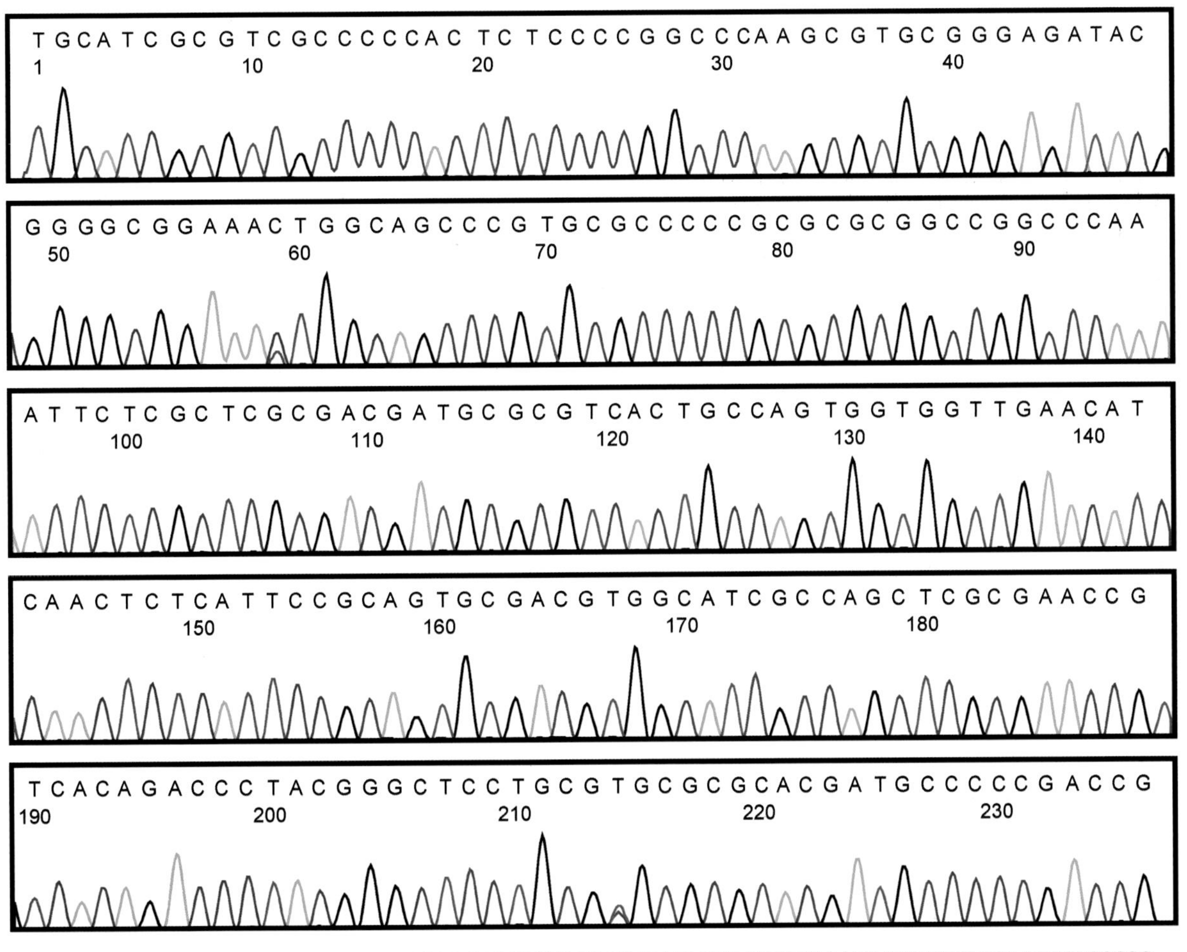

1　TGCATCGCGT CGCCCCCACT CTCCCCGGCC CAAGCGTGCG GGAGATACGG GGCGGAAACT GGCAGCCCGT GCGCCCCCGC
81　GCGCGGCCGG CCCAAATTCT CGCTCGCGAC GATGCGCGTC ACTGCCAGTG GTGGTTGAAC ATCAACTCTC ATTCCGCAGT
161 GCGACGTGGC ATCGCCAGCT CGCGAACCGT CACAGACCCT ACGGGCTCCT GCGTGCGCGC ACGATGCCCC CGACCG

29 五味子

五味子*Schisandra chinensis* (Turcz.) Baill.，木兰科落叶木质藤本，以果实入药。主要分布于黑龙江、吉林、辽宁、内蒙古、河北、山西、宁夏、甘肃、山东等地区。

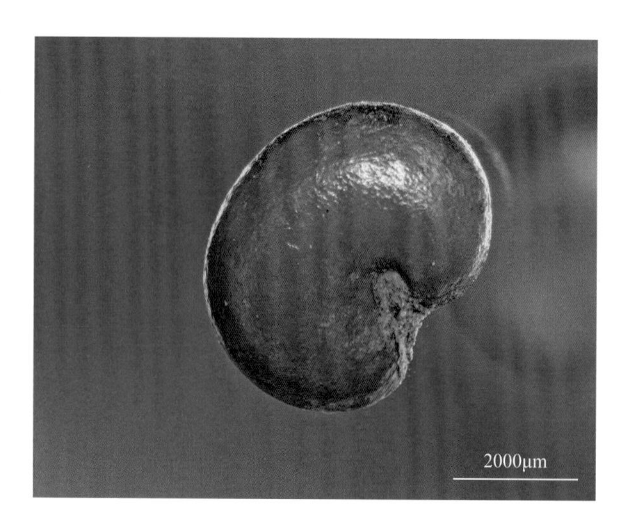

【种子形态】浆果干燥后呈不规则的球形，直径5.3～10.0mm，表面紫红色至棕黑色，皱缩凹凸不平，微有光泽，内含种子1或2粒。种子椭圆状肾形，长3.5～5.0mm，宽3.0～4.1mm，厚2.2～2.8mm，表面黄褐色，平滑，有光泽；种脐位于种子腹侧凹入处；种皮硬而脆；种仁肾形，上端钝圆，下端稍尖。胚乳淡黄色，含油分；胚细小，埋于种仁下端。千粒重约10.8g。

【采集与储藏】花期5～7月，果期7～10月。当果实红色变软时采收。晾干后的五味子要装入麻袋或透气的编织袋内储存，应通风防湿，防霉变。

【DNA提取与序列扩增】取单粒种子，按照中型种子DNA提取方法操作。ITS2序列的获得参照“9107　中药材DNA条形码分子鉴定法指导原则”标准流程操作。

【ITS2峰图与序列】ITS2峰图及其序列如下。

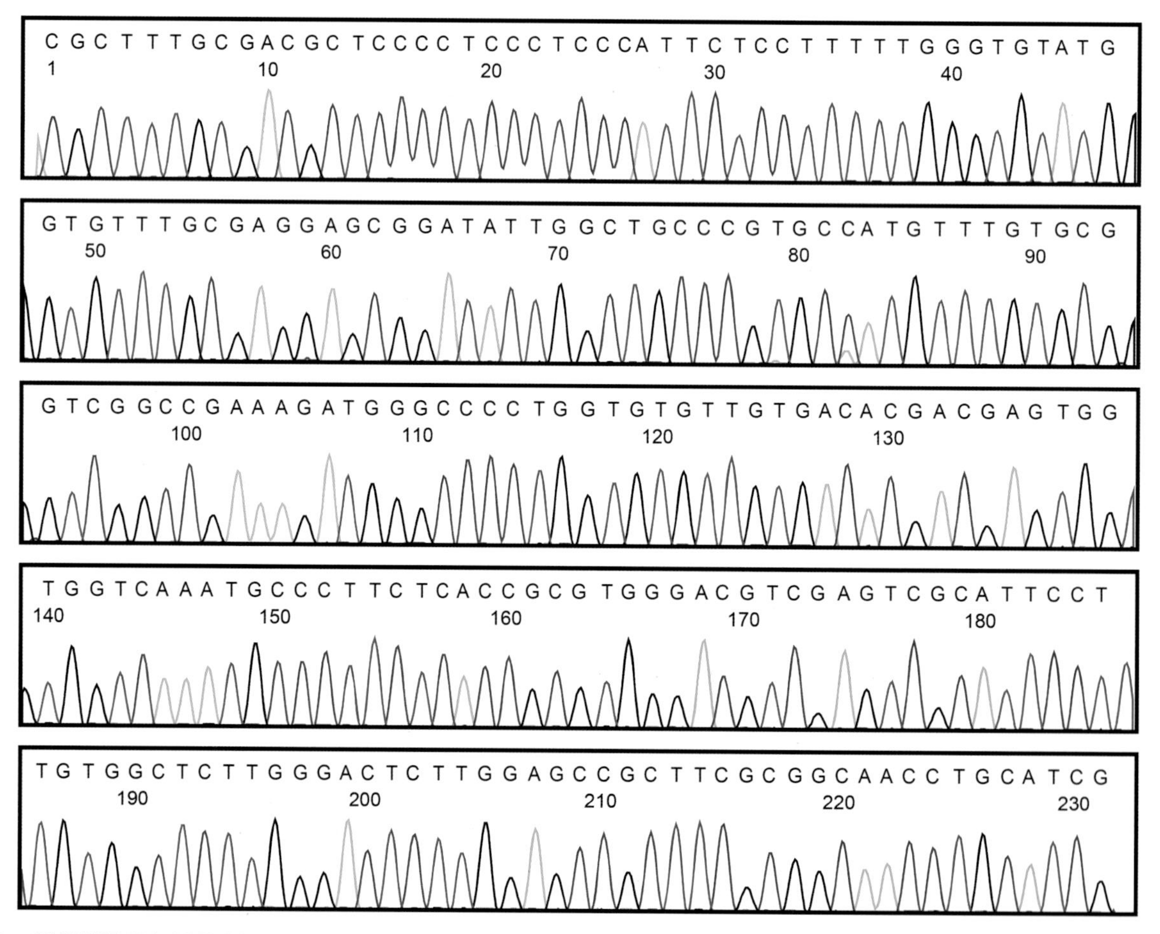

1　CGCTTTGCGA CGCTCCCCTC CCTCCCATTC TCCTTTTTGG GTGTATGGTG TTTGCGAGGA GCGGATATTG GCTGCCCGTG
81　CCATGTTTGT GCGGTCGGCC GAAAGATGGG CCCCTGGTGT GTTGTGACAC GACGAGTGGT GGTCAAATGC CCTTCTCACC
161 GCGTGGGACG TCGAGTCGCA TTCCTTGTGG CTCTTGGGAC TCTTGGAGCC GCTTCGCGGC AACCTGCATC G

30 中华青牛胆

中华青牛胆*Tinospora sinensis* (Lour.) Merr.，防己科藤本，以藤茎入药。主要分布于广东、广西、云南等地区。

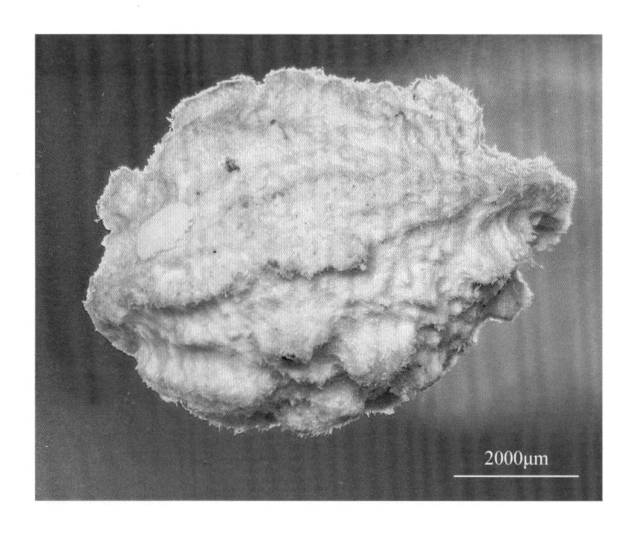

【种子形态】核果红色，近骨质，近球形，果核半卵球形，长约10.0mm，背面有棱脊和许多小疣状突起，腹面近平坦，胎座迹阔，具1个球形的腔，向外穿孔。种子新月形，有嚼烂状胚乳；子叶叶状，卵形，极薄，叉开，比胚根长很多。千粒重约85.0g。

【采集与储藏】花期4月，果期5～6月。采收后的种子需要进行清洗，去除附着在种子表面的杂质和果肉。清洗后的种子应放在通风良好、阴凉干燥的地方晾干，避免阳光直射。种子的储藏温度不超过20℃，相对湿度应控制在50%～60%。

【DNA提取与序列扩增】取单粒种子，按照中型种子DNA提取方法操作。ITS2序列的获得参照"9107 中药材DNA条形码分子鉴定法指导原则"标准流程操作。

【ITS2峰图与序列】ITS2峰图及其序列如下。

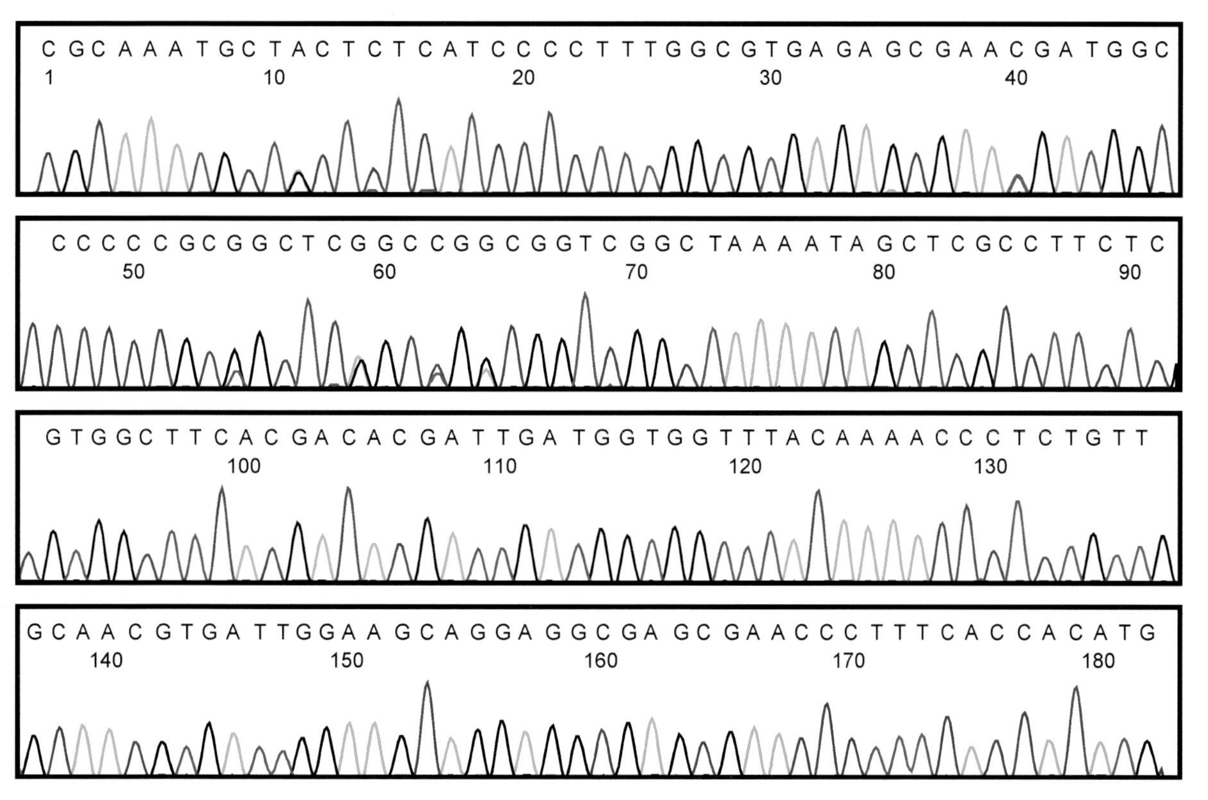

1 CGCAAATGCT ACTCTCATCC CCTTTGGCGT GAGAGCGAAC GATGGCCCCC CGCGGCTCGG CCGGCGGTCG GCTAAAATAG
81 CTCGCCTTCT CGTGGCTTCA CGACACGATT GATGGTGGTT TACAAAACCC TCTGTTGCAA CGTGATTGGA AGCAGGAGGC
161 GAGCGAACCC TTTCACCACA TG

31 牛蒡

牛蒡*Arctium lappa* L.，菊科二年生草本，以果实入药。分布于我国各地。

【种子形态】瘦果倒长卵状长条形，表面灰棕色或淡褐色，具稍隆起纵脉6～8条，近顶端具凹凸不平的皱纹，顶端钝，具稍隆起的圆环，含种子1粒。种子长倒卵形或倒披针形，表面灰褐色；顶端钝圆，基部尖，种脐点状。胚直生，含油分，无胚乳；胚根短锥状；子叶2枚，肥厚，倒卵形。千粒重约10.0g。

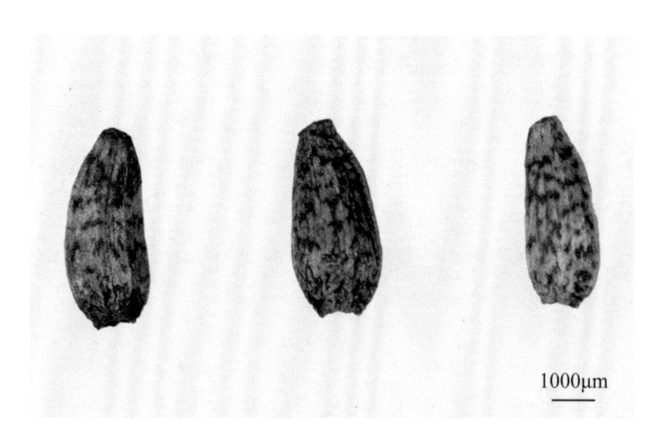

【采集与储藏】花果期6～9月。待果序总苞呈枯黄色，种子呈淡褐色时采收。置于牛皮纸或鸡心瓶内，室温储藏。

【DNA提取与序列扩增】取单粒种子，按照中型种子DNA提取方法操作。ITS2序列的获得参照"9107　中药材DNA条形码分子鉴定法指导原则"标准流程操作。

【ITS2峰图与序列】ITS2峰图及其序列如下。

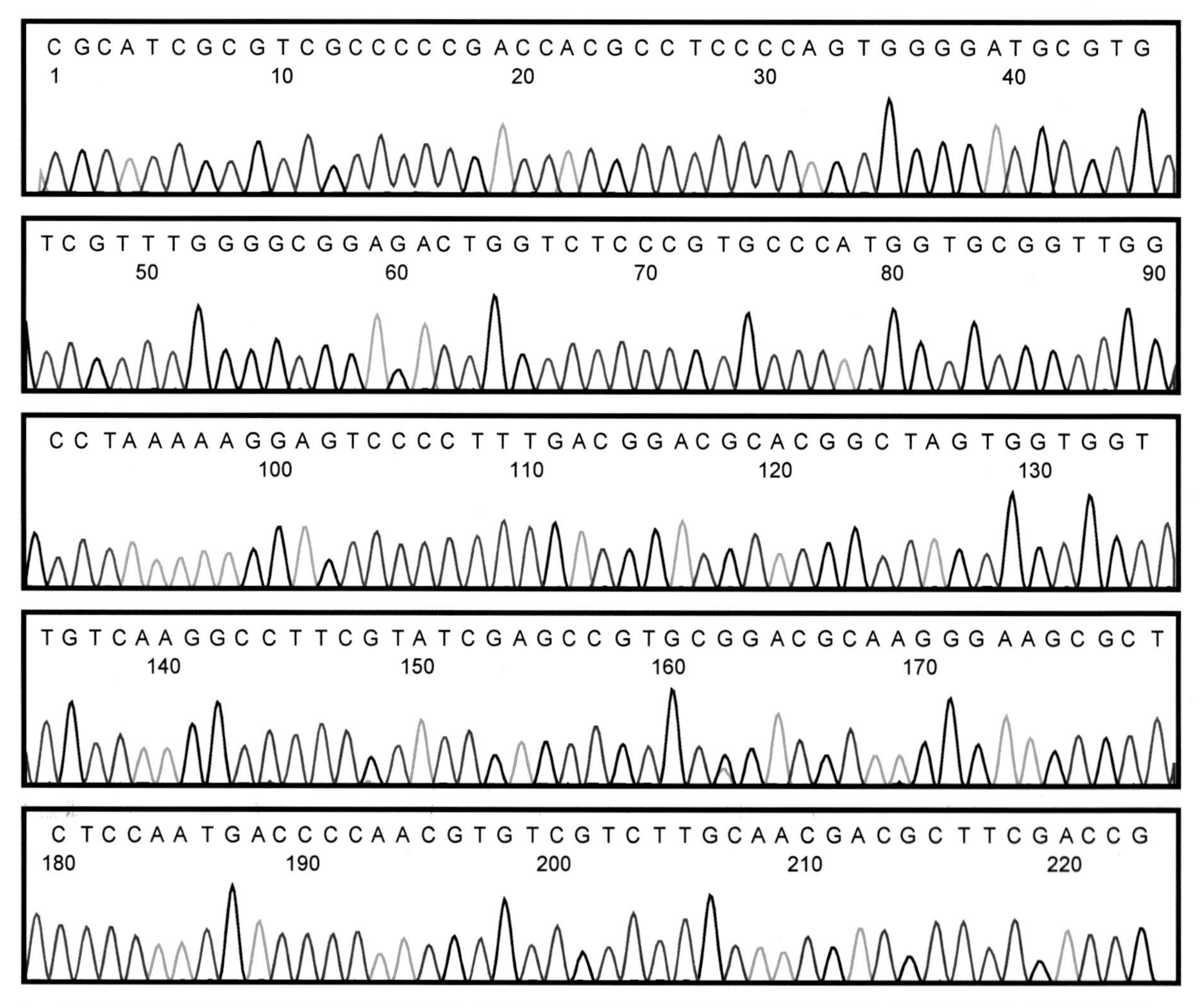

1　CGCATCGCGT CGCCCCCGAC CACGCCTCCC CAGTGGGGAT GCGTGTCGTT TGGGGCGGAG ACTGGTCTCC CGTGCCCATG
81　GTGCGGTTGG CCTAAAAAGG AGTCCCCTTT GACGGACGCA CGGCTAGTGG TGGTTGTCAA GGCCTTCGTA TCGAGCCGTG
161 CGGACGCAAG GGAAGCGCTC TCCAATGACC CCAACGTGTC GTCTTGCAAC GACGCTTCGA CCG

32 牛膝

牛膝*Achyranthes bidentata* Bl.，苋科多年生草本，以干燥根入药。除东北外，我国各地都有分布。

【种子形态】采集的果实常附带黄色苞片及小苞片，内有坚硬、褐色长圆形的胞果，上方有宿存的花柱，胞果内有种子1粒。种子长圆形，长约2.5mm，宽约1.5mm，黄褐色。胚紧靠种皮，外胚乳白色、粉质，位于胚内。千粒重约1.1g。

【采集与储藏】花期7～9月，果期9～10月。果实转黄褐色时，采收晒干储藏。

【DNA提取与序列扩增】取多粒种子，按照小型种子DNA提取方法操作。ITS2序列的获得参照“9107　中药材DNA条形码分子鉴定法指导原则”标准流程操作。

【ITS2峰图与序列】ITS2峰图及其序列如下。

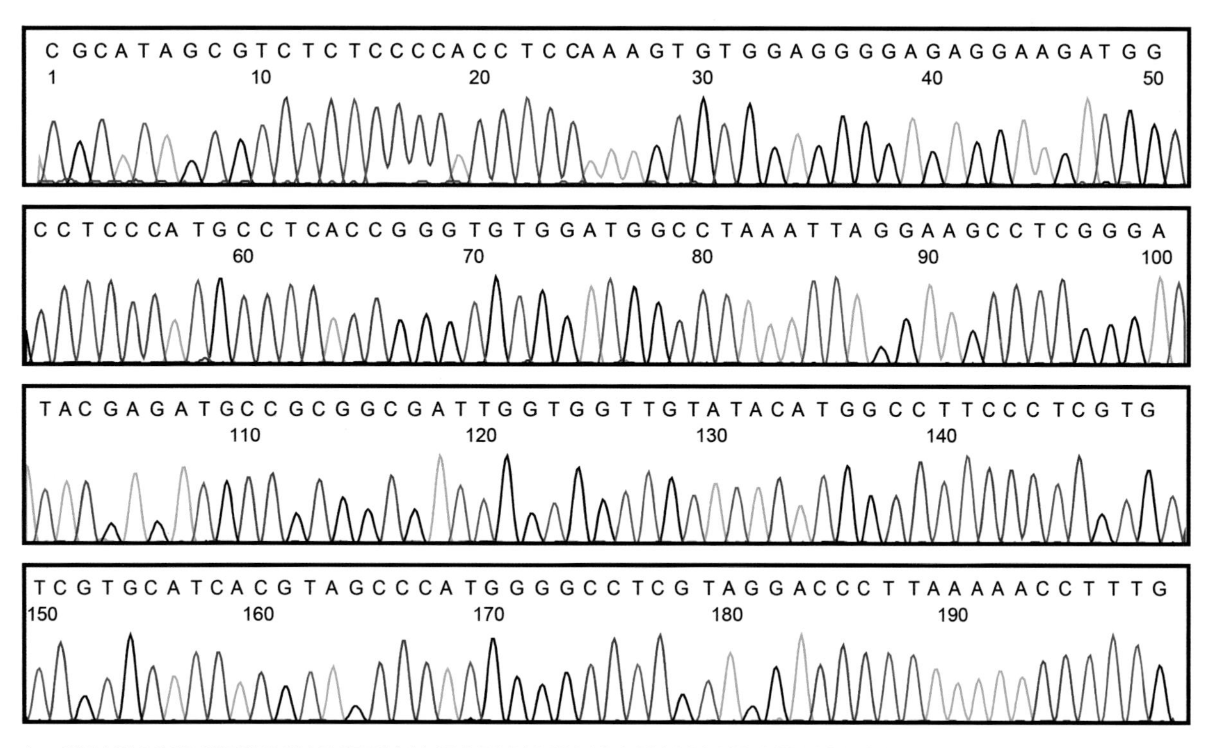

1　CGCATAGCGT CTCTCCCCAC CTCCAAAGTG TGGAGGGGAG AGGAAGATGG CCTCCCATGC CTCACCGGGT GTGGATGGCC
81　TAAATTAGGA AGCCTCGGGA TACGAGATGC CGCGGCGATT GGTGGTTGTA TACATGGCCT TCCCTCGTGT CGTGCATCAC
161 GTAGCCCATG GGGCCTCGTA GGACCCTTAA AAACCTTTG

33 毛钩藤

毛钩藤*Uncaria hirsuta* Havil.，茜草科藤本，以带钩茎枝入药。主要分布于广东、广西、云南、贵州、福建、台湾等地区。

【种子形态】小蒴果纺锤形，2室，长10.0～13.0mm，有短柔毛。外果皮厚，纵裂；内果皮厚骨质，室背开裂。种子小，多粒，中央具网状纹饰，两端有长翅，下端的翅深2裂。千粒重约0.03g。

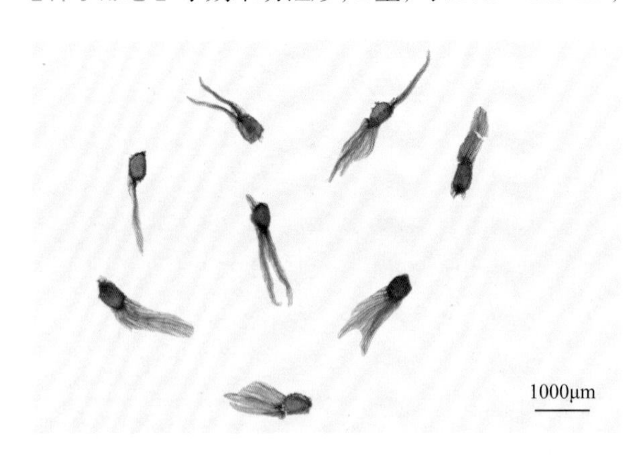

【采集与储藏】花果期1～12月。当果实开始进入成熟期时，选择优良、健壮的钩藤植株作为种球母株进行采集，放阴凉处风干或在太阳下暴晒，用塑料袋密封干藏，放置在通风干燥的地方。

【DNA提取与序列扩增】称取3～5mg种子，按照微型种子DNA提取方法操作。ITS2序列通用引物扩增困难时，可采用新设计引物ITS2F1/ITS2R1进行扩增，反应体系和扩增程序参照“9107　中药材DNA条形码分子鉴定法指导原则”标准流程操作。

【ITS2峰图与序列】ITS2峰图及其序列如下。

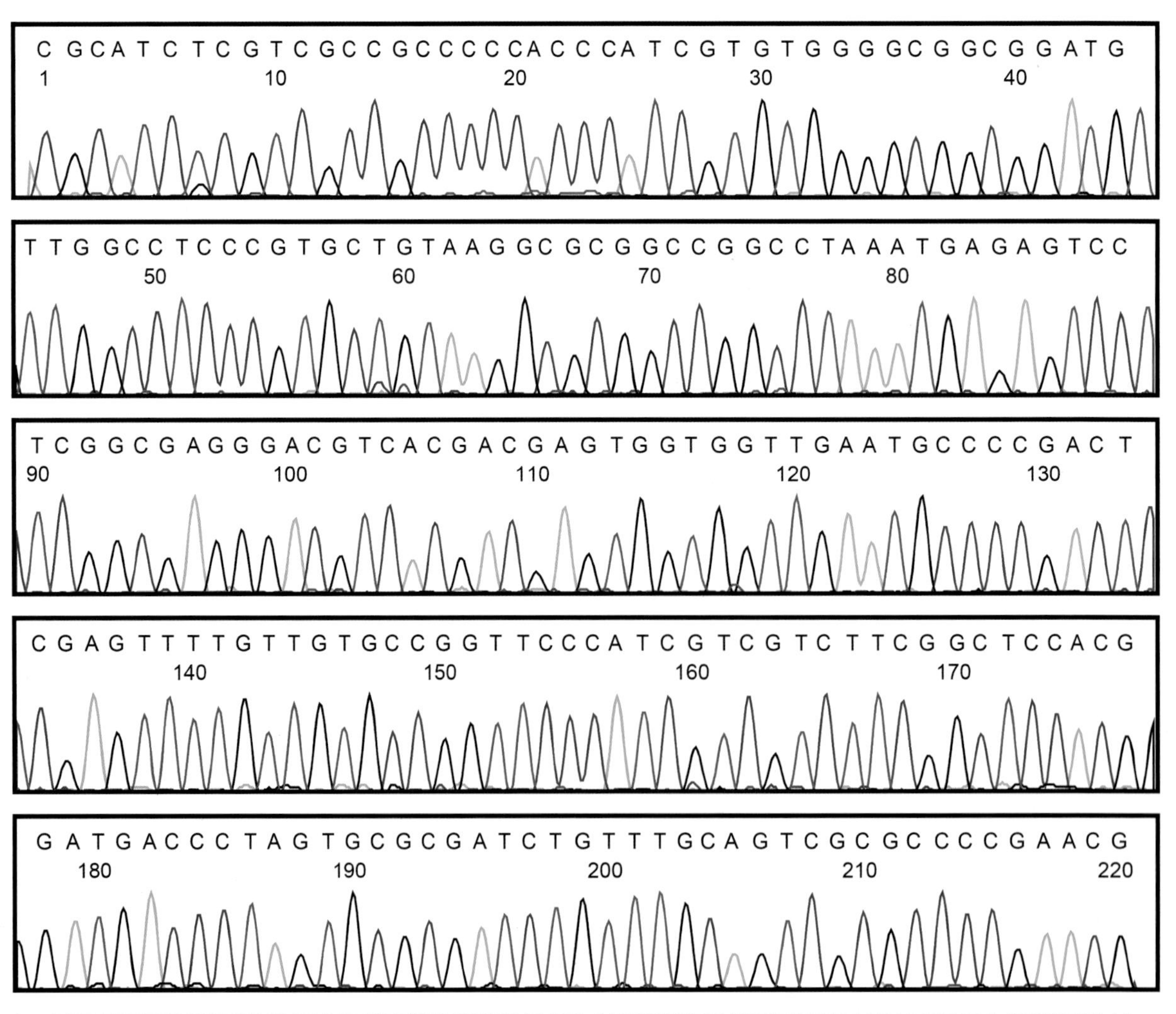

1　CGCATCTCGT CGCCGCCCCC ACCCATCGTG TGGGGCGGCG GATGTTGGCC TCCCGTGCTG TAAGGCGCGG CCGGCCTAAA
81　TGAGAGTCCT CGGCGAGGGA CGTCACGACG AGTGGTGGTT GAATGCCCCG ACTCGAGTTT TGTTGTGCCG GTTCCCATCG
161 TCGTCTTCGG CTCCACGGAT GACCCTAGTG CGCGATCTGT TTGCAGTCGC GCCCCGAACG

34 爪哇白豆蔻

爪哇白豆蔻*Amomum compactum* Soland ex Maton，姜科多年生草本，以成熟果实入药。原产于印度尼西亚（爪哇）。我国广东、海南、云南有引种。

【种子形态】蒴果近圆形，微有三棱，长、宽各1.0～1.5cm，成熟时淡黄色，顶部有茸毛，果易与果柄分离，有较明显的纵向维管束，内有种子15～30粒。种子深褐色，呈不规则的多面体，背面较光滑；种脐圆形，凹陷，位于腹面的一端，与种沟相连形成1个缺口，种质坚实，断面白色，气芳香，味辛凉兼有樟脑味。千粒重15.0～16.4g。

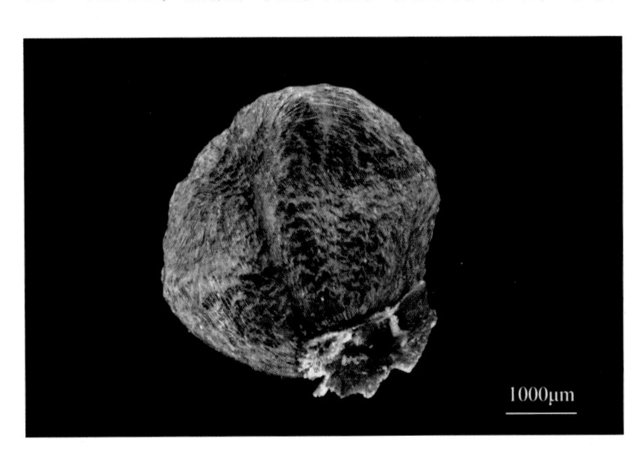

【采集与储藏】花期2～5月，果期6～8月。当果实成熟后即可采收，胚较小，易因失水而丧失发芽力。留种用的果实，可先除去果壳，洗净白色假种皮后置于室内阴干，然后用含水量5%的潮沙与种子混合，储存在瓦钵中备用。供药用的果实采收后充分晒干即可入药。

【DNA提取与序列扩增】取单粒种子，按照中型种子DNA提取方法操作。ITS2序列的获得参照“9107　中药材DNA条形码分子鉴定法指导原则”标准流程操作。

【ITS2峰图与序列】ITS2峰图及其序列如下。

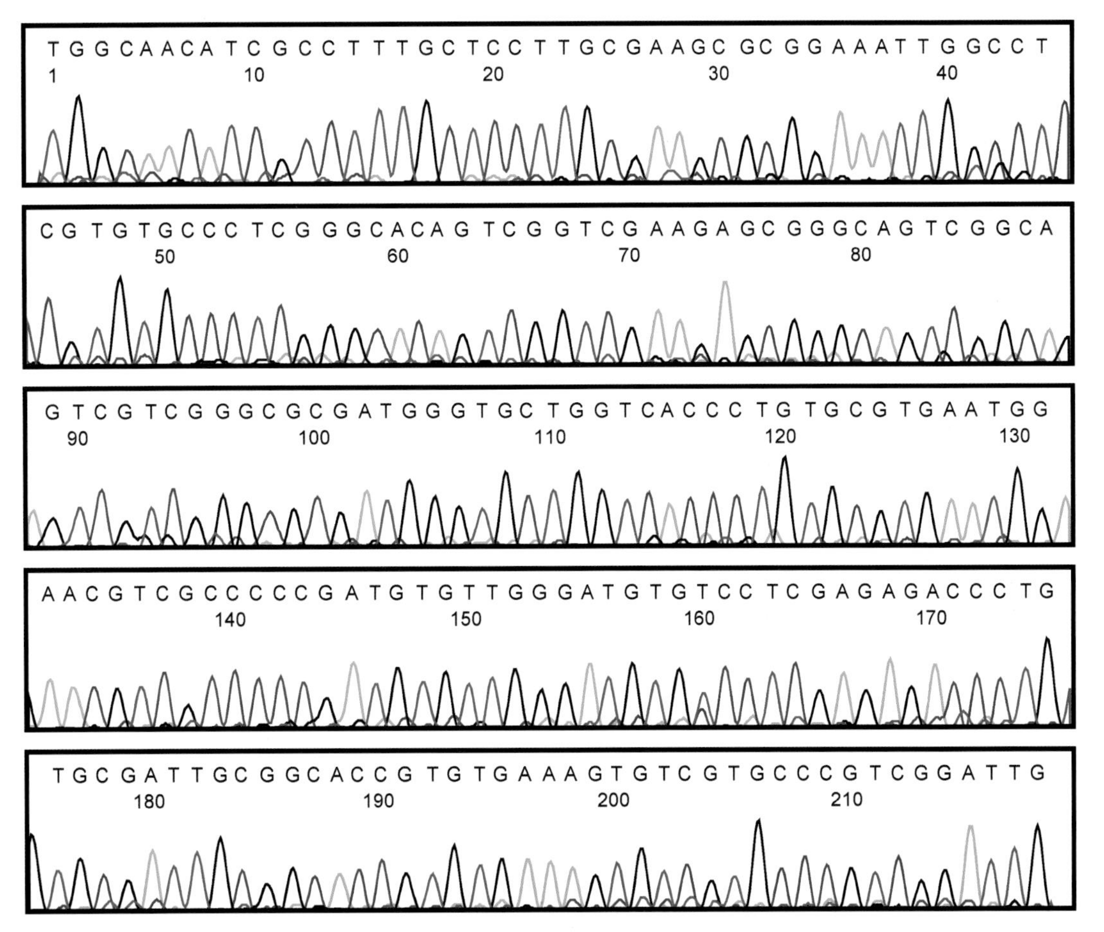

1　TGGCAACATC GCCTTTGCTC CTTGCGAAGC GCGGAAATTG GCCTCGTGTG CCCTCGGGCA CAGTCGGTCG AAGAGCGGGC
81　AGTCGGCAGT CGTCGGGCGC GATGGGTGCT GGTCACCCTG TGCGTGAATG GAACGTCGCC CCCGATGTGT TGGGATGTGT
161 CCTCGAGAGA CCCTGTGCGA TTGCGGCACC GTGTGAAAGT GTCGTGCCCG TCGGATTG

35 丹参

丹参*Salvia miltiorrhiza* Bge.，唇形科多年生直立草本，以根和根茎入药。主要分布于河北、山西、陕西、山东、河南、江苏、浙江、安徽、江西、湖南等地区。

【种子形态】小坚果三棱状长卵形，长2.5～3.3mm，宽1.3～2.0mm，灰黑色或茶褐色，表面由黄灰色糠秕状蜡质层覆盖，背面稍平，腹面隆起成脊，圆钝，近基部两侧收缩稍凹陷；果脐着生腹面纵脊下方，近圆形，边缘隆起，密布灰白色蜡质斑，中央有1条“C”形银白色细线；含种子1粒。种子扁椭圆形。种皮膜质。具1个薄层胚乳。胚直生，乳白色；子叶2枚，肥厚。千粒重约1.6g。

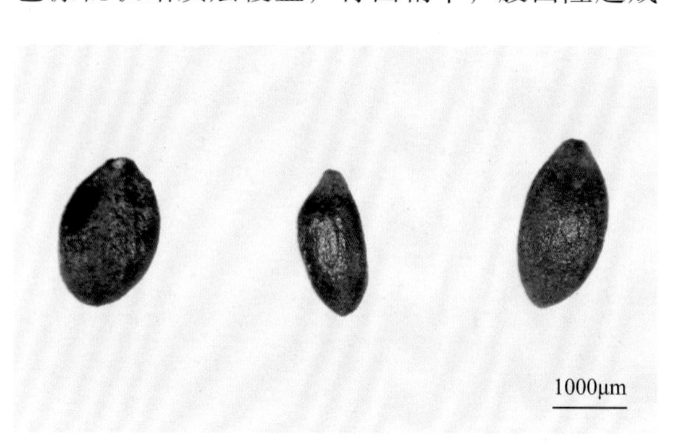

【采集与储藏】花期4～8月，花后见果。应分批采收，成熟后坚果落地。可分批采集果序，或视花序上有2/3的萼片转黄未干枯时，将整个花序剪下，暴晒后打下种子，晒干。储藏常采用超干储藏技术、超低温储藏技术、超低氧储藏技术、人工种子储藏技术。

【DNA提取与序列扩增】取多粒种子，按照小型种子DNA提取方法操作。ITS2序列的获得参照“9107　中药材DNA条形码分子鉴定法指导原则”标准流程操作。

【ITS2峰图与序列】ITS2峰图及其序列如下。

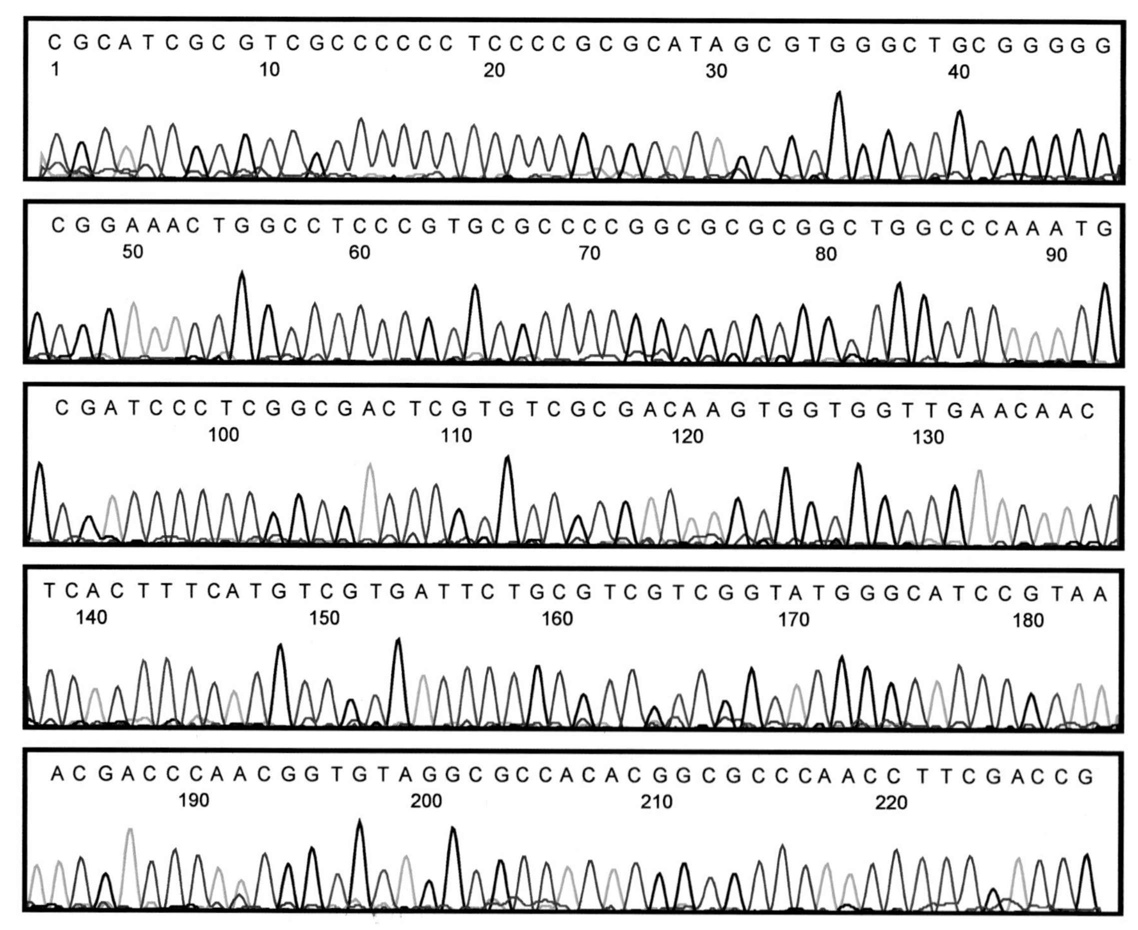

1　CGCATCGCGT CGCCCCCCTC CCCGCGCATA GCGTGGGCTG CGGGGGCGGA AACTGGCCTC CCGTGCGCCC CGGCGCGCGG
81　CTGGCCCAAA TGCGATCCCT CGGCGACTCG TGTCGCGACA AGTGGTGGTT GAACAACTCA CTTTCATGTC GTGATTCTGC
161 GTCGTCGGTA TGGGCATCCG TAAACGACCC AACGGTGTAG GCGCCACACG GCGCCCAACC TTCGACCG

36 凤仙花

凤仙花*Impatiens balsamina* L.，凤仙花科一年生草本，以茎和种子入药。我国各地庭园广泛栽培。

【种子形态】蒴果椭圆形，密被粗毛。种子圆形或卵圆形，略扁，直径1.9～3.8mm，厚1.7～2.3mm，表面棕褐色或棕色，无光泽，无毛，在体视显微镜下可见多个颗粒状小突起及少数纵行黄棕色短小线纹（破损后露出簇生针状毛）。种子基部具1个小突起状种脐；种皮薄而坚硬。胚直生，白色，半透明，含油分；胚根小而甚短缩；子叶2枚，肥大，圆形或卵圆形。千粒重约6.1g。

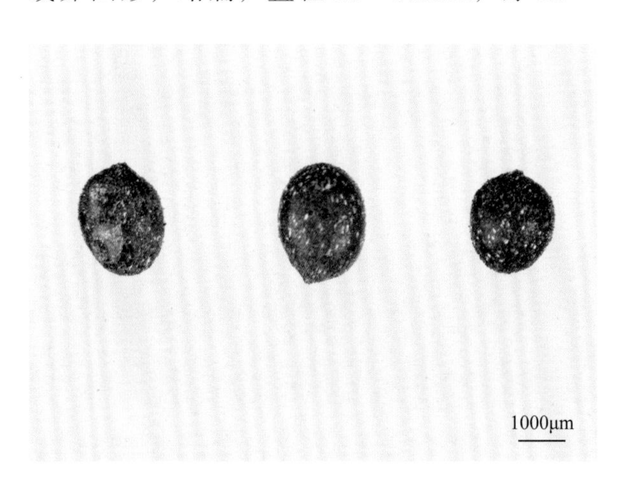

【采集与储藏】花期7～10月，果期10～11月。当蒴果黄绿色时及时采收。过熟时一碰果实，则果瓣裂开，急速卷曲，种子弹出并落地。晒干，筛去果皮等杂质。用于繁殖的种子应从健壮植株上采摘蒴果并单独脱粒，室内阴干储藏。

【DNA提取与序列扩增】取单粒种子，按照中型种子DNA提取方法操作。ITS2序列的获得参照“9107　中药材DNA条形码分子鉴定法指导原则”标准流程操作。

【ITS2峰图与序列】ITS2峰图及其序列如下。

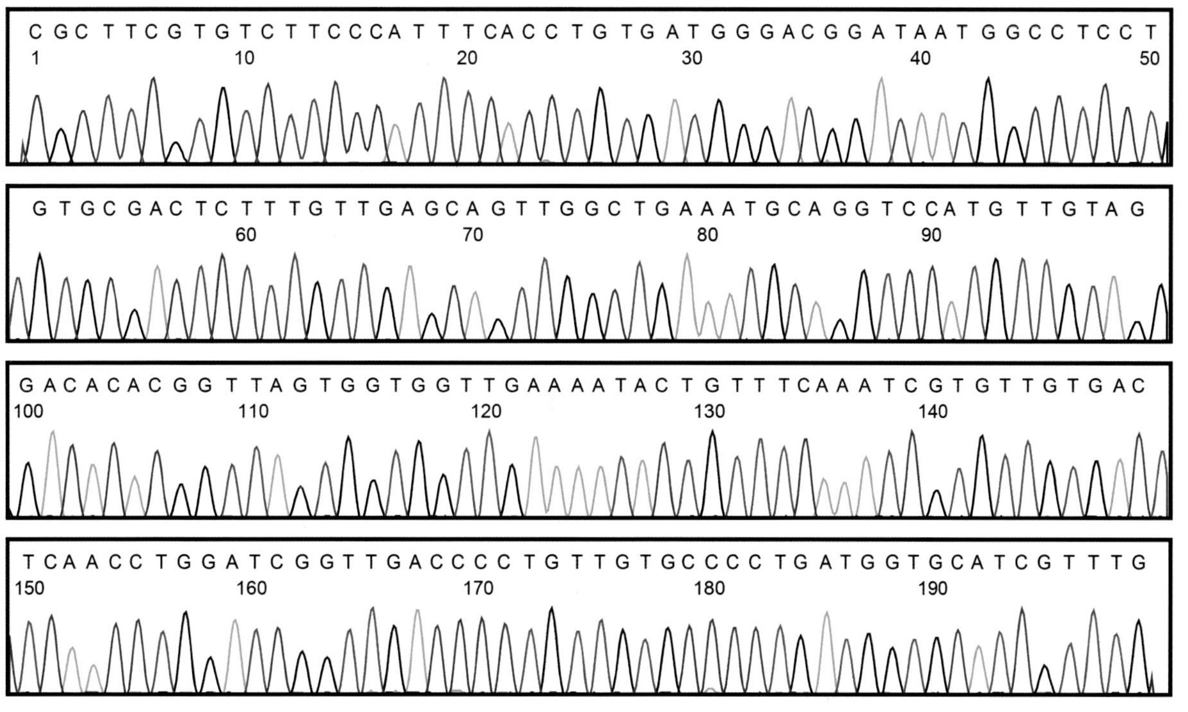

1 CGCTTCGTGT CTTCCCATTT CACCTGTGAT GGGACGGATA ATGGCCTCCT GTGCGACTCT TTGTTGAGCA GTTGGCTGAA
81 ATGCAGGTCC ATGTTGTAGG ACACACGGTT AGTGGTGGTT GAAAATACTG TTTCAAATCG TGTTGTGACT CAACCTGGAT
161 CGGTTGACCC CTGTTGTGCC CCTGATGGTG CATCGTTTG

37 文冠果

文冠果*Xanthoceras sorbifolium* Bunge，无患子科落叶灌木或小乔木，以木材及枝叶入药。主要分布于宁夏、甘肃、辽宁、内蒙古、河南等地区。

【种子形态】蒴果长约6.0cm，近球形或阔椭圆形，有3个棱角，室背开裂为3个果瓣，3室，果皮厚而硬，含有很多纤维束。种子每室数粒，种皮厚革质，无假种皮，种脐大，半月形；胚弯拱，子叶一大一小。种子扁圆形或球形，直径1.0～1.6cm。未成熟时种子白色，逐渐变为粉红色及赤褐色，成熟的种子为黑褐色或黑色，有光泽，风干后种子呈黑褐色或暗褐色，光泽消失。种脐突起，白色。千粒重约790.0g。

【采集与储藏】花期为春季，果期为秋初。8～9月当果皮由绿色变为黄褐色、种子由红褐色变为黑色时，即可采收。随采随播，种子无需处理；如来年春播，播前应进行催芽。

【DNA提取与序列扩增】砸碎，取种子碎块，按照大型种子DNA提取方法操作。ITS2序列的获得参照“9107 中药材DNA条形码分子鉴定法指导原则”标准流程操作。

【ITS2峰图与序列】ITS2峰图及其序列如下。

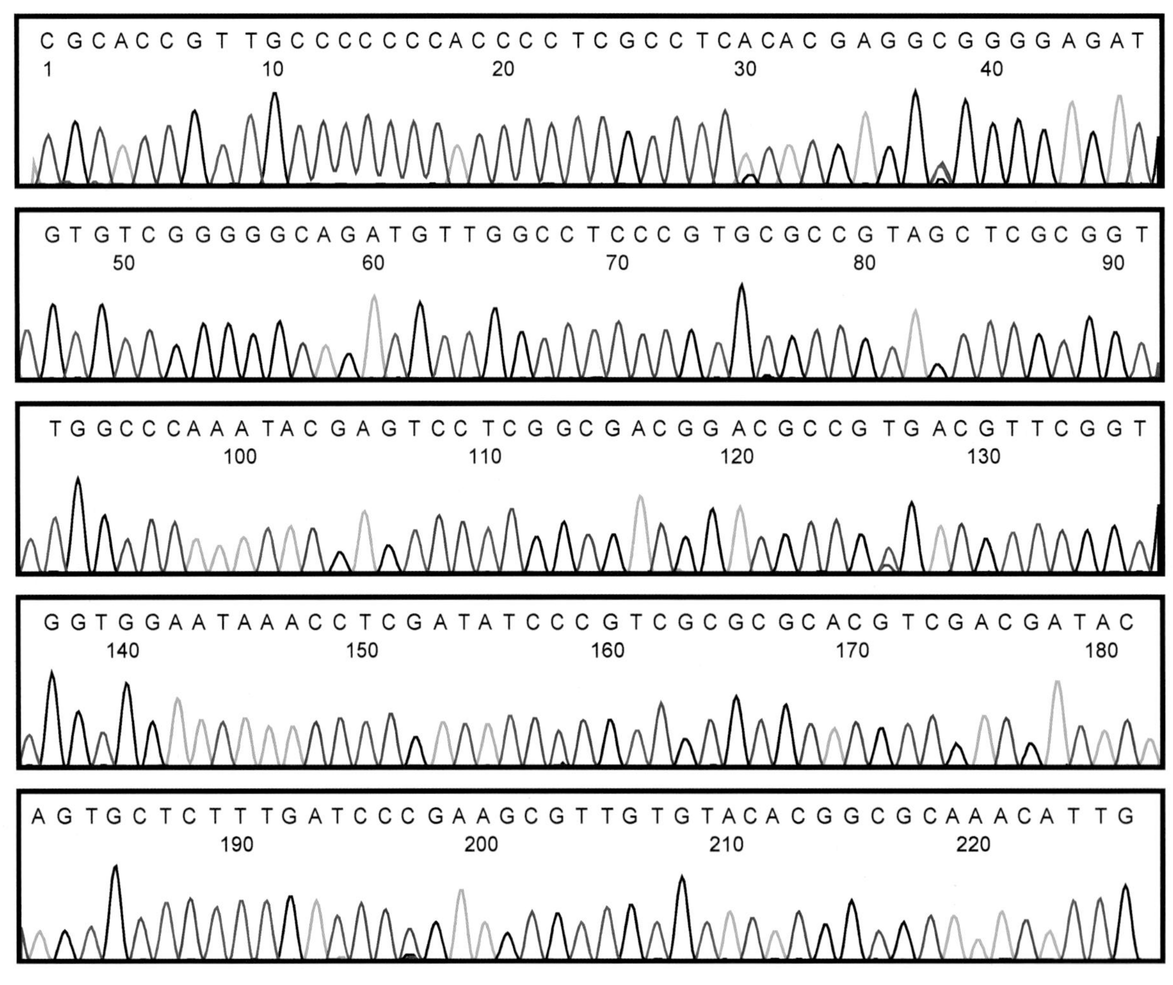

1 CGCACCGTTG CCCCCCCACC CCTCGCCTCA CACGAGGCGG GGAGATGTGT CGGGGGCAGA TGTTGGCCTC CCGTGCGCCG
81 TAGCTCGCGG TTGGCCCAAA TACGAGTCCT CGGCGACGGA CGCCGTGACG TTCGGTGGTG GAATAAACCT CGATATCCCG
161 TCGCGCGCAC GTCGACGATA CAGTGCTCTT TGATCCCGAA GCGTTGTGTA CACGGCGCAA ACATTG

38 巴豆

巴豆*Croton tiglium* L.，大戟科灌木或小乔木，以果实入药。主要分布于浙江南部、福建、江西、湖南、广东、海南、广西、贵州、四川、云南等地区。

【种子形态】蒴果倒卵形或长圆形，有3个钝角，无毛或星状毛，3室，每室含种子1粒，即为巴豆。种子椭圆形或长卵形，长1.1～1.4cm，宽7.1～9.2mm，表面黄棕色至暗棕色，平滑而少光泽。种阜在种脐的一端，为1个细小突起，易脱落。合点在另一端，为圆形小点，合点与种阜间有种脊，为1条隆起的纵棱线。种皮薄而坚脆，剥去后可见种仁，外包膜状银白色的外胚乳，内胚乳肥厚，淡黄色，油质，中央有菲薄的子叶2枚，上有网状脉；胚根细小，朝向种阜的一端；味微涩，而后有持久的辛辣感。千粒重约265.6g。

【采集与储藏】花期4～6月，果期6～7月。留种宜采收8～9月成熟的果实。用高枝剪采摘成熟的果实，去除果壳后即可供播种用。采回的果实应晾干或晒干储存。

【DNA提取与序列扩增】砸碎，取种子碎块，按照大型种子DNA提取方法操作。ITS2序列的获得参照“9107　中药材DNA条形码分子鉴定法指导原则”标准流程操作。直接测序困难时，可采用克隆方法获取序列。

【ITS2峰图与序列】ITS2峰图及其序列如下。

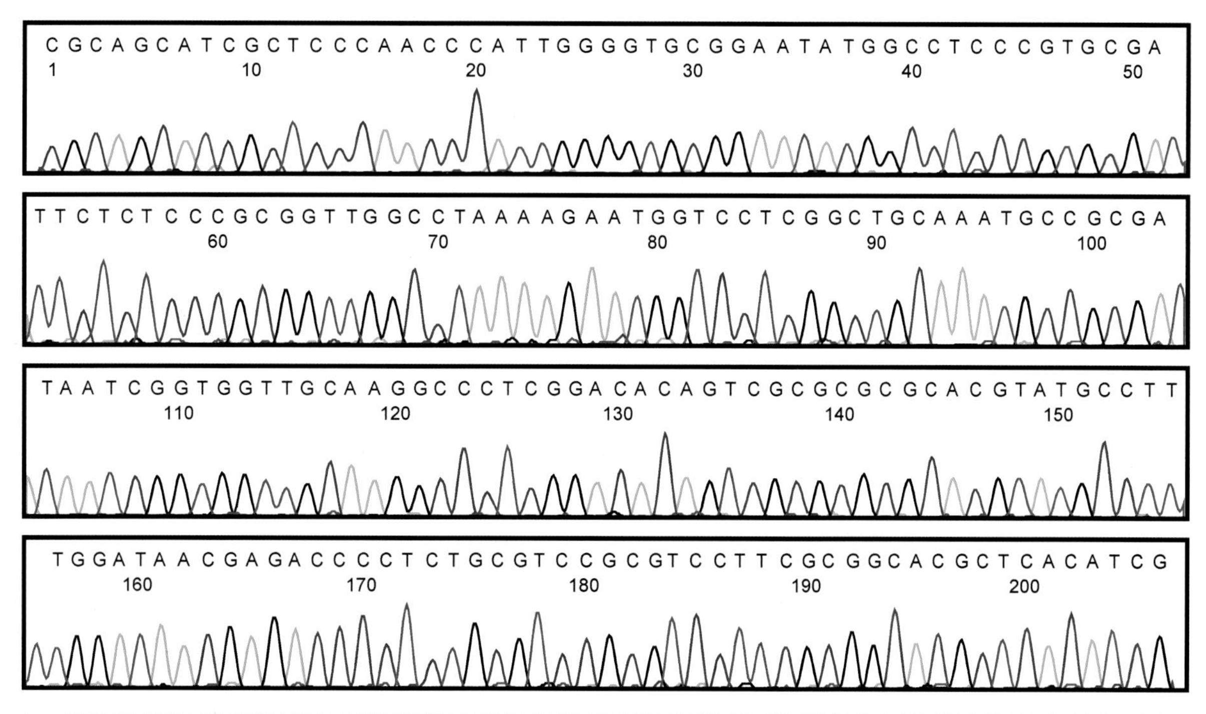

1　CGCAGCATCG CTCCCAACCC ATTGGGGTGC GGAATATGGC CTCCCGTGCG ATTCTCTCCC GCGGTTGGCC TAAAAGAATG
81　GTCCTCGGCT GCAAATGCCG CGACAATCGG TGGTTGCAAG GCCCTCGGAC ACAGTCGCGC GCGCACGTAT GCCTTTGGAT
161 AACGAGACCC CTCTGCGTCC GCGTCCTTCG CGGCACGCTC ACATCG

39 巴戟天

巴戟天*Morinda officinalis* How，茜草科藤本，以根入药。主要分布于福建、广东、海南、广西等地区的热带和亚热带。

【种子形态】聚合果扁球形或近肾形，直径0.7～1.6cm，肉质，表面有许多凹眼，厚约1.6mm，表面有沟槽。种脐位于种子腹面一端，呈纵沟状洞，种皮浅黄色，角质；胚乳浅灰色。千粒重约6.3g。

【采集与储藏】花期5～7月，果期10～11月。果实采收后搓去果皮，阴干后即可播种或用湿沙与种子混合储藏于竹篓中，置于通风处。

【DNA提取与序列扩增】取单粒种子，按照中型种子DNA提取方法操作。ITS2序列的获得参照“9107　中药材DNA条形码分子鉴定法指导原则”标准流程操作。

【ITS2峰图与序列】ITS2峰图及其序列如下。

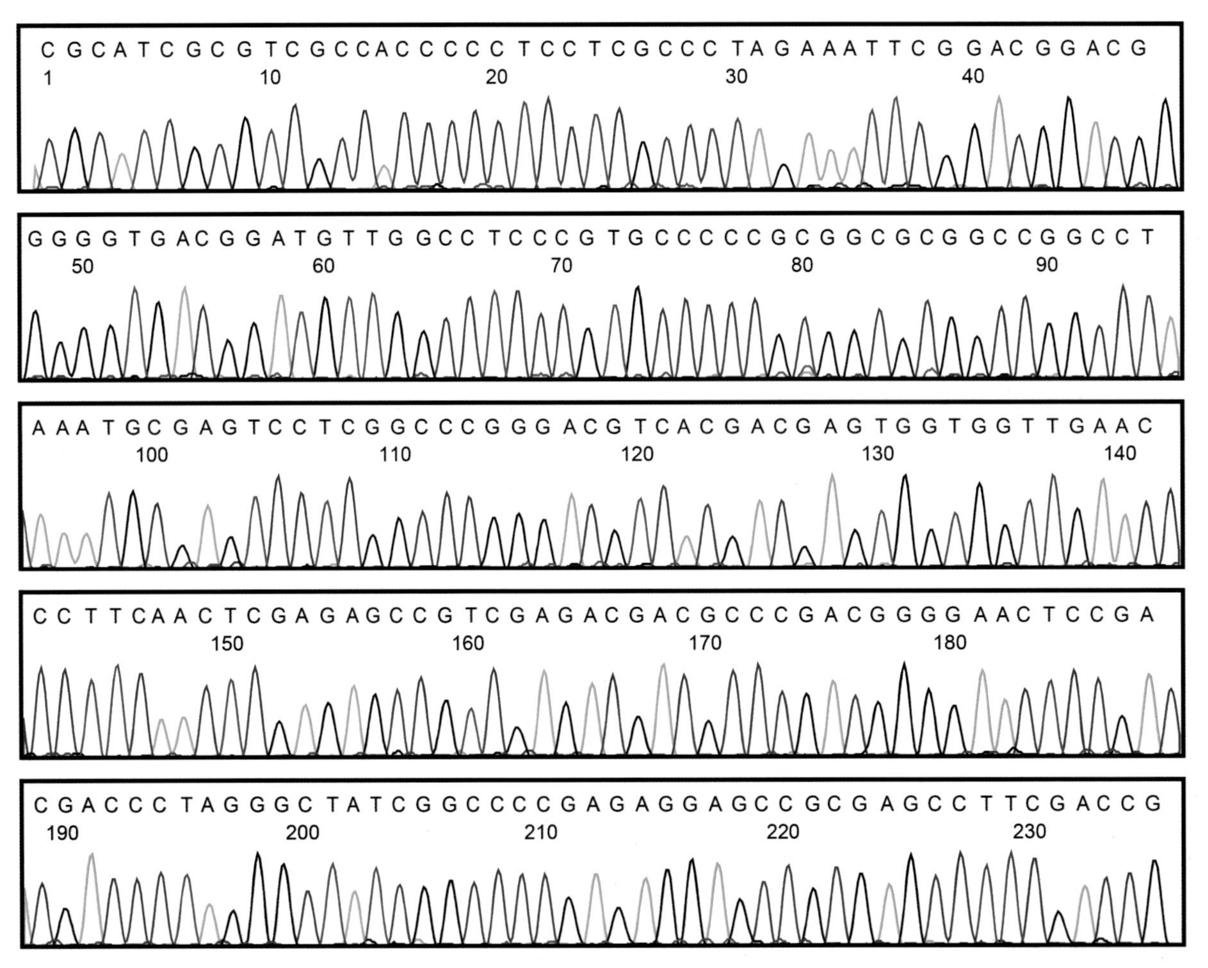

1　CGCATCGCGT CGCCACCCCC TCCTCGCCCT AGAAATTCGG ACGGACGGGG GTGACGGATG TTGGCCTCCC GTGCCCCCGC
81　GGCGCGGCCG GCCTAAATGC GAGTCCTCGG CCCGGGACGT CACGACGAGT GGTGGTTGAA CCCTTCAACT CGAGAGCCGT
161 CGAGACGACG CCCGACGGGG AACTCCGACG ACCCTAGGGC TATCGGCCCC GAGAGGAGCC GCGAGCCTTC GACCG

40 甘草

甘草*Glycyrrhiza uralensis* Fisch.，豆科多年生草本，以根及根茎入药。主要分布于东北、华北、西北各地区。

【种子形态】荚果扁平，多数紧密排列呈球状，弯曲，密被茸毛腺瘤、刺状腺毛和刺毛。种子宽椭圆形或圆形，略扁，长2.7～4.3mm，宽2.6～3.7mm，厚1.8～2.3mm，表面暗绿色、棕绿色、棕色或棕褐色，平滑，略有光泽；腹侧具1个圆形凹窝状种脐，上连1条棕色种脊。胚乳少量，半透明，呈薄膜状，包围在胚外方；胚弯曲，黄色，含油分；子叶2枚，肥大，椭圆状肾形或圆肾形，基部心形。千粒重7.0～12.1g。

【采集与储藏】花期6～8月，果期7～10月。采集7～9月三年生以上植株，选择籽粒饱满、无病虫害荚果，成熟时荚果呈黄褐色，割下果荚，风干脱粒，筛去果皮杂质。种子应干燥储藏，并保持室内通风。

【DNA提取与序列扩增】取单粒种子，按照中型种子DNA提取方法操作。ITS2序列的获得参照"9107　中药材DNA条形码分子鉴定法指导原则"标准流程操作。

【ITS2峰图与序列】ITS2峰图及其序列如下。

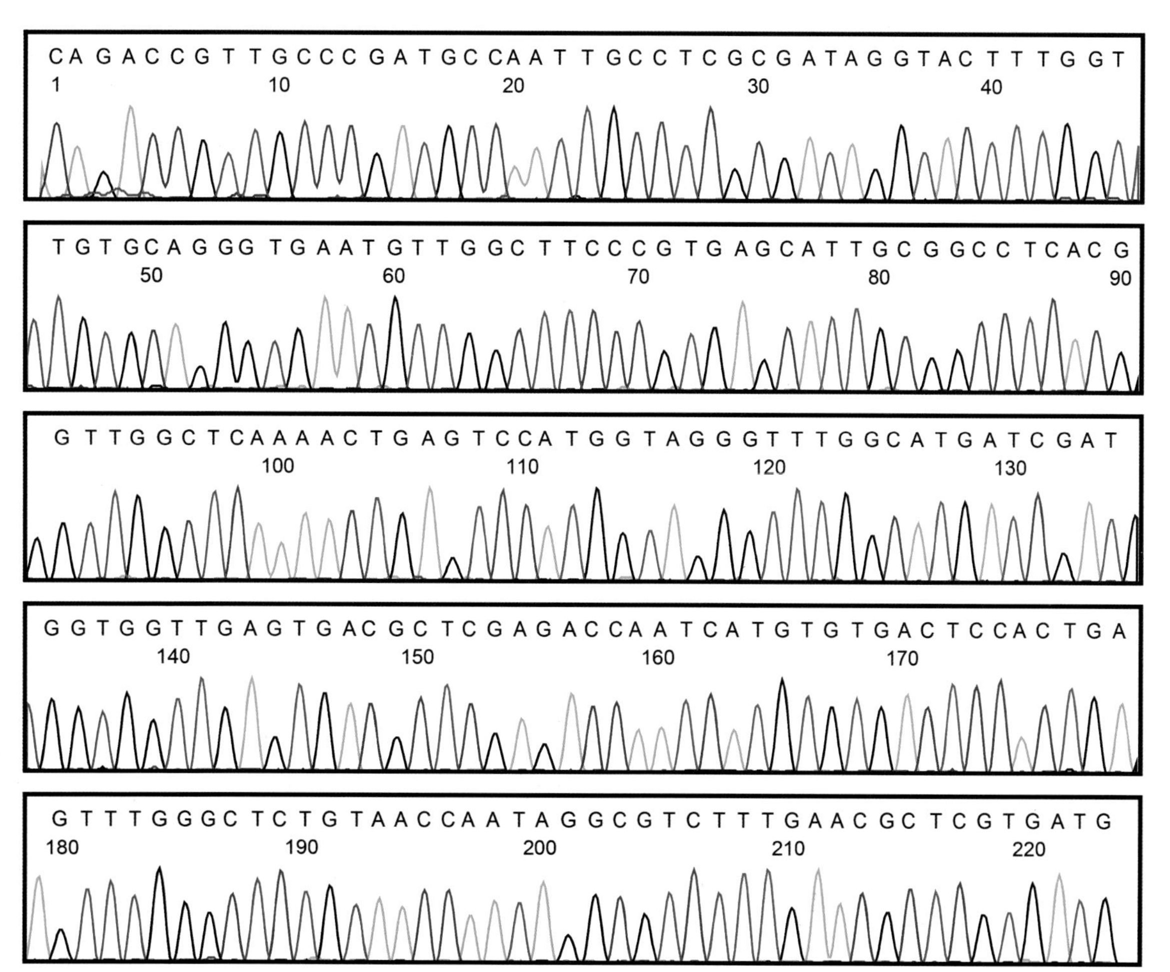

1　CAGACCGTTG CCCGATGCCA ATTGCCTCGC GATAGGTACT TTGGTTGTGC AGGGTGAATG TTGGCTTCCC GTGAGCATTG
81　CGGCCTCACG GTTGGCTCAA AACTGAGTCC ATGGTAGGGT TTGGCATGAT CGATGGTGGT TGAGTGACGC TCGAGACCAA
161 TCATGTGTGA CTCCACTGAG TTTGGGCTCT GTAACCAATA GGCGTCTTTG AACGCTCGTG ATG

41 石竹

石竹*Dianthus chinensis* L.，石竹科多年生草本，以地上部分入药。原产于我国北方地区，现在南、北方普遍生长。

【种子形态】蒴果长圆形，包于宿存萼内。种子椭圆形或倒卵形，扁平，常弯曲，长2.3～2.9mm，宽1.6～2.2mm，厚0.4～0.6mm，表面棕褐色或黑色，在体视显微镜下可见密布规整排列的皱纹；顶端微凹，下端具1个小尖突，背面中央具1个大型椭圆状浅平凹窝，下为1条短纵棱，与基部小尖突相连；腹面中央具1条纵脊，其中部有污白色点状种脐。胚乳和胚白色；胚根圆锥状；子叶2枚，椭圆形。千粒重约1.0g。

【采集与储藏】花期5～6月，果期7～9月。当蒴果枯黄，顶端开裂小孔，种子呈黑褐色时及时采收，晒干，脱粒，筛去杂质。种子放入牛皮纸袋并储藏于室温条件下。

【DNA提取与序列扩增】取多粒种子，按照小型种子DNA提取方法操作。ITS2序列的获得参照“9107　中药材DNA条形码分子鉴定法指导原则”标准流程操作。

【ITS2峰图与序列】ITS2峰图及其序列如下。

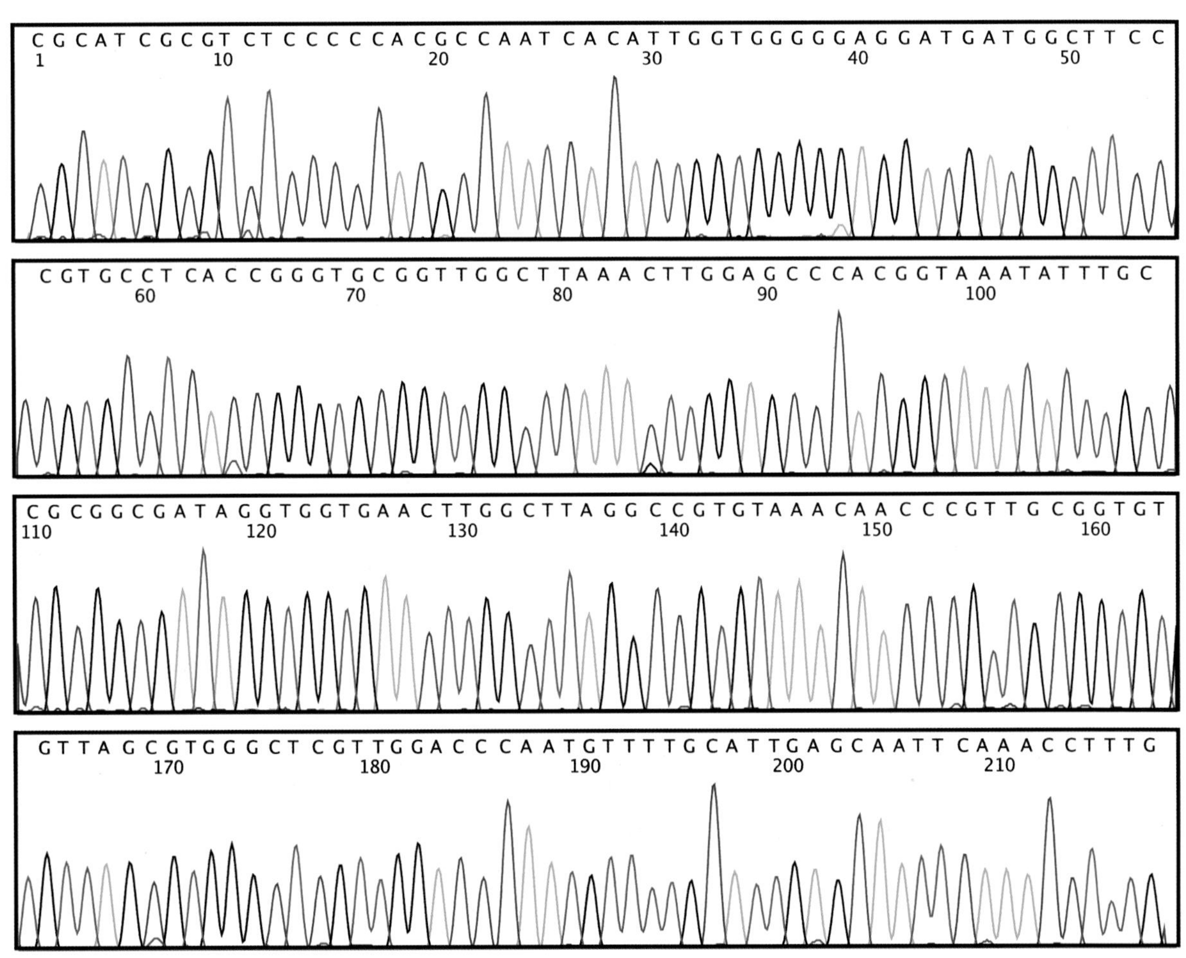

1　CGCATCGCGT CTCCCCCACG CCAATCACAT TGGTGGGGGA GGATGATGGC TTCCCGTGCC TCACCGGGTG CGGTTGGCTT

81　AAACTTGGAG CCCACGGTAA ATATTTGCCG CGGCGATAGG TGGTGAACTT GGCTTAGGCC GTGTAAACAA CCCGTTGCGG

161 TGTGTTAGCG TGGGCTCGTT GGACCCAATG TTTTGCATTG AGCAATTCAA ACCTTTG

42 石香薷

石香薷 *Mosla chinensis* Maxim.，唇形科一年生直立草本，以全草入药。主要分布于山东、江苏、浙江、安徽、江西、湖南、湖北、贵州、四川、广西、广东、福建及台湾。

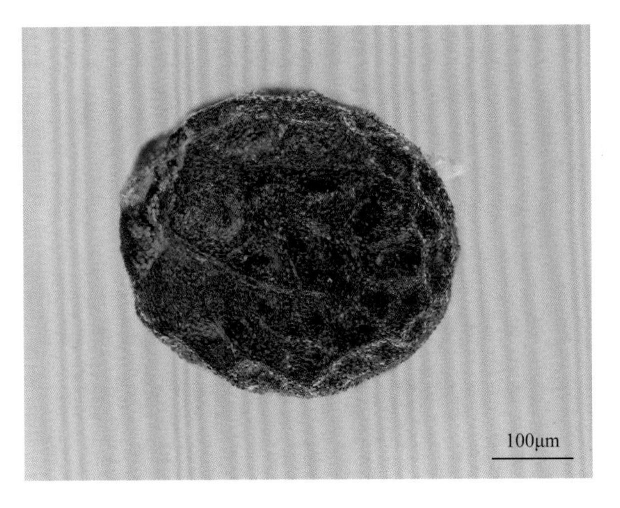

【种子形态】小坚果卵圆形，稍扁平，直径0.9～1.6mm，表面淡栗色至棕色，藏于宿存花萼内，先端呈广圆形，基部稍呈楔形，具1个尖突状白色果脐，表面平滑，在体视显微镜下观察略具突起的网纹。种子圆形，黄棕色至深棕色，腹面具1条黄褐色种脊，连接合点与种脐，在体视显微镜下观察表面具细网纹。胚乳黄白色，含油分；胚白色，直生；子叶2枚。千粒重约0.8g。

【采集与储藏】花期6～9月，果期7～11月。待小坚果呈棕色时采收。

【DNA提取与序列扩增】称取3～5mg种子，按照微型种子DNA提取方法操作。ITS2序列通用引物扩增困难时，可采用新设计引物ITS2F1/ITS2R1进行扩增，反应体系和扩增程序参照“9107　中药材DNA条形码分子鉴定法指导原则”标准流程操作。

【ITS2峰图与序列】ITS2峰图及其序列如下。

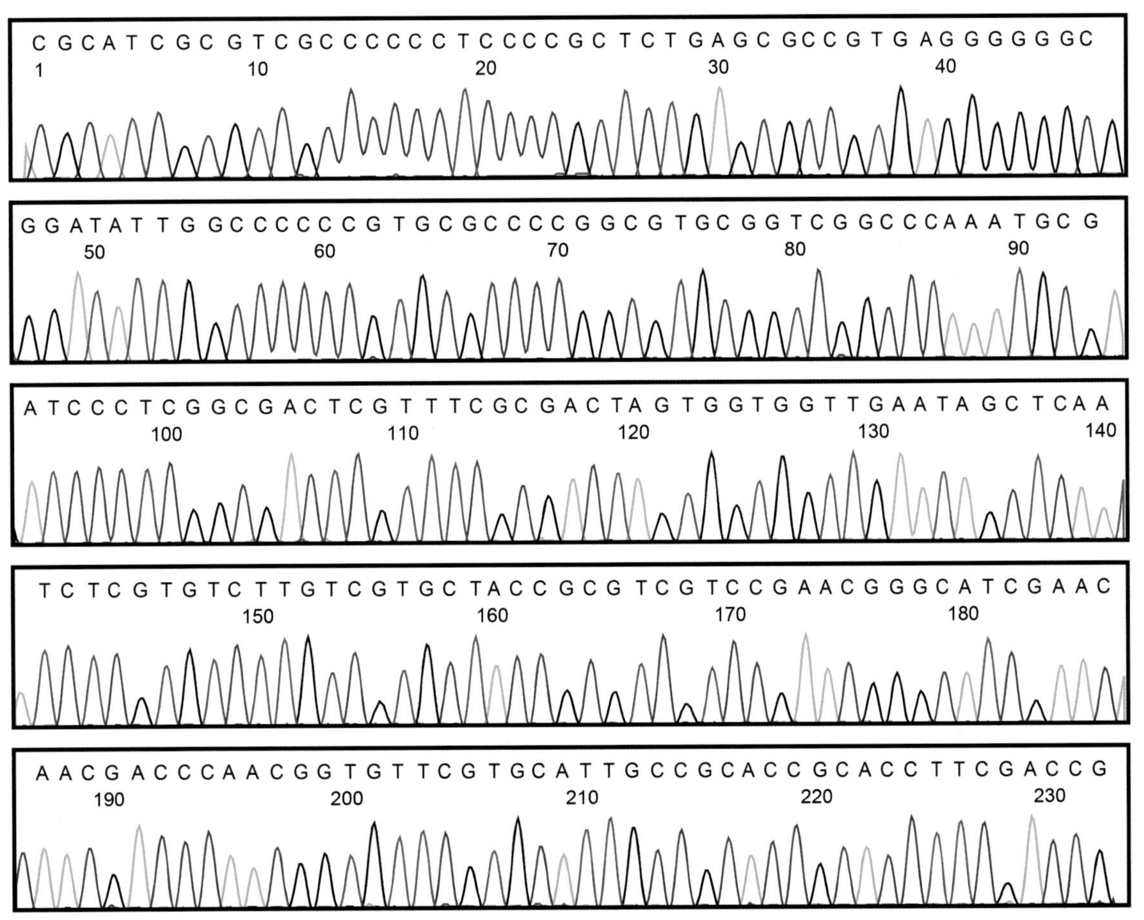

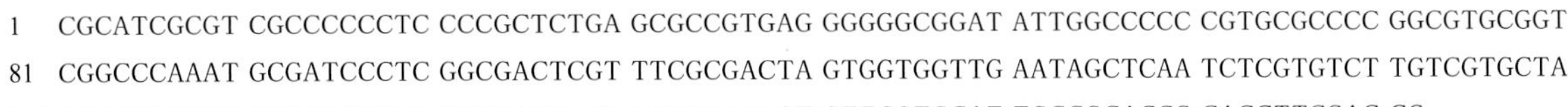
1　CGCATCGCGT CGCCCCCCTC CCCGCTCTGA GCGCCGTGAG GGGGGCGGAT ATTGGCCCCC CGTGCGCCCC GGCGTGCGGT
81　CGGCCCAAAT GCGATCCCTC GGCGACTCGT TTCGCGACTA GTGGTGGTTG AATAGCTCAA TCTCGTGTCT TGTCGTGCTA
161　CCGCGTCGTC CGAACGGGCA TCGAACAACG ACCCAACGGT GTTCGTGCAT TGCCGCACCG CACCTTCGAC CG

43 石榴

石榴*Punica granatum* L.，石榴科落叶灌木或乔木，以果皮入药。我国各地均有栽培，以江苏、河南等地区种植面积较大。

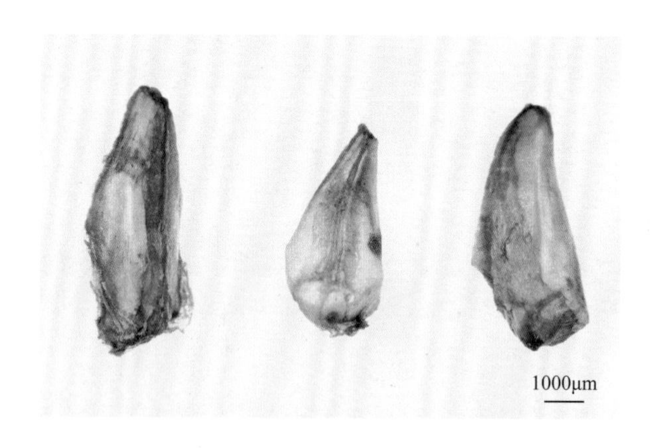

【种子形态】果实浆果状，圆球形，直径6.0～10.0cm，果皮革质，肥厚，成熟时红色或黄色，内有薄膜隔成数室。种子多粒，长方状倒卵形，长约7.0mm，宽约4.0mm，厚约3.0mm。外种皮肉质多汁，粉红色或带白色；内种皮革质；胚直立；子叶旋卷弯曲。千粒重约28.4g。

【采集与储藏】花期5～8月，果期9～10月。当果实开裂时采收，从果实中取出种子后洗去果肉，晾干或随即播种。

【DNA提取与序列扩增】取单粒种子，按照中型种子DNA提取方法操作。ITS2序列的获得参照“9107　中药材DNA条形码分子鉴定法指导原则”标准流程操作。

【ITS2峰图与序列】ITS2峰图及其序列如下。

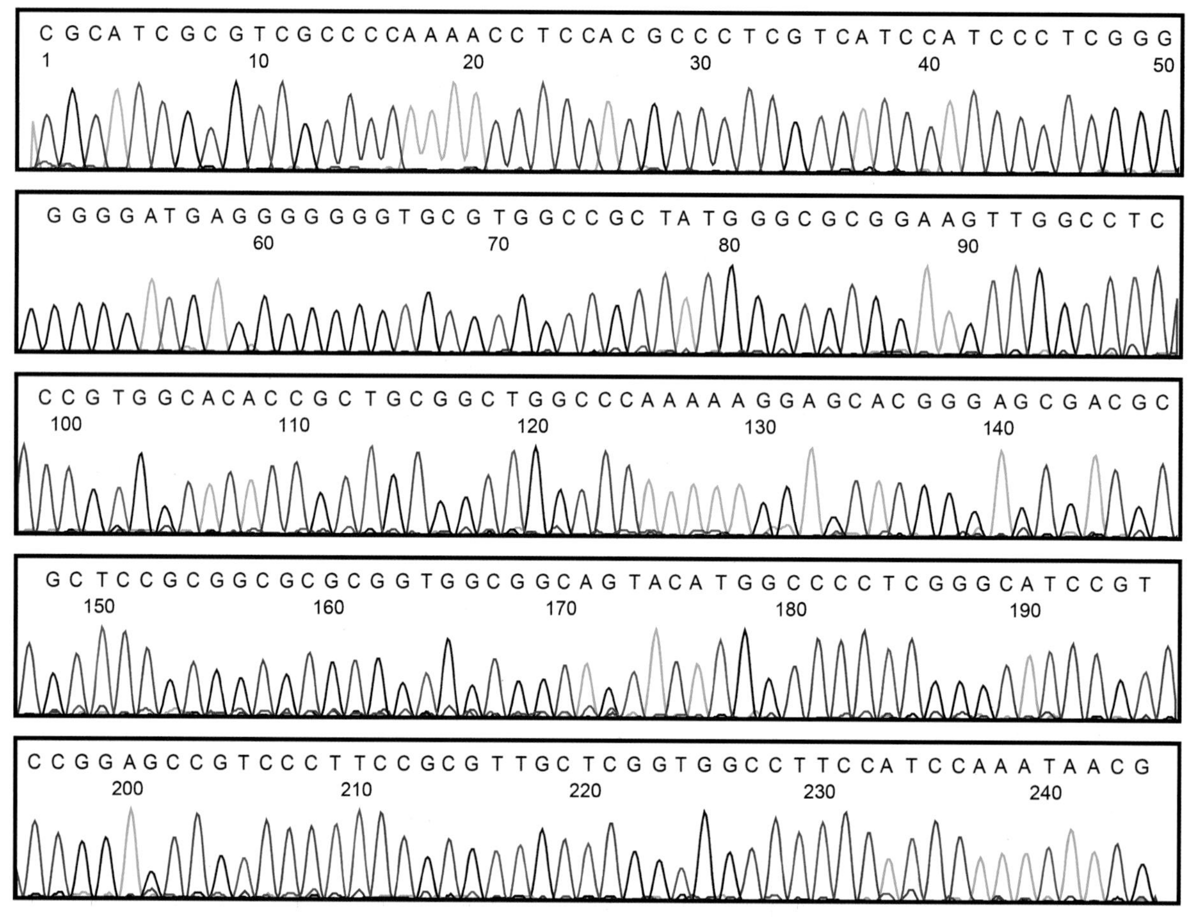

1　CGCATCGCGT CGCCCCAAAA CCTCCACGCC CTCGTCATCC ATCCCTCGGG GGGGATGAGG GGGGGTGCGT GGCCGCTATG
81　GGCGCGGAAG TTGGCCTCCC GTGGCACACC GCTGCGGCTG GCCCAAAAAG GAGCACGGGA GCGACGCGCT CCGCGGCGCG
161 CGGTGGCGGC AGTACATGGC CCCTCGGGCA TCCGTCCGGA GCCGTCCCTT CCGCGTTGCT CGGTGGCCTT CCATCCAAAT
241 AACG

44 龙眼

龙眼*Dimocarpus longan* Lour.，无患子科常绿乔木，以假种皮入药。我国西南至东南地区广泛栽培，以福建最盛，广东次之；云南及广东、广西南部亦见野生或半野生于疏林中。

【种子形态】核果球形，直径1.9～3.0cm，外果皮褐色，粗糙，假种皮白色，肉质，含种子1粒。种子扁圆形，直径约1.6cm，厚约1.2cm，黑色或深红褐色，表面光滑并有光泽。内种皮膜质。种脐位于种子基部截面上，近圆形，表面长有浅黄色肉质组织。胚乳无；胚圆锥形，位于种子基部。千粒重约806.9g。

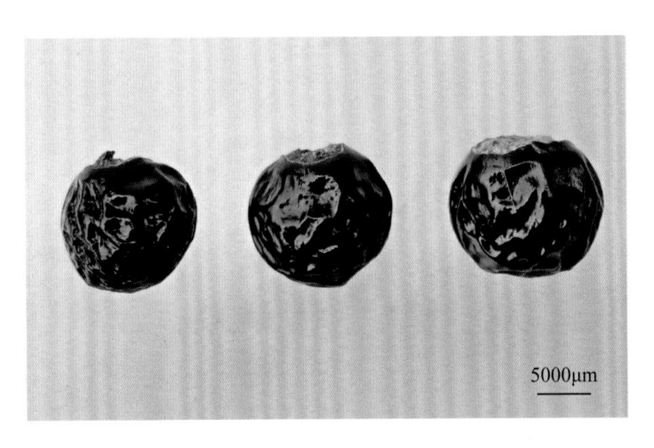

【采集与储藏】花期为春夏间，果期为夏季。当果皮显黄褐色时便可采摘，去除果肉，种子用清水洗净，置于阴凉通风处储藏。

【DNA提取与序列扩增】砸碎，取种子碎块，按照大型种子DNA提取方法操作。ITS2序列通用引物扩增困难时，可采用新设计引物ITS2F1/ITS2R1进行扩增，反应体系和扩增程序参照"9107　中药材DNA条形码分子鉴定法指导原则"标准流程操作。

【ITS2峰图与序列】ITS2峰图及其序列如下。

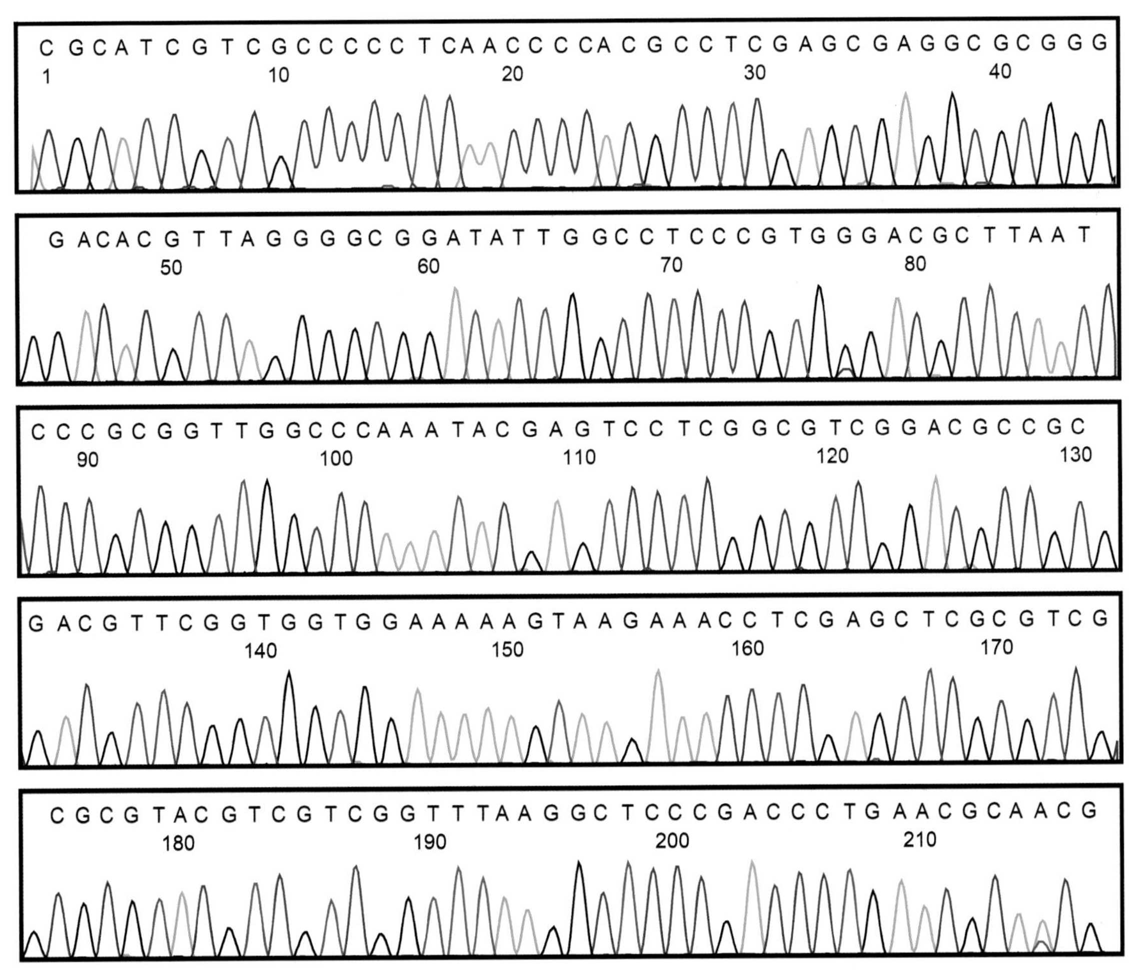

1　CGCATCGTCG CCCCCTCAAC CCCACGCCTC GAGCGAGGCG CGGGGACACG TTAGGGGCGG ATATTGGCCT CCCGTGGGAC
81　GCTTAATCCC GCGGTTGGCC CAAATACGAG TCCTCGGCGT CGGACGCCGC GACGTTCGGT GGTGGAAAAA GTAAGAAACC
161　TCGAGCTCGC GTCGCGCGTA CGTCGTCGGT TTAAGGCTCC CGACCCTGAA CGCAACG

45 平车前

平车前*Plantago depressa* Willd.，车前科一年生或二年生草本，以全草及种子入药。主要分布于黑龙江、吉林、辽宁、内蒙古、河北、山西、陕西、宁夏、甘肃、青海、新疆、山东、江苏、河南、安徽、江西、湖北、四川、云南、西藏等地区。

【种子形态】蒴果圆锥形，果皮光滑，成熟时盖裂，含种子5粒。种子多数为阔椭圆形或矩椭圆形，长约2.0mm，宽约1.1mm，种皮棕褐色或红褐色。背面拱圆，腹面凹陷，其中央有1个近圆形的白色斑点（即种脐），表面具颗粒状的皱纹，无光泽。胚乳丰富；胚直生其中。千粒重约1.0g。

【采集与储藏】花期5～7月，果期7～9月。在端午节前后，当种子呈黑褐色时即可采收。车前子是分期成熟，应做到边成熟边采收。选择晴天，用镰刀将果穗割回，在室内堆放1～2天，然后置于篾垫上，放在太阳下暴晒，待干燥后用手揉搓，除去杂物，用筛子将种子筛出，再用风车去壳。

【DNA提取与序列扩增】取多粒种子，按照小型种子DNA提取方法操作。ITS2序列的获得参照“9107　中药材DNA条形码分子鉴定法指导原则”标准流程操作。

【ITS2峰图与序列】ITS2峰图及其序列如下。

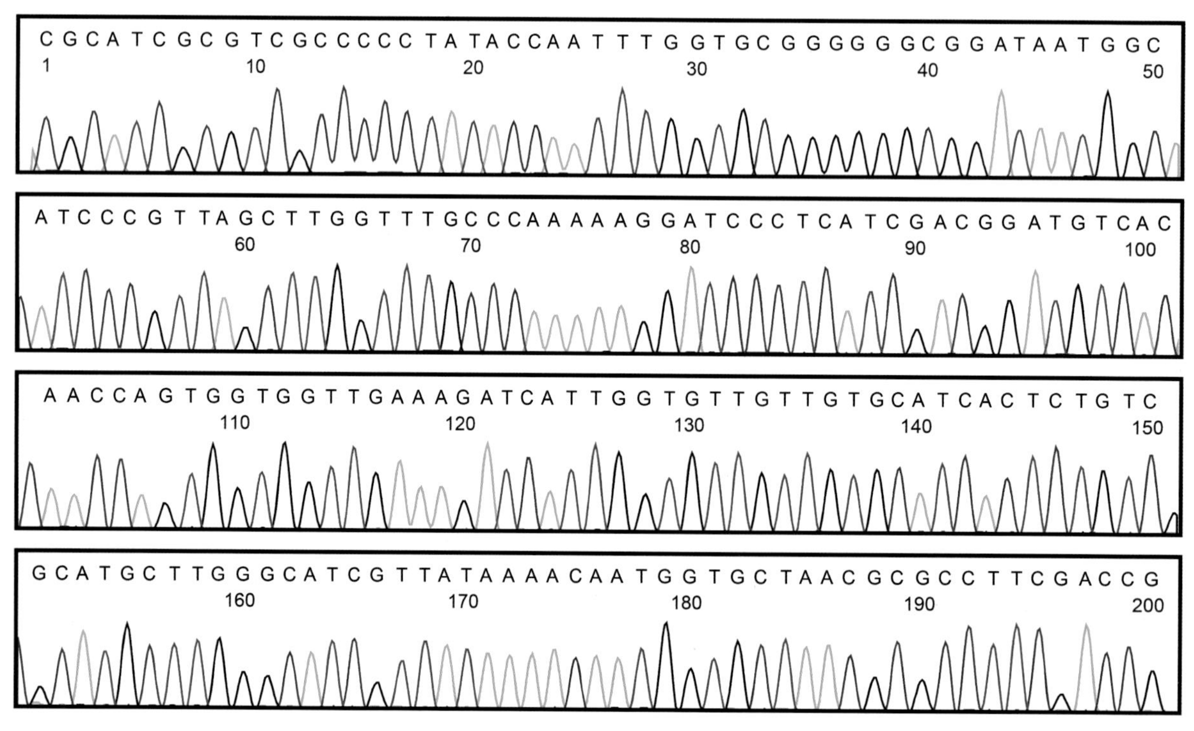

1 CGCATCGCGT CGCCCCCTAT ACCAATTTGG TGCGGGGGGC GGATAATGGC ATCCCGTTAG CTTGGTTTGC CCAAAAAGGA
81 TCCCTCATCG ACGGATGTCA CAACCAGTGG TGGTTGAAAG ATCATTGGTG TTGTTGTGCA TCACTCTGTC GCATGCTTGG
161 GCATCGTTAT AAAACAATGG TGCTAACGCG CCTTCGACCG

46 北乌头

北乌头*Aconitum kusnezoffii* Reichb.，毛茛科多年生草本，以块根、叶入药。主要分布于山西、河北、内蒙古、辽宁、吉林和黑龙江。

【种子形态】种子形态与乌头相似，较难区分。蓇葖果长圆形，成熟时黄褐色，开裂。种子倒卵形，长3.4～3.8mm，宽2.1～2.8mm，厚1.1～1.4mm，表面褐色，皱缩，背部宽，横生大型膜质鳞片，两端延伸至两侧面，腹侧具膜质翼，且有种脊（水浸后明显）；基部具1个小点状种脐。种皮膜质。种仁倒卵形，表面灰色。胚乳白色，含油分；胚细小，埋生于种仁基部。千粒重约1.7g。

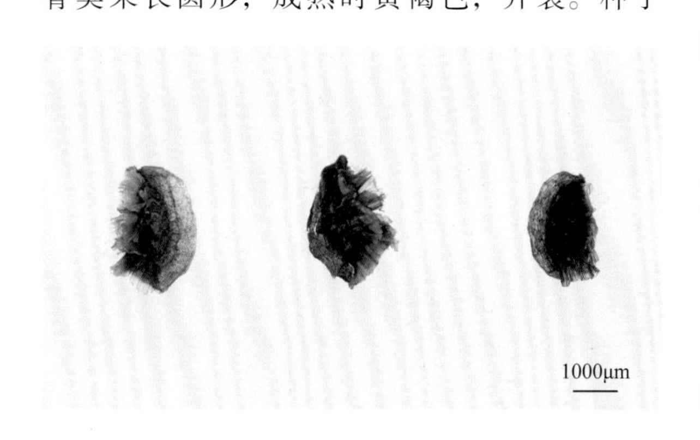

【采集与储藏】花期7～9月，果期9～10月。蓇葖果成熟时开裂，应在果未开裂前及时分批采摘，除去杂质，随采随播。低温湿沙储藏。

【DNA提取与序列扩增】取多粒种子，按照小型种子DNA提取方法操作。ITS2序列的获得参照“9107　中药材DNA条形码分子鉴定法指导原则”标准流程操作。

【ITS2峰图与序列】ITS2峰图及其序列如下。

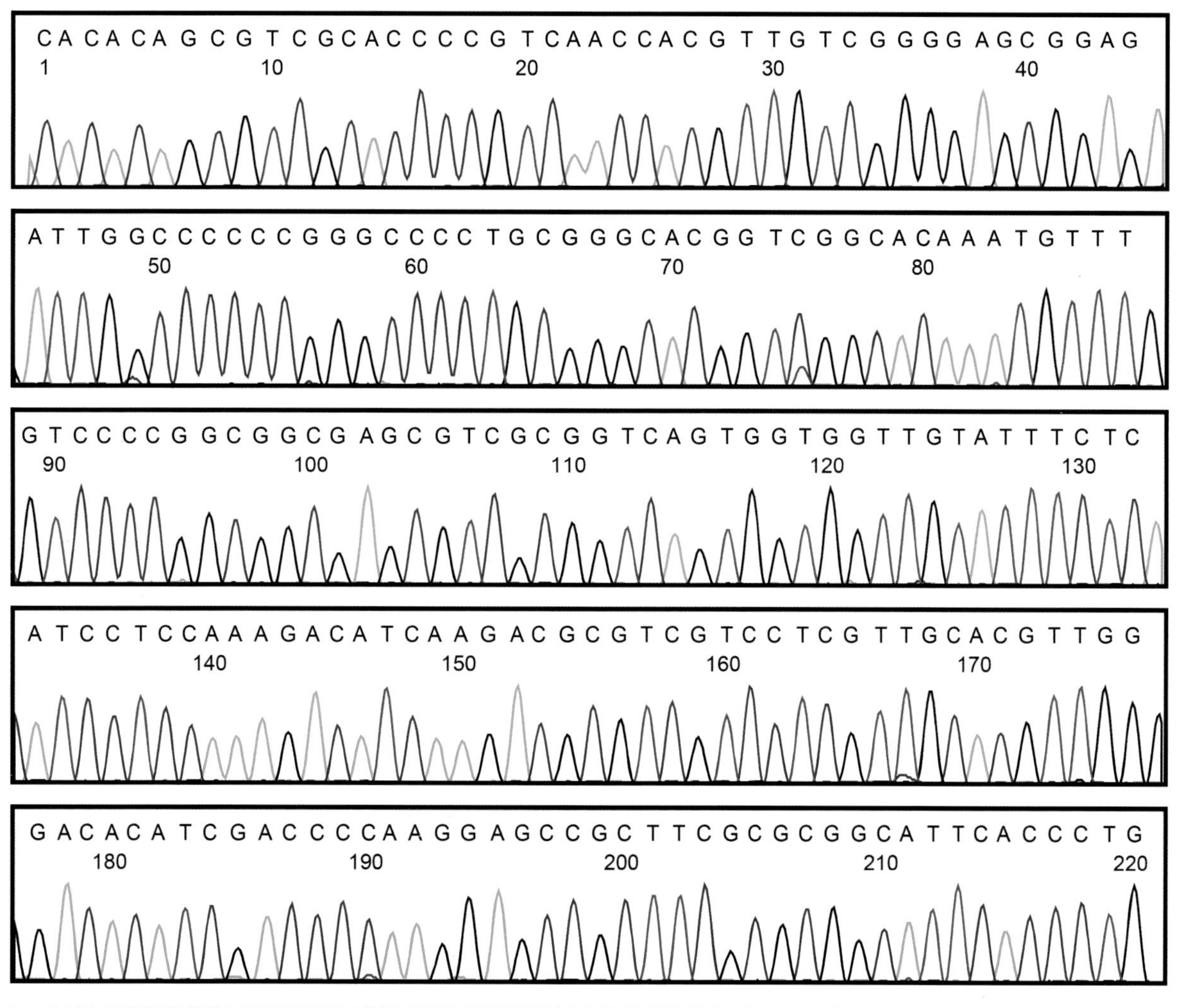

1 CACACAGCGT CGCACCCCGT CAACCACGTT GTCGGGGAGC GGAGATTGGC CCCCCGGGCC CCTGCGGGCA CGGTCGGCAC
81 AAATGTTTGT CCCCGGCGGC GAGCGTCGCG GTCAGTGGTG GTTGTATTTC TCATCCTCCA AAGACATCAA GACGCGTCGT
161 CCTCGTTGCA CGTTGGGACA CATCGACCCC AAGGAGCCGC TTCGCGCGGC ATTCACCCTG

47 白木通

白木通*Akebia trifoliata* (Thunb.) Koidz. var. *australis* (Diels) Rehd.［FOC：*Akebia trifoliata* subsp. *australis* (Diels) T. Shimizu］，木通科落叶木质藤本，以果实、藤茎入药。主要分布于长江流域各地区，向北分布至河南、山西和陕西。

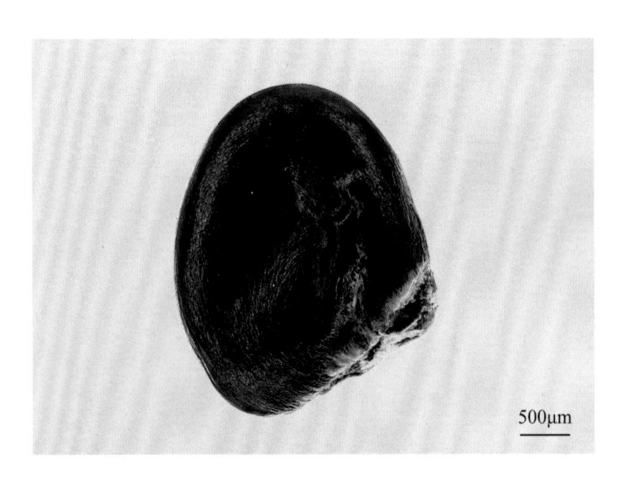

【种子形态】种子卵形、长卵形、三角状肾形，长9.0～15.0mm，短径5.0～10.0mm，表面黑色，有光泽；外种皮硬，骨质；内种皮薄膜质。胚乳半透明，含油分；胚细小，直生；胚根圆锥状；子叶2枚。千粒重约48.4g。

【采集与储藏】花期4～5月，果期6～9月。待果实成熟后采收。沙藏法最佳，超低温储藏也是目前实现白木通种子中长期储藏的主要手段。

【DNA提取与序列扩增】取单粒种子，按照中型种子DNA提取方法操作。ITS2序列通用引物扩增困难时，可采用新设计引物ITS2F1/ITS2R1进行扩增，反应体系和扩增程序参照“9107　中药材DNA条形码分子鉴定法指导原则”标准流程操作。

【ITS2峰图与序列】ITS2峰图及其序列如下。

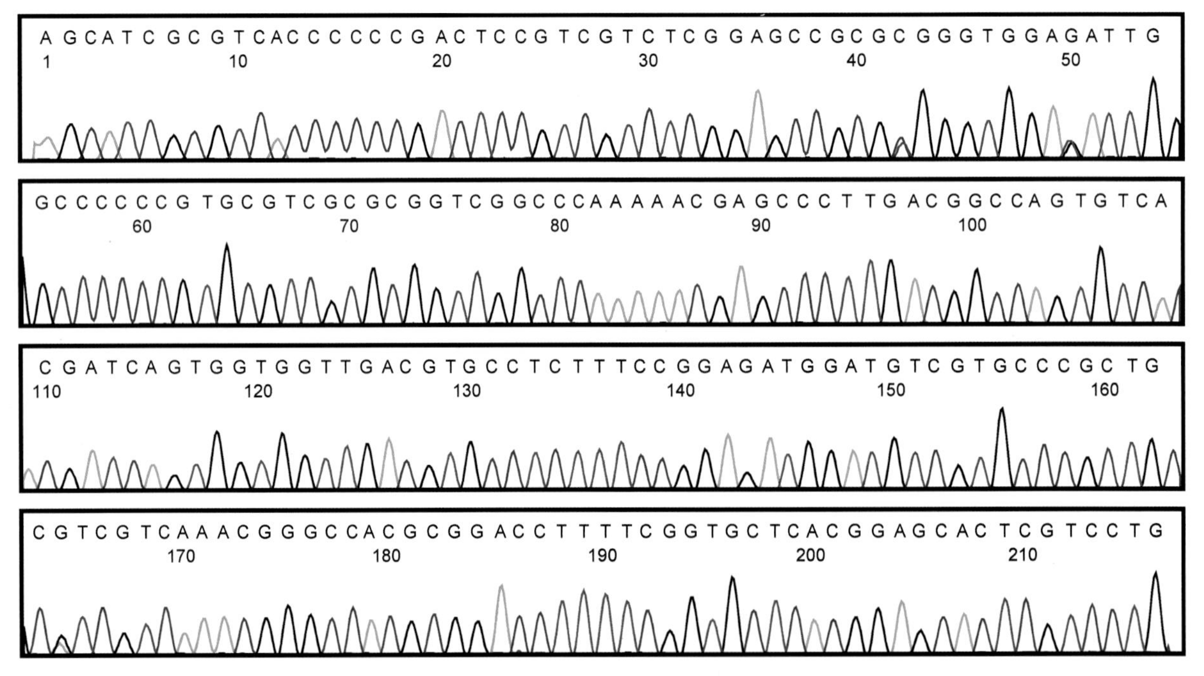

1　AGCATCGCGT CACCCCCCGA CTCCGTCGTC TCGGAGCCGC GCGGGTGGAG ATTGGCCCCC CGTGCGTCGC GCGGTCGGCC

81　CAAAAACGAG CCCTTGACGG CCAGTGTCAC GATCAGTGGT GGTTGACGTG CCTCTTTCCG GAGATGGATG TCGTGCCCGC

161 TGCGTCGTCA AACGGGCCAC GCGGACCTTT TCGGTGCTCA CGGAGCACTC GTCCTG

48 白术

白术*Atractylodes macrocephala* Koidz.，菊科多年生草本，以根茎入药。主要分布于江苏、浙江、福建、江西、安徽、四川、湖北、湖南等地区。

【种子形态】瘦果扁长圆形，长8.0～10.0mm，宽约3.4mm，厚1.8～2.0mm，表面密生黄白色长毛，底色为棕色，冠毛长约1.5cm，基部为刚毛质，草黄色，上面羽毛状分枝。果脐圆形，黄褐色，位于基部末端。含种子1粒。无胚乳；胚直生；子叶纵切面淡紫色或白色，子叶肉质。千粒重25.6～37.5g。

【采集与储藏】花果期8～10月。11月中旬植株基叶枯黄，将植株挖起，剪去地下根茎，将地上部扎成小把，倒挂在屋下阴干，促使种子成熟，然后晒干脱粒，将其装入布袋或麻袋内，置于通风干燥处储藏。

【DNA提取与序列扩增】取单粒种子，按照中型种子DNA提取方法操作。ITS2序列的获得参照"9107　中药材DNA条形码分子鉴定法指导原则"标准流程操作。

【ITS2峰图与序列】ITS2峰图及其序列如下。

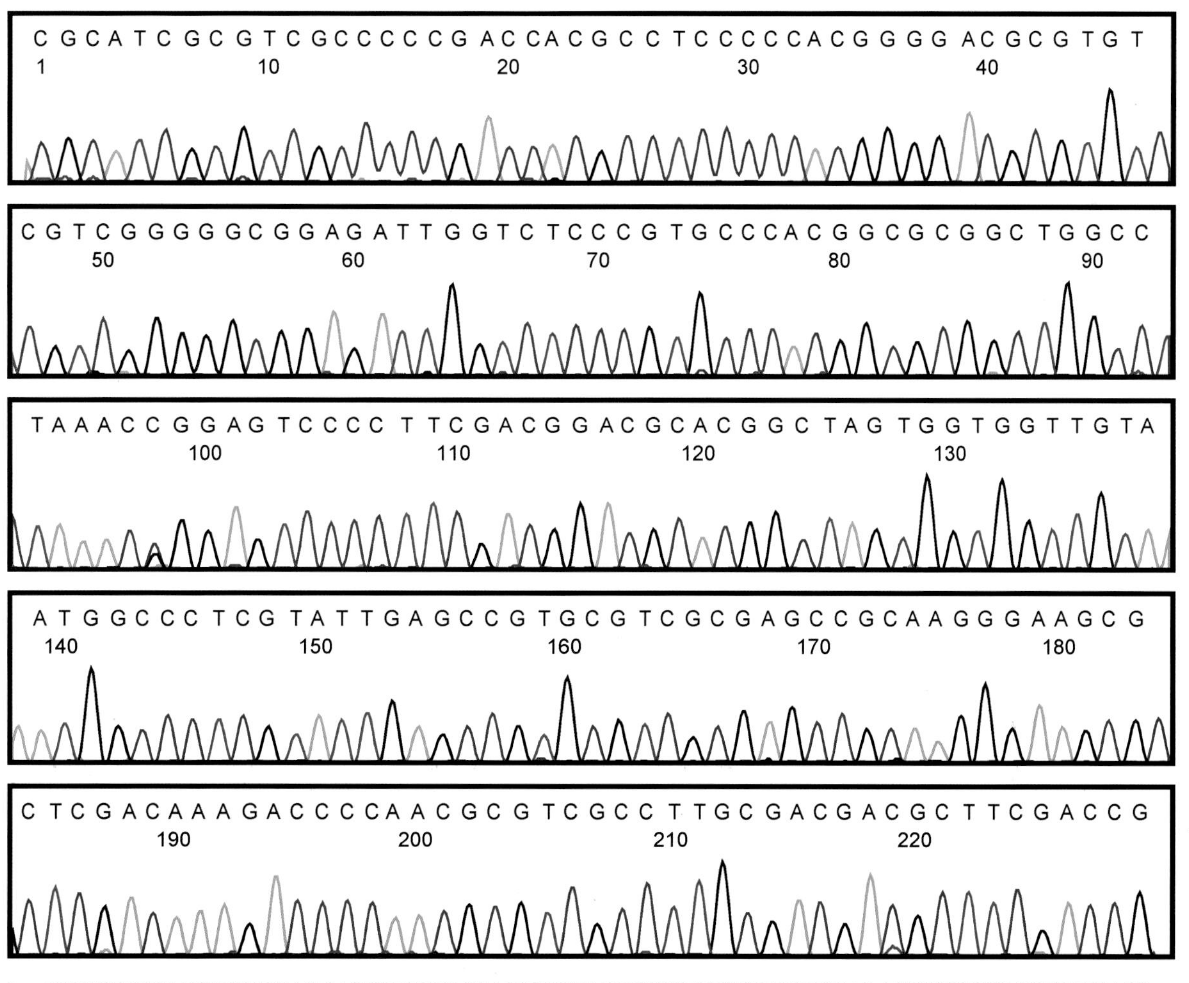

1　CGCATCGCGT CGCCCCCGAC CACGCCTCCC CCACGGGGAC GCGTGTCGTC GGGGGCGGAG ATTGGTCTCC CGTGCCCACG
81　GCGCGGCTGG CCTAAACCGG AGTCCCCTTC GACGGACGCA CGGCTAGTGG TGGTTGTAAT GGCCCTCGTA TTGAGCCGTG
161 CGTCGCGAGC CGCAAGGGAA GCGCTCGACA AAGACCCCAA CGCGTCGCCT TGCGACGACG CTTCGACCG

49 白头翁

白头翁*Pulsatilla chinensis* (Bge.) Regel，毛茛科多年生草本，以根入药。主要分布于四川、湖北、江苏、安徽、河南、甘肃、陕西、山西、山东、河北、内蒙古、辽宁、吉林、黑龙江等地区。

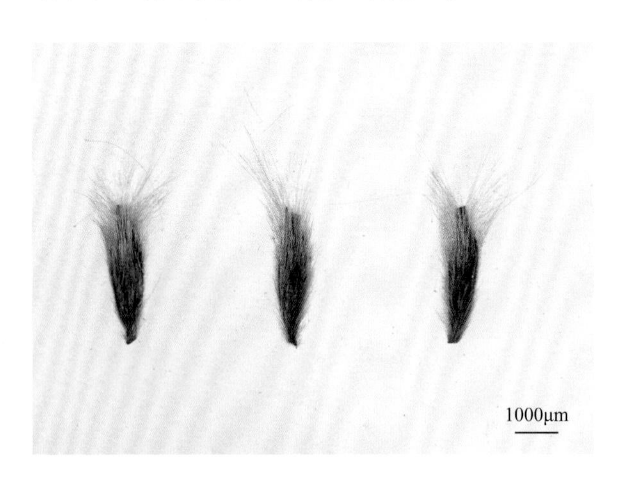

【种子形态】聚合果直径9.0～12.0cm；瘦果小，近纺锤形，扁，长3.5～4.0mm，有长柔毛；宿存花柱长3.5～6.5cm，在体视显微镜下可见表面有向上斜展的长柔毛，羽毛状。种子有小的胚和丰富胚乳。千粒重约2.3g。

【采集与储藏】花期4～5月，果期6～7月。花柱由银白色光泽变成灰白色时采收。置于通风干燥处储藏。

【DNA提取与序列扩增】取多粒种子，按照小型种子DNA提取方法操作。ITS2序列的获得参照“9107 中药材DNA条形码分子鉴定法指导原则”标准流程操作。

【ITS2峰图与序列】ITS2峰图及其序列如下。

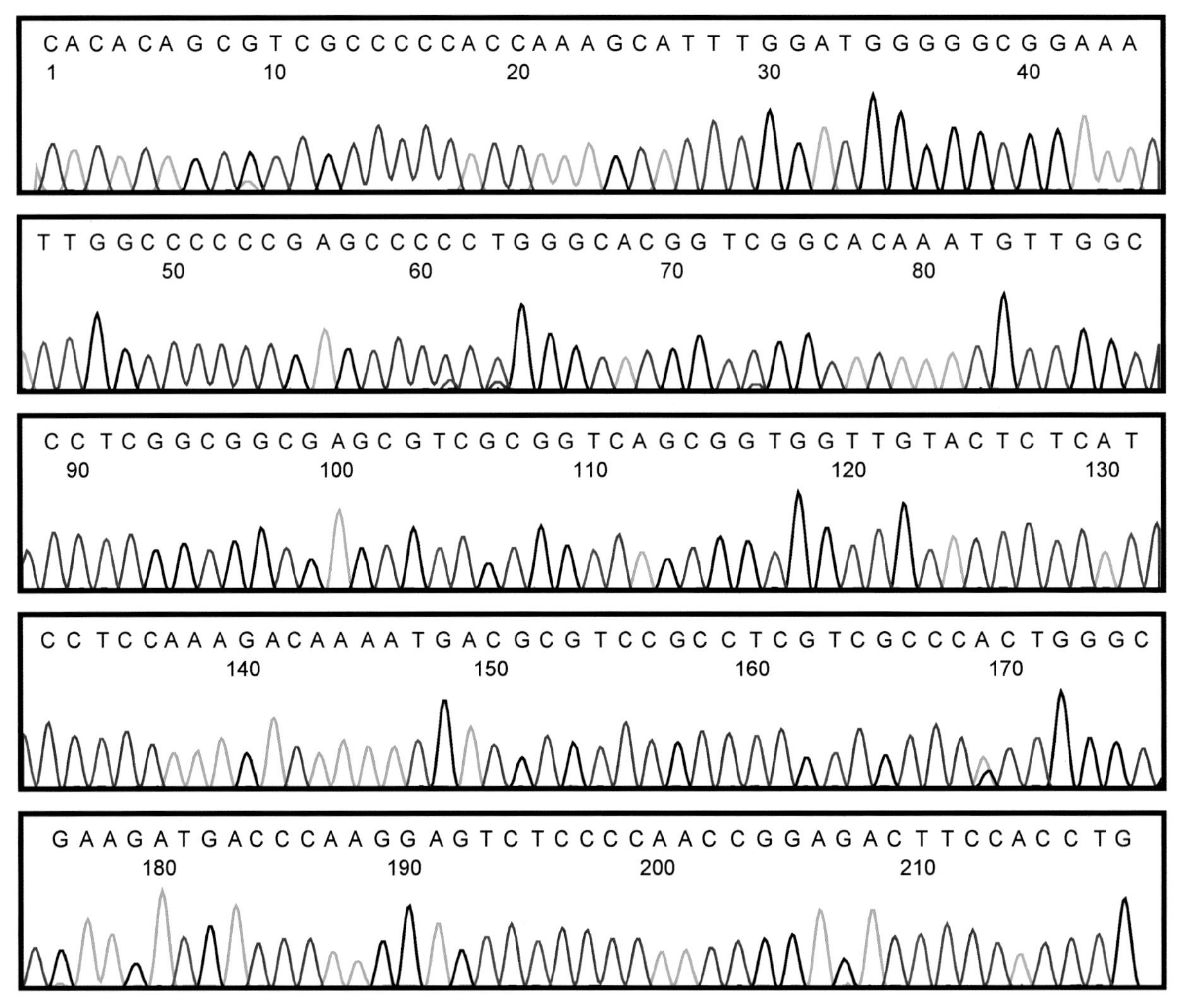

1 CACACAGCGT CGCCCCCACC AAAGCATTTG GATGGGGGCG GAAATTGGCC CCCCGAGCCC CCTGGGCACG GTCGGCACAA
81 ATGTTGGCCC TCGGCGGCGA GCGTCGCGGT CAGCGGTGGT TGTACTCTCA TCCTCCAAAG ACAAAATGAC GCGTCCGCCT
161 CGTCGCCCAC TGGGCGAAGA TGACCCAAGG AGTCTCCCCA ACCGGAGACT TCCACCTG

50 白芥

白芥*Sinapis alba* L.，十字花科一年生草本，以种子入药。辽宁、山西、山东、安徽、新疆、四川等地区引种栽培。

【种子形态】种子圆球形，直径1.2～2.2mm，表面黄色或棕褐色，平滑，无光泽，在体视显微镜下可见细微网纹。种子基部常具1个暗色斑，中央有1个小突起状种脐，种皮薄而脆。胚乳薄膜质，半透明；胚弯曲，淡黄色，含油分；子叶2枚，广倒心形，对折呈马鞍形而倚于胚根。千粒重约1.2g。

【采集与储藏】花果期6～8月。当果荚变黄白色时割下。

【DNA提取与序列扩增】取多粒种子，按照小型种子DNA提取方法操作。ITS2序列的获得参照“9107　中药材DNA条形码分子鉴定法指导原则”标准流程操作。

【ITS2峰图与序列】ITS2峰图及其序列如下。

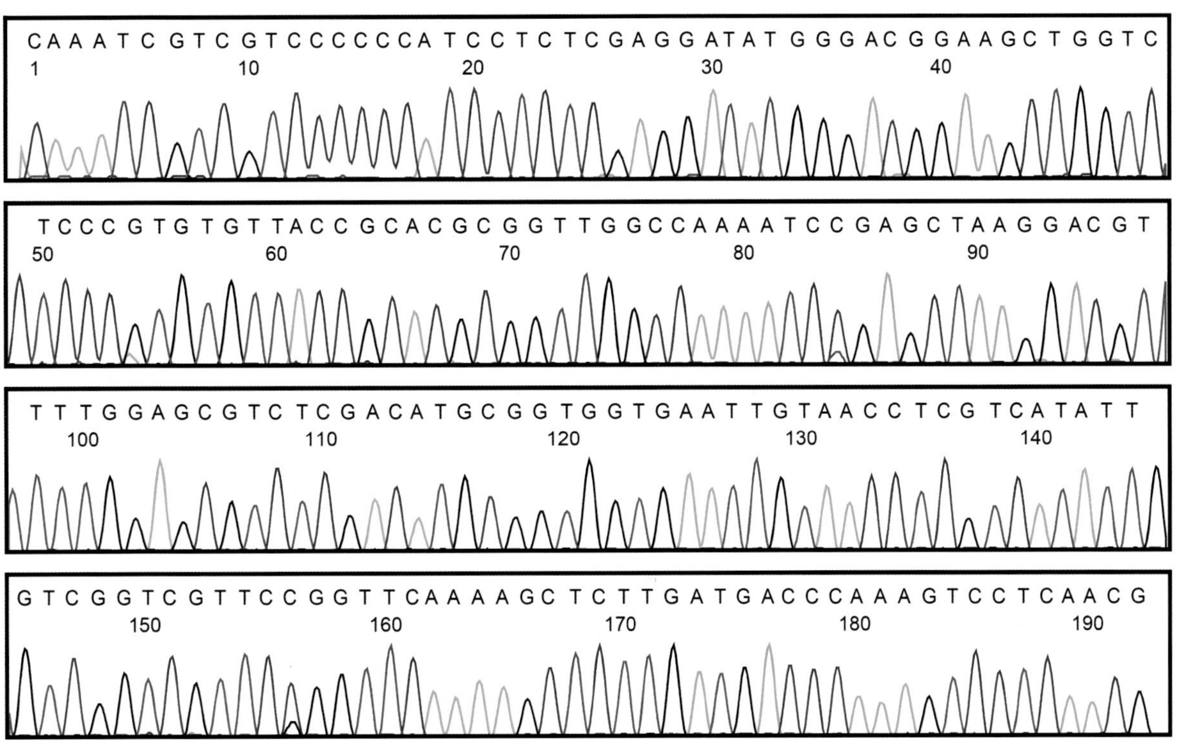

1　CAAATCGTCG TCCCCCCATC CTCTCGAGGA TATGGGACGG AAGCTGGTCT CCCGTGTGTT ACCGCACGCG GTTGGCCAAA
81　ATCCGAGCTA AGGACGTTTT GGAGCGTCTC GACATGCGGT GGTGAATTGT AACCTCGTCA TATTGTCGGT CGTTCCGGTT
161 CAAAAGCTCT TGATGACCCA AAGTCCTCAA CG

51 白英

白英*Solanum lyratum* Thunb.，茄科草质藤本，以全草入药。主要分布于甘肃、陕西、山西、河南、山东、江苏、浙江、安徽、江西、福建、台湾、广东、广西、湖南、湖北、四川、云南等地区。

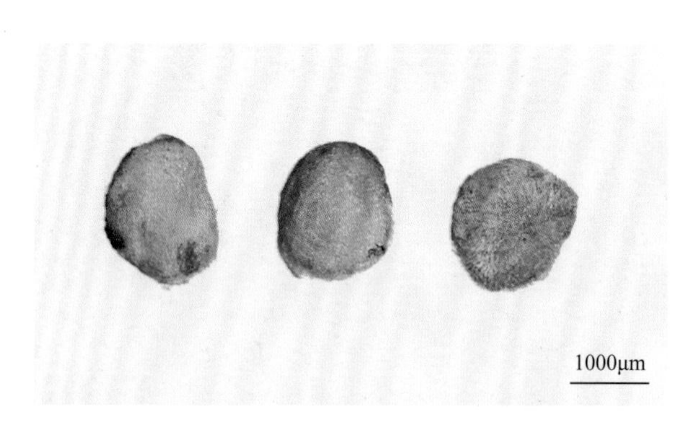

【种子形态】浆果球形，直径6.0～8.0mm，有宿存的萼，表面红色，种子多粒。种子扁，心脏形或近圆形，直径约2.0mm，厚约0.8mm，表面淡黄色，无光泽，在体视显微镜下观察表面有微隆起网状花纹。千粒重约0.7g。

【采集与储藏】花期为夏秋，果期为秋末。采集成熟的浆果，在筛子上摩擦，用水漂洗除去果肉和瘪种子，晾干储藏。种子不耐储藏。

【DNA提取与序列扩增】称取3～5mg种子，按照微型种子DNA提取方法操作。ITS2序列的获得参照“9107　中药材DNA条形码分子鉴定法指导原则”标准流程操作。

【ITS2峰图与序列】ITS2峰图及其序列如下。

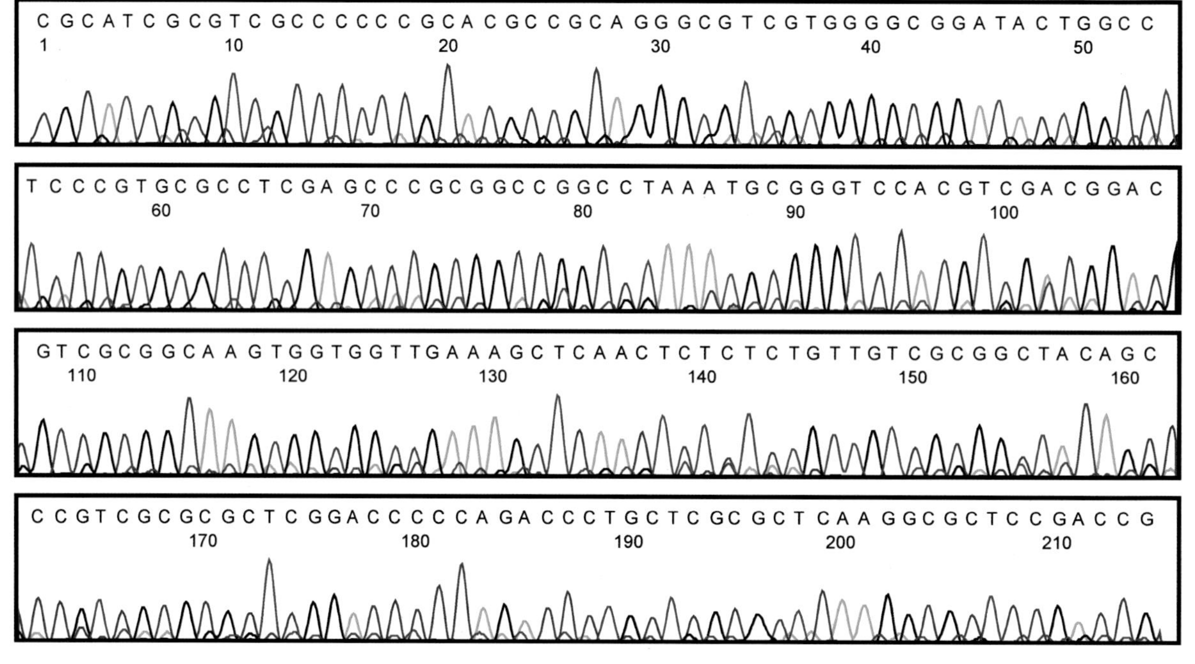

1　CGCATCGCGT CGCCCCCCGC ACGCCGCAGG GCGTCGTGGG GCGGATACTG GCCTCCCGTG CGCCTCGAGC CCGCGGCCGG
81　CCTAAATGCG GGTCCACGTC GACGGACGTC GCGGCAAGTG GTGGTTGAAA GCTCAACTCT CTCTGTTGTC GCGGCTACAG
161 CCCGTCGCGC GCTCGGACCC CCAGACCCTG CTCGCGCTCA AGGCGCTCCG ACCG

52 白蜡树

白蜡树*Fraxinus chinensis* Roxb.，木犀科落叶乔木，以枝皮或干皮入药。我国各地广泛分布。

【种子形态】翅果呈倒披针形，黄绿色，上有红棕色斑点，长3.0～4.0cm，宽4.0～6.0mm。种子在厚翅的下部，有明显的主脉，侧脉有时不明显，种子包裹于海绵状表皮内，基部有宿存花萼，5裂，下有长短不等的果柄。种子棒形，长2.0～3.0cm，宽3.0～4.0mm，棕褐色，具纵棱和多个疣状突起。子叶2枚，线形；胚根长。千粒重约29.6g。

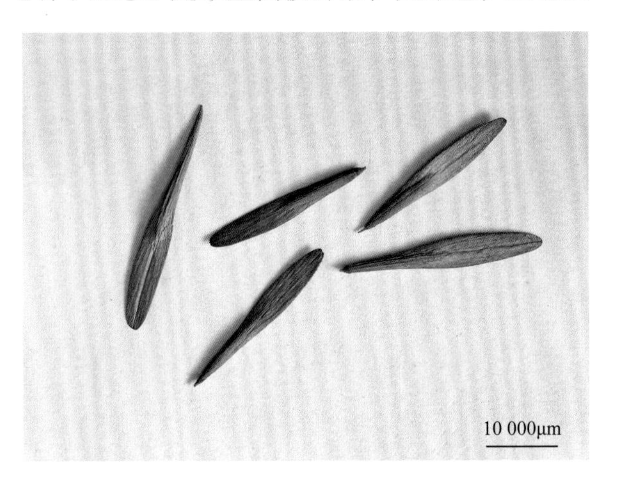

【采集与储藏】花期4～5月，果期7～9月。当翅果黄褐色或紫褐色时采集，剪下果枝，摘取果实，晒干，去翅，经风选或筛选后混干沙储藏。种子不耐储藏，隔年种子不能用。

【DNA提取与序列扩增】取单粒种子，按照中型种子DNA提取方法操作。ITS2序列的获得参照“9107　中药材DNA条形码分子鉴定法指导原则”标准流程操作。

【ITS2峰图与序列】ITS2峰图及其序列如下。

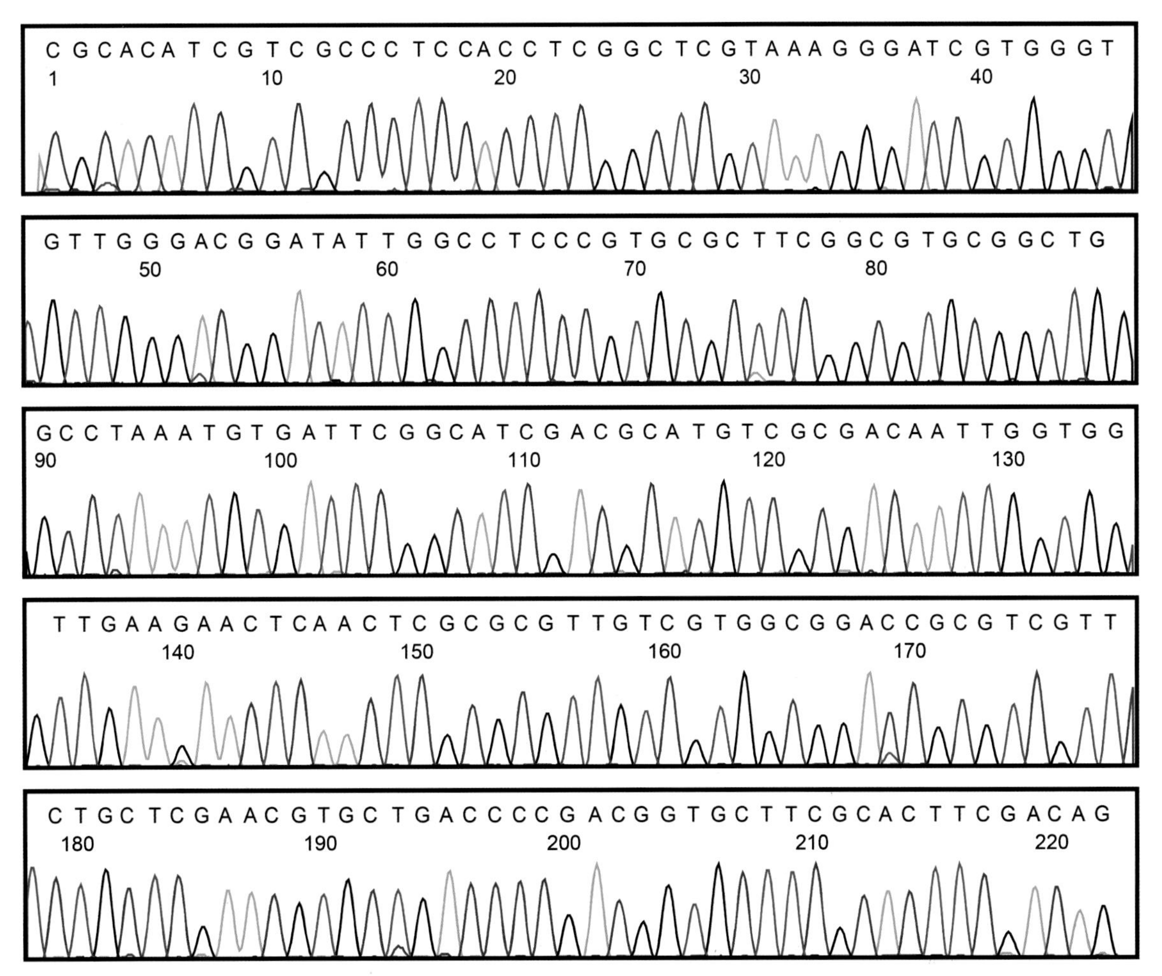

1　CGCACATCGT CGCCCTCCAC CTCGGCTCGT AAAGGGATCG TGGGTGTTGG GACGGATATT GGCCTCCCGT GCGCTTCGGC

81　GTGCGGCTGG CCTAAATGTG ATTCGGCATC GACGCATGTC GCGACAATTG GTGGTTGAAG AACTCAACTC GCGCGTTGTC

161 GTGGCGGACC GCGTCGTTCT GCTCGAACGT GCTGACCCCG ACGGTGCTTC GCACTTCGAC AG

53 白鲜

白鲜*Dictamnus dasycarpus* Turcz.，芸香科茎基部木质化的多年生宿根草本，以根皮入药。主要分布于黑龙江、吉林、辽宁、内蒙古、河北、山东、河南、山西、宁夏、甘肃、陕西、新疆、安徽、江苏、江西、四川等地区。

【种子形态】种子倒卵形，一端渐尖，尖端部分种皮开裂，黑色，有光泽，长4.0～5.0mm，厚3.0～4.0mm。种脐浅灰色，长形略下凹，长约4.0mm。种皮薄壳状，质脆，易破碎，横切面、纵剖面均为近心形，具胚乳。胚位于胚乳中央；直生子叶2枚，略厚；胚根小；胚芽与胚根近等长，有时可见2个突起的真叶原基。千粒重约20.0g。

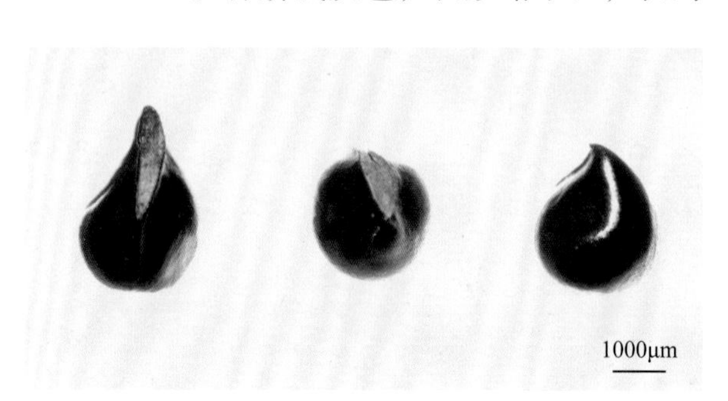

【采集与储藏】花期5月，果期8～9月。白鲜种子在7月中旬开始成熟，要随熟随采，防止果瓣自然开裂而使种子落地。果实变为黄色、果瓣即将开裂时即可采取。每天放阳光下晾晒，待果实全部晒干开裂后再用木棒拍打，除去果皮及杂质，将种子置于通风干燥处储存或秋季播种。

【DNA提取与序列扩增】取单粒种子，按照中型种子DNA提取方法操作。ITS2序列的获得参照“9107　中药材DNA条形码分子鉴定法指导原则”标准流程操作。

【ITS2峰图与序列】ITS2峰图及其序列如下。

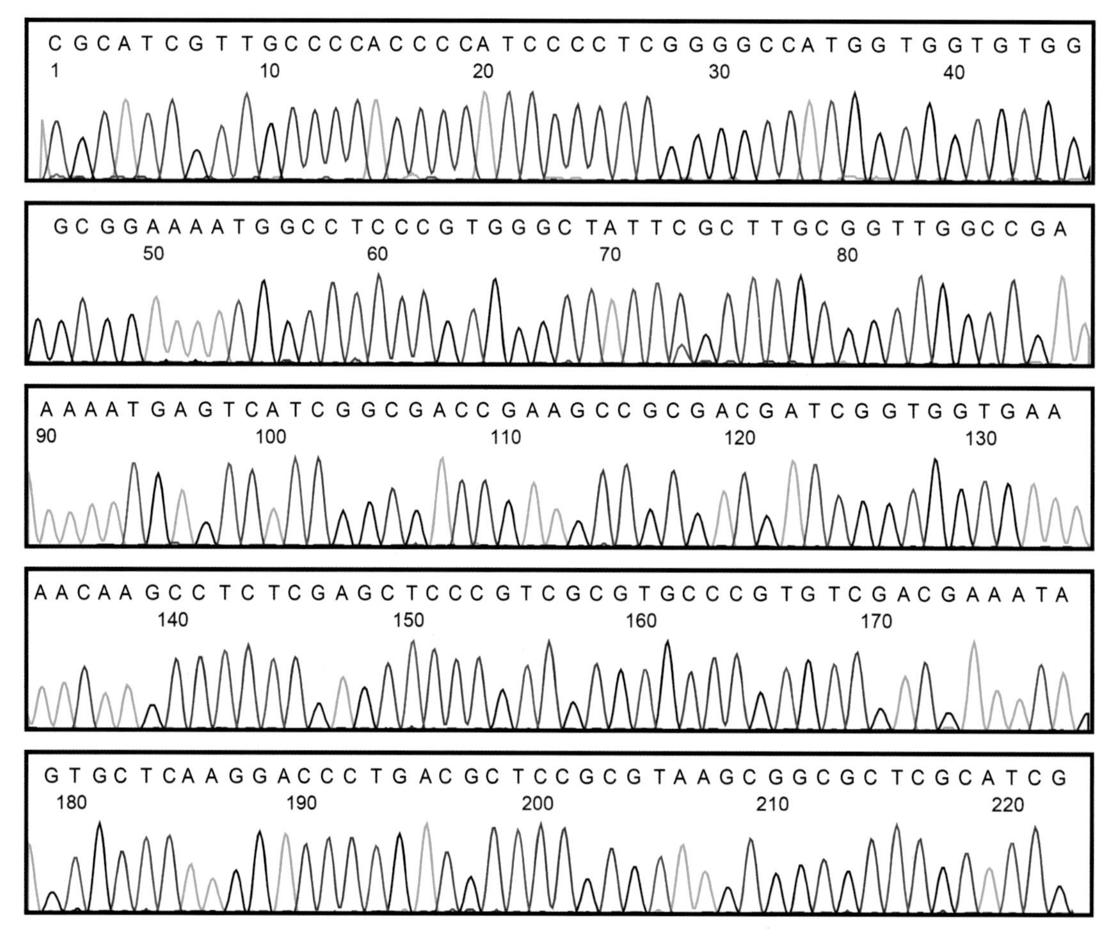

1　CGCATCGTTG CCCCACCCCA TCCCCTCGGG GCCATGGTGG TGTGGGCGGA AAATGGCCTC CCGTGGGCTA TTCGCTTGCG
81　GTTGGCCGAA AAATGAGTCA TCGGCGACCG AAGCCGCGAC GATCGGTGGT GAAAACAAGC CTCTCGAGCT CCCGTCGCGT
161 GCCCGTGTCG ACGAAATAGT GCTCAAGGAC CCTGACGCTC CGCGTAAGCG GCGCTCGCAT CG

54 半枝莲

半枝莲*Scutellaria barbata* D. Don，唇形科多年生草本，以全草入药。主要分布于河北、山东、陕西、河南、江苏、浙江、台湾、福建、江西、湖北、湖南、广东、广西、四川、贵州、云南等地区。

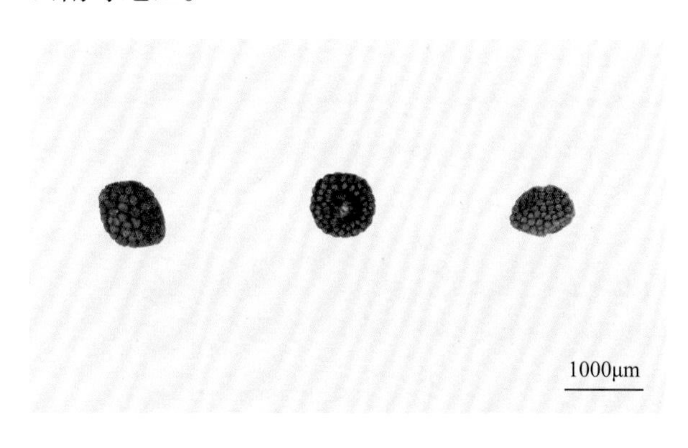

【种子形态】小坚果呈扁球形或椭圆形，直径1.0～1.2mm，黄褐色至褐色，背面拱形，腹面中间突起，表面密布小瘤状突起，无光泽。果脐小，果皮较厚。种子椭圆形，种皮膜质，具1个薄层胚乳，胚弯生。子叶2枚，肥厚，具油性，胚根弯曲向上贴附于子叶的一侧。千粒重约0.3g。

【采集与储藏】花果期4～7月。5月下旬当种子逐渐成熟时采收小坚果，晒干或阴干，搓出种子，簸净茎秆，置于鸡心瓶内室温储藏。

【DNA提取与序列扩增】称取3～5mg种子，按照微型种子DNA提取方法操作。ITS2序列的获得参照“9107 中药材DNA条形码分子鉴定法指导原则”标准流程操作。

【ITS2峰图与序列】ITS2峰图及其序列如下。

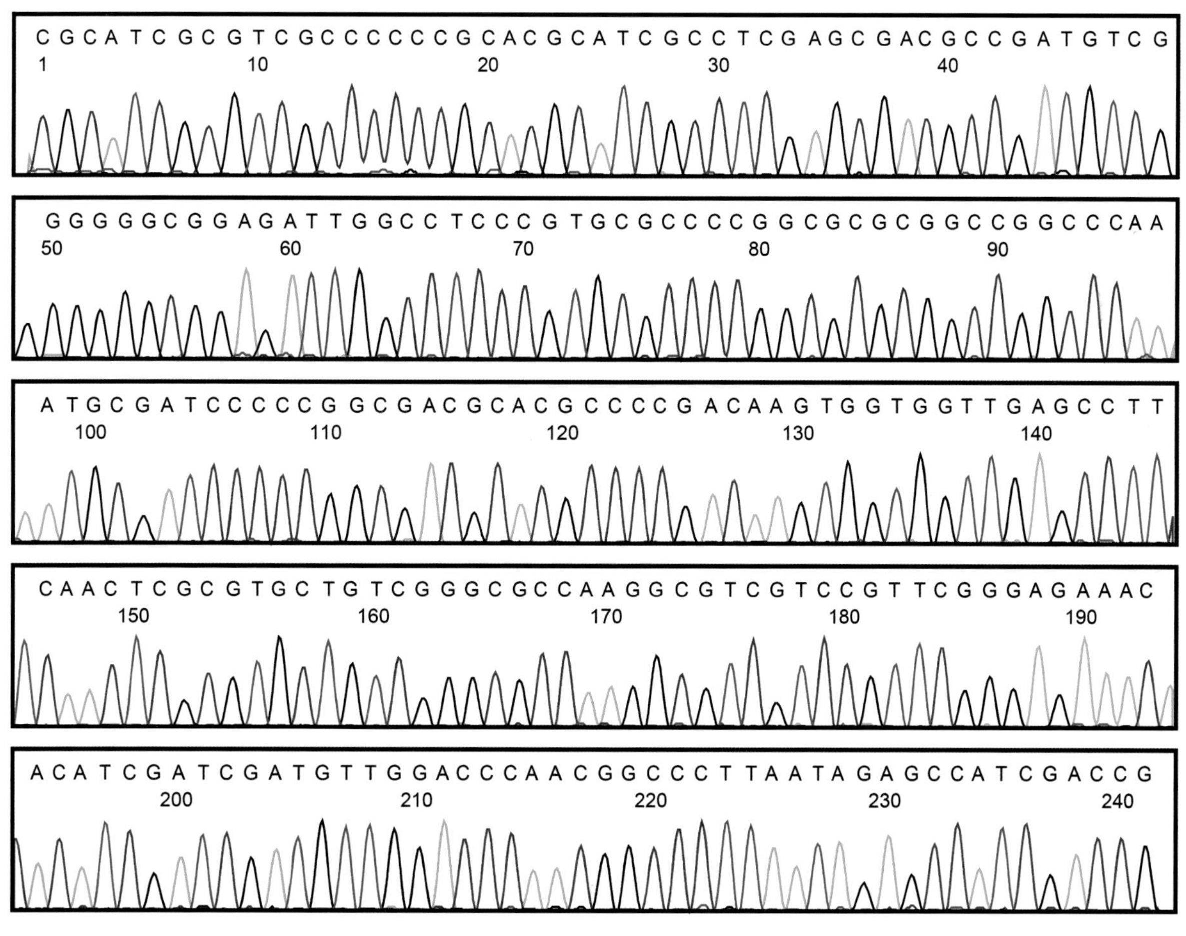

1 CGCATCGCGT CGCCCCCCGC ACGCATCGCC TCGAGCGACG CCGATGTCGG GGGGCGGAGA TTGGCCTCCC GTGCGCCCCG
81 GCGCGCGGCC GGCCCAAATG CGATCCCCCG GCGACGCACG CCCCGACAAG TGGTGGTTGA GCCTTCAACT CGCGTGCTGT
161 CGGGCGCCAA GGCGTCGTCC GTTCGGGAGA AACACATCGA TCGATGTTGG ACCCAACGGC CCTTAATAGA GCCATCGACC
241 G

55 宁夏枸杞

宁夏枸杞*Lycium barbarum* L.，茄科灌木，以根皮、果实入药。原产于我国北部，即河北北部、内蒙古、陕西北部、山西北部、甘肃、宁夏、青海，新疆有野生，我国中部和南部地区有引种。

【种子形态】浆果卵圆形或椭圆形，长1.0～2.0cm，成熟时鲜红色或橘红色。种子倒卵状肾形或椭圆形，扁，长1.5～1.9mm，宽1.1～1.5mm，厚0.6～0.9mm，表面淡黄褐色，在体视显微镜下可见密布略隆起的网纹，腹侧肾形凹入处可见1个裂口状或孔状种孔，其周缘即为种脐。胚乳白色，含油分；胚根圆柱状；子叶2枚，线形。千粒重约1.0g。

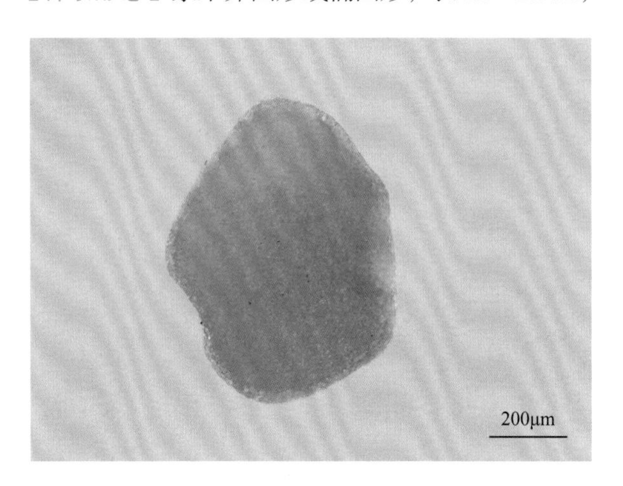

【采集与储藏】花果期较长，一般5～10月边开花边结果。待浆果呈红色、橘红色时采摘，晾干，放干燥阴凉处保存备用，播种前把干果泡软，洗出种子。

【DNA提取与序列扩增】取多粒种子，按照小型种子DNA提取方法操作。ITS2序列通用引物扩增困难时，可采用新设计引物ITS2F1/ITS2R1进行扩增，反应体系和扩增程序参照“9107　中药材DNA条形码分子鉴定法指导原则”标准流程操作。

【ITS2峰图与序列】ITS2峰图及其序列如下。

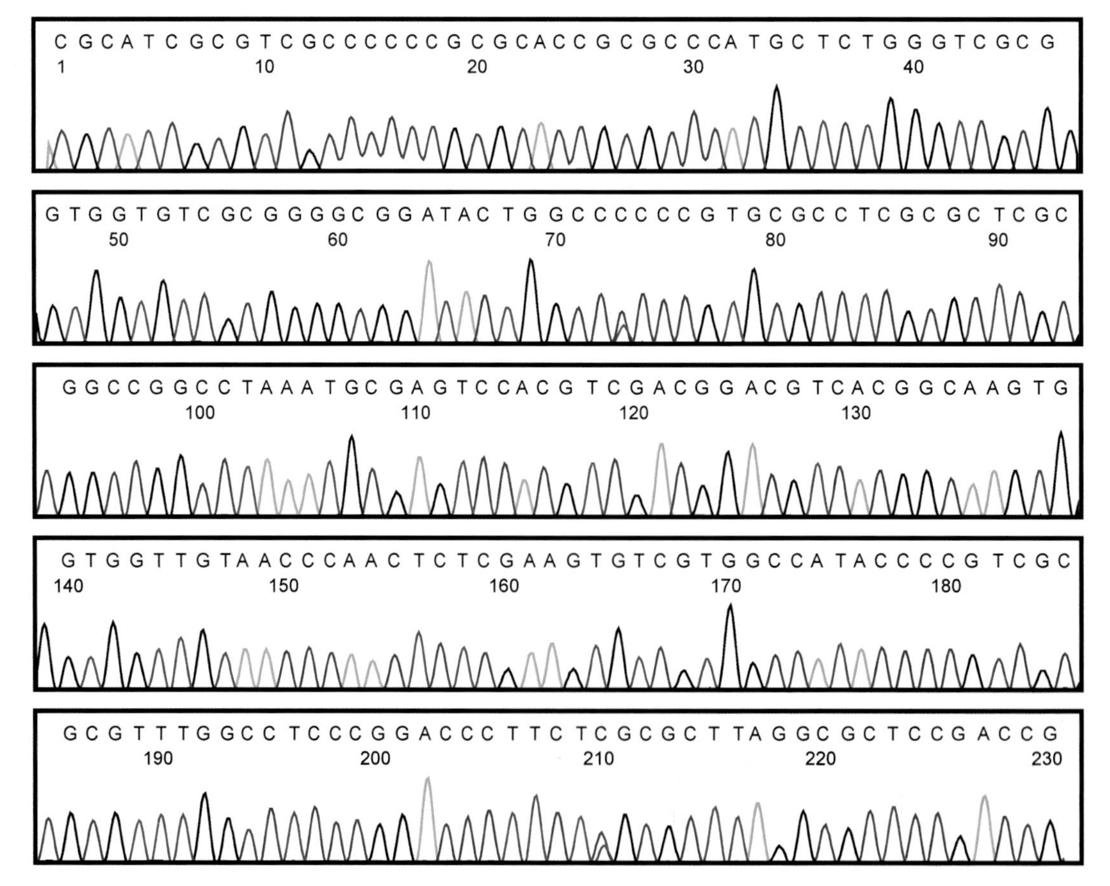

1　CGCATCGCGT CGCCCCCCGC GCACCGCGCC CATGCTCTGG GTCGCGGTGG TGTCGCGGGG CGGATACTGG CCCCCCGTGC
81　GCCTCGCGCT CGCGGCCGGC CTAAATGCGA GTCCACGTCG ACGGACGTCA CGGCAAGTGG TGGTTGTAAC CCAACTCTCG
161 AAGTGTCGTG GCCATACCCC GTCGCGCGTT TGGCCTCCCG GACCCTTCTC GCGCTTAGGC GCTCCGACCG

56 丝瓜

丝瓜*Luffa cylindrica* (L.) Roem.（FOC：*Luffa aegyptiaca* Miller），葫芦科一年生攀援藤本，以成熟果实的维管束入药。我国各地广泛分布。

【种子形态】种子扁椭圆形，长10.5～12.8mm，宽8.4～8.9mm，厚2.6～3.1mm，表面黑褐色至黑色，在体视显微镜下观察布满突起弯曲的线纹，边缘具狭翼，基部为种脐，两侧面较平，近基部各具1对叉开的披针形隆起。种皮外层硬，木质，内层灰绿色，膜质。胚直生，白色，有油性；胚根短小；子叶2枚，肥厚，椭圆形。千粒重约93.1g。

【采集与储藏】花果期为夏、秋季。当丝瓜枯黄变干，种子黑色时（白籽丝瓜为黄白色）采收。待完全干后剪去两端，从丝瓜络中抖落种子，晒干。放入牛皮纸袋并储藏于室温条件下。

【DNA提取与序列扩增】取单粒种子，按照中型种子DNA提取方法操作。ITS2序列的获得参照“9107　中药材DNA条形码分子鉴定法指导原则”标准流程操作。

【ITS2峰图与序列】ITS2峰图及其序列如下。

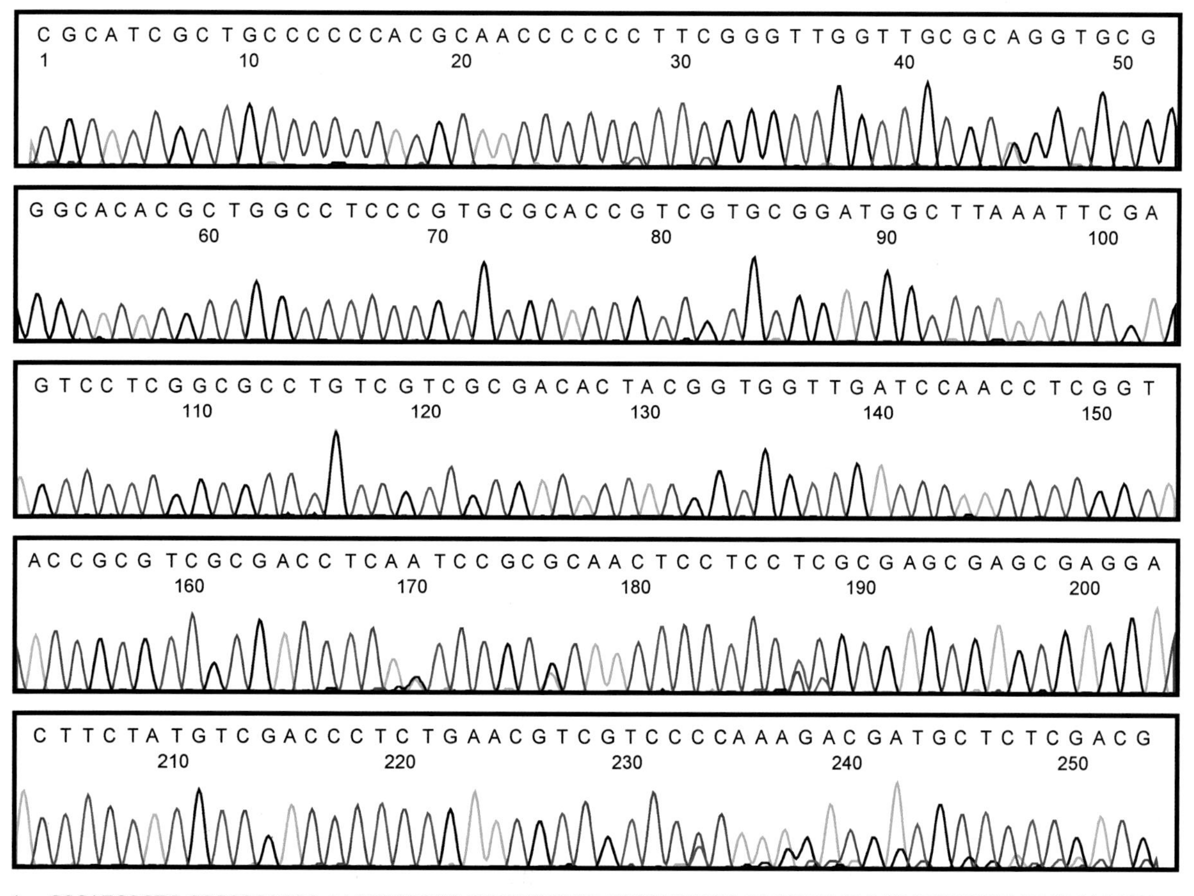

1　CGCATCGCTG CCCCCCACGC AACCCCCCTT CGGGTTGGTT GCGCAGGTGC GGGCACACGC TGGCCTCCCG TGCGCACCGT
81　CGTGCGGATG GCTTAAATTC GAGTCCTCGG CGCCTGTCGT CGCGACACTA CGGTGGTTGA TCCAACCTCG GTACCGCGTC
161 GCGACCTCAA TCCGCGCAAC TCCTCCTCGC GAGCGAGCGA GGACTTCTAT GTCGACCCTC TGAACGTCGT CCCCAAAGAC
241 GATGCTCTCG ACG

57 地丁草

地丁草*Corydalis bungeana* Turcz.，罂粟科一年生灰绿色草本，以全草入药。主要分布于辽宁（千山）、北京、河北（沙河）、山西、河南、陕西、甘肃、四川、云南、贵州、湖北、江西、安徽、江苏、浙江、福建。

【种子形态】蒴果2瓣裂，线形，下垂，长3.0～3.5cm，具1列种子。种子直径约1.5mm，密生环状小凹点；种皮平滑、蜂窝状或具网纹；种脊有时具鸡冠状种阜；种阜小，紧贴种子。胚小，胚乳油质。千粒重约0.6g。

【采集与储藏】花期4～5月，果期5～7月。春、夏季采挖，除去杂质，洗净，阴干或鲜用。

【DNA提取与序列扩增】称取3～5mg种子，按照微型种子DNA提取方法操作。ITS2序列通用引物扩增困难时，可采用新设计引物ITS2F1/ITS2R1进行扩增，反应体系和扩增程序参照“9107 中药材DNA条形码分子鉴定法指导原则”标准流程操作。

【ITS2峰图与序列】ITS2峰图及其序列如下。

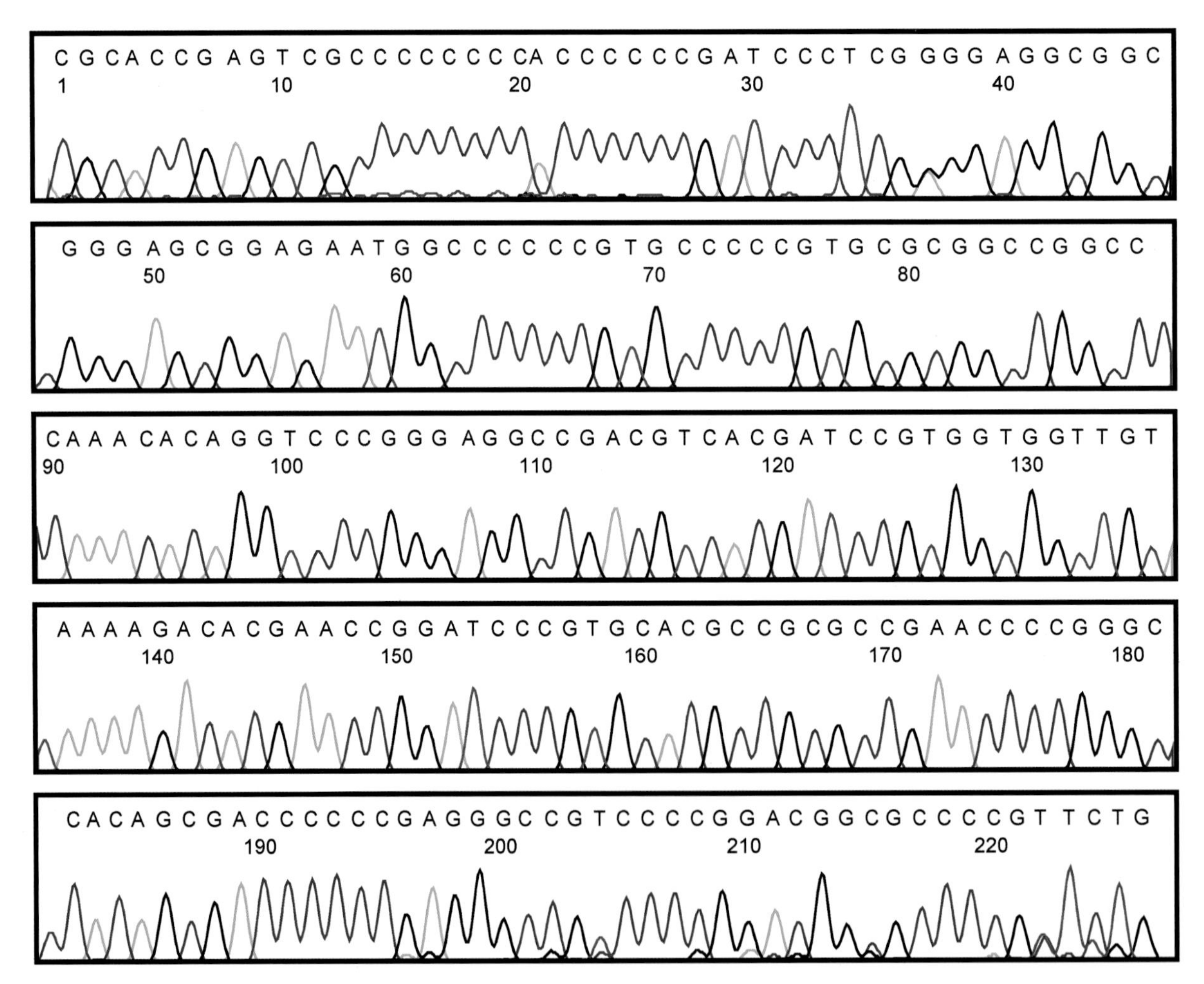

1 CGCACCGAGT CGCCCCCCCC ACCCCCCGAT CCCTCGGGGA GGCGGCGGGA GCGGAGAATG GCCCCCCGTG CCCCCGTGCG
81 CGGCCGGCCC AAACACAGGT CCCGGGAGGC CGACGTCACG ATCCGTGGTG GTTGTAAAAG ACACGAACCG GATCCCGTGC
161 ACGCCGCGCC GAACCCCGGG CCACAGCGAC CCCCCGAGGG CCGTCCCCGG ACGGCGCCCC GTTCTG

58 地肤

地肤*Kochia scoparia* (L.) Schrad.，藜科一年生草本，以果实入药。我国各地均有分布。

【种子形态】胞果具宿存花被，扁圆状五角星形，直径2.1～3.2mm，厚0.5～1.2mm，黄褐色，具翅5枚，排成五角星状；背面中央具果柄痕，具数条放射状棱线；腹面露出五角星状空隙。果皮薄膜质，易剥离，含种子1粒。种子卵形，灰绿色或浅棕色，长1.5～2.0mm，稍有光泽。胚环形；胚乳块状，淡黄绿色；子叶2枚。千粒重约0.8g。

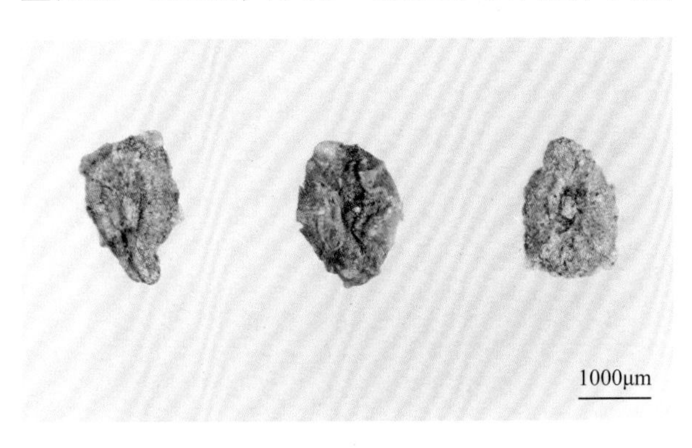

【采集与储藏】花期6～9月，果期7～10月。当种子呈灰棕色时及时割取全草，晒干并打下果实，除去杂质，储藏备用。

【DNA提取与序列扩增】称取3～5mg种子，按照微型种子DNA提取方法操作。ITS2序列的获得参照“9107　中药材DNA条形码分子鉴定法指导原则”标准流程操作。

【ITS2峰图与序列】ITS2峰图及其序列如下。

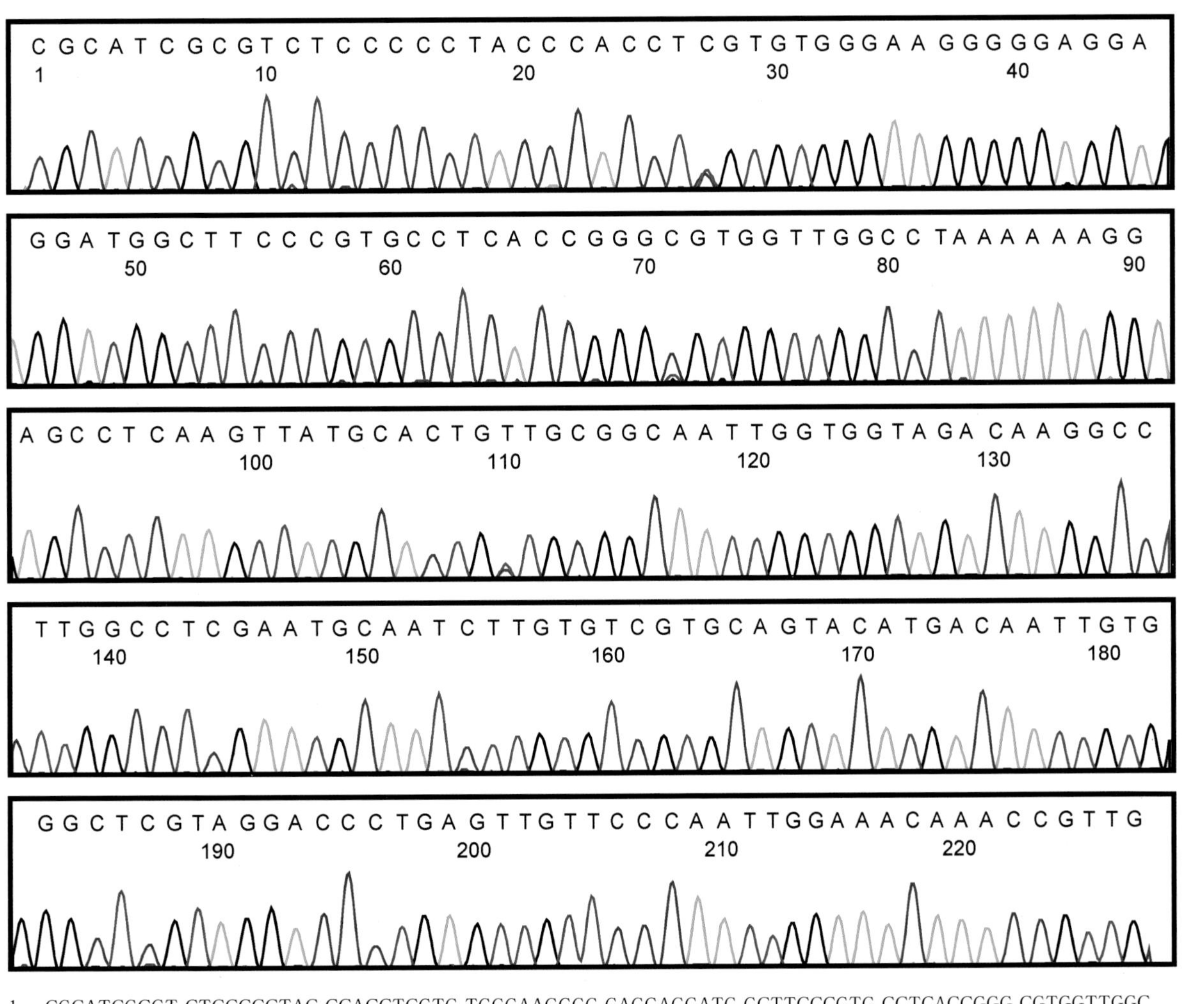

1　CGCATCGCGT CTCCCCCTAC CCACCTCGTG TGGGAAGGGG GAGGAGGATG GCTTCCCGTG CCTCACCGGG CGTGGTTGGC
81　CTAAAAAAGG AGCCTCAAGT TATGCACTGT TGCGGCAATT GGTGGTAGAC AAGGCCTTGG CCTCGAATGC AATCTTGTGT
161 CGTGCAGTAC ATGACAATTG TGGGCTCGTA GGACCCTGAG TTGTTCCCAA TTGGAAACAA ACCGTTG

59 地榆

地榆*Sanguisorba officinalis* L.，蔷薇科多年生草本，以根入药。主要分布于黑龙江、辽宁、河北、山西、甘肃、河南、山东、湖北、安徽、江苏、浙江、江西、四川、湖南、贵州、云南、广西、广东、台湾。

【种子形态】瘦果四棱状倒卵形，长2.6～3.0mm，宽1.4～1.7mm，表面暗褐色或黑褐色，粗糙，疏被白毛。四棱各具1翼，顶端具1个头状花柱基，基部具1个圆点状果脐，含种子1粒。种子椭圆形或倒卵形，长2.0～2.3mm，宽1.2～1.4mm，表面浅棕色，顶端平，基部尖；腹面具1条棕色线状种脊，至顶端为1个圆形合点，基部为种脐。种皮菲薄，膜质。胚直生，白色，半透明，含油分；胚根短小；子叶2枚，矩圆形或倒卵形。千粒重约3.1g。

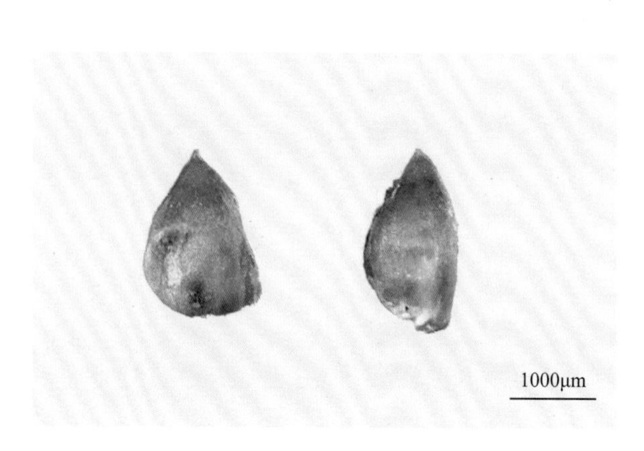

【采集与储藏】花果期7～10月。当果实呈褐色时割下果穗，晒干，脱粒，筛去杂质，储藏备用。置于鸡心瓶内并存放于室温条件下。

【DNA提取与序列扩增】取多粒种子，按照小型种子DNA提取方法操作。ITS2序列的获得参照“9107　中药材DNA条形码分子鉴定法指导原则”标准流程操作。

【ITS2峰图与序列】ITS2峰图及其序列如下。

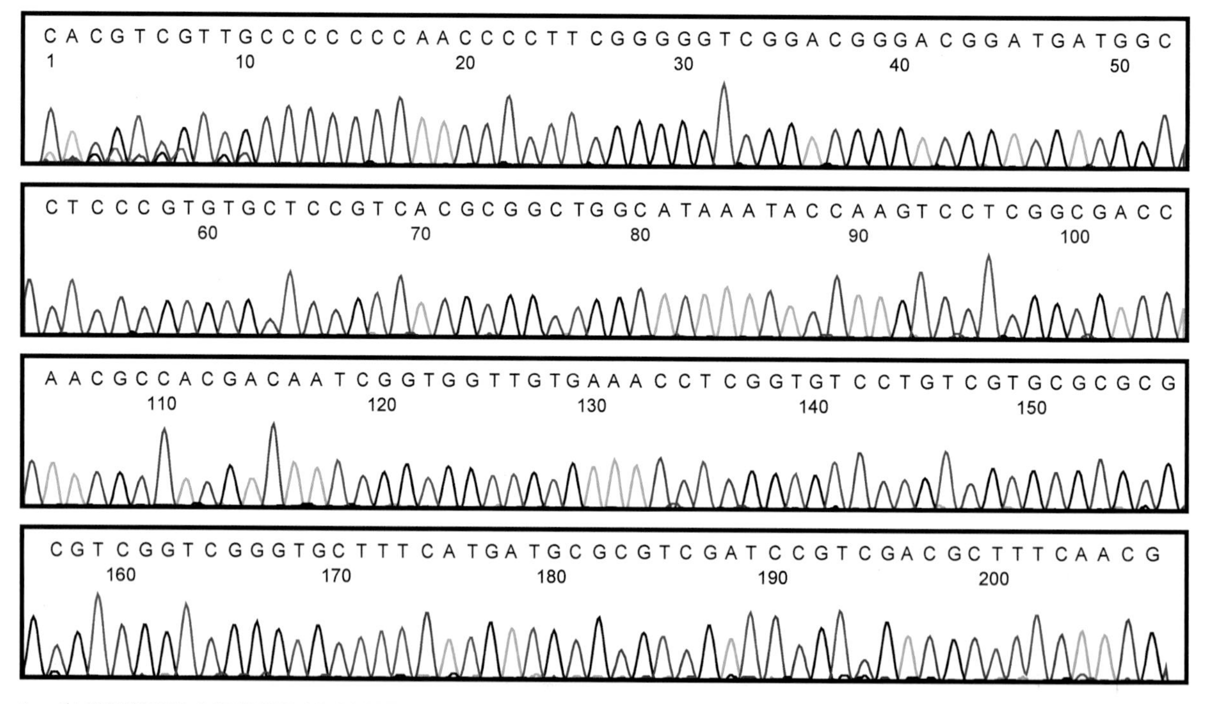

1 CACGTCGTTG CCCCCCCAAC CCCTTCGGGG GTCGGACGGG ACGGATGATG GCCTCCCGTG TGCTCCGTCA CGCGGCTGGC
81 ATAAATACCA AGTCCTCGGC GACCAACGCC ACGACAATCG GTGGTTGTGA AACCTCGGTG TCCTGTCGTG CGCGCGCGTC
161 GGTCGGGTGC TTTCATGATG CGCGTCGATC CGTCGACGCT TTCAACG

60 地锦

地锦*Euphorbia humifusa* Willd.，大戟科一年生草本，以全草入药。除海南外，我国各地均有分布。

【种子形态】蒴果三棱状卵球形，成熟时分裂为三分果爿。种子每室1粒，三棱状卵球形，长约1.3mm，直径约0.9mm，灰色。种皮革质，无种阜；胚乳丰富；子叶肥厚。千粒重约26.3g。

【采集与储藏】花果期5～10月。10月上旬至11月初，从植株上采摘已充分软化成熟的浆果，铺于地表，踩踏使果皮、果肉与种子分离，盛入桶内，多次加水漂洗，最后取出沉于桶底的种子，将种子拌3～4倍体积的河沙，存放于阴凉处。

【DNA提取与序列扩增】取单粒种子，按照中型种子DNA提取方法操作。ITS2序列的获得参照“9107　中药材DNA条形码分子鉴定法指导原则”标准流程操作。

【ITS2峰图与序列】ITS2峰图及其序列如下。

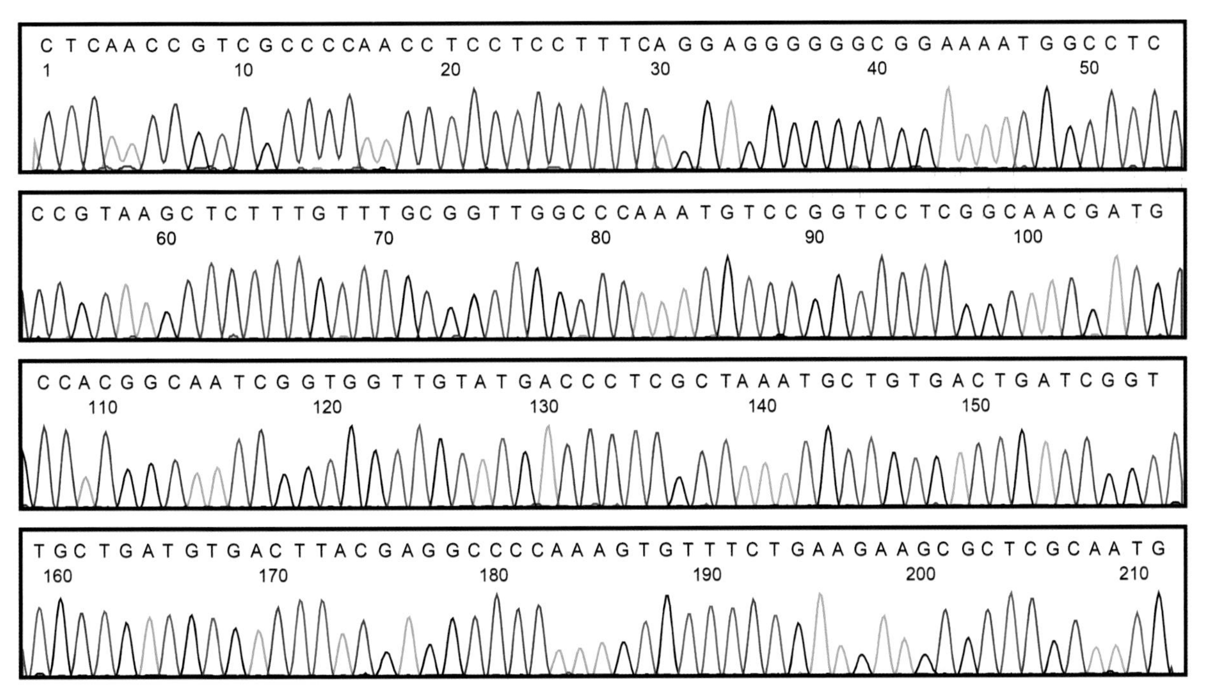

1 CTCAACCGTC GCCCCAACCT CCTCCTTTCA GGAGGGGGGC GGAAAATGGC CTCCCGTAAG CTCTTTGTTT GCGGTTGGCC
81 CAAATGTCCG GTCCTCGGCA ACGATGCCAC GGCAATCGGT GGTTGTATGA CCCTCGCTAA ATGCTGTGAC TGATCGGTTG
161 CTGATGTGAC TTACGAGGCC CCAAAGTGTT TCTGAAGAAG CGCTCGCAAT G

61 芍药

芍药*Paeonia lactiflora* Pall.，毛茛科多年生草本，以根入药。主要分布于东北、华北、陕西及甘肃南部。

【种子形态】蓇葖果3～5个，卵形，无毛。种子椭圆状球形或倒卵形，长6.9～8.7mm，宽6.5～7.2mm，表面棕色或红棕色，稍有光泽。

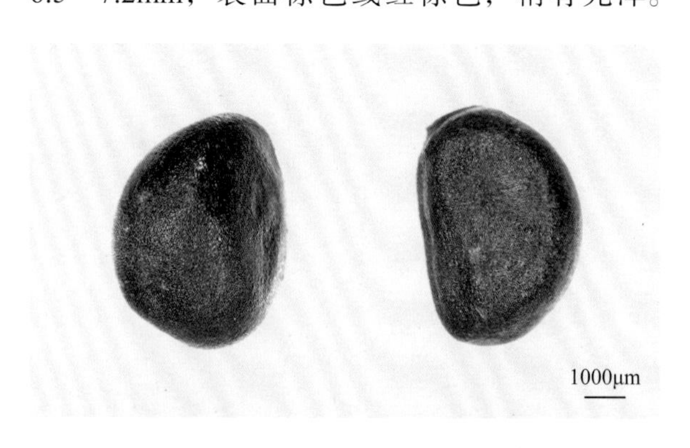

种子常具2（1～3）个大型浅凹窝及略突起的黄棕色或棕色斑点，基部略尖，有1个不甚明显的小孔为种孔，种脐位于种孔一侧，短线形，污白色。外种皮硬，骨质；内种皮薄膜质。胚乳半透明，含油分；胚细小，直生；胚根圆锥状；子叶2枚。千粒重约161.2g。

【采集与储藏】花期5～6月，果期8月。南方7月成熟，单瓣芍药结籽多，选择健壮植株采种，于蓇葖果微裂时及时采摘。种子宜随采随播，或与湿润细沙混匀并储藏于阴凉处，保持湿润。9月中下旬播种，种子不能晒干，晒干则不易发芽。

【DNA提取与序列扩增】砸碎，取种子碎块，按照大型种子DNA提取方法操作。ITS2序列的获得参照“9107　中药材DNA条形码分子鉴定法指导原则”标准流程操作。

【ITS2峰图与序列】ITS2峰图及其序列如下。

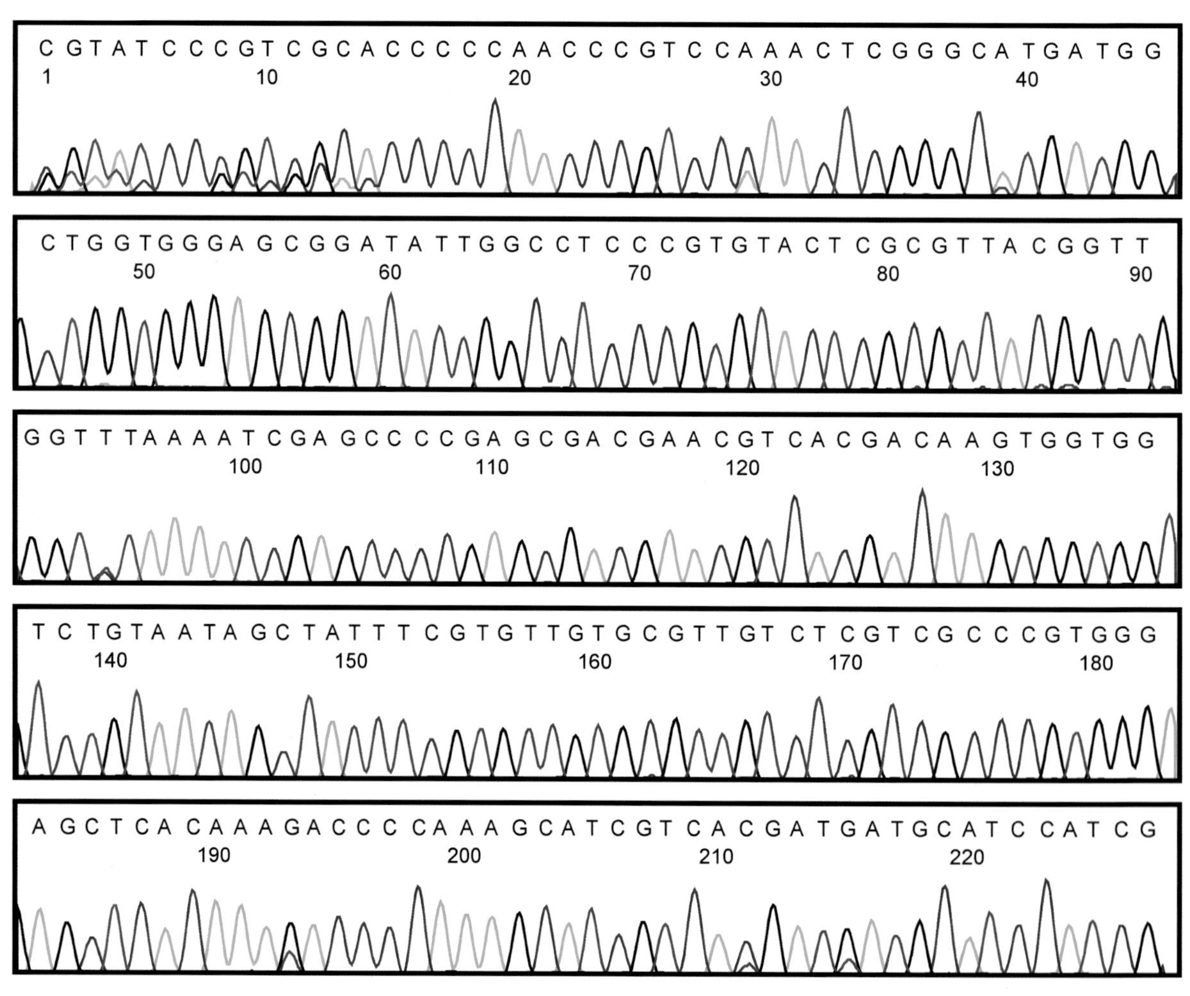

1　CGTATCCCGT CGCACCCCCA ACCCGTCCCA ACTCGGGCAT GATGGCTGGT GGGAGCGGAT ATTGGCCTCC CGTGTACTCG
81　CGTTACGGTT GGTCTAAAAT CGAGCCCCGA GCGACGAACG TCACGACAAG TGGTGGTCTG TAATAGCTAT TTCGTGTTGT
161 GCGTTGTCTC GTCGCCCGTG GGAGCTCACA AAGACCCCAA AGCATCGTCA CGATGATGCA TCCATCG

62 亚麻

亚麻*Linum usitatissimum* L.，亚麻科一年生草本，以种子入药。分布于我国各地。

【种子形态】蒴果球形，稍扁，直径5.7～6.5mm，有10条纵棱，成熟时黄褐色，纵棱开裂成10室，每室含种子1粒。种子倒卵圆形，扁，长3.9～5.5mm，宽2.0～2.5mm，厚1.0～1.2mm，表面棕色，平滑，有光泽，在体视显微镜下可见密布细微麻点；顶端钝圆，下端尖，且歪向腹侧，种脐位于腹侧下端微凹处，种脊线形，浅棕色。种皮水浸后黏液化。胚乳少量，白色，包被于胚的外方；胚直生，淡黄色，含油分；胚根圆锥状；子叶2枚，椭圆形，基部心形。千粒重约5.4g。

【采集与储藏】花期6～8月，果期7～10月。待蒴果变成淡褐色且未开裂时采收，晒干，搓出种子，簸净杂质，放入牛皮纸袋内并储藏于干燥阴凉处。

【DNA提取与序列扩增】取单粒种子，按照中型种子DNA提取方法操作。ITS2序列的获得参照“9107 中药材DNA条形码分子鉴定法指导原则”标准流程操作。

【ITS2峰图与序列】ITS2峰图及其序列如下。

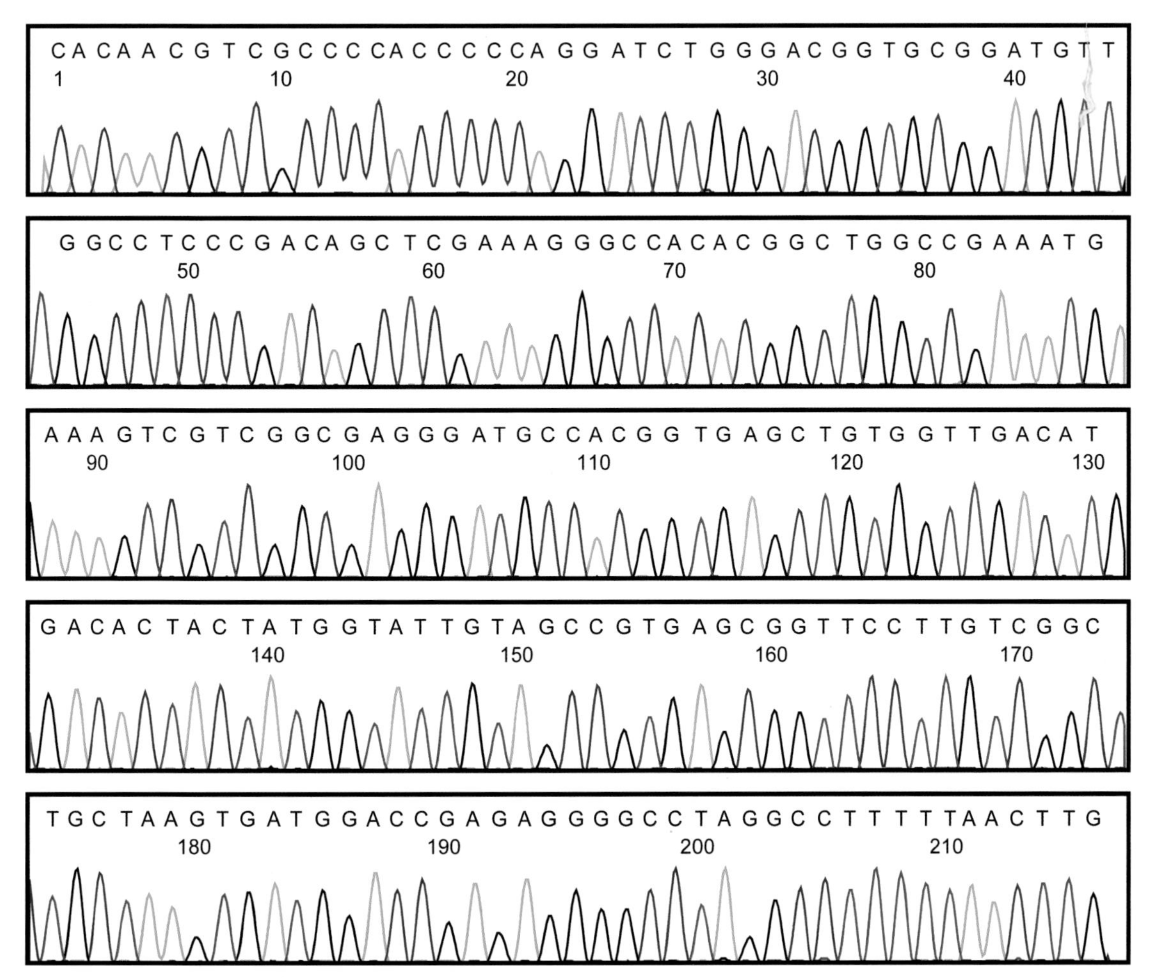

1 CACAACGTCG CCCCACCCCC AGGATCTGGG ACGGTGCGGA TGTTGGCCTC CCGACAGCTC GAAAGGGCCA CACGGCTGGC
81 CGAAATGAAA GTCGTCGGCG AGGGATGCCA CGGTGAGCTG TGGTTGACAT GACACTACTA TGGTATTGTA GCCGTGAGCG
161 GTTCCTTGTC GGCTGCTAAG TGATGGACCG AGAGGGGCCT AGGCCTTTTT AACTTG

63 西瓜

西瓜*Citrullus lanatus* (Thunb.) Matsumu. et Nakai，葫芦科一年生蔓生藤本，以果皮入药。

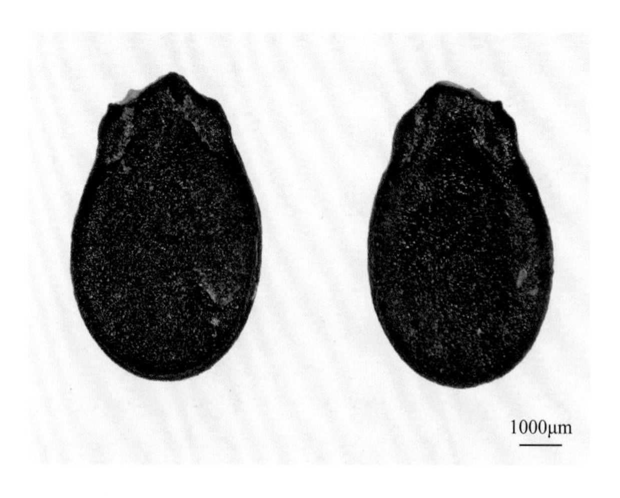

我国各地均有栽培，以新疆、甘肃兰州、山东德州、江苏溧阳等地区最为知名。

【种子形态】种子多粒，卵形，黑色、红色，有时为白色、黄色、淡绿色或有斑纹，两面平滑，基部钝圆，通常边缘稍拱起，长1.0～1.5cm，宽0.5～0.8cm，厚1.0～2.0mm，在体视显微镜下可见表面不平坦。千粒重约47.7g。

【采集与储藏】花果期为夏季。西瓜达到七八成熟时采收。采收后在常温下可储藏15～20天。

【DNA提取与序列扩增】取单粒种子，按照中型种子DNA提取方法操作。ITS2序列的获得参照“9107　中药材DNA条形码分子鉴定法指导原则”标准流程操作。

【ITS2峰图与序列】ITS2峰图及其序列如下。

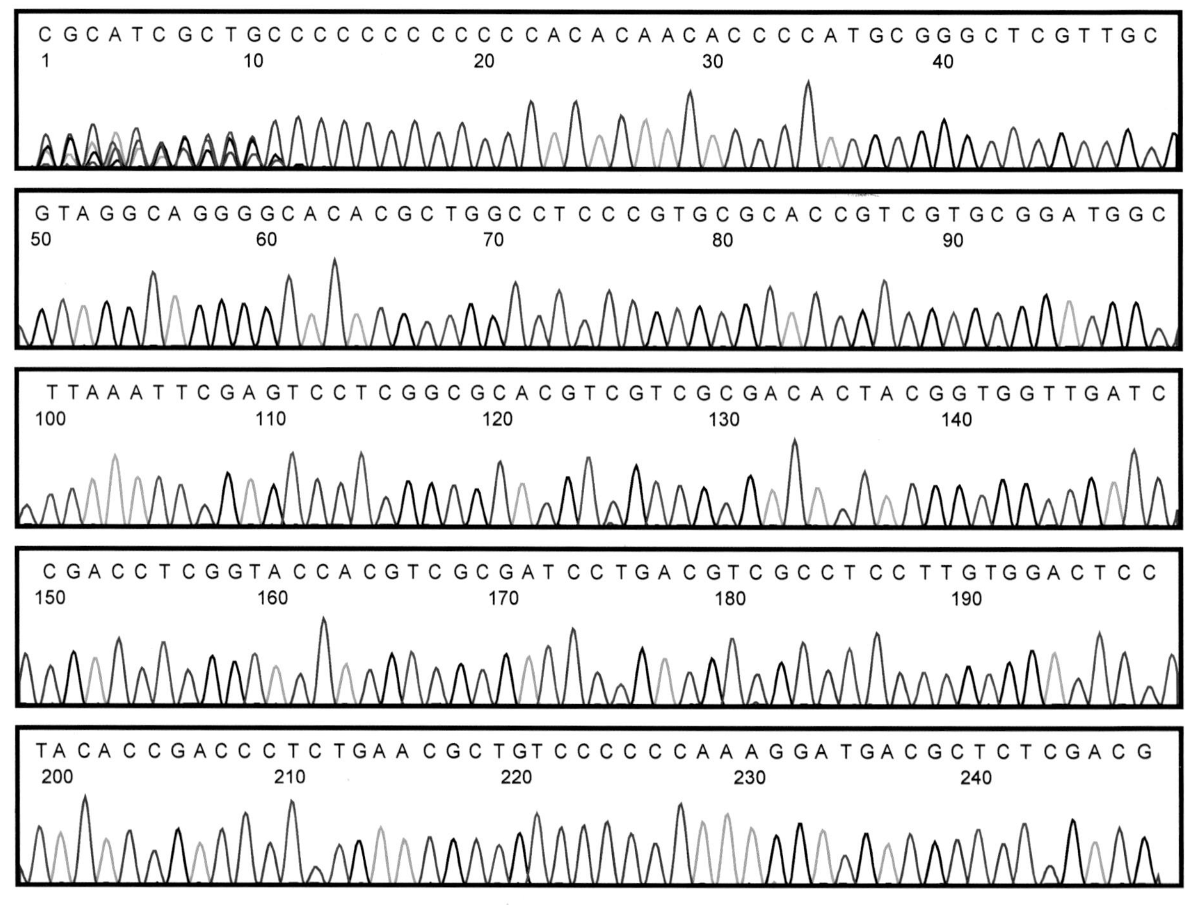

1　CGCATCGCTG CCCCCCCCCC CCACACAACA CCCCATGCGG GCTCGTTGCG TAGGCAGGGG CACACGCTGG CCTCCCGTGC

81　GCACCGTCGT GCGGATGGCT TAAATTCGAG TCCTCGGCGC ACGTCGTCGC GACACTACGG TGGTTGATCC GACCTCGGTA

161 CCACGTCGCG ATCCTGACGT CGCCTCCTTG TGGACTCCTA CACCGACCCT CTGAACGCTG TCCCCCCAAA GGATGACGCT

241 CTCGACG

64 西伯利亚杏

西伯利亚杏*Prunus sibirica* L.［FOC：山杏*Armeniaca sibirica* (L.) Lam.］，蔷薇科乔木，以成熟种子入药。分布于全国各地，多数为栽培。

【种子形态】核果心状卵圆形，略扁，直径3.0～4.0cm，黄红色，表面密布浅凹陷，微被茸毛，沿腹缝线两侧各有1条棱，棱突起锋利或平钝。核近于光滑，坚硬，扁心形，具沟状边缘，含种子1粒。干燥种子呈心形，略扁，长1.0～1.9cm，宽0.8～1.5cm，厚0.5～0.8cm，红棕色或暗棕色；顶端渐尖，基部钝圆，左右不对称；自基部向上端散出褐色条纹，尖端有不明显的珠孔，其下方侧面棱脊上有1个浅黄色棱线状的种脐；合点位于底端凹入部，自合点至种脐有颜色较深的纵线。种皮薄，其内紧贴1个薄层胚乳，不易分离。子叶2枚，肥大，乳白色，具油性，接合面中间常有空隙；胚根位于其尖端；胚芽位于两子叶之间略凸处。种子寿命6个月。千粒重约1173.0g。

【采集与储藏】花期3～4月，果期4～6月。待果皮变黄，果肉自行开裂时进行采种。冬季混沙埋藏。

【DNA提取与序列扩增】取内果皮或子叶，按照大型种子DNA提取方法操作。ITS2序列通用引物扩增困难时，可采用新设计引物ITS2F1/ITS2R1进行扩增，反应体系和扩增程序参照“9107　中药材DNA条形码分子鉴定法指导原则”标准流程操作。

【ITS2峰图与序列】ITS2峰图及其序列如下。

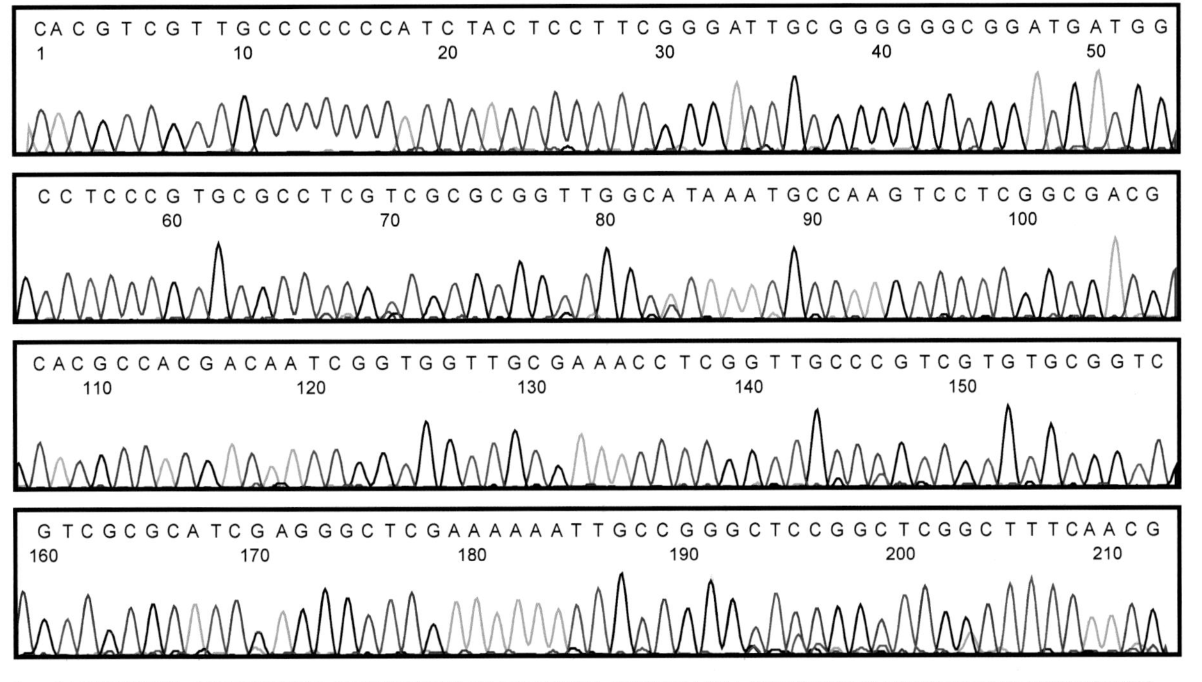

1　CACGTCGTTG CCCCCCCATC TACTCCTTCG GGATTGCGGG GGGCGGATGA TGGCCTCCCG TGCGCCTCGT CGCGCGGTTG
81　GCATAAATGC CAAGTCCTCG GCGACGCACG CCACGACAAT CGGTGGTTGC GAAACCTCGG TTGCCCGTCG TGTGCGGTCG
161 TCGCGCATCG AGGGCTCGAA AAAATTGCCG GGCTCCGGCT CGGCTTTCAA CG

65 西洋参

西洋参*Panax quinquefolium* L.（FOC：*Panax quinquefolius* Linnaeus），五加科多年生草本，以根入药。我国有大面积栽培。

【种子形态】种子椭圆形或倒卵形，略扁，表面淡棕色。种脊棕黄色，线形，位于腹侧，至顶端常分为2（1～3）枝，至基部相连于1个小尖突状种柄。种皮菲薄，贴生于种仁。胚乳丰富，具油性。胚细小，埋生于种仁的基部。千粒重约35.0g。

【采集与储藏】花期6～7月，果期7～9月。一般于8月末或9月初待果实完全成熟时进行种子的采收，集中脱粒、清洗，漂去未成熟的青籽、瘪籽及杂质，将清理好的种子取出沥干，摊于通风阴凉处晾干，一个星期后装入牛皮纸袋内。西洋参种子通常在室温下干藏1年后，特别是经第2年7、8月高温后多数种子就基本上丧失了发芽力，但在3～6℃低温干藏种子可以较长时间保持种子生活力。

【DNA提取与序列扩增】取单粒种子，按照中型种子DNA提取方法操作。ITS2序列的获得参照“9107　中药材DNA条形码分子鉴定法指导原则”标准流程操作。

【ITS2峰图与序列】ITS2峰图及其序列如下。

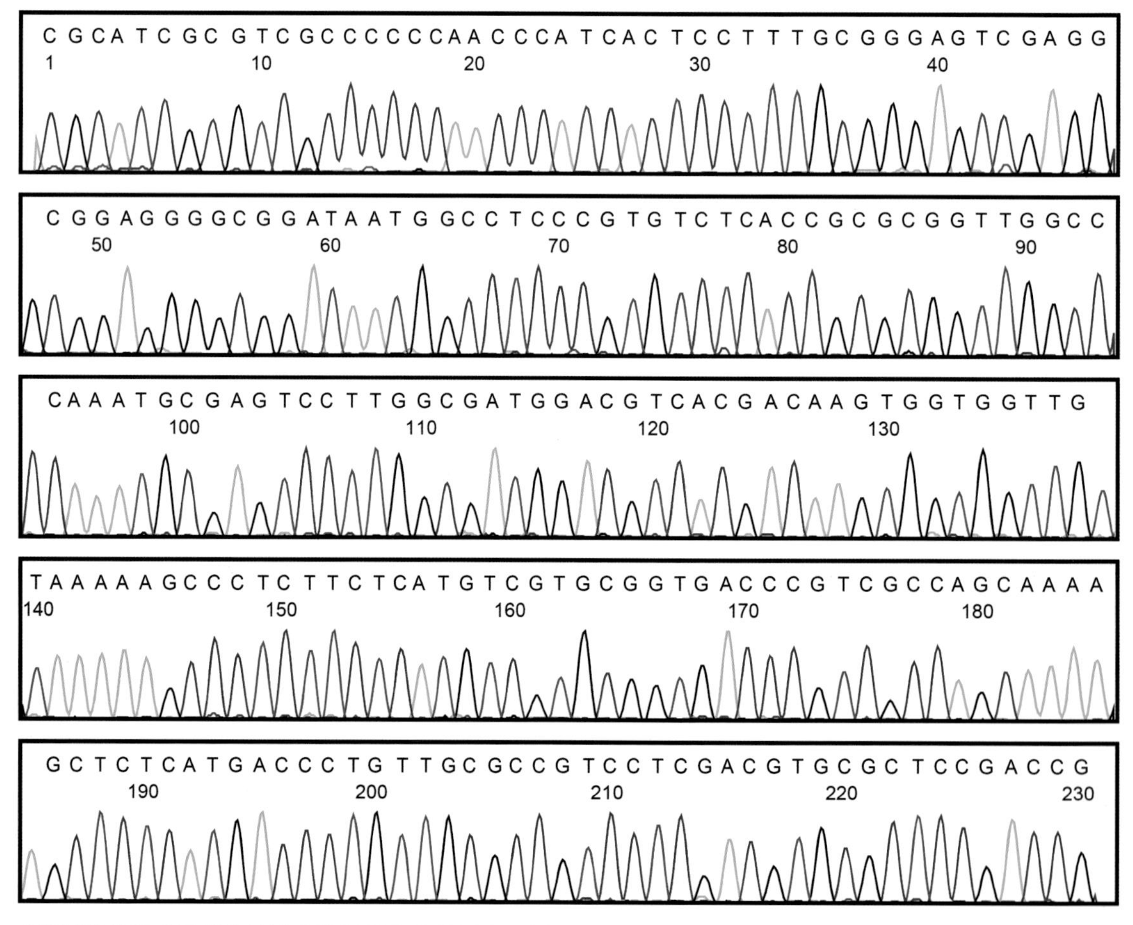

1　CGCATCGCGT CGCCCCCCAA CCCATCACTC CTTTGCGGGA GTCGAGGCGG AGGGGCGGAT AATGGCCTCC CGTGTCTCAC
81　CGCGCGGTTG GCCCAAATGC GAGTCCTTGG CGATGGACGT CACGACAAGT GGTGGTTGTA AAAAGCCCTC TTCTCATGTC
161 GTGCGGTGAC CCGTCGCCAG CAAAAGCTCT CATGACCCTG TTGCGCCGTC CTCGACGTGC GCTCCGACCG

66 百合

百合*Lilium brownii* F. E. Brown var. *viridulum* Baker，百合科多年生草本，以肉质鳞叶入药。主要分布于广东、广西、湖南、湖北、江西、安徽、福建、浙江、四川、云南、贵州、陕西、甘肃、河南等地区。

【种子形态】蒴果矩圆形，长约5.0mm，宽约3.0mm，有棱，成熟时室背开裂。种子多粒，长圆形，周围有三角形翅，翅膜质，棕褐色，密布细致网纹，种子长约1.3mm，宽约0.8mm，厚约0.4mm。胚乳软骨质，丰富；胚小；子叶1枚，线形；胚根短小。千粒重约6.2g。

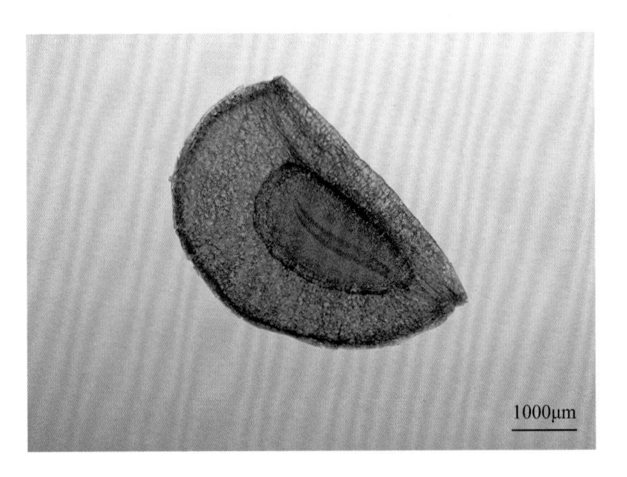

【采集与储藏】花期5～6月，果期9～10月。百合的采收一般在11月初。掘出鳞茎，及时除去茎秆、泥土和须根，并均匀地铺在地上摊晾，以散发田间热，使果球温度下降。摊晾时层高一般以两三层果球高为宜，以免中间发热。摊的时间不宜过长，防止鳞片变红。储藏百合可采用沙藏法，也可采用冷库储藏法或塑料袋封闭储藏。

【DNA提取与序列扩增】取单粒种子，按照中型种子DNA提取方法操作。ITS2序列的获得参照“9107　中药材DNA条形码分子鉴定法指导原则”标准流程操作。

【ITS2峰图与序列】ITS2峰图及其序列如下。

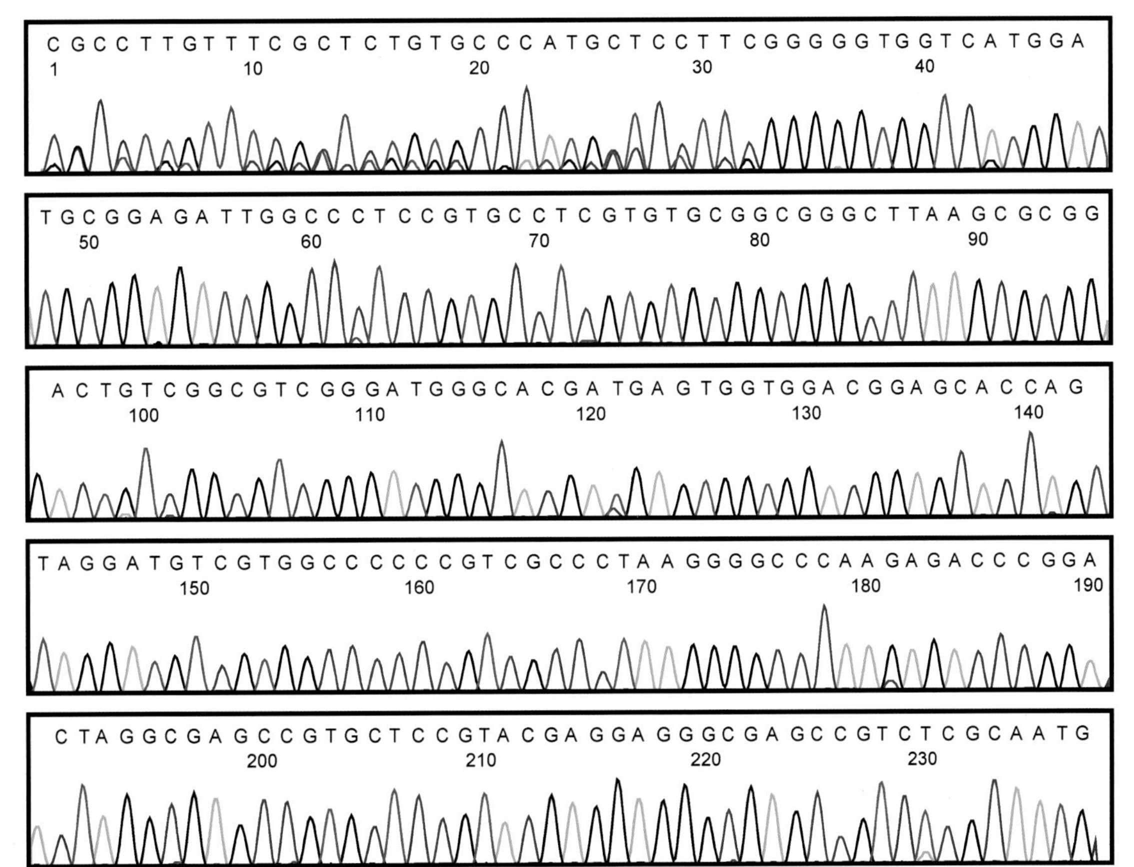

1　CGCCTTGTTT CGCTCTGTGC CCATGCTCCT TCGGGGGTGG TCATGGATGC GGAGATTGGC CCTCCGTGCC TCGTGTGCGG
81　CGGGCTTAAG CGCGGACTGT CGGCGTCGGG ATGGGCACGA TGAGTGGTGG ACGGAGCACC AGTAGGATGT CGTGGCCCCC
161 CGTCGCCCTA AGGGGCCCAA GAGACCCGGA CTAGGCGAGC CGTGCTCCGT ACGAGGAGGG CGAGCCGTCT CGCAATG

67 当归

当归*Angelica sinensis* (Oliv.) Diels，伞形科多年生草本，以根入药。主要产于甘肃东南部，云南、四川、陕西、湖北等地区均为栽培，有些地区也已引种栽培。

【种子形态】双悬果呈宽卵圆形，扁，翅果状，长4.5～6.5mm，宽4.0～5.2mm，厚1.1～1.5mm，表面灰黄色或淡棕色，平滑，无毛；顶端有突起的花柱基，基部心形。分果爿背面略隆起，具5条明显隆起的肋线，中间3条较低平，两侧的2条特宽大，呈翅状，腹面平凹，常存1个细线状悬果柄，与果实顶端相连，含种子1粒。种子横切面长椭圆状肾形或椭圆形。胚乳含油分；胚细小，白色，埋生于种仁基部。千粒重1.2～2.2g。

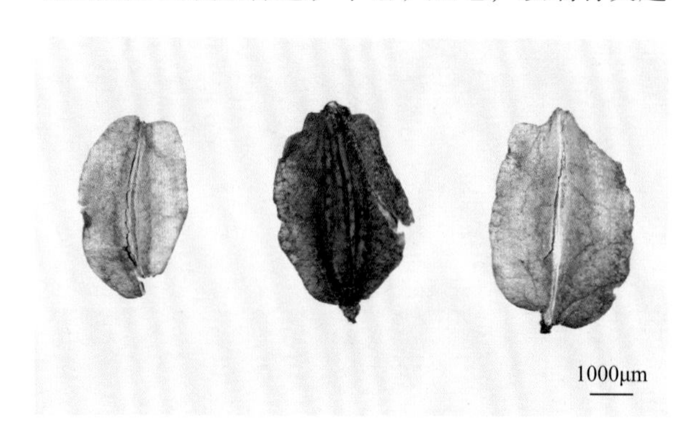

【采集与储藏】花期6～7月，果期7～9月。当种子由红色转粉白色时分批采收，将果序割下，扎成把，放阴凉处晾干，避免受热、受潮，脱粒，除净杂质，放阴凉处保存。在低温干燥条件下储藏，寿命可达3年以上，发芽适温为20℃左右。

【DNA提取与序列扩增】取多粒种子，按照小型种子DNA提取方法操作。ITS2序列的获得参照“9107　中药材DNA条形码分子鉴定法指导原则”标准流程操作。

【ITS2峰图与序列】ITS2峰图及其序列如下。

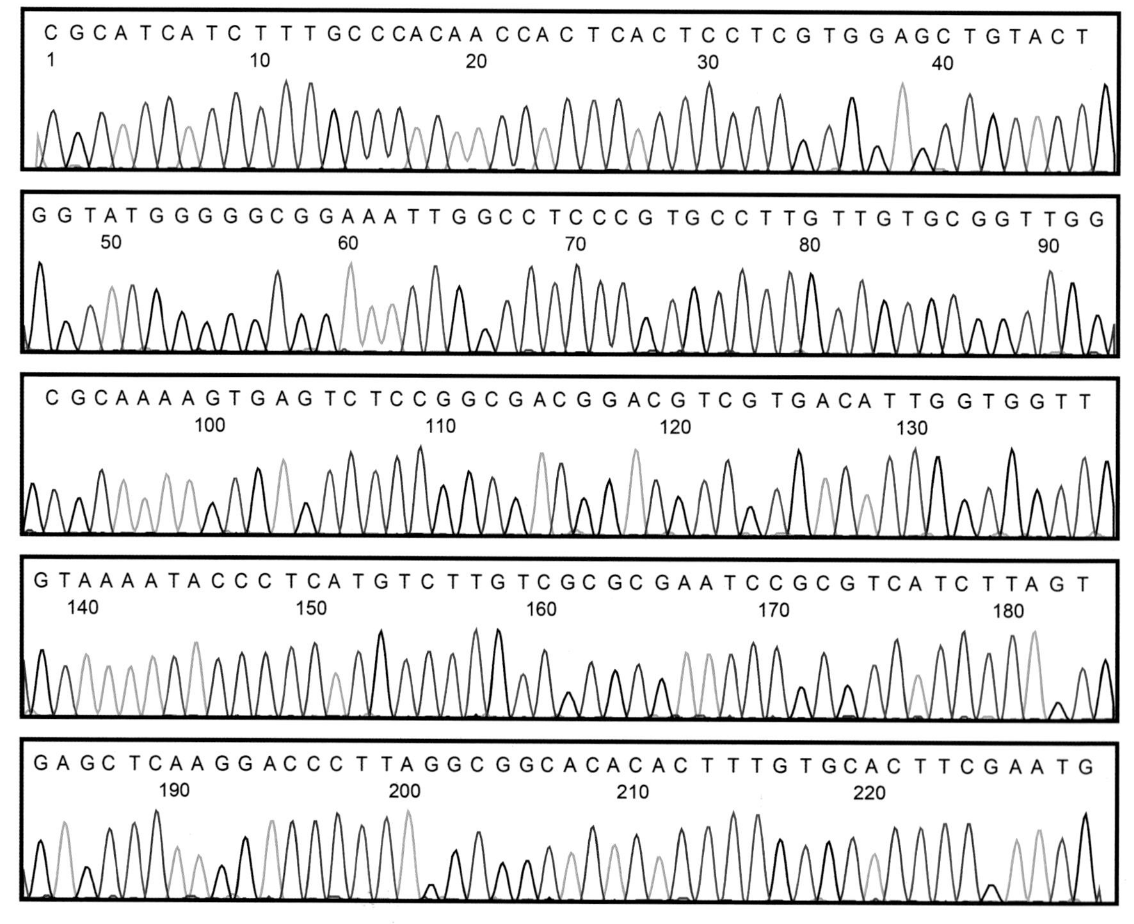

1　CGCATCATCT TTGCCCACAA CCACTCACTC CTCGTGGAGC TGTACTGGTA TGGGGGCGGA AATTGGCCTC CCGTGCCTTG
81　TTGTGCGGTT GGCGCAAAAG TGAGTCTCCG GCGACGGACG TCGTGACATT GGTGGTTGTA AAATACCCTC ATGTCTTGTC
161 GCGCGAATCC GCGTCATCTT AGTGAGCTCA AGGACCCTTA GGCGGCACAC ACTTTGTGCA CTTCGAATG

68 肉桂

肉桂*Cinnamomum cassia* Presl，樟科乔木，以树皮、嫩枝入药。主要分布于广东、广西、福建、台湾、云南等省（区）的热带及亚热带地区。

【种子形态】果椭圆形，长约1.0cm，黑紫色，无毛；果核长椭圆形，黄褐色，表面无光泽，干后呈黑色条块状斑纹及纵棱。种脐位于基部；子叶2枚，大，肥厚，平凸状，紧抱；胚近盾形，胚芽十分发达，无胚乳。千粒重约209.0g。

【采集与储藏】花期6～8月，果期10～12月。成熟果实为紫黑色，成熟后易遭鸟害，且易脱落，宜及时采收，采收后除去果皮，用清水洗净，及时播种。采用保湿方法储藏，可延长种子寿命。如不能及时播种，可用湿沙储藏。

【DNA提取与序列扩增】砸碎，取种子碎块，按照大型种子DNA提取方法操作。ITS2序列的获得参照“9107　中药材DNA条形码分子鉴定法指导原则”标准流程操作。

【ITS2峰图与序列】ITS2峰图及其序列如下。

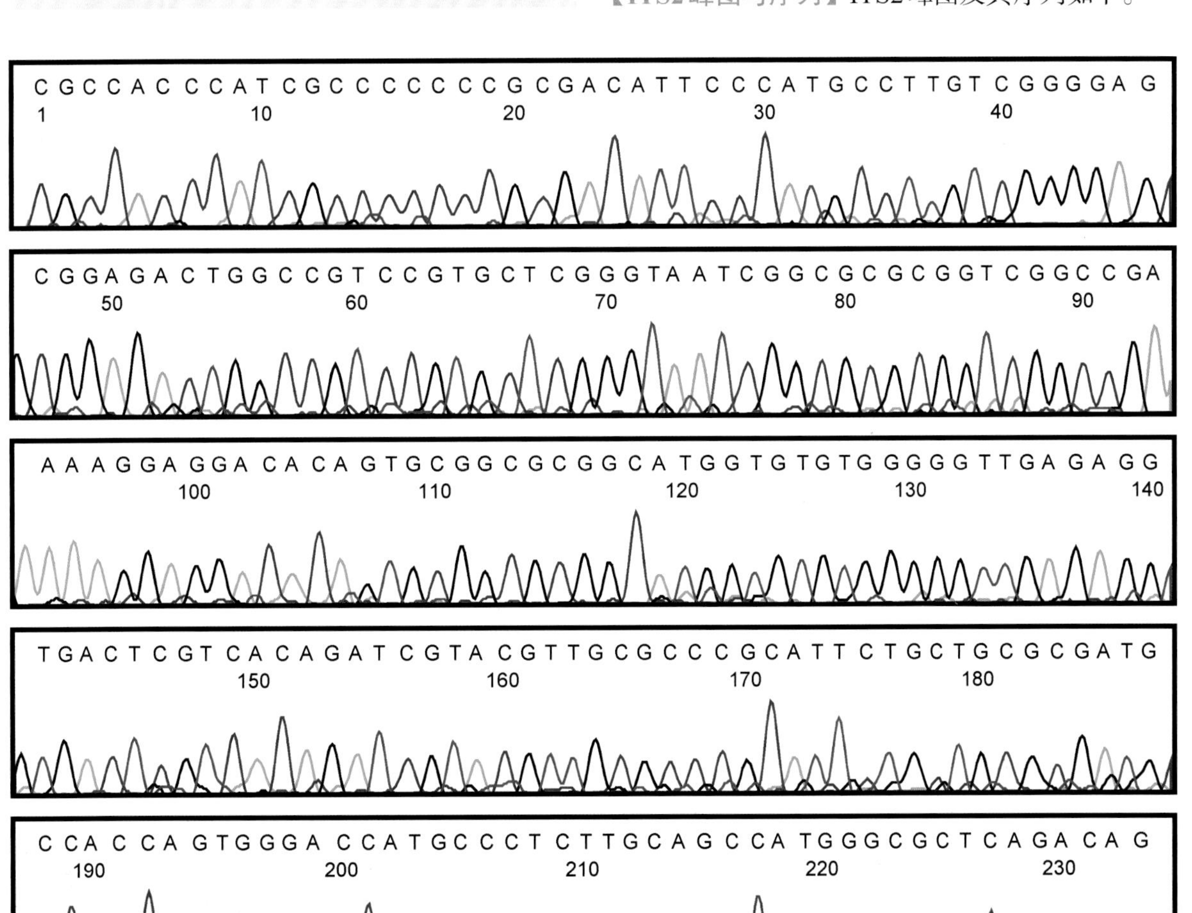

1 CGCCACCCAT CGCCCCCCCG CGACATTCCC ATGCCTTGTC GGGGAGCGGA GACTGGCCGT CCGTGCTCGG GTAATCGGCG
81 CGCGGTCGGC CGAAAAGGAG GACACAGTGC GGCGCGGCAT GGTGTGTGGG GGTTGAGAGG TGACTCGTCA CAGATCGTAC
161 GTTGCGCCCG CATTCTGCTG CGCGATGCCA CCAGTGGGAC CATGCCCTCT TGCAGCCATG GGCGCTCAGA CAG

69 朱砂根

朱砂根*Ardisia crenata* Sims，紫金牛科一年生灌木，以根入药。主要分布于西藏东南部至台湾，湖北至海南岛等地区。

【种子形态】浆果状核果，球形，稍扁。种子球形，直径7.8～10.5mm，成熟果橙红色，表面长满淡红色茸毛，果柄、果托茸毛为灰白色。种子球形，直径5.1～5.7mm，表面淡紫色，并长有灰白色茸毛，种脐及其周围的茸毛厚密。种皮上布满纵向网纹，连接种子两端；外种皮角质，薄；内种皮膜质，浅褐色，有光泽。胚乳淡黄色；胚卵形。千粒重约82.6g。

【采集与储藏】花期5～6月，果期10～12月，有时翌年2～4月。当果实变为黑色时采摘。采用湿藏法储藏种子，干储种子翌年发芽率大幅度下降。种子可混合湿沙、湿蛭石保湿。少量种子按1∶2比例将种子与洁净湿沙混合后装入容器储藏，沙子湿度为饱和含水量的40%～60%，用手握紧成团且不滴水。大批量湿储种子置于冷室堆藏，选择室内阴冷避光角落，先在地面铺上1层湿沙，再铺上1层种子，1层沙子1层种子堆至50.0～100.0cm高，表面覆盖薄膜，压好膜脚，储藏期沙堆含水量保持50%～60%。

【DNA提取与序列扩增】取单粒种子，按照中型种子DNA提取方法操作。ITS2序列的获得参照“9107　中药材DNA条形码分子鉴定法指导原则”标准流程操作。

【ITS2峰图与序列】ITS2峰图及其序列如下。

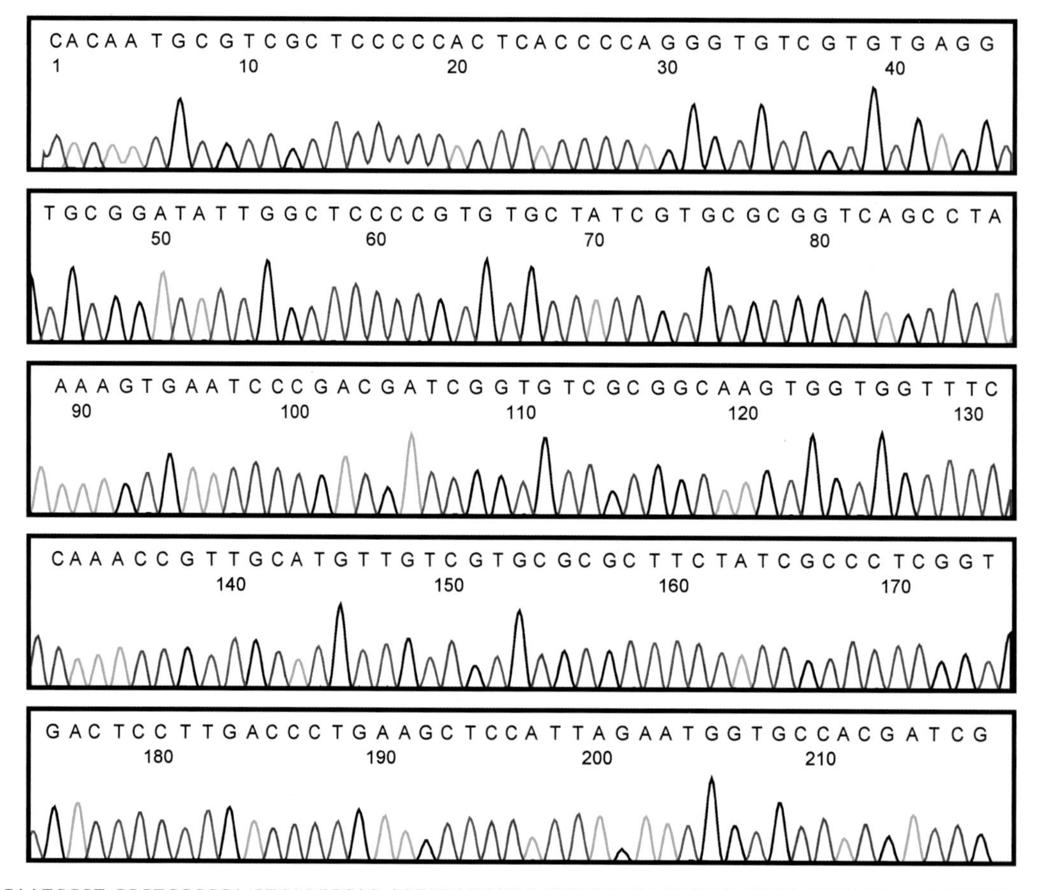

1　CACAATGCGT CGCTCCCCCA CTCACCCCAG GGTGTCGTGT GAGGTGCGGA TATTGGCTCC CCGTGTGCTA TCGTGCGCGG

81　TCAGCCTAAA AGTGAATCCC GACGATCGGT GTCGCGGCAA GTGGTGGTTT CCAAACCGTT GCATGTTGTC GTGCGCGCTT

161 CTATCGCCCT CGGTGACTCC TTGACCCTGA AGCTCCATTA GAATGGTGCC ACGATCG

70 华中五味子

华中五味子*Schisandra sphenanthera* Rehd. et Wils.，木兰科落叶木质藤本，以果实入药。主要分布于山西、陕西、甘肃、山东、江苏、安徽、浙江、江西、福建、河南、湖北、湖南、四川、贵州、云南。

【种子形态】聚合果穗状，长6.0～17.0cm；小浆果近球形，肉质，长8.0～12.0mm，宽6.0～9.0mm，红色，果内含种子1～3粒。种子肾形，长3.0～4.0mm，宽3.0～3.8mm，厚2.5～3.0mm，棕色或黄棕色，微有光泽。胚乳丰富；胚小，直立。千粒重约5.0g。

【采集与储藏】花期4～7月，果期7～9月。当浆果深红色、变软时采摘。采用湿润的沙积法层积处理，温度10～15℃。

【DNA提取与序列扩增】取单粒种子，按照中型种子DNA提取方法操作。ITS2序列的获得参照“9107 中药材DNA条形码分子鉴定法指导原则”标准流程操作。

【ITS2峰图与序列】ITS2峰图及其序列如下。

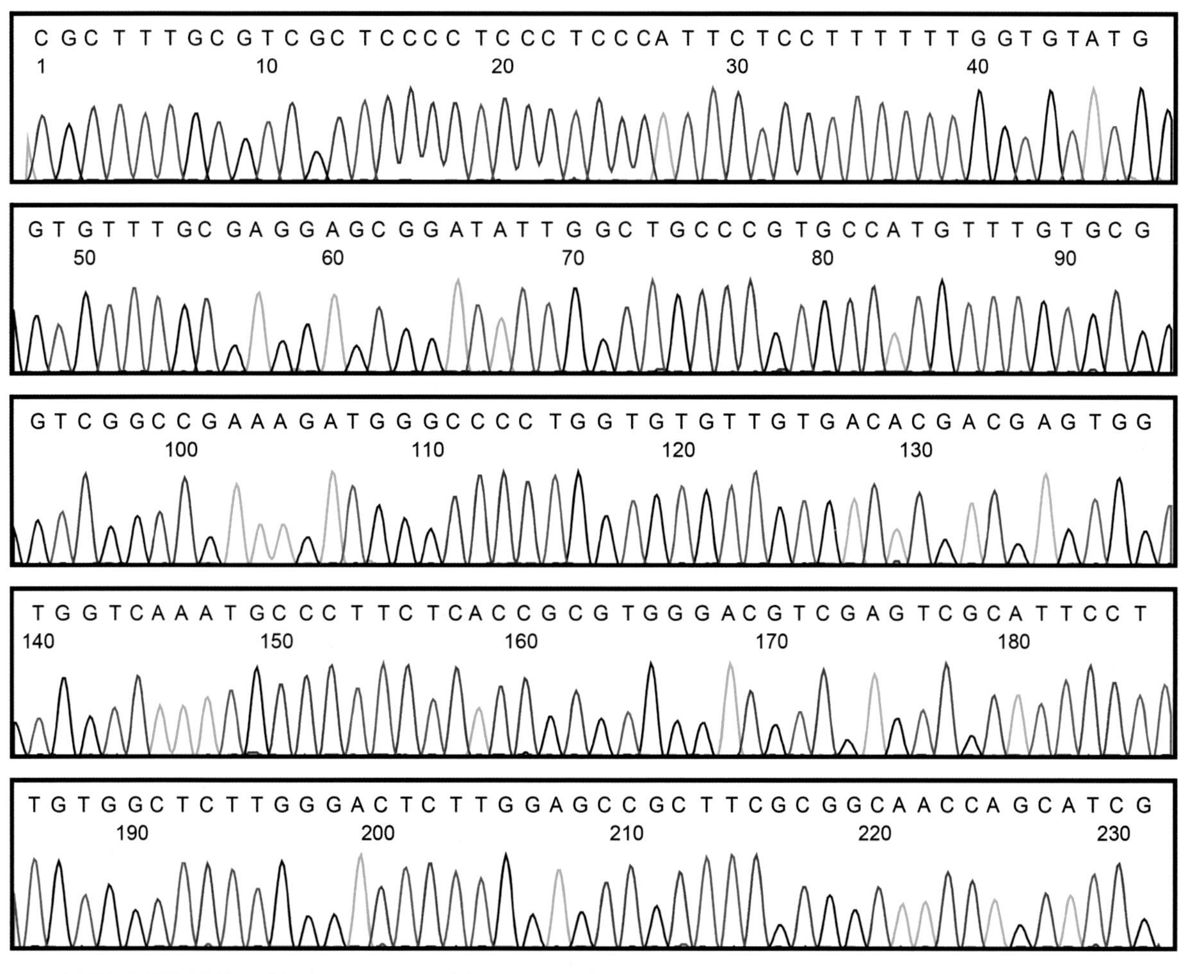

1 CGCTTTGCGT CGCTCCCCTC CCTCCCATTC TCCTTTTTTG GTGTATGGTG TTTGCGAGGA GCGGATATTG GCTGCCCGTG
81 CCATGTTTGT GCGGTCGGCC GAAAGATGGG CCCCTGGTGT GTTGTGACAC GACGAGTGGT GGTCAAATGC CCTTCTCACC
161 GCGTGGGACG TCGAGTCGCA TTCCTTGTGG CTCTTGGGAC TCTTGGAGCC GCTTCGCGGC AACCAGCATC G

71 华东覆盆子

华东覆盆子*Rubus chingii* Hu（FOC：掌叶覆盆子），蔷薇科藤状灌木，以果实入药。主要分布于江苏、安徽、浙江、江西、福建、广西。

【种子形态】果实近球形，红色，直径1.5～2.0cm，密被灰白色柔毛；核有皱纹。种子下垂，种皮膜质。种子通常不含胚乳，稀具少量胚乳；子叶为肉质，背部隆起，稀对褶或呈席卷状。千粒重约0.8g。

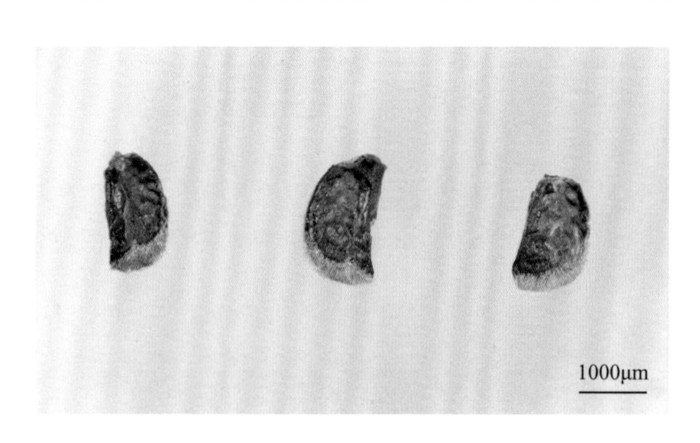

【采集与储藏】花期3～4月，果期5～6月。通常在5月左右开始摘取果实，在5月末通常就能够采集完。在果实已经饱满的前提下，颜色变成黄色即可进行采集，但是采集需要分期分批进行。采下后，应当将梗叶去除，用沸水进行2min左右的消毒，然后烘干，最后筛掉其中的杂物和灰尘。

【DNA提取与序列扩增】称取3～5mg种子，按照微型种子DNA提取方法操作。ITS2序列的获得参照“9107　中药材DNA条形码分子鉴定法指导原则”标准流程操作。

【ITS2峰图与序列】ITS2峰图及其序列如下。

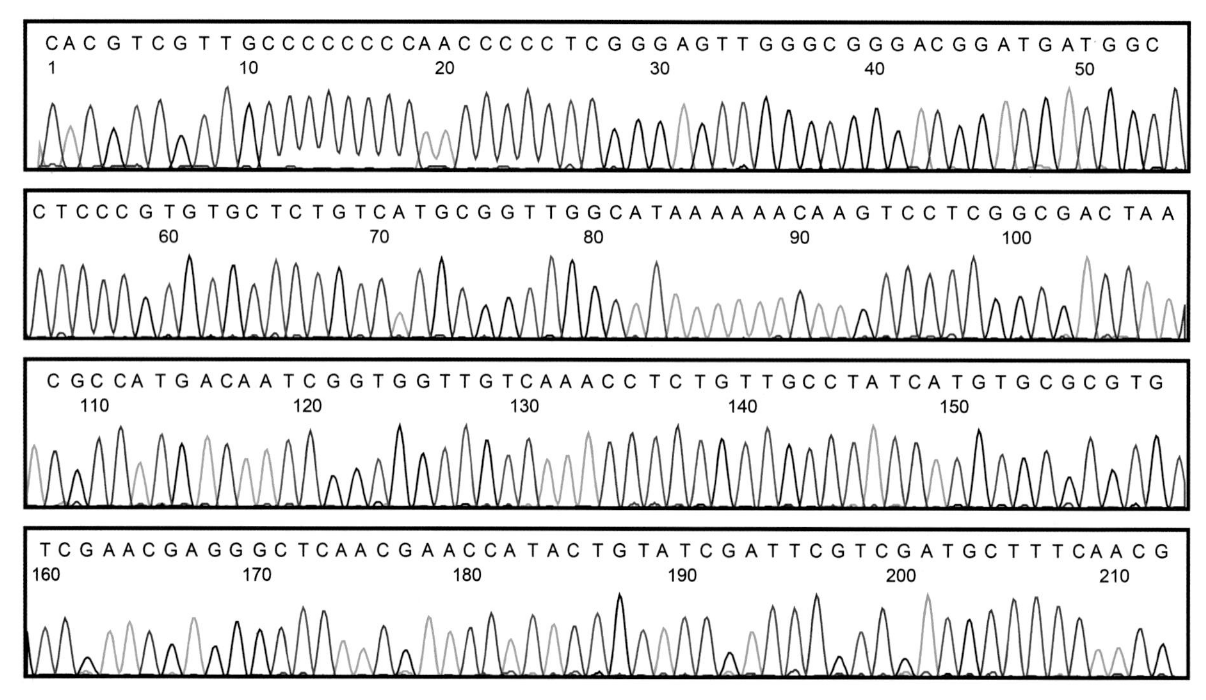

1　CACGTCGTTG CCCCCCCCAA CCCCCTCGGG AGTTGGGCGG GACGGATGAT GGCCTCCCGT GTGCTCTGTC ATGCGGTTGG
81　CATAAAAAAC AAGTCCTCGG CGACTAACGC CATGACAATC GGTGGTTGTC AAACCTCTGT TGCCTATCAT GTGCGCGTGT
161 CGAACGAGGG CTCAACGAAC CATACTGTAT CGATTCGTCG ATGCTTTCAA CG

72 多序岩黄芪

多序岩黄芪*Hedysarum polybotrys* Hand.-Mazz.，豆科多年生草本，以根入药。主要分布于甘肃六盘山和南部的山地，四川西北部等地区。

【种子形态】荚果2～4节，被短柔毛，荚节近圆形或宽卵形，宽3.0～5.0mm，两侧微凹，具明显网纹和狭翅。种子为网状脉，向边缘为放射脉，常具刚毛或刺。种脐常较显著，圆形或伸长成线形，中央有1条脐沟，种阜或假种皮有时甚发达；子叶2枚，卵状椭圆形，基部呈心形。千粒重约3.7g。

【采集与储藏】花期7～8月，果期8～9月。花期较长，种子成熟度不同，应随熟随采。混收后用簸箕风选充分成熟、籽粒饱满的种子保存。

【DNA提取与序列扩增】取多粒种子，按照小型种子DNA提取方法操作。ITS2序列的获得参照“9107　中药材DNA条形码分子鉴定法指导原则”标准流程操作。

【ITS2峰图与序列】ITS2峰图及其序列如下。

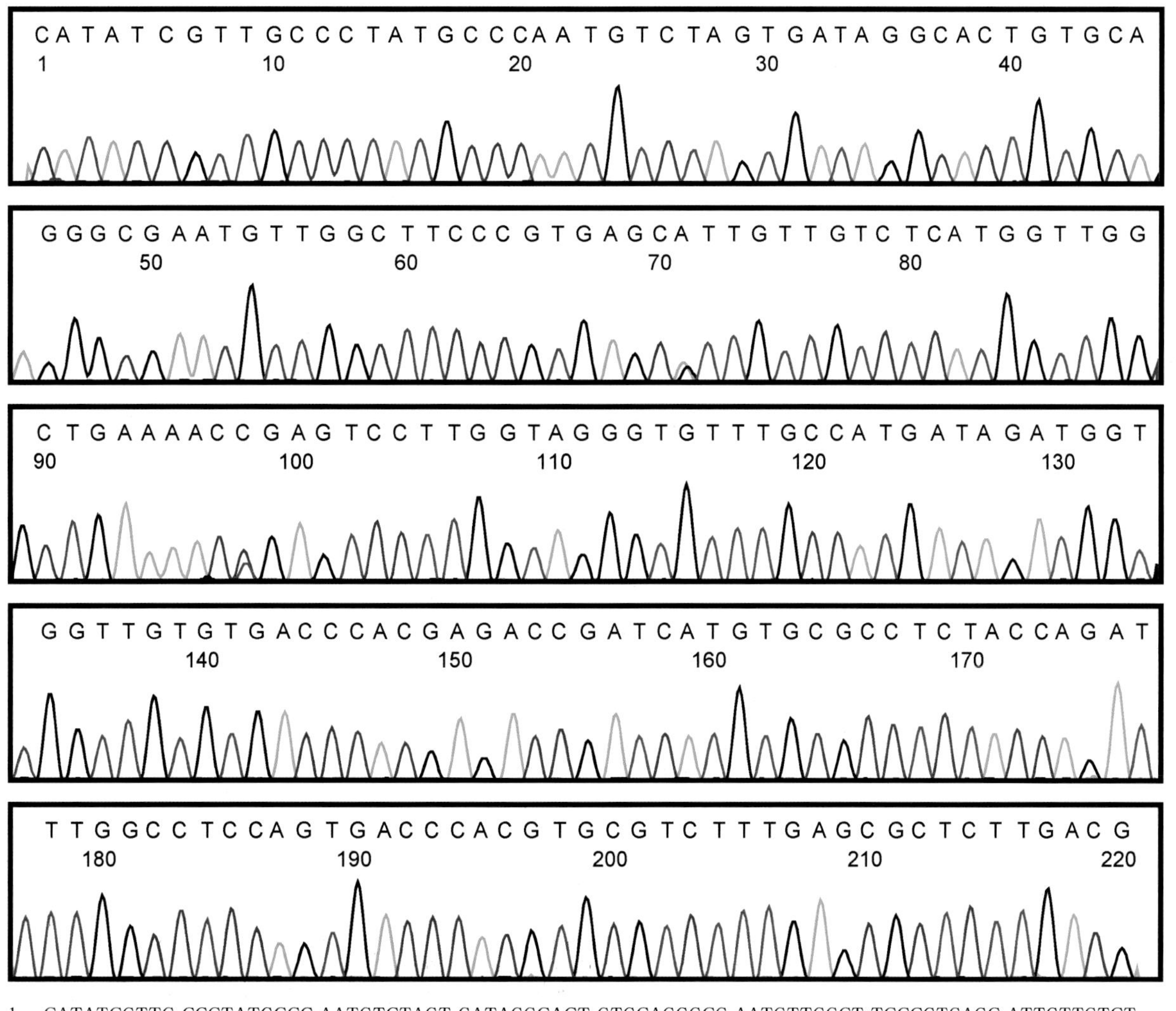

1　CATATCGTTG CCCTATGCCC AATGTCTAGT GATAGGCACT GTGCAGGGCG AATGTTGGCT TCCCGTGAGC ATTGTTGTCT
81　CATGGTTGGC TGAAAACCGA GTCCTTGGTA GGGTGTTTGC CATGATAGAT GGTGGTTGTG TGACCCACGA GACCGATCAT
161 GTGCGCCTCT ACCAGATTTG GCCTCCAGTG ACCCACGTGC GTCTTTGAGC GCTCTTGACG

73 决明

决明*Cassia tora* L. [FOC：*Senna tora* (L.) Roxb.]，豆科一年生亚灌木状草本，以种子入药。主要分布于我国长江以南各地区。

【种子形态】种子方菱形，长4.2～7.2mm，宽2.0～3.3mm，表面黄褐色或绿棕色，平滑，有光泽，在体视显微镜下常见若干横线纹及小颗粒状突起；顶端钝，下端斜尖，两侧面各具1条浅色微凹的纵条（水浸时种皮由此处胀裂）；腹面具1条棕色线状种脊；种脐近种子下端；种皮较薄而脆。胚乳灰白色或黄白色；胚直生，黄棕色；胚根短圆锥形；子叶2枚，薄片状，圆形，基部心形，横切面呈“S”或“W”形。千粒重28.2～30.7g。

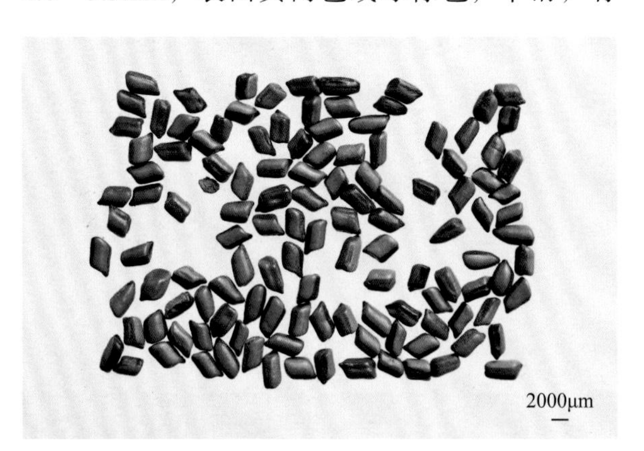

【采集与储藏】花果期8～11月。当荚果变成黄褐色时采收，全株割下晒干，打下种子，去净杂质，晒干，储藏备用。

【DNA提取与序列扩增】取单粒种子，按照中型种子DNA提取方法操作。ITS2序列的获得参照“9107　中药材DNA条形码分子鉴定法指导原则”标准流程操作。

【ITS2峰图与序列】ITS2峰图及其序列如下。

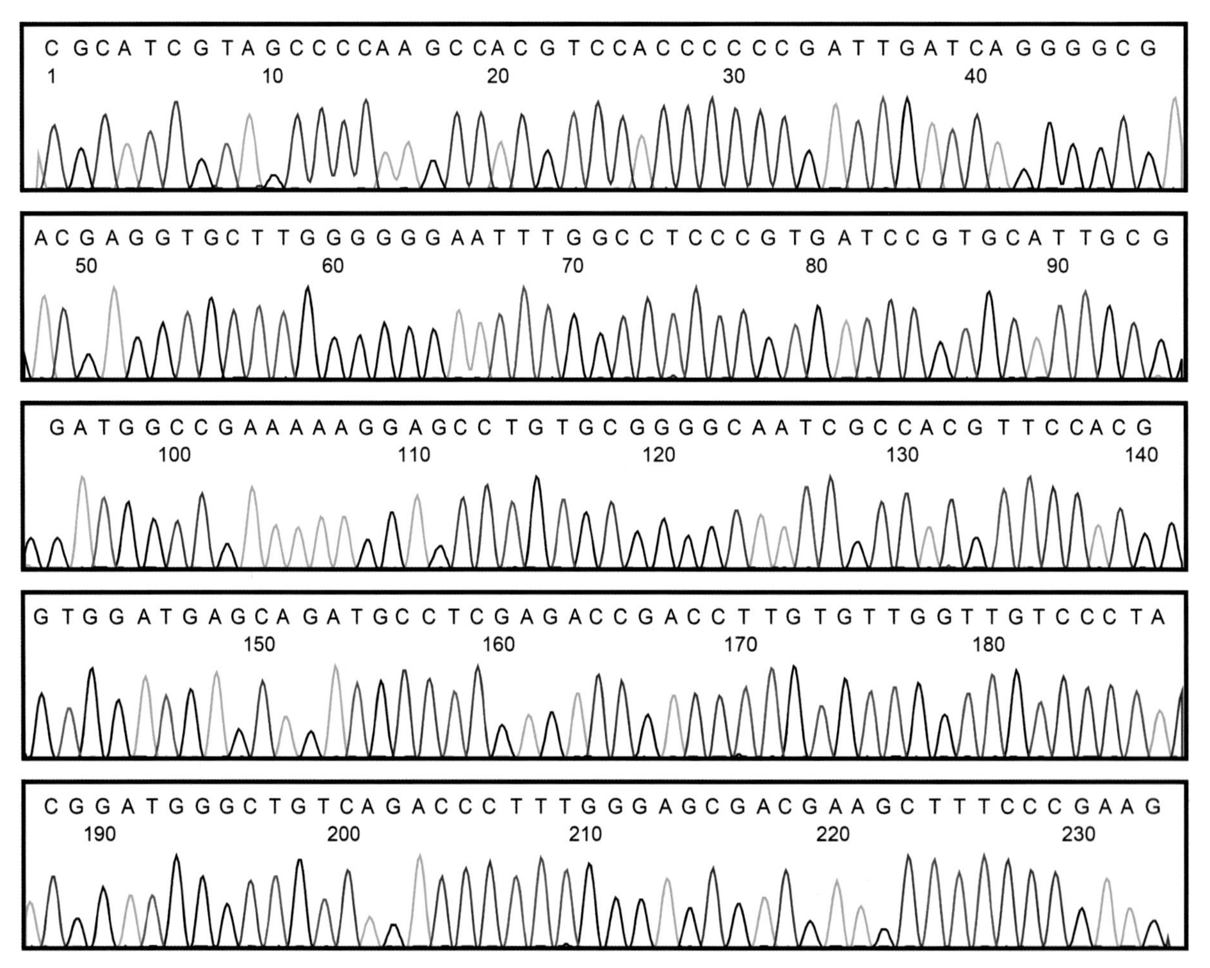

1　CGCATCGTAG CCCCAAGCCA CGTCCACCCC CCGATTGATC AGGGGCGACG AGGTGCTTGG GGGGAATTTG GCCTCCCGTG
81　ATCCGTGCAT TGCGGATGGC CGAAAAAGGA GCCTGTGCGG GGCAATCGCC ACGTTCCACG GTGGATGAGC AGATGCCTCG
161 AGACCGACCT TGTGTTGGTT GTCCCTACGG ATGGGCTGTC AGACCCTTTG GGAGCGACGA AGCTTTCCCG AAG

74 关苍术

关苍术*Atractylodes japonica* Koidz. ex Kitam.［FOC：苍术*Atractylodes lancea* (Thunberg) Candolle］，菊科多年生草本，以根茎入药。主要分布于黑龙江、吉林、辽宁等地区。

【种子形态】瘦果倒卵圆形，多数黑褐色，长5.0～7.8mm，宽1.3～2.9mm，外被白色茸毛，有时稀疏，表面少有条纹状纵沟。种子顶部偶有残留花柱，冠毛羽状，较短，褐色或污白色；基部成环，污白色；子叶表面深紫色或白色。千粒重约10.1g。

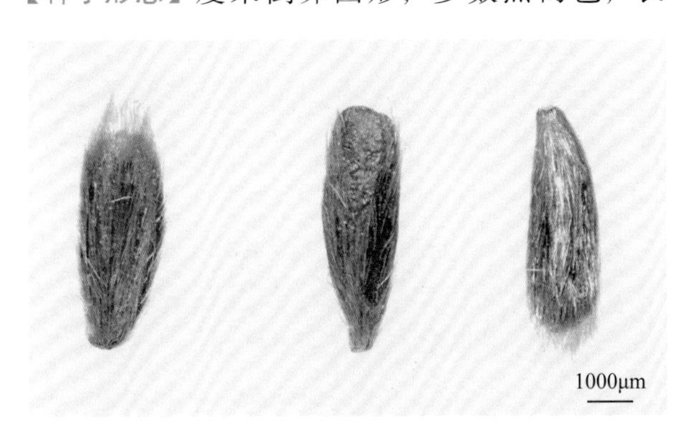

【采集与储藏】花果期8～10月。果实形态充分成熟未掉落时，剪下瘦果。堆积于地表，晾晒3～5天，踩踏搓揉，清除杂物，收取种子，装入纱袋或编织袋内干燥储藏。

【DNA提取与序列扩增】取单粒种子，按照中型种子DNA提取方法操作。ITS2序列测序困难，*psbA-trnH*序列的获得参照“9107　中药材DNA条形码分子鉴定法指导原则”标准流程操作。

【*psbA-trnH*峰图与序列】*psbA-trnH*峰图及其序列如下。

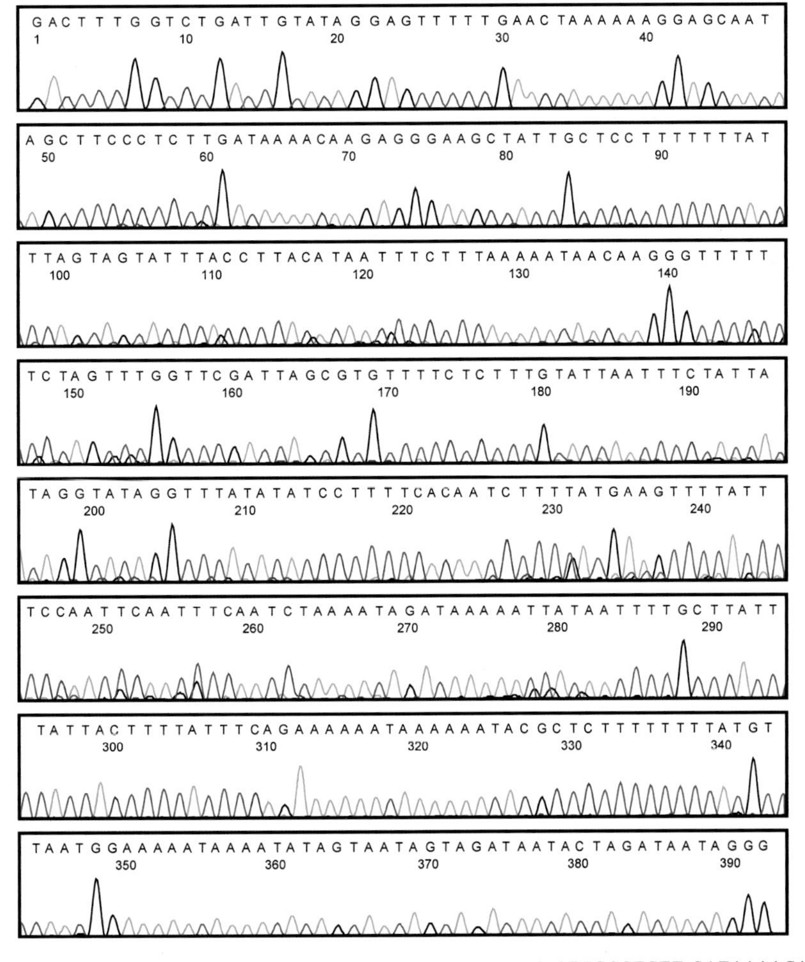

1 GACTTTGGTC TGATTGTATA GGAGTTTTTG AACTAAAAAA GGAGCAATAG CTTCCCTCTT GATAAAACAA GAGGGAAGCT
81 ATTGCTCCTT TTTTTATTTA GTAGTATTTA CCTTACATAA TTTCTTTAAA AATAACAAGG GTTTTTTCTA GTTTGGTTCG
161 ATTAGCGTGT TTTCTCTTTG TATTAATTTC TATTATAGGT ATAGGTTTAT ATATCCTTTT CACAATCTTT TATGAAGTTT
241 TATTTCCAAT TCAATTTCAA TCTAAAATAG ATAAAAATTA TAATTTTGCT TATTTATTAC TTTTATTTCA GAAAAAAATAA
321 AAAATACGCT CTTTTTTTTA TGTTAATGGA AAAATAAAAT ATAGTAATAG TAGATAATAC TAGATAATAG GG

75 祁州漏芦

祁州漏芦*Rhaponticum uniflorum* (L.) DC.（FOC：漏芦），菊科多年生草本，以根入药。主要分布于黑龙江、吉林、辽宁、河北、内蒙古、陕西、甘肃、青海、山西、河南、四川、山东等地区。

【种子形态】瘦果3或4条棱，楔状，长约4.0mm，宽约2.5mm，顶端有果缘，果缘边缘细尖齿，侧生着生面。冠毛褐色，多层，不等长，向内层渐长，长约1.8cm，基部连合成环，整体脱落；冠毛糙毛状。千粒重约14.7g。

【采集与储藏】花果期4～9月。花期过后，摘残花，抖落其中的种子。将种子置于干燥、避光、通风良好处储藏。

【DNA提取与序列扩增】取单粒种子，按照中型种子DNA提取方法操作。ITS2序列的获得参照“9107　中药材DNA条形码分子鉴定法指导原则”标准流程操作。

【ITS2峰图与序列】ITS2峰图及其序列如下。

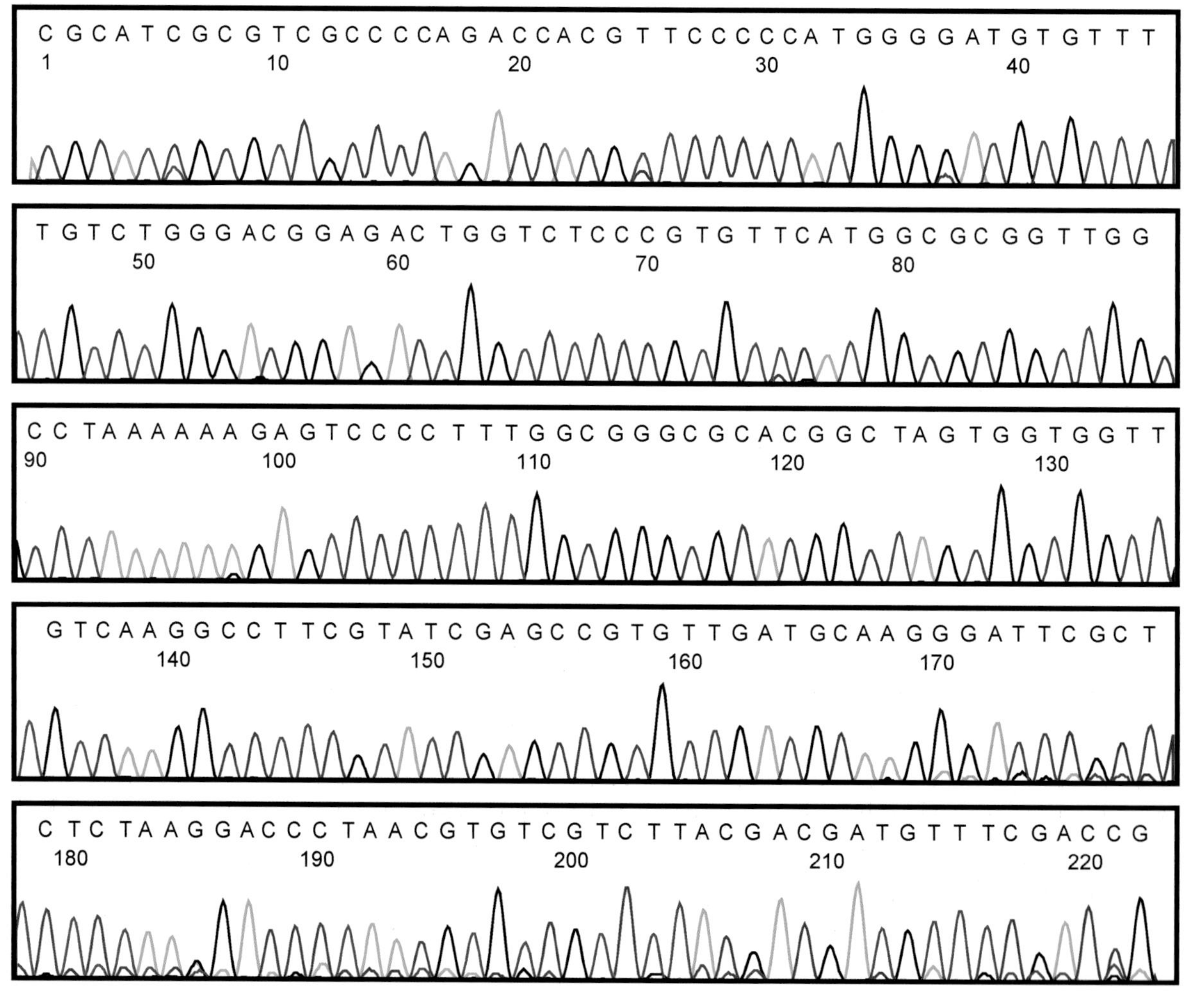

1　CGCATCGCGT CGCCCCAGAC CACGTTCCCC CATGGGGATG TGTTTTGTCT GGGACGGAGA CTGGTCTCCC GTGTTCATGG
81　CGCGGTTGGC CTAAAAAAGA GTCCCCTTTG GCGGGCGCAC GGCTAGTGGT GGTTGTCAAG GCCTTCGTAT CGAGCCGTGT
161 TGATGCAAGG GATTCGCTCT CTAAGGACCC TAACGTGTCG TCTTACGACG ATGTTTCGAC CG

76 阳春砂

阳春砂*Amomum villosum* Lour.（FOC：砂仁），姜科多年生常绿草本，以成熟果实入药。分布于福建、广东、广西、云南等地区。

【种子形态】蒴果卵圆球形，先端宽平，残留花柱突起，基部较窄，有果柄痕，直径1.0～2.0cm，外密被短刺状突起，紫黑色。果实3瓣裂，内含种子多粒。种子为不规则多面体，直径2.0～3.0mm，黑褐色，外被种衣。种脐位于突出的一端，圆形凹陷，断面白色。千粒重11.4～16.9g。

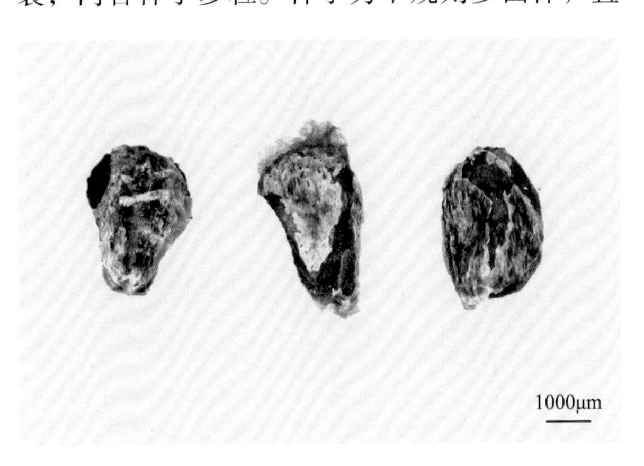

【采集与储藏】花期5～6月，果期8～9月。夏、秋两季果实成熟时采收，晒干或低温干燥。当果实易从果柄脱落，轻捏裂开时，即为成熟。成熟种子黑褐色，未成熟种子红褐色。选采成熟、粒大、饱满、无病虫害的鲜果，在柔和的阳光下晒2～3h，连晒2天，放置3～4天，可提高种子成熟度。去果皮，用砂擦去果肉种衣，清水漂净，阴干或适度晒干。种子适度晒干则降低发芽率不明显。春播，则用瓦罐储存，果壳晒干作为商品。

【DNA提取与序列扩增】取单粒种子，按照中型种子DNA提取方法操作。ITS2序列的获得参照“9107　中药材DNA条形码分子鉴定法指导原则”标准流程操作。

【ITS2峰图与序列】ITS2峰图及其序列如下。

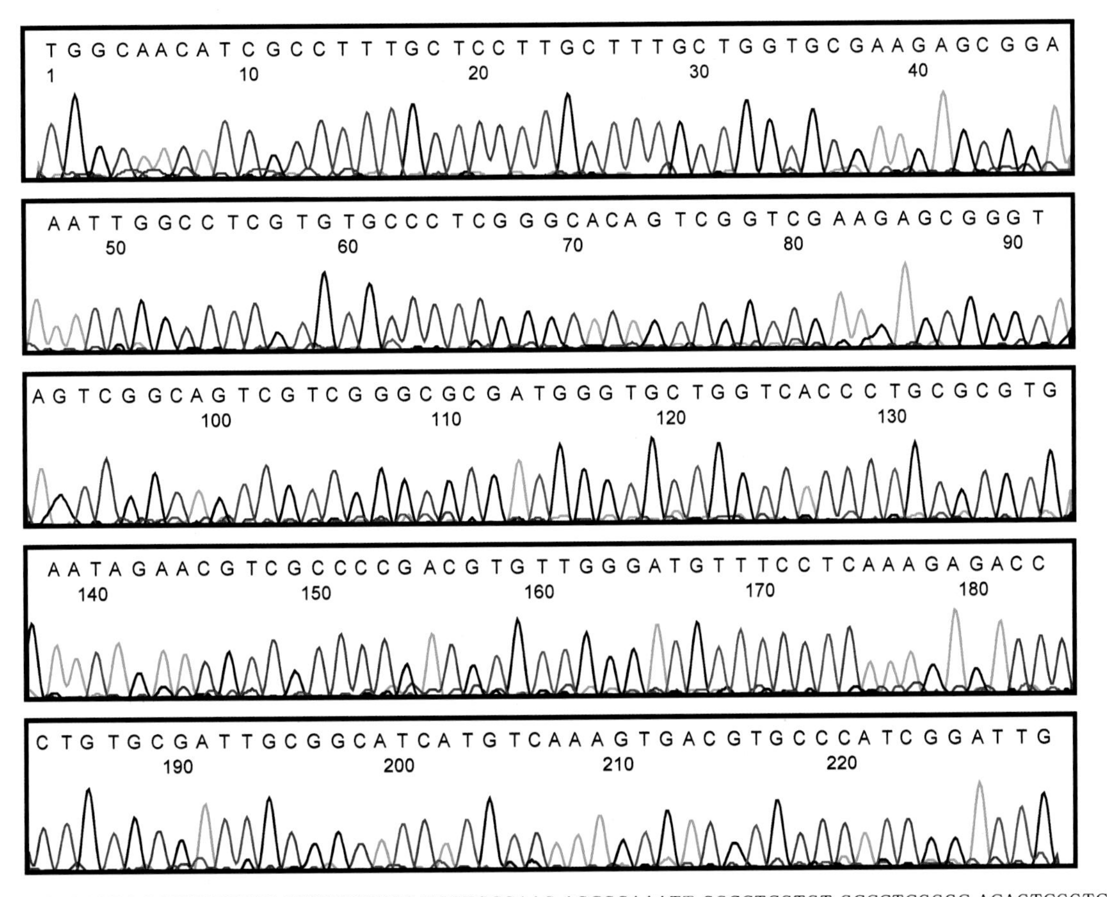

1　TGGCAACATC GCCTTTGCTC CTTGCTTTGC TGGTGCGAAG AGCGGAAATT GGCCTCGTGT GCCCTCGGGC ACAGTCGGTC
81　GAAGAGCGGG TAGTCGGCAG TCGTCGGGCG CGATGGGTGC TGGTCACCCT GCGCGTGAAT AGAACGTCGC CCCGACGTGT
161 TGGGATGTTT CCTCAAAGAG ACCCTGTGCG ATTGCGGCAT CATGTCAAAG TGACGTGCCC ATCGGATTG

77 防风

防风*Saposhnikovia divaricata* (Trucz.) Schischk.，伞形科多年生草本，以根入药。主要分布于黑龙江、吉林、辽宁、内蒙古、河北、宁夏、甘肃、陕西、山西、山东等地区。

【种子形态】双悬果狭椭圆形，略扁，长4.2～5.7mm，宽2.0～2.6mm，厚1.2～2.2mm，灰棕色，表面粗糙，具疣状突起，顶端3～5枚三角状萼齿围着突起的花柱基；基部具果痕或残存果柄。分果爿背面稍隆起，具5条肋线，中间3条较平，两侧2条较宽，腹面平凹。含种子1粒。种子横切面扁，胚乳丰富，灰白色，含油分；胚细小，白色，埋生于种仁基部。千粒重约4.1g。

【采集与储藏】花期6～7月，果期9月。当种子（双悬果）呈灰棕色，裂开成二分果爿时及时采收。储藏1年以上的种子，发芽力显著降低，甚至丧失，不能做种。室温干藏、冷藏干藏与冷冻干藏适用于防风种子的长期储种，其中又以冷藏干藏最好；室温沙藏不适用于长期储种，建议收获防风种子后采取干藏的方式，播种前1个月在室温条件下层积，可以提高防风种子的发芽率。

【DNA提取与序列扩增】取多粒种子，按照小型种子DNA提取方法操作。ITS2序列的获得参照“9107　中药材DNA条形码分子鉴定法指导原则”标准流程操作。

【ITS2峰图与序列】ITS2峰图及其序列如下。

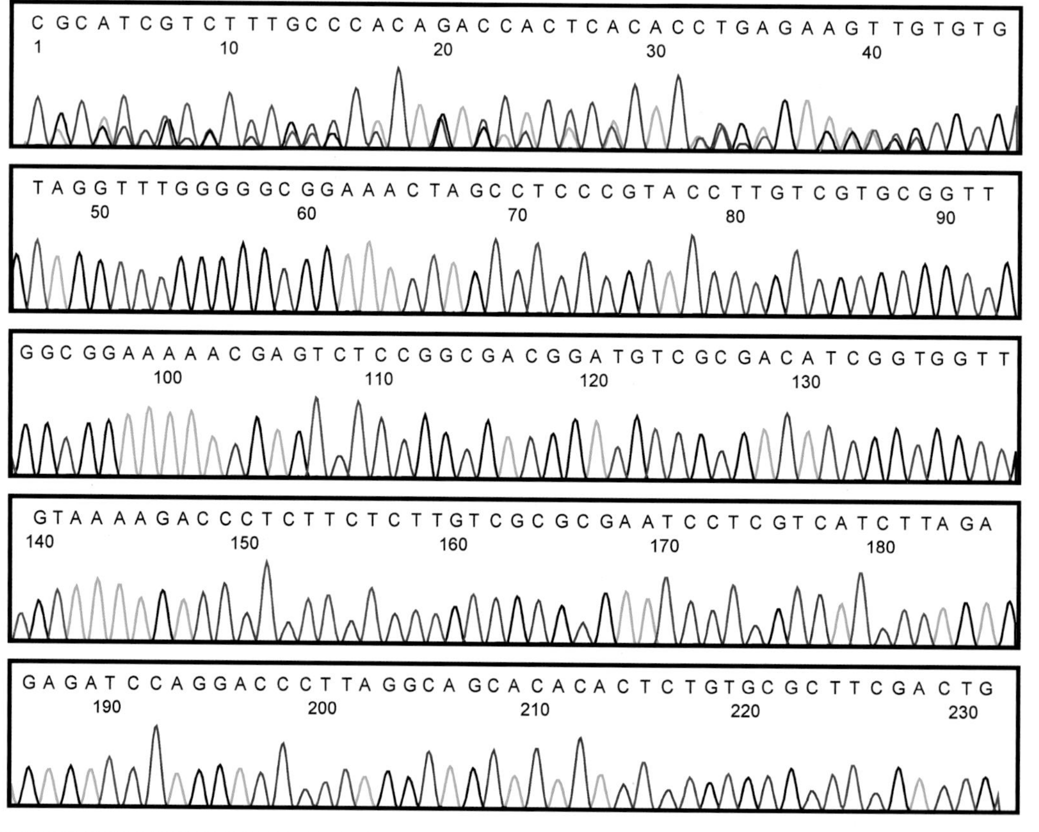

1　CGCATCGTCT TTGCCCACAG ACCACTCACA CCTGAGAAGT TGTGTGTAGG TTTGGGGGCG GAAACTAGCC TCCCGTACCT
81　TGTCGTGCGG TTGGCGGAAA AACGAGTCTC CGGCGACGGA TGTCGCGACA TCGGTGGTTG TAAAAGACCC TCTTCTCTTG
161 TCGCGCGAAT CCTCGTCATC TTAGAGAGAT CCAGGACCCT TAGGCAGCAC ACACTCTGTG CGCTTCGACT G

78 红花

红花*Carthamus tinctorius* L.，菊科一年生草本，以花入药。黑龙江、辽宁、吉林、河北、山西、内蒙古、陕西、甘肃、青海、山东、浙江、贵州、四川、西藏，特别是新疆广泛栽培。

【种子形态】瘦果倒卵形，略扁，长5.5～8.0mm，宽3.5～5.2mm，厚3.0～4.5mm，表面白色或上端淡棕色，稍有光泽，且具4条纵棱线；上端钝圆，具1个小圆点状花被痕，基部狭，歪生1个小圆点状果脐。果皮木质，内含种子1粒。种子倒卵形，略扁，长3.8～2.0mm，宽2.7～13.7mm，厚2.0～3.0mm，表面污白色或淡棕色；顶端钝圆；下端尖，稍偏生1个小圆点状种脐。种皮薄膜质。胚直生，含油分；胚根短锥状；子叶2枚，肥厚，椭圆形，接合面中心常凹入。千粒重约34.7g。

【采集与储藏】花果期5～8月。当植株枯黄时割取全草。种子储藏时要求注意防热、防湿、防蛀。留作种用的种子储藏前先将种皮扬净，去掉杂质和不饱满种子，若种子潮湿，应将种子放入40℃通风干燥箱内烘干8h后储藏。

【DNA提取与序列扩增】取单粒种子，按照中型种子DNA提取方法操作。ITS2序列的获得参照“9107　中药材DNA条形码分子鉴定法指导原则”标准流程操作。

【ITS2峰图与序列】ITS2峰图及其序列如下。

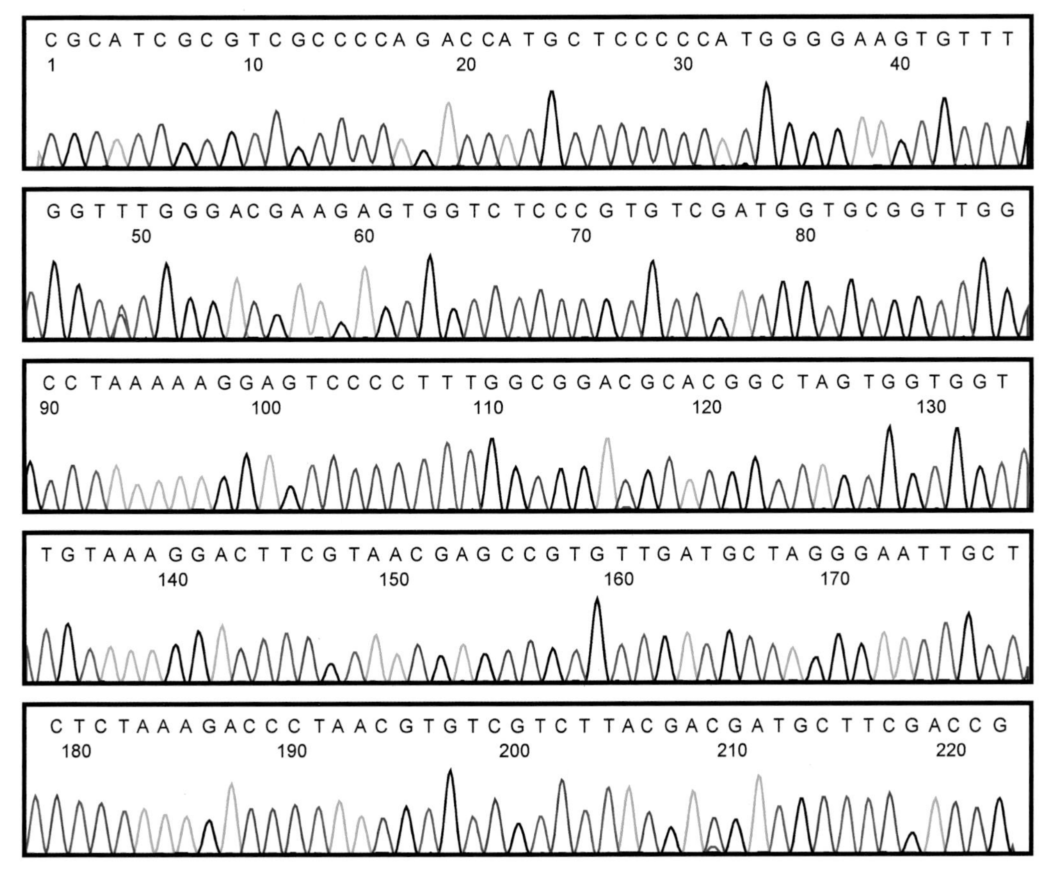

1　CGCATCGCGT CGCCCCAGAC CATGCTCCCC CATGGGGAAG TGTTTGGTTT GGGACGAAGA GTGGTCTCCC GTGTCGATGG

81　TGCGGTTGGC CTAAAAAGGA GTCCCCTTTG GCGGACGCAC GGCTAGTGGT GGTTGTAAAG GACTTCGTAA CGAGCCGTGT

161 TGATGCTAGG GAATTGCTCT CTAAAGACCC TAACGTGTCG TCTTACGACG ATGCTTCGAC CG

79 红蓼

红蓼*Polygonum orientale* L.，蓼科一年生草本，以果实入药。除西藏外，广布于我国各地，野生或栽培。

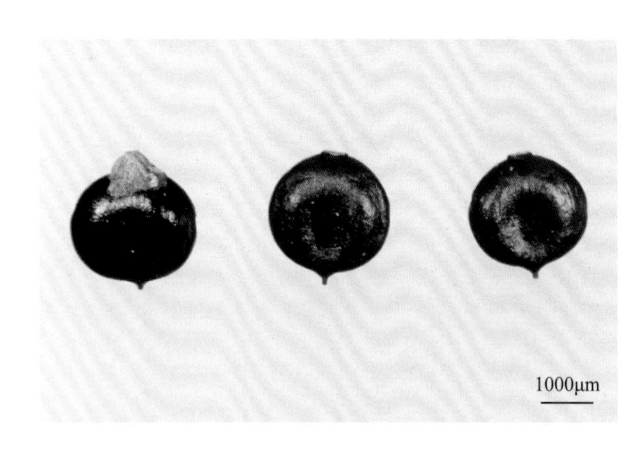

【种子形态】瘦果近圆形，扁平，黑色，有光泽，两侧面微凹入，其中央有时有隆起的浅棱，先端有短刺状突起的柱基，基部有浅棕色略突起的果柄痕。果皮厚而坚硬，不易剥离，内含1粒扁圆形种子，外包有浅棕色膜质种皮，内含类白色粉末状的丰富胚乳，胚细小弯曲，通常偏于一侧。千粒重约8.5g。

【采集与储藏】花期6～9月，果期8～10月。当花变枯黄时采收。以置于通风干燥的室外为宜。

【DNA提取与序列扩增】取单粒种子，按照中型种子DNA提取方法操作。ITS2序列的获得参照“9107　中药材DNA条形码分子鉴定法指导原则”标准流程操作。

【ITS2峰图与序列】ITS2峰图及其序列如下。

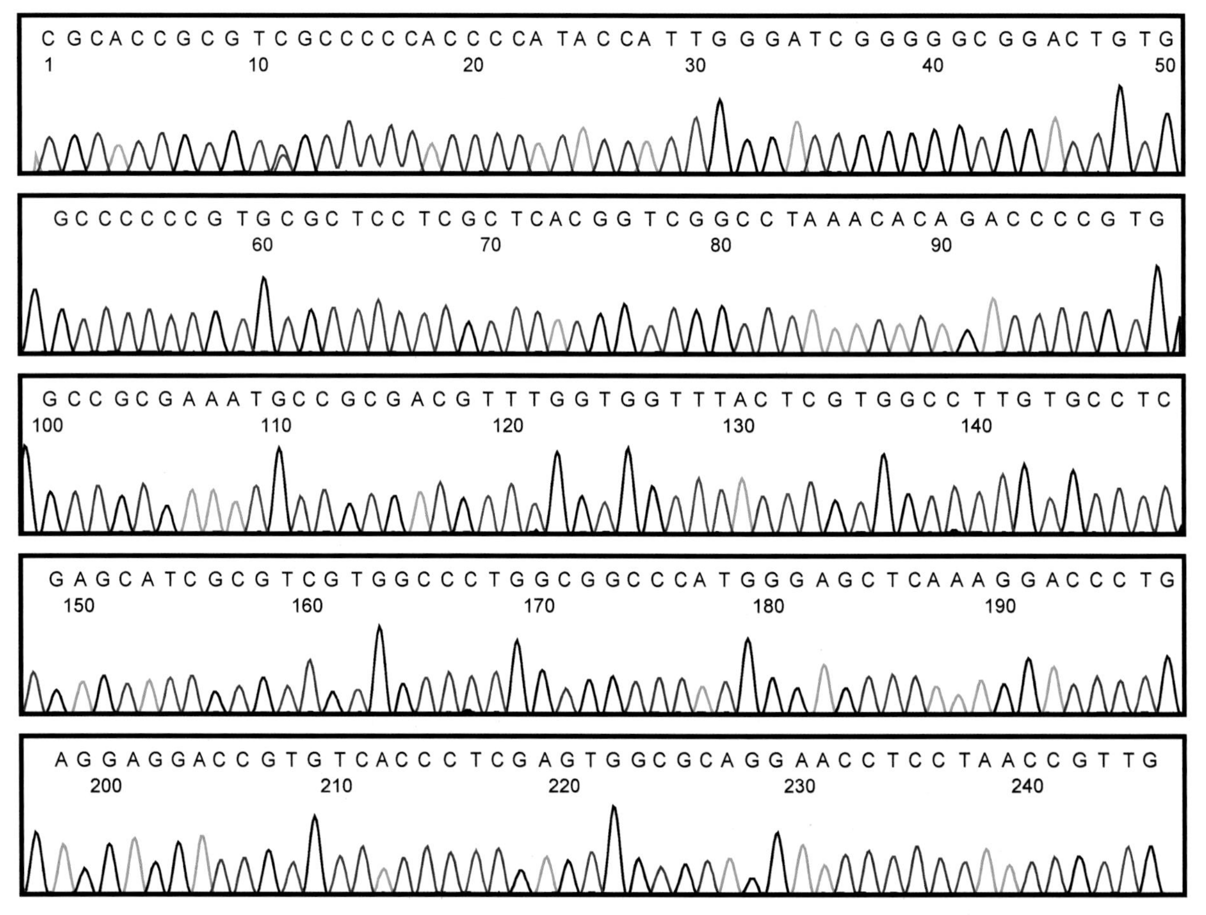

1　CGCACCGCGT CGCCCCCACC CCATACCATT GGGATCGGGG GCGGACTGTG GCCCCCCGTG CGCTCCTCGC TCACGGTCGG
81　CCTAAACACA GACCCCGTGG CCGCGAAATG CCGCGACGTT TGGTGGTTTA CTCGTGGCCT TGTGCCTCGA GCATCGCGTC
161 GTGGCCCTGG CGGCCCATGG GAGCTCAAAG GACCCTGAGG AGGACCGTGT CACCCTCGAG TGGCGCAGGA ACCTCCTAAC
241 CGTTG

80 麦蓝菜

麦蓝菜*Vaccaria segetalis* (Neck.) Garcke［FOC：*Vaccaria hispanica* (Miller) Rauschert］，石竹科一年生或二年生草本，以种子入药。除华南外，全国都有分布。

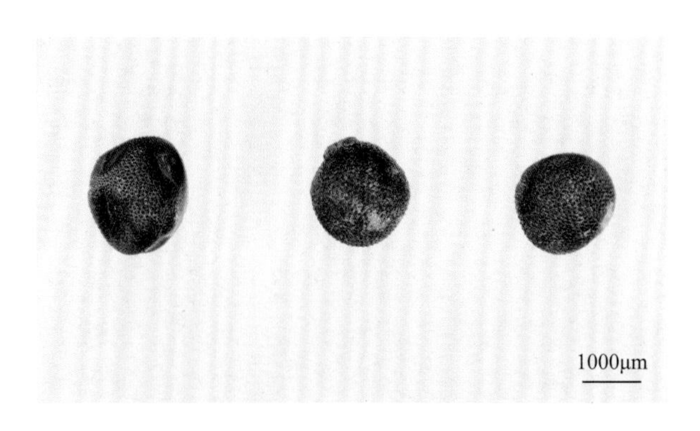

【种子形态】种子圆球形，直径1.8～2.1mm，表面黑色或棕黑色，未成熟者红棕色，在体视显微镜下可见密布细小颗粒状突起；一侧具1条浅纵沟，基部具1个污白色点状种脐，种皮坚硬。胚乳白色，角质样，未完全成熟者为粉质；胚呈环状；胚根圆柱状；子叶2枚。千粒重约3.1g。

【采集与储藏】花期5～7月，果期6～8月。当种子大部分呈黄褐色，少部分已变黑时割取全草，晒干，蒴果自然开裂，收集种子。

【DNA提取与序列扩增】取多粒种子，按照小型种子DNA提取方法操作。ITS2序列的获得参照"9107　中药材DNA条形码分子鉴定法指导原则"标准流程操作。

【ITS2峰图与序列】ITS2峰图及其序列如下。

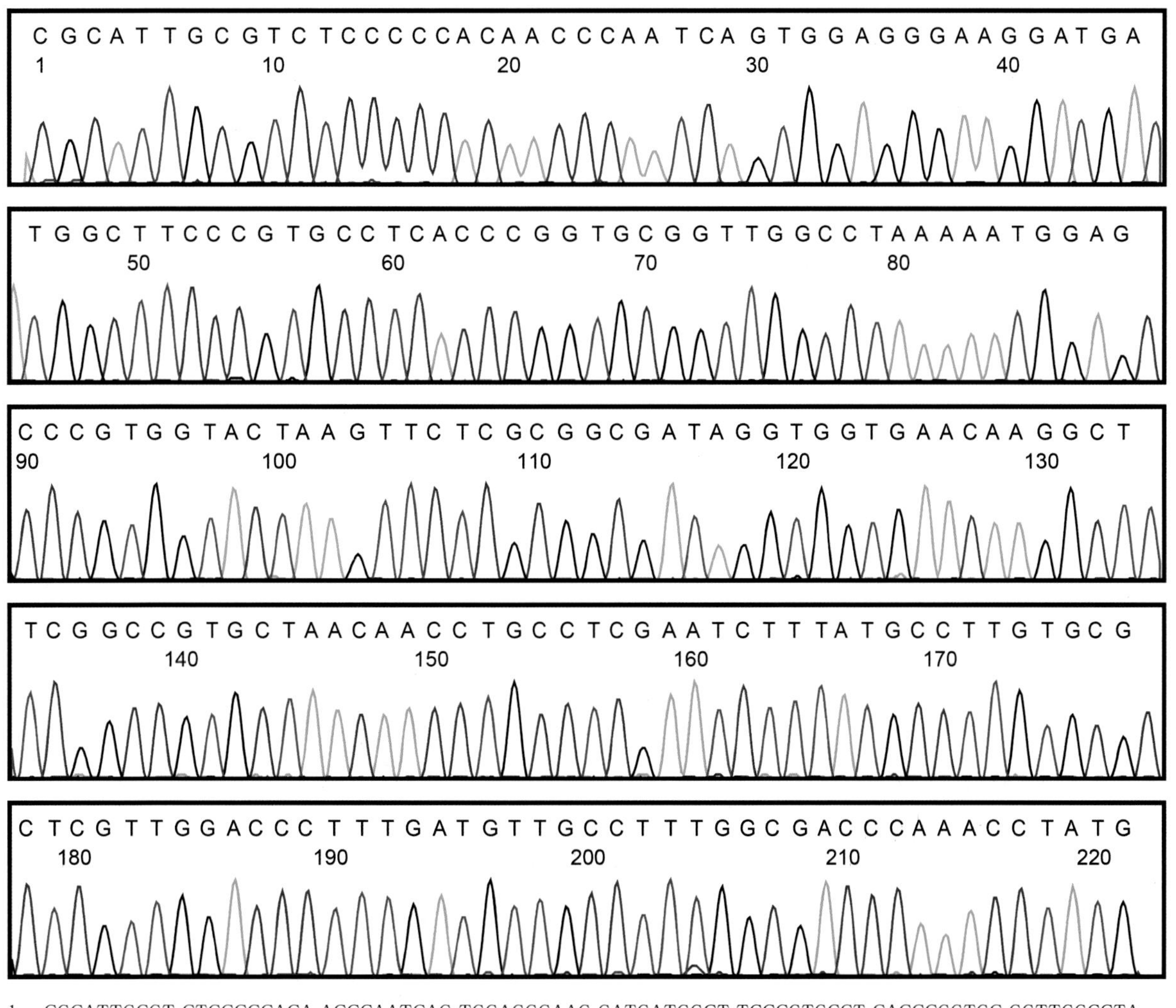

1　CGCATTGCGT CTCCCCCACA ACCCAATCAG TGGAGGGAAG GATGATGGCT TCCCGTGCCT CACCCGGTGC GGTTGGCCTA
81　AAAATGGAGC CCGTGGTACT AAGTTCTCGC GGCGATAGGT GGTGAACAAG GCTTCGGCCG TGCTAACAAC CTGCCTCGAA
161 TCTTTATGCC TTGTGCGCTC GTTGGACCCT TTGATGTTGC CTTTGGCGAC CCAAACCTAT G

81 远志

远志*Polygala tenuifolia* Willd.，远志科多年生草本，以干燥根入药。主产于东北、华北、西北和华中，以及四川。

【种子形态】蒴果倒心状圆形，长、宽各4.0～4.5mm，花萼宿存，下有残留果柄，先端凹入，基部宽楔形，内具种子2粒。种子长倒卵形，长约3.0mm，宽约2.0mm，厚约2.0mm。种皮灰黑色，密被灰白色绢毛，先端有黄白色种阜，假种皮白色。有胚乳，黄白色，中间有黄色的胚；子叶2枚，长圆形，先端钝圆，基部凹入呈心形，下面有1个短圆的胚根。千粒重约2.7g。

【采集与储藏】花果期5～9月。应在果实七八成熟时采收。干燥、通风、避光处储藏。一般采用编织袋或麻袋包装。

【DNA提取与序列扩增】取多粒种子，按照小型种子DNA提取方法操作。ITS2序列测序困难，*psbA-trnH*序列的获得参照“9107 中药材DNA条形码分子鉴定法指导原则”标准流程操作。

【*psbA-trnH*峰图与序列】*psbA-trnH*峰图及其序列如下。

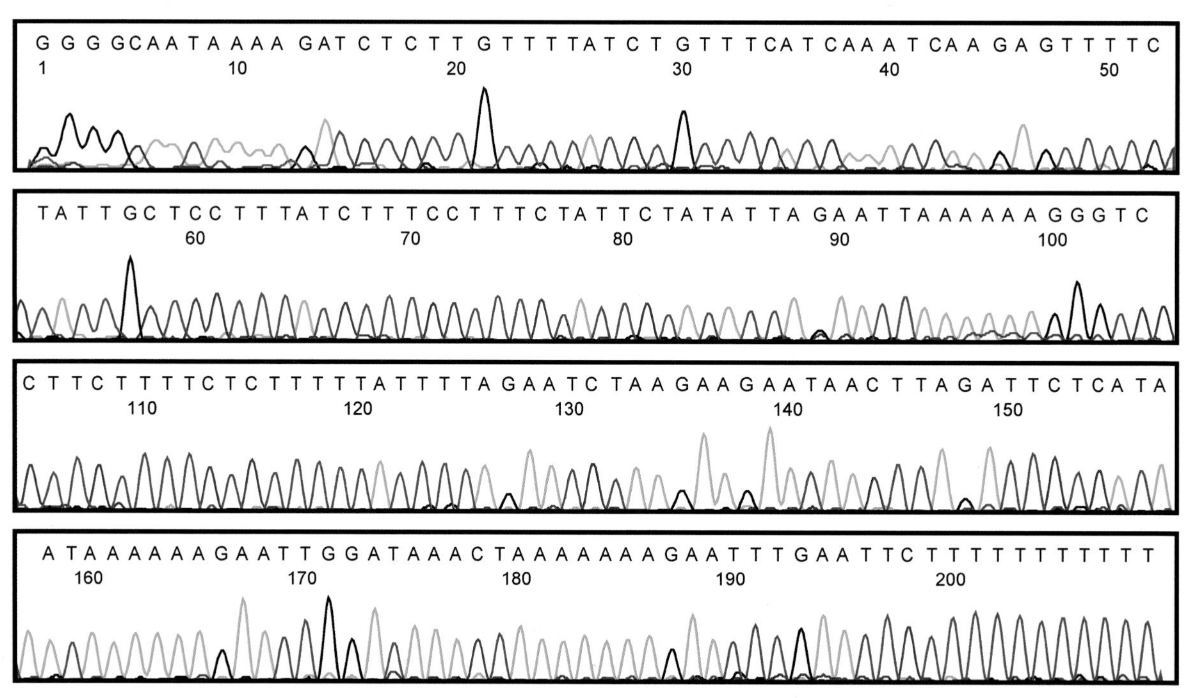

1 GGGGCAATAA AAGATCTCTT GTTTTATCTG TTTCATCAAA TCAAGAGTTT TCTATTGCTC CTTTATCTTT CCTTTCTATT
81 CTATATTAGA ATTAAAAAAG GGTCCTTCTT TTCTCTTTTT ATTTTAGAAT CTAAGAAGAA TAACTTAGAT TCTCATAATA
161 AAAAAGAATT GGATAAACTA AAAAAAGAAT TTGAATTCTT TTTTTTTT

82 赤小豆

赤小豆*Vigna umbellata* Ohwi et Ohashi，豆科一年生草本，以种子入药。原产于亚洲热带地区，朝鲜、日本、菲律宾及其他东南亚国家亦有栽培。我国南部野生或栽培。

【种子形态】荚果圆柱形，长6.0～10.0cm，直径约5.0mm，无毛，有种子6～10粒。种子长椭圆形，稍扁，长7.4～8.2mm，直径3.8～4.6mm，表面暗红色，无光泽或微有光泽，一侧上端有白色突起的脐点，其中间凹陷成1条小沟，背面有1条不明显的棱脊。种仁2瓣，乳白色，味微甘，嚼之有豆腥气。千粒重约74.8g。

【采集与储藏】花期5～8月，果期8～9月。待豆荚开始变为黄褐色后采收，晒干，打下种子，风扬干净。储藏于干燥处，防蛀。

【DNA提取与序列扩增】取单粒种子，按照中型种子DNA提取方法操作。ITS2序列的获得参照“9107　中药材DNA条形码分子鉴定法指导原则”标准流程操作。

【ITS2峰图与序列】ITS2峰图及其序列如下。

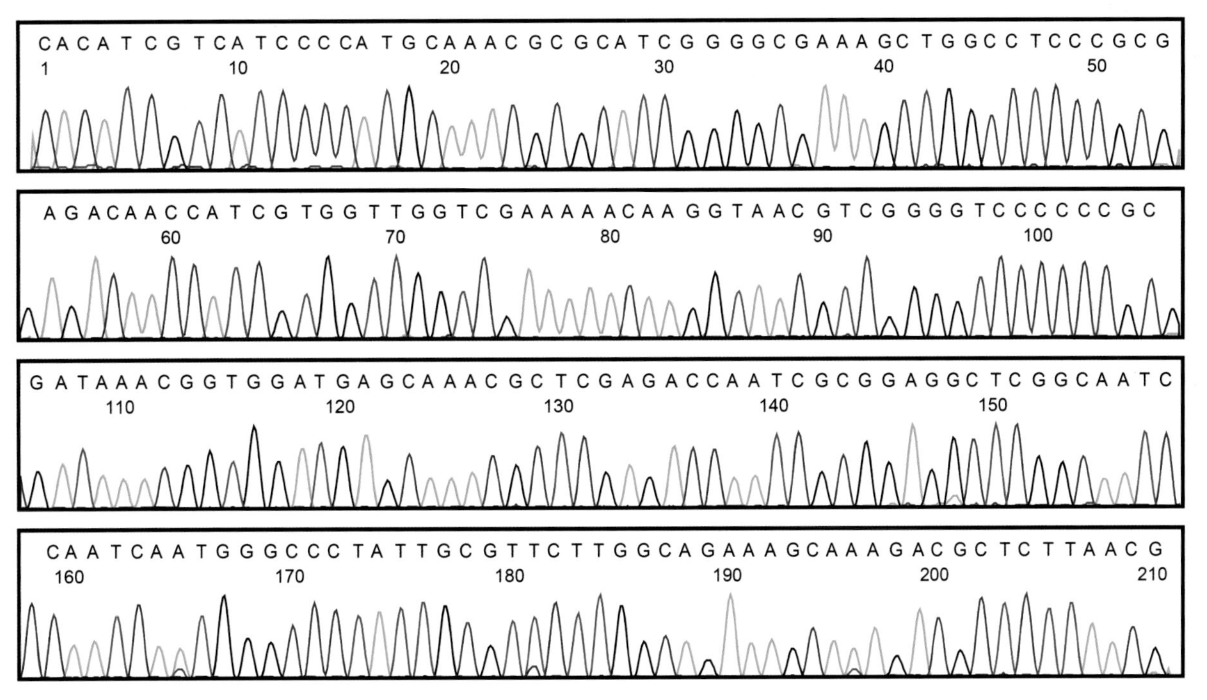

1　CACATCGTCA TCCCCATGCA AACGCGCATC GGGGCGAAAG CTGGCCTCCC GCGAGACAAC CATCGTGGTT GGTCGAAAAA
81　CAAGGTAACG TCGGGGTCCC CCCGCGATAA ACGGTGGATG AGCAAACGCT CGAGACCAAT CGCGGAGGCT CGGCAATCCA
161 ATCAATGGGC CCTATTGCGT TCTTGGCAGA AAGCAAAGAC GCTCTTAACG

83 花椒

花椒*Zanthoxylum bungeanum* Maxim.，芸香科落叶小乔木，以果皮入药。主要分布于北起东北南部，南至五岭北坡，东南至江苏、浙江沿海地带，西南至西藏东南部；台湾、海南及广东不产。

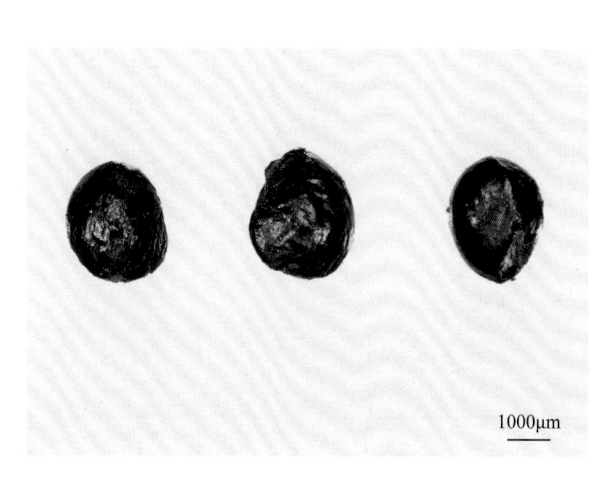

【种子形态】蓇葖果球形，红褐色或紫红色，表面粗糙，顶端有柱头残迹，基部有小果柄及未发育的1或2个小颗粒状离生心皮；外果皮极皱缩，具疣状突起的油腺；内果皮光滑，灰色，常向内反卷；果皮革质，具强烈香气，味麻辣持久。种子由若干多面形拼接成近球形，直径3.0～4.0mm，表面黑色，有光泽，脐部有1个棕色圆形突起。千粒重约18.1g。

【采集与储藏】花期4～5月，果期8～9月或10月。当果实呈红色时开始采摘，用手摘或剪刀采收，稍晾，揉搓或轻打，使果壳与种子分离，过筛，随采随播，或湿沙藏至翌年春季播种。

【DNA提取与序列扩增】取单粒种子，按照中型种子DNA提取方法操作。ITS2序列的获得参照“9107　中药材DNA条形码分子鉴定法指导原则”标准流程操作。

【ITS2峰图与序列】ITS2峰图及其序列如下。

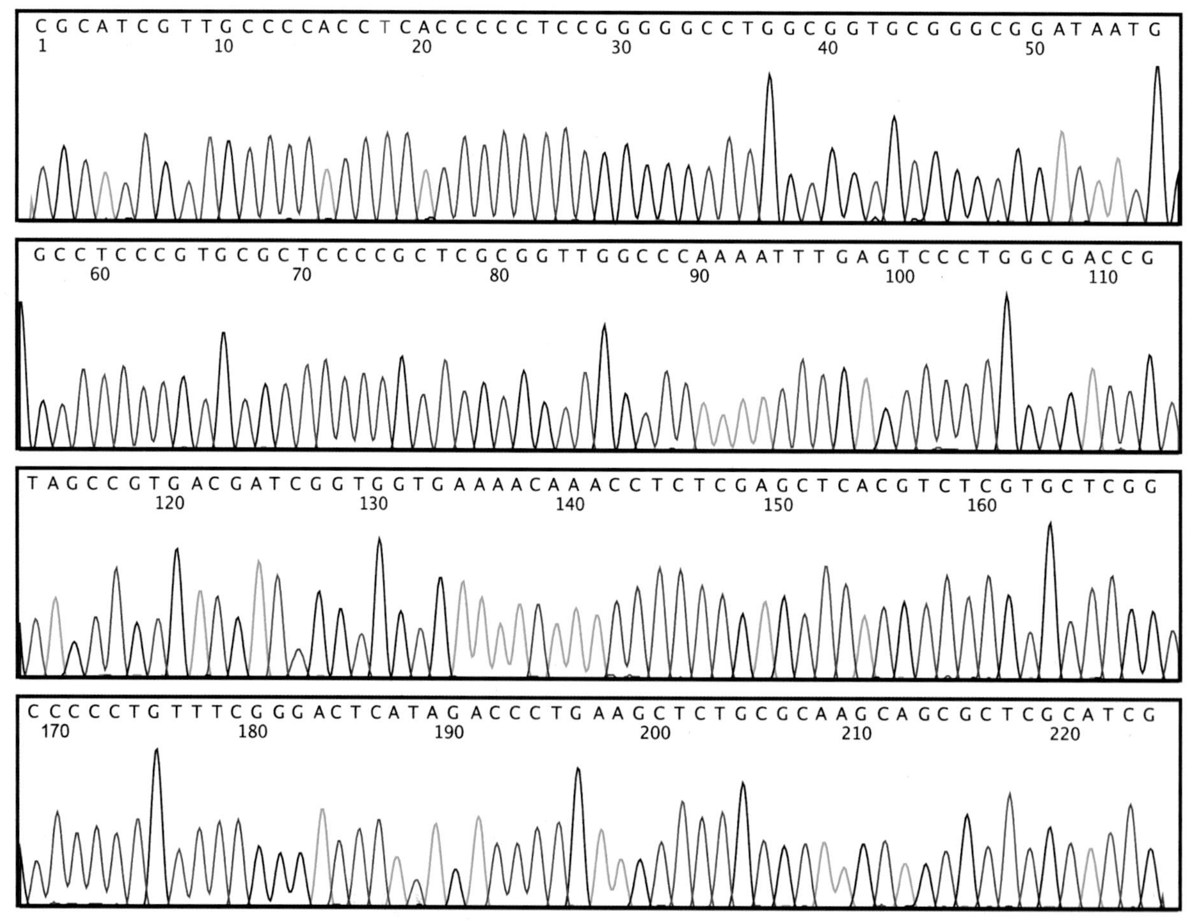

1　CGCATCGTTG CCCCACCCCA CCCCCTCCGG GGGCCTGGCG GTGCGGGCGG ATAATGGCCT CCCGTGCGCT CCCCGCTCGC
81　GGCTGGCCCA AAATTTGAGT CCCTGGCGAC CGTAGCCGTG ACGATCGGTG GTGAAAACAA ACCTCTCGAG CTCACGTCTC
161 GTGCTCGGCC CCCTGTTTCG GGACTCATAG ACCCTGAAGC TCTGCGCAAG CAGCGCTCGC ATCG

84 芥

芥 *Brassica juncea* (L.) Czern. et Coss.（FOC：芥菜），十字花科一年生或二年生草本，以种子入药。分布于我国各地。

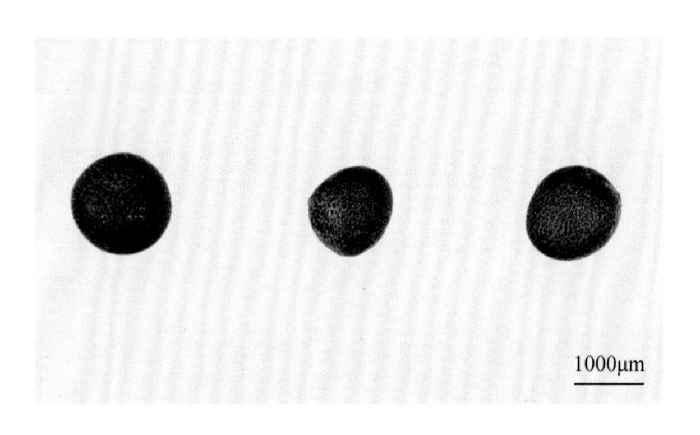

【种子形态】长角果线形，长3.0～5.5cm，宽2.0～3.5mm，果瓣具1个突出中脉；喙长6.0～12.0mm；果梗长5.0～15.0mm。种子每室1行，球形或少数卵形，直径约1.0mm，棕色，网孔状，子叶对折。千粒重约3.4g。

【采集与储藏】花期3～5月，果期5～6月。夏末秋初果实成熟时采割植株，晒干，打下种子，除去杂质。置于通风干燥处储藏，注意防潮。

【DNA提取与序列扩增】取多粒种子，按照小型种子DNA提取方法操作。ITS2序列的获得参照"9107　中药材DNA条形码分子鉴定法指导原则"标准流程操作。

【ITS2峰图与序列】ITS2峰图及其序列如下。

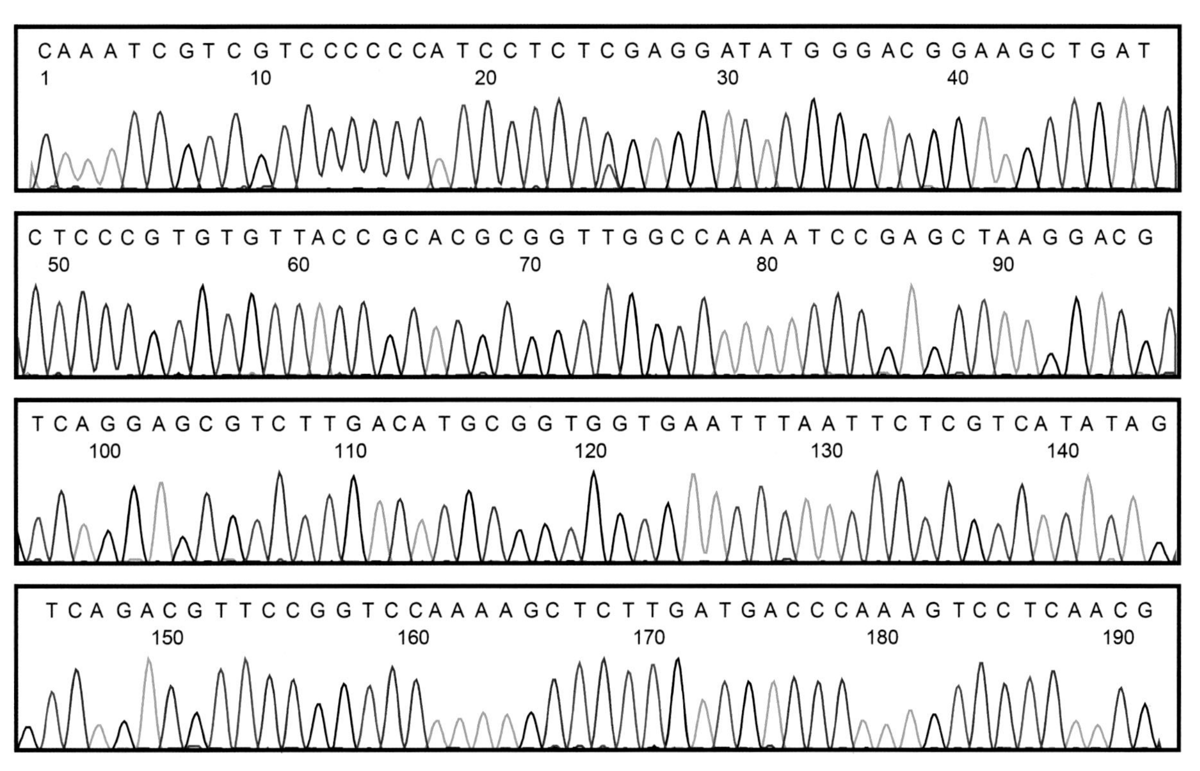

1　CAAATCGTCG TCCCCCCATC CTCTCGAGGA TATGGGACGG AAGCTGATCT CCCGTGTGTT ACCGCACGCG GTTGGCCAAA
81　ATCCGAGCTA AGGACGTCAG GAGCGTCTTG ACATGCGGTG GTGAATTTAA TTCTCGTCAT ATAGTCAGAC GTTCCGGTCC
161 AAAAGCTCTT GATGACCCAA AGTCCTCAAC G

85 苍耳

苍耳*Xanthium sibiricum* Patr.，菊科一年生草本，以果实入药。主要分布于东北、华北、华东、华南、西北及西南各地区。

【种子形态】总苞椭圆形，长10.8～14.7mm，宽6.3～8.1mm，表面灰绿色或黄褐色，疏生钩刺，长1.2～1.7mm，在体视显微镜下可见密生短茸毛和瘤状腺体；顶端具2个内曲且常交叉的喙；基部为1个圆形总果柄痕。总苞坚硬，木质，2室，每室1个瘦果，瘦果椭圆状披针形，先端尖，表面灰黑色，具数十条稍隆起的纵脉；果皮薄，内表面银灰色，有光泽，含种子1粒。种子淡褐色，种皮薄膜质。胚直生，白色，含油分；胚根短圆柱状；胚芽明显；子叶2枚，肥厚，椭圆状卵形。千粒重26.0～36.0g。

【采集与储藏】花期7～8月，果期9～10月。当总苞由绿转黄时就可以收获，将植株割下，用打谷工具把果实打下，挑出粗梗残叶，晒干，筛去渣子，去净杂质。湿沙储藏。

【DNA提取与序列扩增】取单粒种子，按照中型种子DNA提取方法操作。ITS2序列的获得参照“9107　中药材DNA条形码分子鉴定法指导原则”标准流程操作。

【ITS2峰图与序列】ITS2峰图及其序列如下。

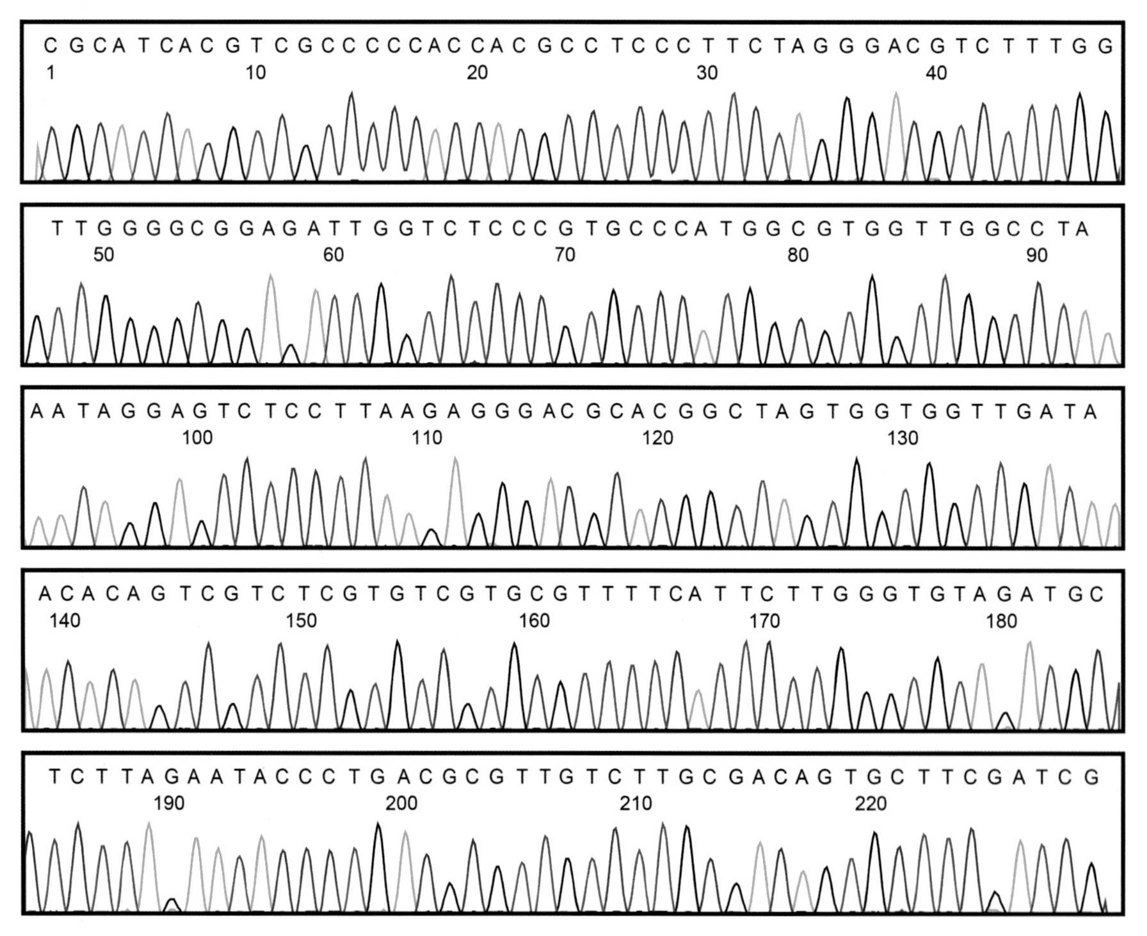

1　CGCATCACGT CGCCCCCACC ACGCCTCCCT TCTAGGGACG TCTTTGGTTG GGGCGGAGAT TGGTCTCCCG TGCCCATGGC
81　GTGGTTGGCC TAAATAGGAG TCTCCTTAAG AGGGACGCAC GGCTAGTGGT GGTTGATAAC ACAGTCGTCT CGTGTCGTGC
161 GTTTTCATTC TTGGGTGTAG ATGCTCTTAG AATACCCTGA CGCGTTGTCT TGCGACAGTG CTTCGATCG

86 苏木

苏木*Caesalpinia sappan* L.，豆科落叶小乔木，以心材入药。主要分布于云南、贵州、四川、广西、广东、福建、台湾等地区。

【种子形态】荚果长6.0～7.0cm，宽3.0～4.0cm，木质，褐色，长方状倒卵形，厚，顶端斜截形，上角有粗壮外展的短喙，通常不开裂，内有种子2～5粒。种子长1.4～2.0cm，宽0.4～0.8cm，矩圆形，扁，成熟时褐青色或灰褐色，表面具光泽，横向密布浅条纹，遇光可见。千粒重约741.6g。

【采集与储藏】花期5～9月，果期10月至翌年3月。当荚果绿黄色至青褐色且摇之作响时采收。苏木种子不耐储藏，采用低温或常温条件储藏1个月，发芽率降低近一半。

【DNA提取与序列扩增】砸碎，取种子碎块，按照大型种子DNA提取方法操作。ITS2序列的获得参照“9107　中药材DNA条形码分子鉴定法指导原则”标准流程操作。

【ITS2峰图与序列】ITS2峰图及其序列如下。

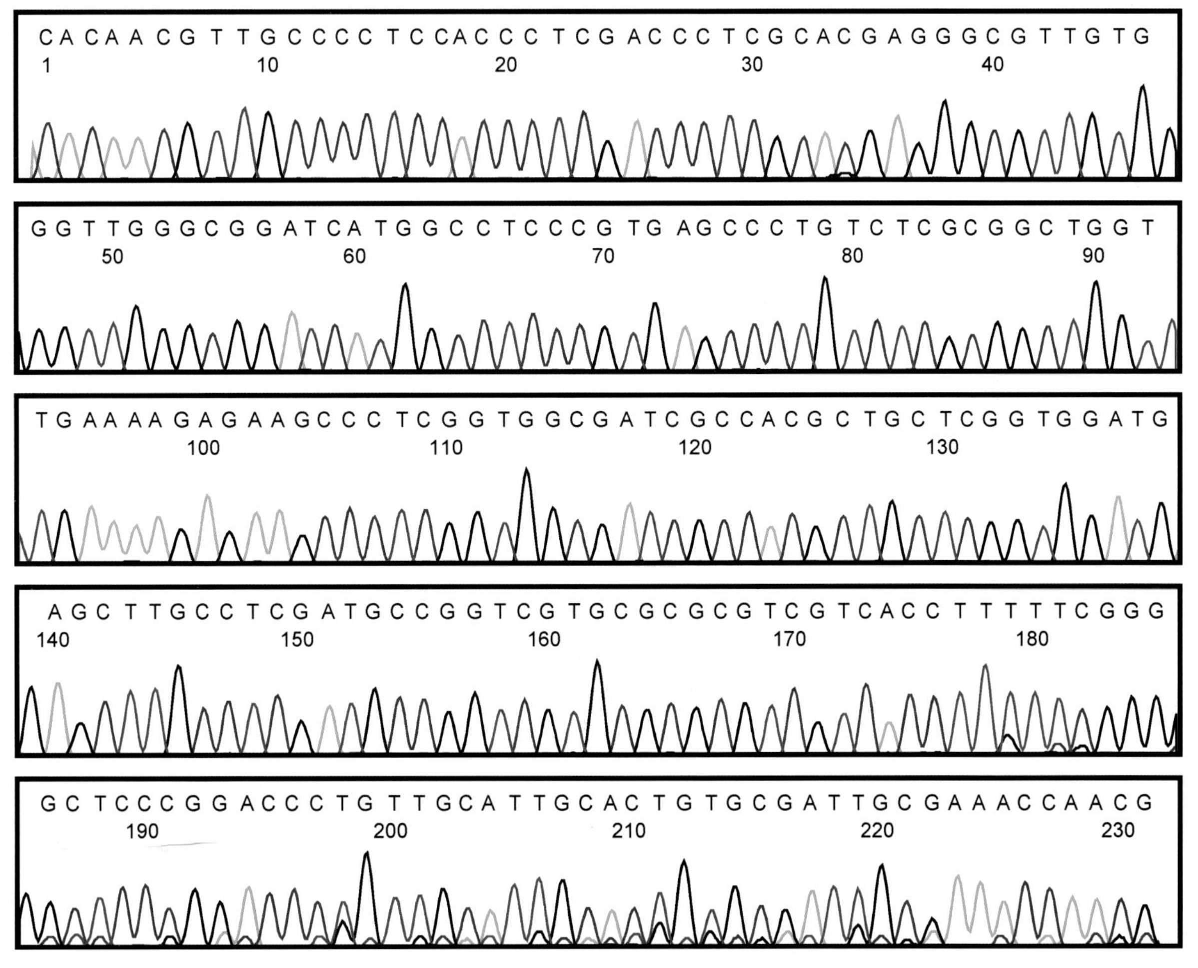

1　CACAACGTTG CCCCTCCACC CTCGACCCTC GCACGAGGGC GTTGTGGGTT GGGCGGATCA TGGCCTCCCG TGAGCCCTGT
81　CTCGCGGCTG GTTGAAAAGA GAAGCCCTCG GTGGCGATCG CCACGCTGCT CGGTGGATGA GCTTGCCTCG ATGCCGGTCG
161 TGCGCGCGTC GTCACCTTTT TCGGGGCTCC CGGACCCTGT TGCATTGCAC TGTGCGATTG CGAAACCAAC G

87 杜仲

杜仲*Eucommia ulmoides* Oliv.，杜仲科落叶乔木，以树皮和叶入药。主要分布于陕西、甘肃、河南、湖北、四川、云南、贵州、湖南、浙江等地区，现各地广泛栽种。

【种子形态】翅果纺锤形，扁平，长3.1～3.9cm，宽0.9～1.1cm，厚约1.6mm，黄色或棕褐色，表面不光滑，略有光泽，可见清晰脉纹，折断时断面有拉不断的白色细胶丝，内含种子1粒。种子长条形，略扁，黄褐色，长0.9～1.3cm，宽2.5～3.0mm，厚约1.4mm，表面无光泽，背侧有1条深褐色棱线，直达脐部。胚乳白色，内有发育完好的2片长条形子叶及圆柱形胚轴。千粒重约73.0g。

【采集与储藏】早春开花，秋后果实成熟。当果实呈黄褐色时即可采种。种子可干藏，但应置于阴凉通风处。种子寿命短，隔年种子发芽力减退，不宜供繁殖用。

【DNA提取与序列扩增】取单粒种子，按照中型种子DNA提取方法操作。ITS2序列的获得参照“9107　中药材DNA条形码分子鉴定法指导原则”标准流程操作。

【ITS2峰图与序列】ITS2峰图及其序列如下。

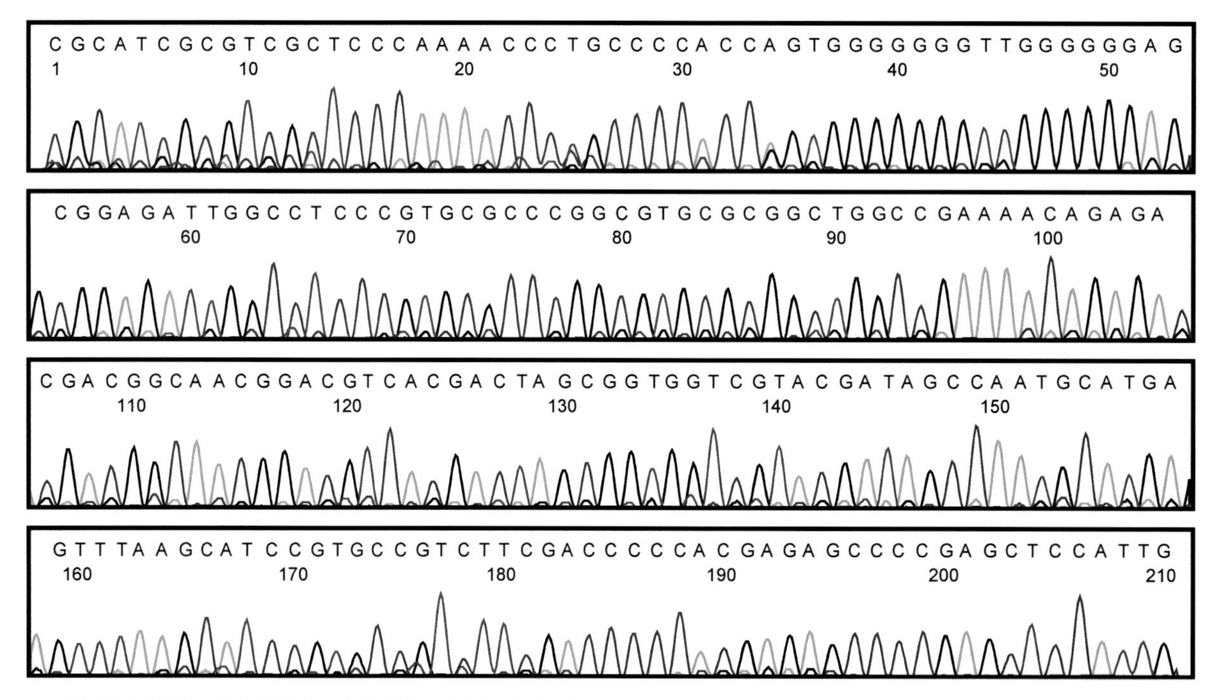

1 CGCATCGCGT CGCTCCCAAA ACCCTGCCCC ACCAGTGGGG GGGTTGGGGG GAGCGGAGAT TGGCCTCCCG TGCGCCCGGC
81 GTGCGCGGCT GGCCGAAAAC AGAGACGACG GCAACGGACG TCACGACTAG CGGTGGTCGT ACGATAGCCA ATGCATGAGT
161 TTAAGCATCC GTGCCGTCTT CGACCCCCAC GAGAGCCCCG AGCTCCATTG

88 杜虹花

杜虹花*Callicarpa formosana* Rolfe，马鞭草科灌木，以叶入药。主要分布于江西、浙江、台湾、福建、广东、广西、云南等地区。

【种子形态】果实浆果状，近球形，蓝紫色，光亮，直径2.0～3.0mm，内有种子2～4粒。种子长椭圆形，黄色，长约1.5mm，直径约1.2mm，种皮薄，表面多麻点与凹坑。胚乳肉质，白色；胚直生，与种子等长；子叶狭长；胚根短。千粒重约0.8g。

【采集与储藏】花期5～6月，果期9～10月，当果实呈蓝紫色时采收。储藏于干燥处。

【DNA提取与序列扩增】称取3～5mg种子，按照微型种子DNA提取方法操作。ITS2序列的获得参照“9107　中药材DNA条形码分子鉴定法指导原则”标准流程操作。

【ITS2峰图与序列】ITS2峰图及其序列如下。

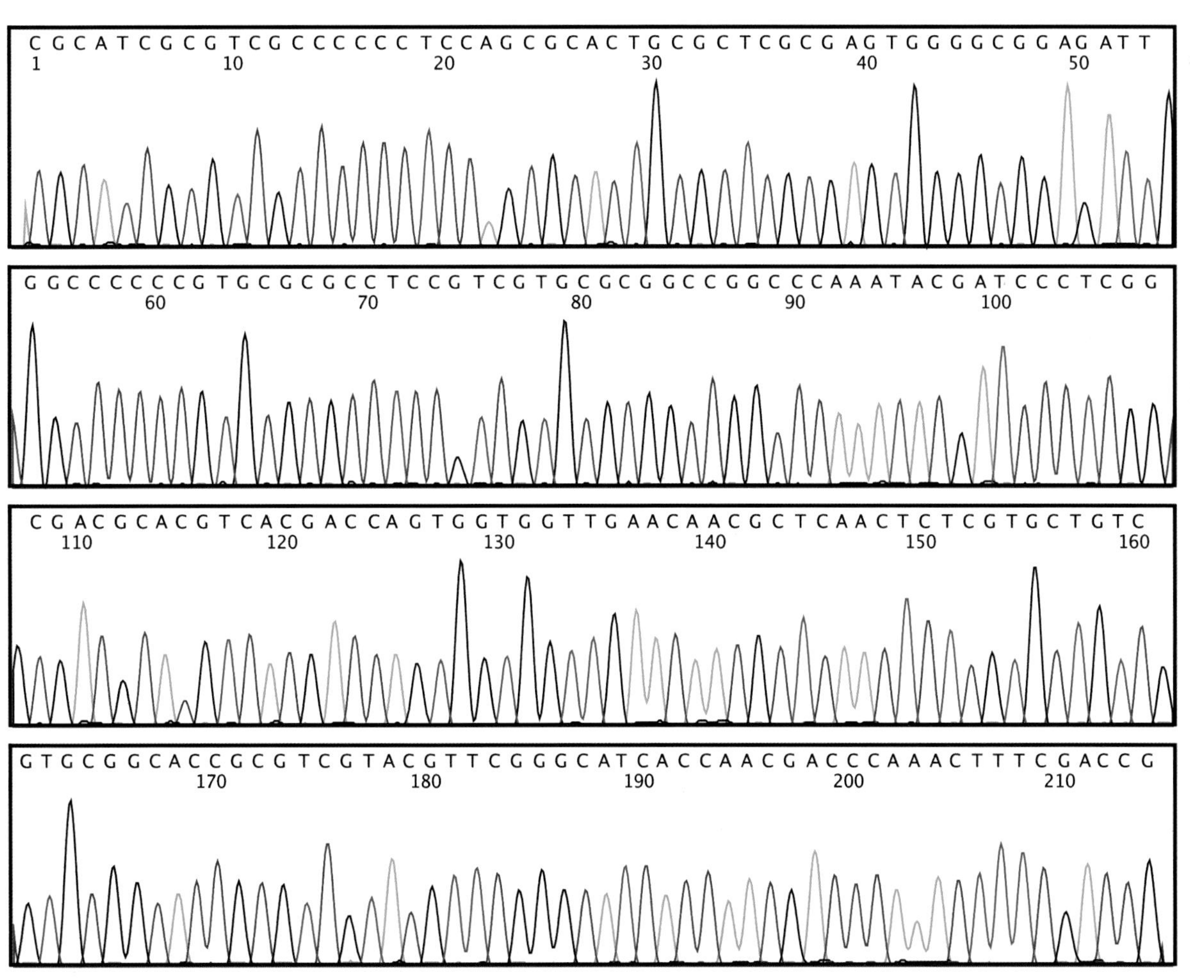

1　CGCATCGCGT CGCCCCCCTC CAGCGCACTG CGCTCGCGAG TGGGGCGGAG ATTGGCCCCC CGTGCGCGCC TCCGTCGTGC
81　GCGGCCGGCC CAAATACGAT CCCTCGGCGA CGCACGTCAC GACCAGTGGT GGTTGAACAA CGCTCAACTC TCGTGCTGTC
161 GTGCGGCACC GCGTCGTACG TTCGGGCATC ACCAACGACC CAAACTTTCG ACCG

89 杠板归

杠板归*Polygonum perfoliatum* L.，蓼科一年生草本，以地上部分入药。主要分布于黑龙江、吉林、辽宁、河北、山东、河南、陕西、甘肃、江苏、浙江、安徽、江西、湖南、湖北、四川、贵州、福建、台湾、广东、海南等地区。

【种子形态】瘦果球形，坚硬，直径约2.5mm。成熟时完全包于深蓝色多汁的肉质花被内，表面黑色，光滑，有光泽；顶端具小针状突起，果脐为污白色花梗所覆盖，瘦果上的花被易脱落，花梗宿存。果皮革质，厚且坚硬。含种子1粒。种子球形，直径约2.5mm，种皮黄褐色，薄。胚乳丰富，黄白色，近半透明；胚体较大，沿着种子内一侧边缘着生。千粒重约18.1g。

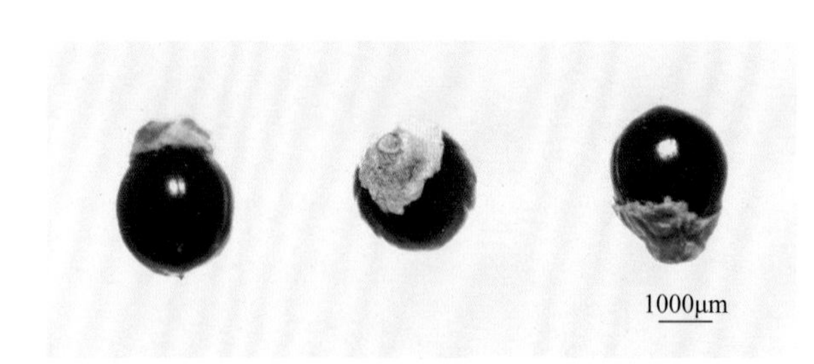

【采集与储藏】花期6～8月，果期7～10月。当肉质花被为蓝色、变软时采收。留作种用的种子一般于9月下旬至10月种子成熟时采收，经加工处理后，储藏备用。

【DNA提取与序列扩增】取单粒种子，按照中型种子DNA提取方法操作。ITS2序列的获得参照“9107　中药材DNA条形码分子鉴定法指导原则”标准流程操作。

【ITS2峰图与序列】ITS2峰图及其序列如下。

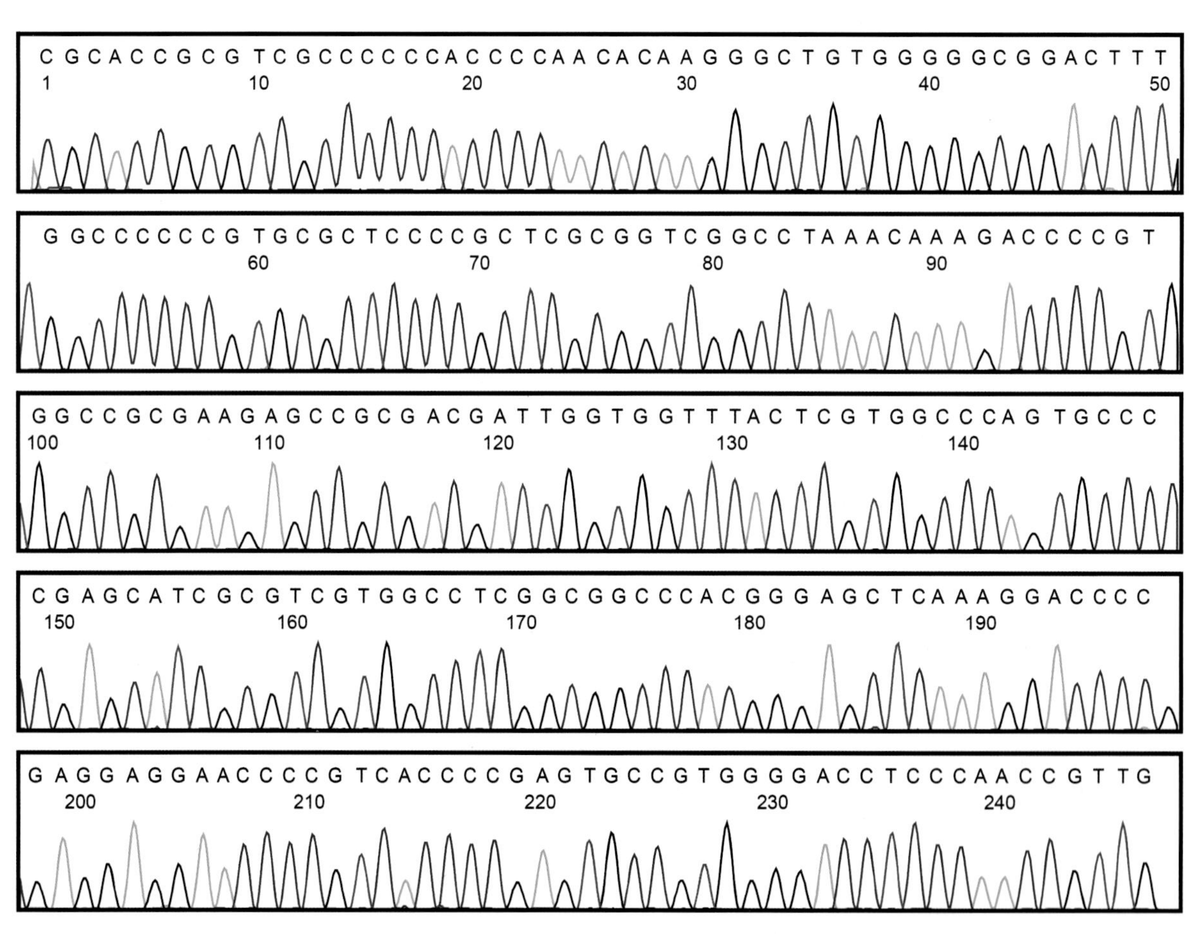

1　CGCACCGCGT CGCCCCCCAC CCCAACACAA GGGCTGTGGG GGCGGACTTT GGCCCCCCGT GCGCTCCCCG CTCGCGGTCG

81　GCCTAAACAA AGACCCCGTG GCCGCGAAGA GCCGCGACGA TTGGTGGTTT ACTCGTGGCC CAGTGCCCCG AGCATCGCGT

161 CGTGGCCTCG GCGGCCCACG GGAGCTCAAA GGACCCCGAG GAGGAACCCC GTCACCCCGA GTGCCGTGGG GACCTCCCAA

241 CCGTTG

90 杠柳

杠柳*Periploca sepium* Bge.，萝藦科落叶蔓性灌木，以根皮、茎皮入药。主要分布于吉林、辽宁、内蒙古、河北、山东、山西、江苏、河南、江西、贵州、四川、山西、甘肃等地区。

【种子形态】蓇葖果双生，单果长圆柱形，具纵条纹，先端长尖，长10.0～15.5cm，宽4.0～6.0mm，两果微向内弯，先端相连。种子长圆形或近宽线形，黑褐色，长6.0～8.0mm，宽1.5～2.0mm，背面微拱，中间具1条纵棱，腹面稍平直，表面凹凸不平，有小突起，形成皱纹，并有极稀少的白短毛，顶端丛生白色绢质种毛，毛长3.0～3.5cm。千粒重约5.1g。

【采集与收藏】花期5～6月，果期7～9月。当蓇葖果未开裂、种子已呈褐色时分批采摘果实，放置后熟，待蓇葖果开裂时取出种子。室温储藏。

【DNA提取与序列扩增】取单粒种子，按照中型种子DNA提取方法操作。ITS2序列的获得参照"9107　中药材DNA条形码分子鉴定法指导原则"标准流程操作。

【ITS2峰图与序列】ITS2峰图及其序列如下。

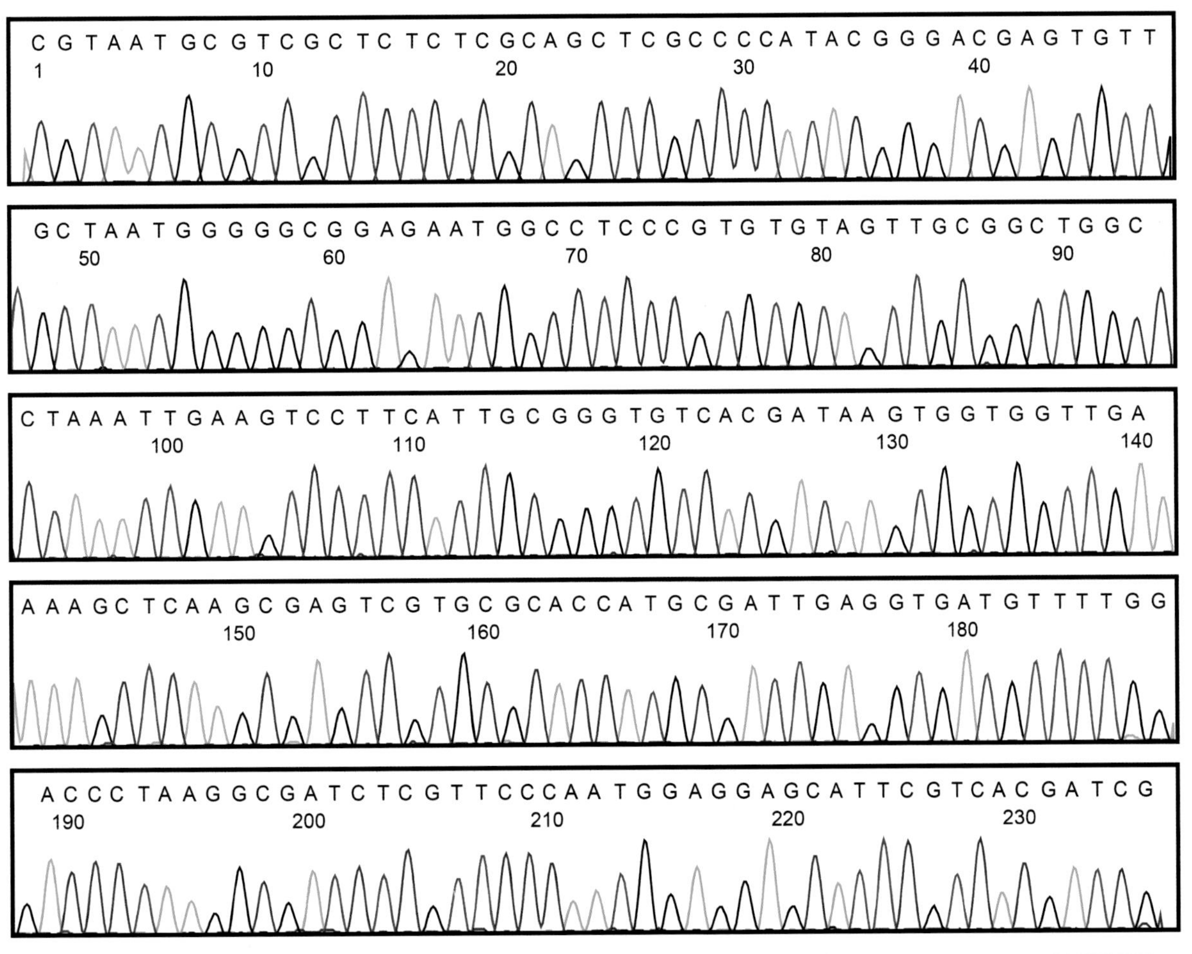

1　CGTAATGCGT CGCTCTCTCG CAGCTCGCCC CATACGGGAC GAGTGTTGCT AATGGGGGCG GAGAATGGCC TCCCGTGTGT
81　AGTTGCGGCT GGCCTAAATT GAAGTCCTTC ATTGCGGGTG TCACGATAAG TGGTGGTTGA AAAGCTCAAG CGAGTCGTGC
161 GCACCATGCG ATTGAGGTGA TGTTTTGGAC CCTAAGGCGA TCTCGTTCCC AATGGAGGAG CATTCGTCAC GATCG

91 连翘

连翘*Forsythia suspensa* (Thunb.) Vahl，木犀科落叶灌木，以果实入药。主要分布于河北、山西、陕西、山东、安徽、河南、湖北、四川等地区。

【种子形态】种子长条形或半月形，长6.4～7.5mm，宽1.6～2.2mm，厚约1.2mm，表面黄褐色，腹面平直，背面突起，外延成翅，在体视显微镜下观察具网状突起。千粒重约5.1g。

【采集与储藏】花期3～4月，果期7～9月。当蒴果变为棕褐色时采摘，晾干脱粒，选择饱满的种子储藏备用。采用干燥器储藏效果较好。

【DNA提取与序列扩增】取单粒种子，按照中型种子DNA提取方法操作。ITS2序列的获得参照“9107　中药材DNA条形码分子鉴定法指导原则”标准流程操作。

【ITS2峰图与序列】ITS2峰图及其序列如下。

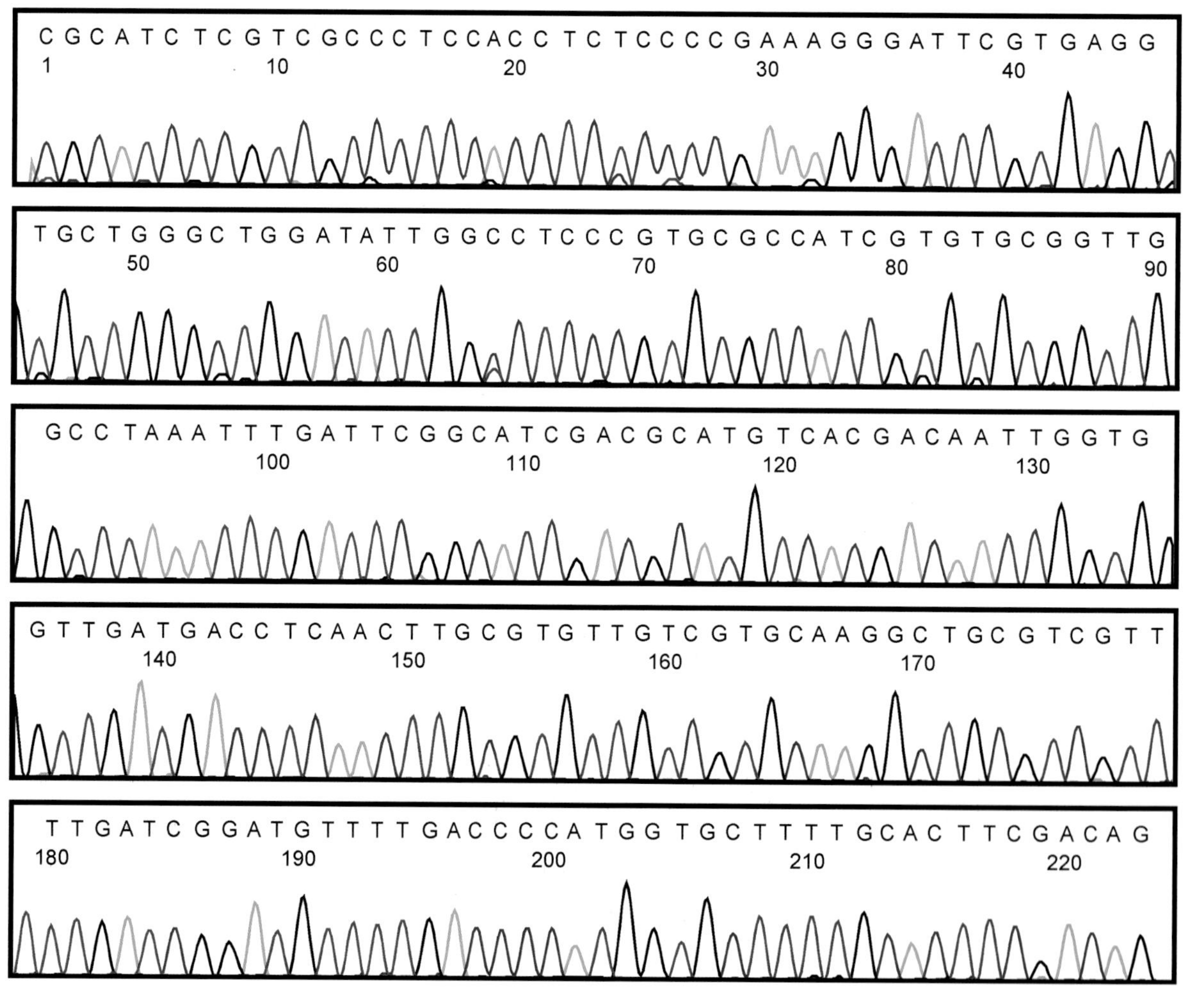

1　CGCATCTCGT CGCCCTCCAC CTCTCCCCGA AAGGGATTCG TGAGGTGCTG GGCTGGATAT TGGCCTCCCG TGCGCCATCG
81　TGTGCGGTTG GCCTAAATTT GATTCGGCAT CGACGCATGT CACGACAATT GGTGGTTGAT GACCTCAACT TGCGTGTTGT
161 CGTGCAAGGC TGCGTCGTTT TGATCGGATG TTTTGACCCC ATGGTGCTTT TGCACTTCGA CAG

92 吴茱萸

吴茱萸*Euodia rutaecarpa* (Juss.) Benth.［FOC：*Tetradium ruticarpum* (A. Juss.) T. G. Hartley］，芸香科小乔木或灌木，以果实入药。主要分布于秦岭以南各地区，但海南未见有自然分布。

【种子形态】果密集或疏离，暗紫红色，有大油点，每个分果只有1粒种子。种子近圆球形，一端钝尖，腹面略平坦，长4.0～5.0mm，褐黑色，有光泽，无种仁或种仁不饱满，香气浓烈，味苦、辛辣。种皮脆壳质，褐至蓝黑色，有光泽，外种皮有细点状网纹；种脐短线状；胚乳肉质；胚直立；子叶扁卵形。千粒重约26.9g。

【采集与储藏】花期4～6月，果期8～11月。挑选树高1.8m以上、树冠1.9m以上、茎粗8.0cm以上、长势旺盛、无病虫害的健壮吴茱萸母树植株，待果实成熟后采摘。果实采回后，立即摊薄晒干，晚上收回室内，切不可堆积，以免发酵。待种子晾干后，将吴茱萸种子放置于冰箱（0～5℃）低温环境下储藏。储藏时间越长，种子的萌发能力越差，储藏种子的时间不宜超过12个月。

【DNA提取与序列扩增】取单粒种子，按照中型种子DNA提取方法操作。ITS2序列的获得参照“9107　中药材DNA条形码分子鉴定法指导原则”标准流程操作。

【ITS2峰图与序列】ITS2峰图及其序列如下。

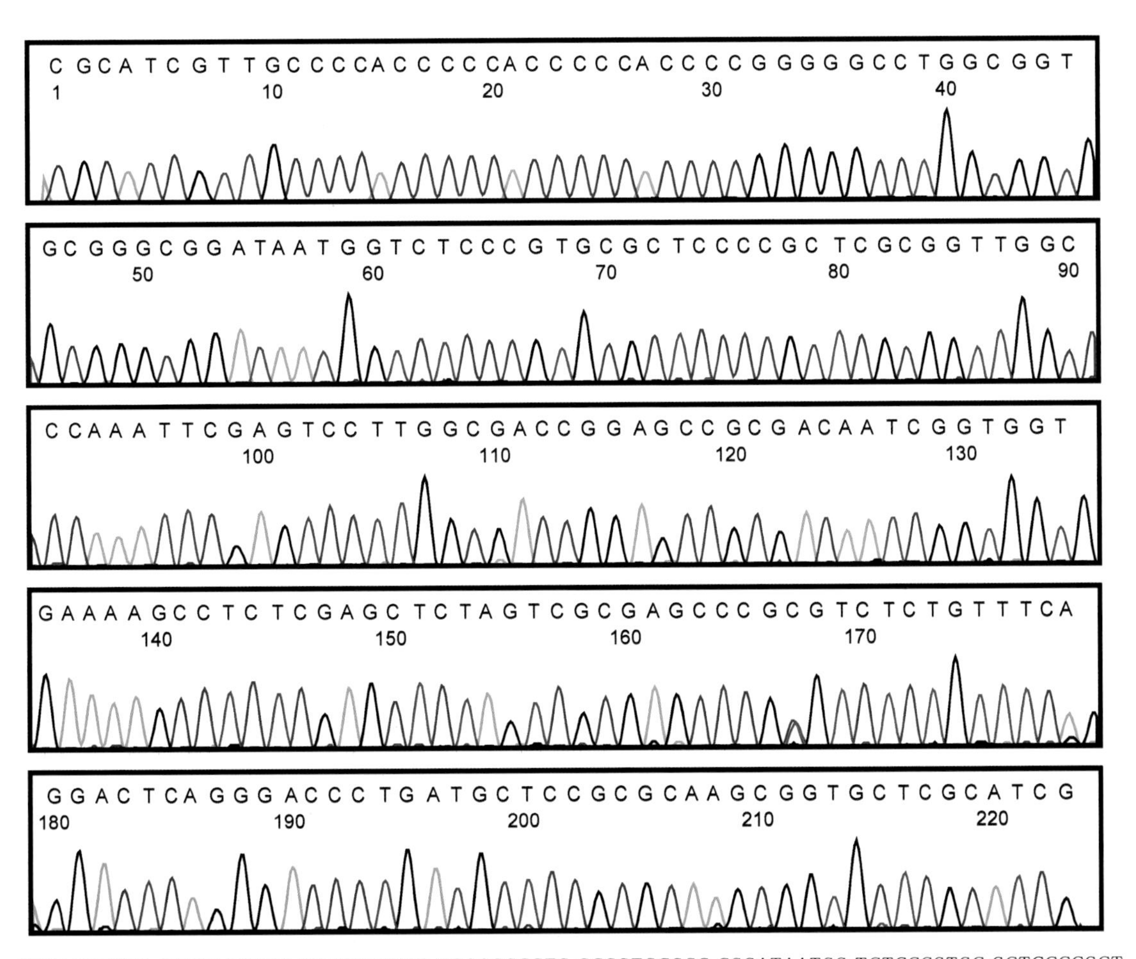

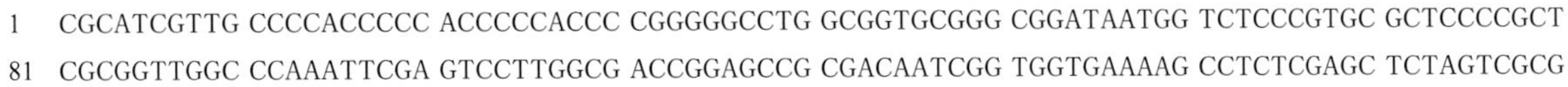
1　CGCATCGTTG CCCCACCCCC ACCCCCACCC CGGGGGCCTG GCGGTGCGGG CGGATAATGG TCTCCCGTGC GCTCCCCGCT
81　CGCGGTTGGC CCAAATTCGA GTCCTTGGCG ACCGGAGCCG CGACAATCGG TGGTGAAAAG CCTCTCGAGC TCTAGTCGCG
161 AGCCCGCGTC TCTGTTTCAG GACTCAGGGA CCCTGATGCT CCGCGCAAGC GGTGCTCGCA TCG

93 牡丹

牡丹*Paeonia suffruticosa* Andr.，毛茛科落叶灌木，以根皮入药。在全国均有分布，栽培甚广。

【种子形态】蓇葖果像五角星形，密生黄褐色毛。种子阔椭圆状球形或倒卵状球形，长10.3～12.1mm，宽8.6～9.8mm，表面黑色或棕黑色，有光泽。种子常具1或2个大型浅凹窝，基部略尖，有1个不甚明显的小种孔，种脐位于种孔一侧，短条形，灰褐色；外种皮硬，骨质；内种皮菲薄，膜质。胚乳半透明，具油性，中间有1个空隙；胚细小，直生；胚根圆锥状；子叶2枚，近圆形。千粒重约198.0g。

【采集与储藏】花期5月，果期6月。当蓇葖果呈蟹黄色，腹部开裂时分批采摘。种子待秋播使用，播种前需要用湿沙层积储藏。

【DNA提取与序列扩增】砸碎，取种子碎块，按照大型种子DNA提取方法操作。ITS2序列的获得参照“9107　中药材DNA条形码分子鉴定法指导原则”标准流程操作。

【ITS2峰图与序列】ITS2峰图及其序列如下。

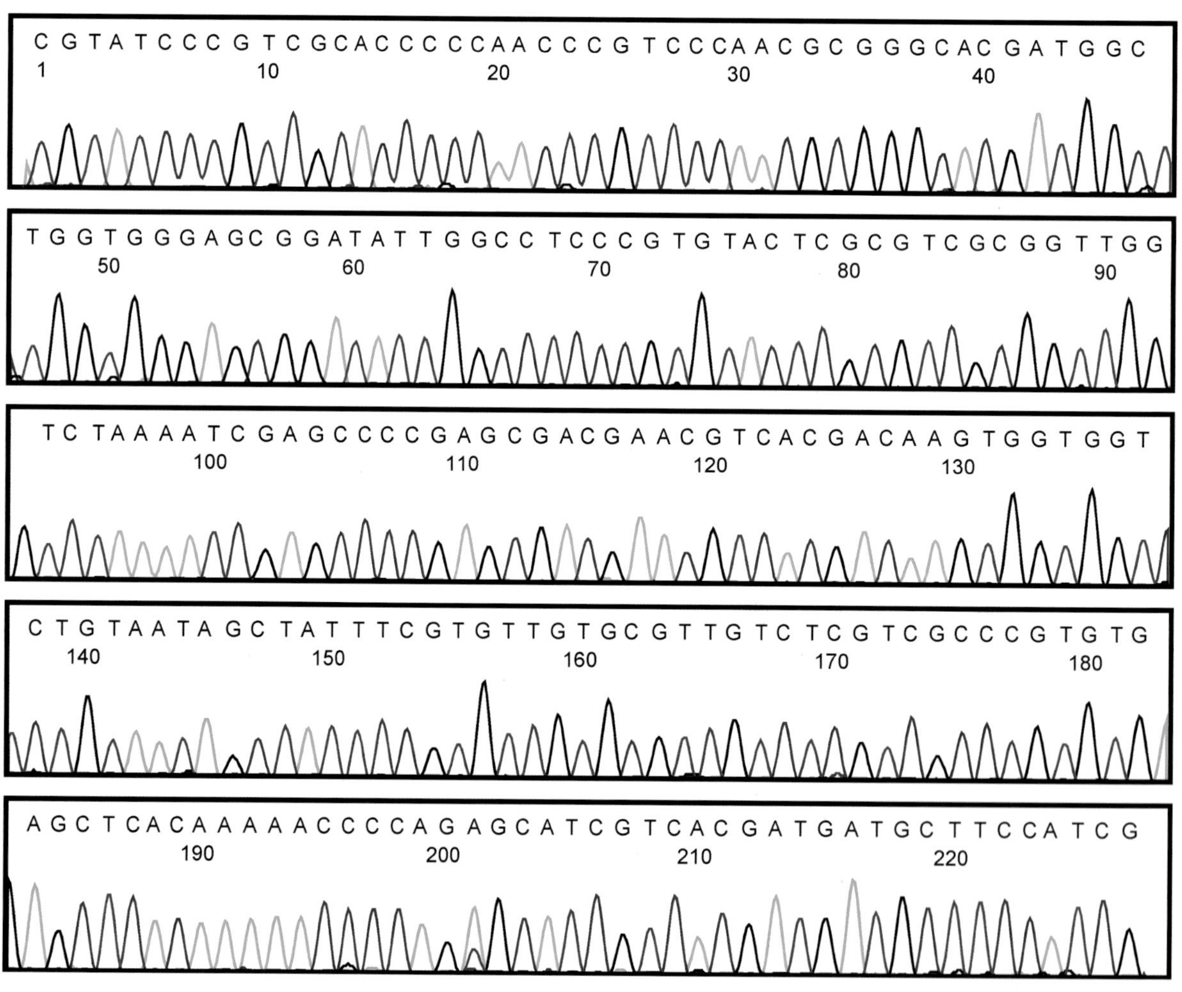

1　CGTATCCCGT CGCACCCCCA ACCCGTCCCA ACGCGGGCAC GATGGCTGGT GGGAGCGGAT ATTGGCCTCC CGTGTACTCG
81　CGTCGCGGTT GGTCTAAAAT CGAGCCCCGA GCGACGAACG TCACGACAAG TGGTGGTCTG TAATAGCTAT TTCGTGTTGT
161 GCGTTGTCTC GTCGCCCGTG TGAGCTCACA AAAACCCCAG AGCATCGTCA CGATGATGCT TCCATCG

94 牡荆

牡荆 *Vitex negundo* L. var. *cannabifolia* (Sieb. et Zucc.) Hand.-Mazz.，马鞭草科灌木或小乔木，以叶入药。主要分布于长江以南各地区，北达秦岭—淮河一线。

【种子形态】核果近球形，黑色或褐色，基部有宿萼。萼筒5齿裂，表面较粗糙，有5～10条网脉。核果先端平圆，有1个圆形凹点，下端稍尖，长3.0～3.5mm，直径2.0～2.5mm，果皮坚硬，不易破碎，4室。种子黄白色，种皮薄，无胚乳，胚直立，胚根短。千粒重约8.0g。

【采集与储藏】花期4～6月，果期7～10月。当果实呈褐色时剪下果穗或捋取果实，晾干后脱粒，干藏。

【DNA提取与序列扩增】取单粒种子，按照中型种子DNA提取方法操作。ITS2序列的获得参照“9107　中药材DNA条形码分子鉴定法指导原则”标准流程操作。

【ITS2峰图与序列】ITS2峰图及其序列如下。

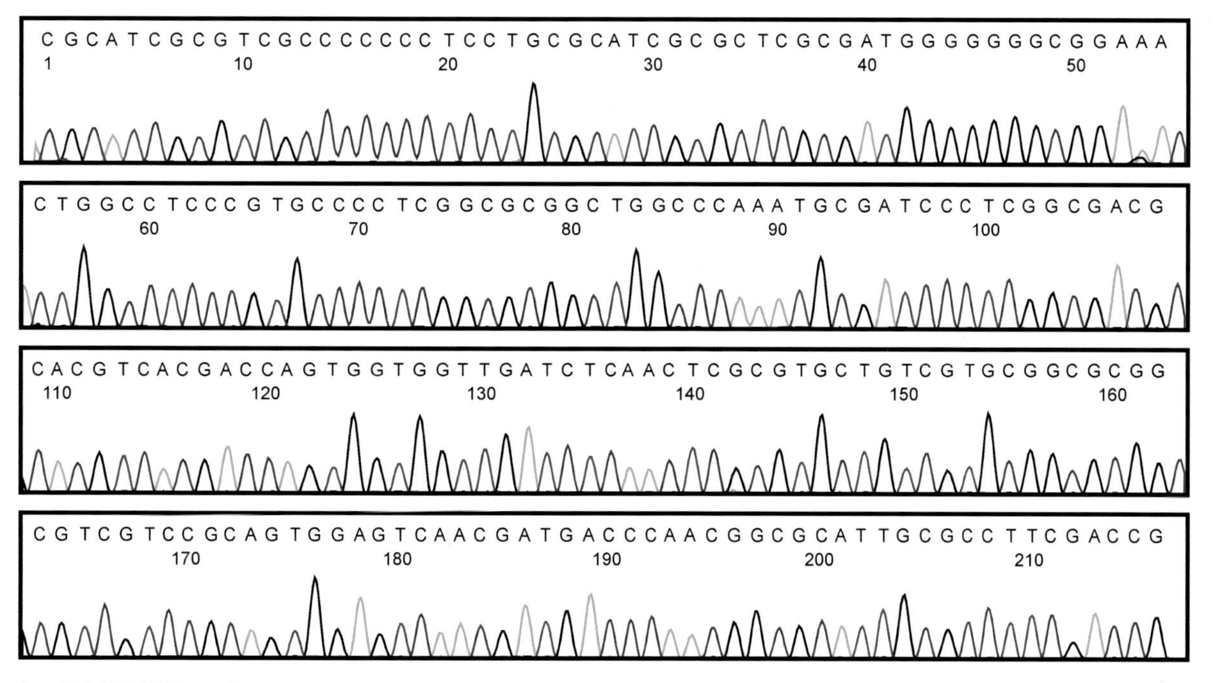

1　CGCATCGCGT CGCCCCCCCT CCTGCGCATC GCGCTCGCGA TGGGGGGGCG GAAACTGGCC TCCCGTGCCC CTCGGCGCGG
81　CTGGCCCAAA TGCGATCCCT CGGCGACGCA CGTCACGACC AGTGGTGGTT GATCTCAACT CGCGTGCTGT CGTGCGGCGC
161 GGCGTCGTCC GCAGTGGAGT CAACGATGAC CCAACGGCGC ATTGCGCCTT CGACCG

95 皂荚

皂荚*Gleditsia sinensis* Lam.，豆科落叶乔木或小乔木，以成熟果实、棘刺、不育果实入药。分布于河北、山东、河南、山西、陕西、甘肃、江苏、安徽、浙江、江西、湖南、湖北、福建、广东、广西、四川、贵州、云南等地区。

【种子形态】荚果条形，扁平，不弯曲，长15.0～30.0cm，宽2.0～3.5cm，表面黑紫色至黑褐色，光亮，有不明显的横裂纹。种子多粒，长圆形或椭圆形，长11.0～13.0cm，宽8.0～9.0cm，棕色，光亮，表面有细小的横裂纹。种皮革质，坚硬难剥开；胚乳白色，透明，黏液样，包着胚；子叶2枚，黄白色，肥大；胚根位于子叶基部，歪向生长，味微苦。千粒重约497.0g。

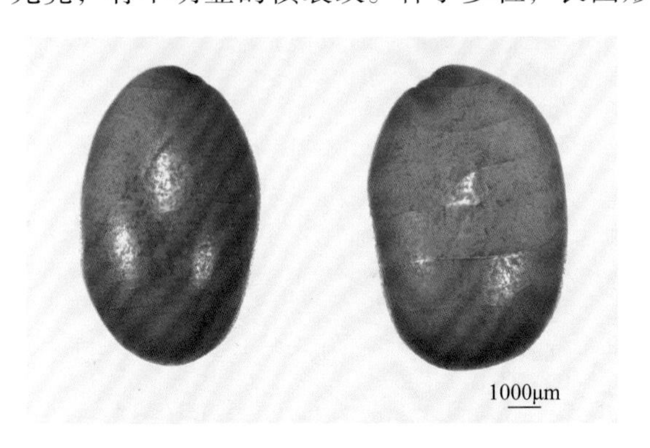

【采集与储藏】花期3～5月，果期5～12月。当荚果为暗紫色时采摘，荚果新鲜质软时用剪刀剥取种子，荚果干后，质地变硬，不易剥开，要用碾子将荚皮碾碎，筛取种子。采收的果实不要堆放，以免发热腐烂，降低种子质量。要摊开暴晒，晒干后将荚果砸碎或碾碎，筛去果皮，进行风选，即得净种，种子阴干后，装袋干藏。

【DNA提取与序列扩增】砸碎，取种子碎块，按照大型种子DNA提取方法操作。ITS2序列通用引物扩增困难时，可采用新设计引物ITS2F1/ITS2R1进行扩增，反应体系和扩增程序参照“9107 中药材DNA条形码分子鉴定法指导原则”标准流程操作。

【ITS2峰图与序列】ITS2峰图及其序列如下。

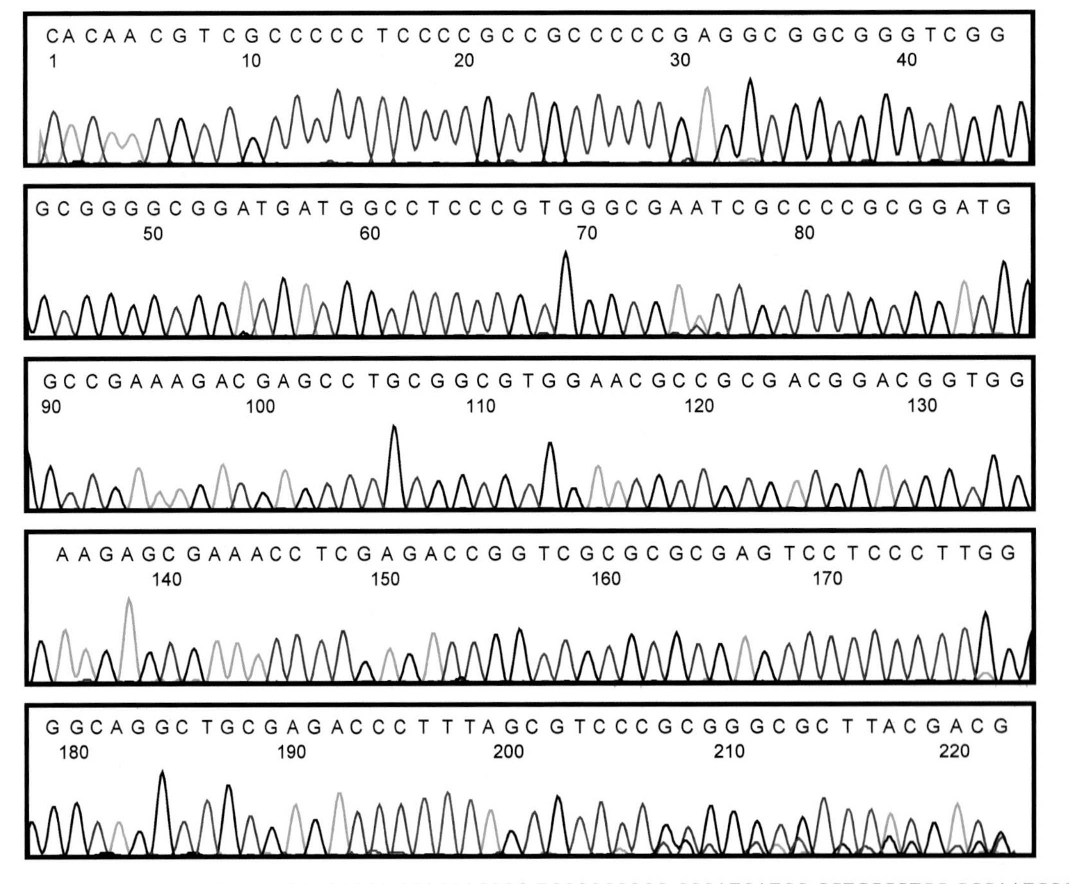

1 CACAACGTCG CCCCCTCCCC GCCGCCCCCG AGGCGGCGGG TCGGGCGGGG CGGATGATGG CCTCCCGTGG GCGAATCGCC
81 CCGCGGATGG CCGAAAGACG AGCCTGCGGC GTGGAACGCC GCGACGGACG GTGGAAGAGC GAAACCTCGA GACCGGTCGC
161 GCGCGAGTCC TCCCTTGGGG CAGGCTGCGA GACCCTTTAG CGTCCCGCGG GCGCTTACGA CG

96 羌活

羌活*Notopterygium incisum* Ting ex H. T. Chang，伞形科多年生草本，以根茎和根入药。主要分布于陕西、四川、甘肃、青海、西藏等地区。

【种子形态】双悬果椭圆形，长4.3～6.2mm，宽1.6～2.8mm，棕褐色，背面有纵棱3或4条，常延伸成淡棕色翅，腹面微凹，中央常存细线状、与果实顶端相连的悬果柄，顶端有突起微尖的花柱基，内含种子1粒。种子横切面近月牙形，胚乳白色；胚细小，埋生于种仁基部。千粒重约3.0g。

【采集与储藏】花期7月，果期8～9月。当果实变褐色时割下，晾干脱粒，除去杂质，随即播种或放干燥阴凉处储藏。

【DNA提取与序列扩增】取多粒种子，按照小型种子DNA提取方法操作。ITS2序列的获得参照“9107　中药材DNA条形码分子鉴定法指导原则”标准流程操作。

【ITS2峰图与序列】ITS2峰图及其序列如下。

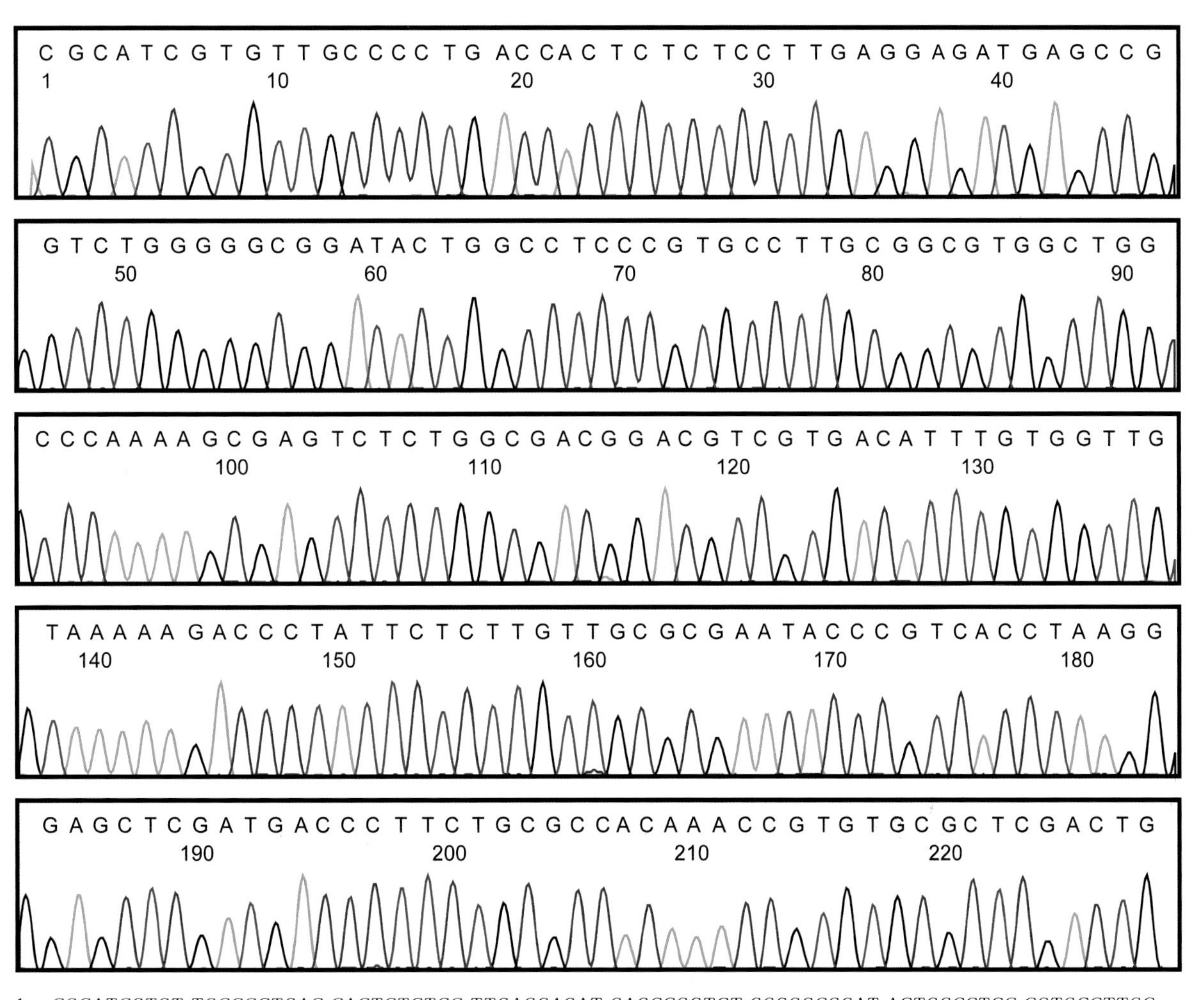

1　CGCATCGTGT TGCCCCTGAC CACTCTCTCC TTGAGGAGAT GAGCCGGTCT GGGGGCGGAT ACTGGCCTCC CGTGCCTTGC
81　GGCGTGGCTG GCCCAAAAGC GAGTCTCTGG CGACGGACGT CGTGACATTT GTGGTTGTAA AAAGACCCTA TTCTCTTGTT
161 GCGCGAATAC CCGTCACCTA AGGGAGCTCG ATGACCCTTC TGCGCCACAA ACCGTGTGCG CTCGACTG

97 沙棘

沙棘*Hippophae rhamnoides* L.，胡颓子科落叶灌木或乔木，以果实入药。主要分布于河北、内蒙古、山西、陕西、甘肃、青海、四川等地区。

【种子形态】果实近球形或卵球形，为橙黄色或橘红色肉质花被所包围，直径5.0～10.0mm。种子椭圆形，长3.2～4.9mm，宽1.9～2.9mm，厚1.2～2.0mm，表皮红褐色，有光泽，革质；顶端稍偏斜处具1个小凹缺；背腹面中央各具1条纵沟，并在顶端凹缺处和基端会合。种脐在凹缺处，黑色。胚淡黄色；胚根短尖状；子叶2枚，长椭圆形。千粒重约9.3g。

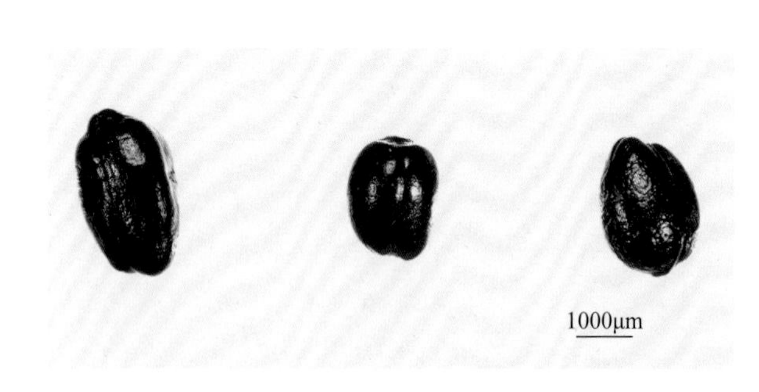

【采集与储藏】花期4月，果期9～10月。秋季待果实呈橙黄色时采摘。通风干燥处储藏。

【DNA提取与序列扩增】取单粒种子，按照中型种子DNA提取方法操作。ITS2序列的获得参照"9107　中药材DNA条形码分子鉴定法指导原则"标准流程操作。

【ITS2峰图与序列】ITS2峰图及其序列如下。

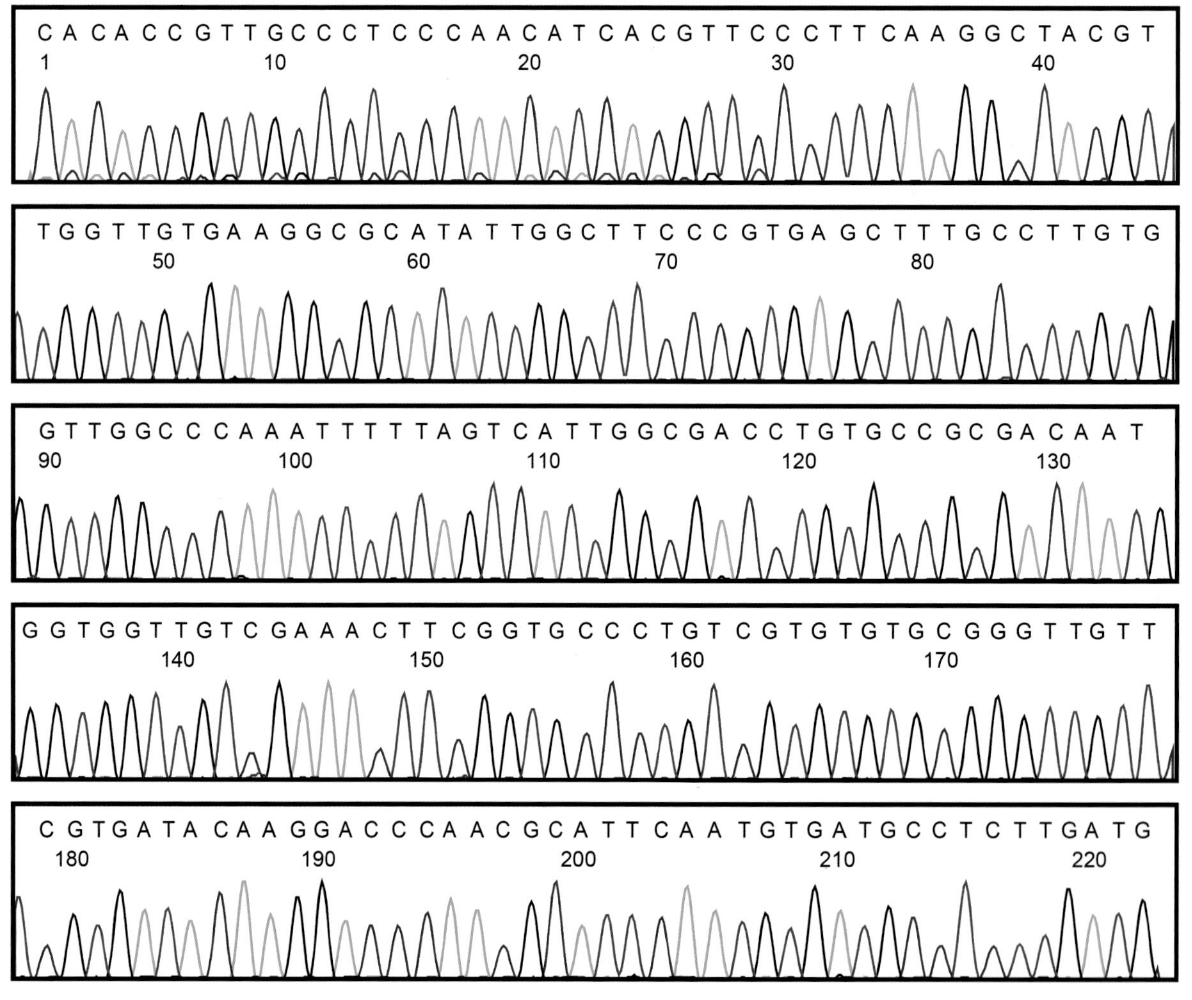

1　CACACCGTTG CCCTCCCAAC ATCACGTTCC CTTCAAGGCT ACGTTGGTTG TGAAGGCGCA TATTGGCTTC CCGTGAGCTT
81　TGCCTTGTGG TTGGCCCAAA TTTTTAGTCA TTGGCGACCT GTGCCGCGAC AATGGTGGTT GTCGAAACTT CGGTGCCCTG
161 TCGTGTGTGC GGGTTGTTCG TGATACAAGG ACCCAACGCA TTCAATGTGA TGCCTCTTGA TG

98 补骨脂

补骨脂*Psoralea corylifolia* L.，豆科一年生直立草本，以果实入药。主要分布于云南、四川、河北、山东、陕西、河南、江苏、浙江、台湾、福建、江西、湖北、湖南、广东、广西、贵州等地区。

【种子形态】荚果肾状椭圆形，略扁，长3.7～4.8mm，宽2.8～4.5mm，厚1.4～2.0mm，表面黑褐色或棕黑色，具网状皱纹，在体视显微镜下观察被白色茸毛；顶端具1个小尖突花柱残基；基部侧生1个棕色果脐，有时外被淡棕色宿存花萼，其上散布棕色腺点；腹侧微凹，果皮黏附于种子外，不易剥离，含种子1粒。种子肾状椭圆形，表面黄褐色，平滑，肾状微凹处具1个白色、圆形、裂口状种脐，种脊棕褐色，甚短。胚弯曲，淡黄色；胚根圆柱形；子叶2枚，倒卵形。千粒重约15.0g。

1000μm

【采集与储藏】花果期4～7月。当种子发黑时分批采收，割下果穗，晒干，打下种子，除去杂质，置于干燥处，防止受潮和虫蛀。室温储藏条件下18个月后发芽率仍达67%。

【DNA提取与序列扩增】取单粒种子，按照中型种子DNA提取方法操作。ITS2序列的获得参照“9107　中药材DNA条形码分子鉴定法指导原则”标准流程操作。

【ITS2峰图与序列】ITS2峰图及其序列如下。

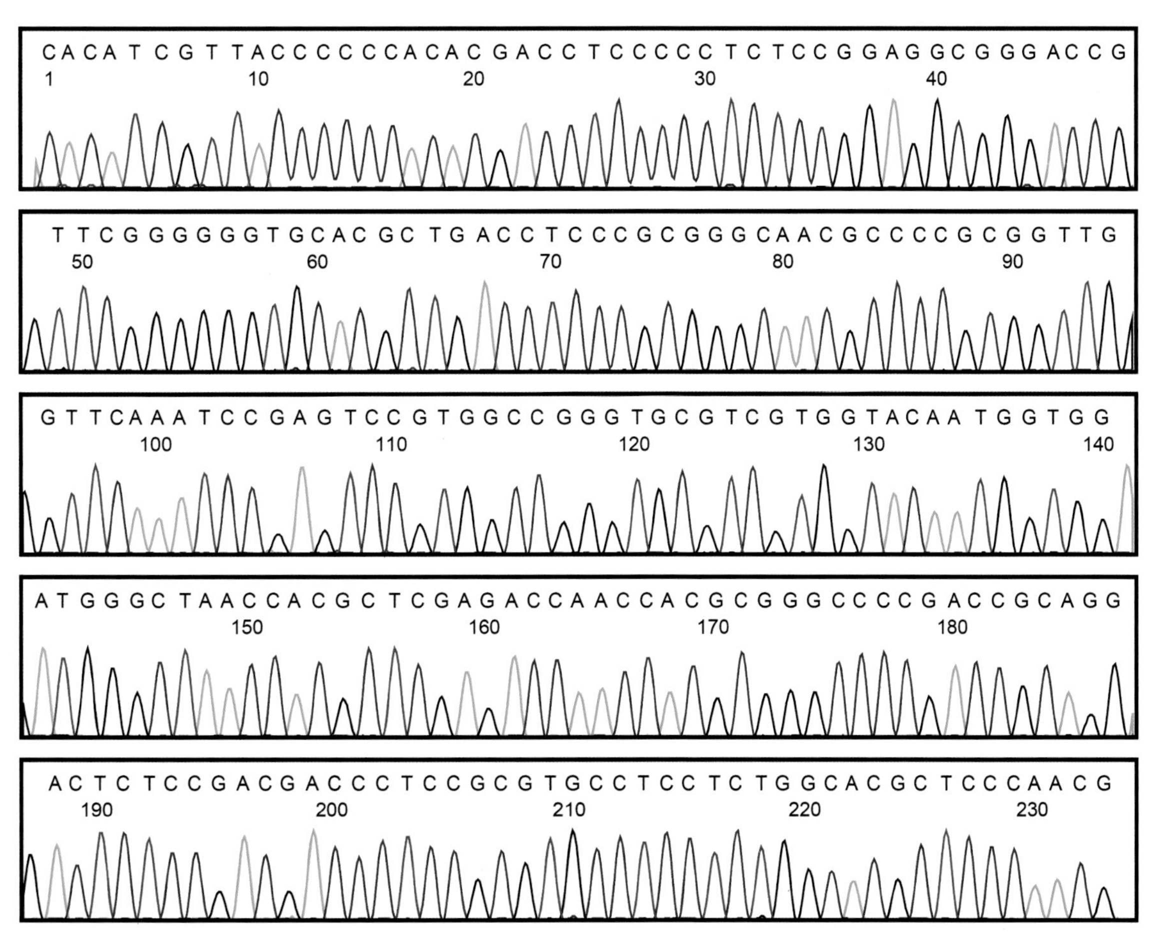

1　CACATCGTTA CCCCCCACAC GACCTCCCCC TCTCCGGAGG CGGGACCGTT CGGGGGGTGC ACGCTGACCT CCCGCGGGCA

81　ACGCCCCGCG GTTGGTTCAA ATCCGAGTCC GTGGCCGGGT GCGTCGTGGT ACAATGGTGG ATGGGCTAAC CACGCTCGAG

161 ACCAACCACG CGGGCCCCGA CCGCAGGACT CTCCGACGAC CCTCCGCGTG CCTCCTCTGG CACGCTCCCA ACG

99 忍冬

忍冬*Lonicera japonica* Thunb.，忍冬科半常绿藤本，以花、茎枝入药。除黑龙江、内蒙古、宁夏、青海、新疆、海南和西藏无自然生长外，我国各地均有分布。

【种子形态】果实圆形，直径6.0～7.0mm，成熟时蓝黑色，有光泽。种子卵圆形或椭圆形，褐色，长约3.0mm，在体视显微镜下可观察到中部有1条突起的脊，两侧有浅的横沟纹，种子具浑圆的胚。千粒重约3.4g。

【采集与储藏】花期4～6月（秋季亦常开花），果期10～11月。采摘成熟的忍冬果实，搓洗去皮去肉后留下种子，在0～5℃环境下储藏至翌年春季进行播种。

【DNA提取与序列扩增】取多粒种子，按照小型种子DNA提取方法操作。ITS2序列的获得参照“9107　中药材DNA条形码分子鉴定法指导原则”标准流程操作。

【ITS2峰图与序列】ITS2峰图及其序列如下。

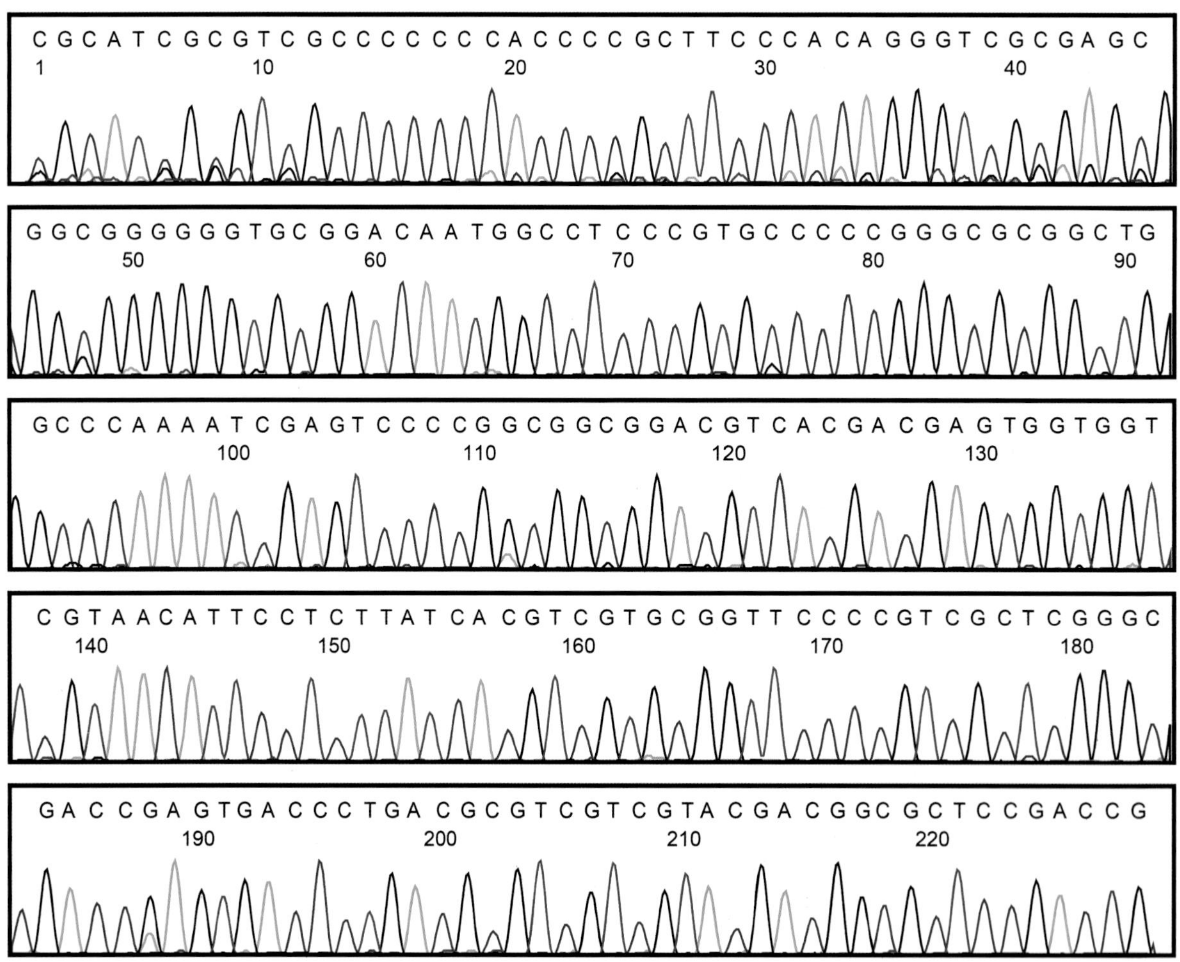

1　CGCATCGCGT CGCCCCCCCA CCCCGCTTCC CACAGGGTCG CGAGCGGCGG GGGGTGCGGA CAATGGCCTC CCGTGCCCCC
81　GGGCGCGGCT GGCCCAAAAT CGAGTCCCCG GCGGCGGACG TCACGACGAG TGGTGGTCGT AACATTCCTC TTATCACGTC
161　GTGCGGTTCC CCGTCGCTCG GGCGACCGAG TGACCCTGAC GCGTCGTCGT ACGACGGCGC TCCGACCG

100 鸡冠花

鸡冠花*Celosia cristata* L.，苋科一年生草本，以花序入药。我国各地均有栽培，广布于温暖地区。

【种子形态】胞果卵形，长约3.0mm，包于宿存花被内，成熟时上部呈盖状开裂。种子圆形或圆状肾形，扁，直径1.4～1.6mm，厚0.5～0.8mm，表面黑色或棕黑色，平滑，有光泽，在体视显微镜下可见矩形或多角形细小网纹，排列成同心环状；两侧面凸，且常具1或2个浅凹窝；腹侧微凹，内具1个小突起状种脐。胚乳白色，粉质；胚弯曲，呈环状，淡黄色，含油分；胚根圆柱形；子叶2枚，线形。千粒重约0.8g。

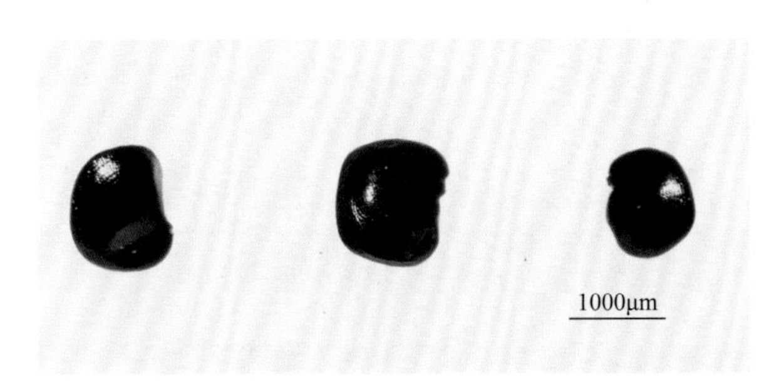

【采集与储藏】花果期7～9月。待种子颜色变黑时剪下花序，晒干，搓出种子，放干燥阴凉处保存。

【DNA提取与序列扩增】称取3～5mg种子，按照微型种子DNA提取方法操作，或在适宜条件下萌发种子，取种芽进行DNA提取。ITS2序列的获得参照“9107　中药材DNA条形码分子鉴定法指导原则”标准流程操作。

【ITS2峰图与序列】ITS2峰图及其序列如下。

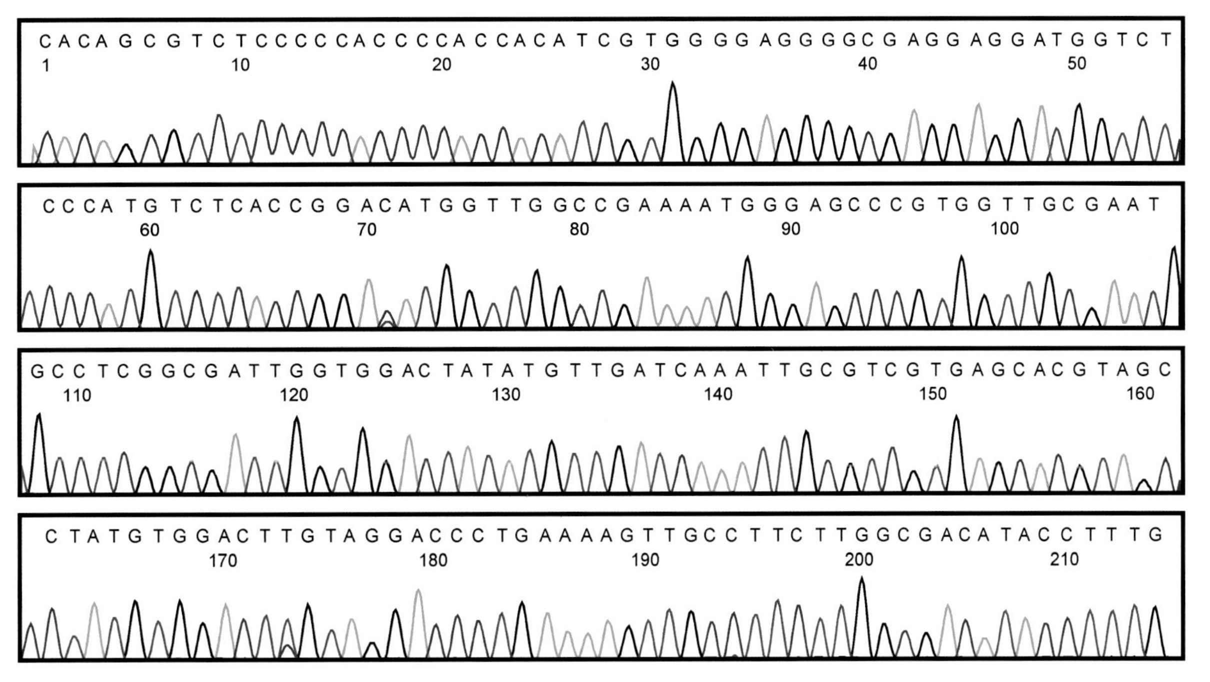

1　CACAGCGTCT CCCCCACCCC ACCACATCGT GGGGAGGGGC GAGGAGGATG GTCTCCCATG TCTCACCGGA CATGGTTGGC
81　CGAAAATGGG AGCCCGTGGT TGCGAATGCC TCGGCGATTG GTGGACTATA TGTTGATCAA ATTGCGTCGT GAGCACGTAG
161 CCTATGTGGA CTTGTAGGAC CCTGAAAAGT TGCCTTCTTG GCGACATACC TTTG

101 苦参

苦参*Sophora flavescens* Ait.，豆科草本或亚灌木，以根入药。我国各地广泛分布。

【种子形态】荚果条形，长5.0～12.0cm，褐色，先端具长喙，在种子之间稍缢缩。种子椭圆状或倒卵状球形，长4.8～6.0mm，宽3.7～4.7mm，表面淡褐色或棕褐色，平滑，稍有光泽。顶端钝圆，下端尖，且向腹面突起而呈短鹰嘴状；背面中央可见1条纵棱线（有时不甚明显）；腹面可见1条暗褐色线状种脊，延伸至顶端，呈1个圆点状合点，至下端相连于1个凹窝状种脐。胚略弯生，淡黄色；胚根短小；子叶2枚，肥厚，基部深心形。千粒重约49.6g。

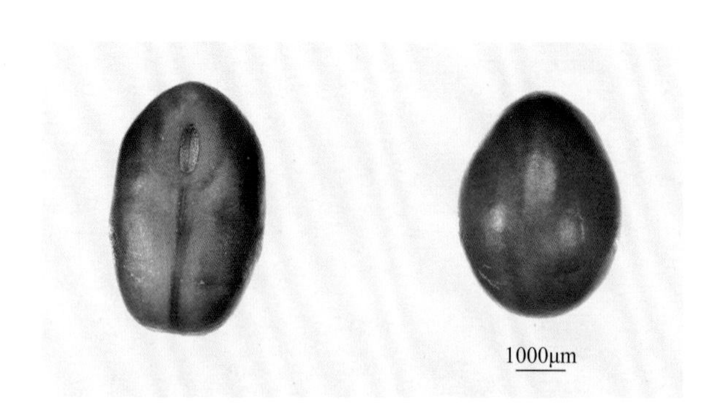

【采集与储藏】花期6～8月，果期7～10月。当果荚变为褐色时分批采集，晒干，脱粒，筛簸出杂质，放干燥处保存。

【DNA提取与序列扩大】取单粒种子，按照中型种子DNA提取方法操作。ITS2序列的获得参照"9107　中药材DNA条形码分子鉴定法指导原则"标准流程操作。

【ITS2峰图与序列】ITS2峰图及其序列如下。

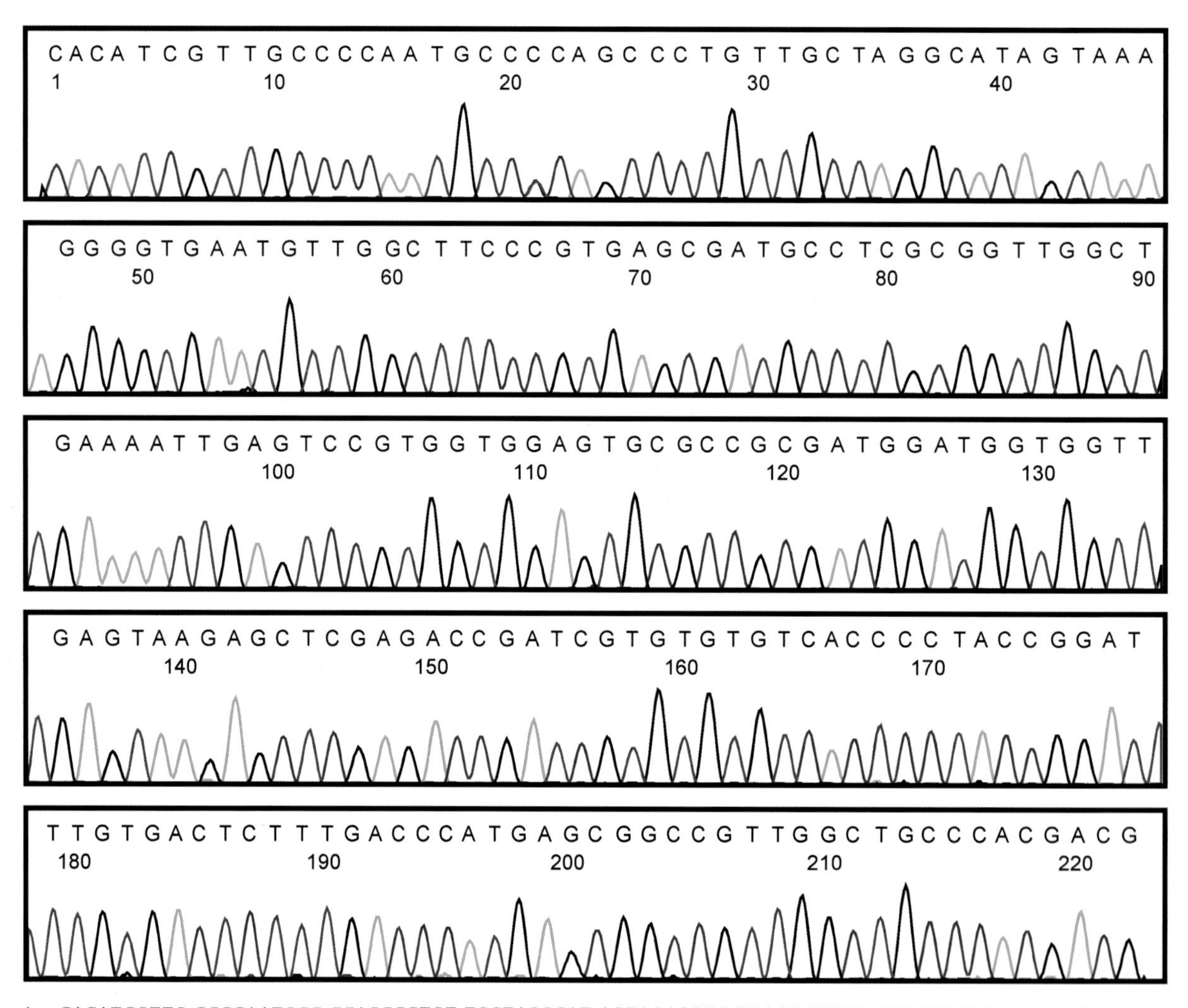

1　CACATCGTTG CCCCAATGCC CCAGCCCTGT TGCTAGGCAT AGTAAAGGGG TGAATGTTGG CTTCCCGTGA GCGATGCCTC
81　GCGGTTGGCT GAAAATTGAG TCCGTGGTGG AGTGCGCCGC GATGGATGGT GGTTGAGTAA GAGCTCGAGA CCGATCGTGT
161 GTGTCACCCC TACCGGATTT GTGACTCTTT GACCCATGAG CGGCCGTTGG CTGCCCACGA CG

102 苘麻

苘麻*Abutilon theophrasti* Medic.，锦葵科一年生亚灌木状草本，以种子入药。除青藏高原不产外，我国各地均有分布，东北各地有栽培。

【种子形态】果实由1轮心皮组成，扁圆形。种子三角状肾形或倒卵状肾形，略扁，长3.4～4.2mm，宽2.5～3.2mm，厚1.5～1.8mm，表面暗褐色或灰褐色，疏被灰色短毛，顶端钝圆，下端稍尖，腹侧肾形凹入处具1个棕色隆线状种脐，种皮坚硬。胚乳少量，包围于胚外方；胚淡黄色；胚根圆柱状；子叶2枚，基部心形，两侧折叠。千粒重约8.6g。

【采集与储藏】花期7～8月，果期9～10月。果实干枯后采摘。置于牛皮纸内并于室温保存。

【DNA提取与序列扩增】取单粒种子，按照中型种子DNA提取方法操作。ITS2序列的获得参照"9107 中药材DNA条形码分子鉴定法指导原则"标准流程操作。

【ITS2峰图与序列】ITS2峰图及其序列如下。

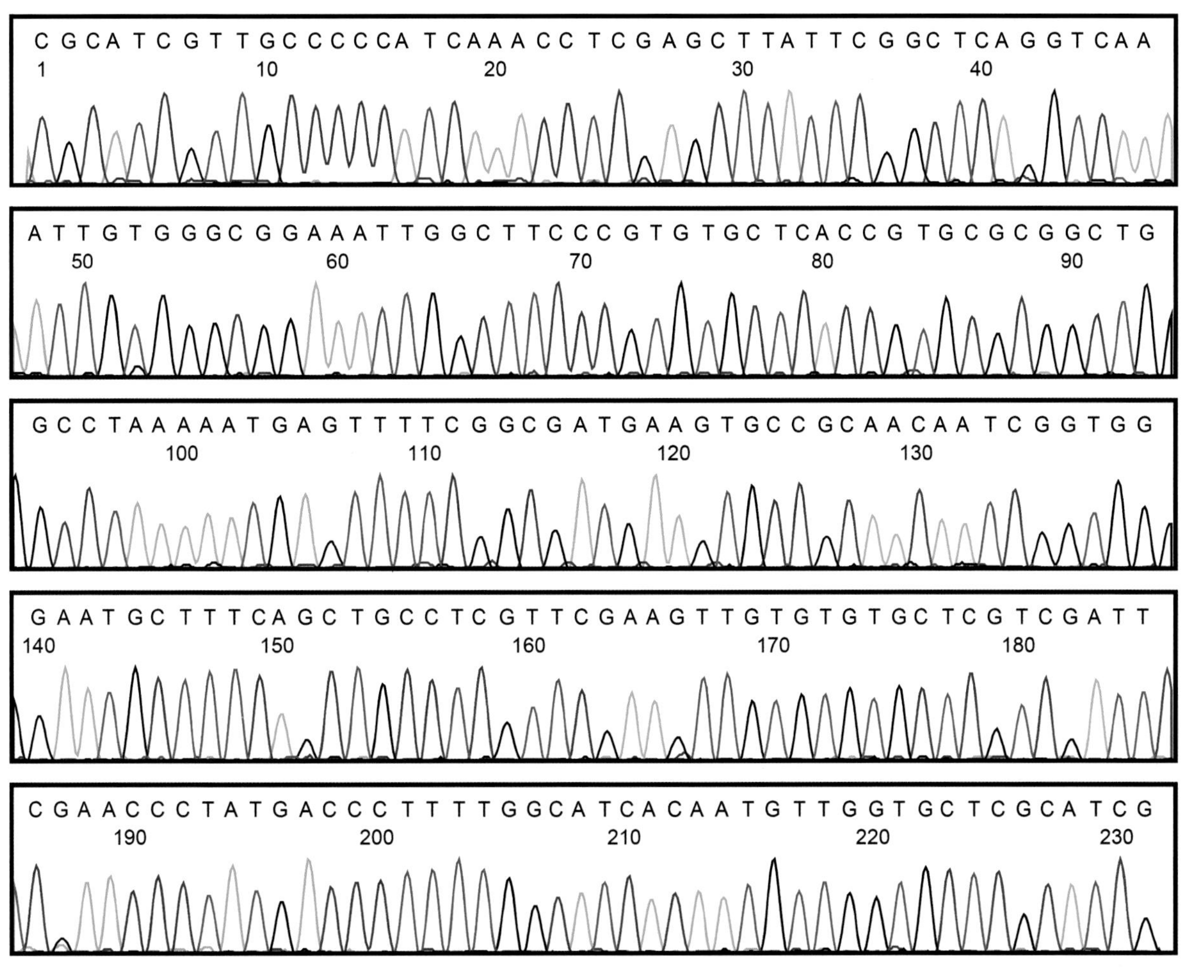

1 CGCATCGTTG CCCCCATCAA ACCTCGAGCT TATTCGGCTC AGGTCAAATT GTGGGCGGAA ATTGGCTTCC CGTGTGCTCA
81 CCGTGCGCGG CTGGCCTAAA AATGAGTTTT CGGCGATGAA GTGCCGCAAC AATCGGTGGG AATGCTTTCA GCTGCCTCGT
161 TCGAAGTTGT GTGTGCTCGT CGATTCGAAC CCTATGACCC TTTTGGCATC ACAATGTTGG TGCTCGCATC G

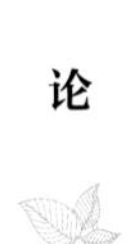

103 茅苍术

茅苍术*Atractylodes lancea* (Thunb.) DC.（FOC：苍术），菊科多年生草本，以根茎入药。主要分布于吉林、辽宁、陕西、内蒙古、山西、河北、山东等地区。

【种子形态】瘦果长筒形，长4.0～6.0mm，宽0.8～1.2mm，密被白色柔毛。冠毛羽状，长约果长的1.5倍。表面淡黄色，顶端平，具衣领状环，中央具较长的残存花柱。果脐位于基部，椭圆形，微凹。含种子1粒。种子内胚直生，无胚乳。千粒重约8.6g。

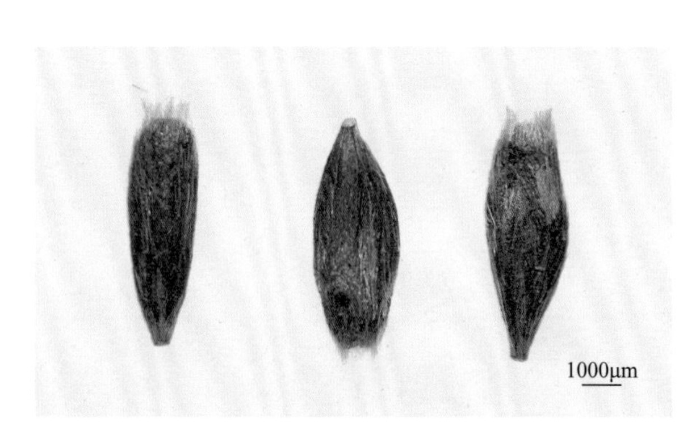

【采集与储藏】花期7～8月，果期8～10月。栽植后生长2～3年即可收获。茅苍术采收后存放储藏时，应选择清洁、无异味、通风干燥的场所作为仓库，夏季高温应注意防潮、防蛀、防霉变等。茅苍术种子属于短命型，室温下储藏，寿命只有6个月，隔年种子不能使用。

【DNA提取与序列扩增】取单粒种子，按照中型种子DNA提取方法操作。ITS2序列测序困难，*psbA-trnH*序列的获得参照“9107　中药材DNA条形码分子鉴定法指导原则”标准流程操作。

【*psbA-trnH*峰图与序列】*psbA-trnH*峰图及其序列如下。

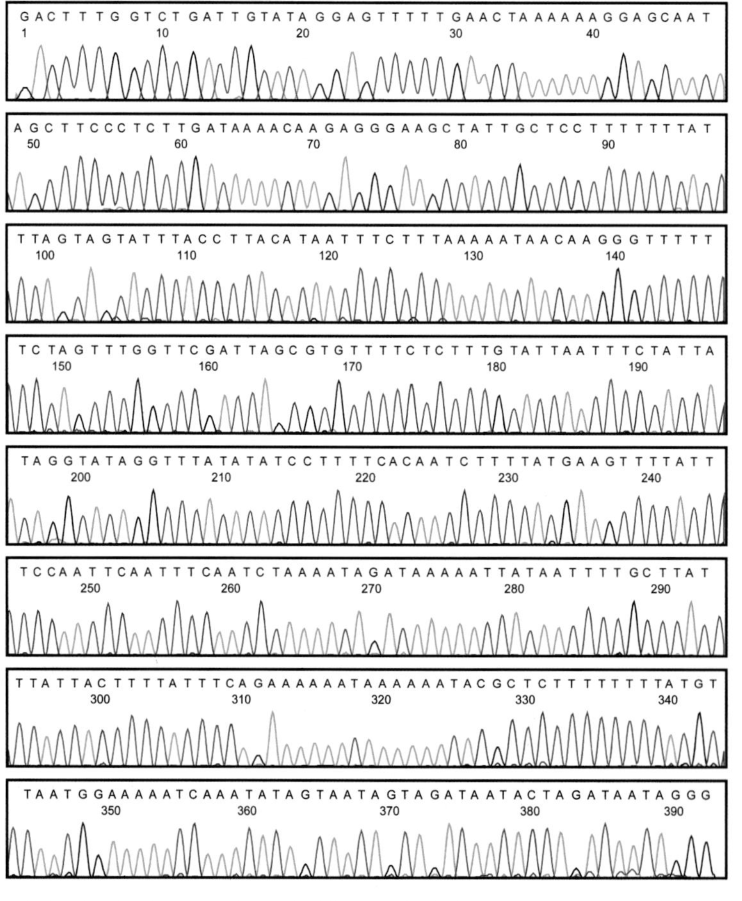

1　GACTTTGGTC TGATTGTATA GGAGTTTTTG AACTAAAAAA GGAGCAATAG CTTCCCTCTT GATAAAACAA GAGGGAAGCT
81　ATTGCTCCTT TTTTTATTTA GTAGTATTTA CCTTACATAA TTTCTTTAAA AATAACAAGG GTTTTTTCTA GTTTGGTTCG
161 ATTAGCGTGT TTTCTCTTTG TATTAATTTC TATTATAGGT ATAGGTTTAT ATATCCTTTT CACAATCTTT TATGAAGTTT
241 TATTTCCAAT TCAATTTCAA TCTAAAATAG ATAAAAATTA TAATTTTGCT TATTTATTAC TTTTATTTCA GAAAAAATAA
321 AAAATACGCT CTTTTTTTTA TGTTAATGGA AAAATCAAAT ATAGTAATAG TAGATAATAC TAGATAATAG GG

104 构树

构树 *Broussonetia papyrifera* (L.) Vent.，桑科乔木，以成熟果实入药。我国各地广泛分布。

【种子形态】聚花果近球形，肉质，直径约3.0cm，橙黄色至红色。小瘦果扁球形或近卵圆形，直径1.5～2.5mm，表面有网状或疣状突起，一侧略凹下，另一侧稍隆起，内果皮木质，与种皮紧贴。胚乳白色，略透明；胚弯曲；子叶2枚，近白色，油质，味淡。千粒重约3.1g。

【采集与储藏】花期4～5月，果期6～7月。当聚花果为鲜红色时，即表示种子成熟。成熟果实易遭虫、鸟为害，应及时采收，采收后揉烂，洗去果肉，晾干，种子干藏。

【DNA提取与序列扩增】取多粒种子，按照小型种子DNA提取方法操作。ITS2序列的获得参照“9107　中药材DNA条形码分子鉴定法指导原则”标准流程操作。

【ITS2峰图与序列】ITS2峰图及其序列如下。

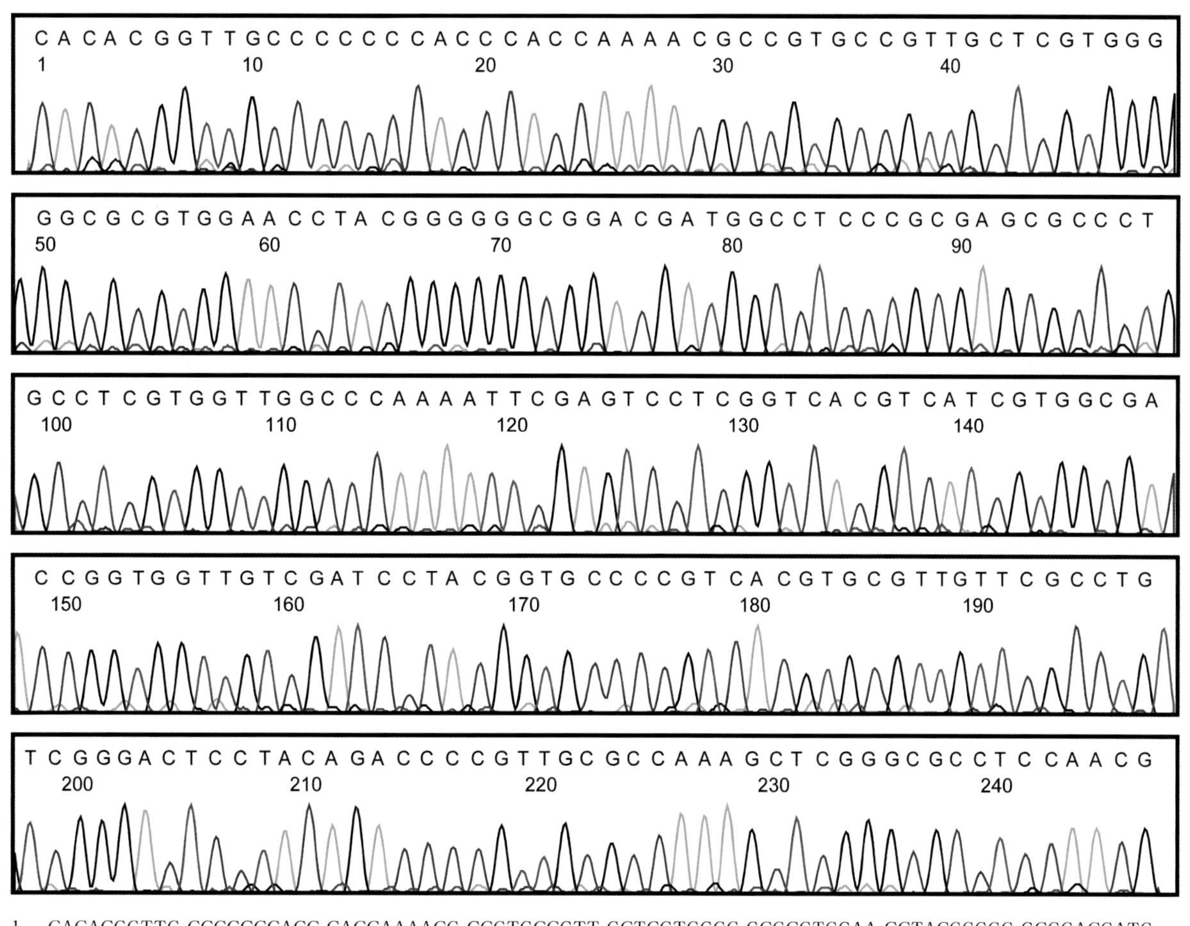

1　CACACGGTTG CCCCCCCACC CACCAAAACG CCGTGCCGTT GCTCGTGGGG GCGCGTGGAA CCTACGGGGG GCGGACGATG
81　GCCTCCCGCG AGCGCCCTGC CTCGTGGTTG GCCCAAAATT CGAGTCCTCG GTCACGTCAT CGTGGCGACC GGTGGTTGTC
161 GATCCTACGG TGCCCCGTCA CGTGCGTTGT TCGCCTGTCG GGACTCCTAC AGACCCCGTT GCGCCAAAGC TCGGGCGCCT
241 CCAACG

105 刺五加

刺五加 *Acanthopanax senticosus* (Rupr. et Maxim.) Harms［FOC：*Eleutherococcus senticosus* (Rupr. et Maxim.) Maxim.］，五加科灌木，以根和根茎或茎入药。主要分布于黑龙江、吉林、辽宁、河北、山西等地区。

【种子形态】浆果状核果球形至卵形，长约8.0mm，宽4.5～5.5mm，有5条棱，表面黑色，顶端具5枚细小的宿存花萼及1个花柱，基部具1个长果柄，含5个核。果核半圆形，扁，表面黄白色或带棕色，粗糙；背侧呈弓形隆起，果核横切面略呈“T”形。两侧面略凸；腹侧平直，下端具1个吸水孔。种子卵球形，黑色，表面纵向突起5棱，基部有1个小尖突状种柄。种皮薄，贴生于种仁；胚乳丰富；胚细小，埋生于种仁基部。千粒重约11.7g。

【采集与储藏】花期6～7月，果期8～10月。当果实呈黑色、变软时采集，放置数日使其充分后熟，浸水揉洗掉果肉，取沉底种子洗净晾干，随即播种或沙藏，也可干藏。

【DNA提取与序列扩增】取单粒种子，按照中型种子DNA提取方法操作。ITS2序列的获得参照“9107　中药材DNA条形码分子鉴定法指导原则”标准流程操作。

【ITS2峰图与序列】ITS2峰图及其序列如下。

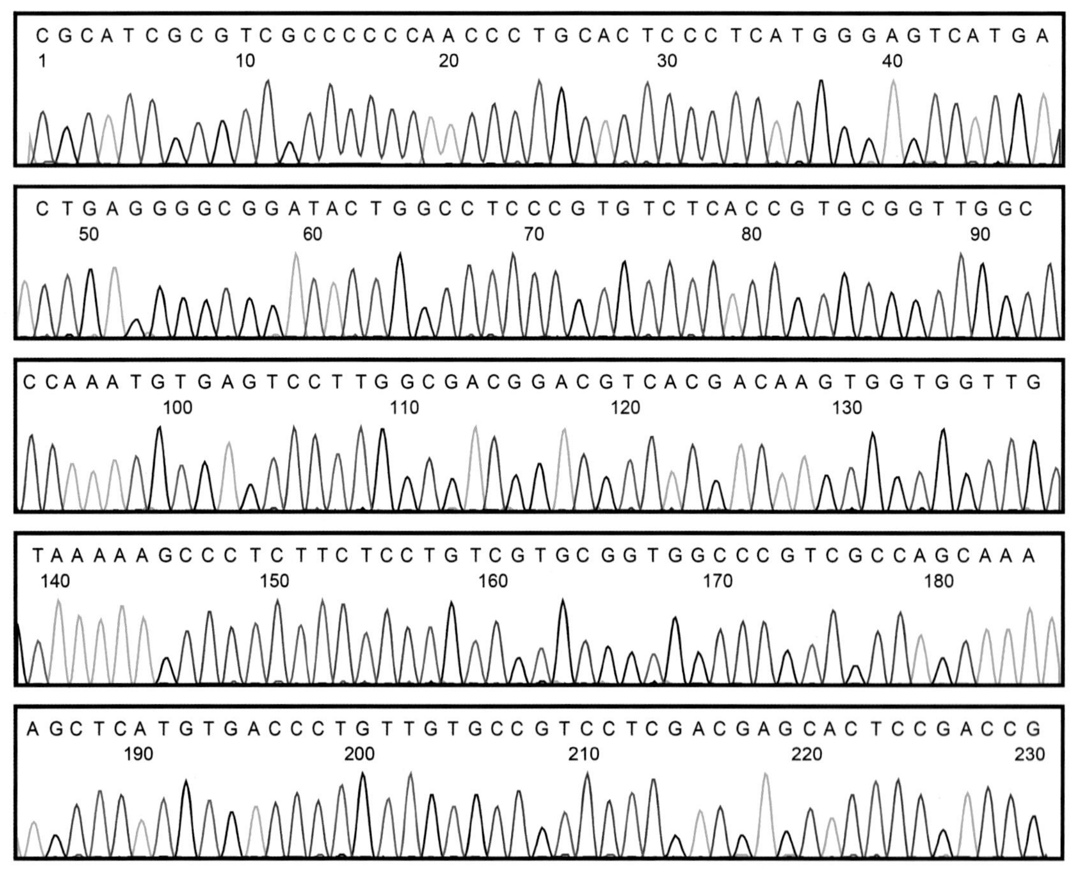

1 CGCATCGCGT CGCCCCCCAA CCCTGCACTC CCTCATGGGA GTCATGACTG AGGGGCGGAT ACTGGCCTCC CGTGTCTCAC
81 CGTGCGGTTG GCCCAAATGT GAGTCCTTGG CGACGGACGT CACGACAAGT GGTGGTTGTA AAAAGCCCTC TTCTCCTGTC
161 GTGCGGTGGC CCGTCGCCAG CAAAAGCTCA TGTGACCCTG TTGTGCCGTC CTCGACGAGC ACTCCGACCG

106 刺果甘草

刺果甘草*Glycyrrhiza pallidiflora* Maxim.，豆科多年生草本，以根和果实入药。主要分布于东北、华北各地区及陕西、山东、江苏。

【种子形态】荚果卵形，褐色，长1.0～1.5cm，宽约0.7cm，密生尖直长刺毛；含种子1或2粒。种子宽椭圆形，略扁，长3.2～3.6mm，宽2.6～2.9mm，厚2.1～2.3mm，表面暗绿色、棕绿色或褐色，平滑，略有光泽，腹侧具1个圆形凹窝状种脐，上连1条棕色种脊。胚乳薄层，紧贴种皮；胚弯曲，黄色；子叶2枚，椭圆形。千粒重约13.2g。

【采集与储藏】花期6～7月，果期7～9月。当荚果为褐色时剪下果序，晒干，筛去杂质。种子储存于通风干燥处备用。

【DNA提取与序列扩增】取单粒种子，按照中型种子DNA提取方法操作。ITS2序列的获得参照“9107　中药材DNA条形码分子鉴定法指导原则”标准流程操作。

【ITS2峰图与序列】ITS2峰图及其序列如下。

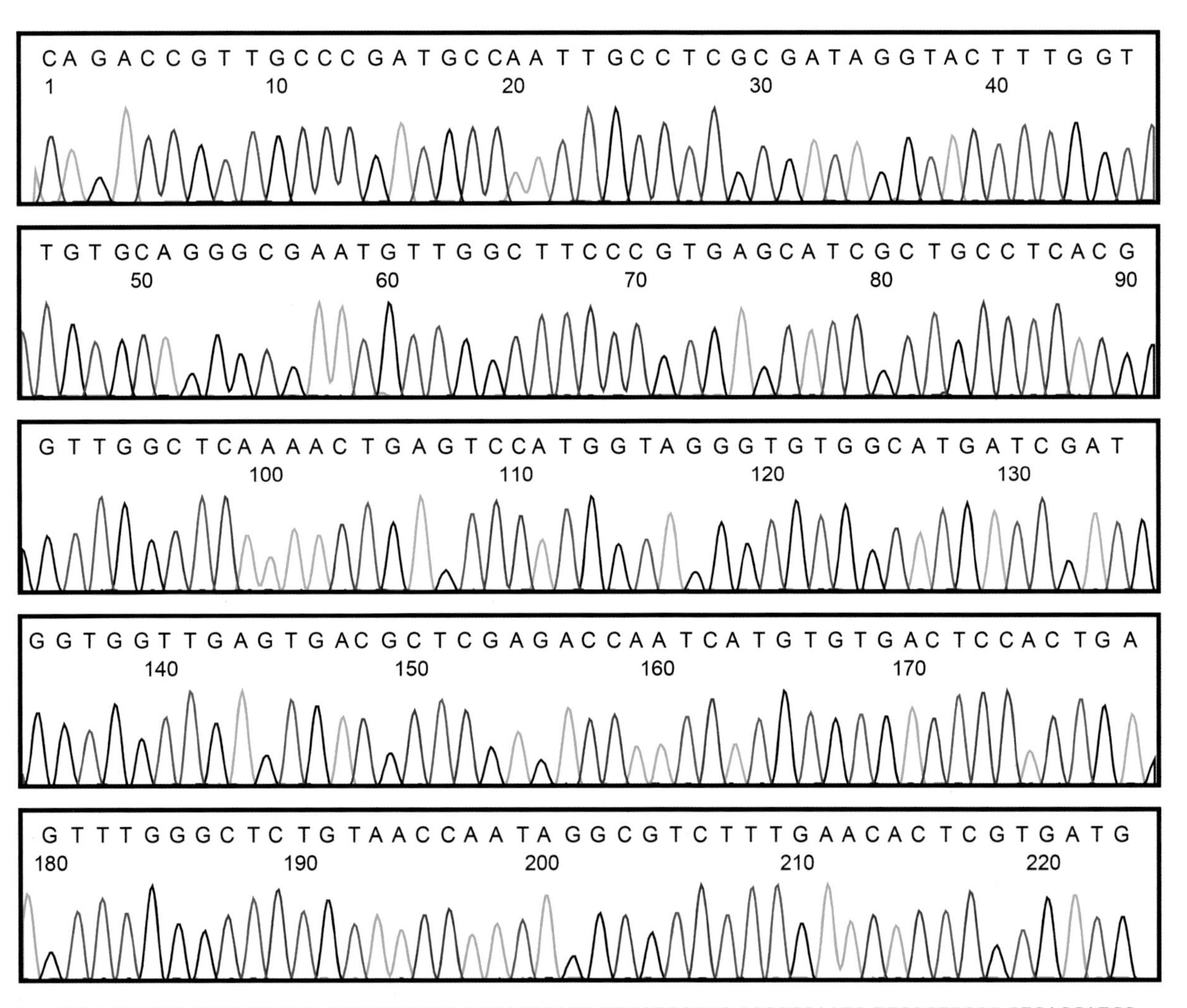

1　CAGACCGTTG CCCGATGCCA ATTGCCTCGC GATAGGTACT TTGGTTGTGC AGGGCGAATG TTGGCTTCCC GTGAGCATCG
81　CTGCCTCACG GTTGGCTCAA AACTGAGTCC ATGGTAGGGT GTGGCATGAT CGATGGTGGT TGAGTGACGC TCGAGACCAA
161 TCATGTGTGA CTCCACTGAG TTTGGGCTCT GTAACCAATA GGCGTCTTTG AACACTCGTG ATG

107 轮叶沙参

轮叶沙参*Adenophora tetraphylla* (Thunb.) Fisch.，桔梗科多年生草本，以根入药。主产于东北、华东、河北、山西、广东、广西、云南、四川、贵州等地区。

【种子形态】蒴果球状圆锥形或卵圆状圆锥形，长5.0～7.0mm，直径4.0～5.0mm。种子表面光滑，黄棕色，矩圆状圆锥形，稍扁，有1条狭棱或带翅的棱，并由棱扩展成1条白带，长约1.0mm。千粒重约0.3g。

【采集与储藏】花期7～9月，果期9～10月。当蒴果枯黄时，及时分批采收成熟的果实。采后用盐渍储存或晒干均可。

【DNA提取与序列扩增】称取3～5mg种子，按照微型种子DNA提取方法操作。ITS2序列的获得参照“9107 中药材DNA条形码分子鉴定法指导原则”标准流程操作。

【ITS2峰图与序列】ITS2峰图及其序列如下。

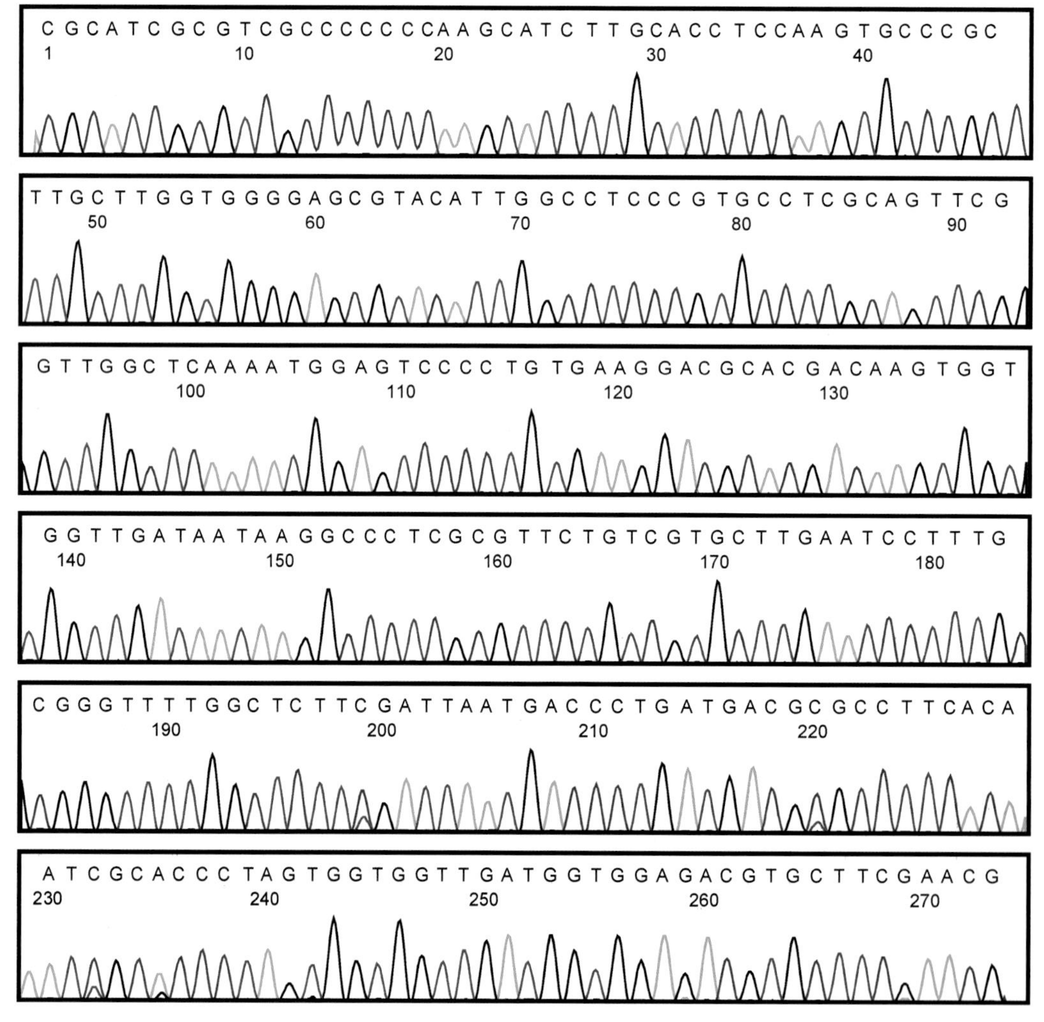

1 CGCATCGCGT CGCCCCCCCA AGCATCTTGC ACCTCCAAGT GCCCGCTTGC TTGGTGGGGA GCGTACATTG GCCTCCCGTG
81 CCTCGCAGTT CGGTTGGCTC AAAATGGAGT CCCCTGTGAA GGACGCACGA CAAGTGGTGG TTGATAATAA GGCCCTCGCG
161 TTCTGTCGTG CTTGAATCCT TTGCGGGTTT TGGCTCTTCG ATTAATGACC CTGATGACGC GCCTTCACAA TCGCACCCTA
241 GTGGTGGTTG ATGGTGGAGA CGTGCTTCGA ACG

108 虎杖

虎杖*Polygonum cuspidatum* Sieb. et Zucc.（FOC：*Reynoutria japonica* Houtt.），蓼科多年生草本，以根和根茎入药。主要分布于陕西南部、甘肃南部、华东、华中、华南、四川、云南及贵州。

【种子形态】种子三棱状卵形，长3.0～4.0cm，宽2.0cm左右。种皮薄，膜质，表面淡黄褐色，种脐处及尖端色较深，先端尖。具种孔，基部具1个短种柄。体视显微镜下表面具略隆起的网状花纹。胚乳白色，粉质；胚淡黄色，稍弯曲，偏于种子一侧；子叶2枚，略呈新月形。千粒重约5.0g。

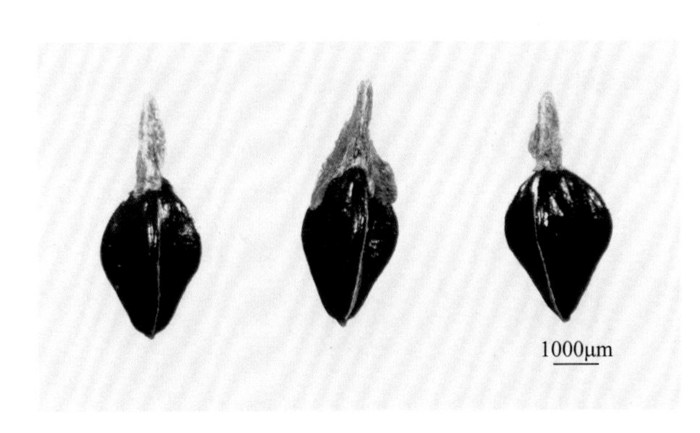

【采集与储藏】花期8～9月，果期9～10月。当花被变淡褐色时及时采集，果实成熟后种子落地，晾干去除杂质，放阴凉处保存。虎杖种子不耐储藏，隔年种子不能用。

【DNA提取与序列扩增】取单粒种子，按照中型种子DNA提取方法操作。ITS2序列的获得参照“9107　中药材DNA条形码分子鉴定法指导原则”标准流程操作。

【ITS2峰图与序列】ITS2峰图及其序列如下。

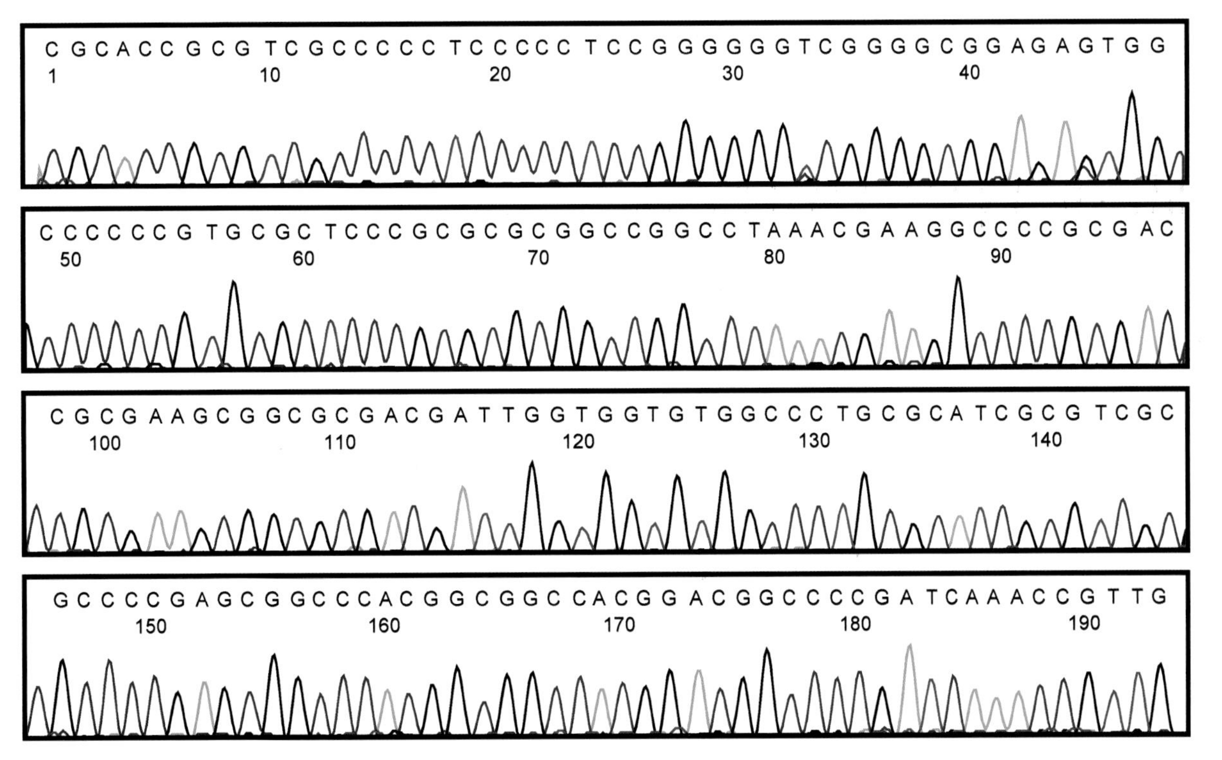

1　CGCACCGCGT CGCCCCCTCC CCCTCCGGGG GGTCGGGGCG GAGAGTGGCC CCCCGTGCGC TCCCGCGCGC GGCCGGCCTA
81　AACGAAGGCC CCGCGACCGC GAAGCGGCGC GACGATTGGT GGTGTGGCCC TGCGCATCGC GTCGCGCCCC GAGCGGCCCA
161 CGGCGGCCAC GGACGGCCCC GATCAAACCG TTG

109 虎掌

虎掌*Pinellia pedatisecta* Schott，天南星科多年生草本，以根茎入药。主要分布于陕西南部、甘肃南部、华东、华中、华南，以及四川、云南、贵州等地区。

【种子形态】浆果卵圆形或近球形，直径2.6～3.8mm，新鲜时绿白色，干后褐棕色或土黄色，表面皱缩，内含种子1粒。种子近球形，顶端尖，直径2.1～2.7mm，种皮褐棕色，无光泽，在体视显微镜下观察表面不平，种脐呈尖状突起。鲜种子千粒重18.2～19.1g。

【采集与储藏】花期6～7月，果期9～11月。6～10月采种，当总苞片发黄，果皮呈白绿色，种子呈浅茶色、茶绿色，易脱落时分批摘回。生产上，6～8月采收的种子，宜随采随播；8月以后采收的种子，要用湿沙混合储藏，留待翌年春季播种。

【DNA提取与序列扩增】取单粒种子，按照中型种子DNA提取方法操作。ITS2序列的获得参照“9107　中药材DNA条形码分子鉴定法指导原则”标准流程操作。

【ITS2峰图与序列】ITS2峰图及其序列如下。

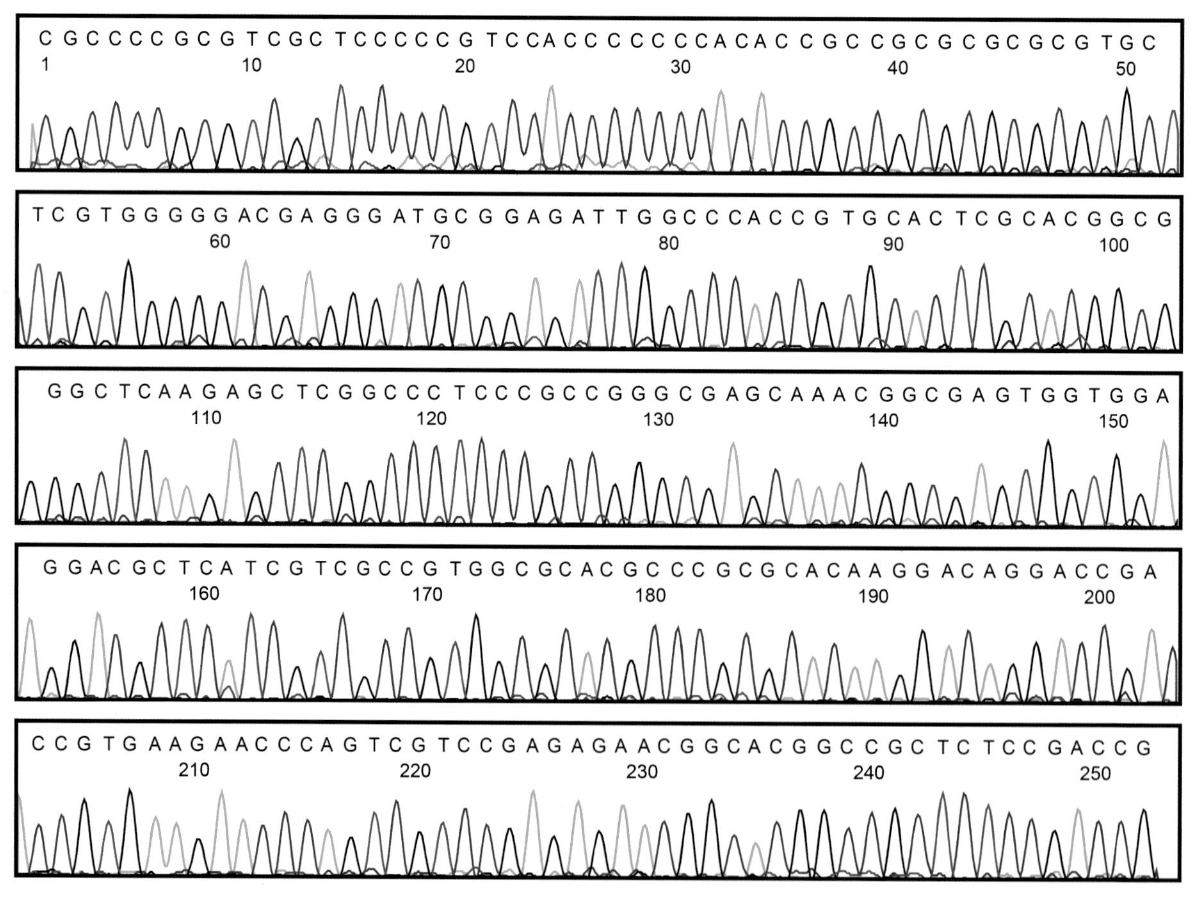

1　CGCCCCGCGT CGCTCCCCCG TCCACCCCCC CACACCGCCG CGCGCGCGTG CTCGTGGGGG ACGAGGGATG CGGAGATTGG
81　CCCACCGTGC ACTCGCACGG CGGGCTCAAG AGCTCGGCCC TCCCGCCGGG CGAGCAAACG GCGAGTGGTG GAGGACGCTC
161 ATCGTCGCCG TGGCGCACGC CCGCGCACAA GGACAGGACC GACCGTGAAG AACCCAGTCG TCCGAGAGAA CGGCACGGCC
241 GCTCTCCGAC CG

110 咖啡黄葵

咖啡黄葵*Abelmoschus esculentus* (L.) Moench，锦葵科一年生草本，以果实入药。原产于印度，我国河北、山东、江苏、浙江、湖南、湖北、云南、广东等地区引入栽培。

【种子形态】蒴果狭塔状矩圆形，具纵棱，先端尖，基部平，成熟时黄色，长12.0～20.0cm，少数达30.0cm。种子多粒，近球形，直径4.0～5.0mm，灰绿色，表面有排列整齐的条纹，背部有1条浅沟。千粒重约55.2g。

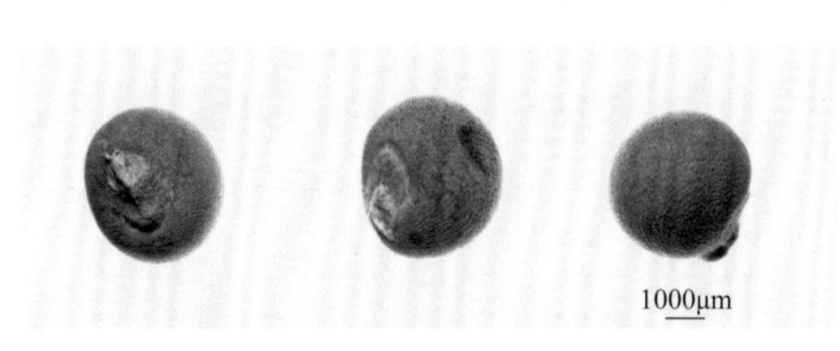

【采集与储藏】花期5～9月，果期7～10月，8月为盛产期。当蒴果呈黄色时采收，剪下果实，晒干后脱粒，除去杂质，放通风干燥处储藏。

【DNA提取与序列扩增】取单粒种子，按照中型种子DNA提取方法操作。ITS2序列的获得参照“9107　中药材DNA条形码分子鉴定法指导原则”标准流程操作。

【ITS2峰图与序列】ITS2峰图及其序列如下。

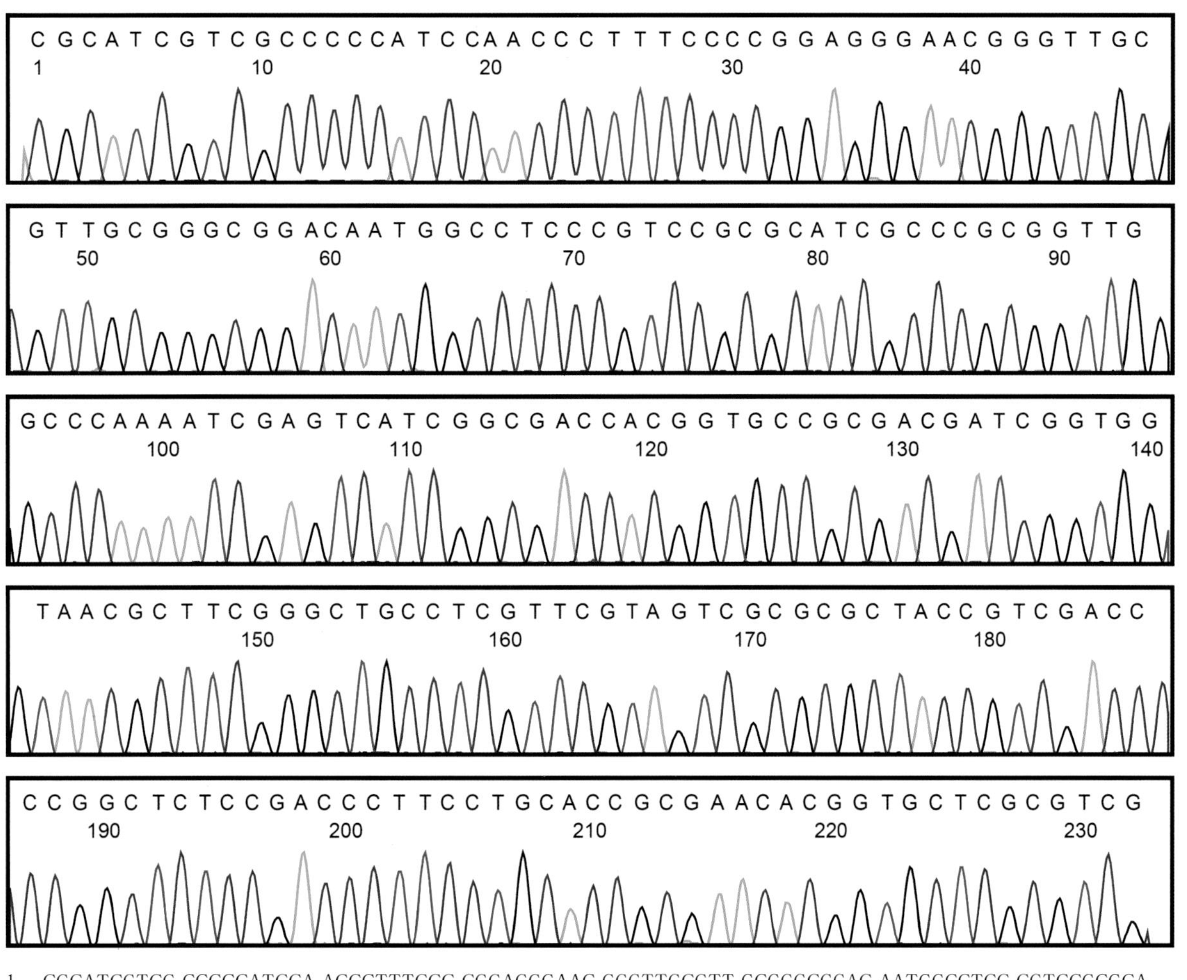

1　CGCATCGTCG CCCCCATCCA ACCCTTTCCC CGGAGGGAAC GGGTTGCGTT GCGGGCGGAC AATGGCCTCC CGTCCGCGCA
81　TCGCCCGCGG TTGGCCCAAA ATCGAGTCAT CGGCGACCAC GGTGCCGCGA CGATCGGTGG TAACGCTTCG GGCTGCCTCG
161 TTCGTAGTCG CGCGCTACCG TCGACCCCGG CTCTCCGACC CTTCCTGCAC CGCGAACACG GTGCTCGCGT CG

111 知母

知母*Anemarrhena asphodeloides* Bge.，百合科多年生草本，以根茎入药。主要分布于河北、山西、山东、陕西、甘肃、内蒙古、辽宁、吉林、黑龙江等地区。

【种子形态】蒴果长卵形，成熟时上方开裂。种子新月形或长椭圆形，长7.5～12.0mm，宽2.1～4.2mm，厚1.7～1.9mm。表面黑色，具3或4条翅状棱。背部呈弓状隆起，腹棱平直，下端有1个微凹的种脐，在体视显微镜下观察表面具很细的瘤状突起。胚乳白色，半透明，含油分；胚根圆柱形；子叶1枚，圆柱形。千粒重7.5～8.1g。

【采集与储藏】花果期6～9月。当蒴果为黄绿色且开裂时采收。在气温36℃、相对空气湿度3%～5%的储藏条件下知母种子保持较高活力。

【DNA提取与序列扩增】取单粒种子，按照中型种子DNA提取方法操作。ITS2序列测序困难，*psbA-trnH*序列的获得参照“9107　中药材DNA条形码分子鉴定法指导原则”标准流程操作。

【*psbA-trnH*峰图与序列】*psbA-trnH*峰图及其序列如下。

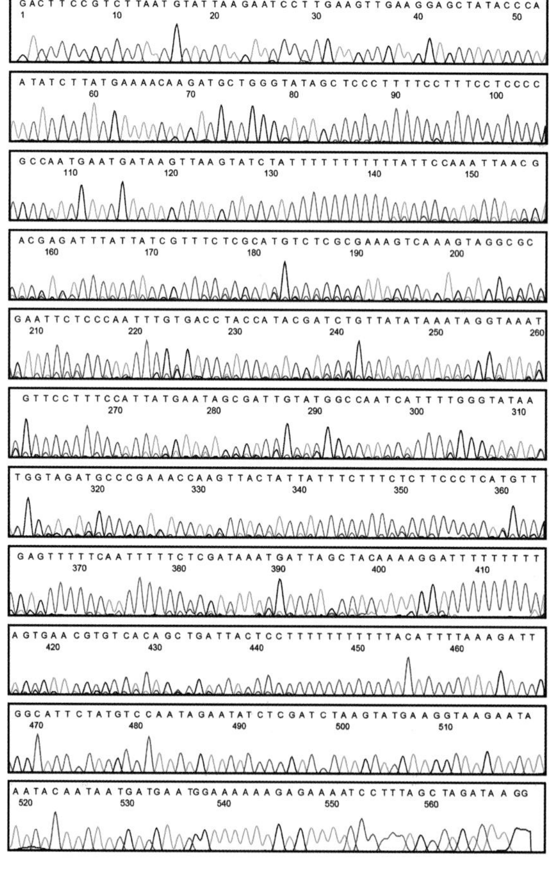

1　GACTTCCGTC TTAATGTATT AAGAATCCTT GAAGTTGAAG GAGCTATACC CAATATCTTA TGAAAACAAG ATGCTGGGTA
81　TAGCTCCCTT TTCCTTTCCT CCCCGCCAAT GAATGATAAG TTAAGTATCT ATTTTTTTTT TTATTCCAAA TTAACGACGA
161 GATTTATTAT CGTTTCTCGC ATGTCTCGCG AAAGTCAGAG TAGGCGCGAA TTCTCCCAAT TTGTGACCTA CCATACGATC
241 TGTTATATAA ATAGGTAAAT GTTCCTTTCC ATTATGAATA GCGATTGTAT GGCCAATCAT TTTGGGTATA ATGGTAGATG
321 CCCGAGACCA AGTTACTATT ATTTCTTTCT CTTCCCTCAT GTTGAGTTTT TCAATTTTTC TCGATAAATG ATTAGCTACA
401 AAAGGATTTT TTTTTAGTGA ACGTGTCACA GCTGATTACT CCTTTTTTTT TTTACATTTT AAAGATTGGC ATTCTATGTC
481 CAATAGAATA TCTCGATCTA AGTATGAAGG TAAGAATAAA TACAATAATG ATGAATGGAA AAAAGAGAAA ATCCTTTAGC
561 TAGATAAGG

112 垂序商陆

垂序商陆*Phytolacca americana* L.，商陆科多年生草本，以根入药。原产于北美，引入栽培，遍及我国河北、陕西、山东、江苏、浙江、江西、福建、河南、湖北、广东、四川、云南（云南逸生分布甚多）。

【种子形态】浆果扁圆形，直径6.2～8.5mm，成熟时果皮呈紫红色至黑紫色，由10个分果爿组成。分果爿短肾形，花亭宿存，每个分果爿内含种子1粒。种子肾状圆形或近圆形，双凸透镜状，直径长2.5～3.0mm，厚1.0～2.0mm，黑色，表面光滑，有强光泽；周缘圆滑，基部边缘较薄，并有1个三角形凹口，沿种脊有1条明显的窄棱脊。种脐椭圆形，其中央有淡黄色的小突起，位于种子基部凹陷内。种皮革质，坚硬。胚乳白色，粉质；胚呈环状；子叶2枚，线形。千粒重约7.0g。

【采集与储藏】花期6～8月，果期8～10月。种子寿命1年。果实变成紫黑色时采收，放于水中搓去外皮，将种子洗净、晾干，置于干燥阴凉处储藏。

【DNA提取与序列扩增】取单粒种子，按照中型种子DNA提取方法操作。ITS2序列的获得参照“9107　中药材DNA条形码分子鉴定法指导原则”标准流程操作。直接测序困难时，可采用克隆方法获取序列。

【ITS2峰图与序列】ITS2峰图及其序列如下。

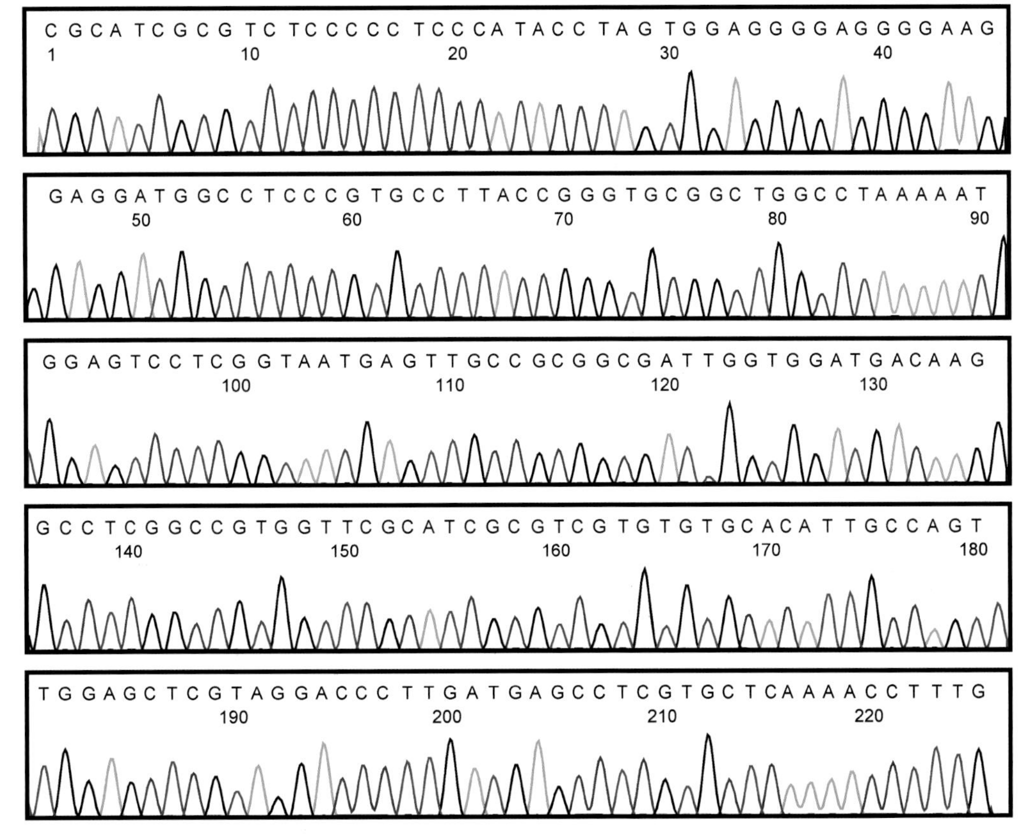

1　CGCATCGCGT CTCCCCCTCC CATACCTAGT GGAGGGGAGG GGAAGGAGGA TGGCCTCCCG TGCCTTACCG GGTGCGGCTG
81　GCCTAAAAAT GGAGTCCTCG GTAATGAGTT GCCGCGGCGA TTGGTGGATG ACAAGGCCTC GGCCGTGGTT CGCATCGCGT
161 CGTGTGTGCA CATTGCCAGT TGGAGCTCGT AGGACCCTTG ATGAGCCTCG TGCTCAAAAC CTTTG

113 使君子

使君子*Quisqualis indica* L.，使君子科攀援灌木，以成熟果实入药。主要分布于湖南、江西、福建、台湾、广东、广西、云南、四川、贵州、海南等地区。

【种子形态】果实长卵形至椭圆形，具5条纵棱，呈橄榄核状，长2.5～4.0cm，直径1.5～2.0cm，未成熟果实黄绿色，成熟后紫褐色至黑褐色，内有种子1粒。种子纺锤形，长1.5～2.8cm，直径0.6～1.0cm，种皮薄，灰白色带有黑色斑块。子叶2枚，淡黄色，肥厚，边缘不整齐，表面有皱纹；胚根不明显，气微香，味淡。千粒重约550.0g。

【采集与储藏】花期5～9月，果期6～10月。当果实呈紫褐色时采摘，晾干，储藏于通风干燥处，或湿沙储藏。

【DNA提取与序列扩增】砸碎，取种子碎块，按照大型种子DNA提取方法操作。ITS2序列的获得参照“9107　中药材DNA条形码分子鉴定法指导原则”标准流程操作。

【ITS2峰图与序列】ITS2峰图及其序列如下。

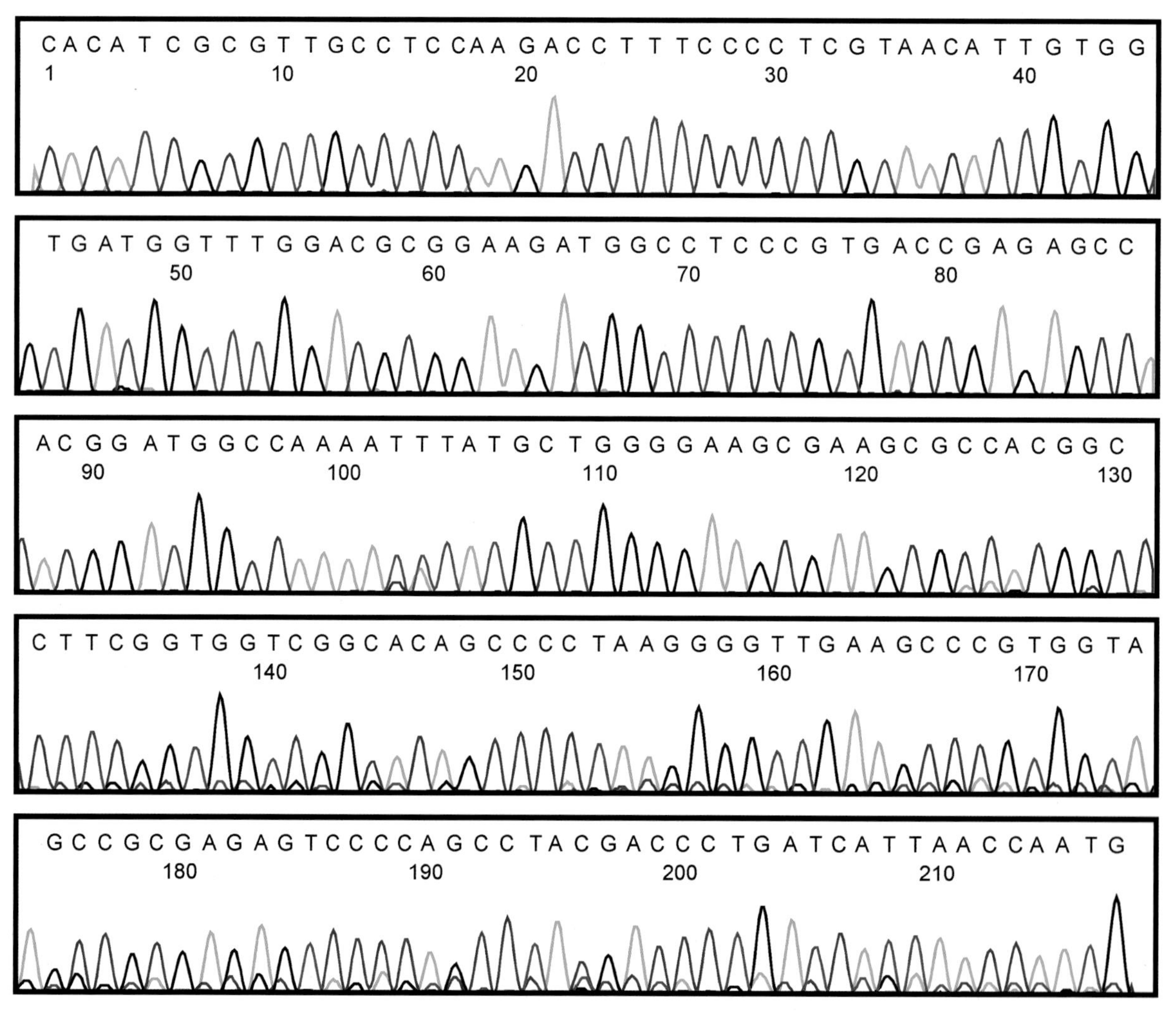

1　CACATCGCGT TGCCTCCAAG ACCTTTCCCC TCGTAACATT GTGGTGATGG TTTGGACGCG GAAGATGGCC TCCCGTGACC
81　GAGAGCCACG GATGGCCAAA ATTTATGCTG GGGAAGCGAA GCGCCACGGC CTTCGGTGGT CGGCACAGCC CCTAAGGGGT
161 TGAAGCCCGT GGTAGCCGCG AGAGTCCCCA GCCTACGACC CTGATCATTA ACCAATG

114 侧柏

侧柏*Platycladus orientalis* (L.) Franco，柏科多年生乔木，以种仁、枝梢、叶入药。主要分布于内蒙古南部、吉林、辽宁、河北、山西、山东、江苏、浙江、福建、安徽、江西、河南、陕西、甘肃、四川、云南、贵州、湖北、湖南、广东北部及广西北部等地区。

【种子形态】球果圆球形或卵状椭圆形，长1.5～2.0cm，直径1.2～1.5cm。成熟时深褐色，开裂，果鳞6～8片，下面4片内各有2粒种子，上部2～4片内无种子。种子椭圆状卵形，略呈三棱状，长5.5～6.5mm，宽2.8～3.2mm，褐色，先端尖，基部钝圆，侧面具细小种脐，色较浅。胚乳丰富，黄白色；胚直生；子叶卵形，2枚或更多，与胚乳均含油质；胚根圆柱状。千粒重约22.0g。

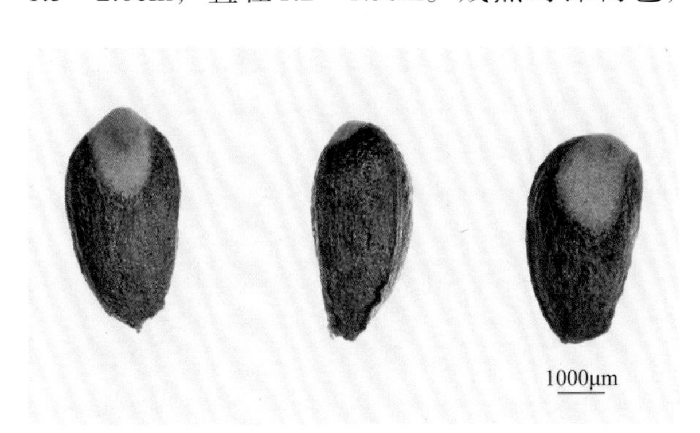

【采集与储藏】花期3～4月，球果10月成熟。球果成熟前为肉质，蓝绿色，成熟时果鳞木质化，变为红褐色。宜在果鳞尚未开裂时采收。晾干或风干，用棍棒敲打，种子脱出后用水选或风选后收藏。袋装干藏，2年内可保持较高的发芽率。

【DNA提取与序列扩增】取单粒种子，按照中型种子DNA提取方法操作。ITS2序列的获得参照“9107　中药材DNA条形码分子鉴定法指导原则”标准流程操作。

【ITS2峰图与序列】ITS2峰图及其序列如下。

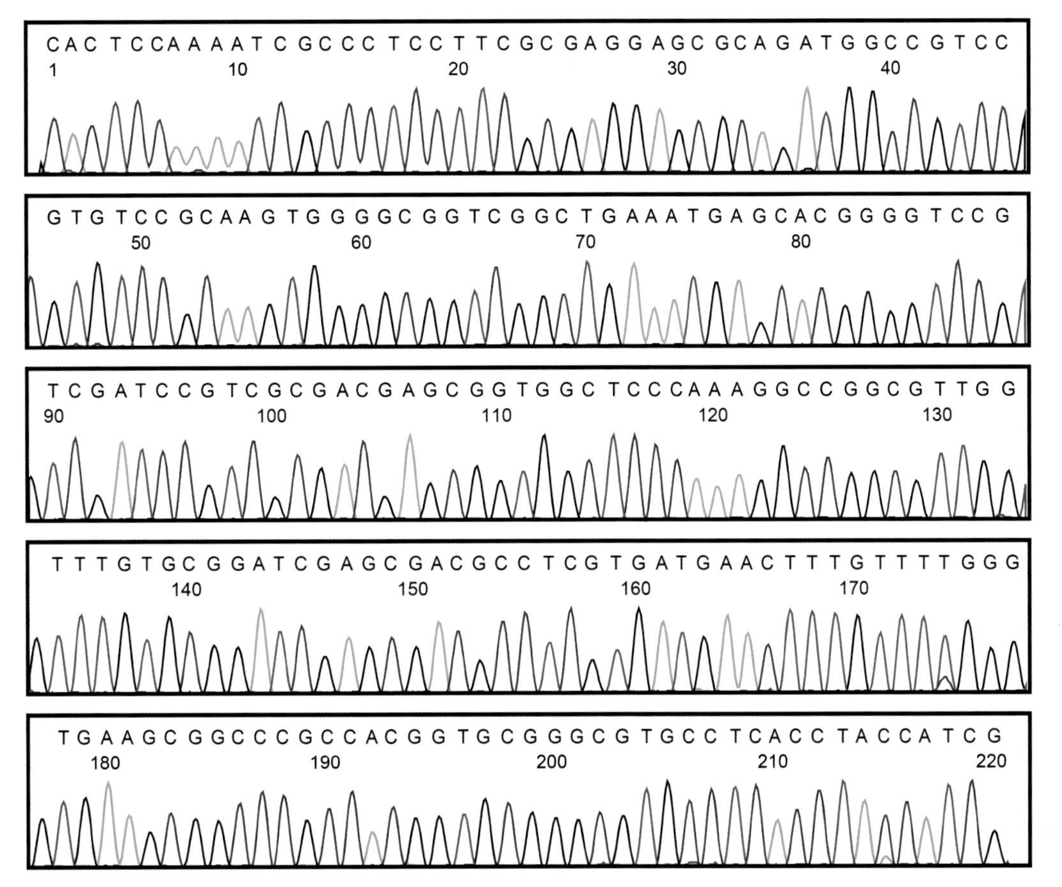

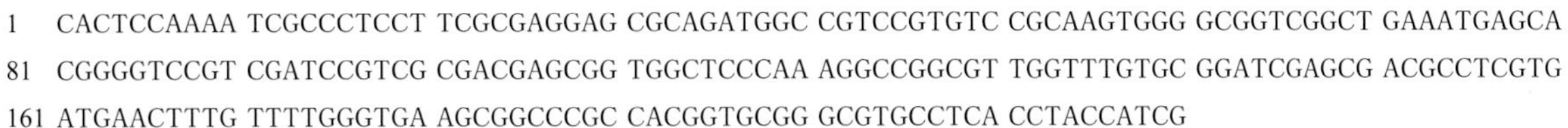
1　CACTCCAAAA TCGCCCTCCT TCGCGAGGAG CGCAGATGGC CGTCCGTGTC CGCAAGTGGG GCGGTCGGCT GAAATGAGCA
81　CGGGGTCCGT CGATCCGTCG CGACGAGCGG TGGCTCCCAA AGGCCGGCGT TGGTTTGTGC GGATCGAGCG ACGCCTCGTG
161 ATGAACTTTG TTTTGGGTGA AGCGGCCCGC CACGGTGCGG GCGTGCCTCA CCTACCATCG

115 金荞麦

金荞麦*Fagopyrum dibotrys* (D. Don)Hara，蓼科多年生草本，以根茎入药。主产于陕西、华东、华中、华南及西南地区。

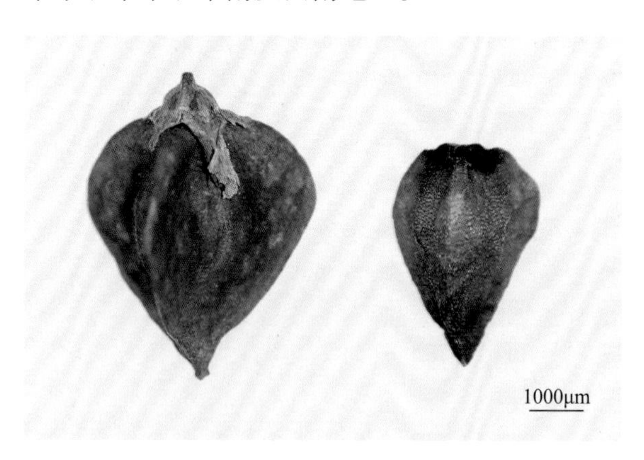

【种子形态】瘦果圆锥状宽卵形三面体，长6.0～9.0mm，宽4.0～6.0mm，黑褐色，先端尖，基部平，最底部略突起，外有5片长椭圆形宿存花被。果实表面具不规则的块状突起。种子呈卵状三棱形，薄膜质。胚乳白色，丰富；子叶弯曲呈“S”形；胚根短小。千粒重约36.0g。

【采集与储藏】花期7～9月，果期8～10月。当瘦果为褐色时采摘。晒干，通风干燥处储藏。

【DNA提取与序列扩增】取单粒种子，按照中型种子DNA提取方法操作。ITS2序列的获得参照“9107　中药材DNA条形码分子鉴定法指导原则”标准流程操作。直接测序困难时，可采用克隆方法获取序列。

【ITS2峰图与序列】ITS2峰图及其序列如下。

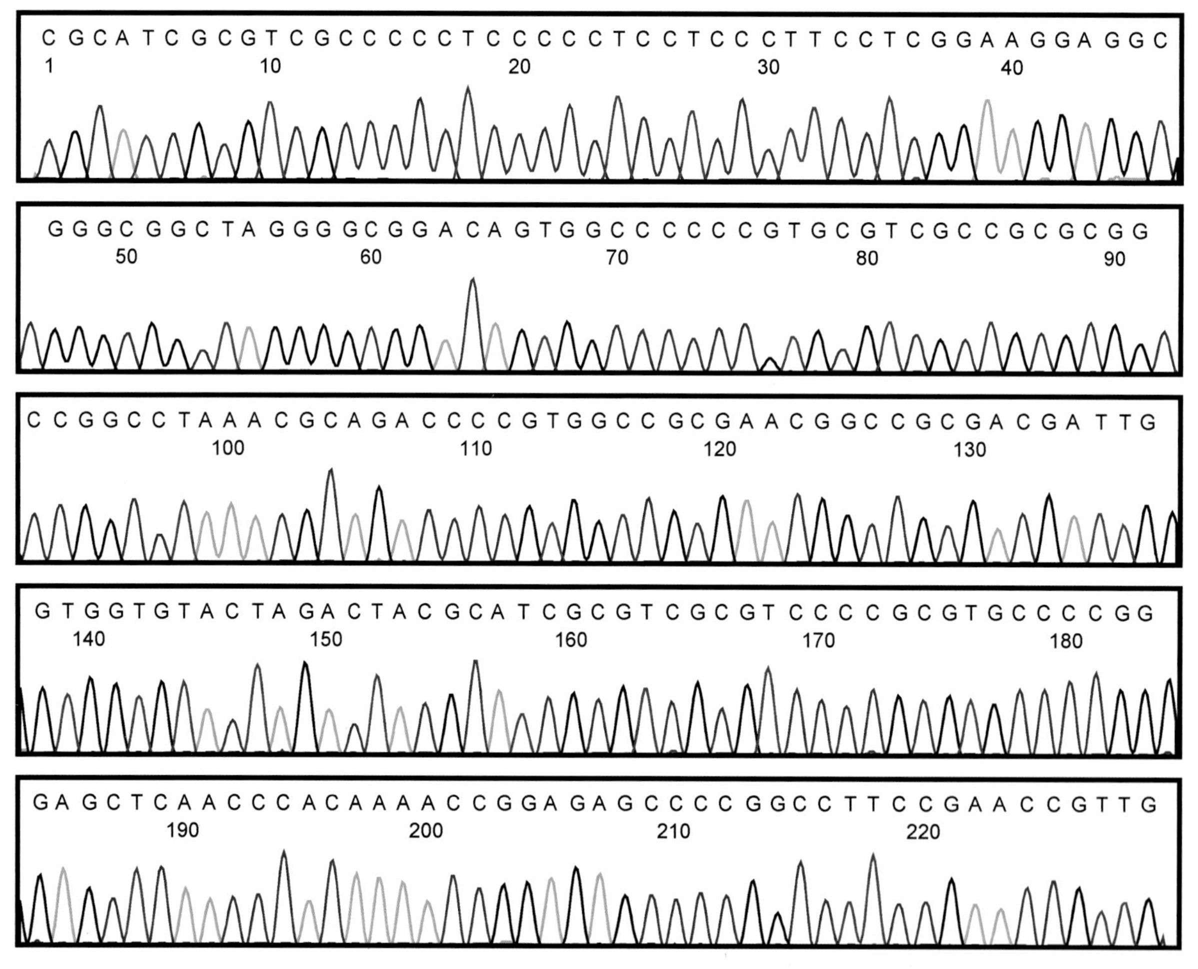

1　CGCATCGCGT CGCCCCCTCC CCCTCCTCCC TTCCTCGGAA GGAGGCGGGC GGCTAGGGGC GGACAGTGGC CCCCCGTGCG

81　TCGCCGCGCG GCCGGCCTAA ACGCAGACCC CGTGGCCGCG AACGGCCGCG ACGATTGGTG GTGTACTAGA CTACGCATCG

161 CGTCGCGTCC CCGCGTGCCC CGGGAGCTCA ACCCACAAAA CCGGAGAGCC CCGGCCTTCC GAACCGTTG

116 金莲花

金莲花*Trollius chinensis* Bunge，毛茛科多年生草本，以花入药。主要分布于山西、河南北部、河北、内蒙古东部、辽宁和吉林西部。

【种子形态】蓇葖果长1.0～1.2cm，宽约3.0mm，具稍明显脉网，喙长约1.0mm。种子多粒。种子倒卵球形，长约1.5mm，黑色，光滑，具4或5条棱。在扫描电镜下，种子表面密布直径约10.0μm的疣状突起，分布较均匀。种皮3层，外种皮约10.0μm厚，中间一层较厚，约20.0μm，上有圆形小孔，相互间隔10.0μm左右，不甚规则，内种皮紧贴胚乳。组织切片可见种皮表皮细胞为1列石细胞，细胞径向延长，细胞壁均匀增厚，种皮下细胞数列，排列疏松，一侧可见维管束，其内侧可见1列薄壁细胞，扁而较皱缩，为种皮内表皮，胚乳细胞内含糊粉粒。千粒重约1.2g。

【采集与储藏】花期6～7月，果期8～9月。成熟的种子呈黑色，有光泽。采种时为了防止种子从果端小孔处掉落，剪下的果实勿倒置，并及时装入布袋内，运回摊开数天再脱粒，簸净种子，置于阴凉处或冰箱内保存。

【DNA提取与序列扩增】取多粒种子，按照小型种子DNA提取方法操作。ITS2序列的获得参照"9107　中药材DNA条形码分子鉴定法指导原则"标准流程操作。

【ITS2峰图与序列】ITS2峰图及其序列如下。

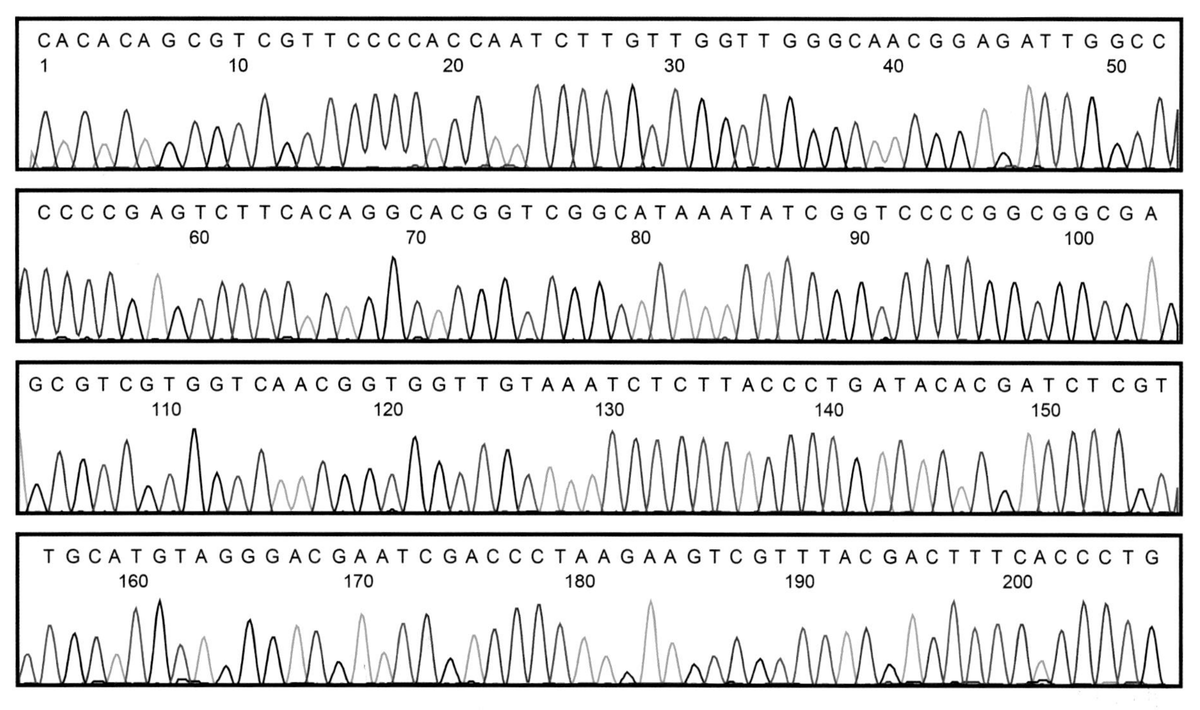

1　CACACAGCGT CGTTCCCCAC CAATCTTGTT GGTTGGGCAA CGGAGATTGG CCCCCCGAGT CTTCACAGGC ACGGTCGGCA
81　TAAATATCGG TCCCCGGCGG CGAGCGTCGT GGTCAACGGT GGTTGTAAAT CTCTTACCCT GATACACGAT CTCGTTGCAT
161 GTAGGGACGA ATCGACCCTA AGAAGTCGTT TACGACTTTC ACCCTG

117 金樱子

金樱子*Rosa laevigata* Michx.，蔷薇科常绿攀援灌木，以果实入药。主要分布于陕西、安徽、江西、江苏、浙江、湖北、湖南、广东、广西、台湾、福建、四川、云南等地区。

【种子形态】蔷薇果长倒卵形，略似花瓶，红黄色或红棕色，上端宿存花萼如盘状，下端渐尖，密被刺毛。蔷薇果内有多个淡黄色或黄褐色坚硬的瘦果，椭圆形或三角状卵形，长5.3～6.0mm，宽3.8～4.0mm，顶端钝圆，基部略尖，为果脐所在；果皮骨质，坚硬，内含种子1粒。种子卵形，长4.0～4.4mm，直径2.2～2.7mm，表面黄褐色，顶端钝圆，有1个深褐色圆形合点，基部尖，为种脐所在。体视显微镜下观察表面有网状细纹，种皮薄膜质。胚乳及胚白色，含油分。千粒重约16.9g。

【采集与储藏】花期4～6月，果期7～11月。当蔷薇果为红色、变软时采集，剥出种子，随采随播或室外沙藏。

【DNA提取与序列扩增】取单粒种子，按照中型种子DNA提取方法操作。ITS2序列的获得参照“9107　中药材DNA条形码分子鉴定法指导原则”标准流程操作。

【ITS2峰图与序列】ITS2峰图及其序列如下。

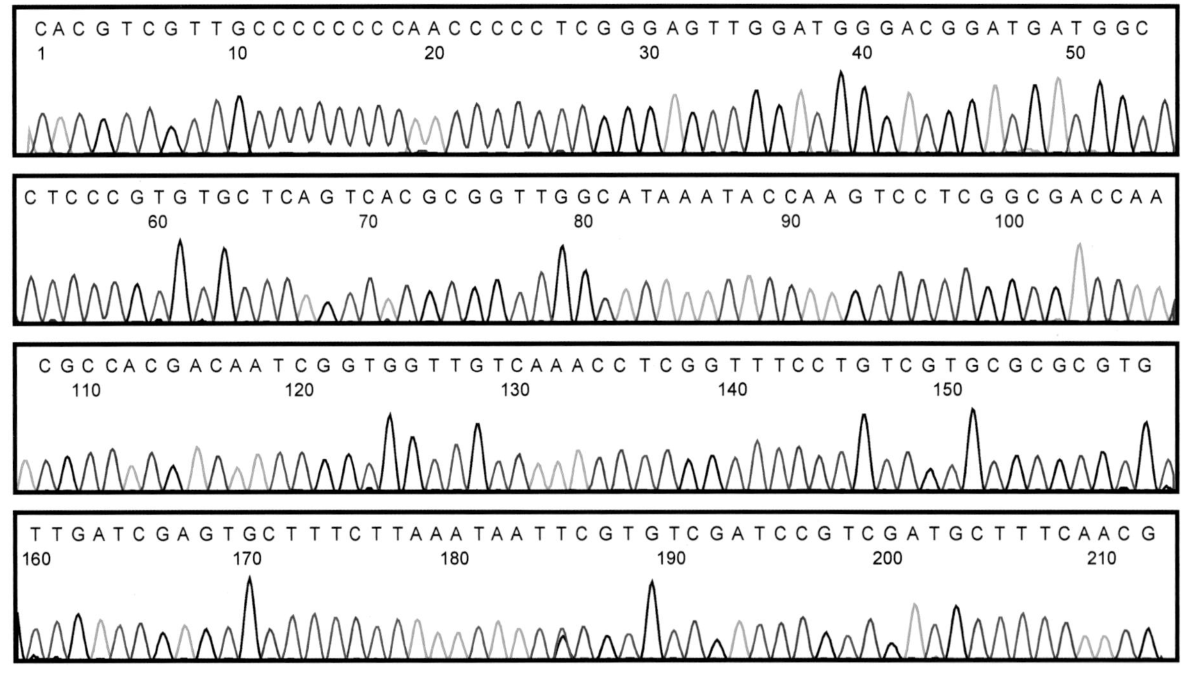

1　CACGTCGTTG CCCCCCCCAA CCCCCTCGGG AGTTGGATGG GACGGATGAT GGCCTCCCGT GTGCTCAGTC ACGCGGTTGG
81　CATAAATACC AAGTCCTCGG CGACCAACGC CACGACAATC GGTGGTTGTC AAACCTCGGT TTCCTGTCGT GCGCGCGTGT
161 TGATCGAGTG CTTTCTTAAA TAATTCGTGT CGATCCGTCG ATGCTTTCAA CG

118 泽泻

泽泻*Alisma plantago-aquatica* L.，泽泻科多年生水生或沼生草本，以块茎入药。主要分布于黑龙江、吉林、辽宁、内蒙古、河北、山西、陕西、新疆、云南等地区。

【种子形态】瘦果多个，排列为轮状，围绕微突出的花托，成熟时易散落。瘦果长方状倒卵形，扁平，背部有1或2个浅沟，长2.0～2.5mm，宽1.2～1.5mm，厚约0.5mm，表面灰黄色。边缘自果实基部直至顶端中间有1条纵沟，侧面中央平滑、具细线纹，有光泽，含种子1粒。种子长方状椭圆形，黑褐色或红褐色，表面有纵纹，先端钝圆，两侧各有1条浅沟，基部有残留种柄。胚白色，半透明；子叶1枚，条形，与胚根连接处向下弯曲，先端弯达胚根基部。千粒重0.3～0.4g。

【采集与储藏】花果期5～10月。果实成熟时采收。当采用玻璃瓶低温保存种子12个月时，发芽率较常规储藏有所提高。

【DNA提取与序列扩增】称取3～5mg种子，按照微型种子DNA提取方法操作。ITS2序列的获得参照“9107 中药材DNA条形码分子鉴定法指导原则”标准流程操作。

【ITS2峰图与序列】ITS2峰图及其序列如下。

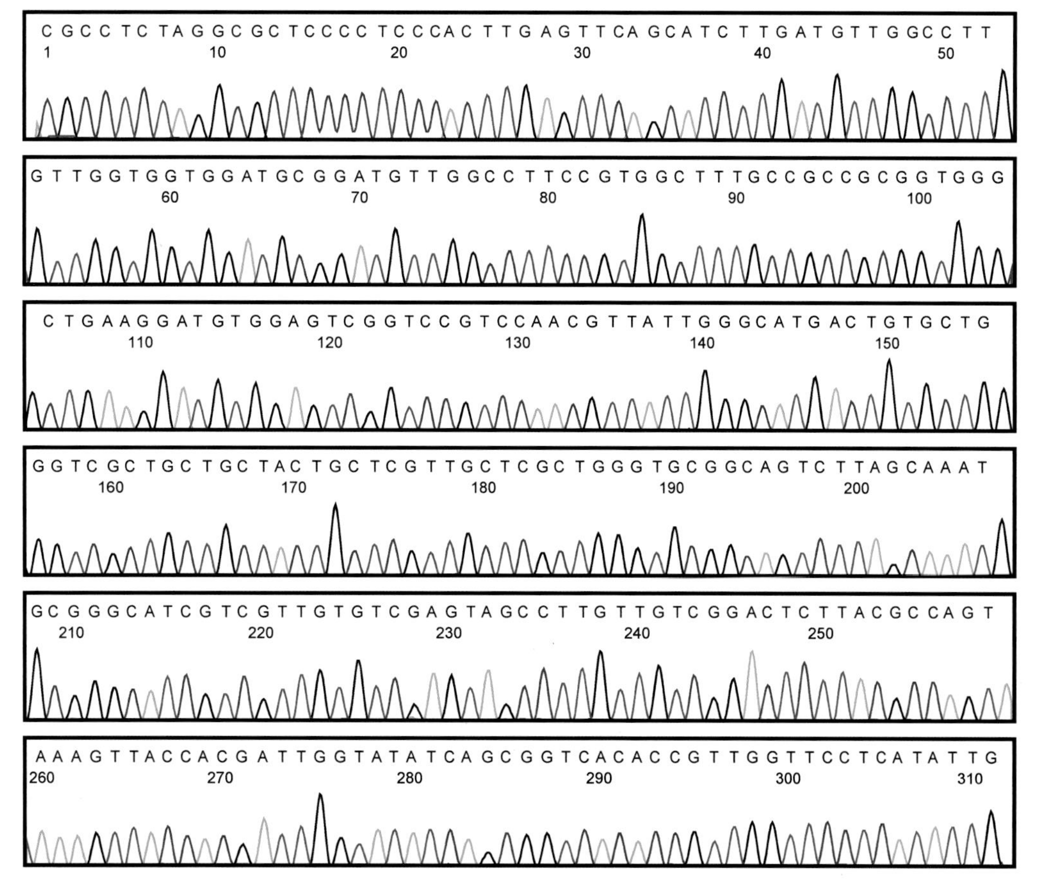

1 CGCCTCTAGG CGCTCCCCTC CCACTTGAGT TCAGCATCTT GATGTTGGCC TTGTTGGTGG TGGATGCGGA TGTTGGCCTT
81 CCGTGGCTTT GCCGCCGCGG TGGGCTGAAG GATGTGGAGT CGGTCCGTCC AACGTTATTG GGCATGACTG TGCTGGGTCG
161 CTGCTGCTAC TGCTCGTTGC TCGCTGGGTG CGGCAGTCTT AGCAAATGCG GGCATCGTCG TTGTGTCGAG TAGCCTTGTT
241 GTCGGACTCT TACGCCAGTA AAGTTACCAC GATTGGTATA TCAGCGGTCA CACCGTTGGT TCCTCATATT G

119 珊瑚菜

珊瑚菜*Glehnia littoralis* F. Schmidt ex Miq.，伞形科多年生草本，以根入药。主要分布于辽宁、河北、山东、江苏、浙江、福建、台湾、广东等地区。

【种子形态】双悬果圆球形或椭圆形，长7.1～13.0mm，宽5.8～8.7mm，表面黄褐色或黄棕色。顶端钝圆，中心为1个小尖突状花柱基，基部稍窄，具果柄痕。分果爿背面隆起，具5条翼状肋线，密被粗毛，腹面较平，中间有1条纵棱脊，两侧各有数条弯弧形线纹，果实外缘疏被粗毛，含种子1粒。种子横切面弧形。胚乳软骨质，白色，含油分；胚细小，埋生于种仁基部。千粒重约24.5g。

【采集与储藏】花果期6～8月。待果实呈黄褐色时，连果梗一起剪回，放通风处晒干，脱粒，储存备用。隔年种子不能用。

【DNA提取与序列扩增】取单粒种子，按照中型种子DNA提取方法操作。ITS2序列的获得参照“9107　中药材DNA条形码分子鉴定法指导原则”标准流程操作。

【ITS2峰图与序列】ITS2峰图及其序列如下。

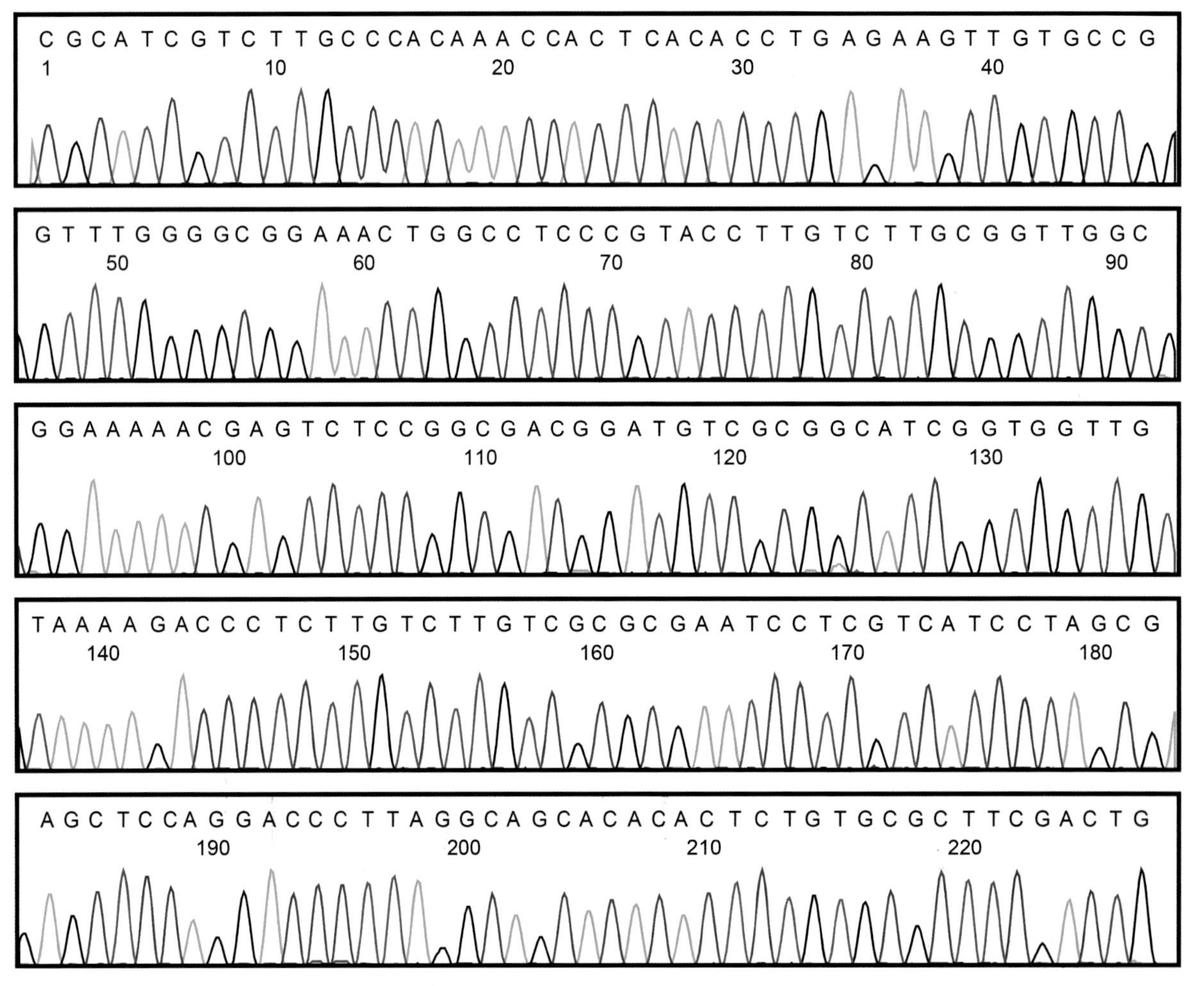

1　CGCATCGTCT TGCCCACAAA CCACTCACAC CTGAGAAGTT GTGCCGGTTT GGGGCGGAAA CTGGCCTCCC GTACCTTGTC
81　TTGCGGTTGG CGGAAAAACG AGTCTCCGGC GACGGATGTC GCGGCATCGG TGGTTGTAAA AGACCCTCTT GTCTTGTCGC
161 GCGAATCCTC GTCATCCTAG CGAGCTCCAG GACCCTTAGG CAGCACACAC TCTGTGCGCT TCGACTG

120 荆芥

荆芥*Schizonepeta tenuifolia* Briq.（FOC：裂叶荆芥），唇形科多年生草本，以地上部分、花穗入药。主要分布于新疆、甘肃、陕西、河南、山西、山东、湖北、贵州、四川、云南等地区。

【种子形态】小坚果三棱状椭圆形，长1.4～1.7mm，宽0.4～0.6mm，表面棕色或棕褐色，略有光泽，在体视显微镜下可见密布小麻点。背面及两侧面均较平，腹面下部有棱，直达白色小圆点状果脐，果皮浸水后黏液化，内含种子1粒。种子椭圆形，表面污白色或淡棕黄色，顶端钝，腹面具1条棕色线形种脊，合点位于种子中部稍上方，种脐位于种子近下端，种皮薄膜质。胚直生，白色，含油分；胚根细小；子叶2枚，肥厚，卵状椭圆形，基部微心形。千粒重约0.3g。

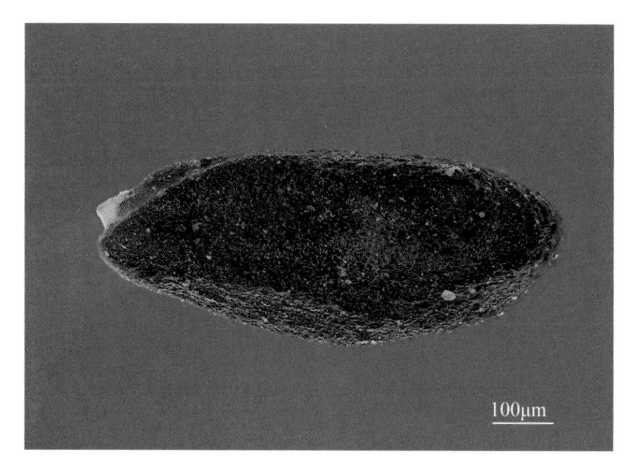

【采集与储藏】花期4～6月（秋季亦常开花），果期10～11月。在收获前于田间选择健壮、枝繁穗多、无病虫害的留作种株，较大田晚收15～20天，等种子充分成熟、籽粒饱满呈深褐色或棕褐色时割下果序，晾干脱粒，筛簸去杂质，放干燥阴凉处保存。将种子装入布袋，悬挂通风干燥处储存。

【DNA提取与序列扩增】称取3～5mg种子，按照微型种子DNA提取方法操作。ITS2序列的获得参照“9107　中药材DNA条形码分子鉴定法指导原则”标准流程操作。

【ITS2峰图与序列】ITS2峰图及其序列如下。

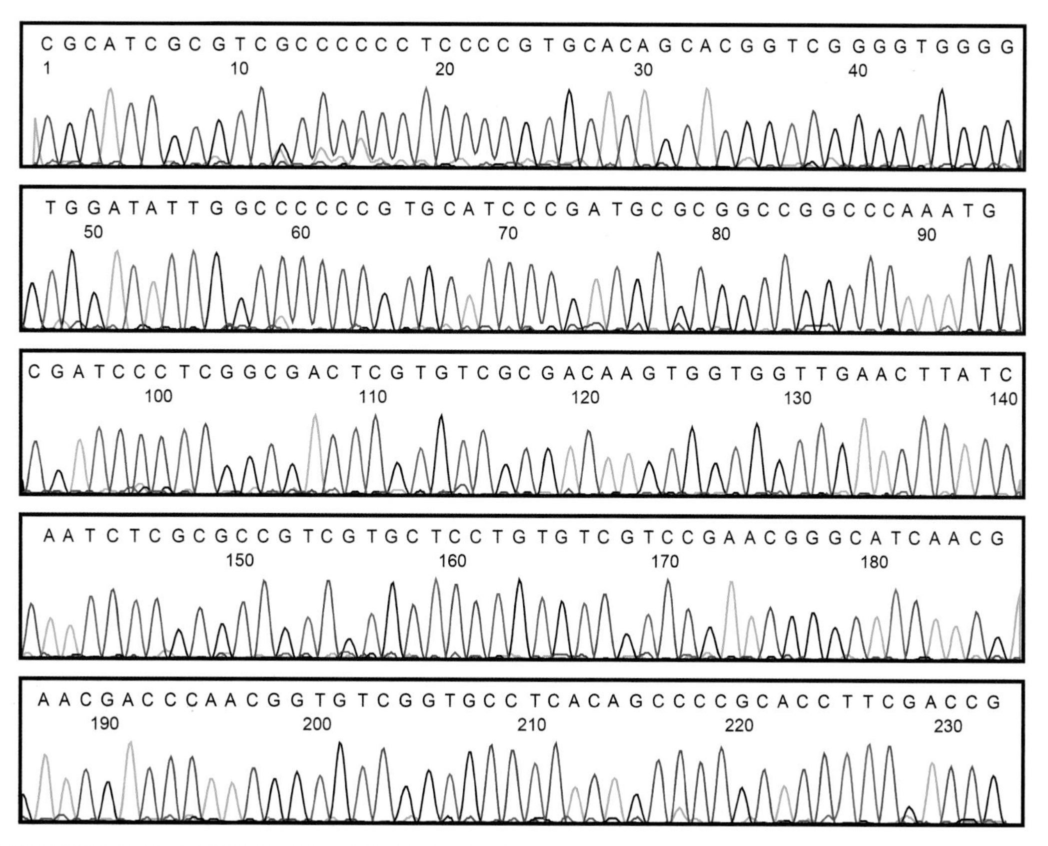

1 CGCATCGCGT CGCCCCCCTC CCCGTGCACA GCACGGTCGG GGTGGGGTGG ATATTGGCCC CCCGTGCATC CCGATGCGCG
81 GCCGGCCCAA ATGCGATCCC TCGGCGACTC GTGTCGCGAC AAGTGGTGGT TGAACTTATC AATCTCGCGC CGTCGTGCTC
161 CTGTGTCGTC CGAACGGGCA TCAACGAACG ACCCAACGGT GTCGGTGCCT CACAGCCCCG CACCTTCGAC CG

121 茜草

茜草*Rubia cordifolia* L.，茜草科草质攀援藤木，以根和根茎入药。主产于东北、华北、西北及四川、西藏等地区。

【种子形态】浆果肉质球形，直径5.0～6.0mm，成熟时深红色。种子扁球形，直径3.0～4.5mm，厚约2.7mm，黑色，背面圆形，腹面圆环形，中央凹陷。表面平滑，无光泽，在体视显微镜下观察表面多皱纹，种脐在腹面凹陷处，圆形，污白色，少有黑色。千粒重约1.6g。

【采集与储藏】花期8～9月，果期10～11月。当浆果由红色转为黑色时采收。茜草种子在11月上旬由蓝紫转黑为成熟，分批采摘鲜用或晒干后放入布袋挂藏备用。

【DNA提取与序列扩增】取多粒种子，按照小型种子DNA提取方法操作。ITS2序列的获得参照“9107　中药材DNA条形码分子鉴定法指导原则”标准流程操作。直接测序困难时，可采用克隆方法获取序列。

【ITS2峰图与序列】ITS2峰图及其序列如下。

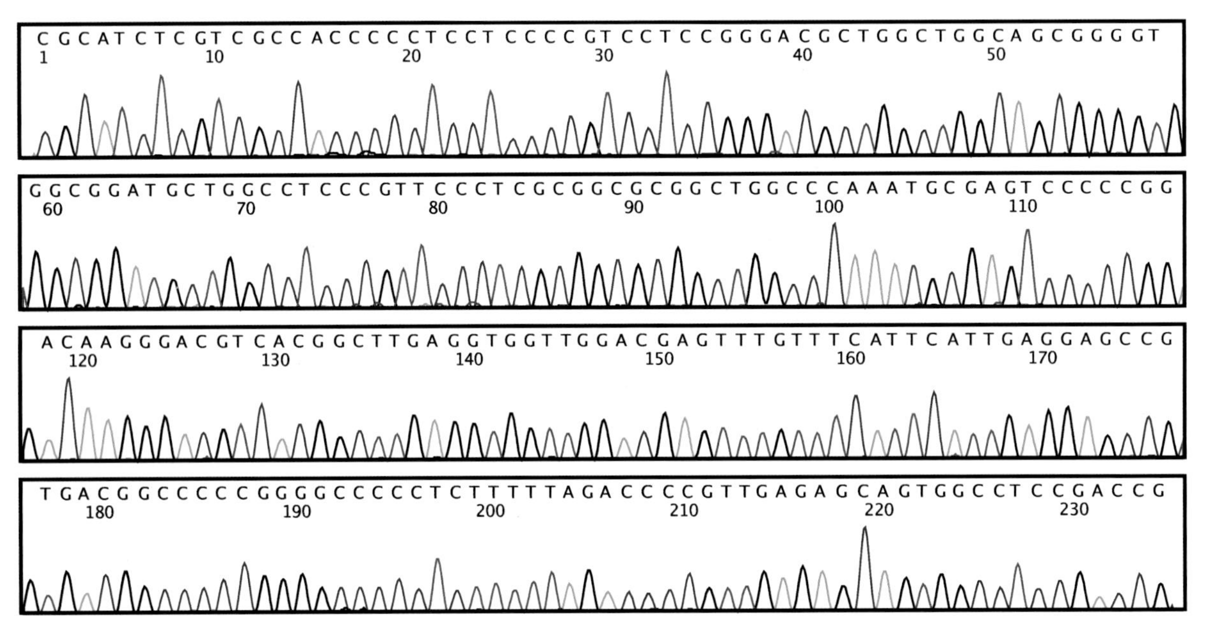

1　CGCATCTCGT CGCCACCCCC TCCTCCCCGT CCTCCGGGAC GCTGGCTGGC AGCGGGGTGG CGGATGCTGG CCTCCCGTTC
81　CCTCGCGGCG CGGCTGGCCC AAATGCGAGT CCCCCGGACA AGGGACGTCA CGGCTTGAGG TGGTTGGACG AGTTTGTTTC
161 ATTCATTGAG GAGCCGTGAC GGCCCCCGGG GCCCCCTCTT TTTAGACCCC GTTGAGAGCA GTGGCCTCCG ACCG

122 草珊瑚

草珊瑚*Sarcandra glabra* (Thunb.) Nakai，金粟兰科常绿半灌木，以全草入药。主要分布于安徽、浙江、江西、福建、台湾、广东、广西、湖南、四川、贵州、云南等地区。

【种子形态】核果，球形，成熟时呈红色。直径3.0～4.0mm。果核卵形，长3.7～4.6mm，直径2.7～3.3mm，表皮灰白色，近革质，有棕色细斑纹，光滑。种皮薄膜质，白色，稍皱缩。种脐在基部，微突，圆形，红褐色。含丰富胚乳，胚乳油性大；胚微小。千粒重约16.8g。

【采集与储藏】花期6月，果期8～10月。秋季待核果呈红色时采摘。搓去果皮，洗净晾干，置于干燥阴凉处储藏。

【DNA提取与序列扩增】取单粒种子，按照中型种子DNA提取方法操作。ITS2序列的获得参照“9107　中药材DNA条形码分子鉴定法指导原则”标准流程操作。

【ITS2峰图与序列】ITS2峰图及其序列如下。

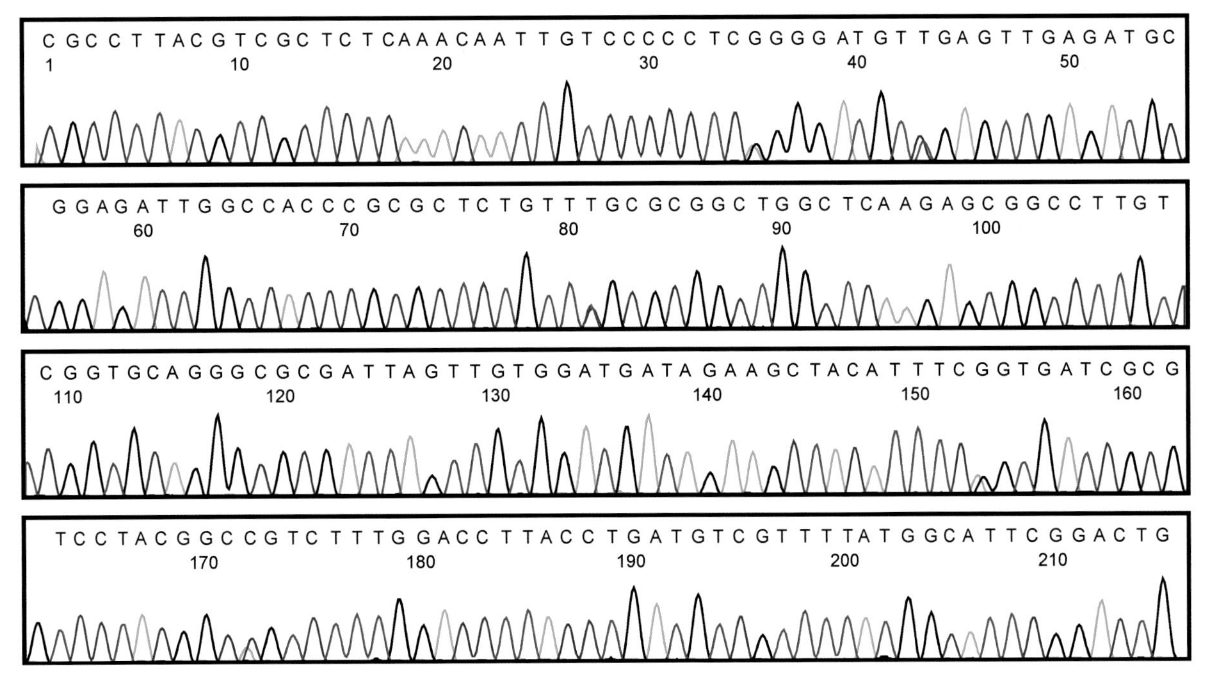

1　CGCCTTACGT CGCTCTCAAA CAATTGTCCC CCTCGGGGAT GTTGAGTTGA GATGCGGAGA TTGGCCACCC GCGCTCTGTT

81　TGCGCGGCTG GCTCAAGAGC GGCCTTGTCG GTGCAGGGCG CGATTAGTTG TGGATGATAG AAGCTACATT TCGGTGATCG

161 CGTCCTACGG CCGTCTTTGG ACCTTACCTG ATGTCGTTTT ATGGCATTCG GACTG

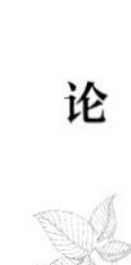

123 茴香

茴香*Foeniculum vulgare* Mill.，伞形科多年生草本，以果实入药。原产于地中海地区，我国各地均有栽培。

【种子形态】双悬果，圆柱形，两端较尖，长4.5～7.0mm，宽1.5～3.0mm，表面黄绿色至灰棕色，光滑无毛，有时有长3.0～10.0mm的小果柄，顶端残留有2个长约1.0mm的圆锥形柱头；分果爿呈长椭圆形，背面隆起，有明显纵直肋线5条，腹面平坦，有槽纹，中央部分色深，两边色淡。含种子1粒，种子肾形，横切面半圆形。胚乳丰富，胚细小。千粒重约4.2g。

【采集与储藏】花期5～6月，果期7～9月。茴香开花后20～30天，种子开始变褐色时即可采收，及时晒干、脱粒、去杂，储存于干燥阴凉处。

【DNA提取与序列扩增】取多粒种子，按照小型种子DNA提取方法操作。ITS2序列的获得参照“9107　中药材DNA条形码分子鉴定法指导原则”标准流程操作。

【ITS2峰图与序列】ITS2峰图及其序列如下。

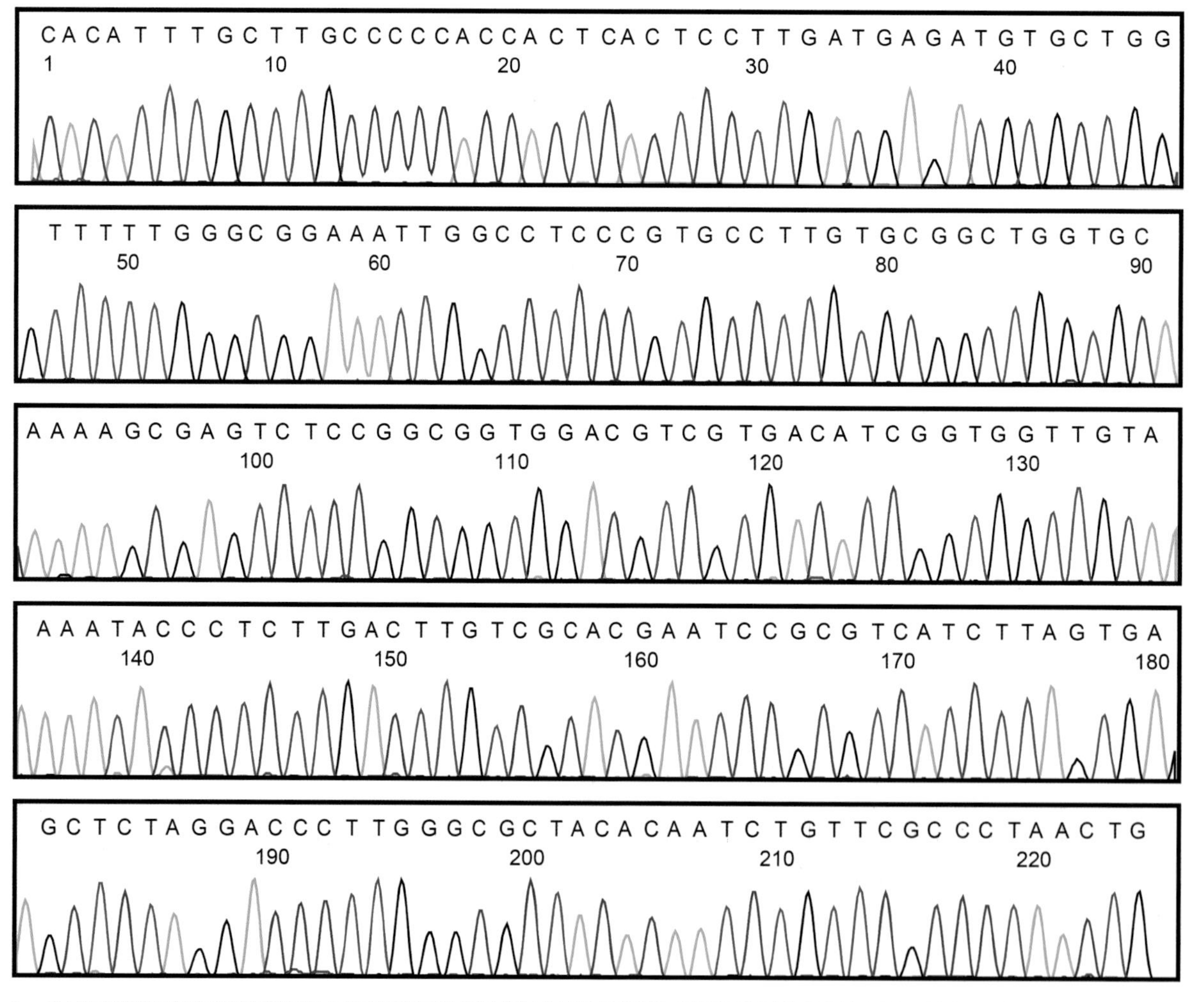

1　CACATTTGCT TGCCCCCACC ACTCACTCCT TGATGAGATG TGCTGGTTTT TGGGCGGAAA TTGGCCTCCC GTGCCTTGTG
81　CGGCTGGTGC AAAAGCGAGT CTCCGGCGGT GGACGTCGTG ACATCGGTGG TTGTAAAATA CCCTCTTGAC TTGTCGCACG
161 AATCCGCGTC ATCTTAGTGA GCTCTAGGAC CCTTGGGCGC TACACAATCT GTTCGCCCTA ACTG

124 胡芦巴

胡芦巴 *Trigonella foenum-graecum* L.（FOC：胡卢巴），豆科一年生草本，以种子入药。我国各地均有栽培，在西南、西北呈半野生状态。

【种子形态】荚果条状圆柱形，长5.0～11.0cm，先端呈尾状，稍弯。种子矩圆形或斜方形，略扁，长3.2～4.4mm，宽2.3～3.3mm，厚1.6～2.1mm，表面黄棕色或暗黄棕色，平滑，在体视显微镜下可见有细小的疣状突起；两侧面各具1条斜沟（胚根与子叶间形成的痕），相交于腹侧微凹处；腹侧微凹处具1个白色点状种脐，其上方为1条短种脊及1个圆点状合点。种皮薄。胚乳透明，角质样；胚弯曲，淡黄褐色；胚根圆柱状；子叶2枚，倒卵形。千粒重约7.1g。

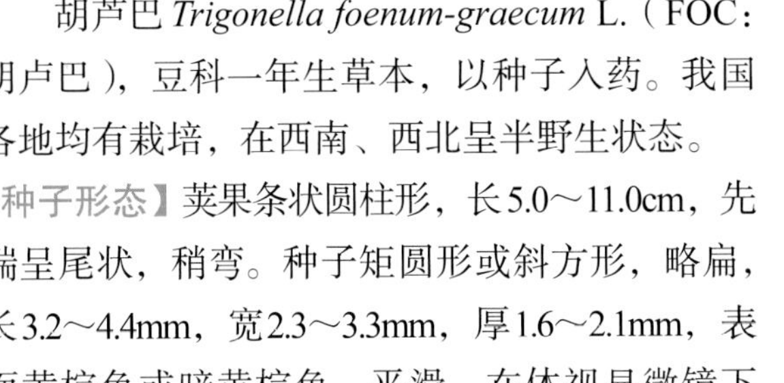

【采集与储藏】花期4～7月，果期7～9月。待种子呈黄棕色至红棕色时割下荚果，晒干，打下种子，除去杂质，放干燥阴凉处保存。

【DNA提取与序列扩增】取单粒种子，按照中型种子DNA提取方法操作。ITS2序列的获得参照“9107　中药材DNA条形码分子鉴定法指导原则”标准流程操作。

【ITS2峰图与序列】ITS2峰图及其序列如下。

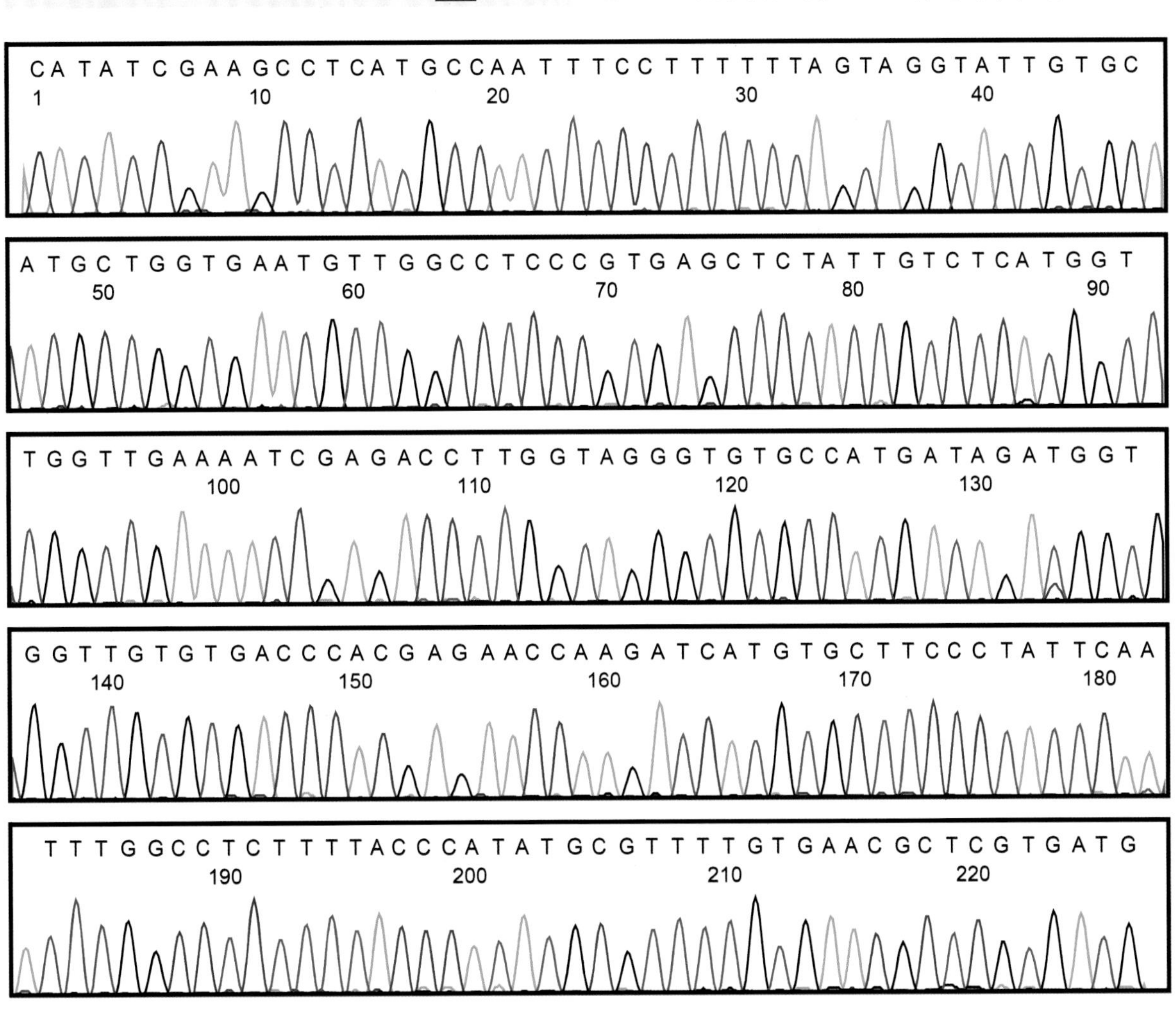

1　CATATCGAAG CCTCATGCCA ATTTCCTTTT TTAGTAGGTA TTGTGCATGC TGGTGAATGT TGGCCTCCCG TGAGCTCTAT

81　TGTCTCATGG TTGGTTGAAA ATCGAGACCT TGGTAGGGTG TGCCATGATA GATGGTGGTT GTGTGACCCA CGAGAACCAA

161 GATCATGTGC TTCCCTATTC AATTTGGCCT CTTTTACCCA TATGCGTTTT GTGAACGCTC GTGATG

125 胡椒

胡椒*Piper nigrum* L.，胡椒科木质攀援藤本，以果实入药。原产于东南亚地区，我国台湾、福建、广东、广西、云南等地区均有栽培。

【种子形态】浆果近圆球形，密集着生在果轴上，呈圆柱形果穗。成熟时黑黄色，鲜果直径4.0～6.0mm，顶端有3个近似三角形的残留柱头，基部无柄，有自果轴脱落下的疤痕。外果皮薄膜状，质松脆，易剥落，内有1薄层红黄色或黄红色果肉；内果皮薄壳状，稍坚硬。播种用的种子即为带内果皮的果核，形状、大小接近果实，表面棕黄色，具灰白色斑纹和10～14条纵走的脉纹。纵切面大部分为稍带粉质的外胚乳，外层多淡黄棕色，内层多黄白色，近中央有1个近菱形的小空腔，靠近顶端有细小的胚和胚乳。千粒重33.0～46.0g。

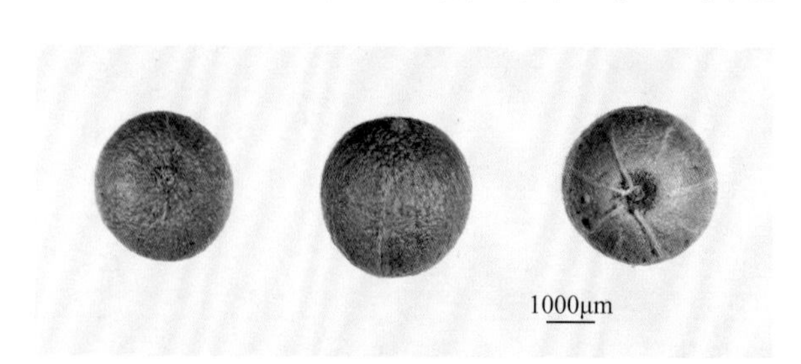

【采集与储藏】花期6～10月，果期10月至翌年4月。部分果实已红黄或黄红时即可采收。置于干爽阴凉处储藏。

【DNA提取与序列扩增】取单粒种子，按照中型种子DNA提取方法操作。ITS2序列的获得参照“9107　中药材DNA条形码分子鉴定法指导原则”标准流程操作。直接测序困难时，可采用克隆方法获取序列。

【ITS2峰图与序列】ITS2峰图及其序列如下。

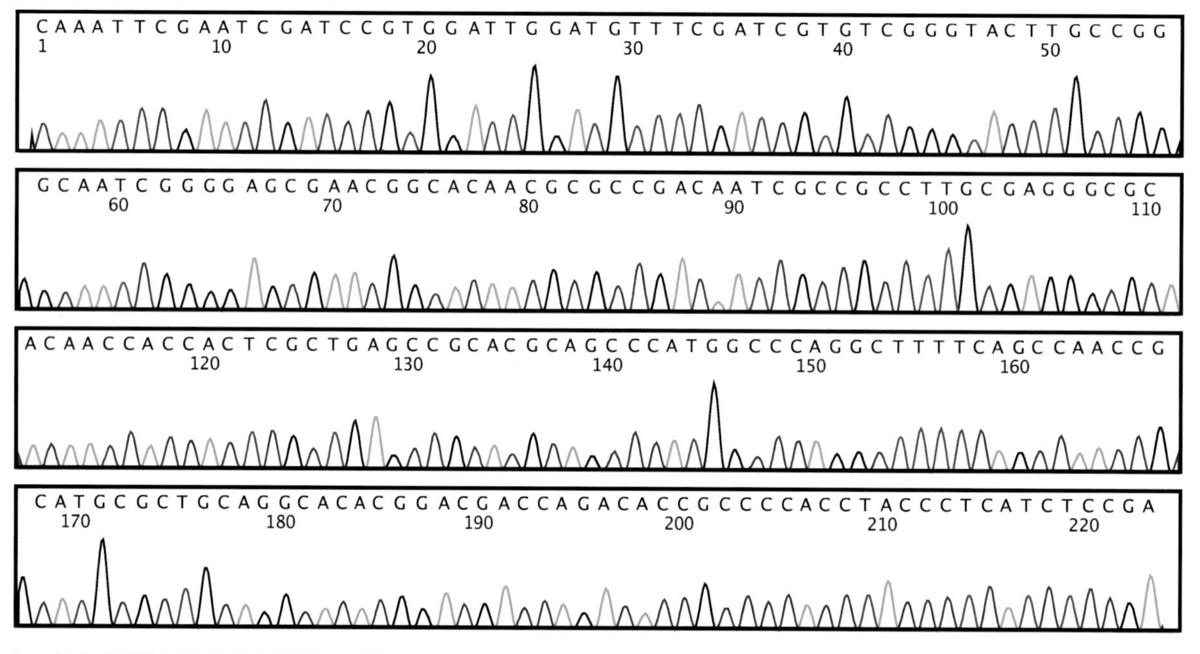

1 CAAATTCGAA TCGATCCGTG GATTGGATGT TTCGATCGTG TCGGGTACTT GCCGGGCAAT CGGGGAGCGA ACGGCACAAC
81 GCGCCGACAA TCGCCGCCTT GCGAGGGCGC ACAACCACCA CTCGCTGAGC CGCACGCAGC CCATGGCCCA GGCTTTTCAG
161 CCAACCGCAT GCGCTGCAGG CACACGGACG ACCAGACACC GCCCCACCTA CCCTCATCTC CGA

126 荔枝

荔枝*Litchi chinensis* Sonn.，无患子科常绿乔木，以种子入药。主要分布于我国西南部、南部和东南部，尤以广东和福建南部栽培最盛。

【种子形态】核果卵形或近球形，长3.0～3.8cm，宽2.4～3.3cm。外果皮革质，并有瘤状突起，成熟时暗红色；内果皮膜质，假种皮白色肉质，包裹着种子。种子椭圆形，长1.6～2.4cm，直径1.2～1.5cm，基部稍大，平截，外种皮革质，表面光滑并有光泽，成熟时褐色，内种皮膜质。种脐近圆形，位于种子基部截面上，表面常有浅黄色肉状组织。胚乳鲜白色；胚圆锥形，位于种子基部。千粒重约2043.3g。

【采集与储藏】花期为春季，果期为夏季。当果皮显鲜红色时便可采摘，种子用清水洗净，摊放在竹箩上晾干种皮后，便可盛于塑料袋中，袋口不扎紧，放室内储藏。

【DNA提取与序列扩增】砸碎，取种子碎块，按照大型种子DNA提取方法操作。ITS2序列的获得参照“9107　中药材DNA条形码分子鉴定法指导原则”标准流程操作。

【ITS2峰图与序列】ITS2峰图及其序列如下。

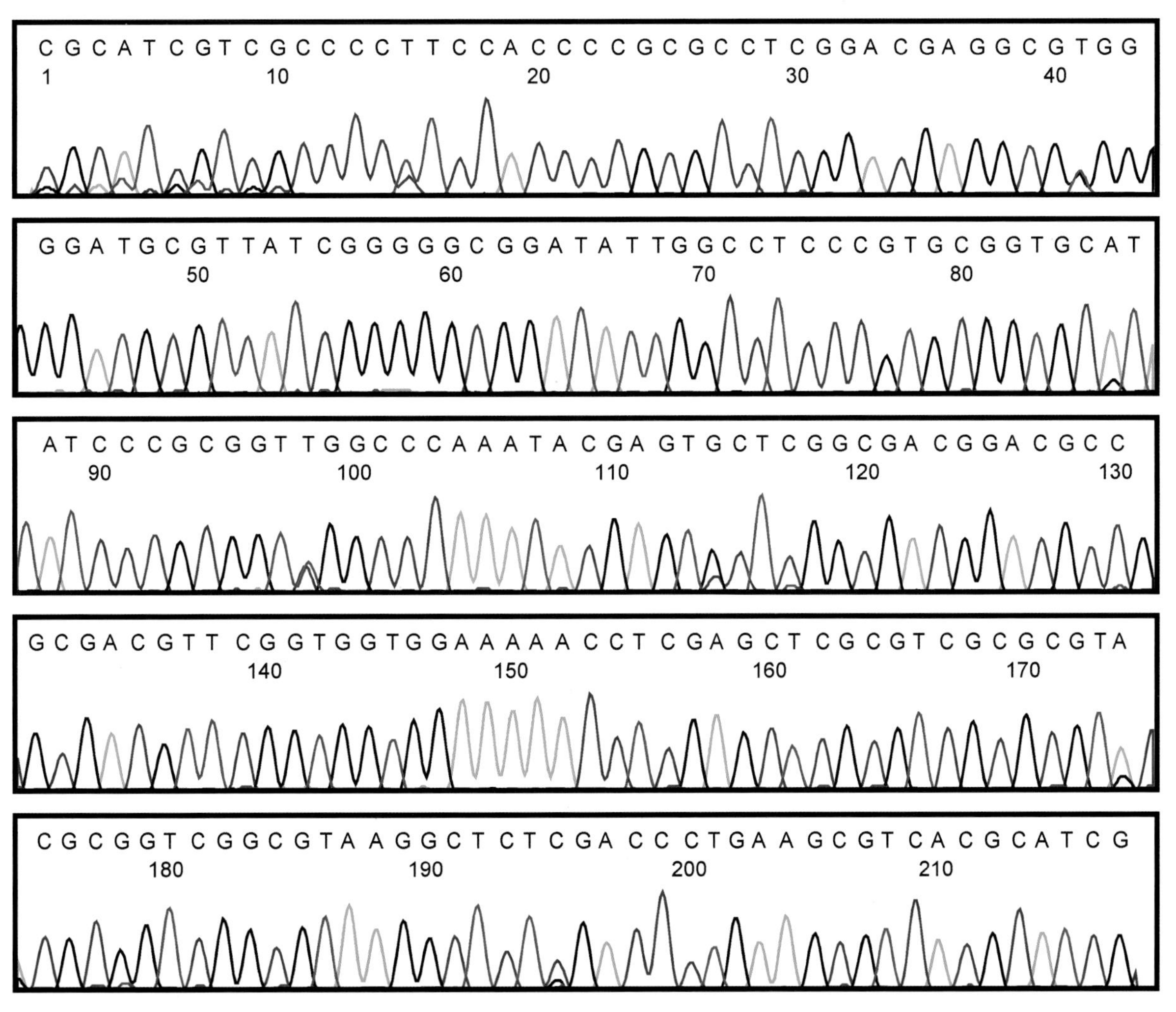

1　CGCATCGTCG CCCCTTCCAC CCCGCGCCTC GGACGAGGCG GGGGGATGCG TTATCGGGGG CGGATATTGG CCTCCCGTGC

81　GGTGCATATC CCGCGGTTGG CCCAAATACG AGTGCTCGGC GACGGACGCC GCGACGTTCG GTGGTGGAAA AACCTCGAGC

161 TCGCGTCGCG CGTACGCGGT CGGCGTAAGG CTCTCGACCC TGAAGCGTCA CGCATCG

127 南酸枣

南酸枣*Choerospondias axillaris* (Roxb.) Burtt et Hill，漆树科落叶乔木，以果实入药。主要分布于西藏、云南、贵州、广西、广东、湖南、湖北、江西、福建、浙江、安徽等地区。

【种子形态】核果椭圆形或近卵形，长2.0～3.0cm，宽1.4～2.5cm，成熟时黄色，味酸，有黏液。果核近圆柱形，末端稍窄，长1.5～2.0cm，直径1.1～1.4cm，表面淡黄色，具许多纵向排列的小孔。核果近顶端有4～6个孔，长4.0～6.0mm，宽2.0～4.0mm，稍大，较为疏散；末端聚集着与顶端相同数目的孔，较小，且具1个尖状突起。千粒重约2435.0g。

【采集与储藏】花期4月，果期9～10月。种子不耐储藏，隔年种子不能用。

【DNA提取与序列扩增】砸碎，取种子碎块，按照大型种子DNA提取方法操作。ITS2序列的获得参照“9107 中药材DNA条形码分子鉴定法指导原则”标准流程操作。直接测序困难时，可采用克隆方法获取序列。

【ITS2峰图与序列】ITS2峰图及其序列如下。

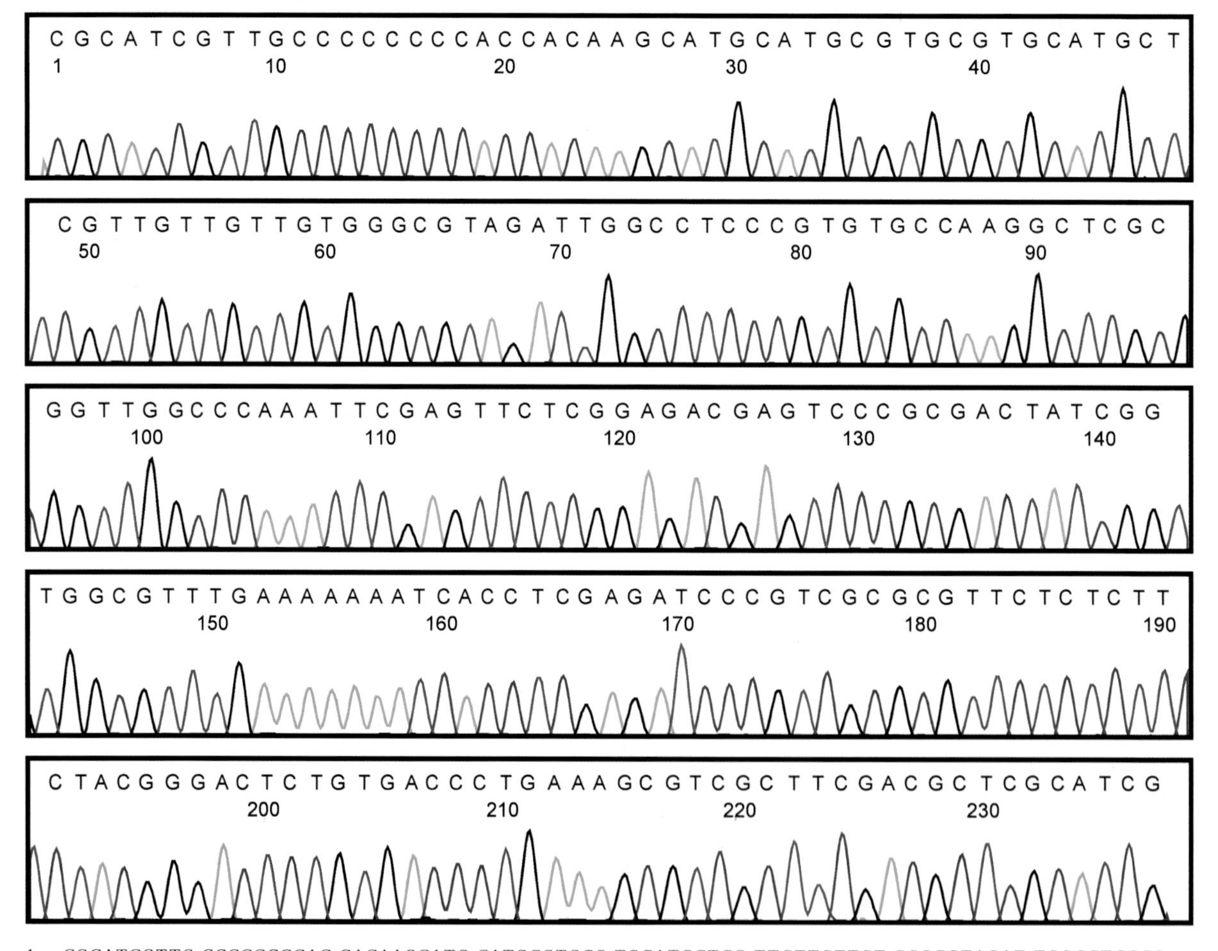

1 CGCATCGTTG CCCCCCCCAC CACAAGCATG CATGCGTGCG TGCATGCTCG TTGTTGTTGT GGGCGTAGAT TGGCCTCCCG
81 TGTGCCAAGG CTCGCGGTTG GCCCAAATTC GAGTTCTCGG AGACGAGTCC CGCGACTATC GGTGGCGTTT GAAAAAAATC
161 ACCTCGAGAT CCCGTCGCGC GTTCTCTCTT CTACGGGACT CTGTGACCCT GAAAGCGTCG CTTCGACGCT CGCATCG

128 枳

枳*Citrus trifoliata* L.，芸香科小乔木，以果实入药。主要分布于山东、河南、山西、陕西、甘肃、安徽、江苏、浙江、湖北、湖南、江西、广东、广西、贵州、云南等地区。

【种子形态】果近圆球形或梨形，果皮暗黄色，粗糙，含种子20～50粒。种子多饱满，大，阔卵形，乳白或乳黄色，有黏液，平滑或间有不明显的细脉纹，长9.0～12.0mm。种皮平滑，子叶及胚均呈乳白色，单胚或多胚，种子发芽时子叶不出土。千粒重约85.3g。

【采集与储藏】花期5～6月，果期10～11月。每年秋季采集枳的成熟果实，剥出果实内种子，将种子装入具一定透气性的布袋、麻袋或编织袋内，放在通风、干燥、阴凉、无鼠、无虫害的室内储藏。

【DNA提取与序列扩增】取单粒种子，按照中型种子DNA提取方法操作。ITS2序列通用引物扩增困难时，可采用新设计引物ITS2F1/ITS2R1进行扩增，反应体系和扩增程序参照“9107　中药材DNA条形码分子鉴定法指导原则”标准流程操作。

【ITS2峰图与序列】ITS2峰图及其序列如下。

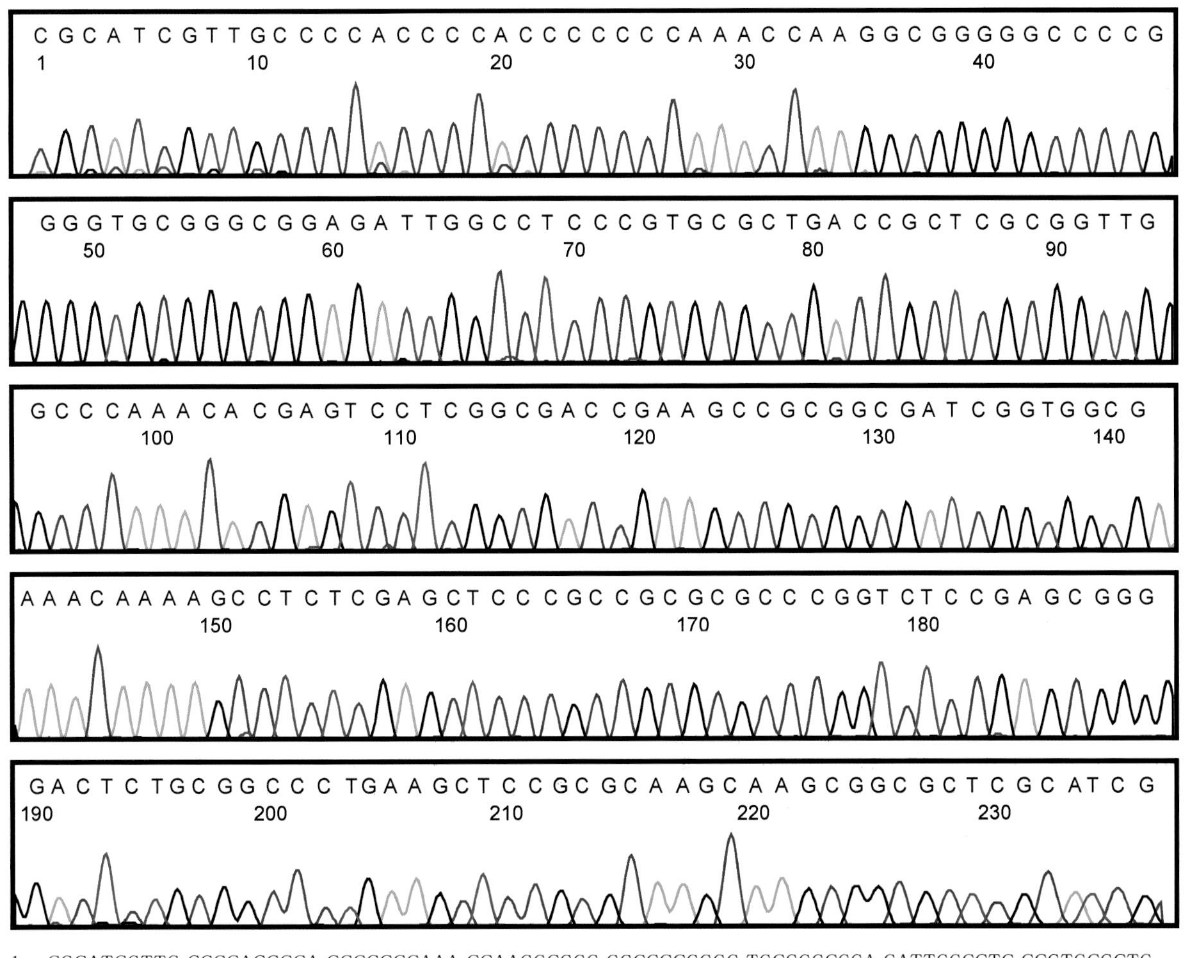

1　CGCATCGTTG CCCCACCCCA CCCCCCCAAA CCAAGGCGGG GGCCCCGGGG TGCGGGCGGA GATTGGCCTC CCGTGCGCTG
81　ACCGCTCGCG GTTGGCCCAA ACACGAGTCC TCGGCGACCG AAGCCGCGGC GATCGGTGGC GAAACAAAAG CCTCTCGAGC
161　TCCCGCCGCG CGCCCGGTCT CCGAGCGGGG ACTCTGCGGC CCTGAAGCTC CGCGCAAGCA AGCGGCGCTC GCATCG

129 枳椇

枳椇*Hovenia acerba* Lindl.，鼠李科乔木，以树皮及种子入药。主要分布于陕西、湖北、安徽、江苏。此外，河南、浙江、江西、福建、广东等地区亦产。

【种子形态】种子扁平圆形，背面稍隆起，腹面较平坦，直径3.0～5.5mm，厚1.5～2.5mm。种子表面红棕色、棕黑色或绿棕色，有光泽，于放大镜下可见散在凹点，基部凹陷处有点状淡白色种脐，顶端有微突的合点，腹面有纵行隆起的种脊。种皮坚硬，不易破碎；胚乳乳白色；子叶淡黄色，肥厚，均富含油性。气微，味微涩。千粒重22.0～30.0g。

【采集与储藏】花期5～7月，果期8～10月。果实成熟时连肉质花序轴一并摘下，晒干，除去果壳、果柄等杂质，收集种子。置于通风干燥处储藏。

【DNA提取与序列扩增】取单粒种子，按照中型种子DNA提取方法操作。ITS2序列通用引物扩增困难时，可采用新设计引物ITS2F1/ITS2R1进行扩增，反应体系和扩增程序参照“9107　中药材DNA条形码分子鉴定法指导原则”标准流程操作。

【ITS2峰图与序列】ITS2峰图及其序列如下。

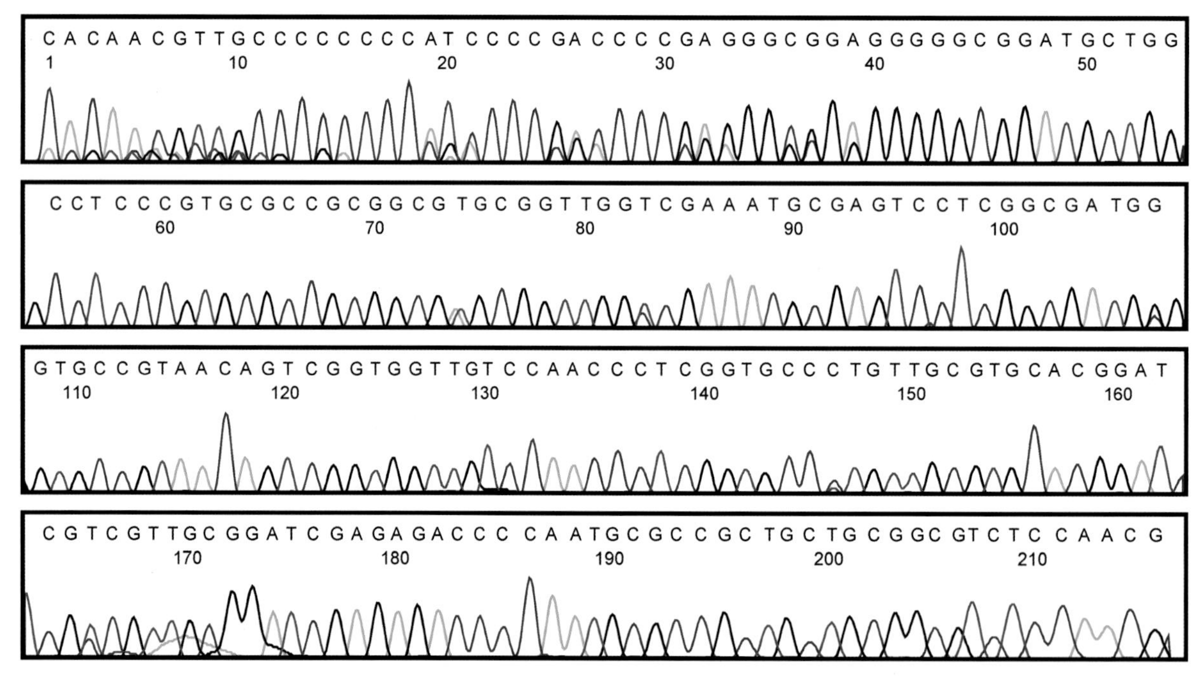

1　CACAACGTTG CCCCCCCCAT CCCCGACCCC GAGGGCGGAG GGGGCGGATG CTGGCCTCCC GTGCGCCGCG GCGTGCGGTT
81　GGTCGAAATG CGAGTCCTCG GCGATGGGTG CCGTAACAGT CGGTGGTTGT CCAACCCTCG GTGCCCTGTT GCGTGCACGG
161 ATCGTCGTTG CGGATCGAGA GACCCCAATG CGCCGCTGCT GCGGCGTCTC CAACG

130 栀子

栀子*Gardenia jasminoides* Ellis，茜草科灌木，以果实入药。主要分布于山东、江苏、安徽、浙江、江西、福建、台湾、湖北、湖南、广东、香港、广西、海南、四川、贵州、云南、河北、陕西、甘肃等地区。

【种子形态】肉质果卵形或长椭圆形，长1.9～2.6cm，直径1.2～1.6cm，有翅状纵棱5～9条。顶部有增长的宿萼。成熟时黄色，内有多粒种子。种子近圆形，扁，橙黄色，直径1.7～2.7mm；种皮硬革质，表面具有蜂巢状网纹；种脐位于种子边缘，为1条橙黄色的线；种孔位于种脐的一端，为1条线状小沟。胚乳角质。千粒重约6.7g。

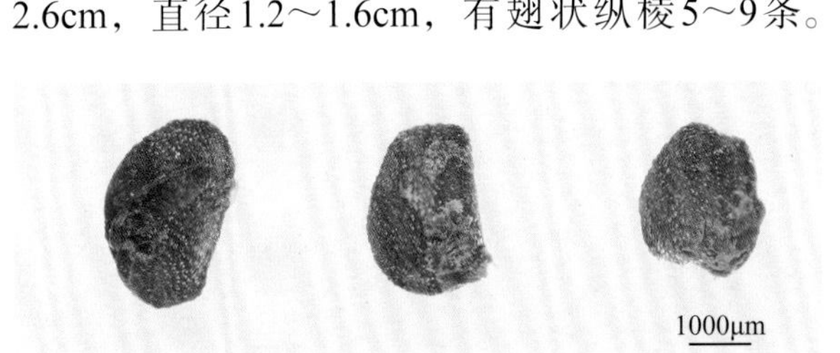

【采集与储藏】花期3～7月，果期5月至翌年2月。当果实大部分呈橙黄色时便可采摘。种子储藏在低温干燥的容器中。

【DNA提取与序列扩增】取单粒种子，按照中型种子DNA提取方法操作。ITS2序列的获得参照“9107 中药材DNA条形码分子鉴定法指导原则”标准流程操作。

【ITS2峰图与序列】ITS2峰图及其序列如下。

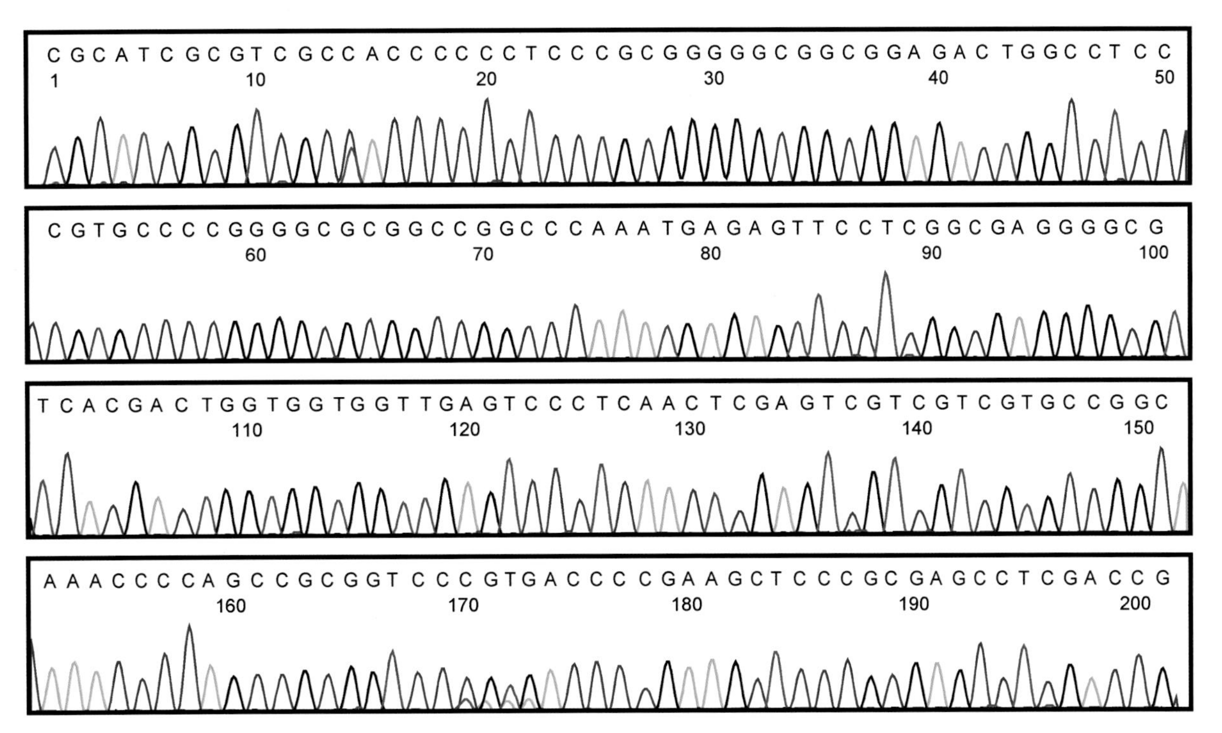

1 CGCATCGCGT CGCCACCCCC CTCCCGCGGG GGCGGCGGAG ACTGGCCTCC CGTGCCCCGG GGCGCGGCCG GCCCAAATGA
81 GAGTTCCTCG GCGAGGGGCG TCACGACTGG TGGTGGTTGA GTCCCTCAAC TCGAGTCGTC GTCGTGCCGG CAAACCCCAG
161 CCGCGGTCCC GTGACCCCGA AGCTCCCGCG AGCCTCGACC G

131 枸骨

枸骨*Ilex cornuta* Lindl. ex Paxt.，冬青科常绿灌木或小乔木，以叶入药。主要分布于江苏、上海、安徽、浙江、江西、湖北、湖南等地区。

【种子形态】果球形，直径8.0～10.0mm，成熟时鲜红色，基部具四角形宿存花萼，顶端宿存柱头盘状，明显4裂；果梗长8.0～14.0mm。分核4枚，倒卵形或椭圆形，长7.0～8.0mm，背部宽约5.0mm，遍布皱纹和皱纹状纹孔，背部中央具1纵沟，内果皮骨质，每分核具1粒种子。种子含丰富的胚乳；胚小，直立。千粒重约20.0g。

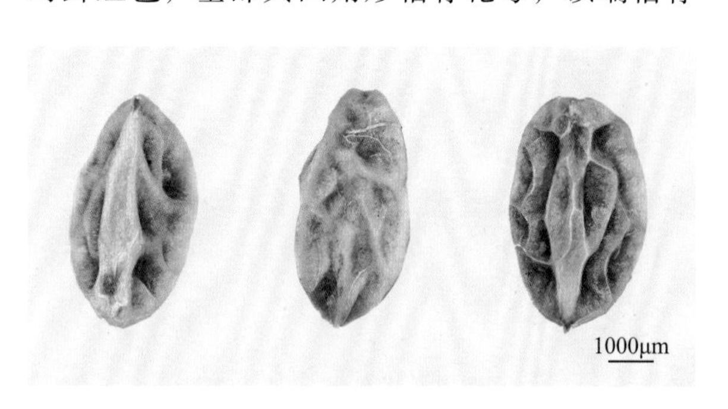

【采集与储藏】花期4～5月，果期10～12月。将枸骨果实晒干脱水后，再将表皮去掉，取出种子，然后将种子充分晒干，置于干燥处保存。

【DNA提取与序列扩增】取单粒种子，按照中型种子DNA提取方法操作。ITS2序列的获得参照"9107　中药材DNA条形码分子鉴定法指导原则"标准流程操作。

【ITS2峰图与序列】ITS2峰图及其序列如下。

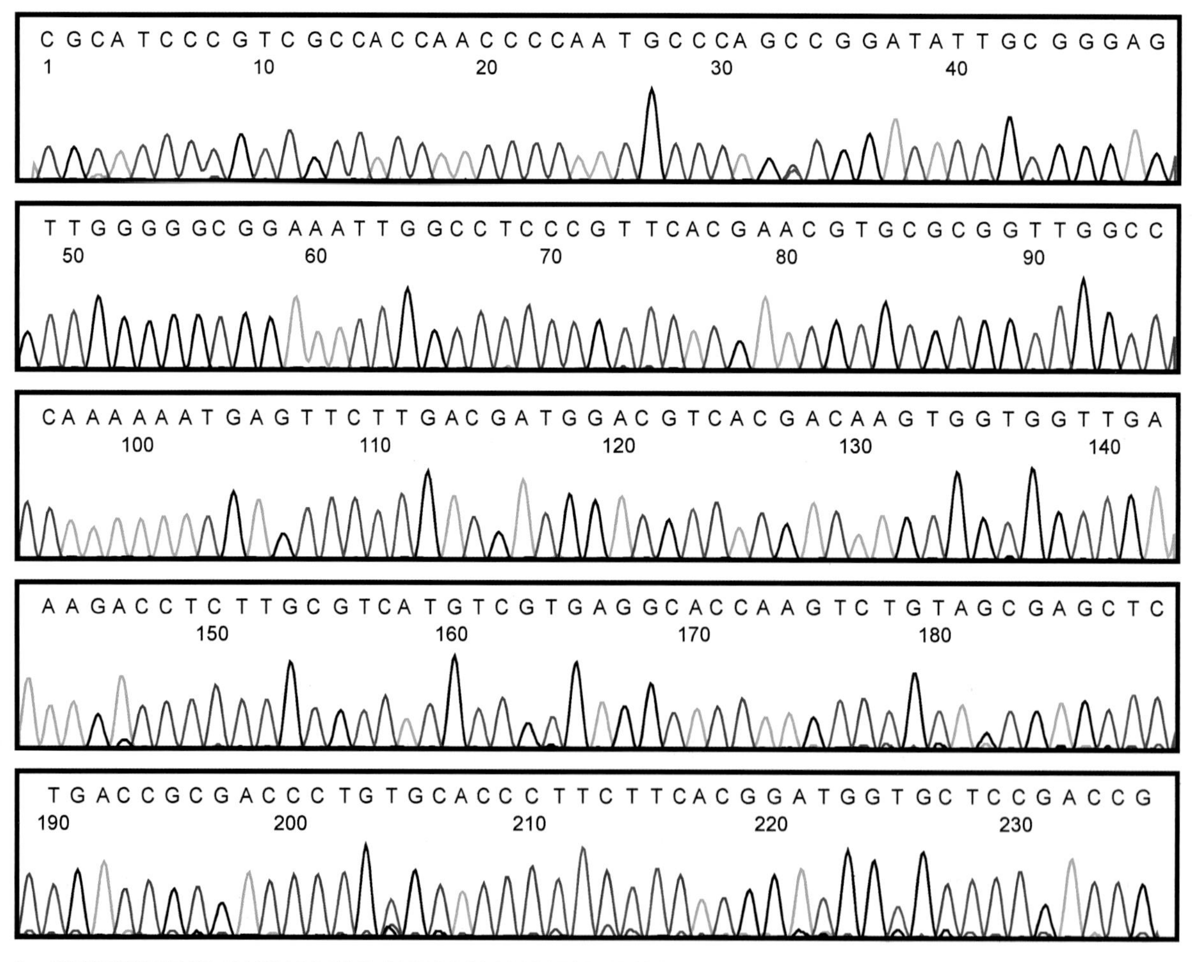

1　CGCATCCCGT CGCCACCAAC CCCAATGCCC AGCCGGATAT TGCGGGAGTT GGGGGCGGAA ATTGGCCTCC CGTTCACGAA
81　CGTGCGCGGT TGGCCCAAAA AATGAGTTCT TGACGATGGA CGTCACGACA AGTGGTGGTT GAAAGACCTC TTGCGTCATG
161　TCGTGAGGCA CCAAGTCTGT AGCGAGCTCT GACCGCGACC CTGTGCACCC TTCTTCACGG ATGGTGCTCC GACCG

132 柽柳

柽柳*Tamarix chinensis* Lour.，柽柳科乔木或灌木，以枝叶入药。主要分布于辽宁、河北、河南、山东、江苏北部、安徽北部等地区，我国东部至西南部各地区有栽培。

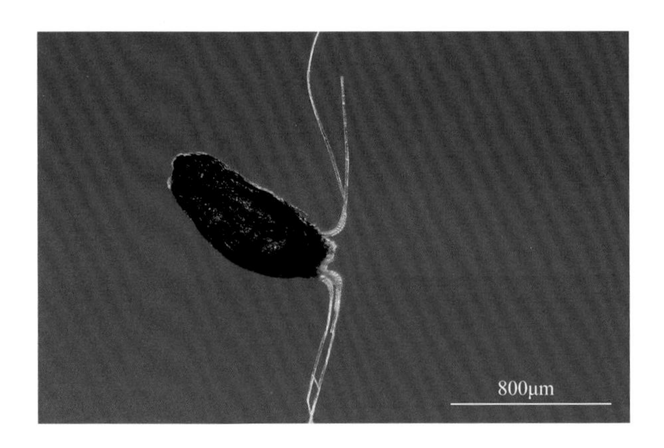

【种子形态】蒴果圆锥形，室背3瓣裂。种子多粒，细小，在体视显微镜下可观察到种子紫黑色；顶端的芒柱较短，从芒柱基部起即具发白色的单细胞长柔毛；胚直生。千粒重约20.5g。

【采集与储藏】花期4～9月，果期9～10月。种子成熟后，果开裂，吐絮，随风飞扬，所以一定要及时采集。

【DNA提取与序列扩增】取单粒种子，按照中型种子DNA提取方法操作。ITS2序列通用引物扩增困难时，可采用新设计引物ITS2F1/ITS2R1进行扩增，反应体系和扩增程序参照“9107　中药材DNA条形码分子鉴定法指导原则”标准流程操作。

【ITS2峰图与序列】ITS2峰图及其序列如下。

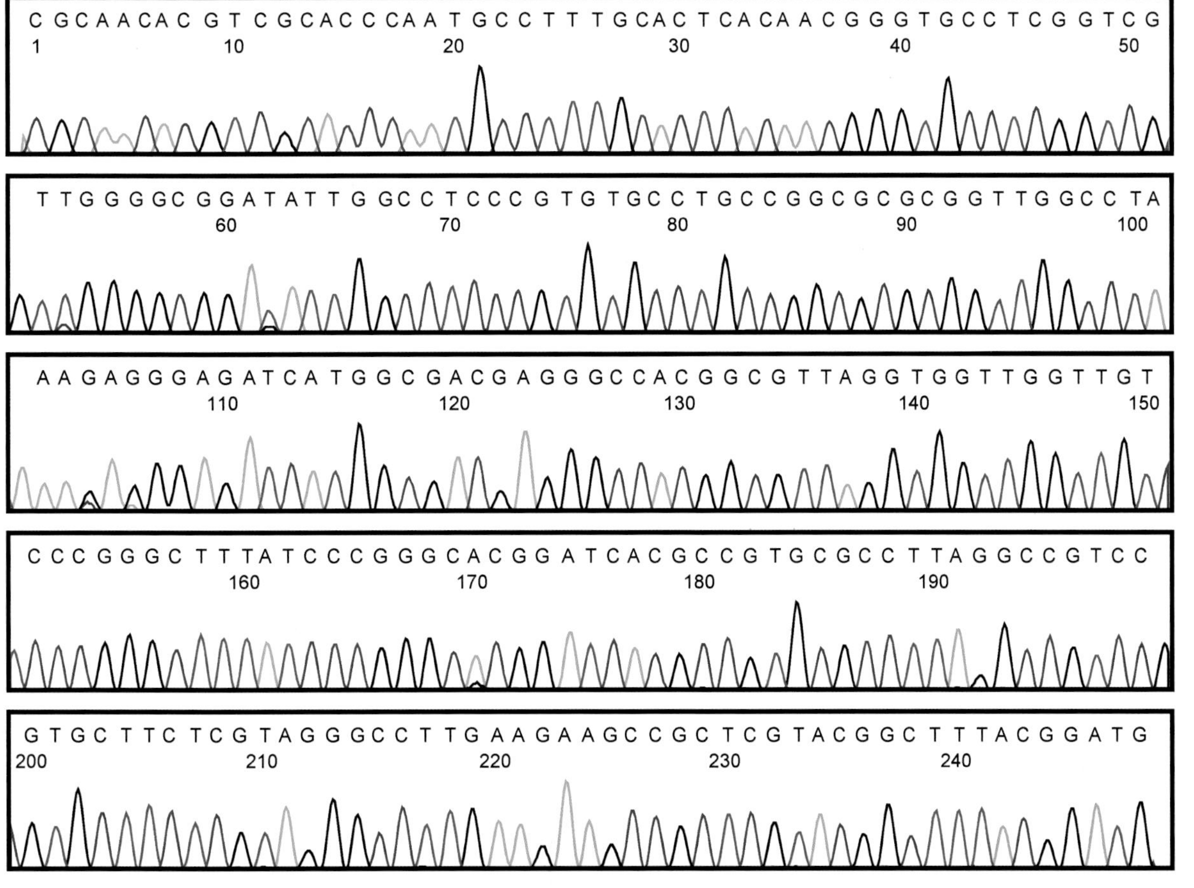

1　CGCAACACGT CGCACCCAAT GCCTTTGCAC TCACAACGGG TGCCTCGGTC GTTGGGGCGG ATATTGGCCT CCCGTGTGCC
81　TGCCGGCGCG CGGTTGGCCT AAAGAGGGAG ATCATGGCGA CGAGGGCCAC GGCGTTAGGT GGTTGGTTGT CCCGGGCTTT
161 ATCCCGGGCA CGGATCACGC CGTGCGCCTT AGGCCGTCCG TGCTTCTCGT AGGGCCTTGA AGAAGCCGCT CGTACGGCTT
241 TACGGATG

133 鸦胆子

鸦胆子*Brucea javanica* (L.) Merr.，苦木科灌木或小乔木，以果实入药。主要分布于福建、台湾、广东、海南、广西、云南等地区。

【种子形态】核果1～4个，分离，长卵形，长6.0～8.0mm，直径4.0～6.0mm，成熟时灰黑色，干后有不规则多角形网纹，外壳硬骨质而脆，含种子1粒。种子扁椭圆形，长约0.7cm，宽约0.4cm，表皮粗糙，有突起的皱纹。子叶乳白色，富油性。种仁黄白色，卵形，有薄膜，含丰富油分，味极苦。千粒重约50.0g。

【采集与储藏】花期为夏季，果期8～10月。待果实完全成熟，呈黑色时采收。8月、9月采收果实后，应用清水洗掉其黑色的外果皮，晾干后，可储藏于布袋或玻璃瓶内（瓶口可用棉花轻塞）。

【DNA提取与序列】取单粒种子，按照中型种子DNA提取方法操作。ITS2序列的获得参照“9107　中药材DNA条形码分子鉴定法指导原则”标准流程操作。

【ITS2峰图与序列】ITS2峰图及其序列如下。

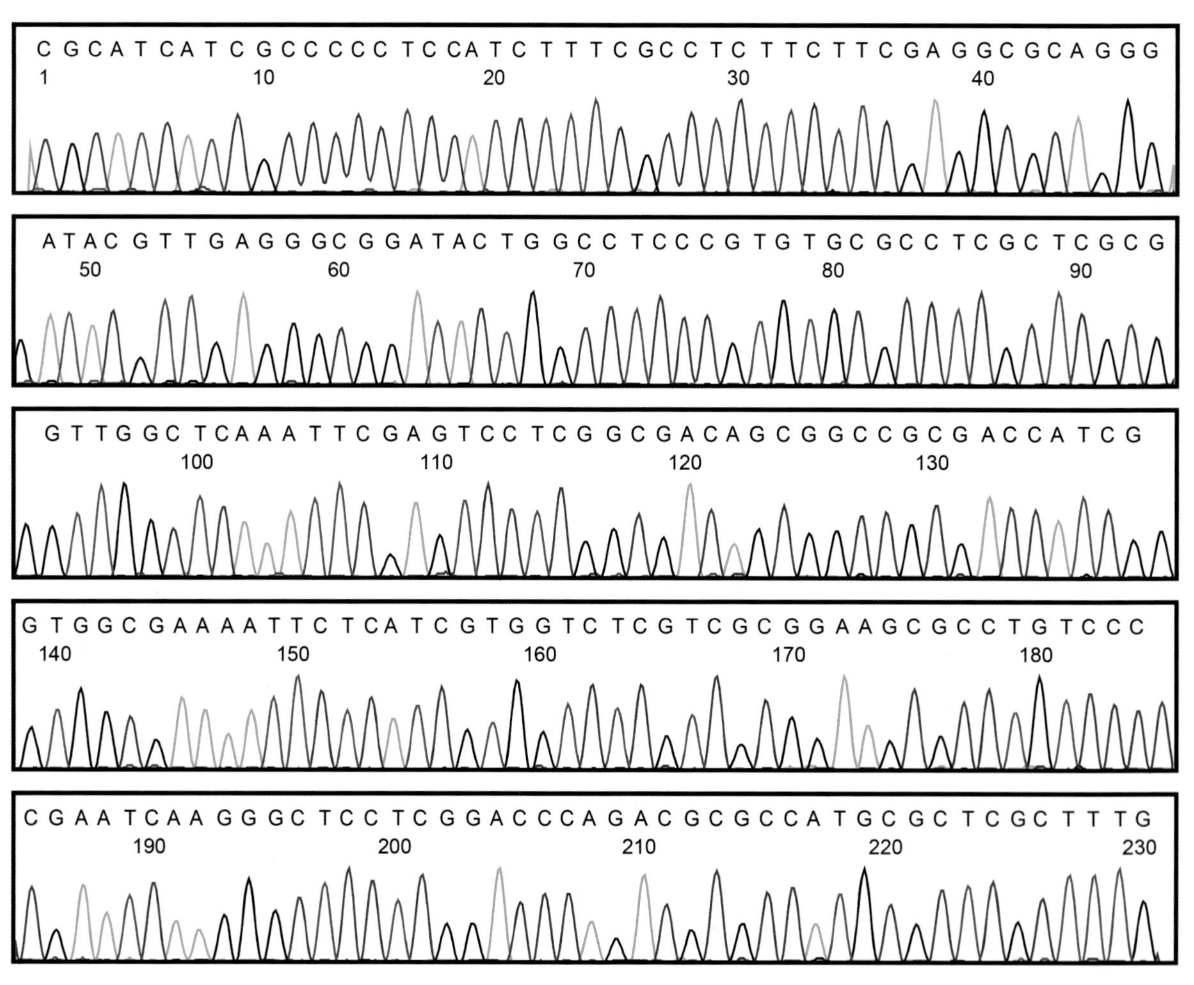

1　CGCATCATCG CCCCCTCCAT CTTTCGCCTC TTCTTCGAGG CGCAGGGATA CGTTGAGGGC GGATACTGGC CTCCCGTGTG
81　CGCCTCGCTC GCGGTTGGCT CAAATTCGAG TCCTCGGCGA CAGCGGCCGC GACCATCGGT GGCGAAAATT CTCATCGTGG
161 TCTCGTCGCG GAAGCGCCTG TCCCCGAATC AAGGGCTCCT CGGACCCAGA CGCGCCATGC GCTCGCTTTG

134 韭菜

韭菜*Allium tuberosum* Rottl. ex Spreng.（FOC：韭），百合科多年生草本，以种子入药。全国广泛栽培，亦有野生植株，但北方的为野生驯化植株。

【种子形态】种子扁椭圆形或类三角状扁卵形，一面平或微凹，另一面隆起，基部钝或微尖，长3.5～4.5mm，宽约3.0mm，厚约1.3mm，表面黑色，有皱缩状花纹。种脐位于基部左侧或右侧，小，不甚明显，呈灰棕色。种皮薄，紧贴胚乳，胚乳占种子大部分，透明状。胚黄白色，弯曲，位于胚乳中央部分；子叶1枚。千粒重约5.9g。

【采集与储藏】花果期7～9月。于夏季和秋季收集成熟果实，晒干，搓取种子，簸去杂质。种子不耐储藏，隔年不能用。

【DNA提取与序列扩增】取单粒种子，按照中型种子DNA提取方法操作。ITS2序列的获得参照"9107　中药材DNA条形码分子鉴定法指导原则"标准流程操作。

【ITS2峰图与序列】ITS2峰图及其序列如下。

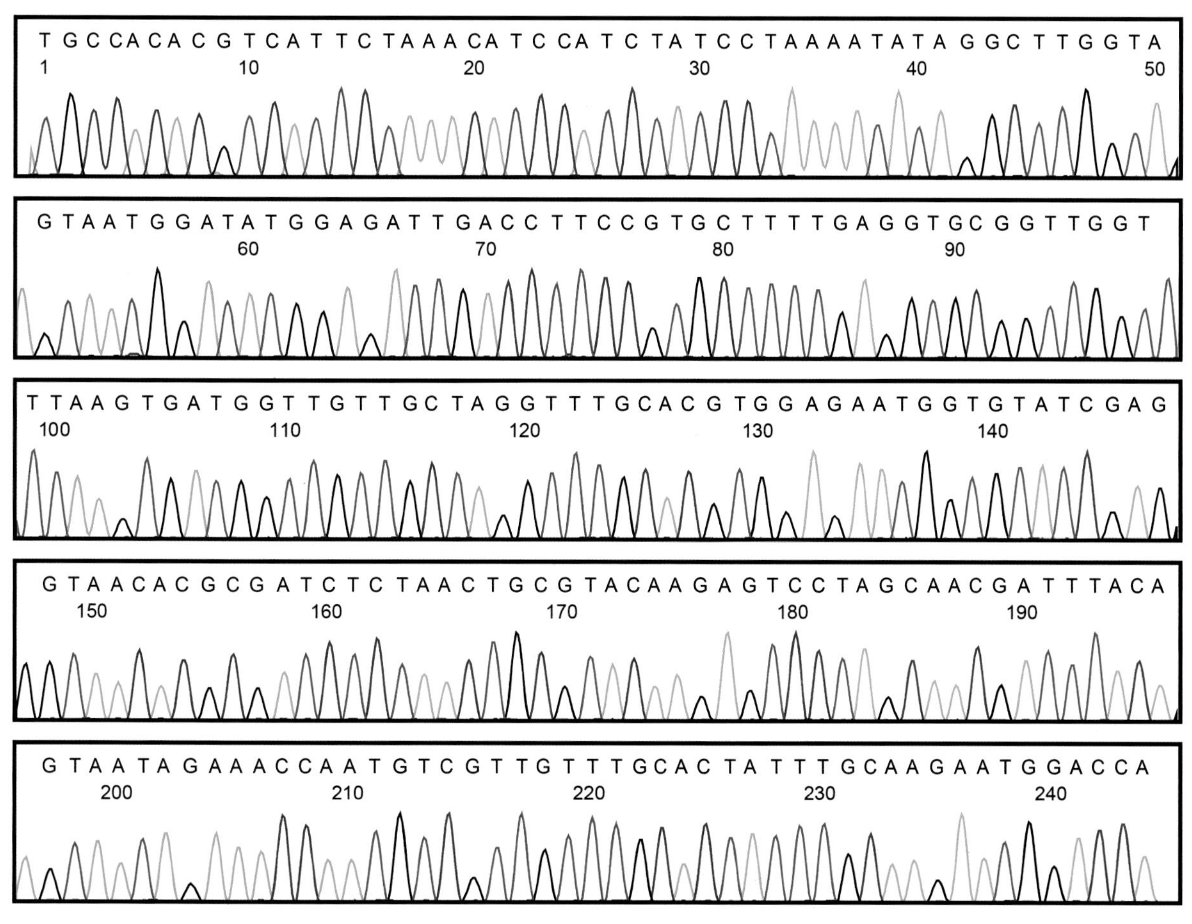

1　TGCCACACGT CATTCTAAAC ATCCATCTAT CCTAAAATAT AGGCTTGGTA GTAATGGATA TGGAGATTGA CCTTCCGTGC
81　TTTTGAGGTG CGGTTGGTTT AAGTGATGGT TGTTGCTAGG TTTGCACGTG GAGAATGGTG TATCGAGGTA ACACGCGATC
161 TCTAACTGCG TACAAGAGTC CTAGCAACGA TTTACAGTAA TAGAAACCAA TGTCGTTGTT TGCACTATTT GCAAGAATGG
241 ACCA

135 香椿

香椿*Toona sinensis* (A. Juss.) Roem.，楝科落叶乔木，以根皮、叶、嫩枝及果入药。主要分布于山东、安徽、河南、河北、四川、广西北部、湖南南部等地区。

【种子形态】蒴果皮质，窄椭圆形，长1.5～2.5cm，成熟时开裂为5瓣，种子多粒。种子椭圆形，扁平，长约1.3cm，宽约4.4mm，厚约0.8mm，上部有1个长椭圆形的翅，基部略尖，种脐为1个小圆点。胚乳稀薄；胚直立；子叶叶状；胚根圆柱形。千粒重12.0～15.4g，去翅10.0～11.0g。

【采集与储藏】花期6～8月，果期10～12月。当蒴果黄褐色、微裂时采集，过迟蒴果开裂，种子飞散，摊晒，脱粒，筛选，干藏。

【DNA提取与序列扩增】取单粒种子，按照中型种子DNA提取方法操作。ITS2序列的获得参照“9107　中药材DNA条形码分子鉴定法指导原则”标准流程操作。

【ITS2峰图与序列】ITS2峰图及其序列如下。

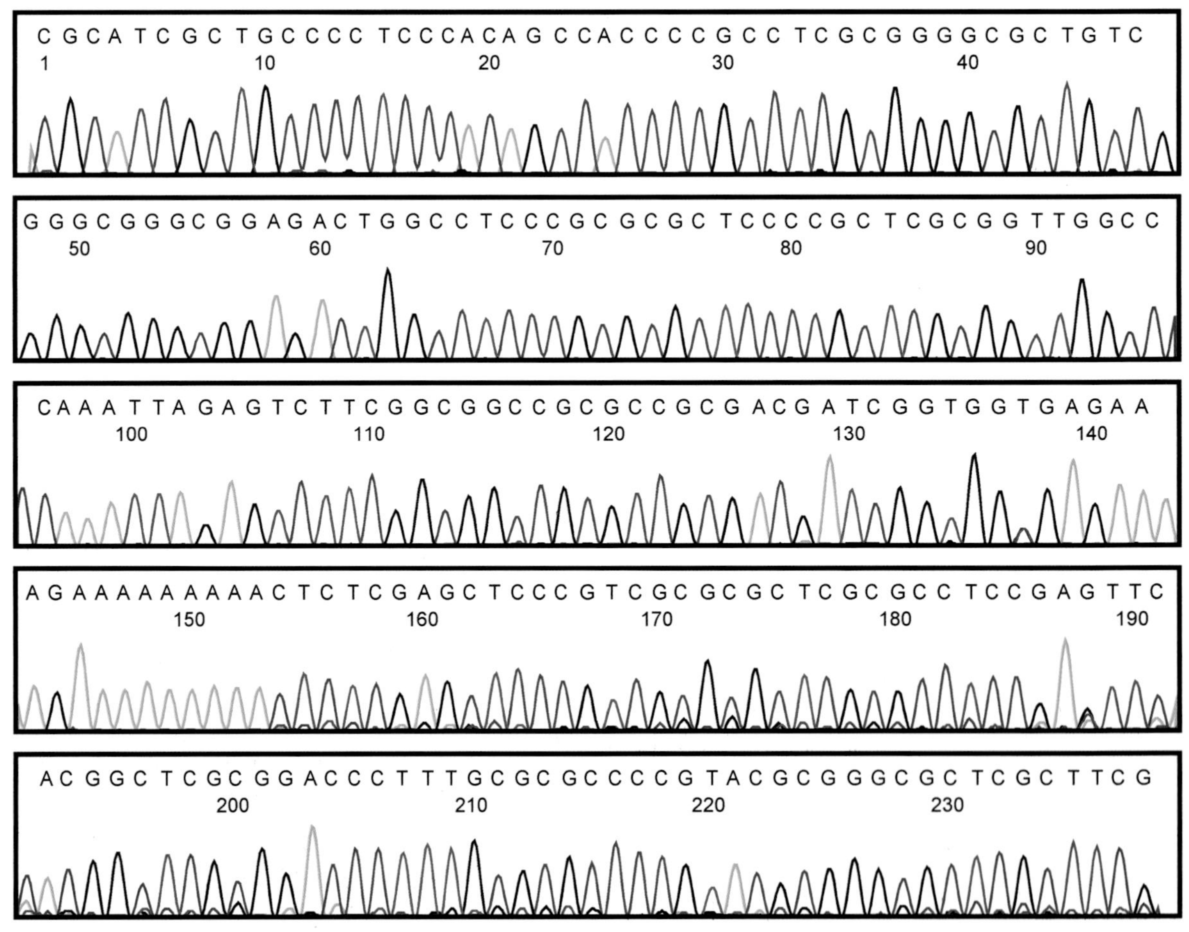

1　CGCATCGCTG CCCCTCCCAC AGCCACCCCG CCTCGCGGGG CGCTGTCGGG CGGGCGGAGA CTGGCCTCCC GCGCGCTCCC
81　CGCTCGCGGT TGGCCCAAAT TAGAGTCTTC GGCGGCCGCG CCGCGACGAT CGGTGGTGAG AAAGAAAAAA AAACTCTCGA
161 GCTCCCGTCG CGCGCTCGCG CCTCCGAGTT CACGGCTCGC GGACCCTTTG CGCGCCCCGT ACGCGGGCGC TCGCTTCG

136 胖大海

胖大海*Sterculia lychnophora* Hance，梧桐科落叶乔木，以干燥种子入药。主要分布于海南、云南、广东、广西。

【种子形态】种子梭形或倒卵形，长18～25mm，直径约12mm，成熟时棕色或红棕色，表面具皱纹。种皮共3层，外层种皮薄而脆，表面具不规则细皱纹，表皮细胞呈多边形，腺鳞和气孔丰富，有少量星状非腺毛；中层种皮较厚，细胞大小不一，壁薄易破，吸水后高度膨胀而易使外层种皮破裂剥离；内层种皮较薄而光滑，细胞呈多边形，大小不一，层叠排列；2片胚乳肥厚，细胞呈立方或短棒状，排列整齐；子叶菲薄，细胞呈长方形或多边形，排列紧密，气孔丰富。千粒重约1343.0g。

【采集与储藏】花果期4～6月。直径过大或过小的母树提供的种子发芽率均较低，从直径50.0～59.0cm的母树选种最佳，最好在0℃环境下储藏种子，可以延长种子寿命至195天，但胖大海种子不宜长久储藏，优质的胖大海种子储藏时间不能超过270天。

【DNA提取与序列扩增】砸碎，取种子碎块，按照大型种子DNA提取方法操作。ITS2序列的获得参照“9107 中药材DNA条形码分子鉴定法指导原则”标准流程操作。

【ITS2峰图与序列】ITS2峰图及其序列如下。

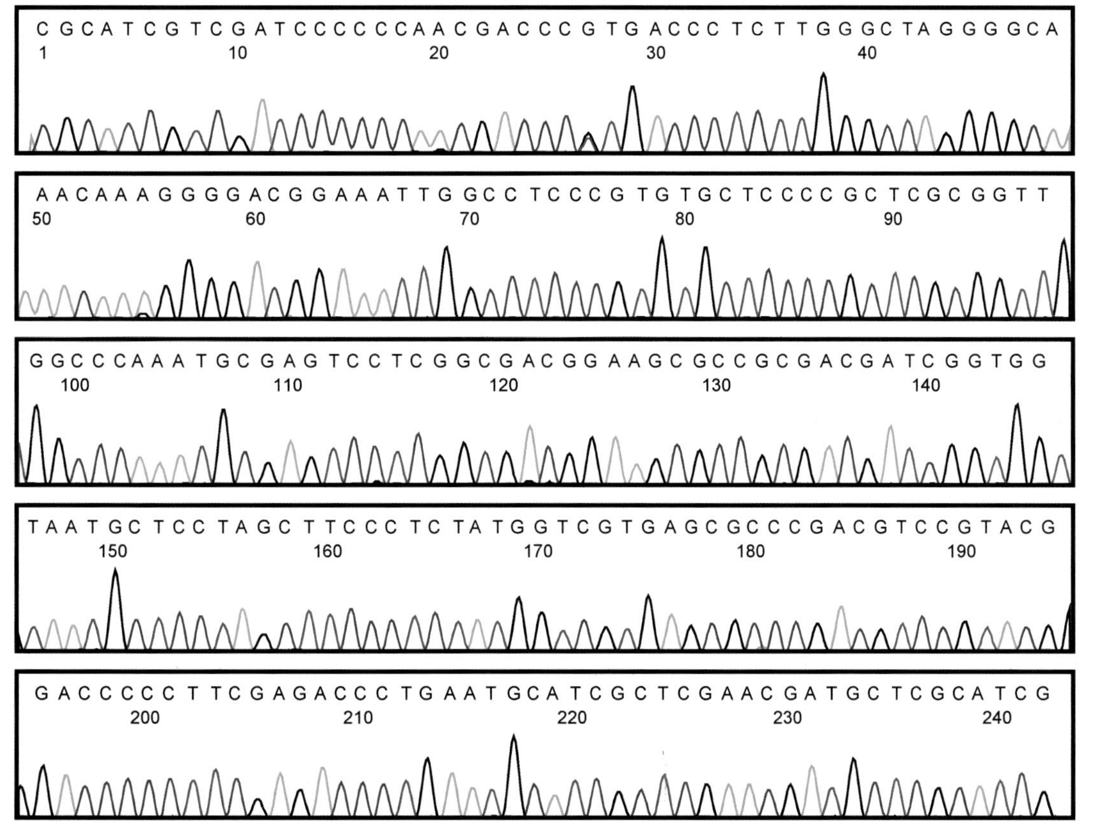

1 CGCATCGTCG ATCCCCCCAA CGACCCGTGA CCCTCTTGGG CTAGGGGCAA ACAAAGGGGA CGGAAATTGG CCTCCCGTGT
81 GCTCCCCGCT CGCGGTTGGC CCAAATGCGA GTCCTCGGCG ACGGAAGCGC CGCGACGATC GGTGGTAATG CTCCTAGCTT
161 CCCTCTATGG TCGTGAGCGC CCGACGTCCG TACGGACCCC CTTCGAGACC CTGAATGCAT CGCTCGAACG ATGCTCGCAT
241 CG

137 狭叶柴胡

狭叶柴胡*Bupleurum scorzonerifolium* Willd.（FOC：红柴胡），伞形科多年生草本，以根入药。主要分布于黑龙江、吉林、辽宁、河北、山东、山西、陕西、江苏、安徽、广西、内蒙古、甘肃等地区。

【种子形态】双悬果椭圆状卵形，侧面略扁平，灰褐色，长2.0～3.0mm，宽1.5～1.8mm，合生面略收缩，5条果棱粗钝突出。种子横切面近五边形，纵切面椭圆形；种皮膜质；胚乳具油性，油管围绕胚乳四周，胚乳背面圆形，腹面平直，软骨质；胚小。千粒重约1.3g。

【采集与储藏】花期7～8月，果期8～9月。当果实呈灰褐色时割取，晒干，脱粒，簸去杂质，置于阴凉通风处储藏。

【DNA提取与序列扩增】取多粒种子，按照小型种子DNA提取方法操作。ITS2序列的获得参照"9107　中药材DNA条形码分子鉴定法指导原则"标准流程操作。

【ITS2峰图与序列】ITS2峰图及其序列如下。

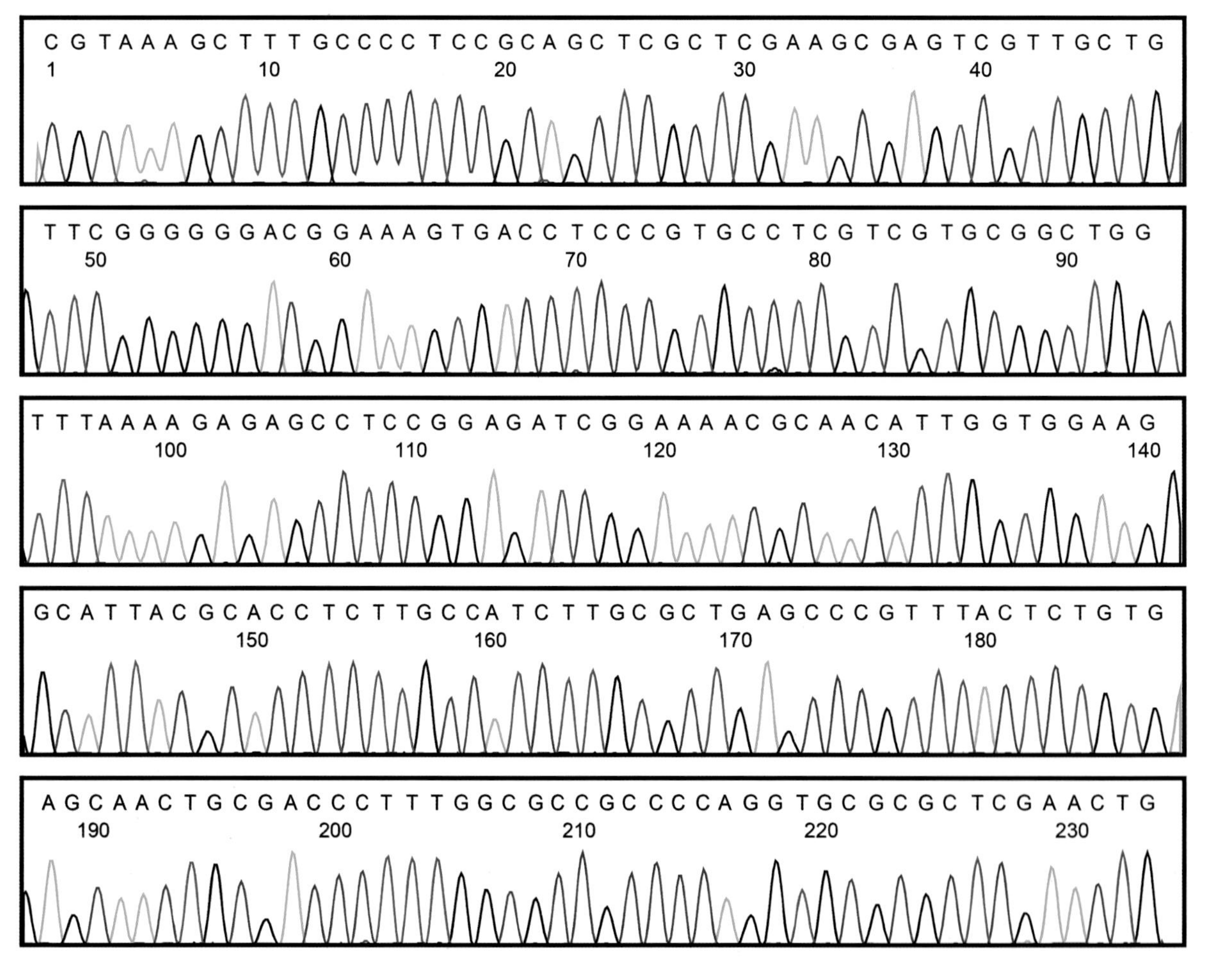

1　CGTAAAGCTT TGCCCCTCCG CAGCTCGCTC GAAGCGAGTC GTTGCTGTTC GGGGGGACGG AAAGTGACCT CCCGTGCCTC
81　GTCGTGCGGC TGGTTTAAAA GAGAGCCTCC GGAGATCGGA AAACGCAACA TTGGTGGAAG GCATTACGCA CCTCTTGCCA
161 TCTTGCGCTG AGCCCGTTTA CTCTGTGAGC AACTGCGACC CTTTGGCGCC GCCCCAGGTG CGCGCTCGAA CTG

138 扁豆

扁豆*Dolichos lablab* L.［FOC：*Lablab purpureus* (L.) Sweet］，豆科多年生缠绕藤本，以种子入药。我国各地广泛栽培。

【种子形态】种子椭圆形，略扁，长10.8～13.9mm，宽7.8～10.8mm，厚3.9～7.1mm，药用者表面黄白色、污白色或微显绿色，平滑或稍皱缩；腹

侧由顶部至中下部具1个白色棱状种阜（种脐发育而来），质松脆，下连1条黄白色至黑褐色种脊，种阜另一端相连于1条淡黄色至黑褐色种脊，种皮薄而脆。胚弯曲，黄白色；胚根扁；胚芽明显；子叶2枚，肥厚，椭圆形或倒卵形。千粒重约338.3g。

【采集与储藏】花期4～12月，9～10月果荚成熟时摘下果荚，晒干，脱粒，再晒至全干；也可以果荚保存，至播种时剥出。含水量为10%～14%的扁豆最适宜储藏。

【DNA提取与序列扩增】取种皮或子叶，按照大型种子DNA提取方法操作。ITS2序列的获得参照“9107　中药材DNA条形码分子鉴定法指导原则”标准流程操作。

【ITS2峰图与序列】ITS2峰图及其序列如下。

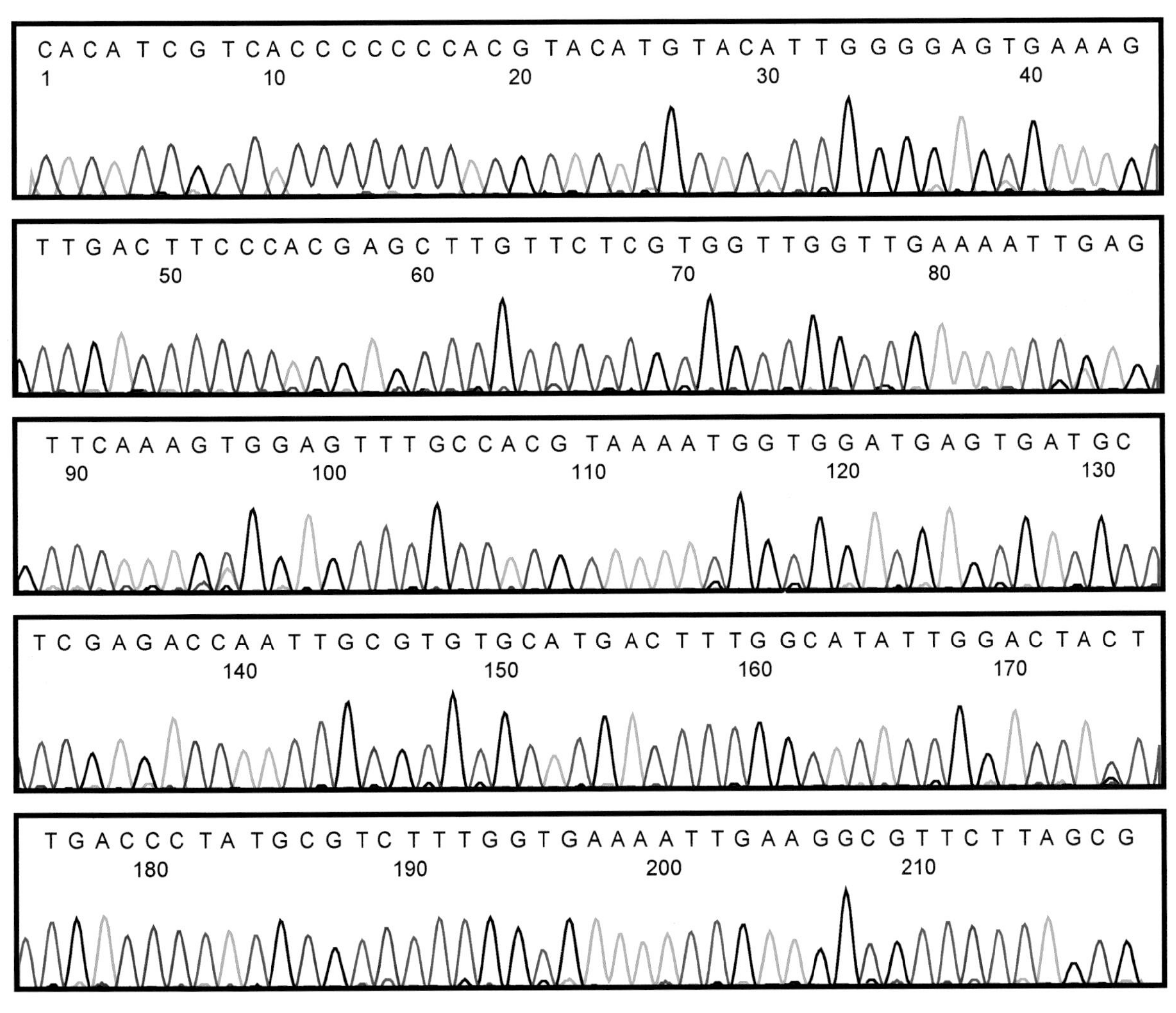

1　CACATCGTCA CCCCCCCACG TACATGTACA TTGGGGAGTG AAAGTTGACT TCCCACGAGC TTGTTCTCGT GGTTGGTTGA
81　AAATTGAGTT CAAAGTGGAG TTTGCCACGT AAAATGGTGG ATGAGTGATG CTCGAGACCA ATTGCGTGTG CATGACTTTG
161 GCATATTGGA CTACTTGACC CTATGCGTCT TTGGTGAAAA TTGAAGGCGT TCTTAGCG

139 扁茎黄芪

扁茎黄芪*Astragalus complanatus* R. Br.，豆科多年生草本，以种子入药。主要分布于东北、华北及河南、陕西、宁夏、甘肃、江苏、四川等地区。

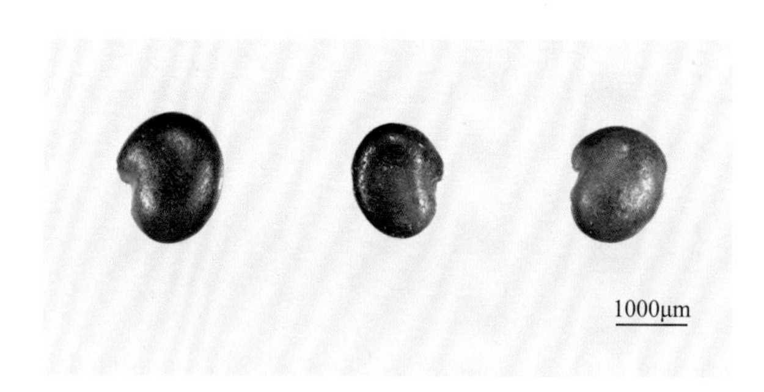

【种子形态】荚果纺锤形，长2.0～3.5cm，先端有喙，内含种子数粒。种子肾形，稍扁，表面褐色或棕褐色，光滑，一边微向内陷，为浅灰色圆形种脐所在。质坚硬，种仁两瓣，淡黄色，嚼之味淡，有豆腥气。千粒重约2.3g。

【采集与储藏】花期7～9月，果期8～10月。当荚果外皮由绿色变为黄褐色时，在靠近地表3.0cm处割下，晒干，脱粒，簸去杂质，室温储藏。

【DNA提取与序列扩增】取多粒种子，按照小型种子DNA提取方法操作。ITS2序列的获得参照“9107　中药材DNA条形码分子鉴定法指导原则”标准流程操作。

【ITS2峰图与序列】ITS2峰图及其序列如下。

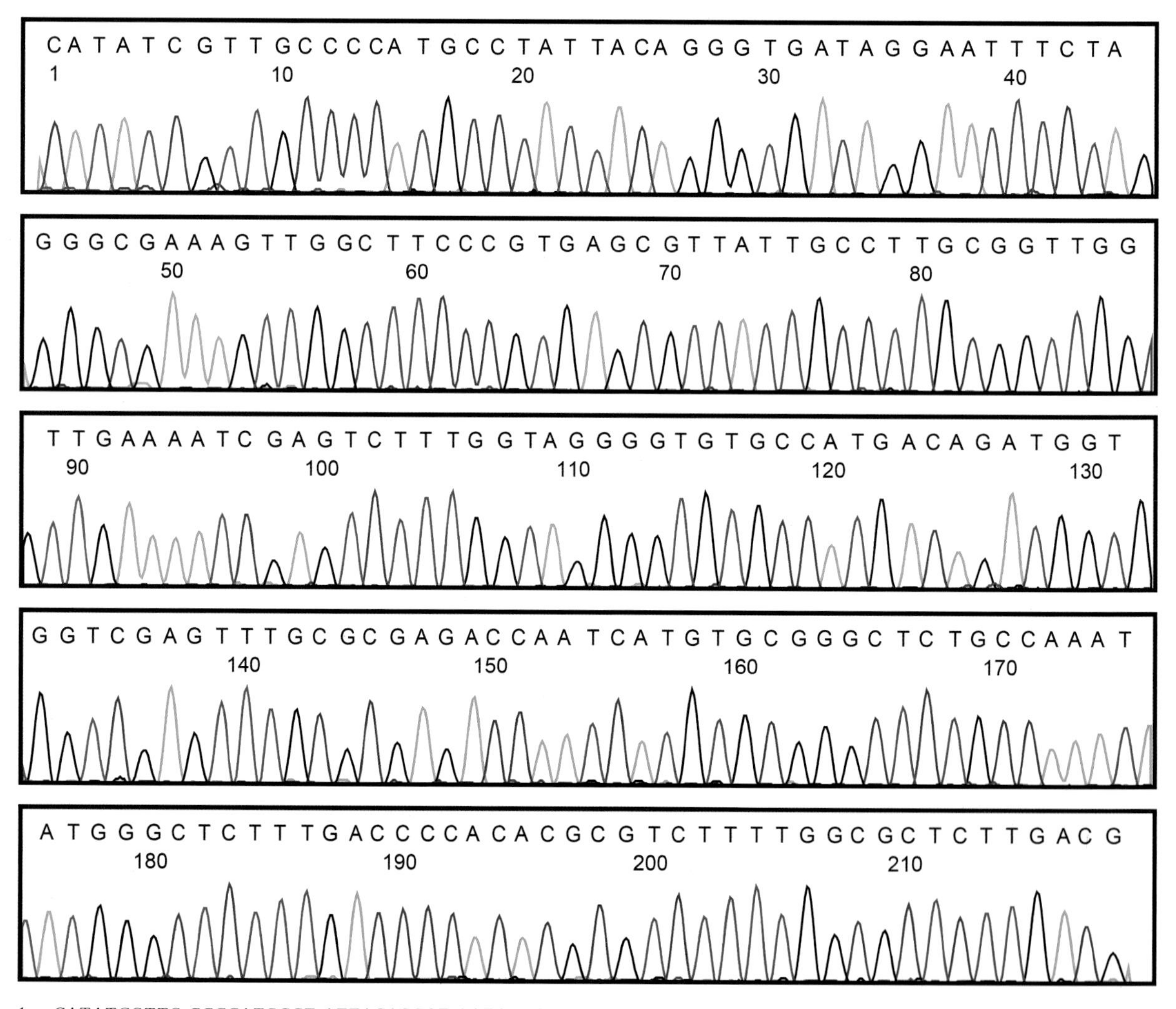

1　CATATCGTTG CCCCATGCCT ATTACAGGGT GATAGGAATT TCTAGGGCGA AAGTTGGCTT CCCGTGAGCG TTATTGCCTT
81　GCGGTTGGTT GAAAATCGAG TCTTTGGTAG GGGTGTGCCA TGACAGATGG TGGTCGAGTT TGCGCGAGAC CAATCATGTG
161 CGGGCTCTGC CAAATATGGG CTCTTTGACC CCACACGCGT CTTTTGGCGC TCTTGACG

140 秦艽

秦艽*Gentiana macrophylla* Pall.，龙胆科多年生草本，以根入药。主要分布于新疆、宁夏、陕西、山西、河北、内蒙古及东北地区。

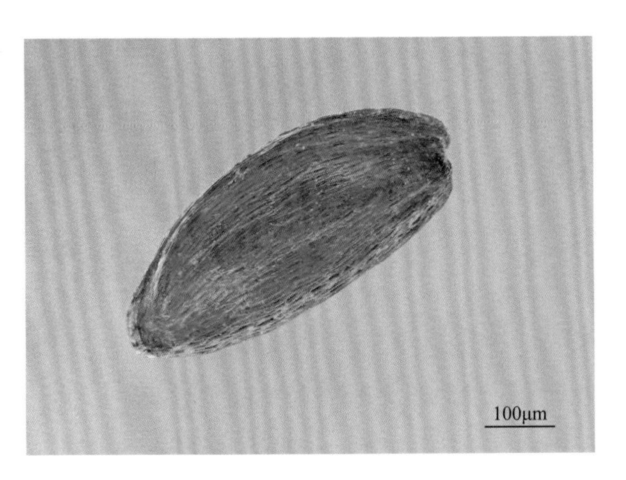

【种子形态】蒴果长圆形，长3.5～4.0cm。种子多粒，椭圆形，长1.6～1.7mm，直径0.5～0.6mm，表面褐色或棕色，光滑。种脐位于基部尖端，不明显，在体视显微镜下观察表面密布略突起的纵皱纹。千粒重约0.3g。

【采集与储藏】花果期7～10月。选生长3年或3年以上的老株，待种子呈褐色或棕色时割下果序，放阴凉通风处后熟7～8天，抖出种子，晒干。短期储存可置于室温下，但不宜超过1年；如需长时间保存，采用冷藏的方法储藏更好。

【DNA提取与序列扩增】称取3～5mg种子，按照微型种子DNA提取方法操作。ITS2序列的获得参照“9107　中药材DNA条形码分子鉴定法指导原则”标准流程操作。

【ITS2峰图与序列】ITS2峰图及其序列如下。

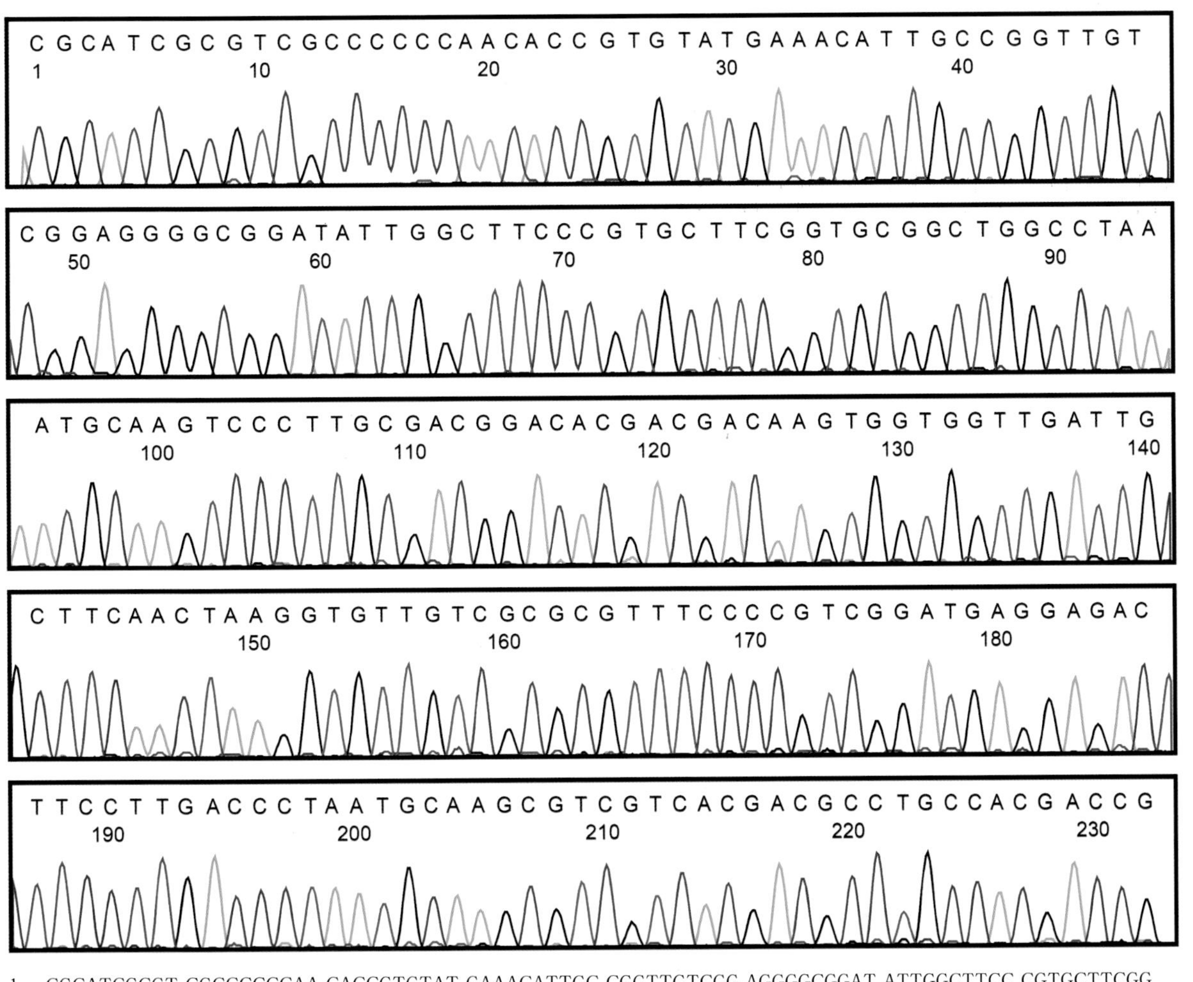

1　CGCATCGCGT CGCCCCCCAA CACCGTGTAT GAAACATTGC CGGTTGTCGG AGGGGCGGAT ATTGGCTTCC CGTGCTTCGG

81　TGCGGCTGGC CTAAATGCAA GTCCCTTGCG ACGGACACGA CGACAAGTGG TGGTTGATTG CTTCAACTAA GGTGTTGTCG

161 CGCGTTTCCC CGTCGGATGA GGAGACTTCC TTGACCCTAA TGCAAGCGTC GTCACGACGC CTGCCACGAC CG

141 素花党参

素花党参*Codonopsis pilosula* Nannf. var. *modesta* (Nannf.)L. T. Shen，桔梗科多年生缠绕草本，以根入药。主要分布于黑龙江、吉林、辽宁、河北、河南、山西、陕西、青海等地区。

【种子形态】蒴果圆锥形，3室，有宿存花萼。种子多粒，小，卵状椭圆形，长1.5～1.8mm，宽0.6～1.2mm，表面棕褐色，有光泽，在体视显微镜下可见密被纵行线纹，顶端钝圆，基部具1个圆形凹窝状种脐。胚乳半透明，含油分；胚细小，直生；子叶2枚。千粒重约0.3g。

【采集与储藏】花期8～10月，果期9～10月。待果实呈黄褐色、变软且种子呈深褐色时采收，脱粒去杂后干藏。种子放入牛皮纸袋并储藏于室温条件下。

【DNA提取与序列扩增】称取3～5mg种子，按照微型种子DNA提取方法操作。ITS2序列的获得参照“9107 中药材DNA条形码分子鉴定法指导原则”标准流程操作。

【ITS2峰图与序列】ITS2峰图及其序列如下。

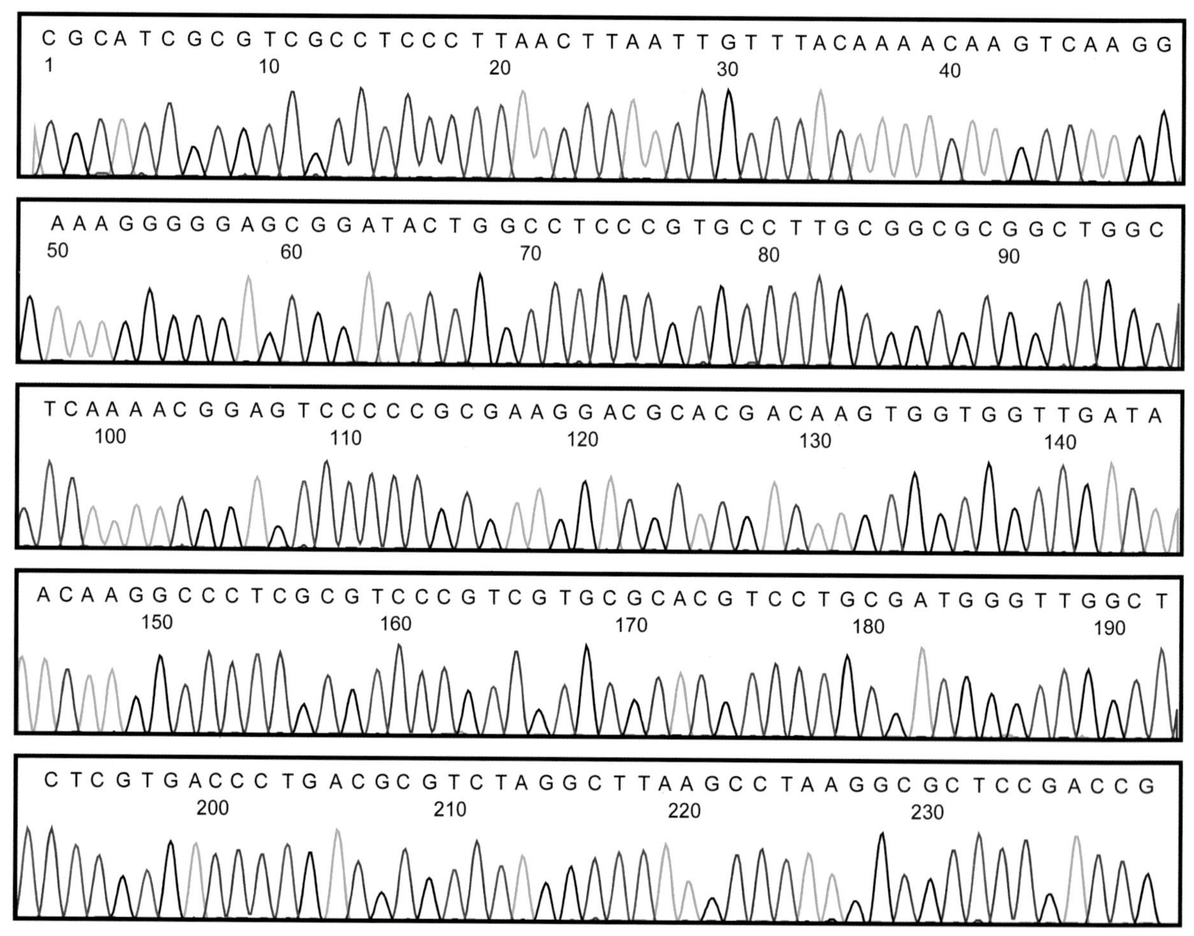

1 CGCATCGCGT CGCCTCCCTT AACTTAATTG TTTACAAAAC AAGTCAAGGA AAGGGGGAGC GGATACTGGC CTCCCGTGCC

81 TTGCGGCGCG GCTGGCTCAA AACGGAGTCC CCCGCGAAGG ACGCACGACA AGTGGTGGTT GATAACAAGG CCCTCGCGTC

161 CCGTCGTGCG CACGTCCTGC GATGGGTTGG CTCTCGTGAC CCTGACGCGT CTAGGCTTAA GCCTAAGGCG CTCCGACCG

142 莲

莲*Nelumbo nucifera* Gaertn.，睡莲科多年生水生草本，以幼叶及胚根、花托、雄蕊、种子、根茎节部、叶入药。我国各地广泛分布。

【种子形态】坚果椭圆形或卵形，长1.8～2.5cm，果皮革质，坚硬，成熟时黑褐色。种子卵形或椭圆形，长1.2～1.7cm，种皮红色或白色，种子无胚乳，具肉质肥厚子叶。千粒重约1100.0g。

【采集与储藏】花期6～8月，果期8～10月。种子成熟时，莲蓬呈青褐色，孔格部分带黑色，种子呈灰黄色。伏莲因夏季烈日照晒，莲蓬孔格易发黑，见明显变黑时才可采收，秋莲变黑较慢，只要稍带黑色就必须采摘。采收过嫩，种子不充实，过老则不易剥除种皮和果皮。储藏于干燥处，防蛀。

【DNA提取与序列扩增】砸碎，取种子碎块，按照大型种子DNA提取方法操作。ITS2序列的获得参照“9107　中药材DNA条形码分子鉴定法指导原则”标准流程操作。

【ITS2峰图与序列】ITS2峰图及其序列如下。

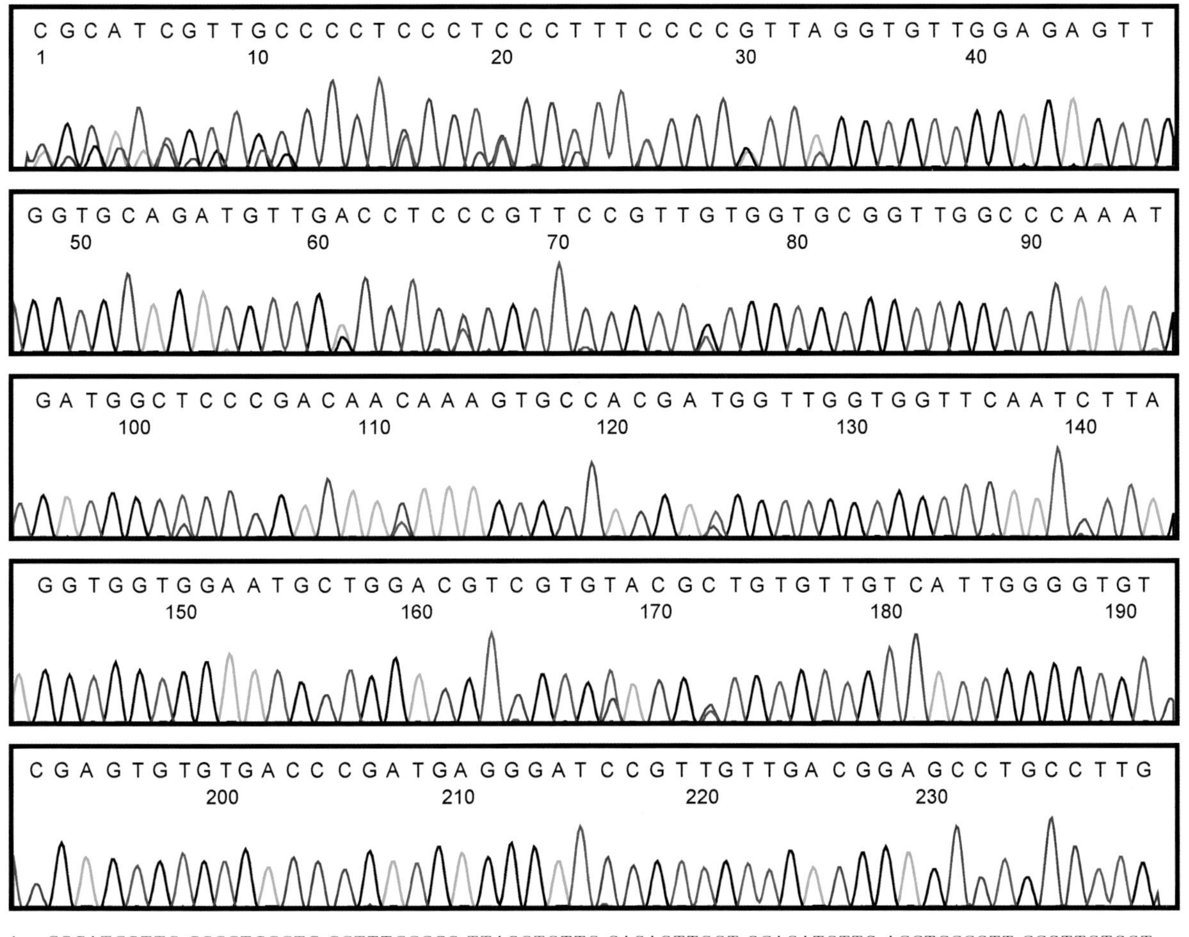

1　CGCATCGTTG CCCCTCCCTC CCTTTCCCCG TTAGGTGTTG GAGAGTTGGT GCAGATGTTG ACCTCCCGTT CCGTTGTGGT
81　GCGGTTGGCC CAAATGATGG CTCCCGACAA CAAAGTGCCA CGATGGTTGG TGGTTCAATC TTAGGTGGTG GAATGCTGGA
161　CGTCGTGTAC GCTGTGTTGT CATTGGGGTG TCGAGTGTGT GACCCGATGA GGGATCCGTT GTTGACGGAG CCTGCCTTG

143 桔梗

桔梗*Platycodon grandiflorus* (Jacq.) A. DC.，桔梗科多年生草本，以根入药。主要分布于山东、江苏、安徽、浙江、湖南、湖北、广西、四川、陕西等地区。

【种子形态】蒴果倒卵锥形，顶部裂为5瓣，成熟时棕褐色，种子多粒。种子倒卵形或长倒卵形，一侧具翼，全长2.0～2.6mm，宽1.2～1.6mm，厚0.6～0.8mm，表面棕色或棕褐色，有光泽，在体视显微镜下可见深色纵行短线纹。种脐位于基部，小凹窝状，种翼宽0.2～0.4mm，颜色常稍浅。胚乳白色，半透明，含油分；胚细小，直生；子叶2枚。千粒重0.9～1.4g。

【采集与储藏】花期7～9月，果期8～10月。当蒴果枯黄、果顶初裂时采收。种子在低温下储藏，能延长种子寿命。在0～4℃条件下，干燥储藏18个月，其发芽率比常温储藏提高3.5～4倍。

【DNA提取与序列扩增】取多粒种子，按照小型种子DNA提取方法操作，或在适宜条件下萌发种子，取种芽进行DNA提取。ITS2序列的获得参照“9107　中药材DNA条形码分子鉴定法指导原则”标准流程操作。

【ITS2峰图与序列】ITS2峰图及其序列如下。

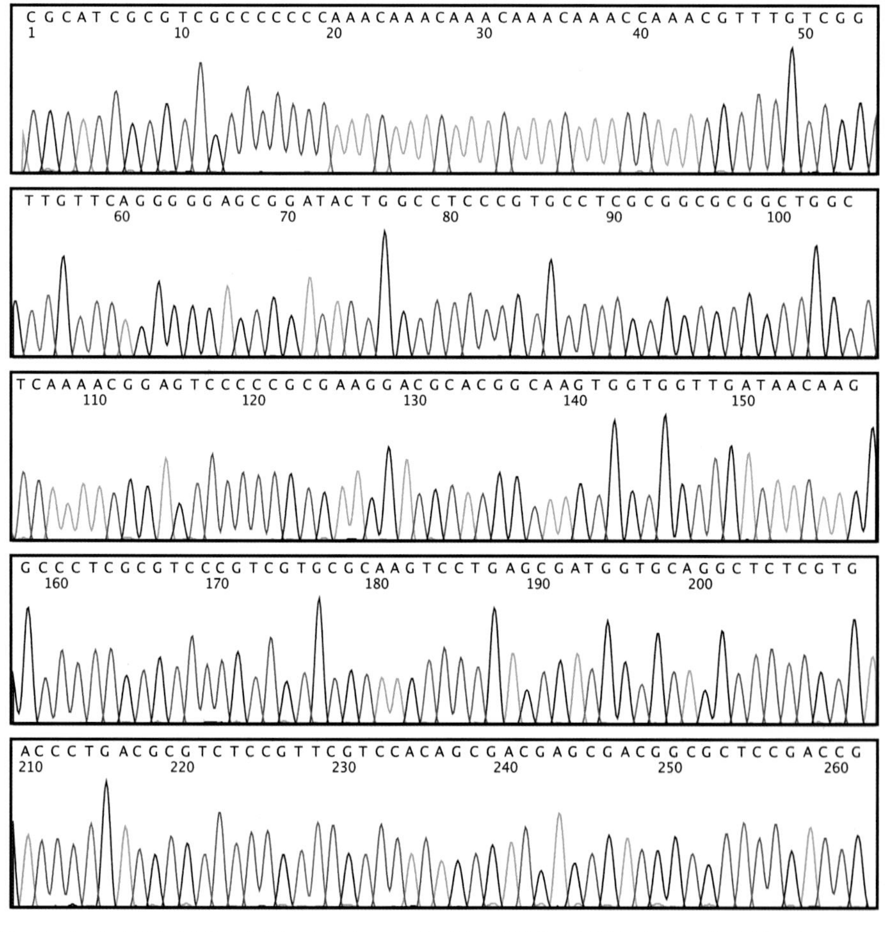

1 CGCATCGCGT CGCCCCCCCA AACAAACAAA CAAACAAACC AAACGTTTGT CGGTTGTTCA GGGGGAGCGG ATACTGGCCT
81 CCCGTGCCTC GCGGCGCGGC TGGCTCAAAA CGGAGTCCCC CGCGAAGGAC GCACGGCAAG TGGTGGTTGA TAACAAGGCC
161 CTCGCGTCCC GTCGTGCGCA AGTCCTGAGC GATGGTGCAG GCTCTCGTGA CCCTGACGCG TCTCCGTTCG TCCACAGCGA
241 CGAGCGACGG CGCTCCGACC G

144 夏枯草

夏枯草*Prunella vulgaris* L.，唇形科多年生草本，以干燥果穗入药。主要分布于陕西、甘肃、新疆、河南、湖北、湖南、江西、浙江、福建、台湾、广东、广西、贵州、四川、云南等地区。

【种子形态】种子为倒卵形或椭圆形，白色或淡棕黄色；腹面具1条棕色或淡棕色线形种脊，合点位于种子中部，种脐位于下部；种皮薄，膜质。胚直生，白色，半透明，含油分；子叶2枚，肥厚，基部心形。千粒重约0.4g。

【采集与储藏】花期4～6月，果期7～10月。待坚果呈黄棕色时剪去果序，晒干，抖下种子，去杂质。置于干燥阴凉处储存。

【DNA提取与序列扩增】称取3～5mg种子，按照微型种子DNA提取方法操作。ITS2序列的获得参照“9107　中药材DNA条形码分子鉴定法指导原则”标准流程操作。

【ITS2峰图与序列】ITS2峰图及其序列如下。

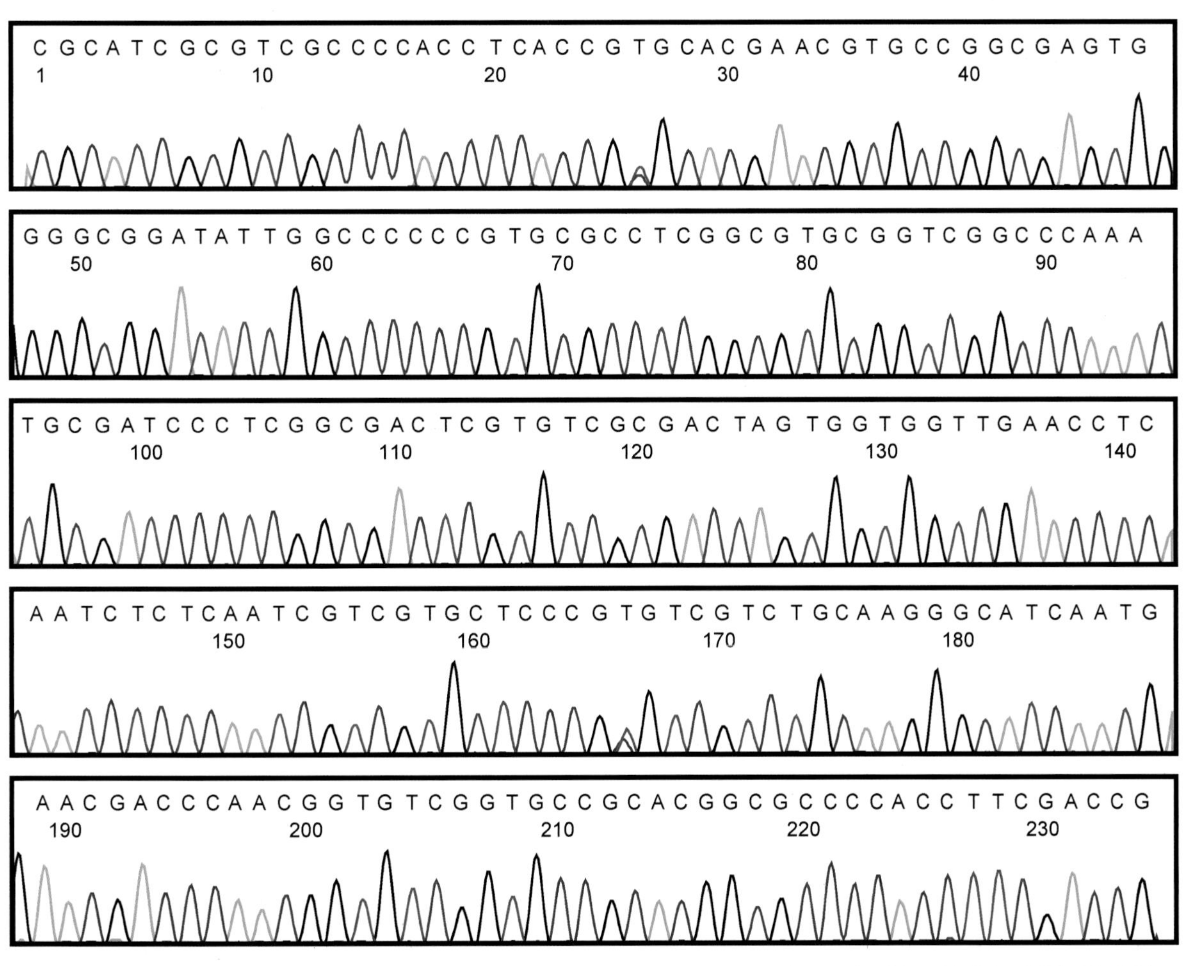

1　CGCATCGCGT CGCCCCACCT CACCGTGCAC GAACGTGCCG GCGAGTGGGG CGGATATTGG CCCCCCGTGC GCCTCGGCGT

81　GCGGTCGGCC CAAATGCGAT CCCTCGGCGA CTCGTGTCGC GACTAGTGGT GGTTGAACCT CAATCTCTCA ATCGTCGTGC

161 TCCCGTGTCG TCTGCAAGGG CATCAATGAA CGACCCAACG GTGTCGGTGC CGCACGGCGC CCCACCTTCG ACCG

145 破布叶

破布叶*Microcos paniculata* L.，椴树科灌木或小乔木，以叶入药。主要分布于贵州、云南、广西、广东、福建等地区。

【种子形态】核果近球形或倒卵形，长约1.0cm。

种子纺锤形，扁平，长1.5～2.0cm，宽3.0～5.0mm，中部略宽，上部渐狭而延长成喙，喙长约2.0cm，喙部沿每条棱着生种毛，种毛绢质枝条状，相邻两棱间种毛弧形相叠；种毛具光泽，长2.5～3.0cm。千粒重约180.0g。

【采集与储藏】花期3～7月，果期6月至翌年2月。置于干燥处储藏。

【DNA提取与序列扩增】砸碎，取种子碎块，按照大型种子DNA提取方法操作。ITS2序列的获得参照“9107　中药材DNA条形码分子鉴定法指导原则”标准流程操作。直接测序困难时，可采用克隆方法获取序列。

【ITS2峰图与序列】ITS2峰图及其序列如下。

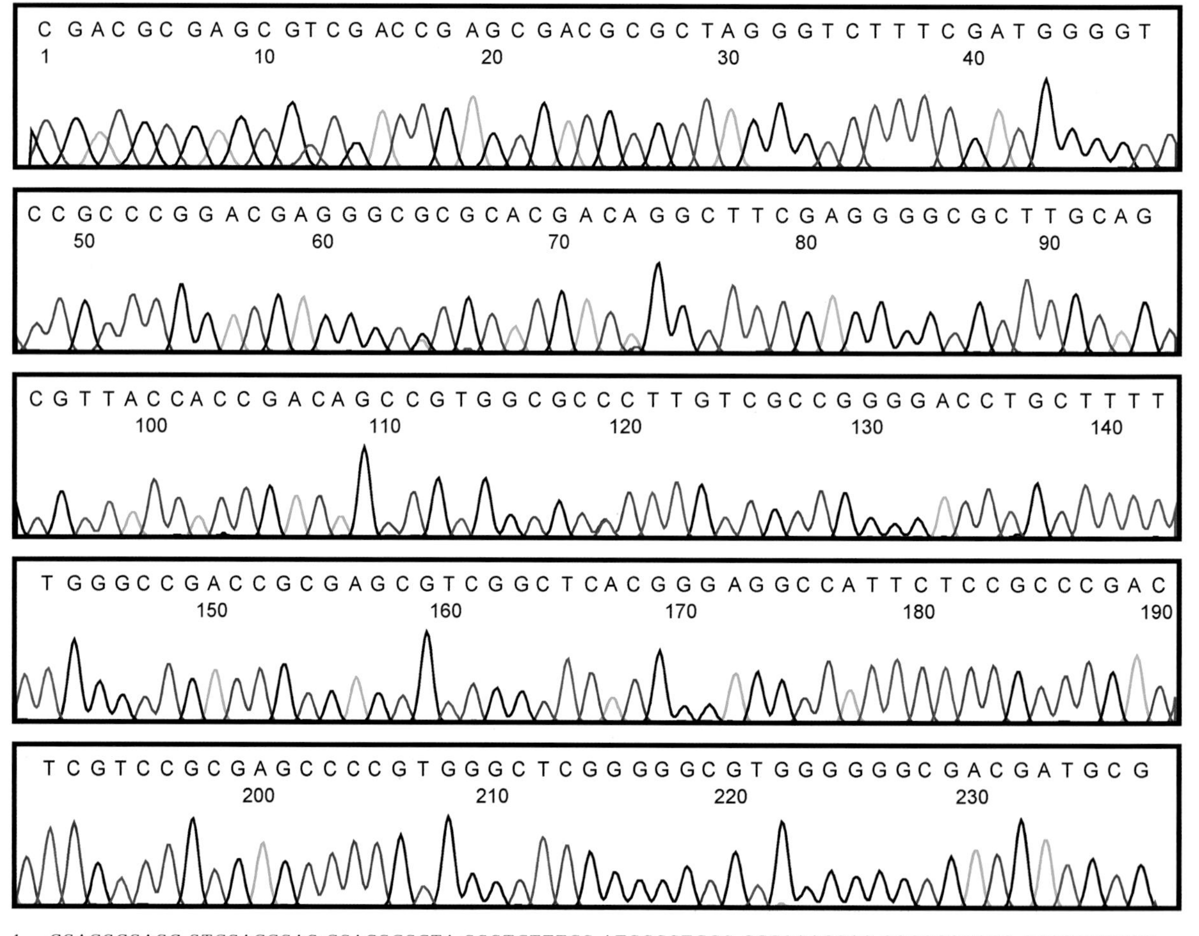

1　CGACGCGAGC GTCGACCGAG CGACGCGCTA GGGTCTTTCG ATGGGGTCCG CCCGGACGAG GGCGCGCACG ACAGGCTTCG
81　AGGGGCGCTT GCAGCGTTAC CACCGACAGC CGTGGCGCCC TTGTCGCCGG GGACCTGCTT TTTGGGCCGA CCGCGAGCGT
161 CGGCTCACGG GAGGCCATTC TCCGCCCGAC TCGTCCGCGA GCCCCGTGGG CTCGGGGGCG TGGGGGGCGA CGATGCG

146 柴胡

柴胡*Bupleurum chinense* DC.（FOC：北柴胡），伞形科多年生草本，以根入药。主要分布于东北、华北、西北、华东、华中各地区。

【种子形态】双悬果椭圆形，长约3.0mm，宽约1.0mm，侧面扁平，合生面收缩，表面棕褐色，略粗糙。双悬果顶端具宿存花萼和花柱，弓形，背面具5条棱，腹面具2条细棱。含种子1粒。种子切面近半圆形，种皮膜质；胚乳具油性，背面圆形，腹面平直；胚小，包埋于胚乳中。千粒重约1.4g。

【采集与储藏】花期9月，果期10月。当果实呈淡褐色时采集，剪下果序，摊晒至干，脱粒，筛簸去杂质，置于通风干燥处储藏。

【DNA提取与序列扩增】取多粒种子，按照小型种子DNA提取方法操作。ITS2序列的获得参照“9107　中药材DNA条形码分子鉴定法指导原则”标准流程操作。

【ITS2峰图与序列】ITS2峰图及其序列如下。

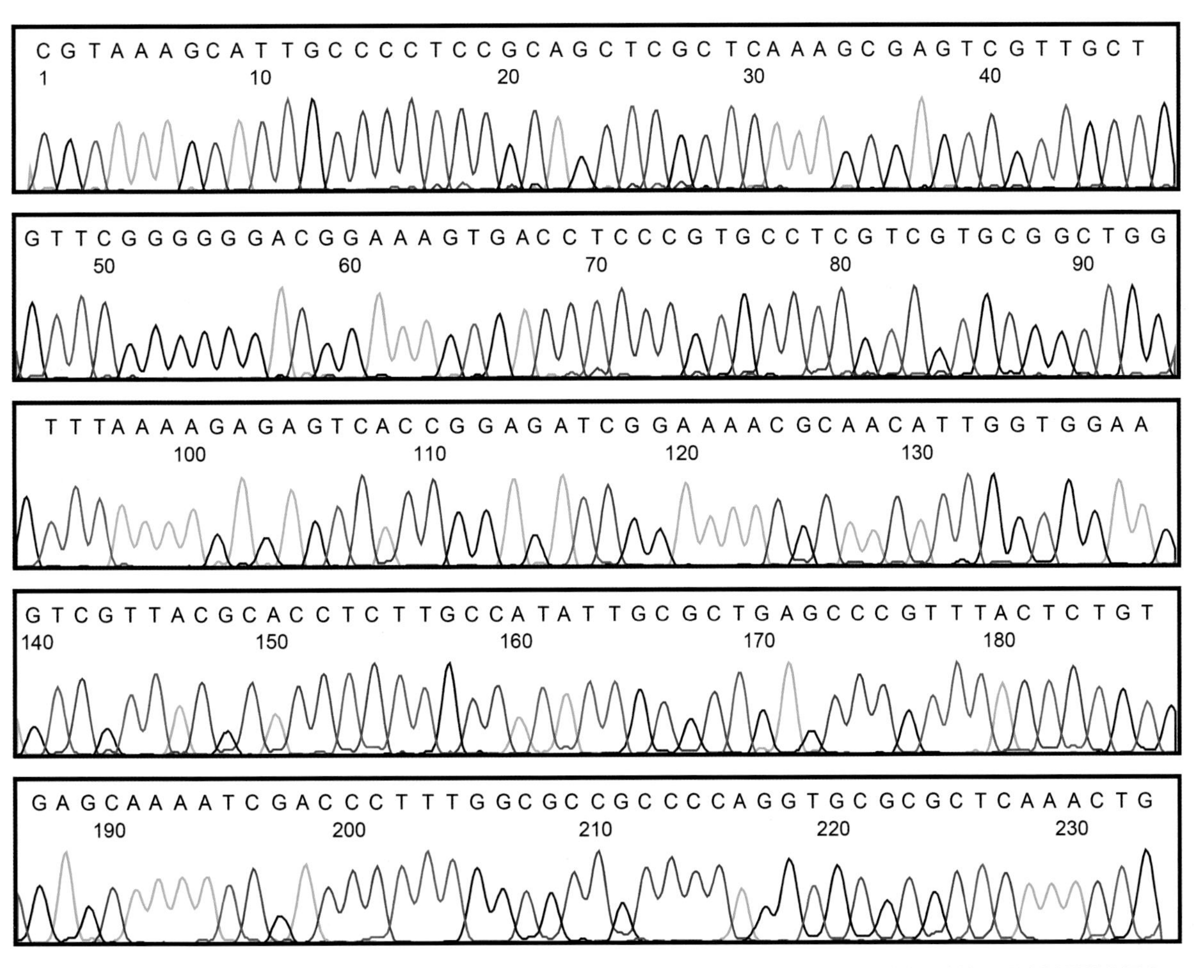

1　CGTAAAGCAT TGCCCCTCCG CAGCTCGCTC AAAGCGAGTC GTTGCTGTTC GGGGGGACGG AAAGTGACCT CCCGTGCCTC
81　GTCGTGCGGC TGGTTTAAAA GAGAGTCACC GGAGATCGGA AAACGCAACA TTGGTGGAAG TCGTTACGCA CCTCTTGCCA
161 TATTGCGCTG AGCCCGTTTA CTCTGTGAGC AAAATCGACC CTTTGGCGCC GCCCCAGGTG CGCGCTCAAA CTG

147 党参

党参*Codonopsis pilosula* (Franch.) Nannf.，桔梗科多年生缠绕草本，以根入药。主要分布于黑龙江、吉林、辽宁、河北、河南、山西、陕西、青海等地区。

【种子形态】蒴果圆锥形，3室，有宿存花萼。种子多粒，小，卵状椭圆形，长1.5～8.0mm，宽0.6～1.2mm，表面棕褐色，有光泽，在体视显微镜下可见密被纵行线纹，顶端钝圆，基部具1个圆形凹窝状种脐。胚乳半透明，含油分；胚细小，直生；子叶2枚。千粒重约0.3g。

【采集与储藏】花果期7～10月，待果实呈黄褐色变软、种子呈深褐色时采收，脱粒去杂后放入牛皮纸袋并储藏于室温条件下。

【DNA提取与序列扩增】称取3～5mg种子，按照微型种子DNA提取方法操作。ITS2序列的获得参照“9107　中药材DNA条形码分子鉴定法指导原则”标准流程操作。

【ITS2峰图与序列】ITS2峰图及其序列如下。

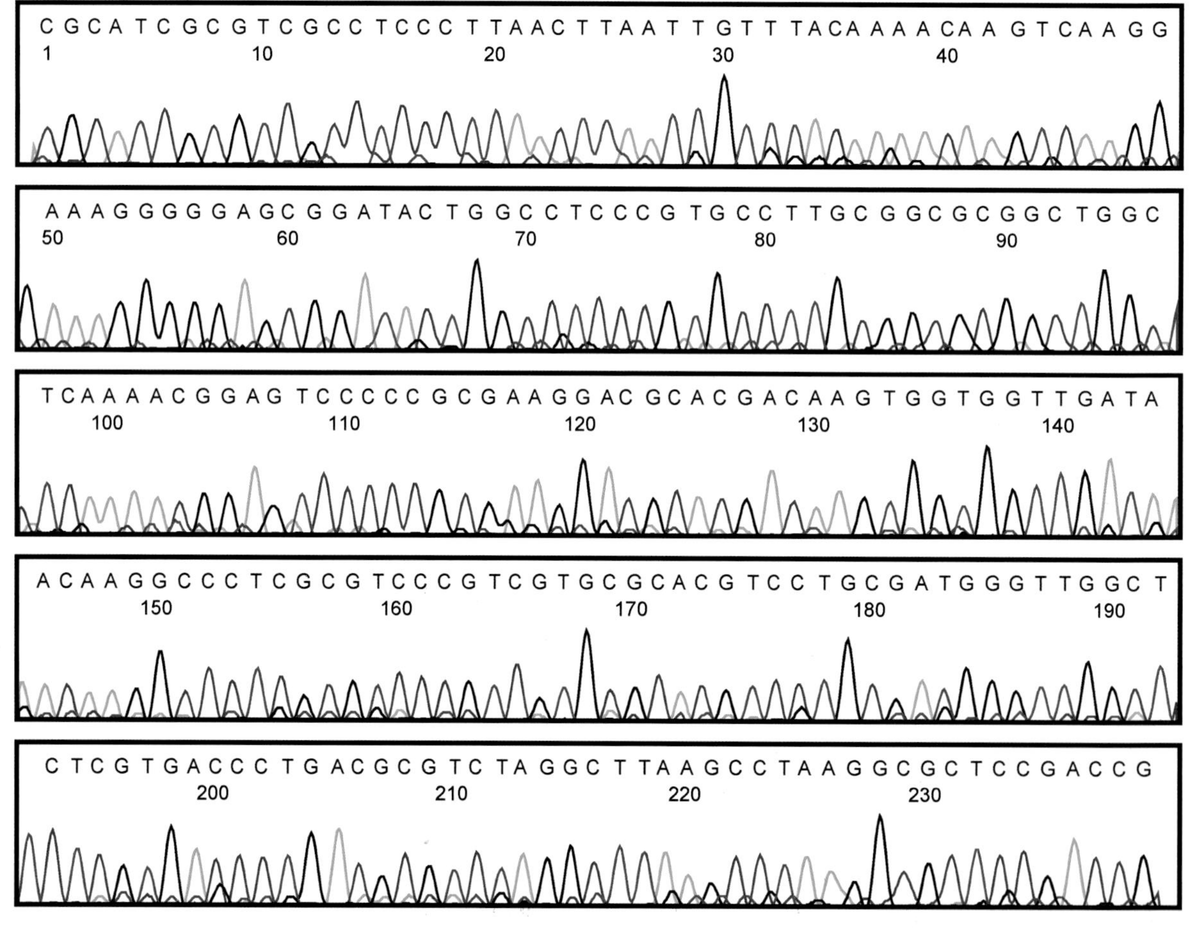

1　CGCATCGCGT CGCCTCCCTT AACTTAATTG TTTACAAAAC AAGTCAAGGA AAGGGGGAGC GGATACTGGC CTCCCGTGCC
81　TTGCGGCGCG GCTGGCTCAA AACGGAGTCC CCCGCGAAGG ACGCACGACA AGTGGTGGTT GATAACAAGG CCCTCGCGTC
161 CCGTCGTGCG CACGTCCTGC GATGGGTTGG CTCTCGTGAC CCTGACGCGT CTAGGCTTAA GCCTAAGGCG CTCCGACCG

148 铁皮石斛

铁皮石斛*Dendrobium officinale* Kimura & Migo，兰科多年生草本，以干燥茎入药。分布于安徽西南部（大别山），浙江东部（鄞州区、天台、仙居），福建西部（宁化），广西西北部（天峨），云南东南部（石屏、文山、麻栗坡、西畴）等地。

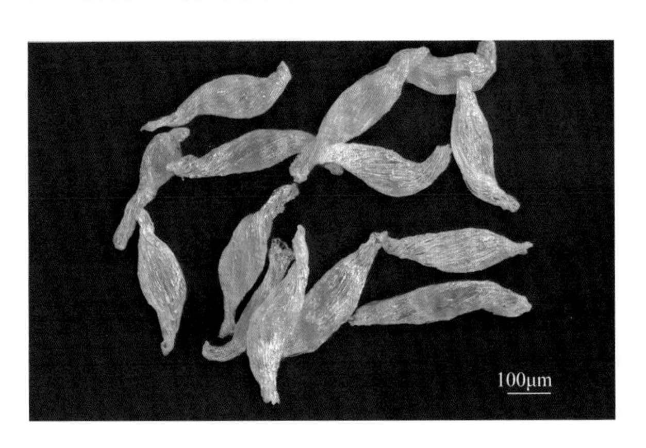

【种子形态】蒴果椭圆形，长3～5cm，成熟时黄绿色。每个果实含有上万粒种子，种子在体视显微镜下为黄绿色，两端具翅，外形为长纺锤形，长0.4mm，宽0.09mm，无胚乳。千粒重约0.4mg。

【采集与储藏】花期4～6月，果期7～9月。11月至翌年3月采收，除去杂质，剪去部分须根，边加热边扭成螺旋形或弹簧状，烘干；或切成段，干燥或低温烘干，前者习称“铁皮枫斗”（耳环石斛），后者习称“铁皮石斛”。

【DNA提取与序列扩增】称取3～5mg种子，按照微型种子DNA提取方法操作。ITS2序列的获得参照“9107　中药材DNA条形码分子鉴定法指导原则”标准流程操作。

【ITS2峰图与序列】ITS2峰图及其序列如下。

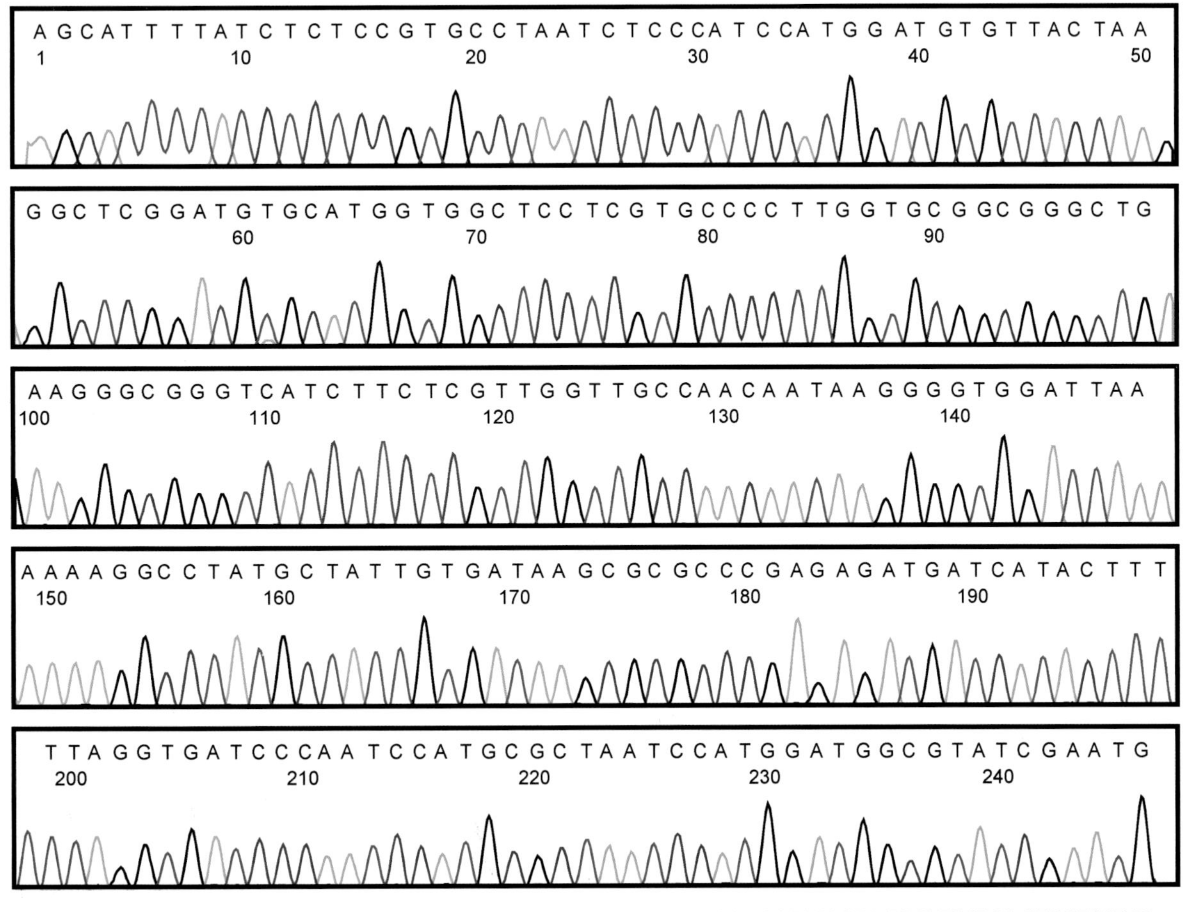

1　AGCATTTTAT CTCTCCGTGC CTAATCTCCC ATCCATGGAT GTGTTACTAA GGCTCGGATG TGCATGGTGG CTCCTCGTGC
81　CCCTTGGTGC GGCGGGCTGA AGGGCGGGTC ATCTTCTCGT TGGTTGCCAA CAATAAGGGG TGGATTAAAA AAGGCCTATG
161 CTATTGTGAT AAGCGCGCCC GAGAGATGAT CATACTTTTT AGGTGATCCC AATCCATGCG CTAATCCATG GATGGCGTAT
241 CGAATG

149 射干

射干*Belamcanda chinensis* (L.) DC.，鸢尾科多年生草本，以根茎入药。主要分布于吉林、辽宁、河北、山西、山东、河南、安徽、江苏、浙江、福建、台湾、湖北、湖南、江西、广东、广西、陕西、甘肃、四川、贵州、云南、西藏等地区。

【种子形态】蒴果，顶端有部分凋萎的花被宿存，三角状倒卵形至长椭圆形，长约2.5cm，3室，成熟时室背开裂，每室内有种子3～11粒。种子近球形，直径约5.0mm，外包黑色、有光泽的假种皮，在体视显微镜下观察表面有细网纹。种皮污绿色至黑色，坚硬，顶端为1个小圆尖状合点，基部有1个圆形略凹的种脐。胚乳角质，坚硬；胚着生在合点内侧；子叶1枚。千粒重约22.6g。

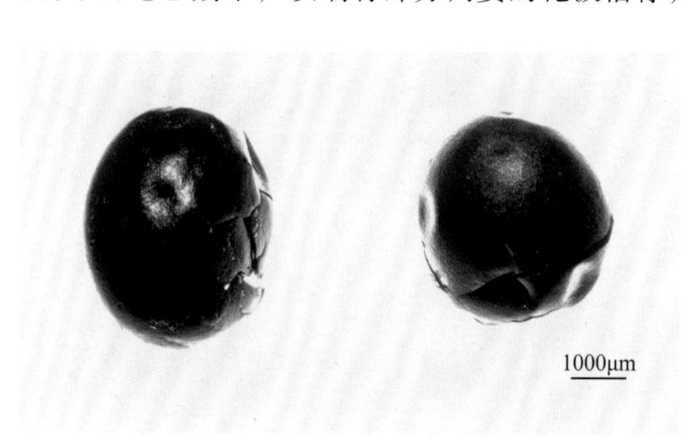

【采集与储藏】花期6～8月，果期7～9月。蒴果微裂，种子呈蓝黑色时分批采摘。将种子与3倍清洁湿润的河沙混合均匀，放入木箱内或室内阴凉的地面上堆积储藏。种子寿命为1～2年。

【DNA提取与序列扩增】取单粒种子，按照中型种子DNA提取方法操作。ITS2序列的获得参照“9107　中药材DNA条形码分子鉴定法指导原则”标准流程操作。

【ITS2峰图与序列】ITS2峰图及其序列如下。

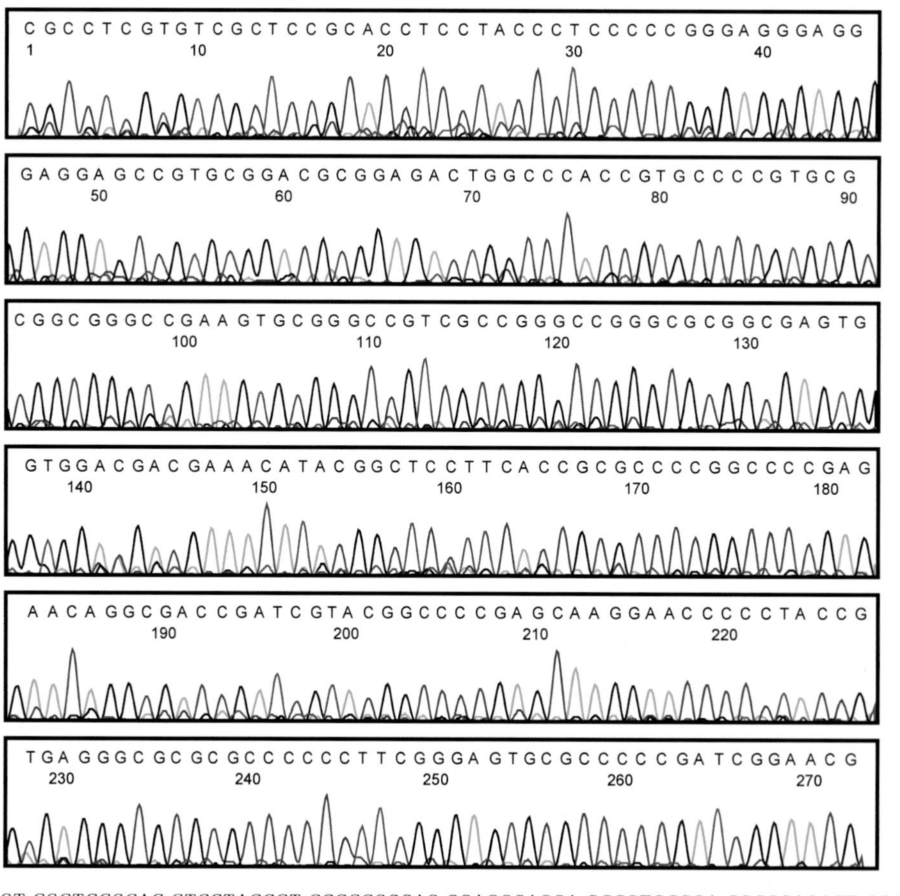

1　CGCCTCGTGT CGCTCCGCAC CTCCTACCCT CCCCCGGGAG GGAGGGAGGA GCCGTGCGGA CGCGGAGACT GGCCCACCGT
81　GCCCCGTGCG CGGCGGGCCG AAGTGCGGGC CGTCGCCGGG CCGGGCGCGG CGAGTGGTGG ACGACGAAAC ATACGGCTCC
161 TTCACCGCGC CCCGGCCCCG AGAACAGGCG ACCGATCGTA CGGCCCCGAG CAAGGAACCC CCTACCGTGA GGGCGCGCGC
241 CCCCCTTCGG GAGTGCGCCC CCGATCGGAA CG

150 徐长卿

徐长卿*Cynanchum paniculatum* (Bge.) Kitag.，萝藦科多年生直立草本，以根和根茎入药。主要分布于辽宁、内蒙古、山西、河北、河南、陕西、甘肃、四川、贵州、云南、山东、安徽、江苏、浙江、江西、湖北、湖南、广东、广西等地区。

【种子形态】蓇葖果卵形，长渐尖。种子卵形，扁平，长5.1～5.5mm，宽3.3～3.6mm，厚0.6～0.7mm，顶端束生白色绢毛，长17.2～22.7mm，常脱落。种子表面褐色或棕褐色，散布深棕色短线纹及小点（以背面为多），在体视显微镜下观察可见表面密布细网纹，边缘翼状。顶端平截或微凹，基部钝圆；背面稍隆起，腹面平或微凹，具1条线形种脊，至顶端相连于微突的种脐，至种子中下部相连于略分枝的合点。胚乳白色，半透明，含油分；胚直生，黄色；胚根甚短小；胚芽显著；子叶2枚，卵形，具柄。千粒重约3.9g。

【采集与储藏】花期5～7月，果期9～12月。待蓇葖果呈黄绿色且将开裂时及时采收，分批采集，不然种子将被风刮落，置于干燥阴凉处保存。

【DNA提取与序列扩增】取多粒种子，按照小型种子DNA提取方法操作。ITS2序列的获得参照“9107　中药材DNA条形码分子鉴定法指导原则”标准流程操作。

【ITS2峰图与序列】ITS2峰图及其序列如下。

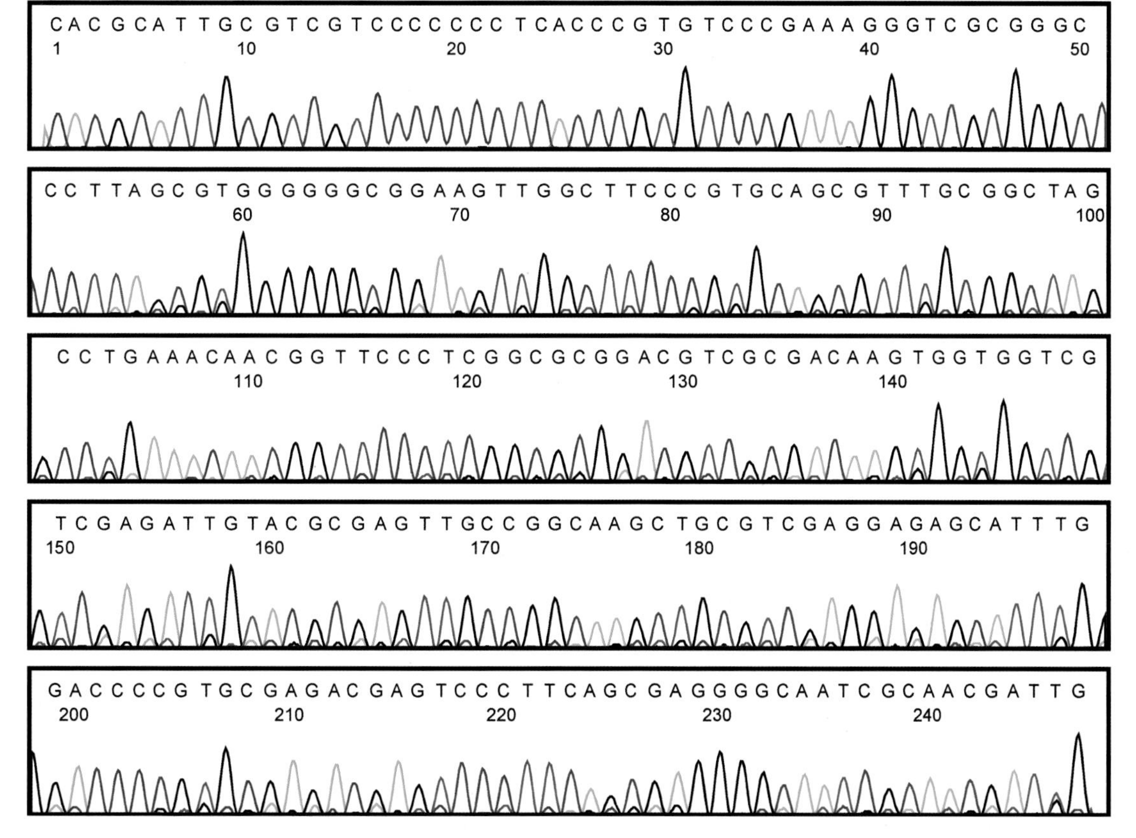

1 CACGCATTGC GTCGTCCCCC CCTCACCCGT GTCCCGAAAG GGTCGCGGGC CCTTAGCGTG GGGGGCGGAA GTTGGCTTCC
81 CGTGCAGCGT TTGCGGCTAG CCTGAAACAA CGGTTCCCTC GGCGCGGACG TCGCGACAAG TGGTGGTCGT CGAGATTGTA
161 CGCGAGTTGC CGGCAAGCTG CGTCGAGGAG AGCATTTGGA CCCCGTGCGA GACGAGTCCC TTCAGCGAGG GGCAATCGCA
241 ACGATTG

151 脂麻

脂麻*Sesamum indicum* L.（FOC：芝麻），脂麻科一年生直立草本，以种子入药。我国各地均有栽培。

【种子形态】蒴果长方状圆形，四棱、六棱或八棱，长1.5～2.5cm，直径1.0～1.5cm，有短柔毛，成熟时褐色，纵裂，内含种子多粒。种子长倒卵形或卵形，长2.0～3.0mm，宽0.8～1.8mm，表面黑色，具浅网纹和不明显的疣点，先端圆，基部尖，下有1个圆盘状突起，为种脐。胚乳白色，薄膜状，富油性；胚白色，直生，埋于胚乳中；子叶2枚，大，富油性。千粒重约3.0g。

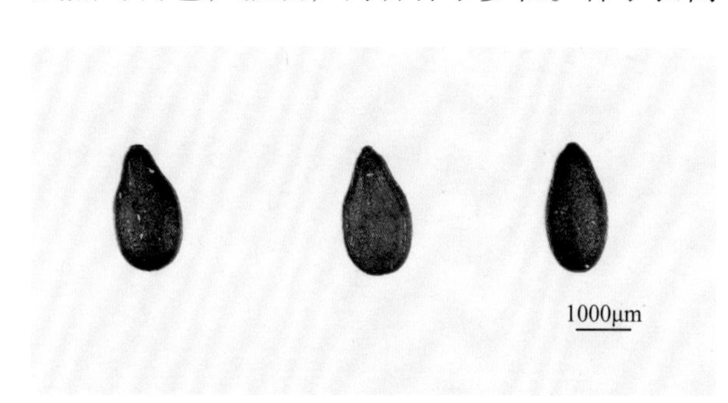

【采集与储藏】花期为夏末秋初。当大部分蒴果呈褐色时割下全株，扎成小捆晾晒，蒴果大量裂开时脱粒，筛簸去杂。因为脂麻含油量高，不宜储藏。故进仓时种子含水量不能超过7%。

【DNA提取与序列扩增】取多粒种子，按照小型种子DNA提取方法操作。ITS2序列的获得参照"9107　中药材DNA条形码分子鉴定法指导原则"标准流程操作。

【ITS2峰图与序列】ITS2峰图及其序列如下。

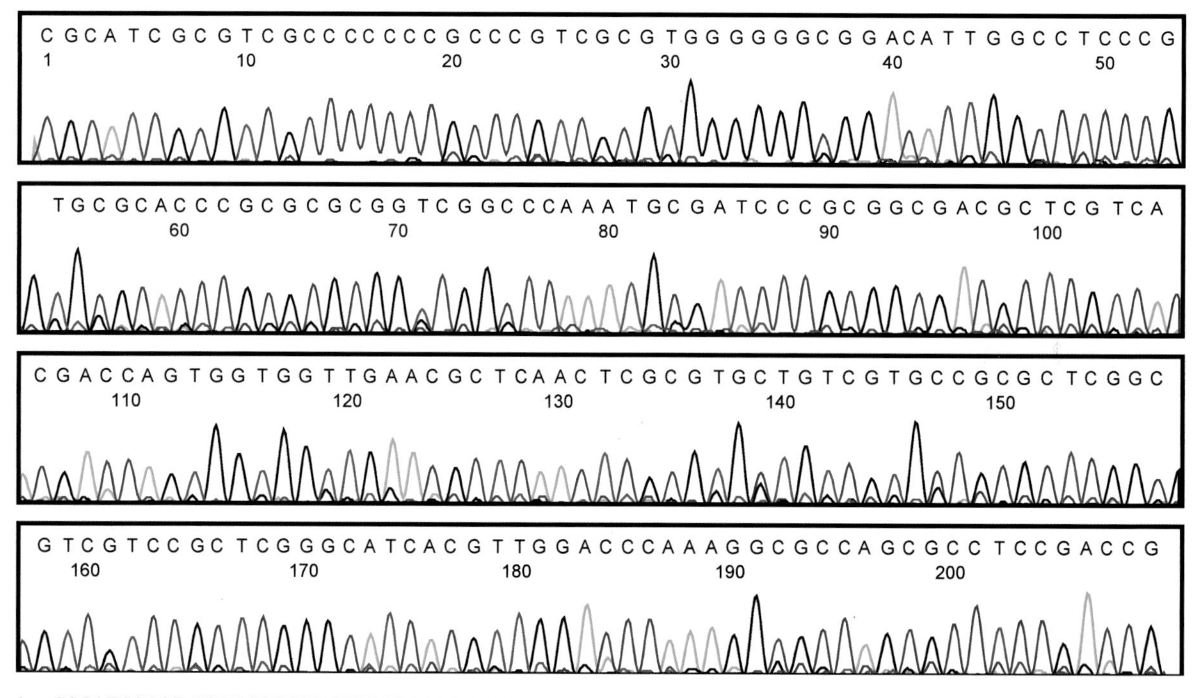

1　CGCATCGCGT CGCCCCCCCG CCCGTCGCGT GGGGGCGGA CATTGGCCTC CCGTGCGCAC CCGCGCGCGG TCGGCCCAAA
81　TGCGATCCCG CGGCGACGCT CGTCACGACC AGTGGTGGTT GAACGCTCAA CTCGCGTGCT GTCGTGCCGC GCTCGGCGTC
161 GTCCGCTCGG GCATCACGTT GGACCCAAAG GCGCCAGCGC CTCCGACCG

152 拳参

拳参*Polygonum bistorta* L.，蓼科多年生草本，以根茎入药。主要分布于东北、华北、陕西、宁夏、甘肃、山东、河南、江苏、浙江、江西、湖南、湖北、安徽等地区。

【种子形态】瘦果三棱状卵圆形，长3.0～3.5mm，宽约2.3mm，表面棕色或红褐色，光亮，包于宿存花萼中，先端尖，具花柱残基，基部具果柄痕，内含种子1粒。种子三棱状卵形，长约2.2mm，宽约1.8mm，表面黄褐色，先端尖，具种孔，基部具1个褐色圆形种脐。胚乳白色，粉质；胚直生，黄白色。千粒重约4.7g。

【采集与储藏】花期6～7月，果期8～9月。当宿存花萼枯黄，瘦果棕褐色时及时分批采收。

【DNA提取与序列扩增】取多粒种子，按照小型种子DNA提取方法操作。ITS2序列的获得参照“9107　中药材DNA条形码分子鉴定法指导原则”标准流程操作。

【ITS2峰图与序列】ITS2峰图及其序列如下。

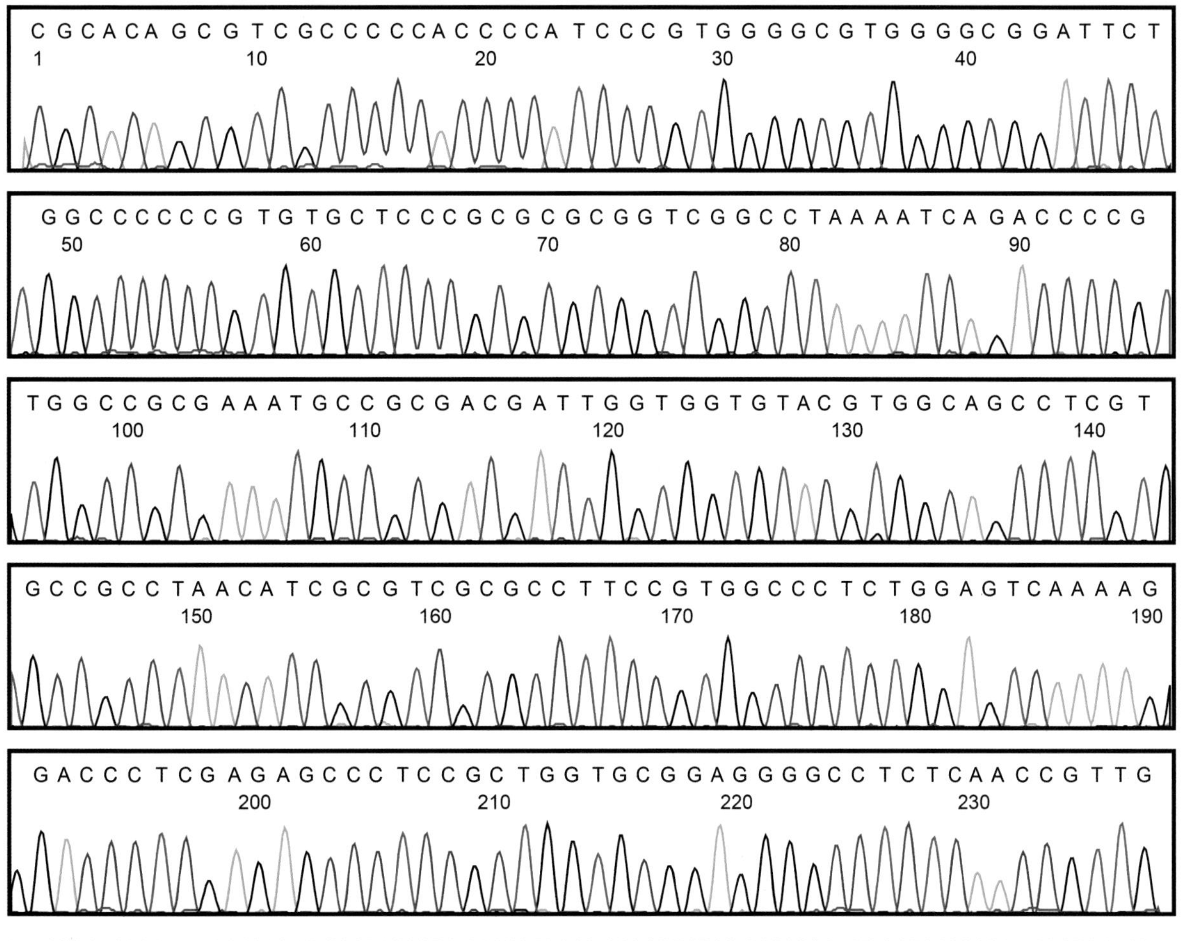

1　CGCACAGCGT CGCCCCCACC CCATCCCGTG GGGCGTGGGG CGGATTCTGG CCCCCCGTGT GCTCCCGCGC GCGGTCGGCC
81　TAAAATCAGA CCCCGTGGCC GCGAAATGCC GCGACGATTG GTGGTGTACG TGGCAGCCTC GTGCCGCCTA ACATCGCGTC
161 GCGCCTTCCG TGGCCCTCTG GAGTCAAAAG GACCCTCGAG AGCCCTCCGC TGGTGCGGAG GGGCCTCTCA ACCGTTG

153 益母草

益母草*Leonurus japonicus* Houtt.，唇形科一年生或二年生草本，以果实、地上草质茎入药。分布于我国各地。

【种子形态】果实藏于宿萼之中。坚果呈三棱状阔椭圆形，长2.0～2.4mm，宽1.2～1.6mm，顶端截平呈三角形，背面拱形，腹面有1条锐纵棱，将腹部分成2个斜面。果皮褐色至黑褐色，表面粗糙，无光泽。果脐三角形，脐底粗糙。种子1粒。种子扁长卵形。种皮薄，黄白色。无胚乳，胚体白色，直生，具短而向下直伸的胚根。千粒重约0.6g。

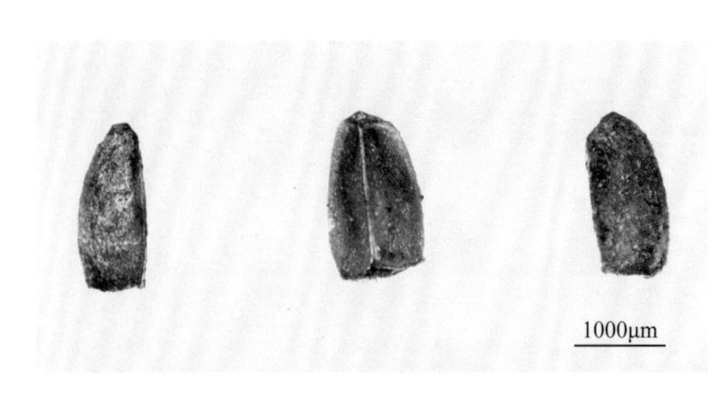

【采集与储藏】花期6～9月，果期9～10月。在种子尚未成熟时选品种纯、生长良好、无病虫害的植株留种；或事先选定留种区，待种子充分成熟后单独收获。将挑选和分级后的益母草种子用纸袋或布袋包装，存放于干燥、通风、阴凉的地方，避免潮湿和阳光直射，储存温度通常需控制在15～25℃。

【DNA提取与序列扩增】称取3～5mg种子，按照微型种子DNA提取方法操作。ITS2序列的获得参照“9107 中药材DNA条形码分子鉴定法指导原则”标准流程操作。

【ITS2峰图与序列】ITS2峰图及其序列如下。

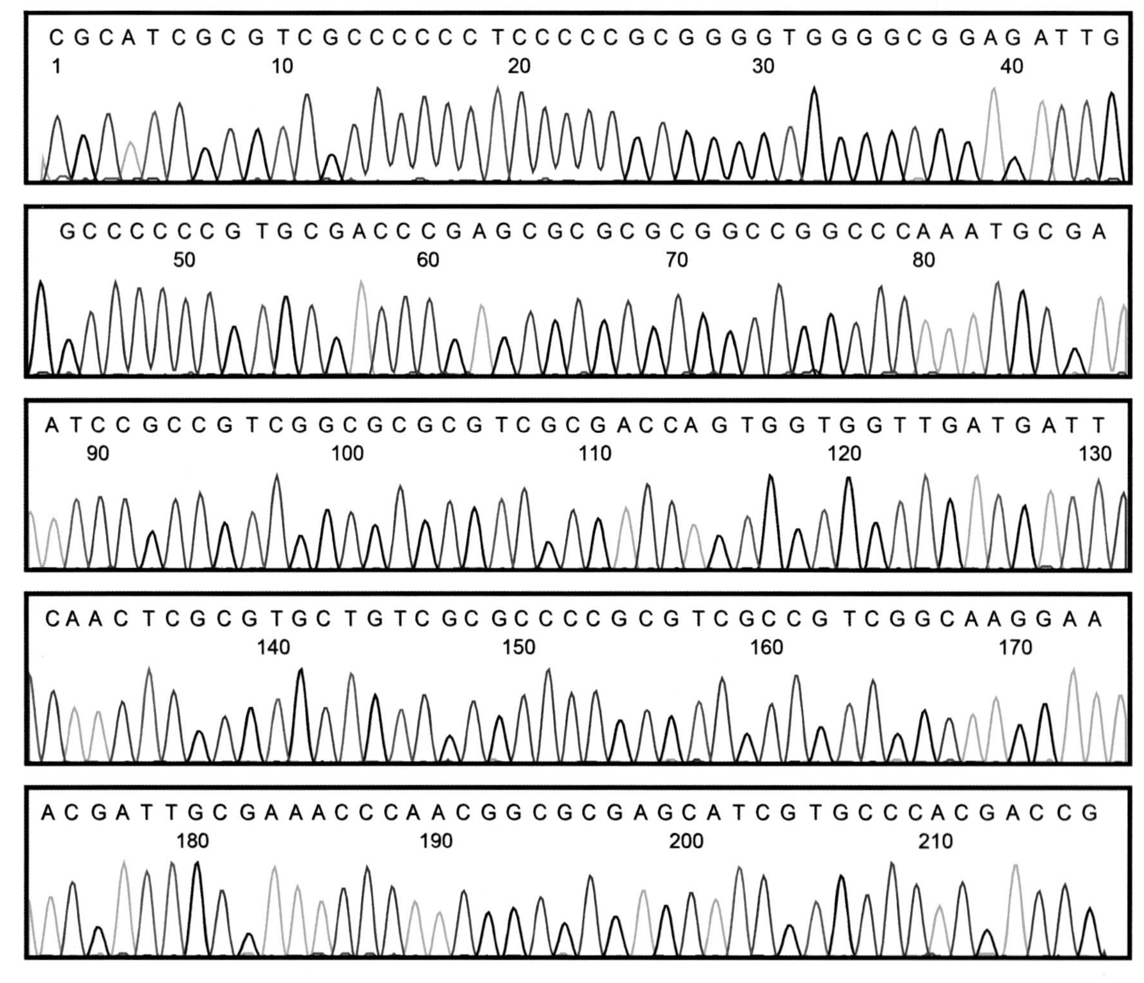

1 CGCATCGCGT CGCCCCCCTC CCCCGCGGGG TGGGGCGGAG ATTGGCCCCC CGTGCGACCC GAGCGCGCGC GGCCGGCCCA
81 AATGCGAATC CGCCGTCGGC GCGCGTCGCG ACCAGTGGTG GTTGATGATT CAACTCGCGT GCTGTCGCGC CCCGCGTCGC
161 CGTCGGCAAG GAAACGATTG CGAAACCCAA CGGCGCGAGC ATCGTGCCCA CGACCG

154 益智

益智*Alpinia oxyphylla* Miq.，姜科多年生草本，以成熟果实入药。主要分布于海南、广西、广东南部，近年在云南、福建亦有少量试种。

【种子形态】种子呈不规则扁圆形，直径2.5～4.0mm，厚1.0～2.0mm，表面暗棕色或灰棕色。假种皮膜质，种皮角质，硬，种脐位于腹面中央，略呈圆形凹陷，从种脐至背面的合点处有1条沟状种脊。胚乳白色粉质，内有1个狭长小空腔；幼胚鲜白色，一端在空腔内，一端伸向种脐，有特异香气。千粒重10.8～13.5g。

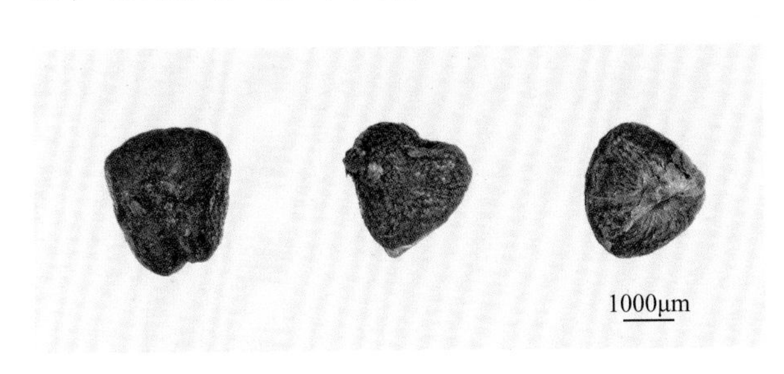

【采集与储藏】花期3～5月，果期4～9月。当果实呈浅黄色，果肉带甜味时即为成熟。当果穗中的果实开始显黄色时采摘种子，出苗率78%；已到采收季节，但果皮尚青的果穗基部的种子，出苗率66.7%；果实在室内放置9天，果皮由黄转为干黑的种子，出苗率68.7%。选择穗大、果多、味浓、产量高的母株，采收粒大饱满、无病虫害果实作为种用。剪下果穗，堆放数日使果肉软化，易洗脱。摘下果实，剥去果皮，将种子倒入以细沙和草木灰（7∶3）混匀并加适量水的混合物中，搓擦种子，再用清水漂洗去果肉，取沉底种子，洗净，可适当晒干，但不宜过分干燥。可采用低温储藏或潮沙储藏。

【DNA提取与序列扩增】取单粒种子，按照中型种子DNA提取方法操作。ITS2序列的获得参照“9107　中药材DNA条形码分子鉴定法指导原则”标准流程操作。

【ITS2峰图与序列】ITS2峰图及其序列如下。

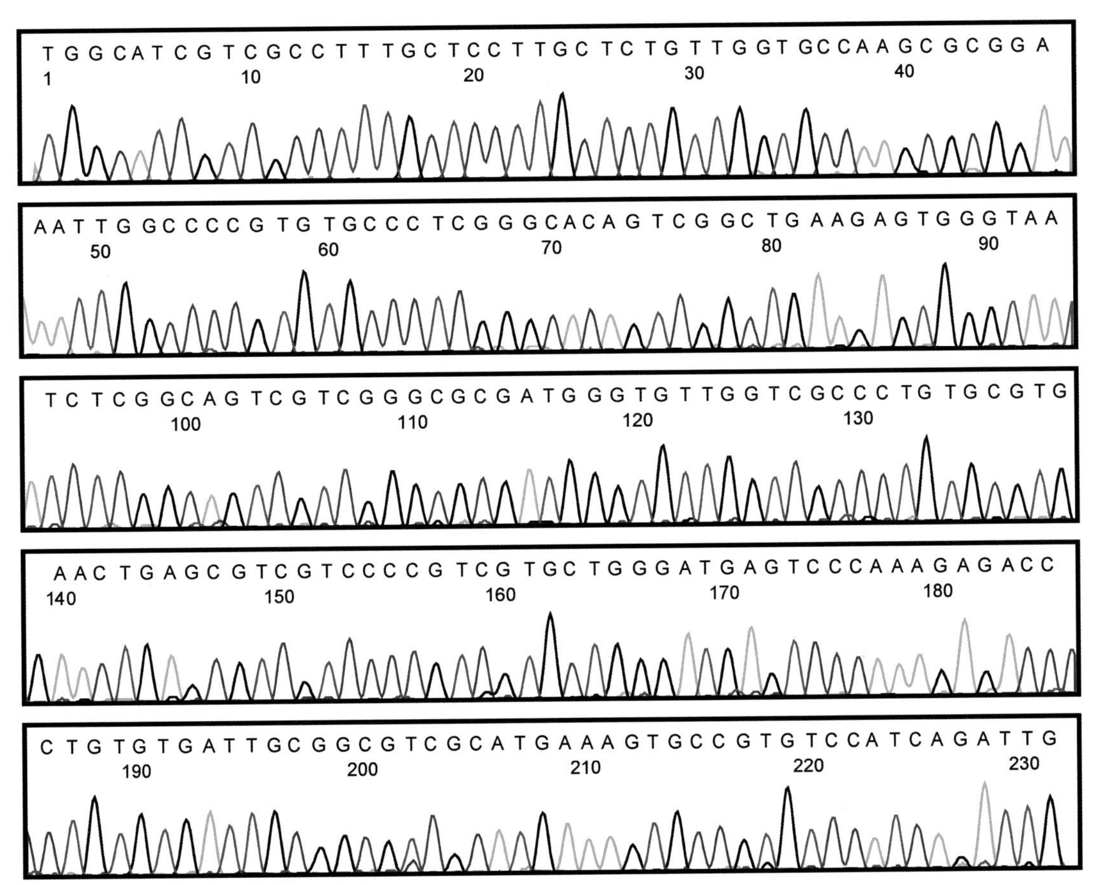

1　TGGCATCGTC GCCTTTGCTC CTTGCTCTGT TGGTGCCAAG CGCGGAAATT GGCCCCGTGT GCCCTCGGGC ACAGTCGGCT
81　GAAGAGTGGG TAATCTCGGC AGTCGTCGGG CGCGATGGGT GTTGGTCGCC CTGTGCGTGA ACTGAGCGTC GTCCCCGTCG
161 TGCTGGGATG AGTCCCAAAG AGACCCTGTG TGATTGCGGC GTCGCATGAA AGTGCCGTGT CCATCAGATT G

155 宽叶羌活

宽叶羌活*Notopterygium franchetii* H. de Boiss.，伞形科多年生草本，以根茎和根入药。主产于山西、陕西、湖北、四川、内蒙古、甘肃、青海等地区。

【种子形态】双悬果扁椭圆形，长3.3～5.2mm，宽2.6～5.3mm，棕褐色，背面具纵棱3或4条，常延伸成淡棕色翅，腹面微凹，中央常存1个细线状悬果柄，与果实顶端相连，顶端有1个突起的花柱基，基部微尖，内含种子1粒。种子横切面略显月牙形，胚乳白色，内凹；胚细小，埋生于种仁基部。千粒重约3.0g。

【采集与储藏】花期7月，果期8～9月。当果实变褐色时采摘。主要采用层积法。将种子与5倍的湿沙拌匀埋藏于含水量为60%～70%的沙土中，在15～25℃条件下高温层积90天，再在2～5℃条件下低温层积90天。

【DNA提取与序列扩增】取多粒种子，按照小型种子DNA提取方法操作。ITS2序列的获得参照"9107　中药材DNA条形码分子鉴定法指导原则"标准流程操作。

【ITS2峰图与序列】ITS2峰图及其序列如下。

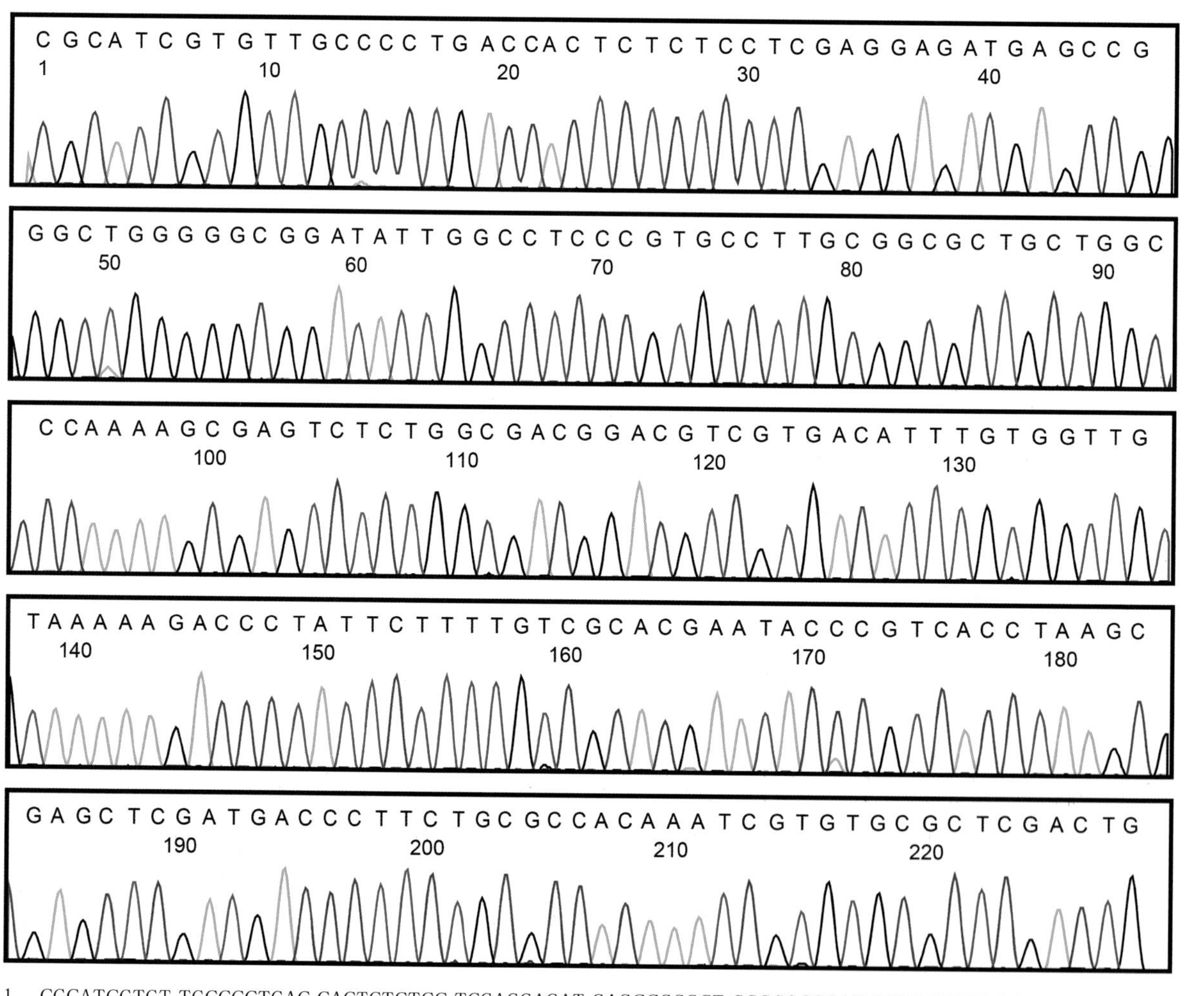

1　CGCATCGTGT TGCCCCTGAC CACTCTCTCC TCGAGGAGAT GAGCCGGGCT GGGGGCGGAT ATTGGCCTCC CGTGCCTTGC
81　GGCGCTGCTG GCCCAAAAGC GAGTCTCTGG CGACGGACGT CGTGACATTT GTGGTTGTAA AAAGACCCTA TTCTTTTGTC
161 GCACGAATAC CCGTCACCTA AGCGAGCTCG ATGACCCTTC TGCGCCACAA ATCGTGTGCG CTCGACTG

156 桑

桑*Morus alba* L.，桑科乔木或灌木，以根皮、枝、叶、果穗入药。主要分布于我国中部和北部，现东北至西南各地区、西北直至新疆均有栽培。

【种子形态】聚花果圆柱形，黑紫色或白色，由许多外部有肉质花被的瘦果组成。瘦果长约2.0mm，宽1.6～1.7mm，厚0.9～1.1mm，黄褐色，表面平，无光泽，背腹两侧具隆起的纵棱；果皮骨质，内含种子1粒。种皮褐色，薄膜质；胚乳少量；胚弯曲，白色，含油分。千粒重约1.4g。

1000μm

【采集与储藏】花期4～5月，果期5～8月。聚花果成熟呈紫色或白色时采摘。长期储藏以密封干藏和氯化钙干藏最好，短期储藏以地下储藏法效果最好。种子寿命为3年左右。

【DNA提取与序列扩增】取多粒种子，按照小型种子DNA提取方法操作。ITS2序列的获得参照“9107　中药材DNA条形码分子鉴定法指导原则”标准流程操作。

【ITS2峰图与序列】ITS2峰图及其序列如下。

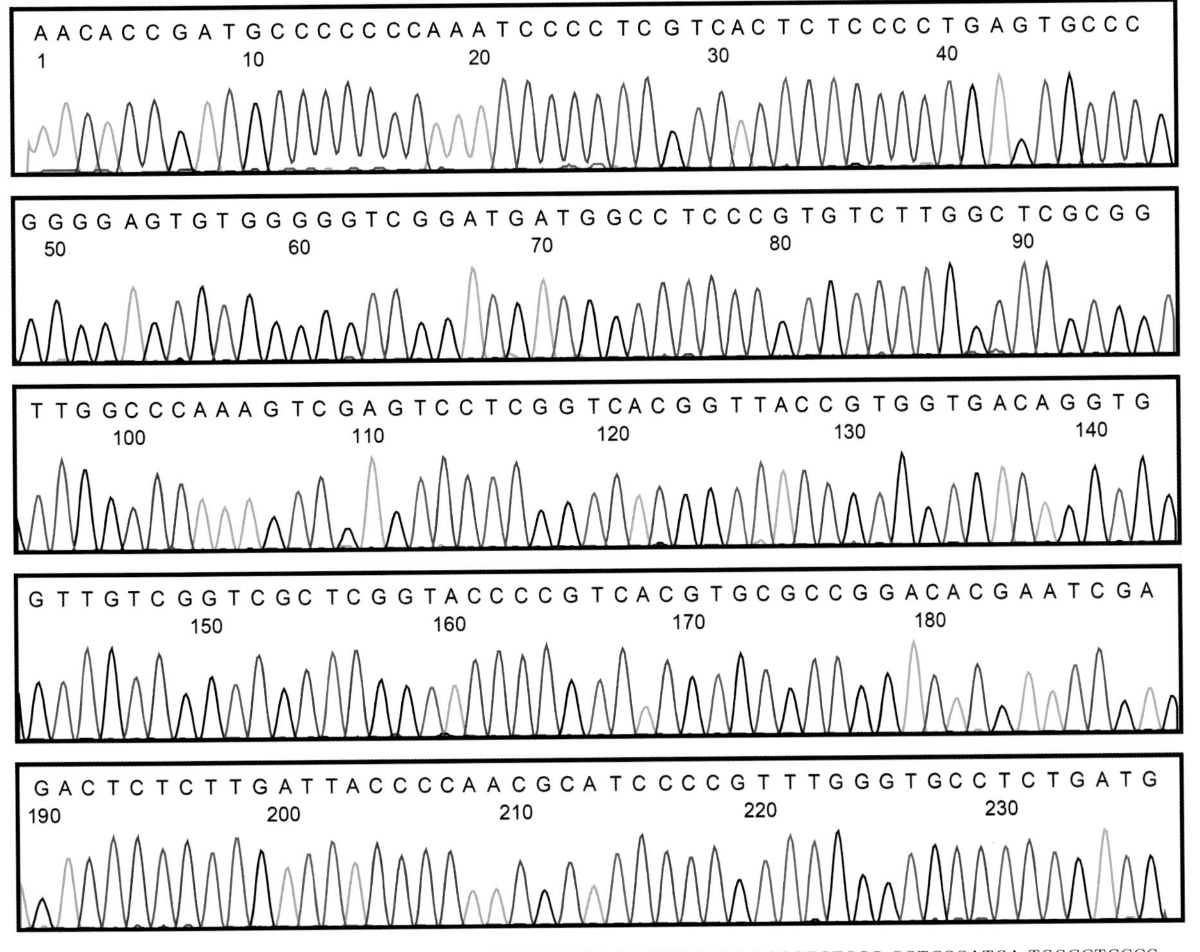

1　AACACCGATG CCCCCCCAAA TCCCCTCGTC ACTCTCCCCT GAGTGCCCGG GGAGTGTGGG GGTCGGATGA TGGCCTCCCG

81　TGTCTTGGCT CGCGGTTGGC CCAAAGTCGA GTCCTCGGTC ACGGTTACCG TGGTGACAGG TGGTTGTCGG TCGCTCGGTA

161 CCCCGTCACG TGCGCCGGAC ACGAATCGAG ACTCTCTTGA TTACCCCAAC GCATCCCCGT TTGGGTGCCT CTGATG

157 菘蓝

菘蓝*Isatis indigotica* Fort.（FOC：*Isatis tinctoria* L.），十字花科二年生草本，以根、叶或茎叶入药。原产于我国，全国各地均有栽培。

【种子形态】短角果，近长圆形，扁平，无毛，边缘有翅，长13.2～18.4mm，宽3.5～4.9mm，厚约1.5mm，表面紫褐色或黄褐色，稍有光泽。短角果先端钝圆或微凹，而且有短尖，基部渐窄，具残存的果柄或果柄痕，细长、微下垂；两侧面各具1中肋，中部呈长椭圆状隆起，不开裂，内含种子1粒。种子长圆形，长约3.0mm，宽1.0～1.3mm，表面淡褐色或黄褐色，基部具1个小尖突状种柄，呈黑色，两侧面各具1条较明显的纵沟（胚根与子叶间形成的痕）及1条不甚明显的浅纵沟（两枚子叶之间形成的痕）。胚弯曲，黄色，含油分；胚根圆柱状；子叶2枚，背倚胚根。千粒重约10.2g。

【采集与储藏】花期4～5月，果期5～6月。待角果表面呈紫褐色或黄褐色时陆续采收。晒干，脱粒，打包后装入麻袋并储藏。

【DNA提取与序列扩增】取单粒种子，按照中型种子DNA提取方法操作。ITS2序列的获得参照“9107　中药材DNA条形码分子鉴定法指导原则”标准流程操作。

【ITS2峰图与序列】ITS2峰图及其序列如下。

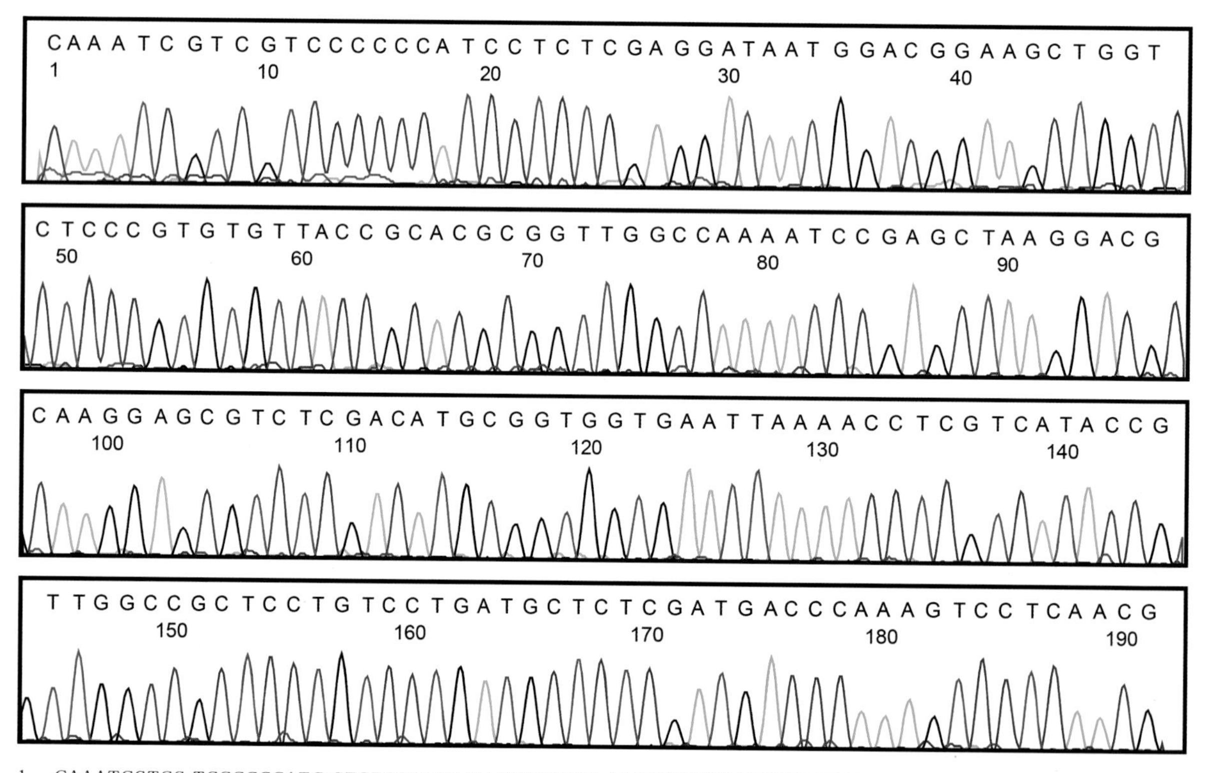

1　CAAATCGTCG TCCCCCCATC CTCTCGAGGA TAATGGACGG AAGCTGGTCT CCCGTGTGTT ACCGCACGCG GTTGGCCAAA
81　ATCCGAGCTA AGGACGCAAG GAGCGTCTCG ACATGCGGTG GTGAATTAAA ACCTCGTCAT ACCGTTGGCC GCTCCTGTCC
161 TGATGCTCTC GATGACCCAA AGTCCTCAAC G

158 黄芩

黄芩*Scutellaria baicalensis* Georgi，唇形科多年生草本，以根入药。主要分布于黑龙江、辽宁、内蒙古、河北、河南、甘肃、陕西、山西、山东、四川等地区，江苏有栽培。

【种子形态】小坚果三棱状椭圆形，长1.8～2.4mm，宽1.1～1.6mm，表面黑色，粗糙，在体视显微镜下可见密被小尖突。背面隆起，两侧面各具1条斜沟，相交于腹棱果脐处，果脐位于腹棱中上部，污白色圆点状，果皮与种皮较难分离，内含种子1粒。种子椭圆形，表面淡棕色，腹面卧生1个锥形隆起，其上端具1个棕色点状种脐，种脊短线形，棕色。胚弯曲，白色，含油分；胚根略为圆锥状；子叶2枚，肥厚，椭圆形，背倚胚根。千粒重1.5～2.3g。

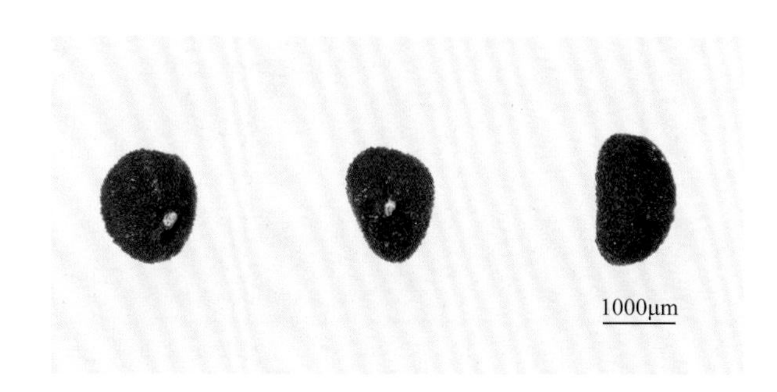

【采集与储藏】花期7～8月，果期8～9月。待果实呈淡棕色时采收。放于牛皮纸内并在室温储藏。

【DNA提取与序列扩增】取多粒种子，按照小型种子DNA提取方法操作。ITS2序列的获得参照“9107　中药材DNA条形码分子鉴定法指导原则”标准流程操作。

【ITS2峰图与序列】ITS2峰图及其序列如下。

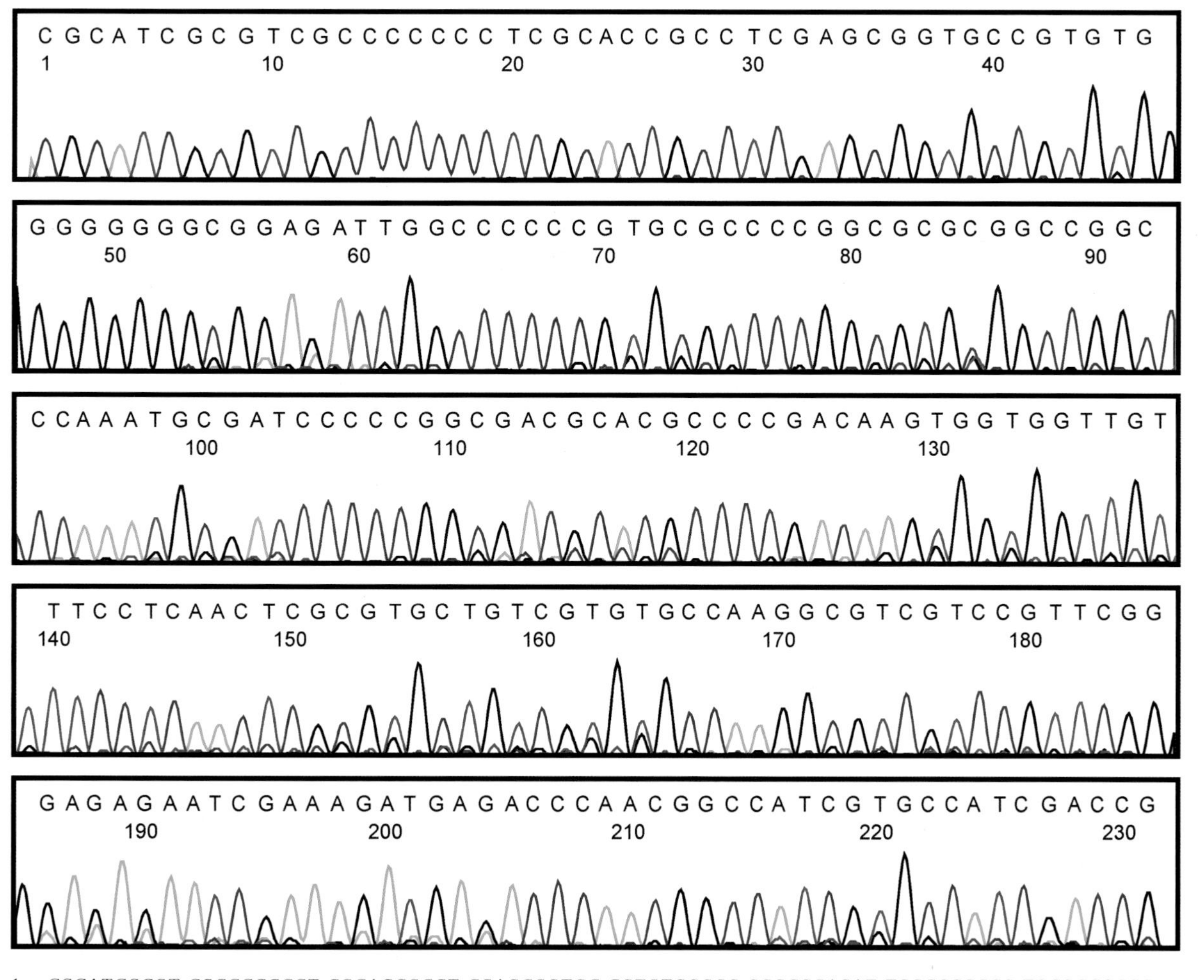

1　CGCATCGCGT CGCCCCCCCT CGCACCGCCT CGAGCGGTGC CGTGTGGGGG GGGCGGAGAT TGGCCCCCCG TGCGCCCCGG
81　CGCGCGGCCG GCCCAAATGC GATCCCCCGG CGACGCACGC CCCGACAAGT GGTGGTTGTT TCCTCAACTC GCGTGCTGTC
161 GTGTGCCAAG GCGTCGTCCG TTCGGGAGAG AATCGAAAGA TGAGACCCAA CGGCCATCGT GCCATCGACC G

159 黄连

黄连*Coptis chinensis* Franch.，毛茛科多年生常绿草本，以干燥根茎入药。主要分布于四川、贵州、湖南、湖北、陕西等地区。

【种子形态】种子长椭圆形，长2.0～2.5mm，宽0.6～0.9mm，背面隆起，略呈弧形，腹面扁，中线明显略凹，顶端圆形，基端平直。种皮红棕色或棕褐色，表面有多数纵纹突起，稍具光泽。胚乳不透明，质硬；胚细小，近球形，着生于基端。千粒重0.9～1.3g，平均1.1g。

【采集与储藏】花期2～3月，果期4～6月。当蓇葖果由黄绿刚转紫色可抖出种子时，选择晴天一次采收。种子逐渐变棕褐色即混合2倍以上的湿沙，储藏于阴凉处。

【DNA提取与序列扩增】取多粒种子，按照小型种子DNA提取方法操作。ITS2序列的获得参照“9107　中药材DNA条形码分子鉴定法指导原则”标准流程操作。

【ITS2峰图与序列】ITS2峰图及其序列如下。

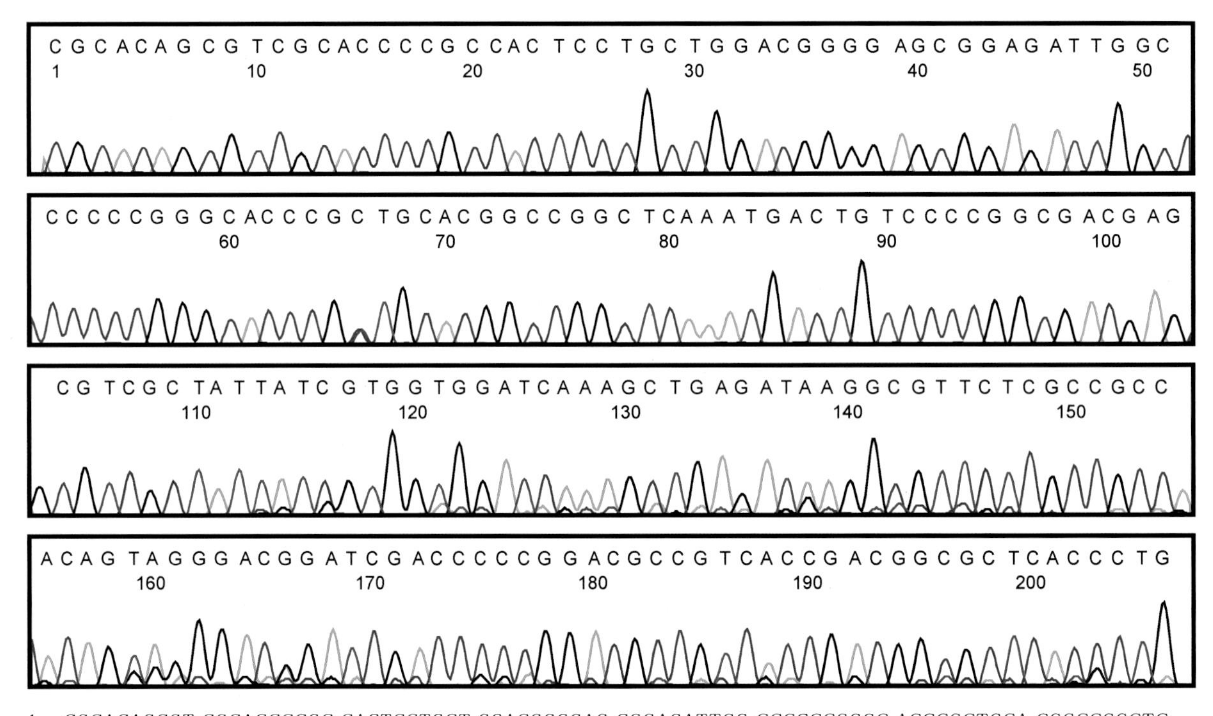

1　CGCACAGCGT CGCACCCCGC CACTCCTGCT GGACGGGGAG CGGAGATTGG CCCCCCGGGC ACCCGCTGCA CGGCCGGCTC
81　AAATGACTGT CCCCGGCGAC GAGCGTCGCT ATTATCGTGG TGGATCAAAG CTGAGATAAG GCGTTCTCGC CGCCACAGTA
161 GGGACGGATC GACCCCCGGA CGCCGTCACC GACGGCGCTC ACCCTG

160 黄荆

黄荆*Vitex negundo* L.，马鞭草科灌木或小乔木，以根、茎、叶及果实入药。主要产于长江以南各地区，北达秦岭—淮河一线。

【种子形态】核果近球形，黑色或褐色。果先端平圆，有1个圆形凹点，下端稍尖，长3.0～3.5mm，直径2.0～2.5mm，果皮坚硬不易破碎，4室。种子黄白色，种皮薄，无胚乳，胚直立，胚根短。千粒重约8.0g。

【采集与储藏】花期4～6月，果期7～10月。当果实呈褐色时剪下果穗或捋取果实，晾干后脱粒，干藏。

【DNA提取与序列扩增】取单粒种子，按照中型种子DNA提取方法操作。ITS2序列的获得参照“9107　中药材DNA条形码分子鉴定法指导原则”标准流程操作。

【ITS2峰图与序列】ITS2峰图及其序列如下。

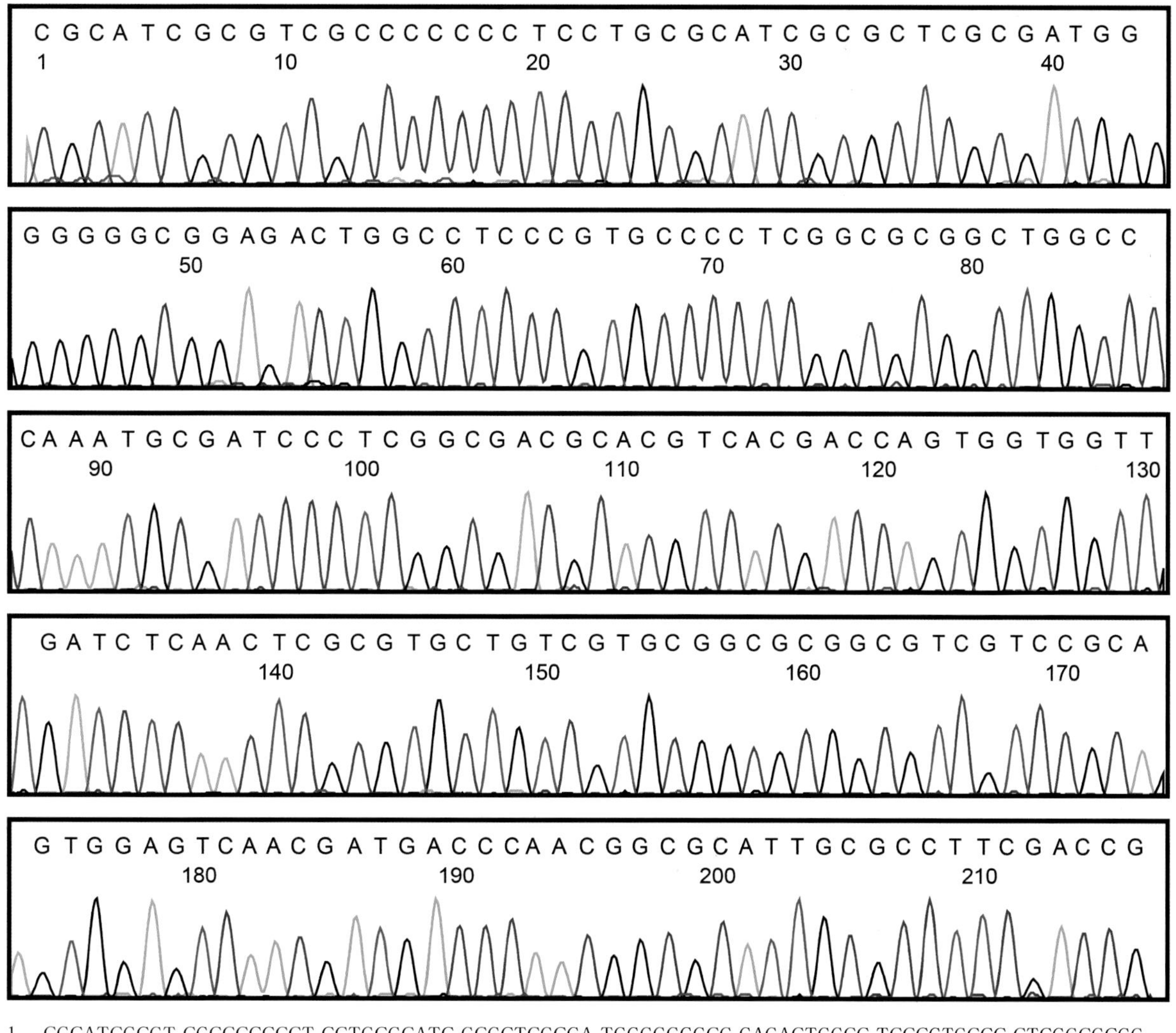

1　CGCATCGCGT CGCCCCCCCT CCTGCGCATC GCGCTCGCGA TGGGGGGGCG GAGACTGGCC TCCCGTGCCC CTCGGCGCGG

81　CTGGCCCAAA TGCGATCCCT CGGCGACGCA CGTCACGACC AGTGGTGGTT GATCTCAACT CGCGTGCTGT CGTGCGGCGC

161 GGCGTCGTCC GCAGTGGAGT CAACGATGAC CCAACGGCGC ATTGCGCCTT CGACCG

161 黄蜀葵

黄蜀葵*Abelmoschus manihot* (L.) Medic.，锦葵科一年生或多年生草本，以花冠入药。主要分布于河北、山东、河南、陕西、湖北、湖南、四川、贵州、云南、广西、广东、福建等地区。

【种子形态】蒴果卵状椭圆形，长4.0～5.0cm，直径2.5～3.0cm，被硬毛。种子多粒，肾形，成熟时呈褐色、黄褐色或浅褐色。表皮外被排成条纹状的短柔毛，柔毛长短不一。柔毛以种脐为中心，呈弧形条状排列。千粒重15.7～17.5g。

【采集与储藏】花果期8～10月。种子成熟后易脱落，应及时分批采收留种。种子阴凉处先阴干，去除杂物和干瘪种子后于4℃保存。

【DNA提取与序列扩增】取单粒种子，按照中型种子DNA提取方法操作。ITS2序列的获得参照“9107　中药材DNA条形码分子鉴定法指导原则”标准流程操作。

【ITS2峰图与序列】ITS2峰图及其序列如下。

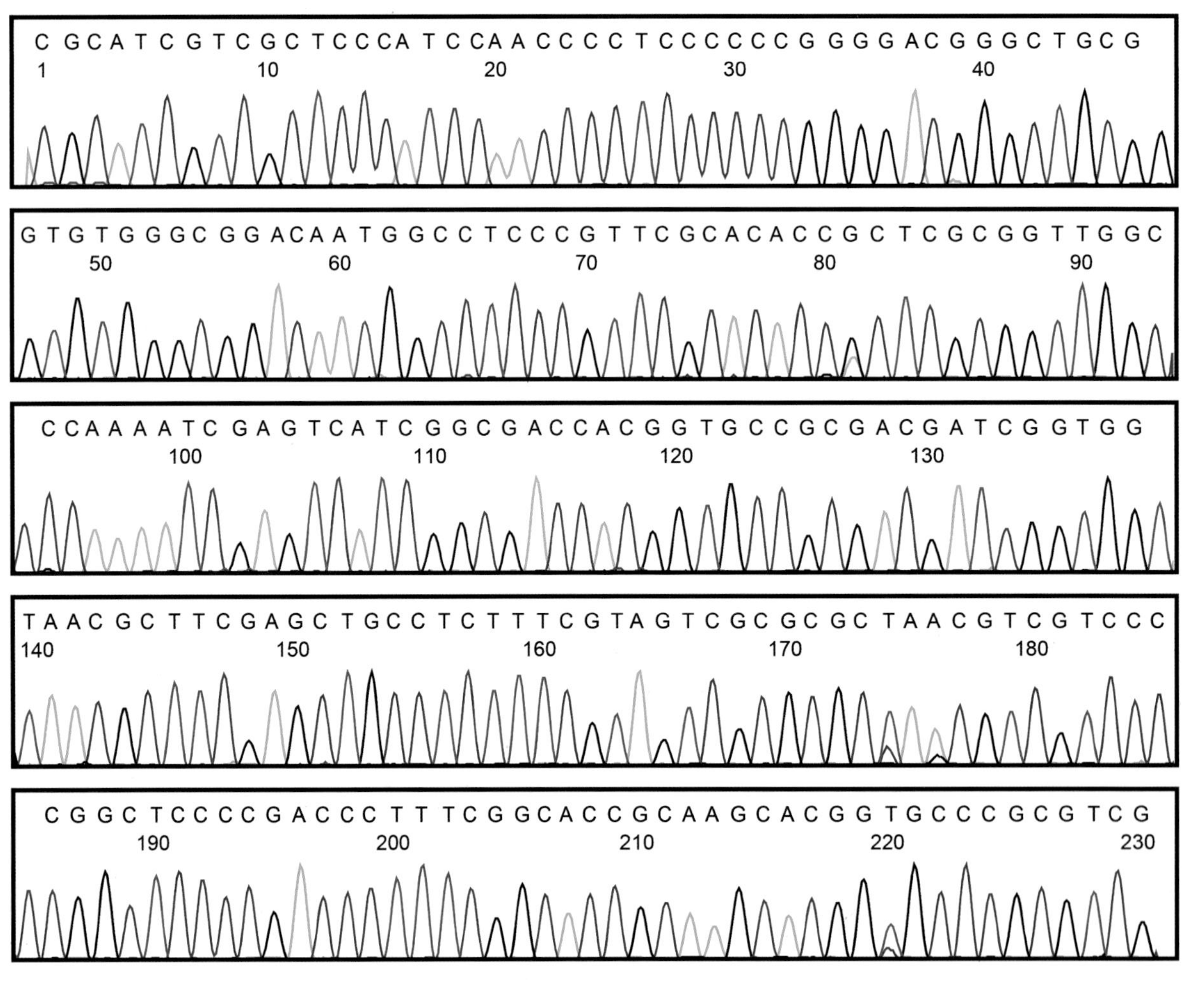

1　CGCATCGTCG CTCCCATCCA ACCCCTCCCC CCGGGGACGG GCTGCGGTGT GGGCGGACAA TGGCCTCCCG TTCGCACACC
81　GCTCGCGGTT GGCCCAAAAT CGAGTCATCG GCGACCACGG TGCCGCGACG ATCGGTGGTA ACGCTTCGAG CTGCCTCTTT
161 CGTAGTCGCG CGCTAACGTC GTCCCCGGCT CCCCGACCCT TTCGGCACCG CAAGCACGGT GCCCGCGTCG

162 黄檗

黄檗*Phellodendron amurense* Rupr.，芸香科落叶乔木，以树皮入药。主要分布于东北和华北各地区，河南、安徽北部、宁夏也有分布。

【种子形态】果实近球形，直径9.7～11.6mm，表面黑色，散生灰色腺点，具有油样光泽，干后皱缩，外果皮薄，中果皮肉质，有多数油囊，内果皮厚膜质，半透明，包围在种子外。种子倒卵形，略扁，长5.5～6.4mm，宽3.2～3.5mm，厚2.1～2.3mm，表面棕褐色，具不规则的网纹。顶端钝圆，下端具1个小尖突，先端为种孔，腹侧具1条棱线，为种脊，至近顶端相连于合点，至近下端相连于种脐。外种皮硬而脆；内种皮薄，透明膜质，浅黄褐色。胚乳包围于胚外，白色，含油分；胚直生，白色；胚根短小；子叶2枚，椭圆形，基部微心形。千粒重13.0～17.5g。

【采集与储藏】花期5～6月，果期9～10月。待果实呈黑色时采收。黄檗种子属于需低温湿润的条件才能打破休眠期的种子类型，因此应在低温下储藏。

【DNA提取与序列扩增】取单粒种子，按照中型种子DNA提取方法操作。ITS2序列的获得参照“9107　中药材DNA条形码分子鉴定法指导原则”标准流程操作。

【ITS2峰图与序列】ITS2峰图及其序列如下。

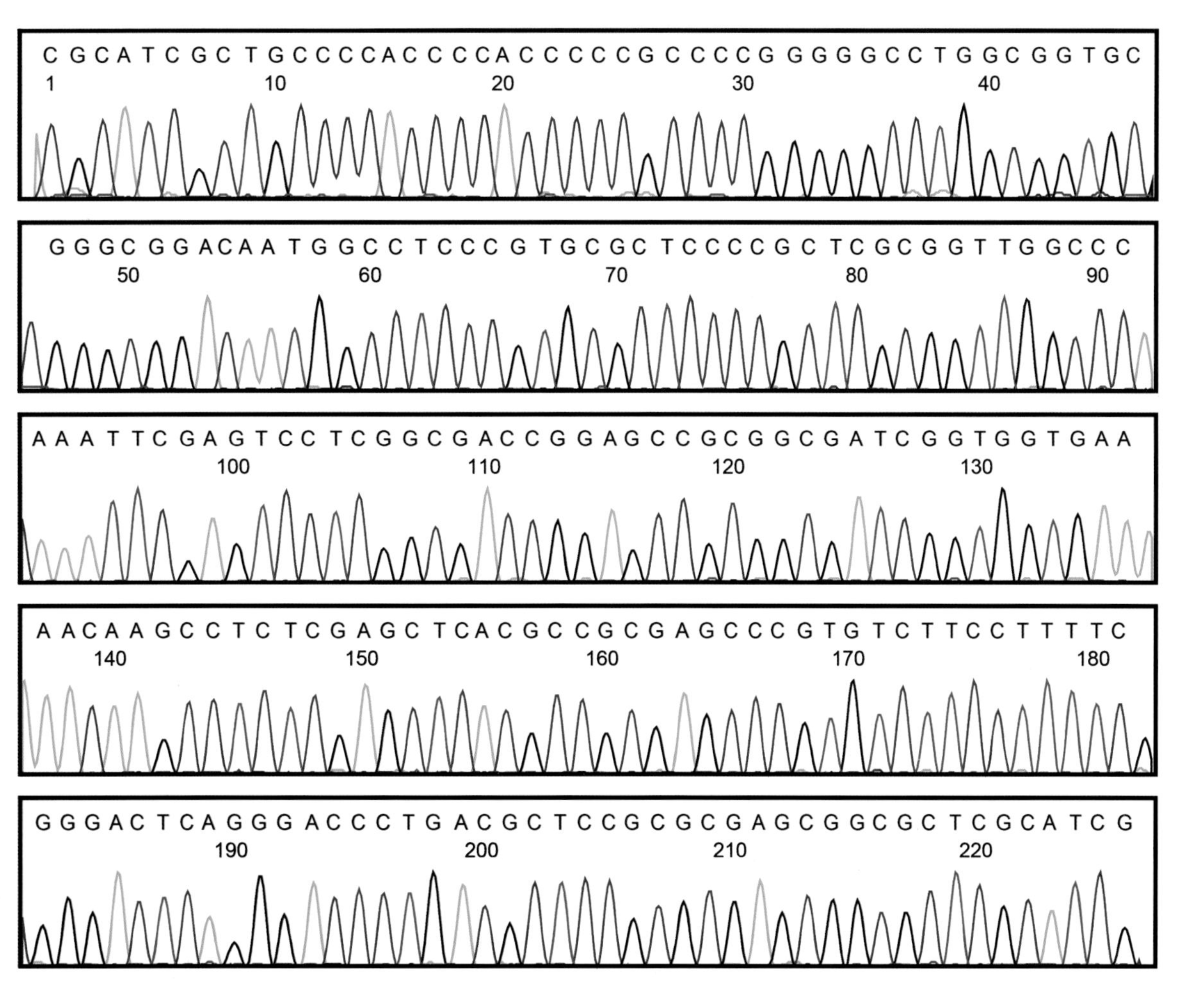

1　CGCATCGCTG CCCCACCCCA CCCCCGCCCC GGGGGCCTGG CGGTGCGGGC GGACAATGGC CTCCCGTGCG CTCCCCGCTC
81　GCGGTTGGCC CAAATTCGAG TCCTCGGCGA CCGGAGCCGC GGCGATCGGT GGTGAAAACA AGCCTCTCGA GCTCACGCCG
161 CGAGCCCGTG TCTTCCTTTT CGGGACTCAG GGACCCTGAC GCTCCGCGCG AGCGGCGCTC GCATCG

163 菟丝子

菟丝子*Cuscuta chinensis* Lam.，旋花科一年生寄生草本，以种子入药。主要分布于黑龙江、吉林、辽宁、河北、山西、陕西、宁夏、甘肃、内蒙古、新疆、山东、江苏、安徽、河南、浙江、福建、四川、云南等地区。

【种子形态】蒴果球形，直径约3.0mm，几乎全为宿存的花冠所包围，成熟时整齐地周裂。种子2～49粒，淡褐色，类球形或卵形，长约1.0mm，直径1.0～2.0mm，表面灰棕色至棕褐色，粗糙，种脐线形或扁圆形。质坚实，指甲不易压碎。气微，味淡。千粒重约1.0g。

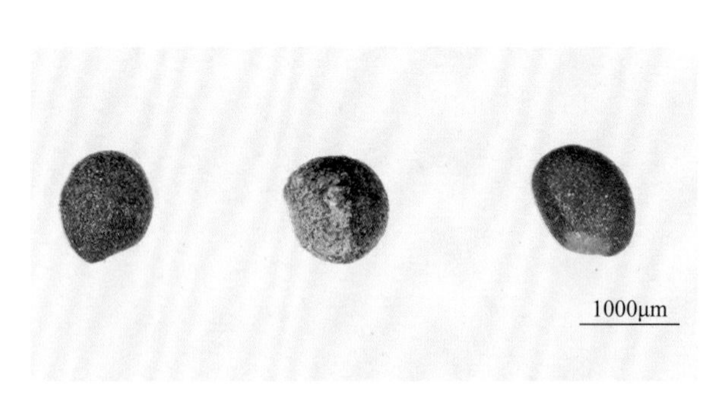

【采集与储藏】花期7～9月，果期8～10月。秋分前后，当有1/3以上的大豆植株枯萎时，菟丝子果壳亦已黄，然后连同大豆植株一起割下、晒干、脱粒，再把菟丝子的种子筛出，去净果壳及杂质，晒干即成商品。

【DNA提取与序列扩增】取多粒种子，按照小型种子DNA提取方法操作。ITS2序列的获得参照“9107　中药材DNA条形码分子鉴定法指导原则”标准流程操作。

【ITS2峰图与序列】ITS2峰图及其序列如下。

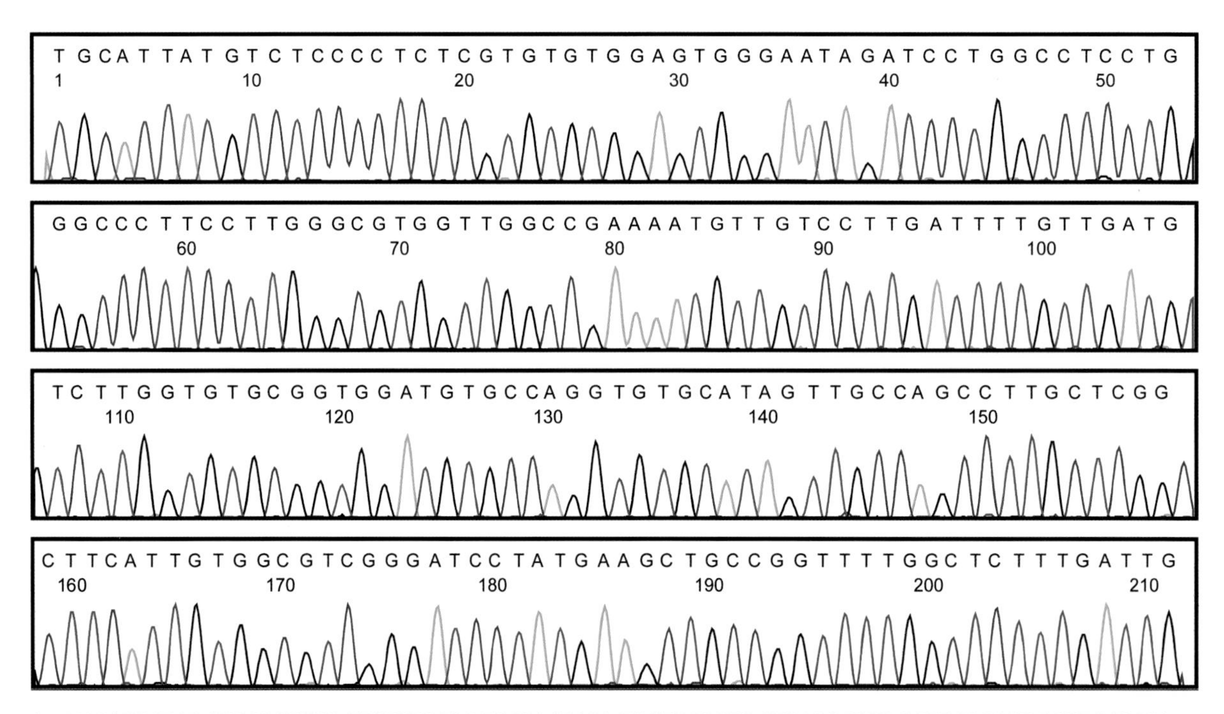

1　TGCATTATGT CTCCCCTCTC GTGTGTGGAG TGGGAATAGA TCCTGGCCTC CTGGGCCCTT CCTTGGGCGT GGTTGGCCGA
81　AAATGTTGTC CTTGATTTTG TTGATGTCTT GGTGTGCGGT GGATGTGCCA GGTGTGCATA GTTGCCAGCC TTGCTCGGCT
161 TCATTGTGGC GTCGGGATCC TATGAAGCTG CCGGTTTTGG CTCTTTGATT G

164 菊苣

菊苣*Cichorium intybus* L.，菊科多年生草本，以地上部分或根入药。主要分布于北京、黑龙江、辽宁、山西、陕西、新疆、江西等地区。

【种子形态】瘦果倒卵形或楔形，扁平状，有时稍弯曲，长2.5～3.0mm，宽1.0～1.3mm，厚约1.0mm，具4或5条纵棱，棱间密布小突起，黄褐色或棕褐色，常有棕黑色斑块，先端截形，有极短的花柱残留物。冠毛短，长0.2～0.8mm，鳞片状，顶端细齿裂。果脐五角形，稍突起。含种子1粒。种皮膜质，黄色。种子无胚乳，胚直生，胚根短小，子叶较大。千粒重约1.1g。

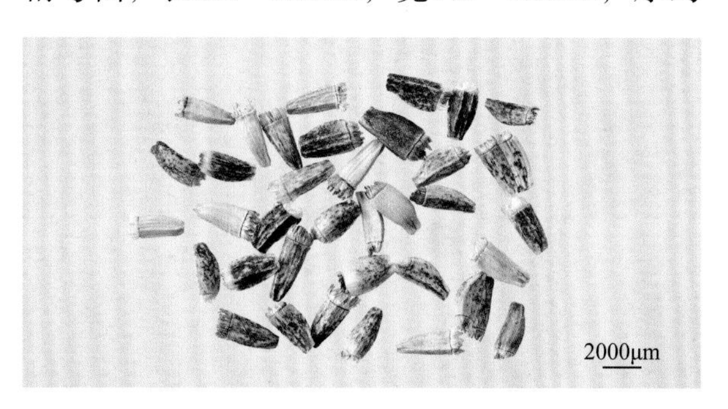

【采集与储藏】花果期5～10月。当花冠枯黄，瘦果呈黄褐色时采集，剪下果序，晒干，脱粒，簸尽杂质，放干燥处储藏。

【DNA提取与序列扩增】取多粒种子，按照小型种子DNA提取方法操作。ITS2序列的获得参照“9107　中药材DNA条形码分子鉴定法指导原则”标准流程操作。

【ITS2峰图与序列】ITS2峰图及其序列如下。

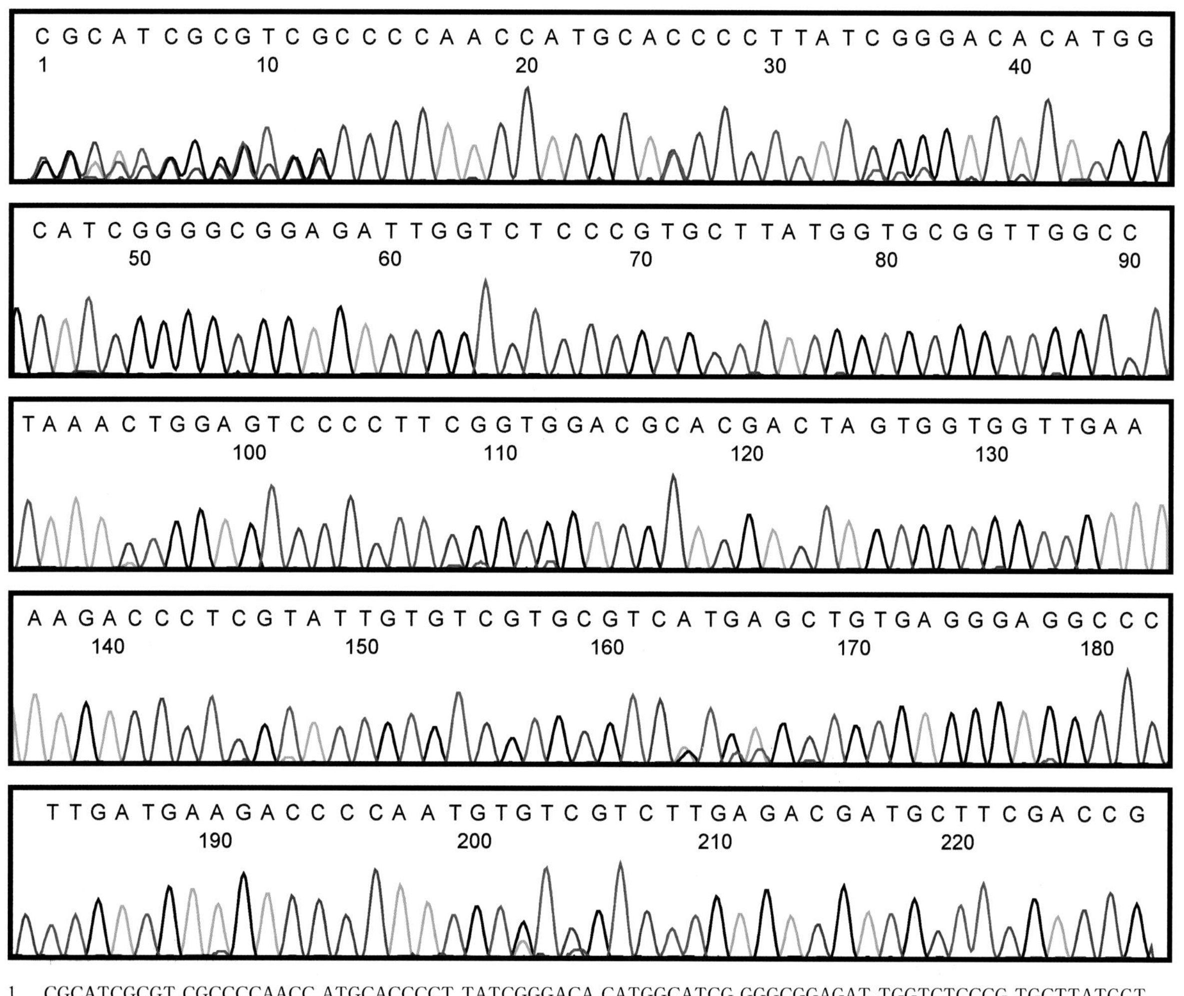

1 CGCATCGCGT CGCCCCAACC ATGCACCCCT TATCGGGACA CATGGCATCG GGGCGGAGAT TGGTCTCCCG TGCTTATGGT
81 GCGGTTGGCC TAAACTGGAG TCCCCTTCGG TGGACGCACG ACTAGTGGTG GTTGAAAAGA CCCTCGTATT GTGTCGTGCG
161 TCATGAGCTG TGAGGGAGGC CCTTGATGAA GACCCCAATG TGTCGTCTTG AGACGATGCT TCGACCG

165 野老鹳草

野老鹳草*Geranium carolinianum* L.，牻牛儿苗科一年生草本，以全草入药。主要分布于山东、安徽、江苏、浙江、江西、湖南、湖北、四川、云南等地区。

【种子形态】果实为蒴果，被短糙毛，果瓣由中轴延伸成喙。种子近椭圆形，腹部具1条略凹陷的浅沟，黑棕色，在体视显微镜下可见表面有隆起的网纹。具1个小突起状种脐，与线状隆起的种脊相连。千粒重约2.5g。

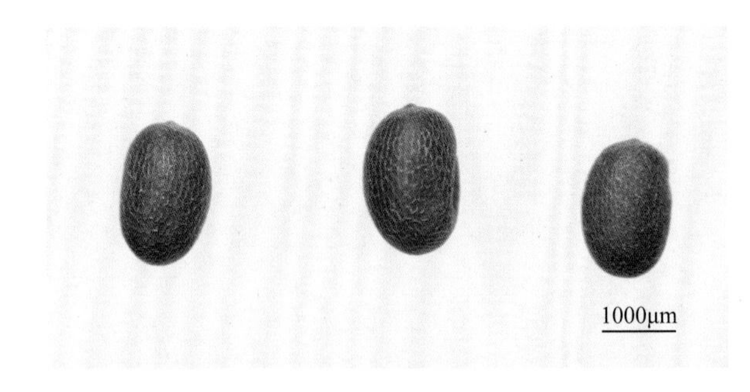

【采集与储藏】花期4～7月，果期5～9月。种荚开始成熟时会慢慢变色，有一部分开始向外弹种子，这时可以用纸袋收集起来，留作播种使用。将种子储存在室温干燥的环境中，避免受潮、变质。

【DNA提取与序列扩增】取多粒种子，按照小型种子DNA提取方法操作。ITS2序列的获得参照“9107　中药材DNA条形码分子鉴定法指导原则”标准流程操作。

【ITS2峰图与序列】ITS2峰图及其序列如下。

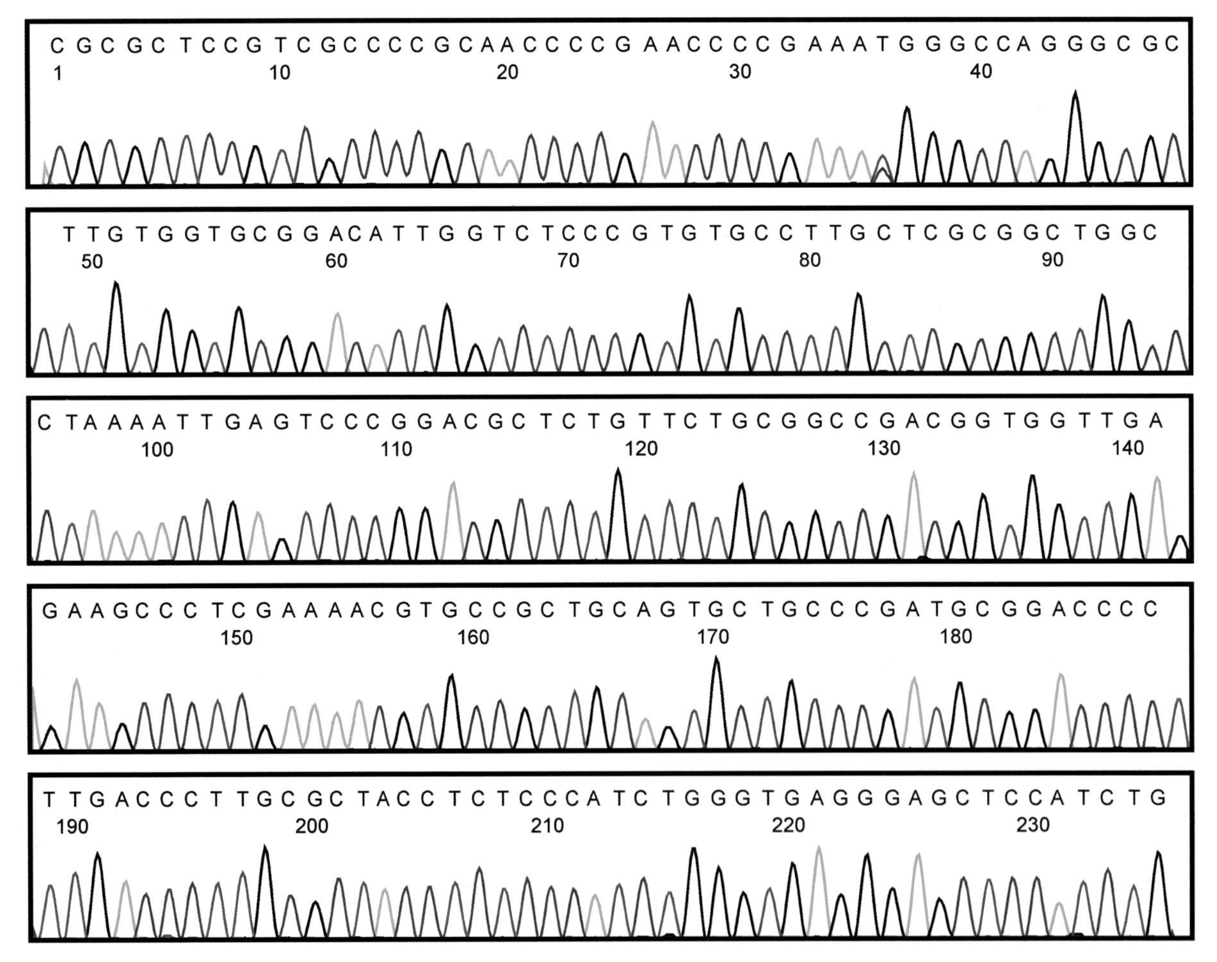

1　CGCGCTCCGT CGCCCCGCAA CCCCGAACCC CGAAATGGGC CAGGGCGCTT GTGGTGCGGA CATTGGTCTC CCGTGTGCCT
81　TGCTCGCGGC TGGCCTAAAA TTGAGTCCCG GACGCTCTGT TCTGCGGCCG ACGGTGGTTG AGAAGCCCTC GAAAACGTGC
161 CGCTGCAGTG CTGCCCGATG CGGACCCCTT GACCCTTGCG CTACCTCTCC CATCTGGGTG AGGGAGCTCC ATCTG

166 曼陀罗

曼陀罗*Datura stramonium* L.，茄科一年生草本或半灌木，以花、叶、种子入药。我国各地都有分布。

【种子形态】蒴果生于直立向上的果梗上，卵形或卵状球形，密生粗壮而较硬的刺，成熟后4瓣开裂。种子肾形，略扁，长3.3～4.0mm，宽2.6～3.2mm，厚1.5～1.8mm，表面黑色、灰黑色或棕黑色，具隆起的网纹，在体视显微镜下可见细密的麻点状小凹坑，背侧呈弓状隆起，腹侧的下方具1个楔形种脐，中间为1个口状种孔。胚乳白色，含油分；胚略弯曲，含油分；胚根圆柱状；子叶2枚，线形。千粒重约9.6g。

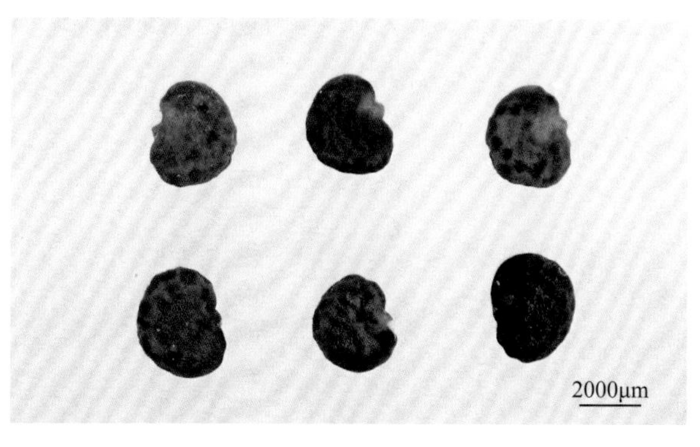

【采集与储藏】花期6～10月，果期7～11月。当蒴果上部开裂，种子变色时采收。

【DNA提取与序列扩增】取单粒种子，按照中型种子DNA提取方法操作。ITS2序列的获得参照“9107　中药材DNA条形码分子鉴定法指导原则”标准流程操作。

【ITS2峰图与序列】ITS2峰图及其序列如下。

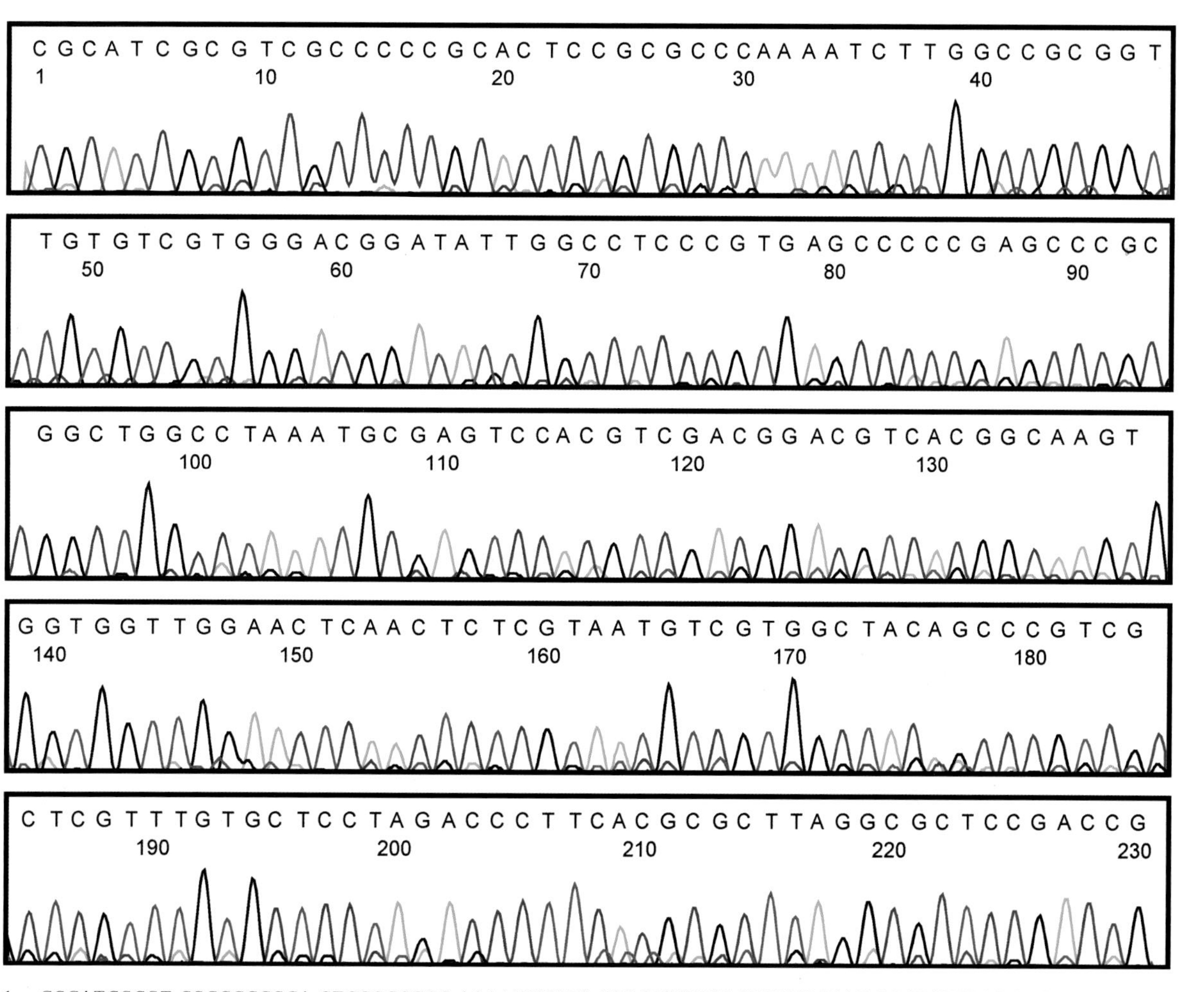

1　CGCATCGCGT CGCCCCCGCA CTCCGCGCCC AAAATCTTGG CCGCGGTTGT GTCGTGGGAC GGATATTGGC CTCCCGTGAG
81　CCCCCGAGCC CGCGGCTGGC CTAAATGCGA GTCCACGTCG ACGGACGTCA CGGCAAGTGG TGGTTGGAAC TCAACTCTCG
161 TAATGTCGTG GCTACAGCCC GTCGCTCGTT TGTGCTCCTA GACCCTTCAC GCGCTTAGGC GCTCCGACCG

167 蛇床

蛇床*Cnidium monnieri* (L.) Cuss.，伞形科一年生草本，以成熟果实入药。主要分布于华东、中南、西南、西北、华北、东北。

【种子形态】双悬果椭圆形，长2.2～3.1mm，宽1.6～2.4mm，表面灰黄色或灰棕色，平滑无毛，顶端具突起的花柱基，有时可见2个外弯的线形花柱，基部具果柄痕或有残存的果柄。分果爿背面隆起，具5条翼状的肋线，腹面较平，横切面呈五角星形，肋线间各具油管1条，腹面具油管2条，含种子1粒。种子横切面略呈肾形，胚乳含油分；胚细小，埋生于种仁基部。千粒重约1.0g。

【采集与储藏】花期4～7月，果期6～10月。当果实表面呈灰黄色时割下全株，晒干，打下果实，除去杂质，再晒至全干。放入牛皮纸袋并储藏于室温条件下。

【DNA提取与序列扩增】取多粒种子，按照小型种子DNA提取方法操作。ITS2序列的获得参照“9107　中药材DNA条形码分子鉴定法指导原则”标准流程操作。

【ITS2峰图与序列】ITS2峰图及其序列如下。

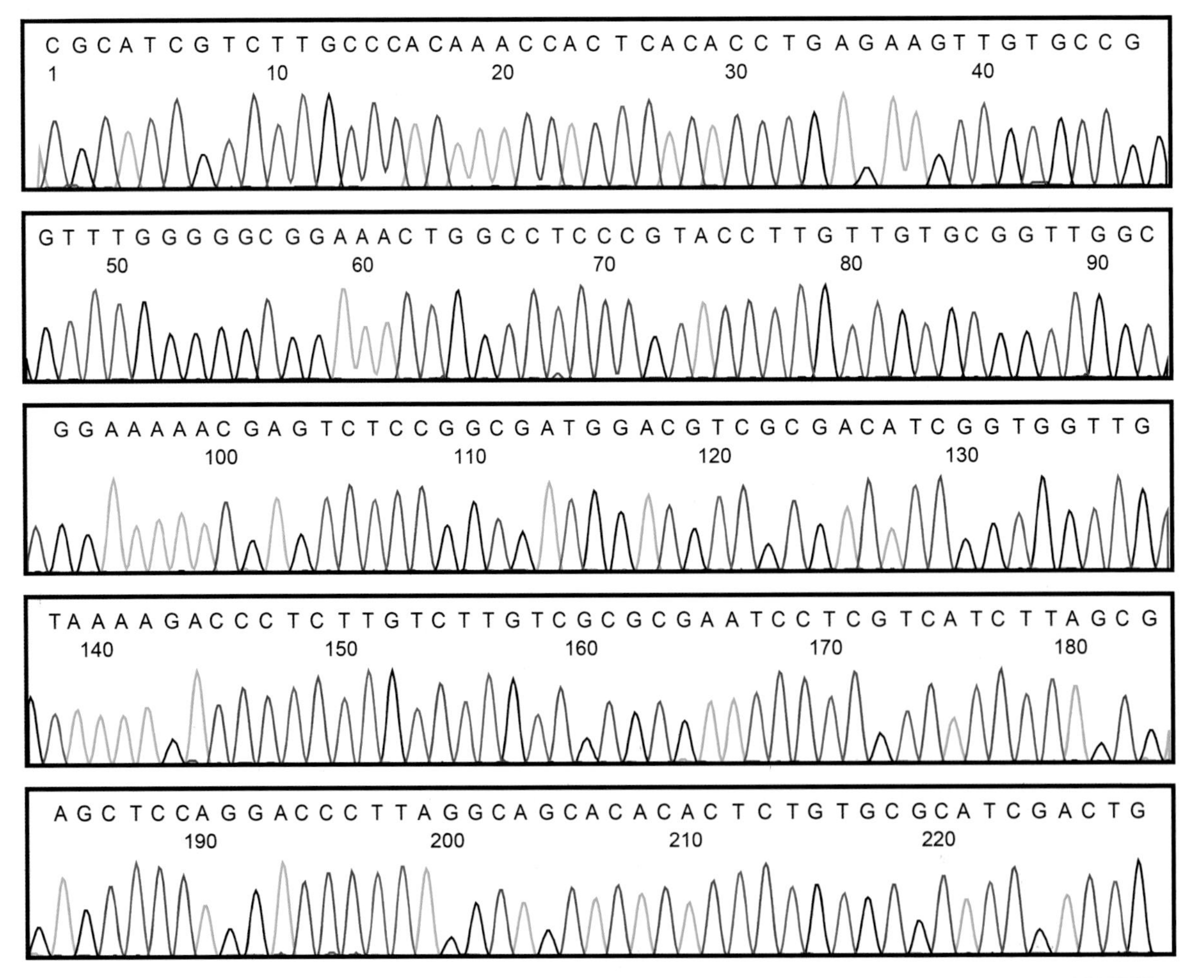

1 CGCATCGTCT TGCCCACAAA CCACTCACAC CTGAGAAGTT GTGCCGGTTT GGGGGCGGAA ACTGGCCTCC CGTACCTTGT
81 TGTGCGGTTG GCGGAAAAAC GAGTCTCCGG CGATGGACGT CGCGACATCG GTGGTTGTAA AAGACCCTCT TGTCTTGTCG
161 CGCGAATCCT CGTCATCTTA GCGAGCTCCA GGACCCTTAG GCAGCACACA CTCTGTGCGC ATCGACTG

168 银杏

银杏*Ginkgo biloba* L.，银杏科乔木，以叶和种子入药。银杏的栽培区甚广：北自东北沈阳，南达广州，东起华东海拔40～1000m的地带，西南至贵州、云南西部（腾冲）海拔2000m以下地带均有栽培。

【种子形态】种子核果状，倒卵形或椭圆形，长2.5～3.0cm，淡黄色或橙黄色，被白粉状蜡质。外种皮肉质，有臭气；中种皮灰白色，骨质，平滑，两端稍尖，两侧有棱边；内种皮膜质；种仁椭圆形，淡黄色或黄绿色；胚乳丰富，中间有空隙，具小芯。千粒重2380.0～2857.0g。

【采集与储藏】花期3～4月，果期9～10月。种子成熟后落地，收集，或从树上采集，堆放地上或浸入水中，使外种皮腐烂，然后捣去肉质外种皮，洗净，晾干沙藏，或装入瓦缸中密封窖藏。

【DNA提取与序列扩增】砸碎，取种子碎块，按照大型种子DNA提取方法操作。ITS2序列通用引物扩增困难时，可采用新设计引物ITS2F1/ITS2R1进行扩增，反应体系和扩增程序参照“9107　中药材DNA条形码分子鉴定法指导原则”标准流程操作。

【ITS2峰图与序列】ITS2峰图及其序列如下。

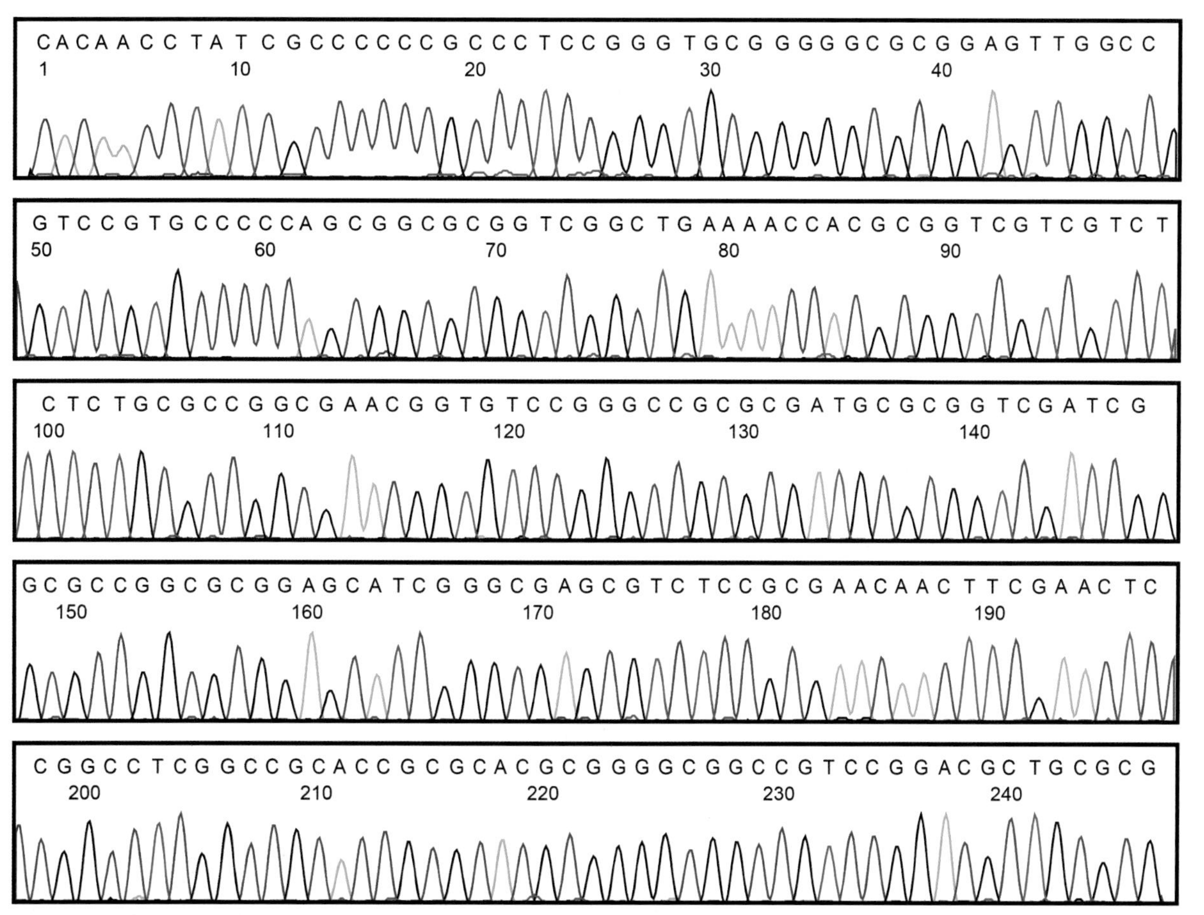

1　CACAACCTAT CGCCCCCCGC CCTCCGGGTG CGGGGGCGCG GAGTTGGCCG TCCGTGCCCC CAGCGGCGCG GTCGGCTGAA
81　AACCACGCGG TCGTCGTCTC TCTGCGCCGG CGAACGGTGT CCGGGCCGCG CGATGCGCGG TCGATCGGCG CCGGCGCGGA
161 GCATCGGGCG AGCGTCTCCG CGAACAACTT CGAACTCCGG CCTCGGCCGC ACCGCGCACG CGGGGCGGCC GTCCGGACGC
241 TGCGCG

169 银柴胡

银柴胡*Stellaria dichotoma* L. var. *lanceolata* Bge.，石竹科多年生草本，以根入药。主要分布于内蒙古、辽宁、陕西、宁夏、甘肃等地区。

【种子形态】种子外观均呈浅红棕色，椭圆状或长椭圆状，长径1.5～4.0mm，短径1.0～3.0mm。种皮表面有较规则排列的扁圆形、圆形或锥形突起，种皮质地较软，很容易吸湿。种子长径一端有1个锥状突起。千粒重约1.1g。

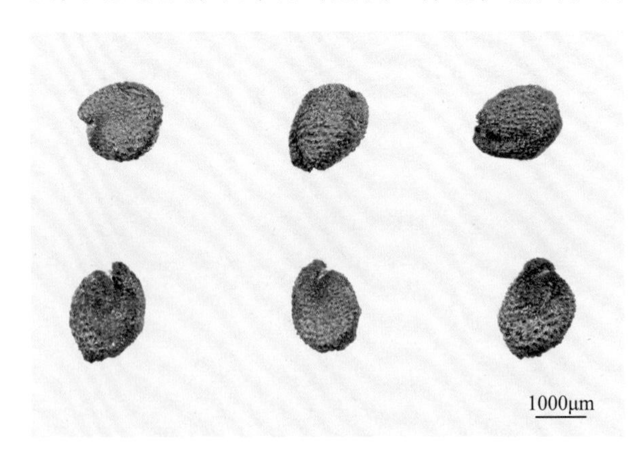

【采集与储藏】花期6～7月，果期7～8月。9月下旬至10月上旬，植株地上部分开始枯黄，种子成熟（花果期6～9月，果实陆续成熟），于晨间有露水时割取地上部分，晒干，打下种子，除去未成熟种子。置于清洁、干燥、阴凉、通风良好的仓库中。

【DNA提取与序列扩增】取多粒种子，按照小型种子DNA提取方法操作。ITS2序列的获得参照"9107　中药材DNA条形码分子鉴定法指导原则"标准流程操作。

【ITS2峰图与序列】ITS2峰图及其序列如下。

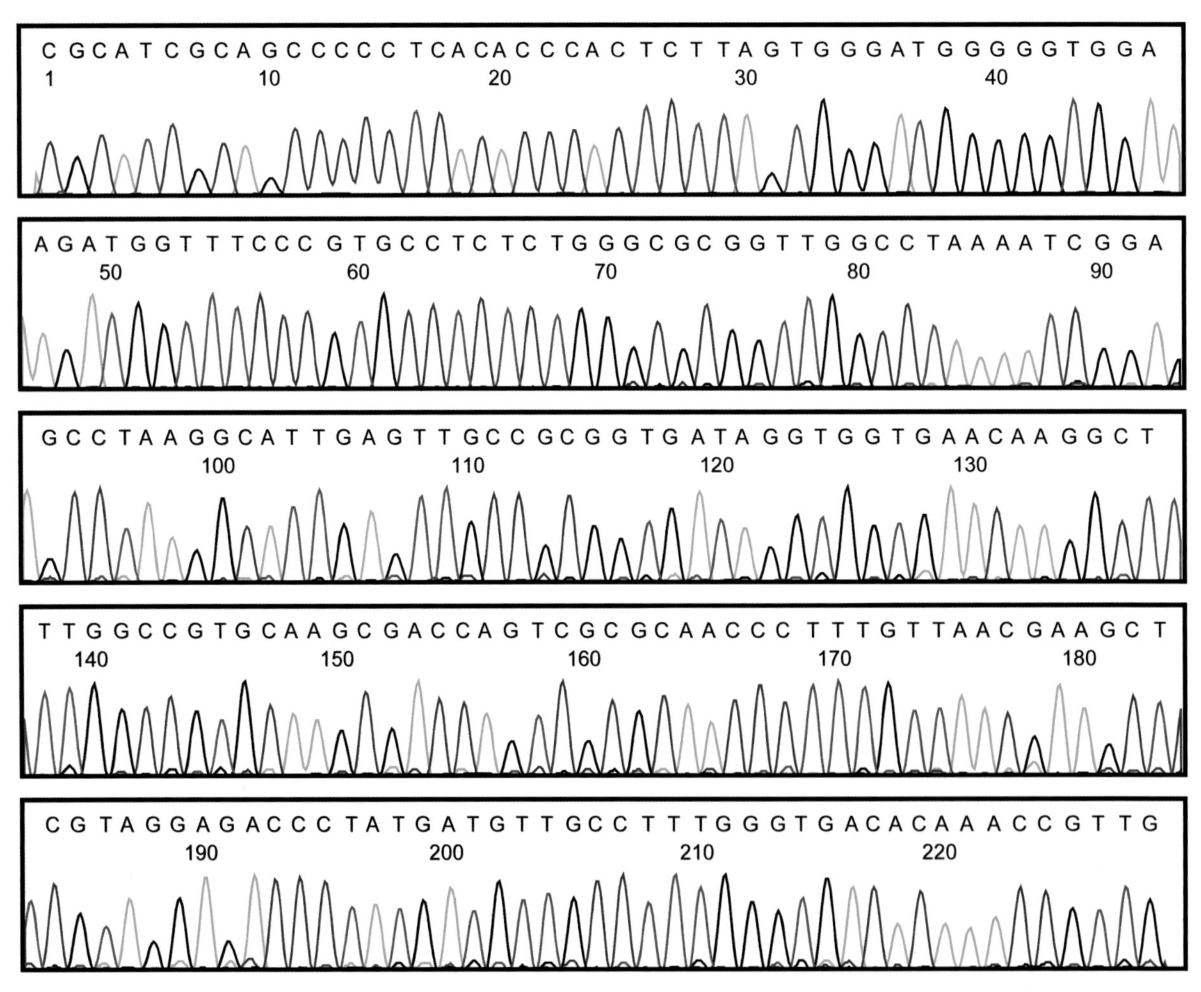

1　CGCATCGCAG CCCCCTCACA CCCACTCTTA GTGGGATGGG GGTGGAAGAT GGTTTCCCGT GCCTCTCTGG GCGCGGTTGG
81　CCTAAAATCG GAGCCTAAGG CATTGAGTTG CCGCGGTGAT AGGTGGTGAA CAAGGCTTTG GCCGTGCAAG CGACCAGTCG
161 CGCAACCCTT TGTTAACGAA GCTCGTAGGA GACCCTATGA TGTTGCCTTT GGGTGACACA AACCGTTG

170 甜瓜

甜瓜*Cucumis melo* L.，葫芦科一年生匍匐或攀援草本，以种子入药。我国各地广泛栽培。

【种子形态】种子扁长椭圆形，长4.4～8.0mm，宽2.4～3.5mm，厚约1.0mm，表皮灰白色或淡黄白色，边缘颜色浅，中央稍深，具极细密的纵纹。种子基部渐窄，背腹面下部各有1条“V”形白色微凹纹。种脐着生于种子基部，线形，与种子同色。种皮薄，较脆。胚根短小；子叶2枚，椭圆形，白色。千粒重约36.2g。

【采集与储藏】花果期为夏季。于秋季果实成熟时采收，去掉果肉后，取出种子，洗净除去杂质，阴干后储藏于牛皮纸袋中，放干燥通风处保存。

【DNA提取与序列扩增】取单粒种子，按照中型种子DNA提取方法操作。ITS2序列的获得参照“9107　中药材DNA条形码分子鉴定法指导原则”标准流程操作。

【ITS2峰图与序列】ITS2峰图及其序列如下。

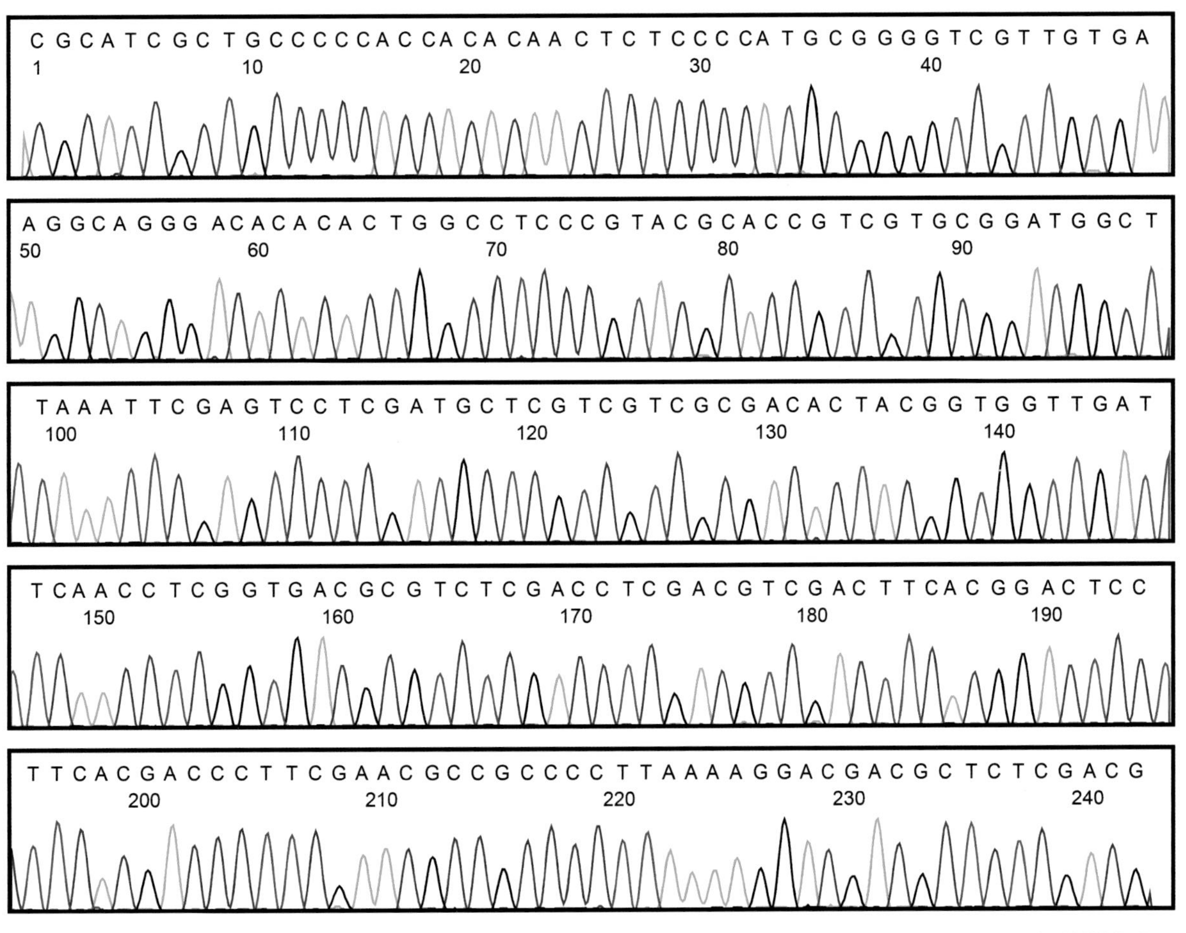

1　CGCATCGCTG CCCCCACCAC ACAACTCTCC CCATGCGGGG TCGTTGTGAA GGCAGGGACA CACACTGGCC TCCCGTACGC
81　ACCGTCGTGC GGATGGCTTA AATTCGAGTC CTCGATGCTC GTCGTCGCGA CACTACGGTG GTTGATTCAA CCTCGGTGAC
161 GCGTCTCGAC CTCGACGTCG ACTTCACGGA CTCCTTCACG ACCCTTCGAA CGCCGCCCCT TAAAAGGACG ACGCTCTCGA
241 CG

171 粗茎秦艽

粗茎秦艽*Gentiana crassicaulis* Duthie ex Burk.，龙胆科多年生草本，以根入药。主要分布于西藏、云南、四川、贵州、青海、甘肃等地区。

【种子形态】蒴果内藏，椭圆形，无柄，长18.0～20.0mm。种子小，甚多，长1.2～1.5mm，具有丰富的胚乳，在体视显微镜下可观察到种子红褐色，有光泽，矩圆形，表面具细网纹，无翅。千粒重约0.4g。

【采集与储藏】花果期6～10月。于秋季9～10月种子变为褐色时采收，将有种子的茎秆从2对苞片下部4.0～5.0cm处割除，置于阴凉通风处晾干，待种壳裂开时抖出种子，采用风选法吹去种壳，装入尼龙口袋中并储藏于干燥处。1株粗茎秦艽采收种子5.0～6.0g，种子不能长期储藏，2年以上的种子发芽率极低。

【DNA提取与序列扩增】称取3～5mg种子，按照微型种子DNA提取方法操作。ITS2序列的获得参照“9107　中药材DNA条形码分子鉴定法指导原则”标准流程操作。

【ITS2峰图与序列】ITS2峰图及其序列如下。

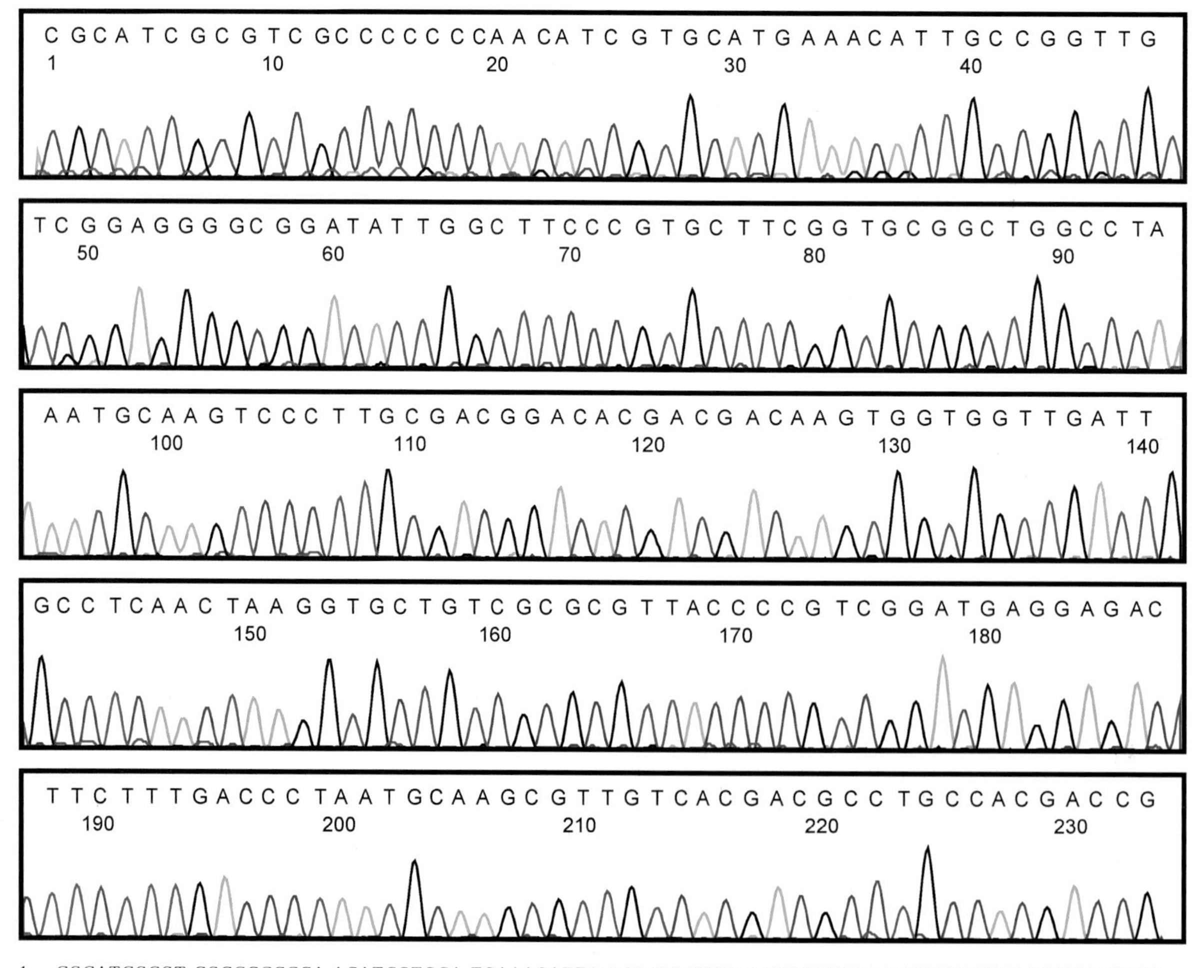

1　CGCATCGCGT CGCCCCCCCA ACATCGTGCA TGAAACATTG CCGGTTGTCG GAGGGGCGGA TATTGGCTTC CCGTGCTTCG
81　GTGCGGCTGG CCTAAATGCA AGTCCCTTGC GACGGACACG ACGACAAGTG GTGGTTGATT GCCTCAACTA AGGTGCTGTC
161 GCGCGTTACC CCGTCGGATG AGGAGACTTC TTTGACCCTA ATGCAAGCGT TGTCACGACG CCTGCCACGA CCG

172 密花豆

密花豆*Spatholobus suberectus* Dunn，豆科攀援藤本，以藤茎入药。主要分布于云南、广西、广东、福建等地区。

【种子形态】荚果长矩形，木质，成熟时黑棕色，长20.0～40.0cm，沿背腹缝线有锐翅，荚果在种子间缢缩，果内有种子10余粒。种子肾形，扁，光滑，黑色或黑棕色，略有沟棱，长约1.2cm，宽约1.0cm，种脐条形。子叶肥大，胚根短于子叶。千粒重约186.4g。

【采集与储藏】花期6月，果期11～12月。当荚果变为棕色时采摘。将自然干燥种子置于4℃冰箱或者置于干燥器中保存。

【DNA提取与序列扩增】砸碎，取种子碎块，按照大型种子DNA提取方法操作。ITS2序列的获得参照“9107　中药材DNA条形码分子鉴定法指导原则”标准流程操作。

【ITS2峰图与序列】ITS2峰图及其序列如下。

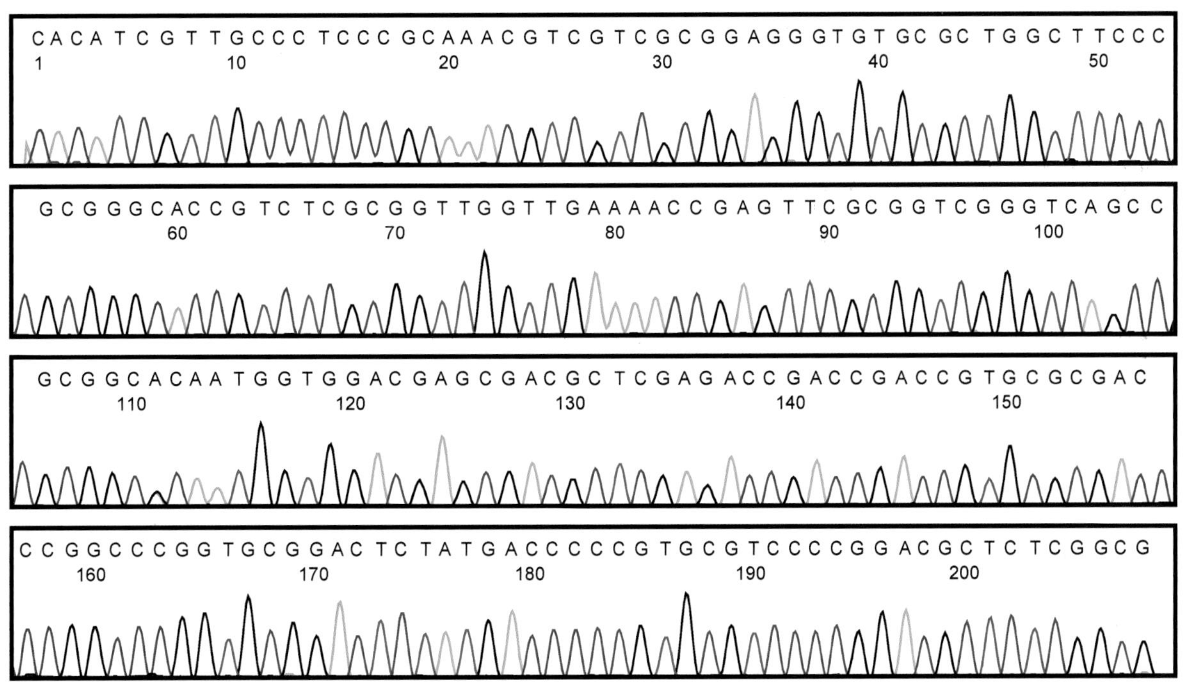

1　CACATCGTTG CCCTCCCGCA AACGTCGTCG CGGAGGGTGT GCGCTGGCTT CCCGCGGGCA CCGTCTCGCG GTTGGTTGAA

81　AACCGAGTTC GCGGTCGGGT CAGCCGCGGC ACAATGGTGG ACGAGCGACG CTCGAGACCG ACCGACCGTG CGCGACCCGG

161 CCCGGTGCGG ACTCTATGAC CCCCGTGCGT CCCCGGACGC TCTCGGCG

173 绿豆

绿豆 *Vigna radiata* (L.) Wilczek，豆科一年生直立草本，以种子入药。我国各地均有栽培。

【种子形态】荚果，圆柱形，褐色，长约9.0cm，种子10余粒。种子圆柱形，长3.6～4.4mm，直径2.8～3.4mm，表面黄绿色或绿色，革质，在体视显微镜下可见表面具有极密网状肋纹，胚根处表皮突出。种脐长条形，微突，长约1.6mm，白色；种瘤在脐条中间。胚根长约1.4mm；子叶2枚，矩形，肥厚。千粒重约32.3g。

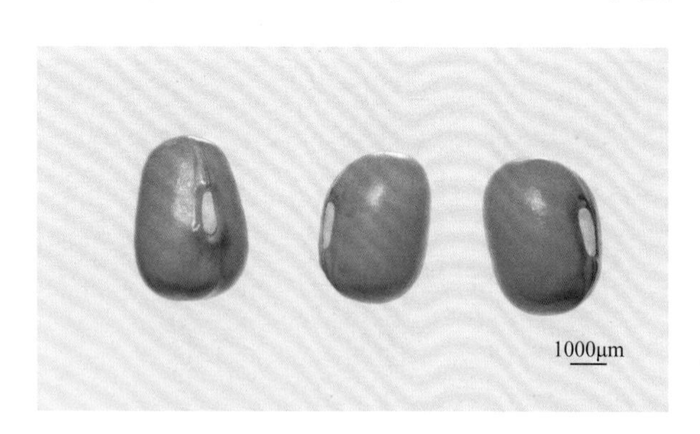

【采集与储藏】花期初夏，果期6～8月。秋季荚果开裂前采摘。采收的豆荚经晾晒、脱粒、清选后入库储藏，及时用粮虫净或磷化铝进行熏蒸处理，防止绿豆象的发生。

【DNA提取与序列扩增】取单粒种子，按照中型种子DNA提取方法操作。ITS2序列的获得参照“9107　中药材DNA条形码分子鉴定法指导原则”标准流程操作。

【ITS2峰图与序列】ITS2峰图及其序列如下。

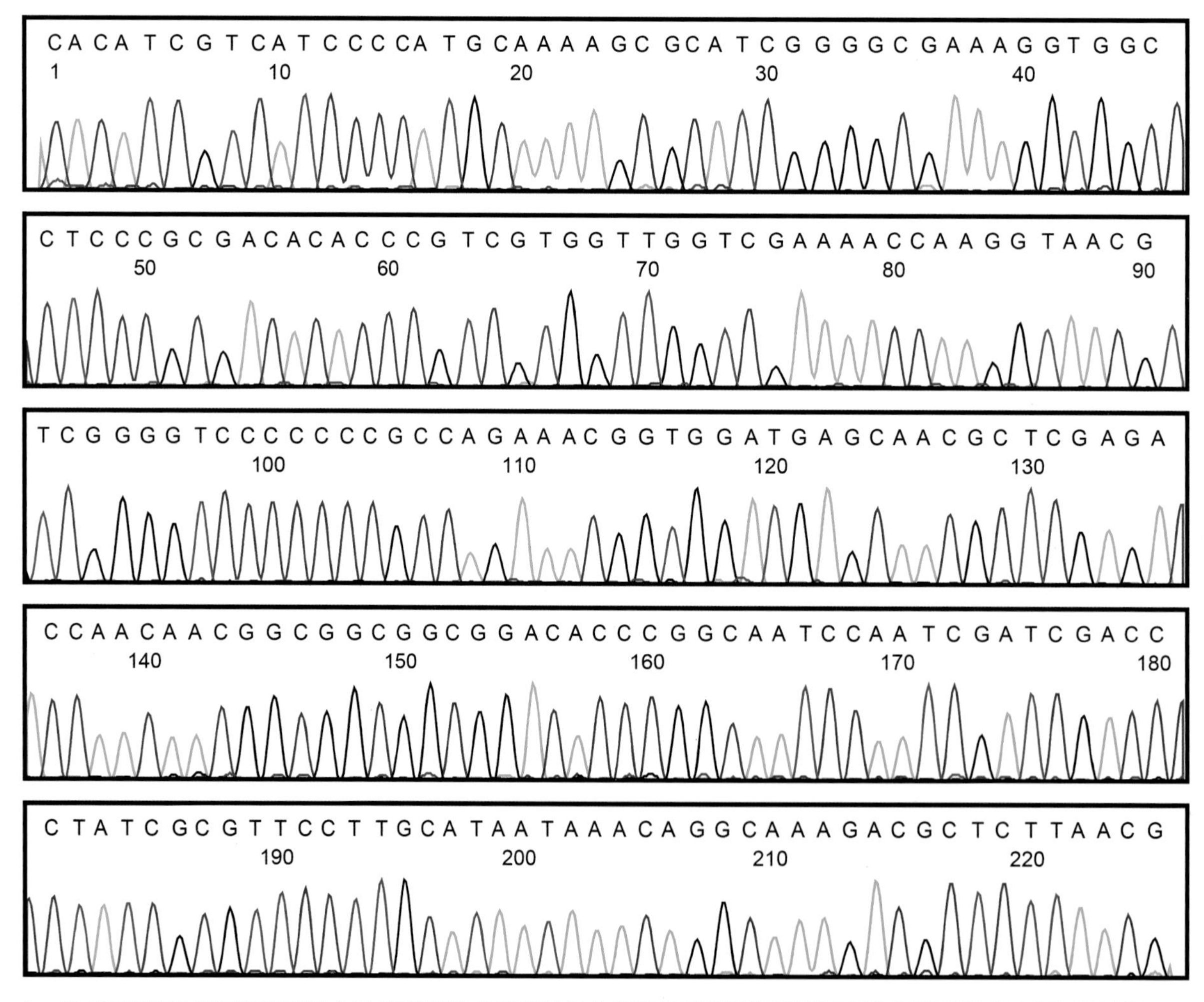

1 CACATCGTCA TCCCCATGCA AAAGCGCATC GGGGCGAAAG GTGGCCTCCC GCGACACACC CGTCGTGGTT GGTCGAAAAC
81 CAAGGTAACG TCGGGGTCCC CCCCGCCAGA AACGGTGGAT GAGCAACGCT CGAGACCAAC AACGGCGGCG GCGGACACCC
161 GGCAATCCAA TCGATCGACC CTATCGCGTT CCTTGCATAA TAAACAGGCA AAGACGCTCT TAACG

174 越南槐

越南槐*Sophora tonkinensis* Gagnep.，豆科常绿灌木，以根和根茎入药。主要分布于广西、贵州、云南等地区。

【种子形态】荚果肉质，圆柱形，长2.0～8.0cm，黄绿色，荚节之间收缩成串珠状，无毛，不开裂。种子近矩圆形或卵形，长6.0～10.0mm，宽约8.0mm，厚2.5～4.5mm，深棕色至黑色，表面平滑，有光泽，腹侧近直线形，背侧弧形，边棱明显，可见1条暗褐色线状种脊。种脐在腹侧下部，椭圆形，凹陷，晕轮隆起，与种皮同色；种瘤紧挨种脐基部，微凸，与种皮同色；脐条明显，呈1条纵沟。胚根紧贴子叶，尖突出，较短；子叶2枚，具油性。千粒重约111.4g。

【采集与储藏】花期5～7月，果期8～12月。越南槐种子的寿命较短，低温短期储藏能够保证萌发率。

【DNA提取与序列扩增】砸碎，取种子碎块，按照大型种子DNA提取方法操作。ITS2序列的获得参照"9107　中药材DNA条形码分子鉴定法指导原则"标准流程操作。直接测序困难时，可采用克隆方法获取序列。

【ITS2峰图与序列】ITS2峰图及其序列如下。

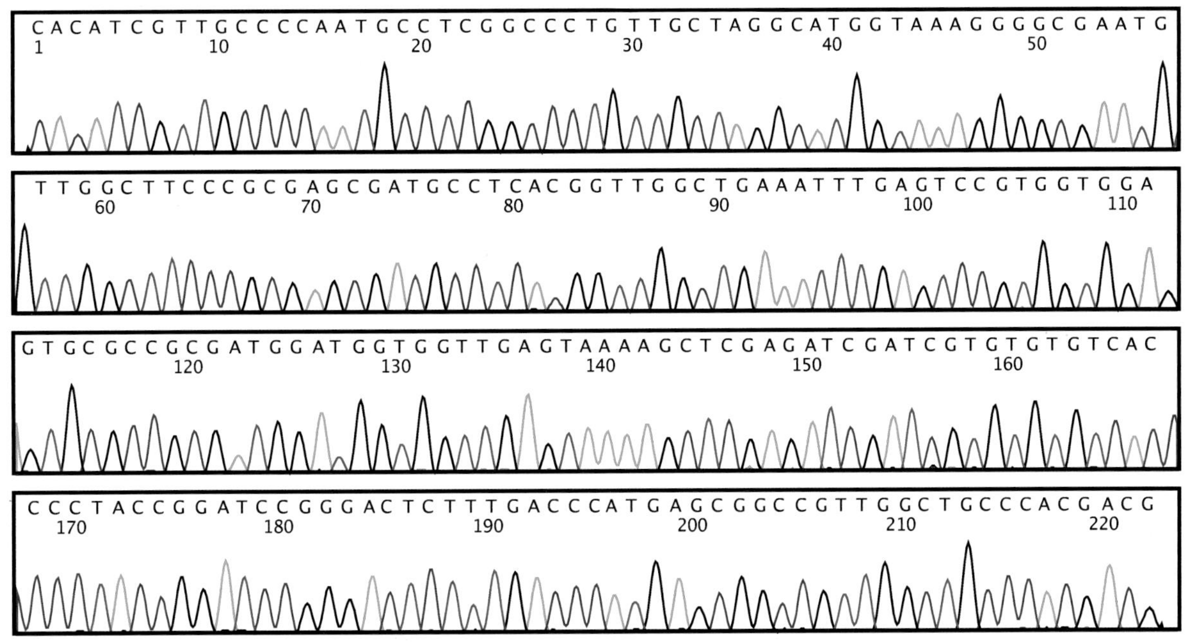

1　CACATCGTTG CCCCAATGCC TCGGCCCTGT TGCTAGGCAT GGTAAAGGGG CGAATGTTGG CTTCCCGCGA GCGATGCCTC

81　ACGGTTGGCT GAAATTTGAG TCCGTGGTGG AGTGCGCCGC GATGGATGGT GGTTGAGTAA AAGCTCGAGA TCGATCGTGT

161 GTGTCACCCC TACCGGATCC GGGACTCTTT GACCCATGAG CGGCCGTTGG CTGCCCACGA CG

175 萹蓄

萹蓄*Polygonum aviculare* L.，蓼科一年生草本，以全草入药。分布于我国各地。

【种子形态】瘦果三棱状卵形，长2.2～3.0mm，宽2.0～12.0mm，棕褐色或棕黑色，略有光泽，呈微粒状，粗糙。顶端渐尖，棱角钝，3个棱面宽度不等长，横剖面呈不等边三角形，果体被宿存花被所包，顶端微露出。果脐位于果实基部，三角形。种子1粒。种子与果实同形。种皮膜质，鲜红色或红褐色，内含丰富的粉质胚乳。胚黄色，棒状，弯生成半环形，位于种子两侧边的夹角内。下胚轴与两片长形子叶的长度约相等。千粒重约2.7g。

【采集与储藏】花期5～7月，果期6～8月。萹蓄种子具有二型性，夏季采集黑色种子，秋季采集棕色种子。打下种子，筛簸干净，储藏备用。

【DNA提取与序列扩增】取多粒种子，按照小型种子DNA提取方法操作。ITS2序列的获得参照“9107　中药材DNA条形码分子鉴定法指导原则”标准流程操作。

【ITS2峰图与序列】ITS2峰图及其序列如下。

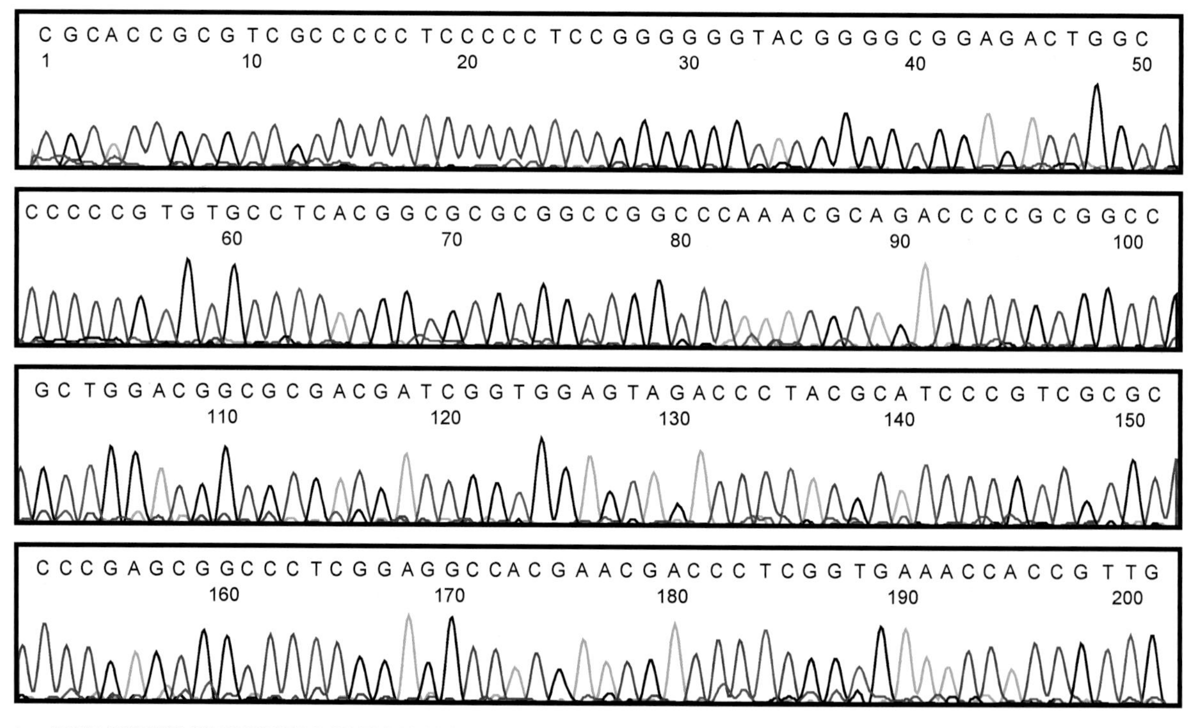

1　CGCACCGCGT CGCCCCCTCC CCCTCCGGGG GGTACGGGGC GGAGACTGGC CCCCCGTGTG CCTCACGGCG CGCGGCCGGC
81　CCAAACGCAG ACCCCGCGGC CGCTGGACGG CGCGACGATC GGTGGAGTAG ACCCTACGCA TCCCGTCGCG CCCCGAGCGG
161 CCCTCGGAGG CCACGAACGA CCCTCGGTGA AACCACCGTT G

176 朝鲜苍术

朝鲜苍术*Atractylodes koreana* (Nakai) Kitam.，菊科多年生草本，以根茎入药。主要分布于辽宁、山东。

【种子形态】瘦果倒卵圆形，多数深褐色，长5.3～8.5mm，宽1.4～3.4mm，外被白色顺向贴伏的茸毛，表面具有条纹状纵沟，可见黑色非腺毛孔；顶部衣领环状，冠毛羽状，较短，常脱落；基部环状，黄白色；子叶表面紫色或白色。千粒重约14.1g。

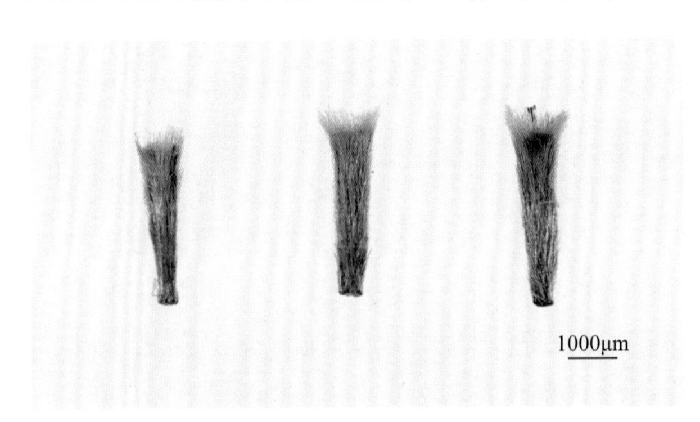

【采集与储藏】花果期6～10月。将果实摘下后，揉搓出种子后将杂质去除，挑选籽粒饱满、无病虫害的种子保存。室温下种子寿命只有6个月，需在0～4℃低温条件下储藏。

【DNA提取与序列扩增】取单粒种子，按照中型种子DNA提取方法操作。ITS2序列的获得参照“9107　中药材DNA条形码分子鉴定法指导原则”标准流程操作。

【ITS2峰图与序列】ITS2峰图及其序列如下。

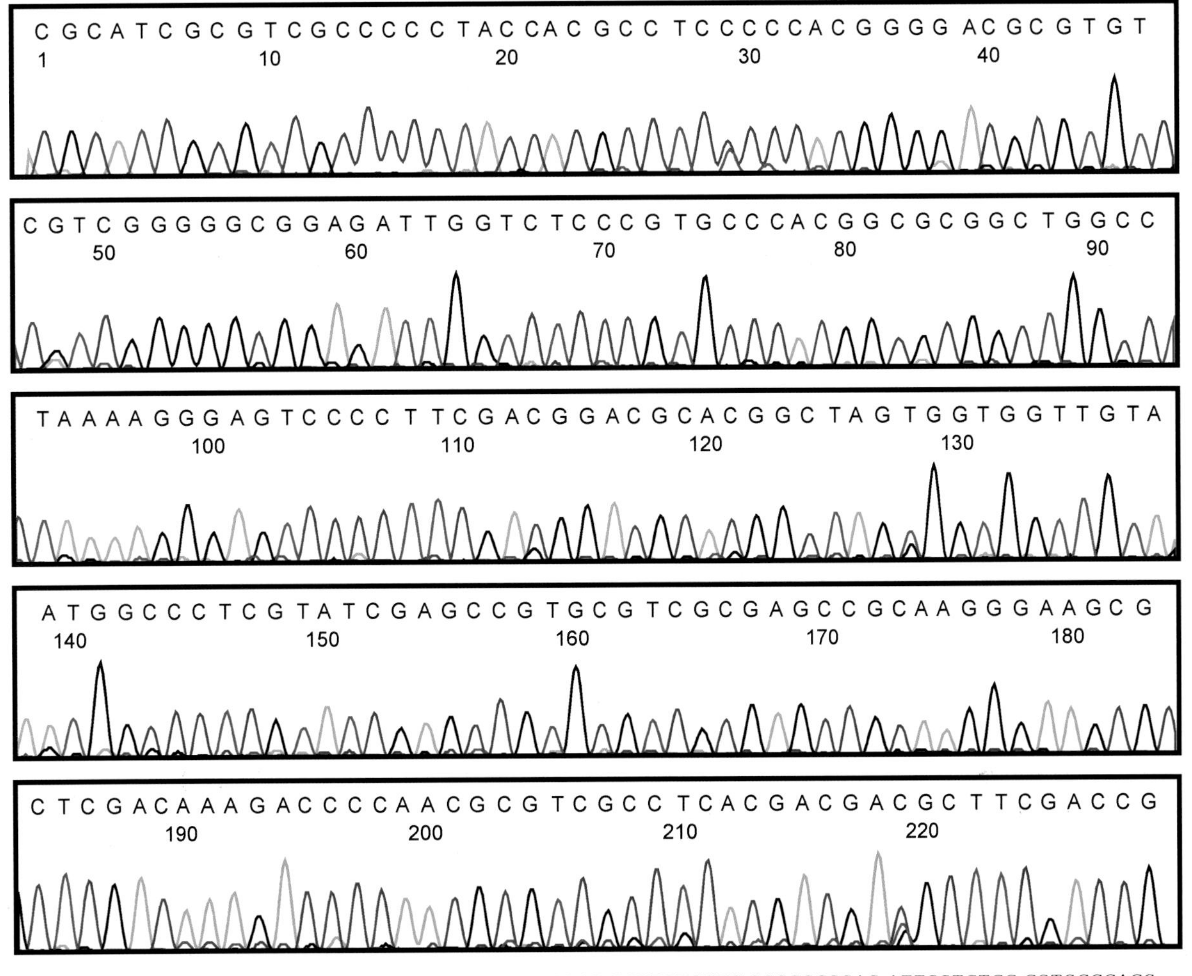

1　CGCATCGCGT CGCCCCCTAC CACGCCTCCC CCACGGGGAC GCGTGTCGTC GGGGGCGGAG ATTGGTCTCC CGTGCCCACG

81　GCGCGGCTGG CCTAAAAGGG AGTCCCCTTC GACGGACGCA CGGCTAGTGG TGGTTGTAAT GGCCCTCGTA TCGAGCCGTG

161 CGTCGCGAGC CGCAAGGGAA GCGCTCGACA AAGACCCCAA CGCGTCGCCT CACGACGACG CTTCGACCG

177 棉团铁线莲

棉团铁线莲*Clematis hexapetala* Pall.，毛茛科多年生直立草本，以根和根茎入药。主要分布于甘肃、陕西、山西、河北、内蒙古、辽宁、吉林、黑龙江等地区。

【种子形态】瘦果呈倒卵形，扁平，先端尖，基部钝圆，密生柔毛，宿存花柱羽毛状，长1.5～3.0cm，灰白色，具长柔毛，含种子1粒。种子椭圆形、扁平，长3～4mm，宽2～3mm，厚0.5～0.8mm，黄褐色，胚乳丰富，油质，内含1个小型胚。千粒重约4.6g。

【采集与储藏】花期6～8月，果期7～10月。于果实成熟后摘取果序，干后搓去羽状花柱。在低温条件下储藏。

【DNA提取与序列扩增】取多粒种子，按照小型种子DNA提取方法操作。ITS2序列的获得参照“9107 中药材DNA条形码分子鉴定法指导原则”标准流程操作。

【ITS2峰图与序列】ITS2峰图及其序列如下。

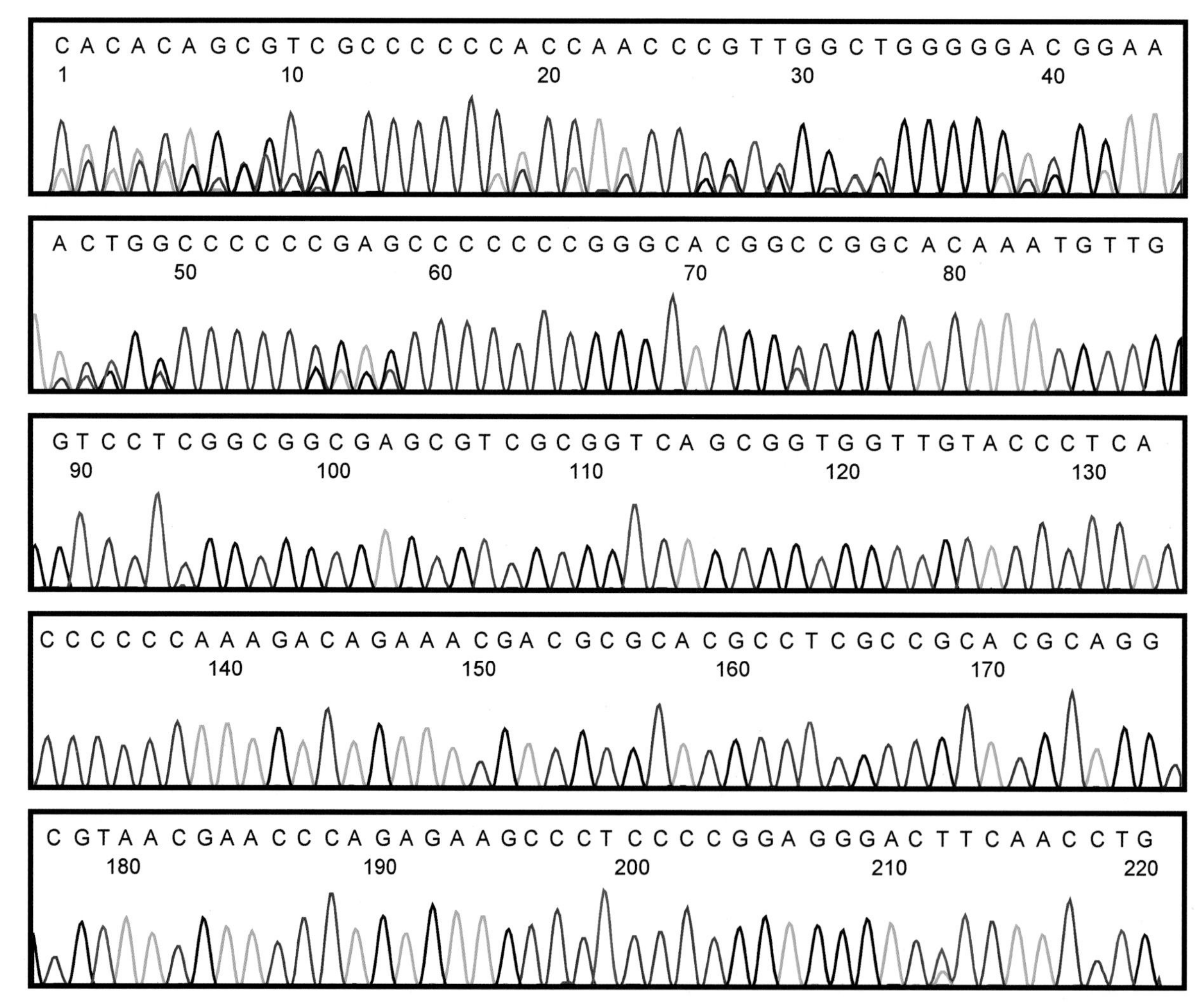

1 CACACAGCGT CGCCCCCCAC CAACCCGTTG GCTGGGGGAC GGAAACTGGC CCCCCGAGCC CCCCCGGGCA CGGCCGGCAC
81 AAATGTTGGT CCTCGGCGGC GAGCGTCGCG GTCAGCGGTG GTTGTACCCT CACCCCCCAA AGACAGAAAC GACGCGCACG
161 CCTCGCCGCA CGCAGGCGTA ACGAACCCAG AGAAGCCCTC CCCGGAGGGA CTTCAACCTG

178 粟

粟*Setaria italica* (L.) Beauv.，禾本科一年生草本，以果实入药。分布于我国各地。

【种子形态】颖果椭圆状球形或卵状球形，稍扁。种子籽实饱满且形态均为卵圆形，直径大小基本为1.7mm左右，浅黄色，质坚硬，平滑或具细点状皱纹，鳞被先端不平，呈微波状；种脐点状。千粒重约3.6g。

【采集与储藏】谷子的花期在立秋之后，当谷穗变黄、籽粒变硬、谷子叶片发黄时，即可适时收获。储藏于阴凉、干燥、通风处。

【DNA提取与序列扩增】取多粒种子，按照小型种子DNA提取方法操作。ITS2序列的获得参照"9107 中药材DNA条形码分子鉴定法指导原则"标准流程操作。

【ITS2峰图与序列】ITS2峰图及其序列如下。

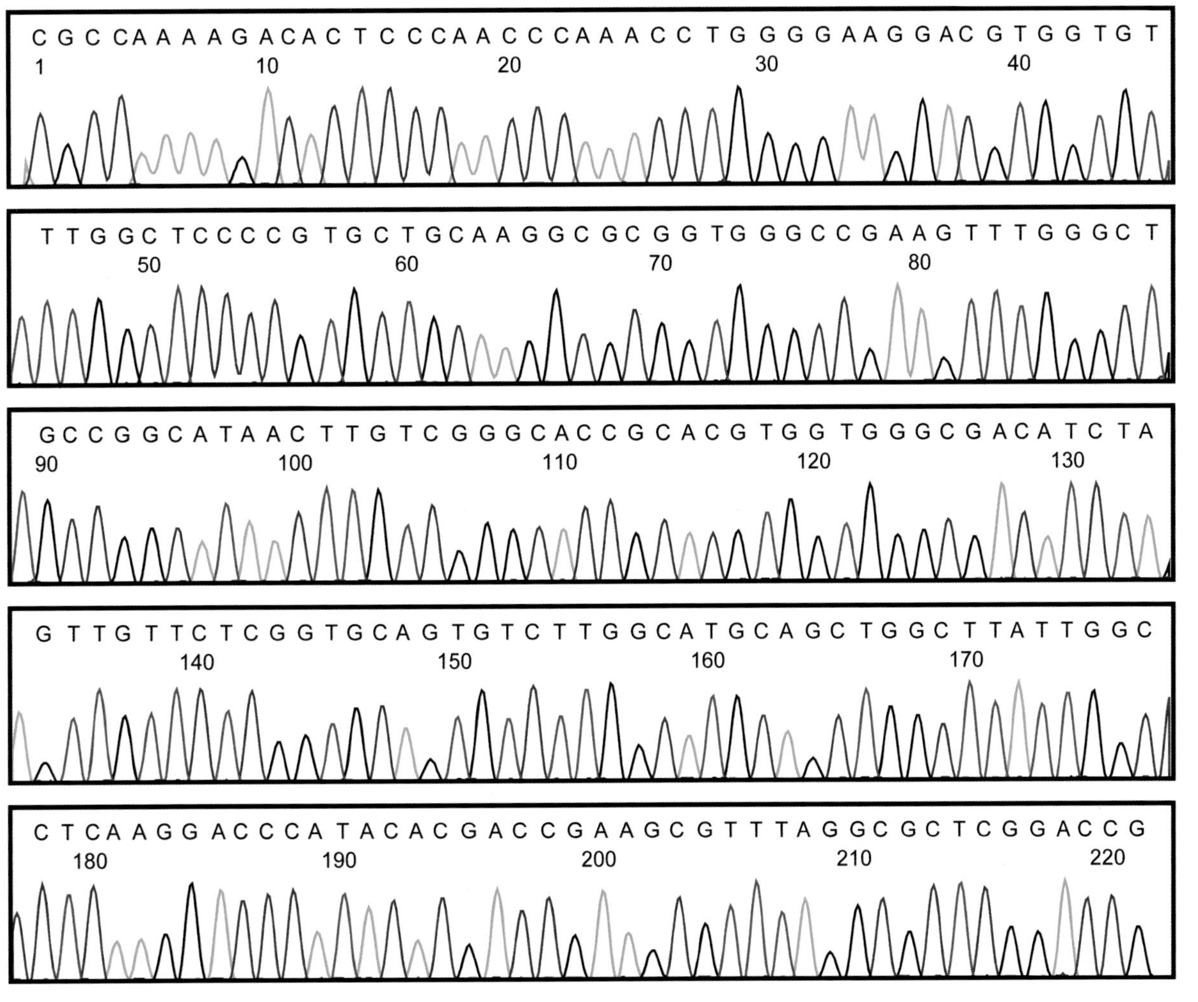

1 CGCCAAAAGA CACTCCCAAC CCAAACCTGG GGAAGGACGT GGTGTTTGGC TCCCCGTGCT GCAAGGCGCG GTGGGCCGAA
81 GTTTGGGCTG CCGGCATAAC TTGTCGGGCA CCGCACGTGG TGGGCGACAT CTAGTTGTTC TCGGTGCAGT GTCTTGGCAT
161 GCAGCTGGCT TATTGGCCTC AAGGACCCAT ACACGACCGA AGCGTTTAGG CGCTCGGACC G

179 紫苏

紫苏*Perilla frutescens* (L.) Britt.，唇形科一年生直立草本，以果实、茎、叶入药。我国各地广泛栽培。

【种子形态】小坚果宽倒卵形，略扁，长1.8～2.6mm，宽1.6～2.4mm，厚1.2～2.0mm，表面棕灰色、黄棕色或暗褐色，在体视显微镜下观察具略突起的网纹；基部具1个突起的白色或浅棕色果脐，果皮厚约0.2mm，内含种子1粒。种子宽倒卵形或圆形，表面白色或淡棕黄色，腹面具1条白色、淡棕色或棕色种脊，种皮透明膜质。胚直生，白色，含油分；胚根短小；子叶2枚，肥厚，圆形或宽倒卵形，基部深心形。千粒重约1.2g。

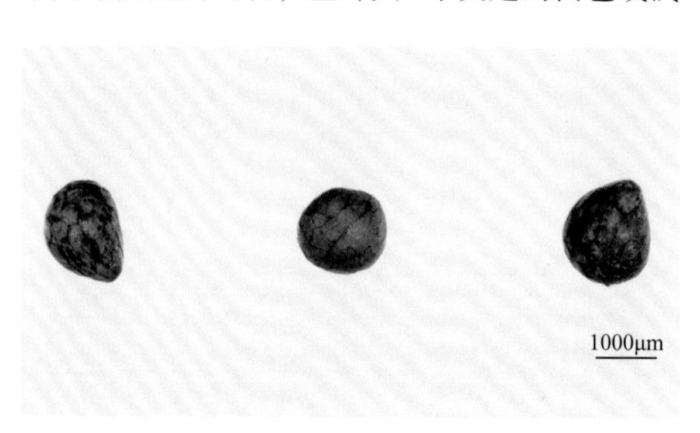

【采集与储藏】花期8～11月，果期8～12月。选择生长健壮、产量高、叶片两面都是紫色的植株，待种子充分成熟呈灰棕色时，收割脱粒，采收的种子忌干燥储藏，在阴凉处风干2～3天后，用等量河沙与种子混合，保持适宜的温度，装箱埋于土中，利于发芽。

【DNA提取与序列扩增】取多粒种子，按照小型种子DNA提取方法操作。ITS2序列的获得参照“9107　中药材DNA条形码分子鉴定法指导原则”标准流程操作。

【ITS2峰图与序列】ITS2峰图及其序列如下。

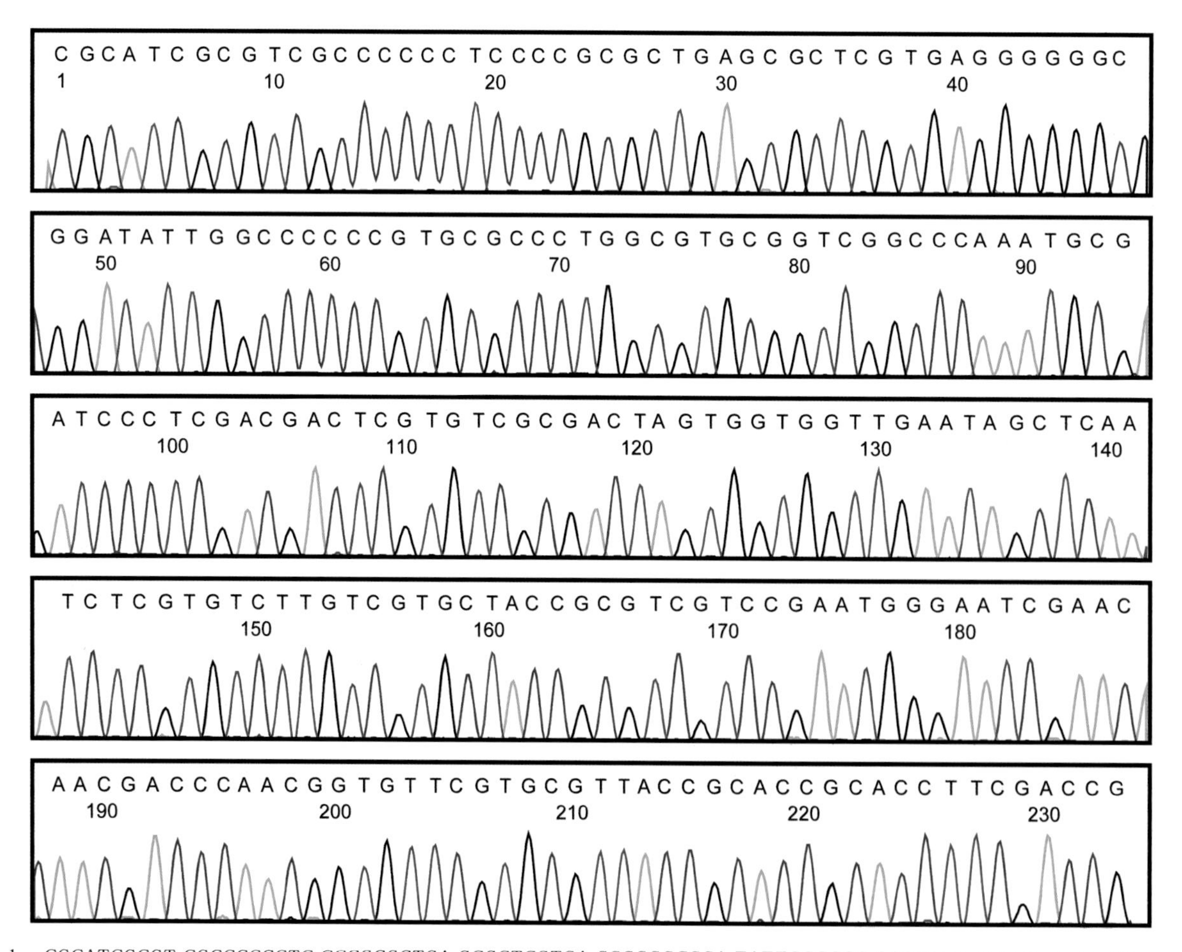

1　CGCATCGCGT CGCCCCCCTC CCCGCGCTGA GCGCTCGTGA GGGGGGCGGA TATTGGCCCC CCGTGCGCCC TGGCGTGCGG
81　TCGGCCCAAA TGCGATCCCT CGACGACTCG TGTCGCGACT AGTGGTGGTT GAATAGCTCA ATCTCGTGTC TTGTCGTGCT
161 ACCGCGTCGT CCGAATGGGA ATCGAACAAC GACCCAACGG TGTTCGTGCG TTACCGCACC GCACCTTCGA CCG

180 紫茉莉

紫茉莉*Mirabilis jalapa* L.，紫茉莉科一年生草本，以根、叶入药。我国各地常栽培。

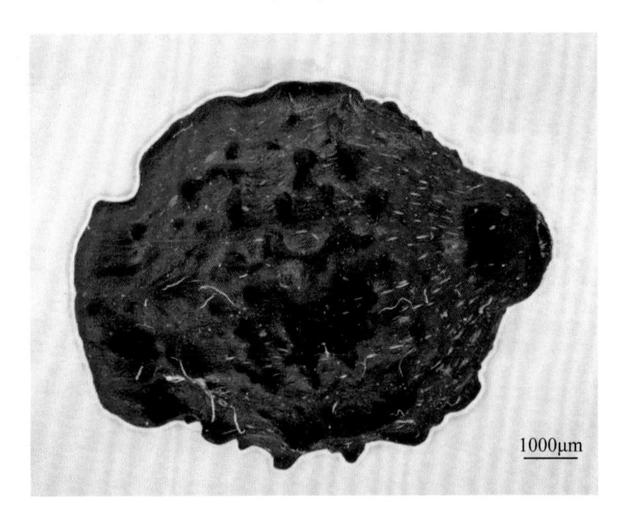

【种子形态】瘦果球形，直径5.0～8.0mm，革质，黑色，表面具皱纹。种子卵形，在体视显微镜下可观察到种子黑色，表面疣状突起规则排列，胚弯曲，子叶折叠，包围白粉质胚乳。千粒重约73.6g。

【采集与储藏】花期6～10月，果期6～11月。开花后选择黑色的种子逐粒采收，置于阴凉通风处保存。

【DNA提取与序列扩增】取单粒种子，按照中型种子DNA提取方法操作。ITS2序列的获得参照“9107　中药材DNA条形码分子鉴定法指导原则”标准流程操作。

【ITS2峰图与序列】ITS2峰图及其序列如下。

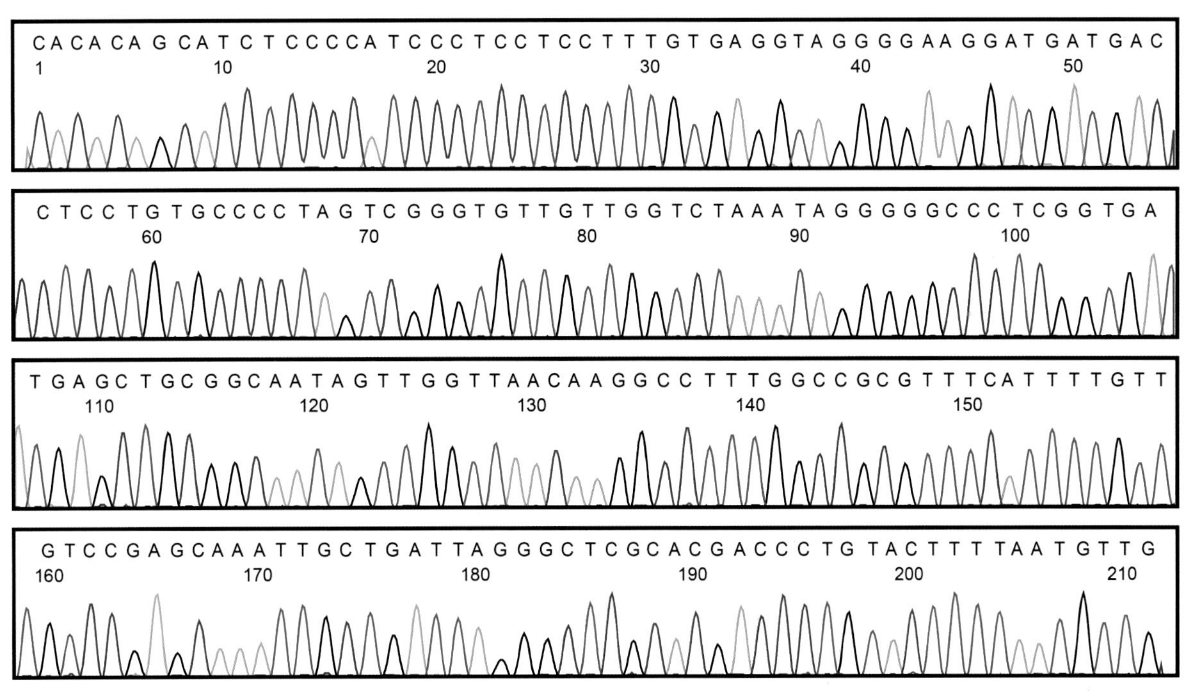

1　CACACAGCAT CTCCCCATCC CTCCTCCTTT GTGAGGTAGG GGAAGGATGA TGACCTCCTG TGCCCCTAGT CGGGTGTTGT

81　TGGTCTAAAT AGGGGGCCCT CGGTGATGAG CTGCGGCAAT AGTTGGTTAA CAAGGCCTTT GGCCGCGTTT CATTTTGTTG

161 TCCGAGCAAA TTGCTGATTA GGGCTCGCAC GACCCTGTAC TTTTAATGTT G

181 紫草

紫草*Lithospermum erythrorhizon* Sieb. et Zucc.，紫草科多年生草本，以根入药。主要分布于辽宁、河北、山东、山西、河南、江西、湖南、湖北、广西北部、贵州、四川、陕西至甘肃东南部。

【种子形态】小坚果宽卵形，长2.5～3.5mm，宽2.3～3.2mm，表面灰白色或带淡棕色，有瓷样光泽，具数个或更多个点状及短线状小凹坑。顶端尖，基部平截，为1个扇形果脐，果脐近腹棱处具1个中心内凹的白色小圆点，背面圆突，腹面具1条纵棱，上具1条暗灰色线纹，两侧常有1对凹沟。果皮坚硬，骨质，含种子1粒。种子宽倒卵形，表面白色或淡棕色，顶端钝或微凹，下端尖，腹面具1条种脊，末端有放射状线纹；种皮膜质，半透明。胚直生，白色，含油分；胚根短小；子叶2枚，肥厚，倒卵圆形，先端钝或微凹。千粒重约10.0g。

【采集与储藏】花果期6～9月。当小坚果呈灰白色或淡棕色、果实坚硬时及时分批采收，否则种子落地，收后及时晒干储藏。在结子部位将枝条剪下（离地面15.0cm左右），随采随脱粒。脱粒后，将种子晒干再用清水漂洗，将杂质泥土漂洗除去，再将成熟饱满的种子晒干储藏。

【DNA提取与序列扩增】取单粒种子，按照中型种子DNA提取方法操作。ITS2序列的获得参照“9107　中药材DNA条形码分子鉴定法指导原则”标准流程操作。

【ITS2峰图与序列】ITS2峰图及其序列如下。

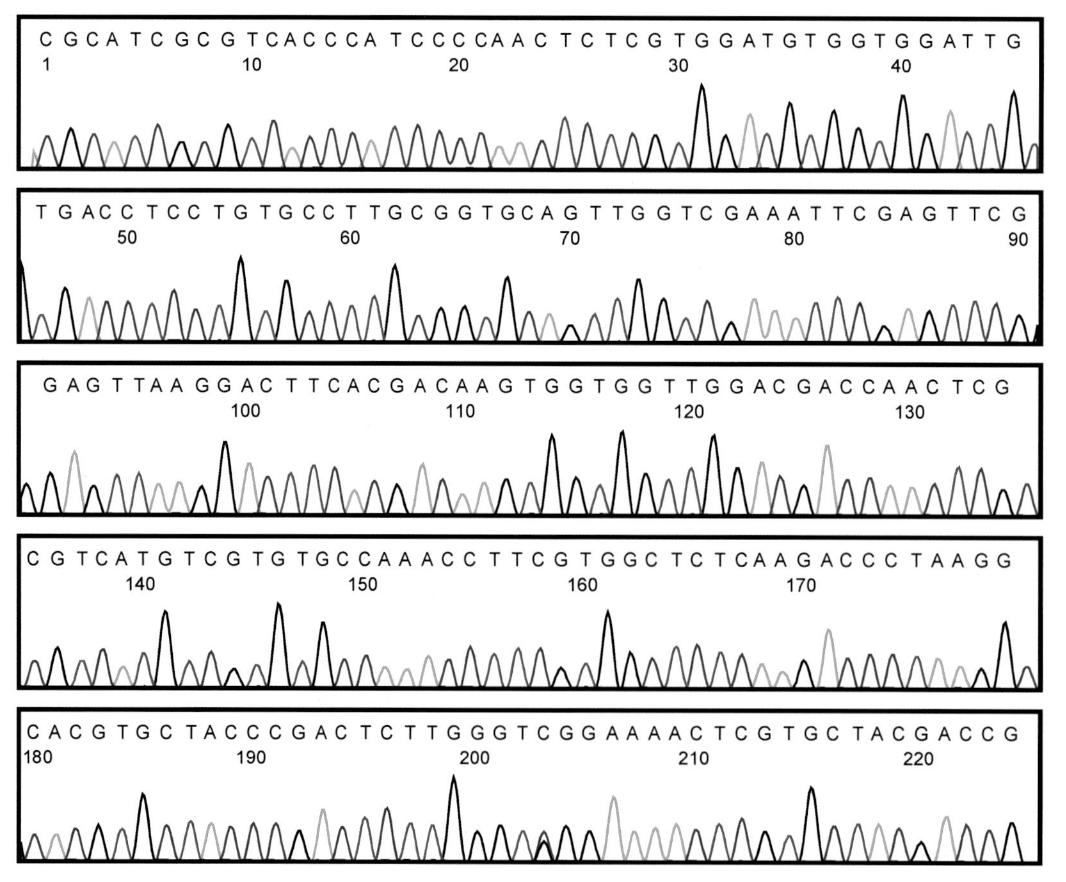

1　CGCATCGCGT CACCCATCCC CAACTCTCGT GGATGTGGTG GATTGTGACC TCCTGTGCCT TGCGGTGCAG TTGGTCGAAA
81　TTCGAGTTCG GAGTTAAGGA CTTCACGACA AGTGGTGGTT GGACGACCAA CTCGCGTCAT GTCGTGTGCC AAACCTTCGT
161 GGCTCTCAAG ACCCTAAGGC ACGTGCTACC CGACTCTTGG GTCGGAAAAC TCGTGCTACG ACCG

182 紫薇

紫薇*Lagerstroemia indica* L.，千屈菜科落叶小乔木或灌木，以根和树皮入药。主要分布于广东、广西、湖南、福建、江西、浙江、江苏、湖北、河南、河北、山东、安徽、陕西、四川、云南、贵州、吉林等地区。

【种子形态】蒴果椭圆状球形或阔椭圆形，长1.0～1.3cm，宽0.8～1.1cm，基部具宿存花萼。幼时绿色至黄色，成熟或干燥时呈紫黑色，室背开裂。种子多粒，三角状扁卵圆形，上端有膜质翅，长约8.0mm，宽2.0～3.0mm，厚约1.4mm，棕色。千粒重2.5～2.8g。

【采集与储藏】花期6～9月，果期9～12月。当蒴果呈深褐色或棕褐色并开始开裂时，摘取果实，晾干裂开后，种子自然脱出，筛取种子，去翅或不去翅均可，干藏。海南将采回的果实摊放在竹箩上晒1～2h，剥除果皮，将种子储藏在密封干燥的玻璃容器中。

【DNA提取与序列扩增】取多粒种子，按照小型种子DNA提取方法操作。ITS2序列的获得参照"9107 中药材DNA条形码分子鉴定法指导原则"标准流程操作。

【ITS2峰图与序列】ITS2峰图及其序列如下。

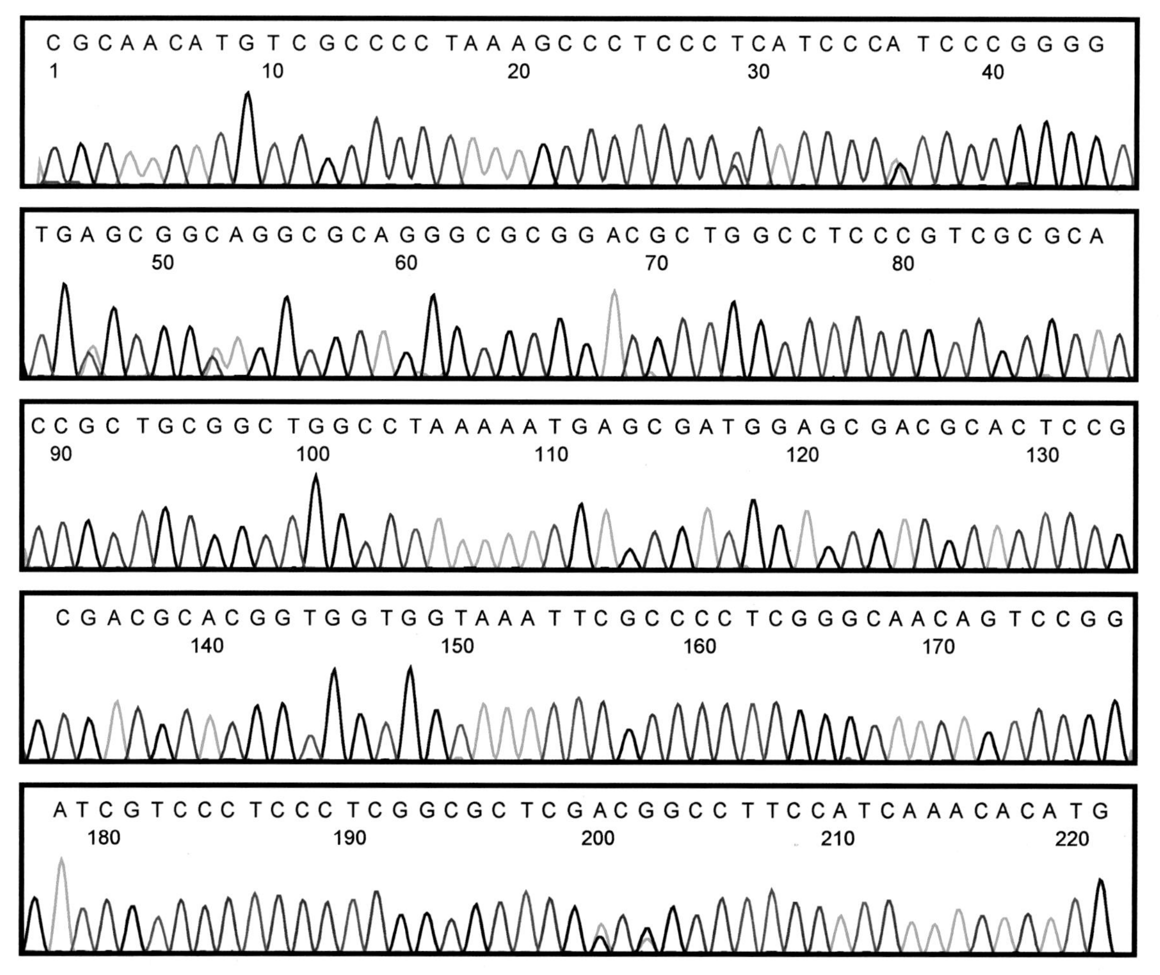

1 CGCAACATGT CGCCCCTAAA GCCCTCCCTC ATCCCATCCC GGGGTGAGCG GCAGGCGCAG GGCGCGGACG CTGGCCTCCC
81 GTCGCGCACC GCTGCGGCTG GCCTAAAAAT GAGCGATGGA GCGACGCACT CCGCGACGCA CGGTGGTGGT AAATTCGCCC
161 CTCGGGCAAC AGTCCGGATC GTCCCTCCCT CGGCGCTCGA CGGCCTTCCA TCAAACACAT G

183 黑果枸杞

黑果枸杞*Lycium ruthenicum* Murray.，茄科多棘刺灌木。主要分布于陕西北部、宁夏、甘肃、青海、新疆和西藏。

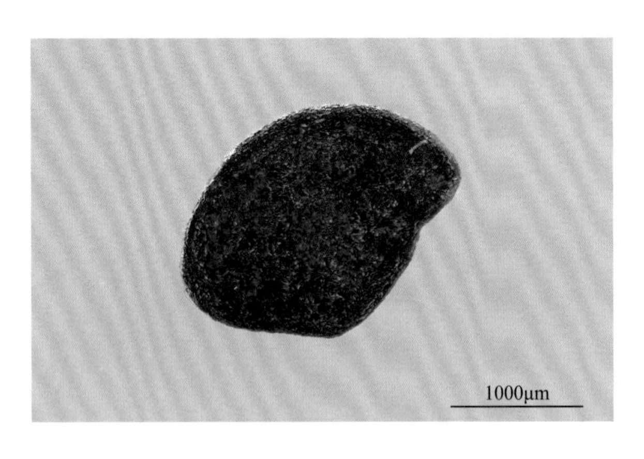

【种子形态】浆果紫黑色，球状，有时顶端稍凹陷，具肉质的果皮，直径4.0～9.0mm。种子多粒或由于不发育仅有几粒，肾形，扁平，种皮骨质，密布网纹状凹穴，褐色，长约1.5mm，宽约2.0mm。千粒重约0.9g。

【采集与储藏】花果期5～10月。采收时间大约在农历芒种至秋分之间。及时采摘成熟果实，以黑色、粒大者为佳品。采摘后需阴干晾晒或保鲜、冷藏处理。

【DNA提取与序列扩增】称取3～5mg种子，按照微型种子DNA提取方法操作。ITS2序列的获得参照“9107　中药材DNA条形码分子鉴定法指导原则”标准流程操作。

【ITS2峰图与序列】ITS2峰图及其序列如下。

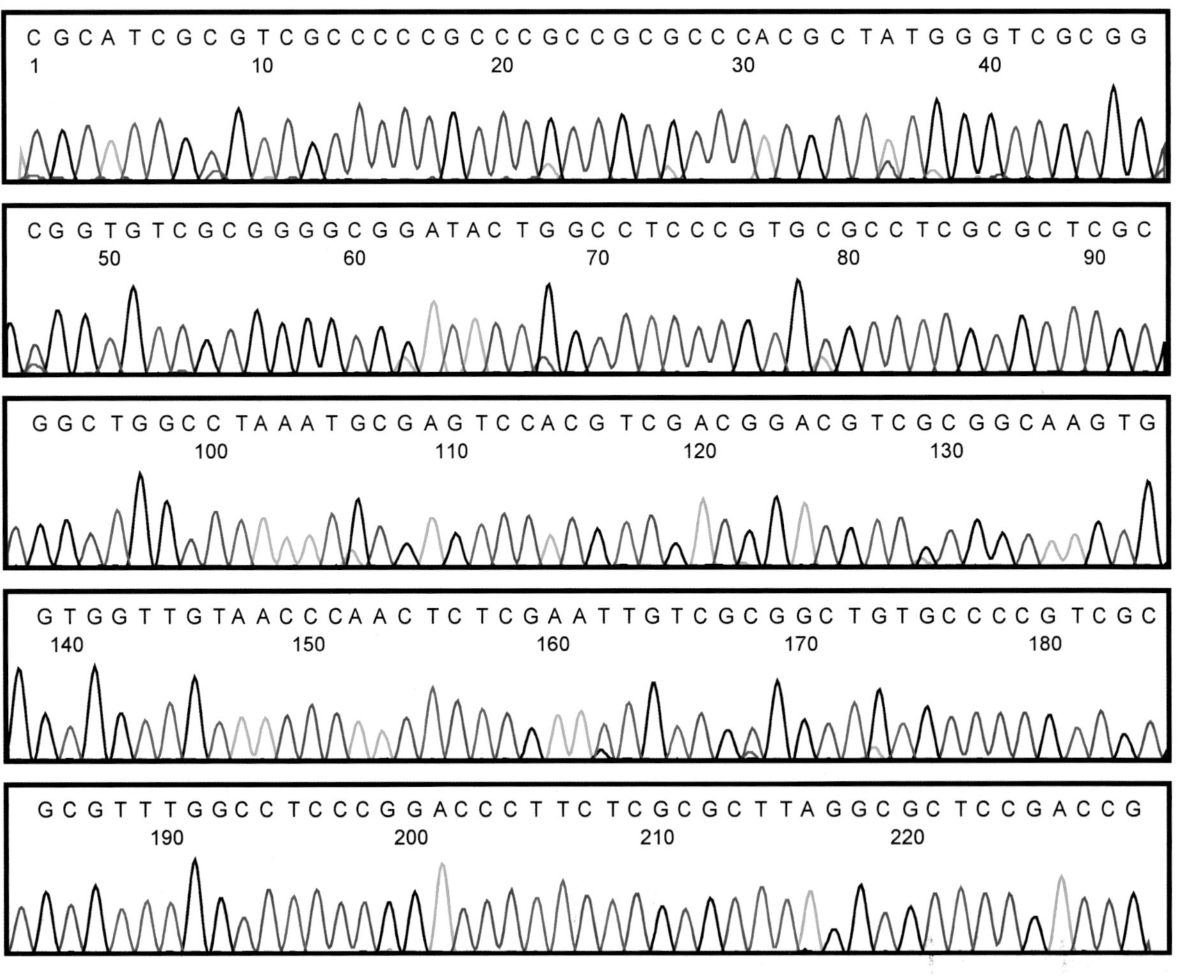

1　CGCATCGCGT CGCCCCCGCC CGCCGCGCCC ACGCTATGGG TCGCGGCGGT GTCGCGGGGC GGATACTGGC CTCCCGTGCG
81　CCTCGCGCTC GCGGCTGGCC TAAATGCGAG TCCACGTCGA CGGACGTCGC GGCAAGTGGT GGTTGTAACC CAACTCTCGA
161 ATTGTCGCGG CTGTGCCCCG TCGCGCGTTT GGCCTCCCGG ACCCTTCTCG CGCTTAGGCG CTCCGACCG

184 鹅不食草

鹅不食草*Centipeda minima* (L.) A. Br. et Aschers.（FOC：石胡荽），菊科一年生草本，以全草入药。主要分布于东北、华北、华中、华东、华南和西南。

【种子形态】瘦果呈长月牙形，暗褐色，具四棱，长1.0～1.2mm，棱边有长毛，先端略尖，基部平截，尖突处为果脐。无冠毛。种子1粒，长0.9～1.0mm，灰白色。无胚乳；子叶2枚，肥大，油质；胚根短小。千粒重约26.3mg。

【采集与储藏】花期3～5月，果期9～11月。种子较为细小，包裹在果实内，当瘦果呈暗褐色时采集果序。收集种子后晾晒并搓去果皮，将种子取出备用。

【DNA提取与序列扩增】称取3～5mg种子，按照微型种子DNA提取方法操作。ITS2序列的获得参照“9107　中药材DNA条形码分子鉴定法指导原则”标准流程操作。

【ITS2峰图与序列】ITS2峰图及其序列如下。

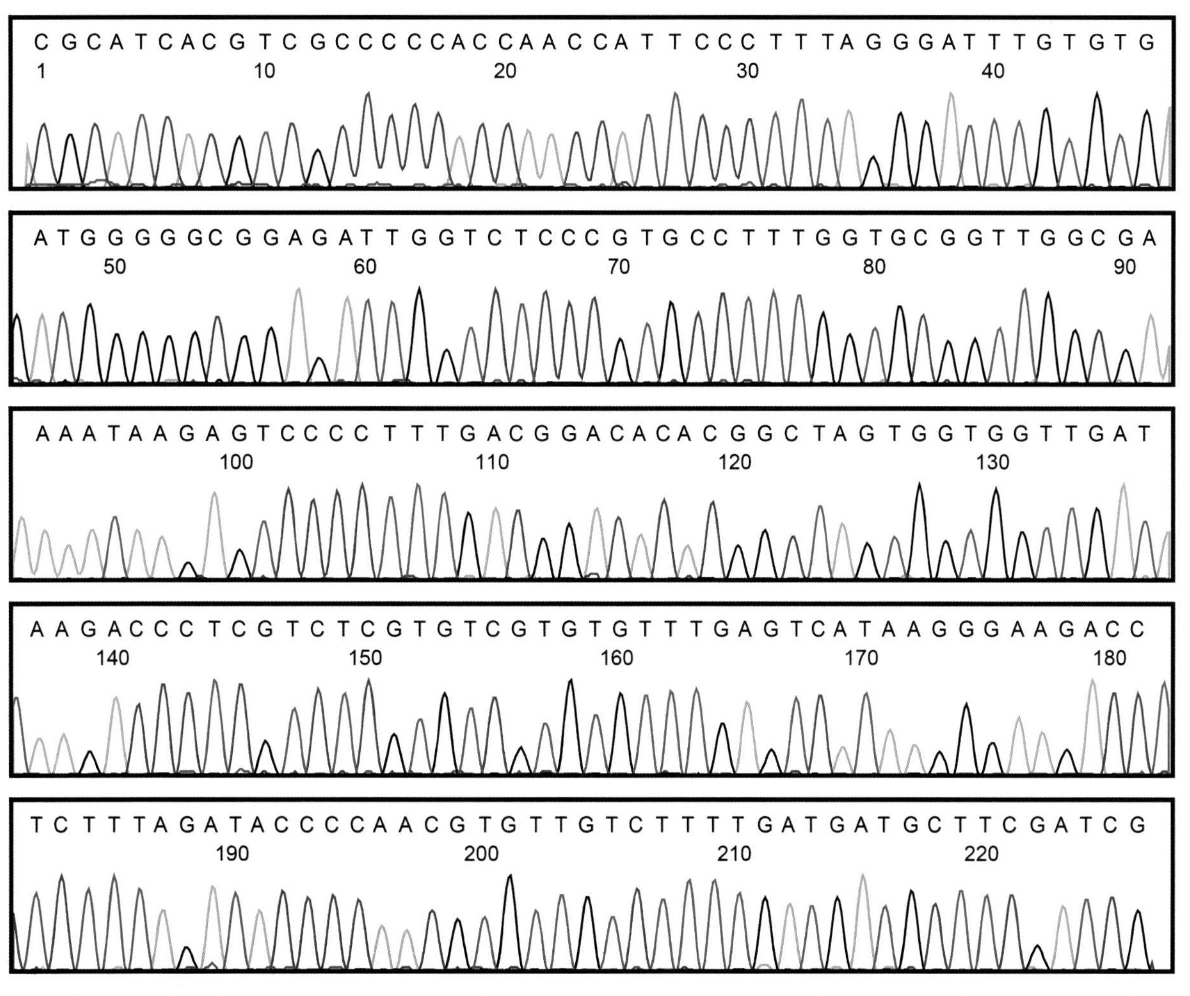

1　CGCATCACGT CGCCCCCACC AACCATTCCC TTTAGGGATT TGTGTGATGG GGGCGGAGAT TGGTCTCCCG TGCCTTTGGT
81　GCGGTTGGCG AAAATAAGAG TCCCCTTTGA CGGACACACG GCTAGTGGTG GTTGATAAGA CCCTCGTCTC GTGTCGTGTG
161 TTTGAGTCAT AAGGGAAGAC CTCTTTAGAT ACCCCAACGT GTTGTCTTTT GATGATGCTT CGATCG

185 蒺藜

蒺藜*Tribulus terrestris* L.，蒺藜科一年生草本，以果实入药。分布于我国各地。

【种子形态】聚合坚果，由5个小坚果组成，排列为放射状，直径15.8～21.0mm，淡黄绿色、灰褐色或灰绿色。小坚果斧状或橘瓣状，背面较厚，呈弓状隆起，坚果上端各具1对长棘刺及1对短棘刺，并具有多数短刺状及长刚毛突起，两侧面粗糙，具网状棱线，腹棱平直，果皮坚硬，木质，内含种子2～4粒。种子长倒卵形，略扁，黄白色，基部略呈截形，先端渐尖，长约4.0mm，宽1.5～2.0mm，种子间有隔膜，腹面可见1条淡棕色线形种脊，至顶端相连于1个圆形合点，种皮膜质。无胚乳；胚直生，淡黄色，有油性；胚根细小；子叶2枚，倒卵形。千粒重（果）19.4～32.0g。

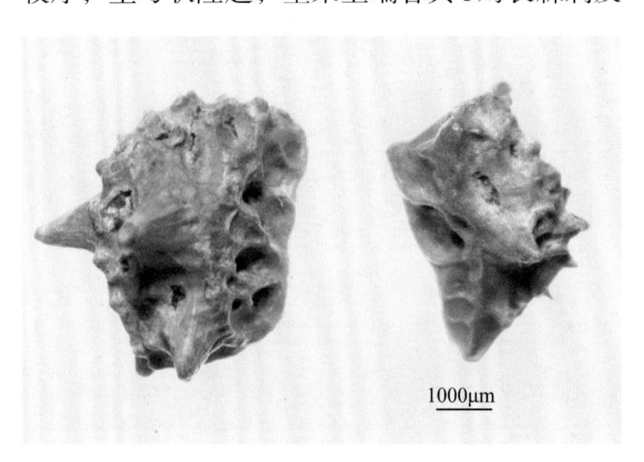

【采集与储藏】花期5～8月，果期6～9月。当果实大部分成熟时割取全草，晾干，打下果实，除净枝叶泥土。低温层积。

【DNA提取与序列扩增】取单粒种子，按照中型种子DNA提取方法操作。ITS2序列的获得参照“9107　中药材DNA条形码分子鉴定法指导原则”标准流程操作。

【ITS2峰图与序列】ITS2峰图及其序列如下。

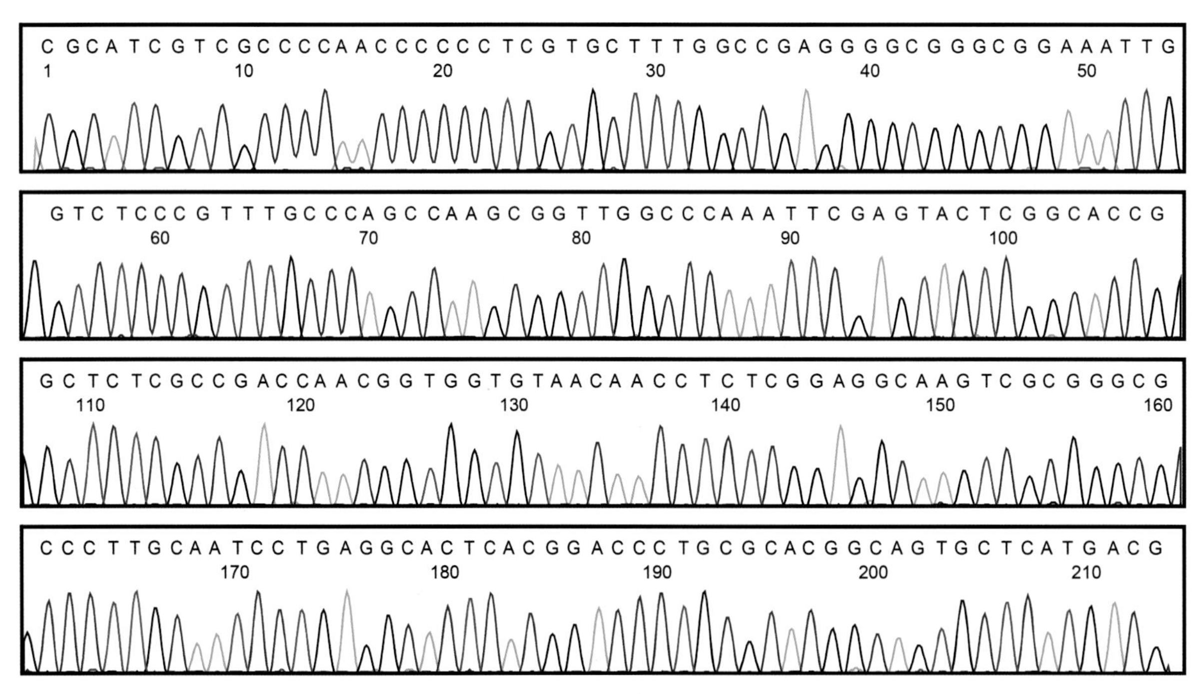

1　CGCATCGTCG CCCCAACCCC CCTCGTGCTT TGGCCGAGGG GCGGGCGGAA ATTGGTCTCC CGTTTGCCCA GCCAAGCGGT

81　TGGCCCAAAT TCGAGTACTC GGCACCGGCT CTCGCCGACC AACGGTGGTG TAACAACCTC TCGGAGGCAA GTCGCGGGCG

161 CCCTTGCAAT CCTGAGGCAC TCACGGACCC TGCGCACGGC AGTGCTCATG ACG

186 蒲公英

蒲公英*Taraxacum mongolicum* Hand.-Mazz.，菊科多年生草本，以全草入药。主要分布于黑龙江、吉林、辽宁、内蒙古、河北、山西、陕西、甘肃、青海、山东、江苏、安徽、浙江、福建北部、台湾、河南、湖北、湖南、广东北部、四川、贵州、云南等地区。

【种子形态】瘦果倒披针形，长（不包括喙）2.5～3.0mm，宽0.7～0.9mm，黄棕色。外具纵棱和浅沟，棱上有小突起，中部以上为粗短刺，顶端具细喙，末端具冠毛，喙易折断，仅留基部一段，果脐凹陷。种子呈倒披针形，灰绿色，表面有细纵纹理，种皮薄膜质。胚污白色，含油分。千粒重约0.8g。

【采集与储藏】花期4～9月，果期5～10月。待果实呈淡黄褐色时及时分批采收。

【DNA提取与序列扩增】称取3～5mg种子，按照微型种子DNA提取方法操作，或在适宜条件下萌发种子，取种芽进行DNA提取。ITS2序列的获得参照“9107 中药材DNA条形码分子鉴定法指导原则”标准流程操作。

【ITS2峰图与序列】ITS2峰图及其序列如下。

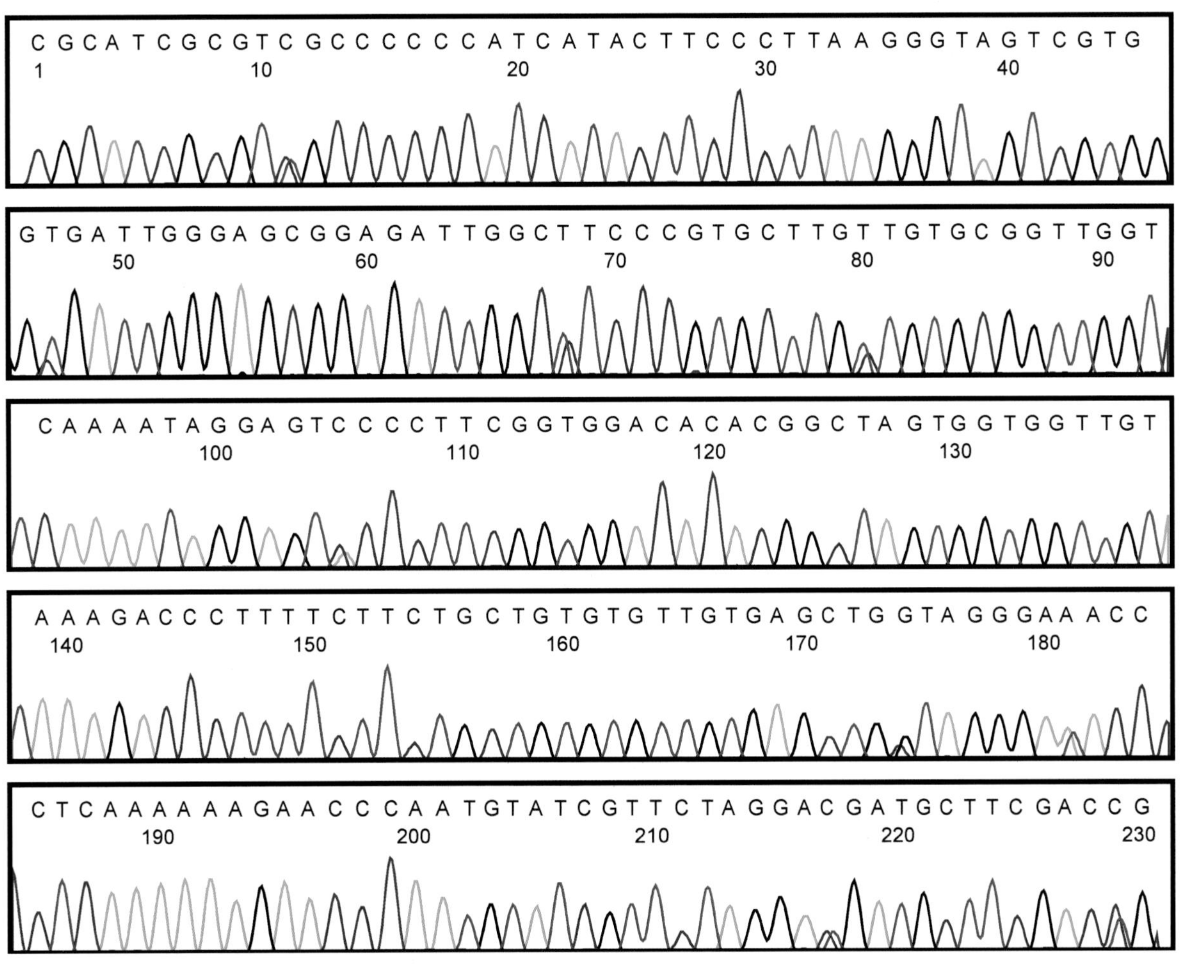

1 CGCATCGCGT CGCCCCCCAT CATACTTCCC TTAAGGGTAG TCGTGGTGAT TGGGAGCGGA GATTGGCTTC CCGTGCTTGT
81 TGTGCGGTTG GTCAAAATAG GAGTCCCCTT CGGTGGACAC ACGGCTAGTG GTGGTTGTAA AGACCCTTTT CTTCTGCTGT
161 GTGTTGTGAG CTGGTAGGGA AACCCTCAAA AAAGAACCCA ATGTATCGTT CTAGGACGAT GCTTCGACCG

187 蒙古黄芪

蒙古黄芪*Astragalus membranaceus* (Fisch.) Bge. var. *mongholicus* (Bge.) Hsiao，豆科多年生草本，以根入药。主要分布于黑龙江、内蒙古、河北、山西等地区。

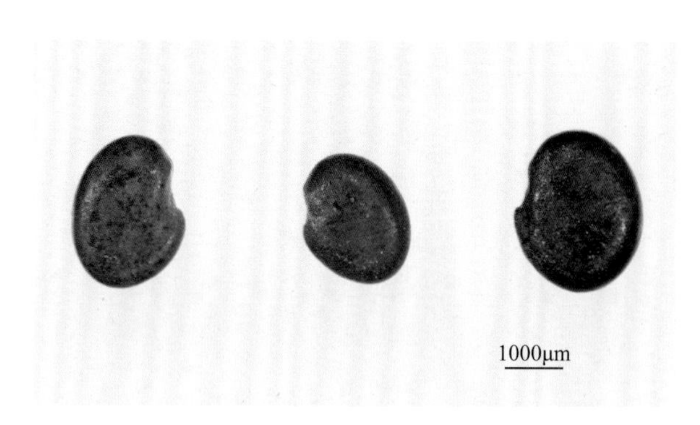

【种子形态】荚果薄膜质，稍膨胀，半椭圆形，表面光滑并有光泽，绿色或黑褐色。种子3～8粒，倒卵状肾形，种脐圆形，无种阜，长20.0～30.0mm，宽8.0～12.0mm，顶端具刺尖，两面被白色或黑色细短柔毛。千粒重6.9～7.0g。

【采集与储藏】花期6～8月，果期7～9月。蒙古黄芪种子适合在零下低温条件储藏。

【DNA提取与序列扩增】取单粒种子，按照中型种子DNA提取方法操作。ITS2序列的获得参照“9107　中药材DNA条形码分子鉴定法指导原则”标准流程操作。

【ITS2峰图与序列】ITS2峰图及其序列如下。

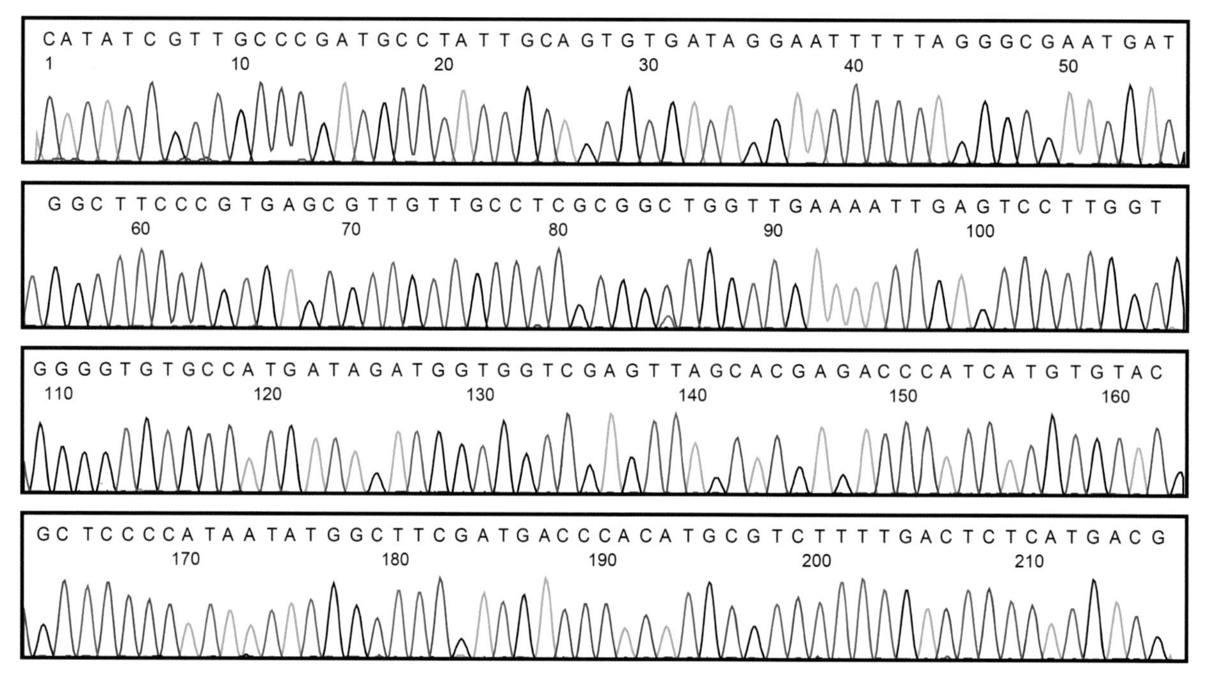

1　CATATCGTTG CCCGATGCCT ATTGCAGTGT GATAGGAATT TTTAGGGCGA ATGATGGCTT CCCGTGAGCG TTGTTGCCTC

81　GCGGCTGGTT GAAAATTGAG TCCTTGGTGG GGTGTGCCAT GATAGATGGT GGTCGAGTTA GCACGAGACC CATCATGTGT

161 ACGCTCCCCA TAATATGGCT TCGATGACCC ACATGCGTCT TTTGACTCTC ATGACG

188 槐

槐*Sophora japonica* L.，豆科落叶乔木，以果实、花、花蕾入药。分布于我国各地。

【种子形态】荚果肉质，圆柱形，长2.0～8.0cm，黄绿色，荚节之间收缩成串珠状，无毛，不开裂，含种子1～6粒。种子近矩圆形或卵形，长6.0～10.0mm，宽5.0～8.0mm，厚2.5～4.5mm，深棕色至黑色，表面平滑并有光泽。腹侧近直线形，背侧弧形，边棱明显，腹面可见1条暗褐色线状种脊。种脐在腹侧下部，椭圆，凹陷；晕轮隆起，与种皮同色；种瘤紧挨种脐基部，微凸，与种皮同色；脐条明显，呈1条纵沟。胚根紧贴子叶，尖突出，较短；子叶2枚，具油性。千粒重约133.6g。

【采集与储藏】花期7～8月，果期8～10月。种子寿命1年以上。种子置于干燥、阴凉、通风、避光处储存，要求温度30℃以下、相对湿度65%～75%。

【DNA提取与序列扩增】砸碎，取种子碎块，按照大型种子DNA提取方法操作。ITS2序列的获得参照“9107　中药材DNA条形码分子鉴定法指导原则”标准流程操作。

【ITS2峰图与序列】ITS2峰图及其序列如下。

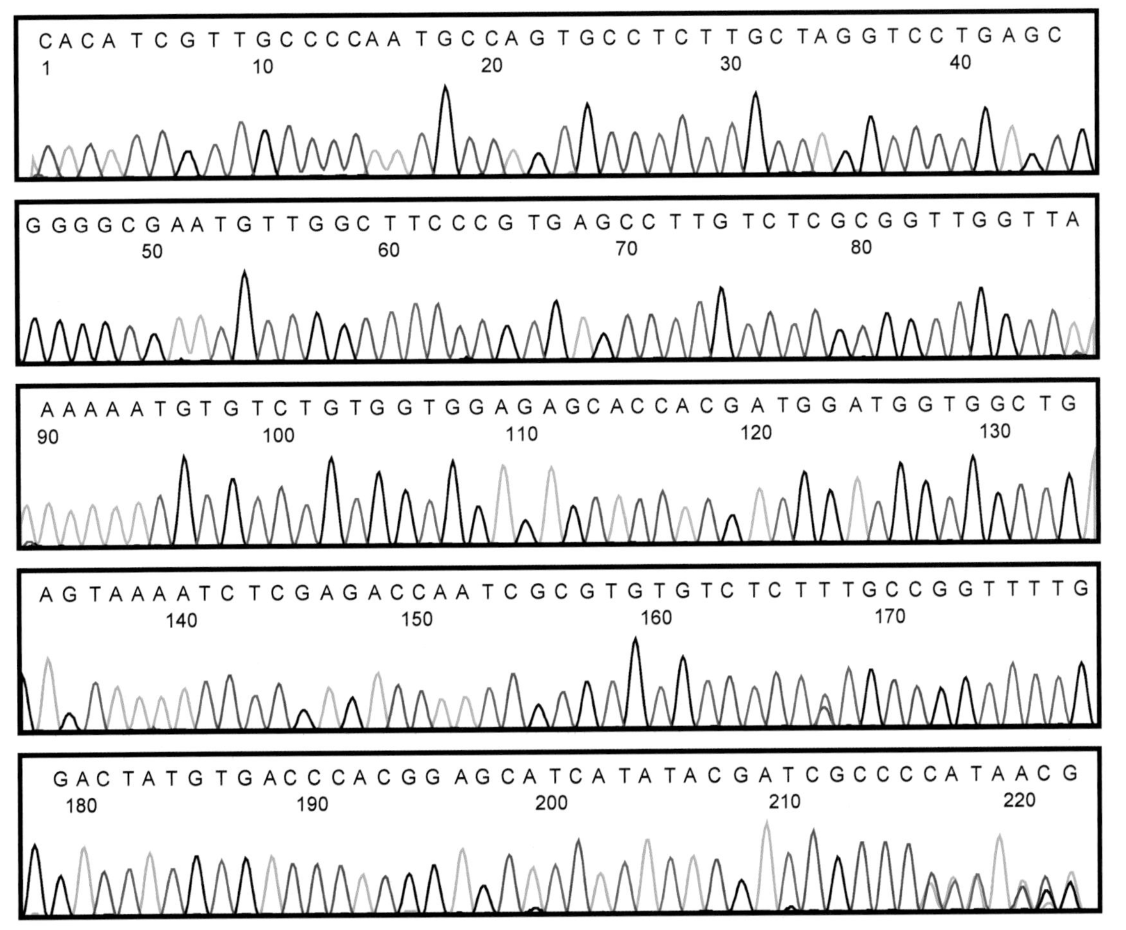

1　CACATCGTTG CCCCAATGCC AGTGCCTCTT GCTAGGTCCT GAGCGGGGCG AATGTTGGCT TCCCGTGAGC CTTGTCTCGC
81　GGTTGGTTAA AAAATGTGTC TGTGGTGGAG AGCACCACGA TGGATGGTGG CTGAGTAAAA TCTCGAGACC AATCGCGTGT
161 GTCTCTTTGC CGGTTTTGGA CTATGTGACC CACGGAGCAT CATATACGAT CGCCCCATAA CG

189 路边青

路边青*Geum aleppicum* Jacq.，蔷薇科多年生草本，以全草入药。主要分布于黑龙江、吉林、辽宁、内蒙古、山西、陕西、甘肃、新疆、山东、河南、湖北、四川、贵州、云南、西藏等地区。

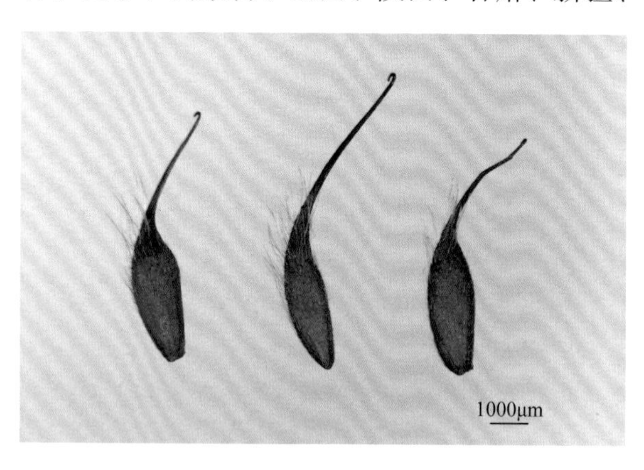

【种子形态】聚合果呈倒卵球形，瘦果小，表面被长硬毛，花柱宿存部分无毛，果喙顶端有小钩；果托被短硬毛，长约1.0mm。种子直立，种皮膜质，子叶肉质，长圆形。千粒重约1.6g。

【采集与储藏】花果期7～10月。种子采收后除去杂质，风干。放置于通风、干燥、阴暗、温度较低处储存。

【DNA提取与序列扩增】取多粒种子，按照小型种子DNA提取方法操作。ITS2序列的获得参照"9107 中药材DNA条形码分子鉴定法指导原则"标准流程操作。

【ITS2峰图与序列】ITS2峰图及其序列如下。

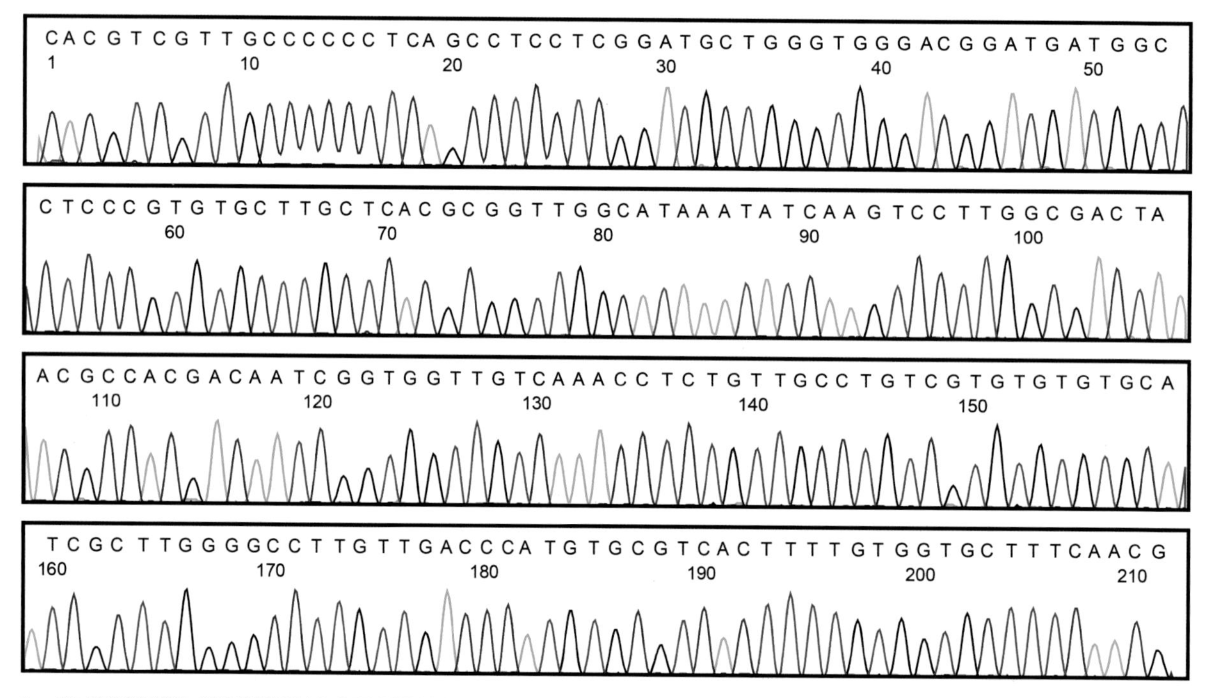

1 CACGTCGTTG CCCCCCTCAG CCTCCTCGGA TGCTGGGTGG GACGGATGAT GGCCTCCCGT GTGCTTGCTC ACGCGGTTGG
81 CATAAATATC AAGTCCTTGG CGACTAACGC CACGACAATC GGTGGTTGTC AAACCTCTGT TGCCTGTCGT GTGTGTGCAT
161 CGCTTGGGGC CTTGTTGACC CATGTGCGTC ACTTTTGTGG TGCTTTCAAC G

190 蜀葵

蜀葵*Alcea rosea* L.，锦葵科二年生直立草本，以全草入药。分布于我国西南地区，全国各地广泛栽培。

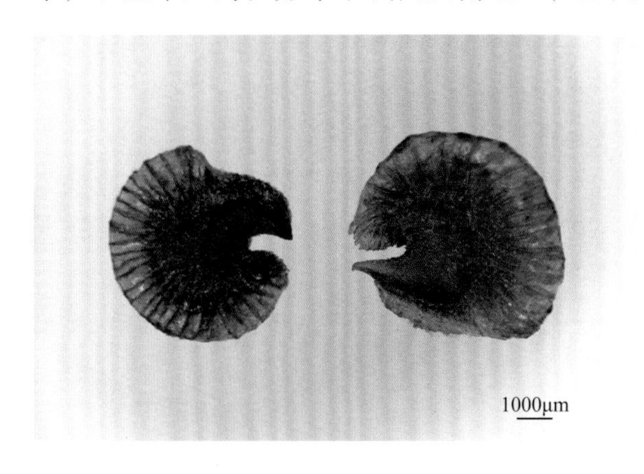

【种子形态】果盘状，直径约2.0cm，被短柔毛。分果爿近圆形，多数，背部厚约1.0mm，具纵槽，成熟时与中轴分离。种子肾形或倒卵形，被毛至光滑无毛，有胚乳。子叶扁平，折叠状或回旋状。千粒重约12.1g。

【采集与储藏】花期2～8月，果期8～9月。果实黄熟时立即采收，以免种子脱落。

【DNA提取与序列扩增】取单粒种子，按照中型种子DNA提取方法操作。ITS2序列的获得参照“9107　中药材DNA条形码分子鉴定法指导原则”标准流程操作。

【ITS2峰图与序列】ITS2峰图及其序列如下。

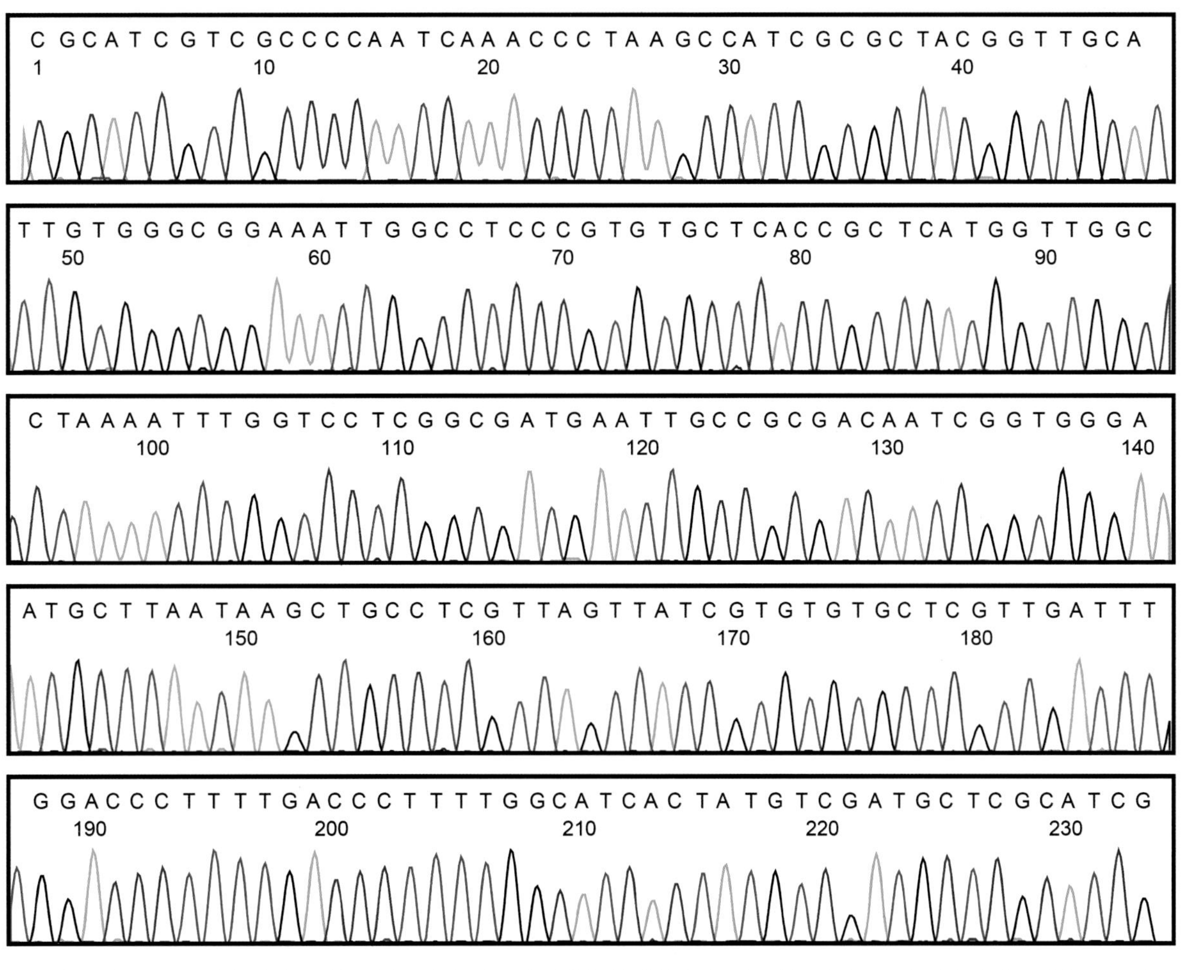

1　CGCATCGTCG CCCCAATCAA ACCCTAAGCC ATCGCGCTAC GGTTGCATTG TGGGCGGAAA TTGGCCTCCC GTGTGCTCAC
81　CGCTCATGGT TGGCCTAAAA TTTGGTCCTC GGCGATGAAT TGCCGCGACA ATCGGTGGGA ATGCTTAATA AGCTGCCTCG
161 TTAGTTATCG TGTGTGCTCG TTGATTTGGA CCCTTTTGAC CCTTTTGGCA TCACTATGTC GATGCTCGCA TCG

191 蔓荆

蔓荆*Vitex trifolia* L.，马鞭草科落叶灌木，罕为小乔木，以果实入药。主产于福建、台湾、广东、广西、云南等地区。

【种子特征】核果近球形，直径约5.0mm，黑褐色，表面被灰白色茸毛，密布淡黄色小点，先端微凹，底部有薄膜状宿萼及小果柄，宿萼边缘齿裂，灰白色。果皮内分4室，每室种子1粒。种子倒卵形、长圆形或近圆形，种仁黄白色，无胚乳，胚直立，胚根短，子叶通常肉质。千粒重约29.8g。

【采集与储藏】花期7月，果期9～11月。秋季采收成熟果实，并将种子储藏于通风干燥处。

【DNA提取与序列扩增】取单粒种子，按照中型种子DNA提取方法操作。ITS2序列通用引物扩增困难时，可采用新设计引物ITS2F1/ITS2R1进行扩增，反应体系和扩增程序参照“9107 中药材DNA条形码分子鉴定法指导原则”标准流程操作。

【ITS2峰图与序列】ITS2峰图及其序列如下。

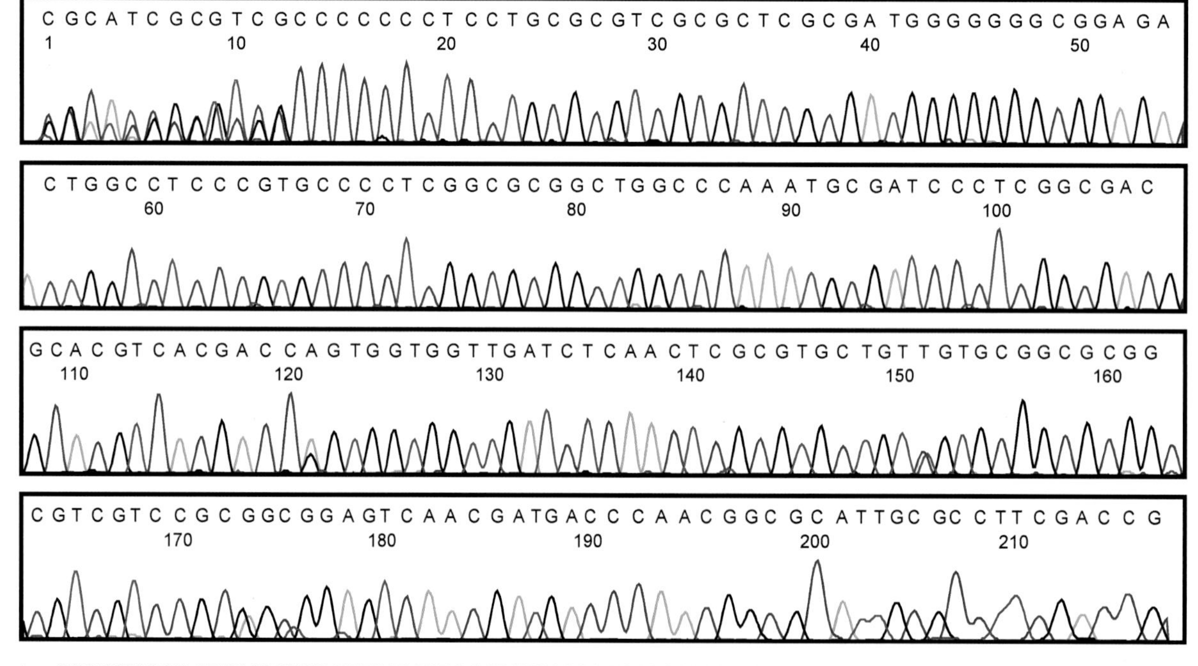

1 CGCATCGCGT CGCCCCCCCT CCTGCGCGTC GCGCTCGCGA TGGGGGGGCG GAGACTGGCC TCCCGTGCCC CTCGGCGCGG

81 CTGGCCCAAA TGCGATCCCT CGGCGACGCA CGTCACGACC AGTGGTGGTT GATCTCAACT CGCGTGCTGT TGTGCGGCGC

161 GGCGTCGTCC GCRGCGGAGT CAACGATGAC CCAACGGCGC ATTGCGCCTT CGACCG

192 榼藤子

榼藤子*Entada phaseoloides* (L.) Merr.（FOC：榼藤），豆科常绿木质大藤本，以种子入药。主产于台湾、福建、广东、广西、云南、西藏等地区。

【种子形态】荚果硬木质，条形，扁平，长可达90.0cm，宽8.0～10.0cm，由多节组成，成熟时逐节脱落，每节具1粒种子。种子圆形或长圆形，长6.0～8.0cm，宽6.0～7.5cm，厚1.0～1.5cm，棕黑色，表面有细致网纹，有时被黄色锈粉，种脐长圆形，种瘤乳突状，黑色。子叶肥大，黄绿色，胚根不与子叶分开。千粒重约29.0kg。

【采集与储藏】花期3～6月，果期8～11月。当种子呈棕色时采摘果荚，晒干，脱粒，去杂质，干藏。

【DNA提取与序列扩增】砸碎，取种子碎块，按照大型种子DNA提取方法操作。ITS2序列通用引物扩增困难时，可采用新设计引物ITS2F1/ITS2R1进行扩增，反应体系和扩增程序参照“9107　中药材DNA条形码分子鉴定法指导原则”标准流程操作。

【ITS2峰图与序列】ITS2峰图及其序列如下。

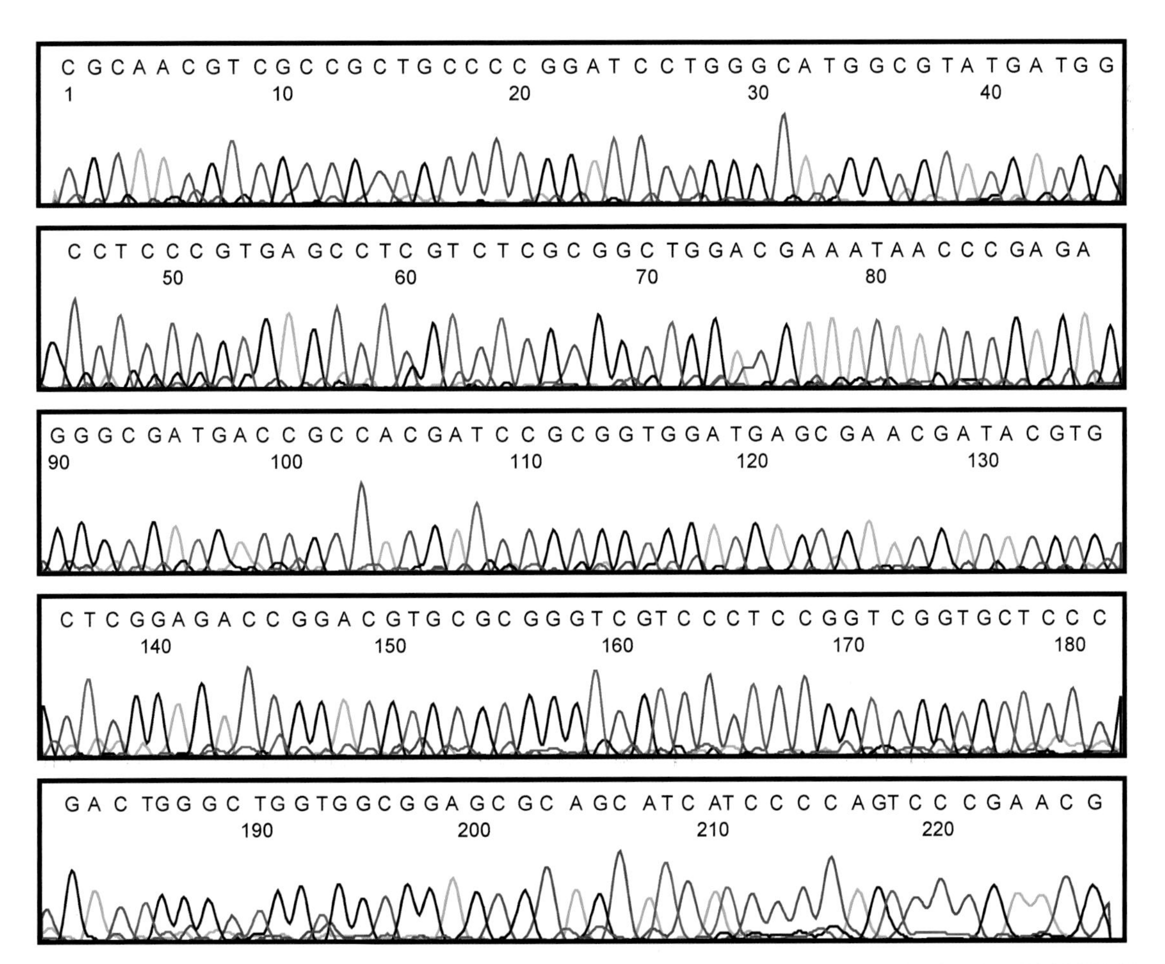

1　CGCAACGTCG CCGCTGCCCC GGATCCTGGG CATGGCGTAT GATGGCCTCC CGTGAGCCTC GTCTCGCGGC TGGACGAAAT
81　AACCCGAGAG GGCGATGACC GCCACGATCC GCGGTGGATG AGCGAACGAT ACGTGCTCGG AGACCGGACG TGCGCGGGTC
161 GTCCCTCCGG TCGGTGCTCC CGACTGGGCT GGTGGCGGAG CGCAGCATCA TCCCCAGTCC CGAACG

193 酸枣

酸枣 *Ziziphus jujuba* Mill. var. *spinosa* (Bunge) Hu ex H. F. Chou，鼠李科灌木或小乔木，以种子入药。全国各地均有栽培，主产于河北、河南、山东、山西、陕西、甘肃和内蒙古。

【种子形态】核果小，近球形或短矩圆形，直径0.7～1.2cm，具薄的中果皮，味酸，核两端钝。种子呈扁圆形或扁椭圆形，长5～9mm，宽5～7mm，厚约3mm。种子表面紫红色或紫褐色，平滑有光泽，有的有裂纹。有的两面均呈圆隆状突起；有的一面较平坦，中间有1条隆起的纵线纹；另一面稍突起。一端凹陷，可见线形种脐；另一端有细小突起的合点。种皮较脆，胚乳白色，子叶2枚。千粒重约50.0g。

【采集与储藏】花期6月，果期9月。当酸枣充分成熟、酸枣皮呈深红色时采收，随即去肉，并用粗沙搓洗种核，清除残肉，洗净，立即进行沙藏，或低温储藏。

【DNA提取与序列扩增】取单粒种子，按照中型种子DNA提取方法操作。ITS2序列的获得参照“9107　中药材DNA条形码分子鉴定法指导原则”标准流程操作。

【ITS2峰图与序列】ITS2峰图及其序列如下。

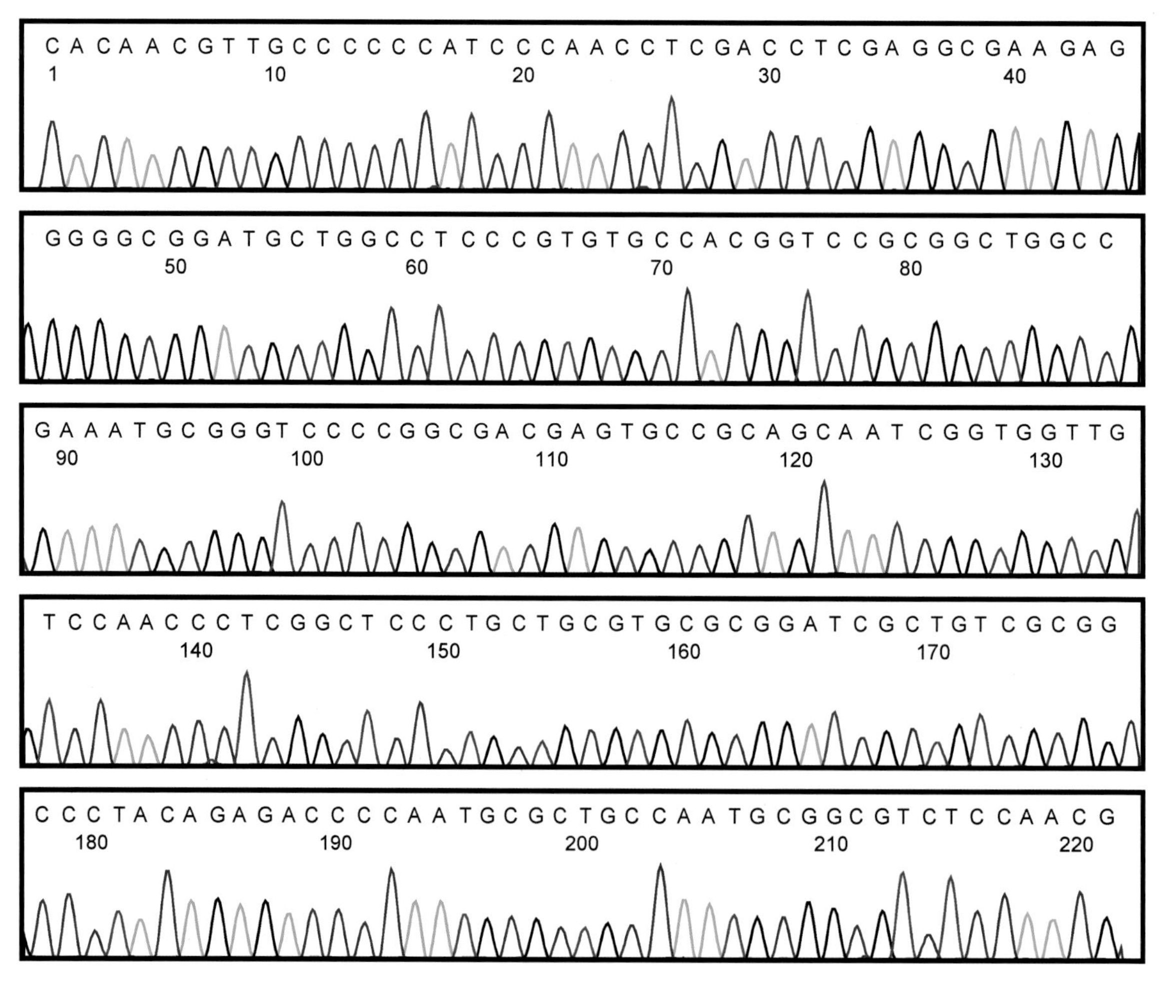

1　CACAACGTTG CCCCCCATCC CAACCTCGAC CTCGAGGCGA AGAGGGGGCG GATGCTGGCC TCCCGTGTGC CACGGTCCGC
81　GGCTGGCTGA AATACGGGTC CCCGGCGACG AGTGCCGCAG CAATCGGTGG TTGTCCAACC CTCGGCTCCC TGCTGCGTGC
161 GCGGATCGCT GTCGCGGCCC TACAGAGACC CCAATGCGCT GCCAATGCGG CGTCTCCAAC G

194 酸浆

酸浆*Physalis alkekengi* L. var. *franchetii* (Mast.) Makino（FOC：挂金灯），茄科多年生草本，以果实入药。在我国分布广泛，除西藏尚未见到外，其他各地区均有分布。

【种子形态】浆果球形。种子倒卵圆形或肾形，扁，长2.1～2.3mm，宽1.8～2.1mm，厚0.7～0.9mm，表面淡黄色或淡黄褐色，在体视显微镜下观察可见密布细网纹，两侧面较平，腹侧中下部微凹，具1个裂口状种孔，周缘为种脐。胚乳淡黄色，含油分；胚略卷曲，淡黄色，含油分；胚根圆柱形；子叶2枚，线形。千粒重约1.8g。

【采集与储藏】花期6～8月，果期8～10月。待浆果赤黄色、变软时采收，搓烂，洗出种子，晾干，储藏备用。适宜在避光、通风、常温条件下储藏。

【DNA提取与序列扩增】取多粒种子，按照小型种子DNA提取方法操作。ITS2序列的获得参照“9107　中药材DNA条形码分子鉴定法指导原则”标准流程操作。

【ITS2峰图与序列】ITS2峰图及其序列如下。

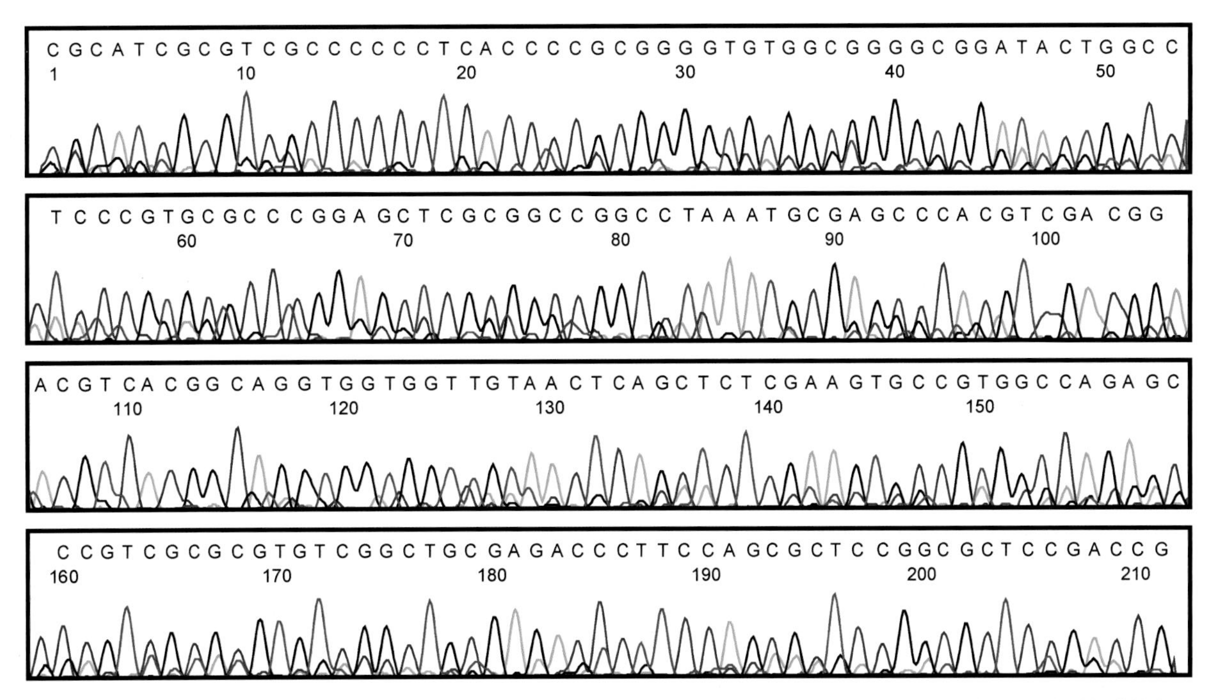

1　CGCATCGCGT CGCCCCCCTC ACCCCGCGGG GTGTGGCGGG GCGGATACTG GCCTCCCGTG CGCCCGGAGC TCGCGGCCGG
81　CCTAAATGCG AGCCCACGTC GACGGACGTC ACGGCAGGTG GTGGTTGTAA CTCAGCTCTC GAAGTGCCGT GGCCAGAGCC
161 CGTCGCGCGT GTCGGCTGCG AGACCCTTCC AGCGCTCCGG CGCTCCGACC G

195 酸橙

酸橙*Citrus aurantium* L.，芸香科小乔木，以幼果、未成熟果实入药。主要分布于秦岭南坡以南各地区。

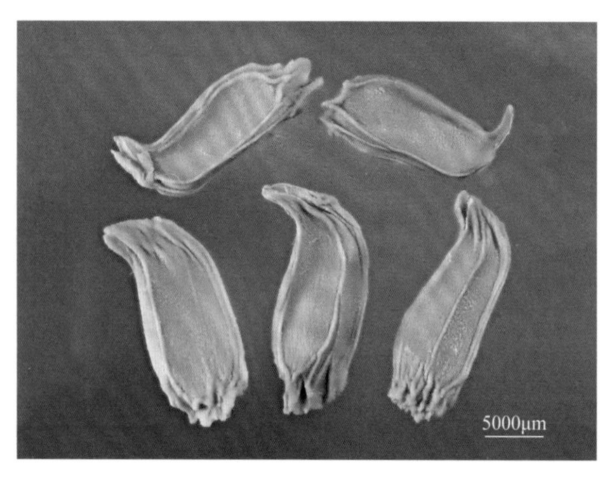

【种子形态】果近球形，直径2.0～3.5cm，橙黄色或黄绿色，果皮粗糙，散存无数小油点及网状隆起的皱纹，密被短柔毛，内有6～8个果瓣，每瓣内有种子数粒。种子长椭圆形或卵状三角形，长6.5～8.1mm，宽4.8～5.1mm，厚2.4～3.6mm，表面有纵皱纹，顶端圆，基部狭尖，为种脐所在。千粒重约111.1g。

【采集与储藏】花期4～5月，果期9～12月。当果实充分成熟时采摘。

【DNA提取与序列扩增】砸碎，取种子碎块，按照大型种子DNA提取方法操作。ITS2序列的获得参照“9107　中药材DNA条形码分子鉴定法指导原则”标准流程操作。

【ITS2峰图与序列】ITS2峰图及其序列如下。

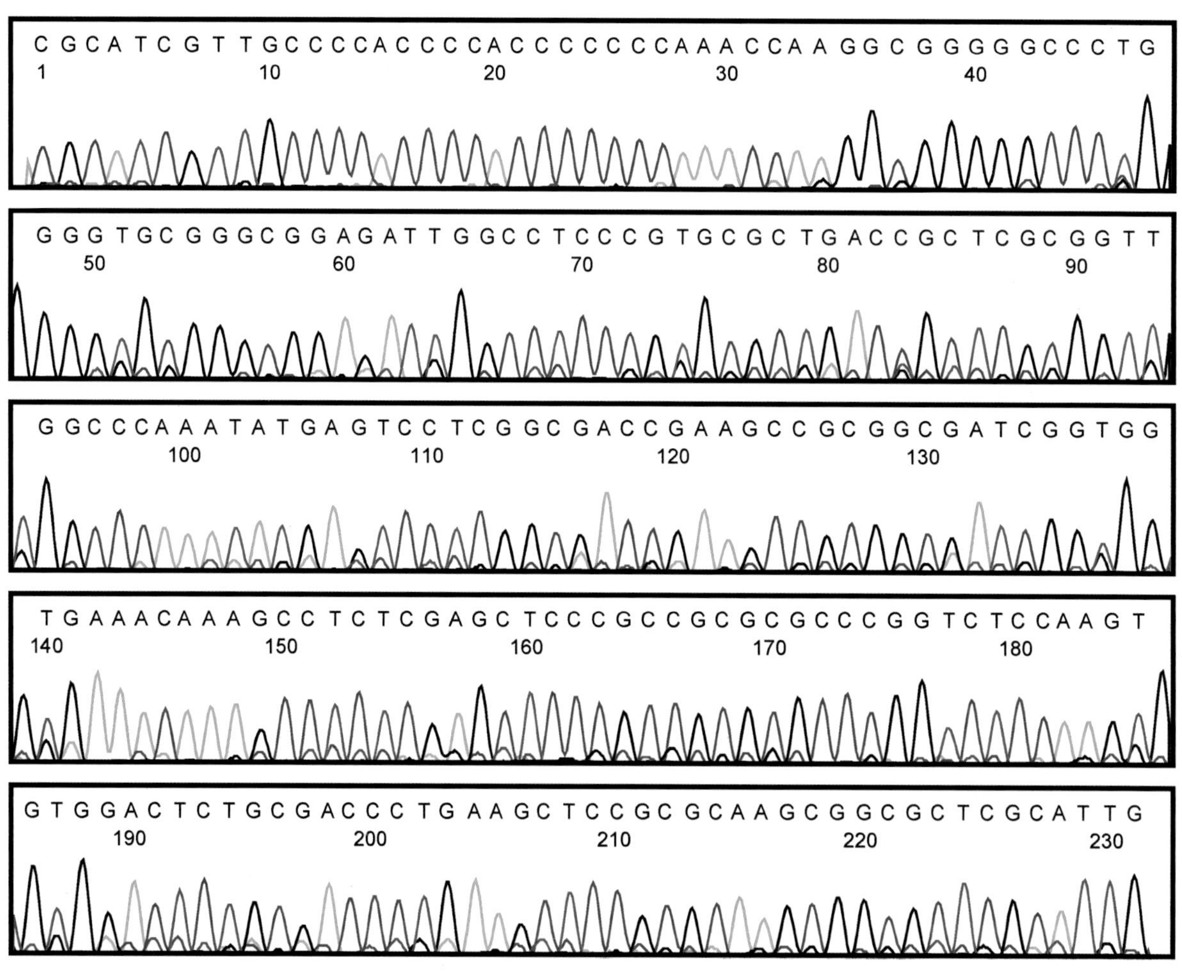

1　CGCATCGTTG CCCCACCCCA CCCCCCCAAA CCAAGGCGGG GGCCCTGGGG TGCGGGCGGA GATTGGCCTC CCGTGCGCTG

81　ACCGCTCGCG GTTGGCCCAA ATATGAGTCC TCGGCGACCG AAGCCGCGGC GATCGGTGGT GAAACAAAGC CTCTCGAGCT

161 CCCGCCGCGC GCCCGGTCTC CAAGTGTGGA CTCTGCGACC CTGAAGCTCC GCGCAAGCGG CGCTCGCATT G

196 膜荚黄芪

膜荚黄芪*Astragalus membranaceus* (Fisch.) Bge.，豆科多年生草本，以根入药。主要分布于东北、华北及西北等地区。

【种子形态】荚果薄膜质，椭圆形，膨大，有种子5或6粒。种子宽卵状肾形，略扁，长2.4～3.4mm，宽2.0～2.6mm，厚1.1～1.5mm，表面暗棕色或灰棕色，具不规则的黑色斑，或黑褐色而无斑，平滑，稍有光泽。种子两侧面常微凹入，腹侧肾形凹入处具1个污白色中间裂口的小圆点，即为种脐，种脊不明显。胚弯曲，淡黄色，含油分；胚根较粗大；子叶2枚，歪倒卵形。千粒重约5.8g。

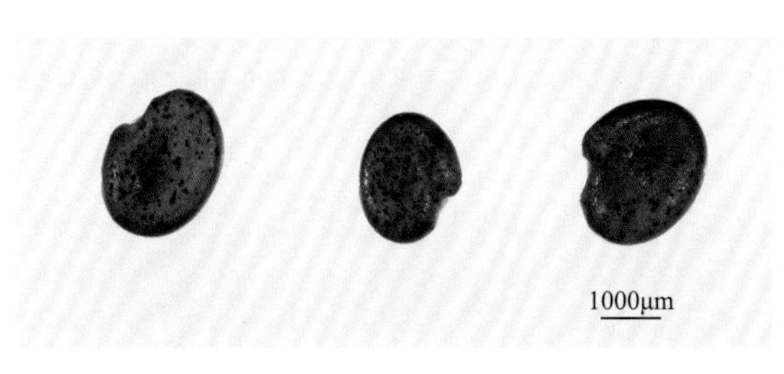

【采集与储藏】花期6～8月，果期7～9月。待果荚变白、种子褐色时采收，晒干，脱粒，除净杂质。以低温（0～4℃）干藏效果较好。

【DNA提取与序列扩增】取单粒种子，按照中型种子DNA提取方法操作。ITS2序列的获得参照“9107　中药材DNA条形码分子鉴定法指导原则”标准流程操作。

【ITS2峰图与序列】ITS2峰图及其序列如下。

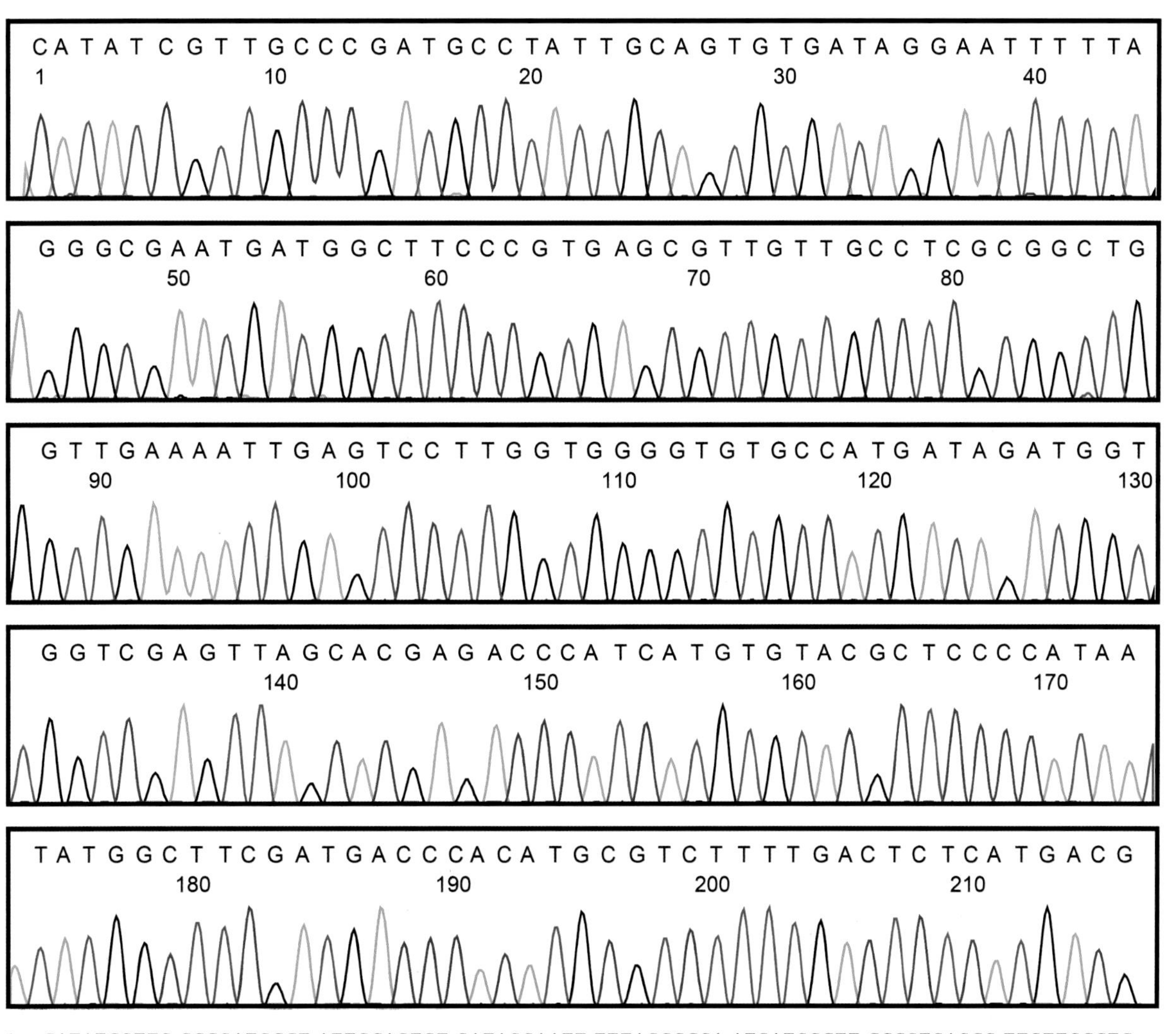

1　CATATCGTTG CCCGATGCCT ATTGCAGTGT GATAGGAATT TTTAGGGCGA ATGATGGCTT CCCGTGAGCG TTGTTGCCTC
81　GCGGCTGGTT GAAAATTGAG TCCTTGGTGG GGTGTGCCAT GATAGATGGT GGTCGAGTTA GCACGAGACC CATCATGTGT
161 ACGCTCCCCA TAATATGGCT TCGATGACCC ACATGCGTCT TTTGACTCTC ATGACG

197 辣椒

辣椒*Capsicum annuum* L.，茄科一年生或有限多年生草本或灌木，以果实入药。分布于我国各地。

【种子形态】果实长指状，顶端渐尖且常弯曲，未成熟时绿色，成熟后呈红色、橙色或紫红色，味辣。种子呈扁圆盘形或扁肾形，长3.0～5.0mm，淡黄色。种子具极弯曲而大于半环的胚，胚乳丰富、肉质。千粒重约4.0g。

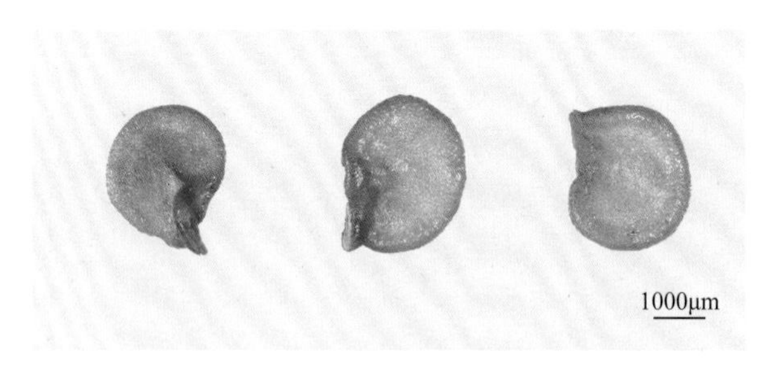

【采集与储藏】花果期5～11月。在霜降前采摘辣椒，注意要选择质地坚实、果形完整的辣椒，不能选择过嫩或有其他伤害的辣椒。采收应选择晴天早晨露水干后，以采摘充分成熟的青椒果为宜。低温环境储藏较常温环境储藏能明显延长种子的使用寿命。

【DNA提取与序列扩增】取多粒种子，按照小型种子DNA提取方法操作。ITS2序列的获得参照"9107 中药材DNA条形码分子鉴定法指导原则"标准流程操作。

【ITS2峰图与序列】ITS2峰图及其序列如下。

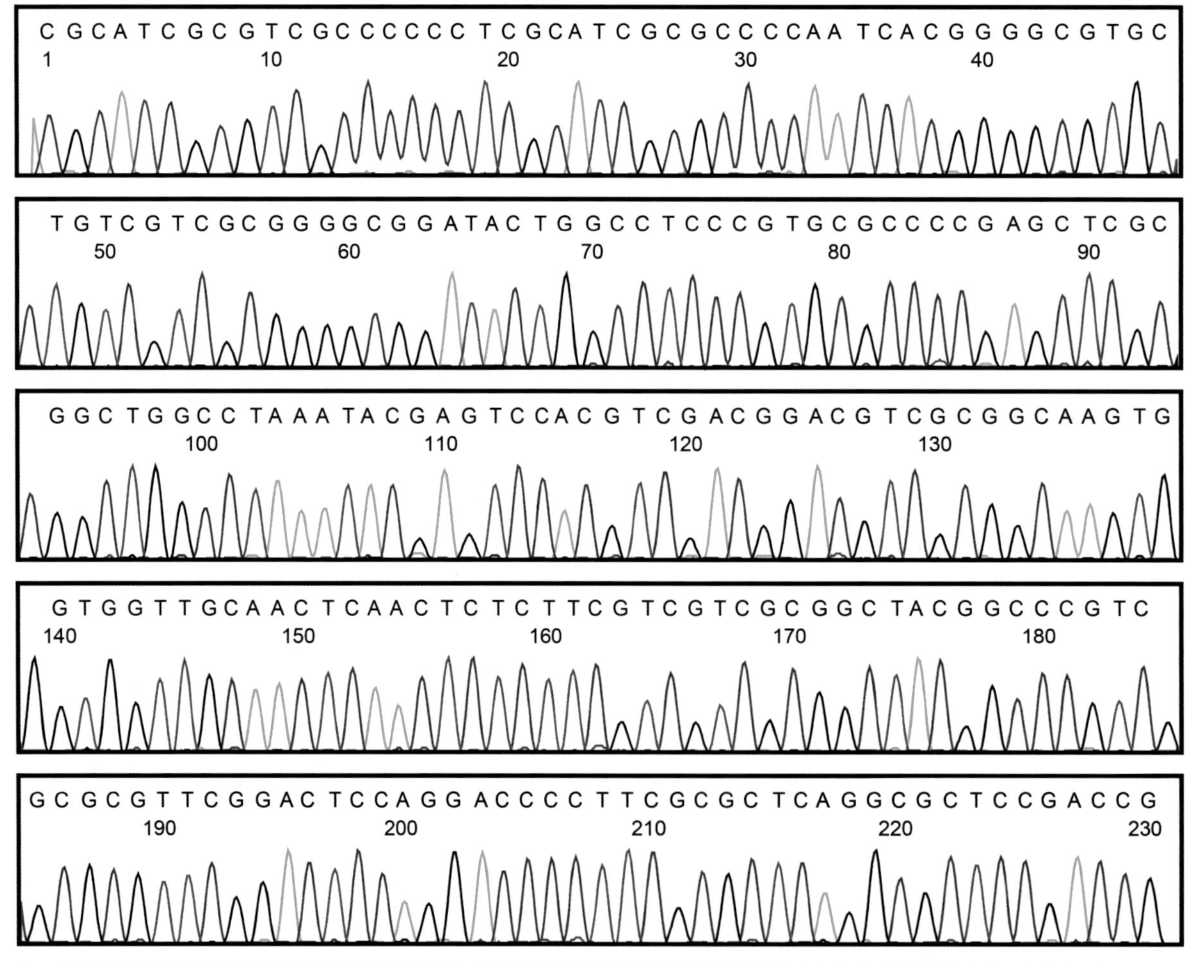

1 CGCATCGCGT CGCCCCCCTC GCATCGCGCC CCAATCACGG GGCGTGCTGT CGTCGCGGGG CGGATACTGG CCTCCCGTGC
81 GCCCCGAGCT CGCGGCTGGC CTAAATACGA GTCCACGTCG ACGGACGTCG CGGCAAGTGG TGGTTGCAAC TCAACTCTCT
161 TCGTCGTCGC GGCTACGGCC CGTCGCGCGT TCGGACTCCA GGACCCCTTC GCGCTCAGGC GCTCCGACCG

198 漆树

漆树 *Toxicodendron vernicifluum* (Stokes) F. A. Barkl.（FOC：漆），漆树科落叶乔木，以树脂入药。除黑龙江、吉林、内蒙古和新疆以外，我国其他地区均有分布。

【种子形态】核果近球形或侧向压扁，无毛或被微柔毛或刺毛，但不被腺毛。外果皮薄、脆，常具光泽，成熟时与中果皮分离；中果皮厚，白色蜡质，具褐色纵向树脂道条纹，与内果皮连合；果核坚硬，骨质，通常有少数纵向条纹。种子具胚乳；胚大，通常横生；子叶叶状，扁平；胚轴伸长，上部向胚轴方向内弯。千粒重约40.5g。

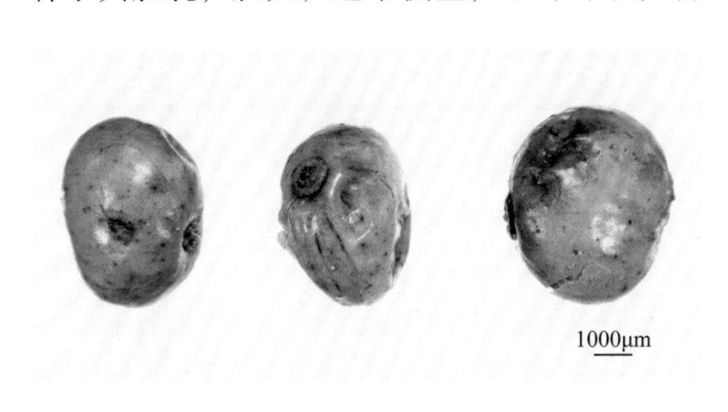

【采集与储藏】花期5～6月，果期7～10月。种子于9～10月成熟，成熟的种子外皮呈黄褐色，长期不脱落，9～11月都可采集，以霜降前树木落叶时采集较好。前期采种，可用镰刀将果穗采下，切忌损伤小枝，以免影响生漆产量；11月间采种，则可摇动树干，就地捡拾落地的种子。采种时应选择15年生以上的健壮漆做母树，最好分品种采集，分别处理和储存。采回的果实，先摊晾3～5天，阴干后除去果梗和杂质，然后用磨子或碾子、石臼等擦烂果皮，除去果皮和杂质。所得种子即可装入袋干藏。一般采种后沙藏。

【DNA提取与序列扩增】取单粒种子，按照中型种子DNA提取方法操作。ITS2序列的获得参照“9107 中药材DNA条形码分子鉴定法指导原则”标准流程操作。

【ITS2峰图与序列】ITS2峰图及其序列如下。

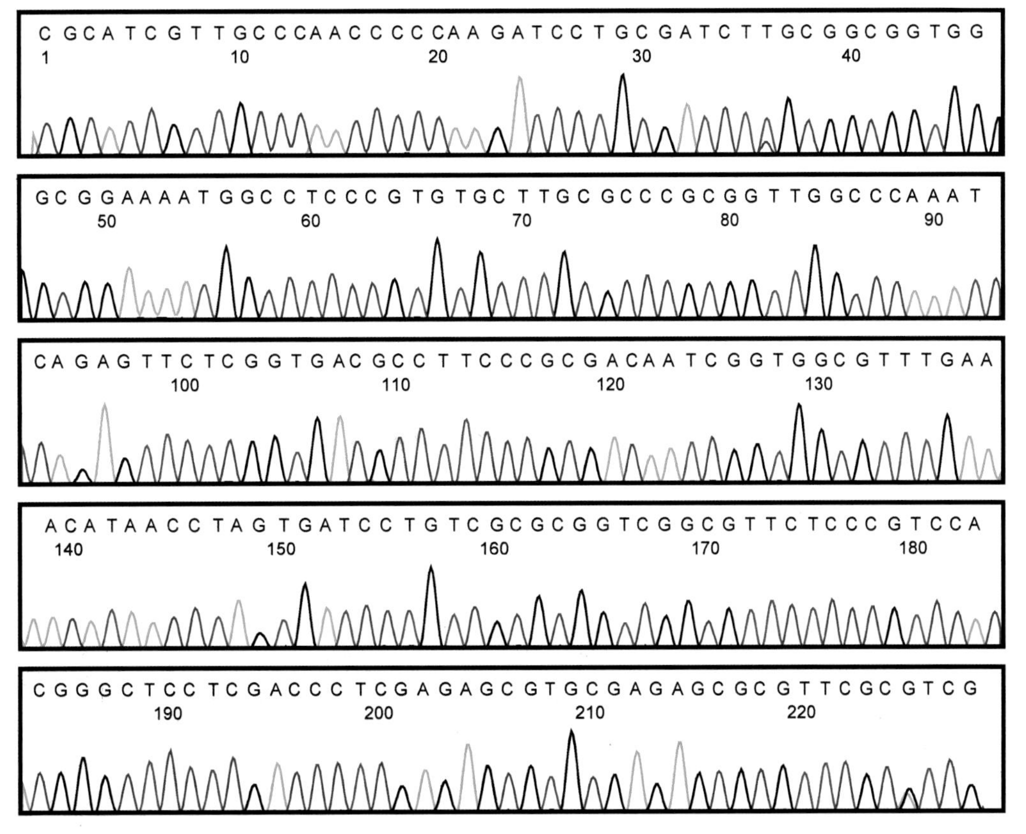

1 CGCATCGTTG CCCAACCCCC AAGATCCTGC GATCTTGCGG CGGTGGGCGG AAAATGGCCT CCCGTGTGCT TGCGCCCGCG
81 GTTGGCCCAA ATCAGAGTTC TCGGTGACGC CTTCCCGCGA CAATCGGTGG CGTTTGAAAC ATAACCTAGT GATCCTGTCG
161 CGCGGTCGGC GTTCTCCCGT CCACGGGCTC CTCGACCCTC GAGAGCGTGC GAGAGCGCGT TCGCGTCG

199 播娘蒿

播娘蒿*Descurainia sophia* (L.) Webb ex Prantl，十字花科一年生草本，以种子入药。分布于除华南外全国各地。

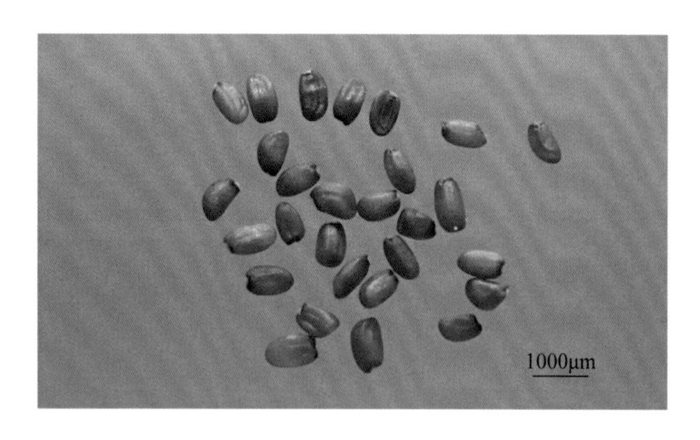

【种子形态】长角果圆筒状，无毛，稍内曲，果瓣中脉明显。种子每室1行，种子细小，多粒，长圆形，无翅，长约1.0mm，稍扁，在体视显微镜下观察呈淡红褐色，表面有细网纹。子叶背倚胚根。千粒重约0.1g。

【采集与储藏】花期4～5月，果期4～7月。夏季果实成熟时采割植株，晒干，搓出种子，除去杂质，将种子置于通风、干燥处储藏。

【DNA提取与序列扩增】称取3～5mg种子，按照微型种子DNA提取方法操作。ITS2序列的获得参照“9107　中药材DNA条形码分子鉴定法指导原则”标准流程操作。

【ITS2峰图与序列】ITS2峰图及其序列如下。

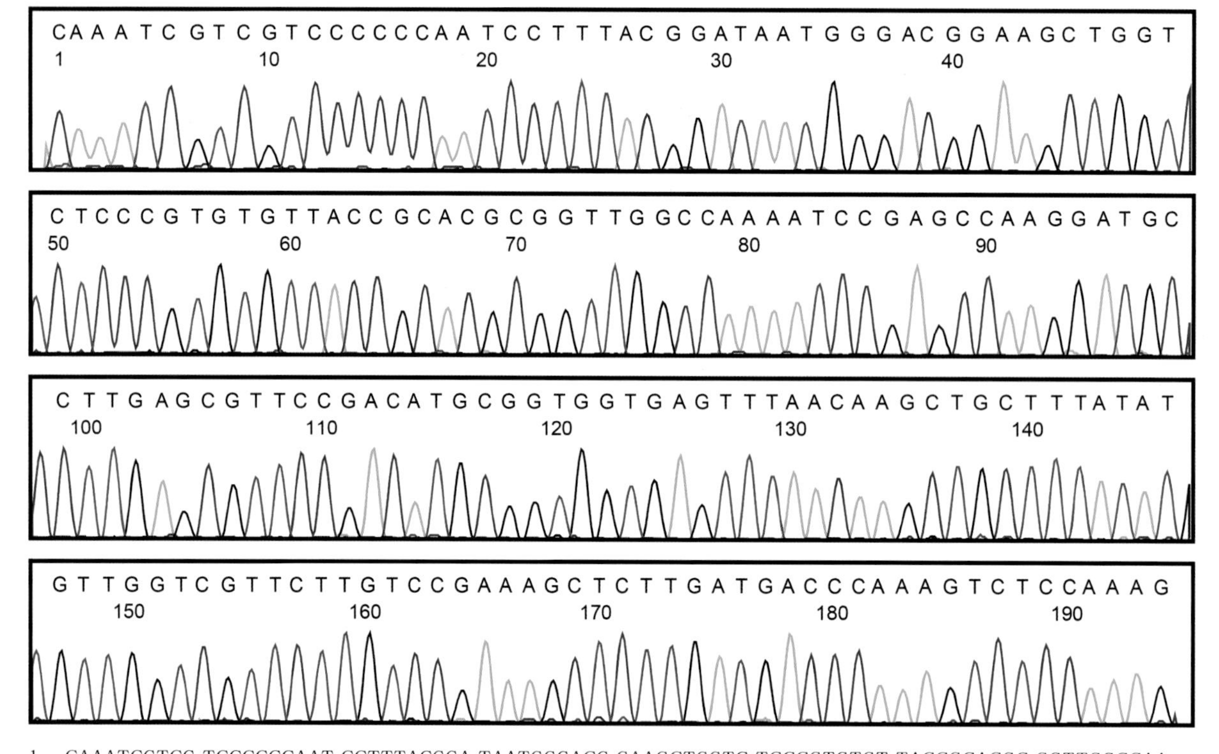

1　CAAATCGTCG TCCCCCCAAT CCTTTACGGA TAATGGGACG GAAGCTGGTC TCCCGTGTGT TACCGCACGC GGTTGGCCAA
81　AATCCGAGCC AAGGATGCCT TGAGCGTTCC GACATGCGGT GGTGAGTTTA ACAAGCTGCT TTATATGTTG GTCGTTCTTG
161 TCCGAAAGCT CTTGATGACC CAAAGTCTCC AAAG

200 樟

樟*Cinnamomum camphora* (L.) Presl，樟科常绿大乔木，以根、木材、树皮、叶及果实入药。主要分布于长江以南各地区。

【种子形态】果卵球形或近球形，直径6.0～8.0mm，紫黑色；果托杯状，顶端截平，基部具纵向沟纹；果核圆球形，直径6.0～6.7mm；内果皮灰褐色，具黑色小花斑，粗糙，质脆，中央有1圈纵棱；果脐在基部，与纵棱相连。种皮薄膜质，紧贴内果皮。种子与果核大小一致，黄白色；胚根短小，圆锥状，尖，黑褐色；胚乳油质；子叶2枚，半圆形，肥厚。千粒重约116.0g。

1000μm

【采集与储藏】花期4～5月，果期8～11月。用牛皮纸储藏于室温条件下，种子寿命4个月。

【DNA提取与序列扩增】砸碎，取种子碎块，按照大型种子DNA提取方法操作。ITS2序列通用引物扩增困难时，可采用新设计引物ITS2F1/ITS2R1进行扩增，反应体系和扩增程序参照“9107　中药材DNA条形码分子鉴定法指导原则”标准流程操作。直接测序困难时，可采用克隆方法获取序列。

【ITS2峰图与序列】ITS2峰图及其序列如下。

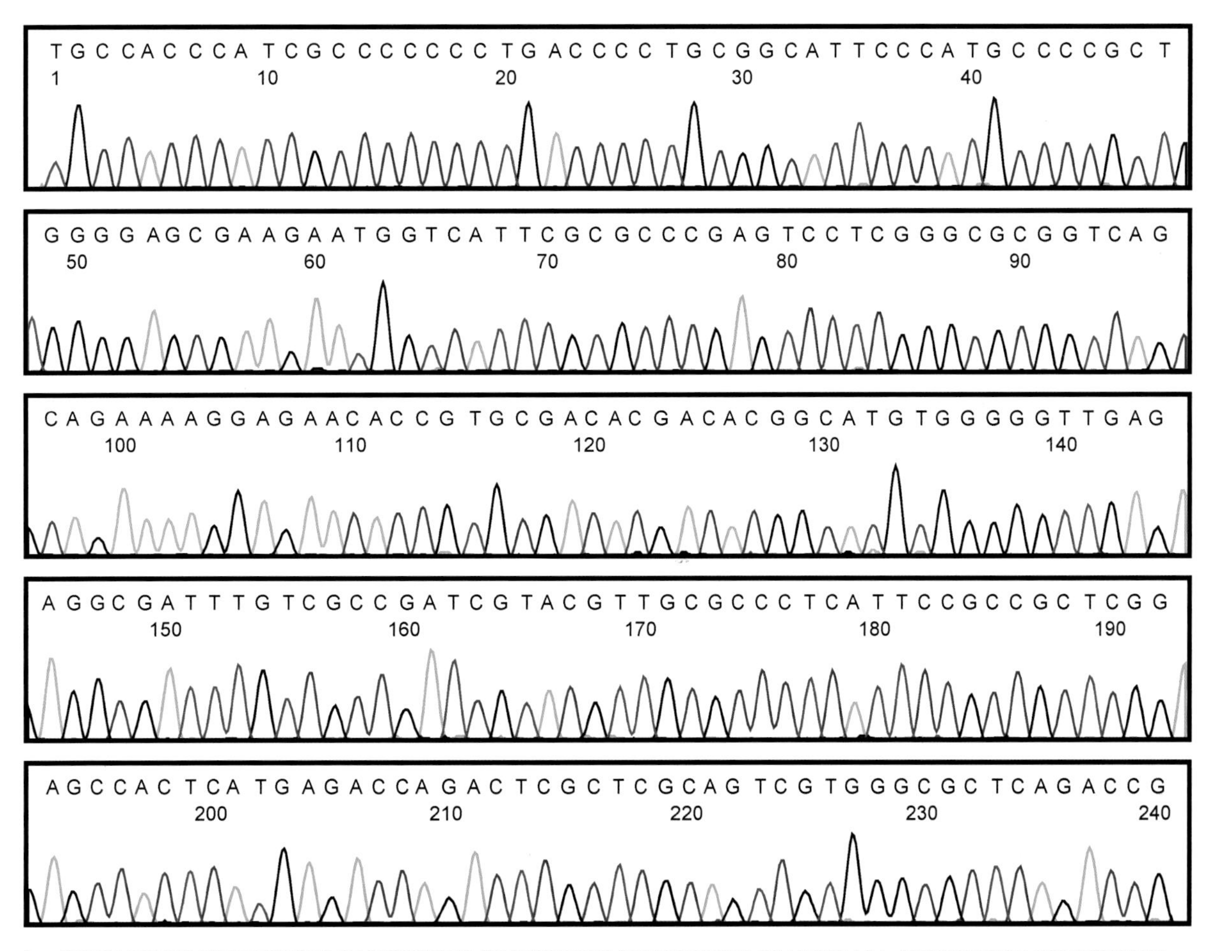

1　TGCCACCCAT CGCCCCCCCT GACCCCTGCG GCATTCCCAT GCCCCGCTGG GGAGCGAAGA ATGGTCATTC GCGCCCGAGT
81　CCTCGGGCGC GGTCAGCAGA AAAGGAGAAC ACCGTGCGAC ACGACACGGC ATGTGGGGGT TGAGAGGCGA TTTGTCGCCG
161 ATCGTACGTT GCGCCCTCAT TCCGCCGCTC GGAGCCACTC ATGAGACCAG ACTCGCTCGC AGTCGTGGGC GCTCAGACCG

201 橄榄

橄榄*Canarium album* Raeusch.，橄榄科乔木，以果实入药。主要分布于福建、台湾、广东、广西、云南等地区。

【种子形态】果卵圆形至纺锤形，横切面近圆形，长2.5～3.5cm，无毛，黄绿色；外果皮厚，干时有皱纹；果核渐尖，横切面圆形至六角形。种子1～3粒，不育室稍退化。种皮褐色，无胚乳，含丰富油分；子叶掌状分裂至3枚小叶。干果实千粒重约1542.6g。

【采集与储藏】花期4～5月，果期10～12月。于秋季待核果表面呈青黄色时采收。种子放于阴凉通风处干藏或与沙混合湿藏。隔年种子不能用。

【DNA提取与序列扩增】取内果皮，按照大型种子DNA提取方法操作。ITS2序列的获得参照“9107　中药材DNA条形码分子鉴定法指导原则”标准流程操作。

【ITS2峰图与序列】ITS2峰图及其序列如下。

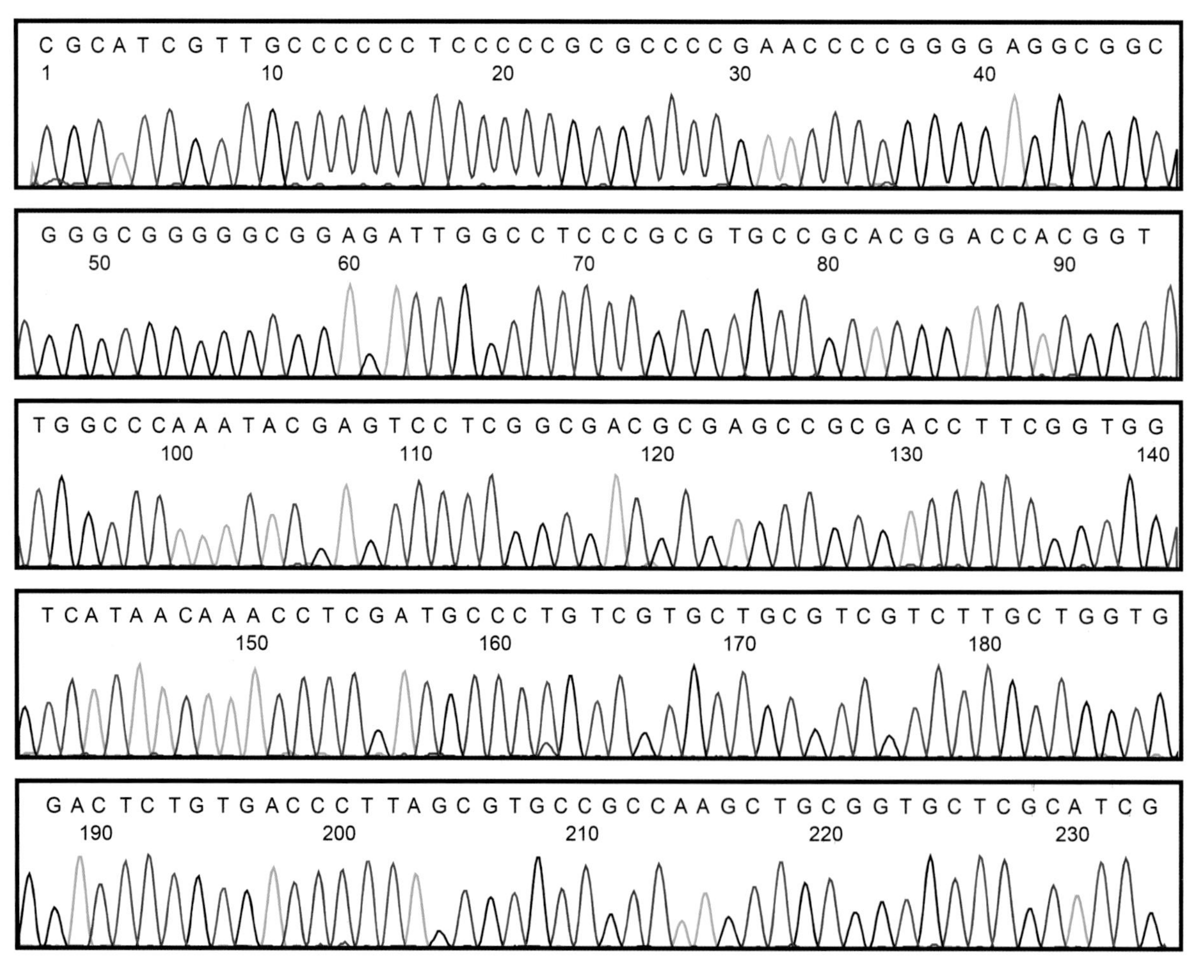

1　CGCATCGTTG CCCCCCTCCC CCGCGCCCCG AACCCCGGGG AGGCGGCGGG CGGGGGCGGA GATTGGCCTC CCGCGTGCCG

81　CACGGACCAC GGTTGGCCCA AATACGAGTC CTCGGCGACG CGAGCCGCGA CCTTCGGTGG TCATAACAAA CCTCGATGCC

161 CTGTCGTGCT GCGTCGTCTT GCTGGTGGAC TCTGTGACCC TTAGCGTGCC GCCAAGCTGC GGTGCTCGCA TCG

202 暴马丁香

暴马丁香*Syringa reticulata* (Bl.) Hara var. *mandshurica* (Maxim.) Hara［FOC：*Syringa reticulata* (Blume) H. Hara subsp. *amurensis* (Rupr.) P. S. Green et M. C. Chang］，木犀科落叶小乔木或大乔木，以干皮或枝皮入药。主要分布于黑龙江、吉林、辽宁等地区。

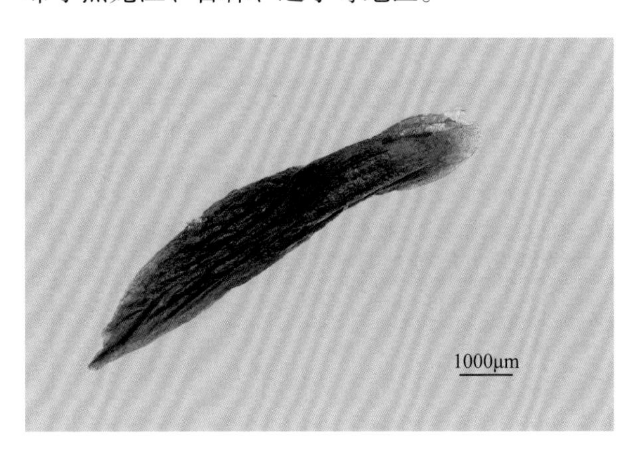

【种子形态】蒴果，长椭圆形。长约19.0mm，宽约7.2mm，厚约3.8mm。果实表皮棕褐色，有小瘤状突起，具数条纵沟纹；边缘侧面有1圈凹槽。种子长椭圆形，扁平，长14.0～18.0mm，宽4.3～7.0mm，厚约1.0mm，种子表皮棕褐色，皱缩，粗糙，周围具膜质翅，两面中间各有1条纵棱。种皮薄，膜质。有胚乳。子叶2枚。胚乳与子叶颜色明显不同。千粒重约14.6g。

【采集与储藏】花期6～7月，果期8～10月。于秋季蒴果呈棕褐色、未开裂时采摘，晒干后，敲打出种子，除去杂质，收集后储藏于牛皮纸袋中，放通风干燥处备用。

【DNA提取与序列扩增】取单粒种子，按照中型种子DNA提取方法操作。ITS2序列的获得参照“9107　中药材DNA条形码分子鉴定法指导原则”标准流程操作。

【ITS2峰图与序列】ITS2峰图及其序列如下。

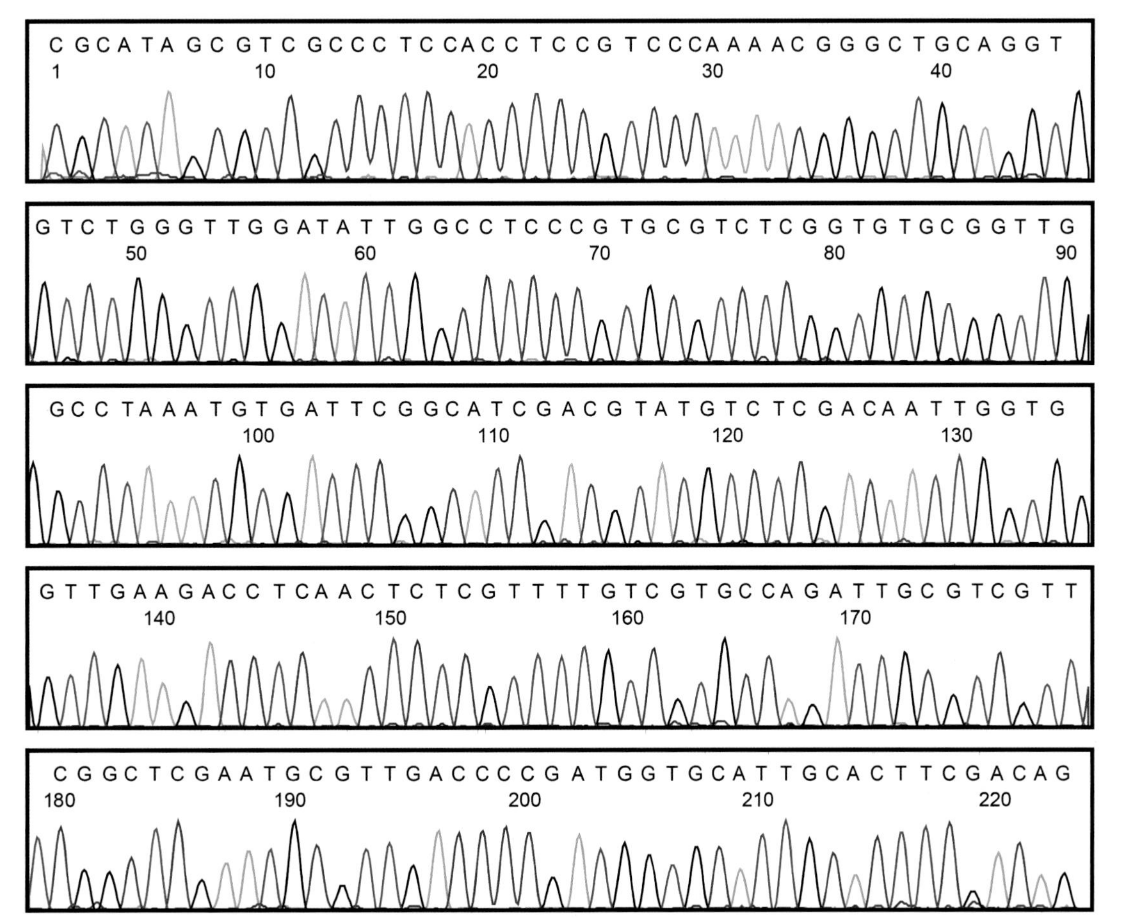

1　CGCATAGCGT CGCCCTCCAC CTCCGTCCCA AAACGGGCTG CAGGTGTCTG GGTTGGATAT TGGCCTCCCG TGCGTCTCGG
81　TGTGCGGTTG GCCTAAATGT GATTCGGCAT CGACGTATGT CTCGACAATT GGTGGTTGAA GACCTCAACT CTCGTTTTGT
161 CGTGCCAGAT TGCGTCGTTC GGCTCGAATG CGTTGACCCC GATGGTGCAT TGCACTTCGA CAG

203 稻

稻 *Oryza sativa* L.，禾本科一年生水生草本，以果实入药。分布于全国各地。

【种子形态】颖果长圆形，平滑，长约5.0mm，宽约2.0mm，厚1.0～1.5mm；颖果种脐线形，胚比小，约为颖果长的1/4。果皮质薄而与种皮愈合，种子通常含有丰富的淀粉质胚乳及1个小型胚体，后者位于果实或种子远轴面（即靠近外稃）的基部，在另一侧或其基部从外表即可见到线形或点状的种脐（腹沟）。千粒重约26.1g。

【采集与储藏】不同品种花果期不同。水稻收获时期要根据水稻的成熟度来确定，一般在蜡熟末期至完熟初期收获，即9月下旬至10月上旬为最佳收获期。收获后将稻谷摊于晒场上或水泥地上，在阳光下翻晒2～4天，使其含水量为14%后入仓。

【DNA提取与序列扩增】取单粒种子，按照中型种子DNA提取方法操作。ITS2序列的获得参照“9107　中药材DNA条形码分子鉴定法指导原则”标准流程操作。

【ITS2峰图与序列】ITS2峰图及其序列如下。

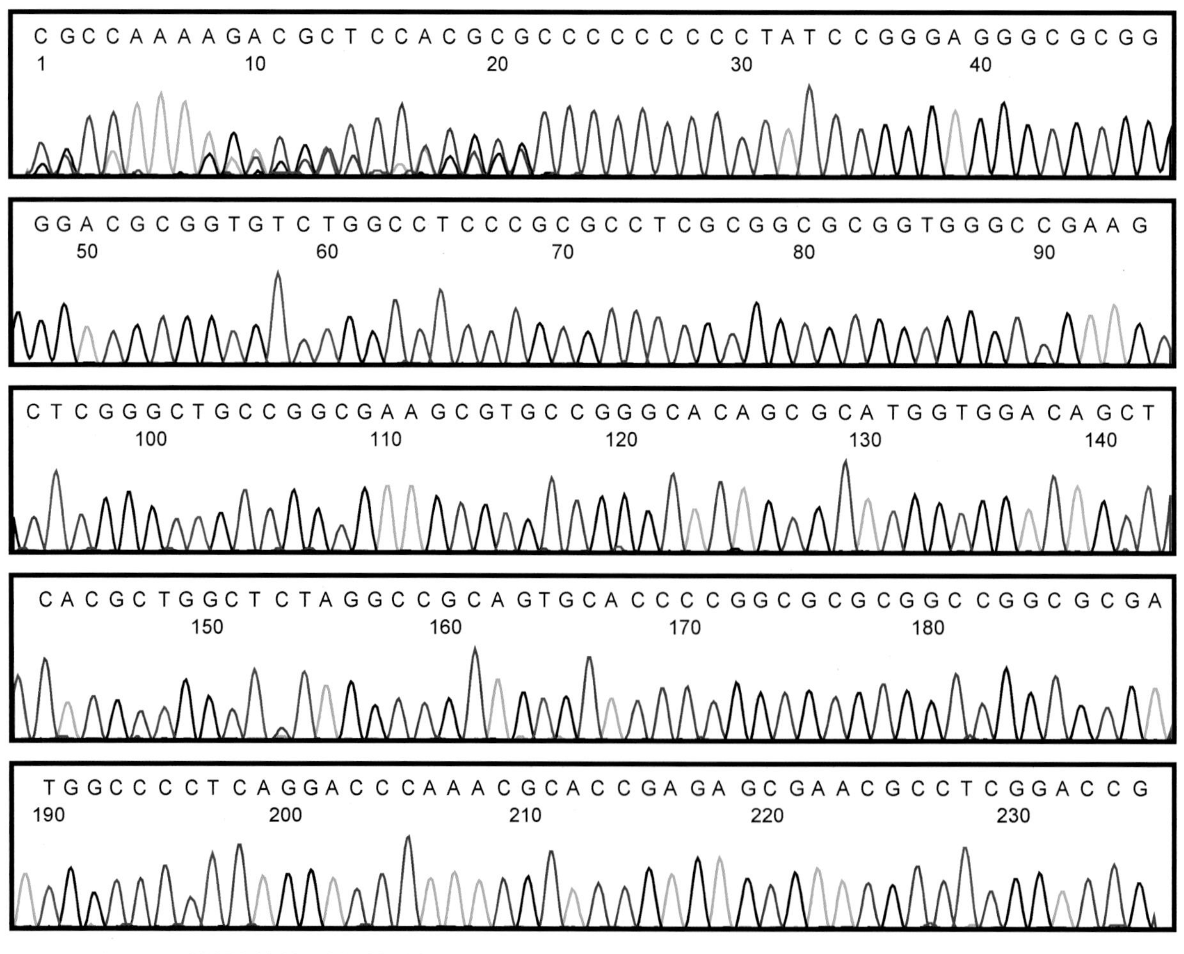

1 CGCCAAAAGA CGCTCCACGC GCCCCCCCCC TATCCGGGAG GGCGCGGGGA CGCGGTGTCT GGCCTCCCGC GCCTCGCGGC
81 GCGGTGGGCC GAAGCTCGGG CTGCCGGCGA AGCGTGCCGG GCACAGCGCA TGGTGGACAG CTCACGCTGG CTCTAGGCCG
161 CAGTGCACCC CGGCGCGCGG CCGGCGCGAT GGCCCCTCAG GACCCAAACG CACCGAGAGC GAACGCCTCG GACCG

204 薯蓣

薯蓣*Dioscorea opposita* Thunb.（FOC：*Dioscorea polystachya* Turcz.），薯蓣科一年生缠绕草质藤本，以根茎入药。主要分布于东北、河北、山东、河南、安徽、江苏、浙江、江西、福建、台湾、湖北、湖南、广西、贵州、四川、甘肃、陕西等地区。

【种子形态】蒴果不反折，呈三棱状扁圆形或三棱状圆形，长1.2～2.0cm，宽1.5～3.0cm，表面被白粉。种子着生于果实每室中轴的中部，四周具有膜质翅。种子有胚乳，胚细小。千粒重约10.3g。

【采集与储藏】花期6～9月，果期7～11月。在霜降前收获。刨前将薯秧距地面6.0～7.0cm处剪下，并摘下薯豆，在室内沙土中储藏。刨时在每一行的侧面挖深沟，然后仔细将块茎剔出，防止碰伤铲断。刨出后晾在地面，待泥土干后收起，储藏于窖内，铺一层沙土摆一层块茎。沟藏可挖沟深半米，下铺干柴草，然后一层沙土一层块茎摆好，至沟口再覆柴草，上盖土呈拱形。温度保持在10℃左右为宜。

【DNA提取与序列扩增】在适宜条件下萌发种子，取种芽进行DNA提取。ITS2序列扩增困难，*psbA-trnH*序列的获得参照“9107　中药材DNA条形码分子鉴定法指导原则”标准流程操作。

【*psbA-trnH*峰图与序列】*psbA-trnH*峰图及其序列如下。

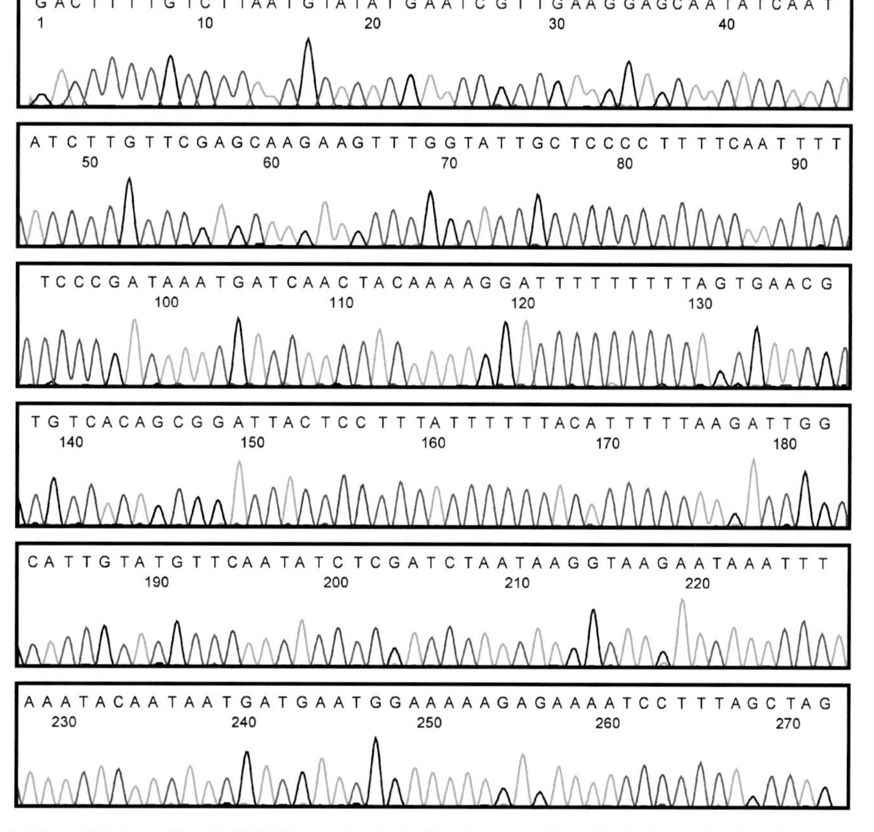

1　GACTTTTGTC TTAATGTATA TGAATCGTTG AAGGAGCAAT ATCAATATCT TGTTCGAGCA AGAAGTTTGG TATTGCTCCC
81　CTTTTCAATT TTTCCCGATA AATGATCAAC TACAAAAGGA TTTTTTTTTA GTGAACGTGT CACAGCGGAT TACTCCTTTA
161 TTTTTTACAT TTTTAAGATT GGCATTGTAT GTTCAATATC TCGATCTAAT AAGGTAAGAA TAAATTTAAA TACAATAATG
241 ATGAATGGAA AAAGAGAAAA TCCTTTAGCT AG

205 薏米

薏米*Coix lacryma-jobi* L. var. *ma-yuen* (Roman.) Stapf，禾本科一年生粗壮草本，以种仁入药。主要分布于辽宁、河北、山西、山东、河南、陕西、江苏、安徽、浙江、江西、湖北、湖南、福建、台湾、广东、广西、海南、四川、贵州、云南等地区。

【种子形态】颖果，外包坚硬总苞，总苞卵形，表面灰色或灰棕色，有多数浅纵沟及黑褐色纵行斑纹；先端尖，顶口倾斜，基部钝圆，具1个圆孔，孔缘白色。种子宽卵形或长椭圆形，长4～8mm，宽3～6mm，表面乳白色，光滑，偶有残存的黄褐色种皮；一端钝圆，另一端较宽而微凹，有1个淡棕色点状种脐；背面圆凸，腹面有1条较宽而深的纵沟；质坚实，断面白色、粉性。千粒重约69.0g。

【采集与储藏】花果期6～12月。秋季果实成熟时采收，采收后进行脱粒，除去杂质，及时晒干，并用碾米机除去外壳种皮，筛净再晒干，即可储藏。

【DNA提取与序列扩增】取单粒种子，按照中型种子DNA提取方法操作。ITS2序列的获得参照“9107　中药材DNA条形码分子鉴定法指导原则”标准流程操作。

【ITS2峰图与序列】ITS2峰图及其序列如下。

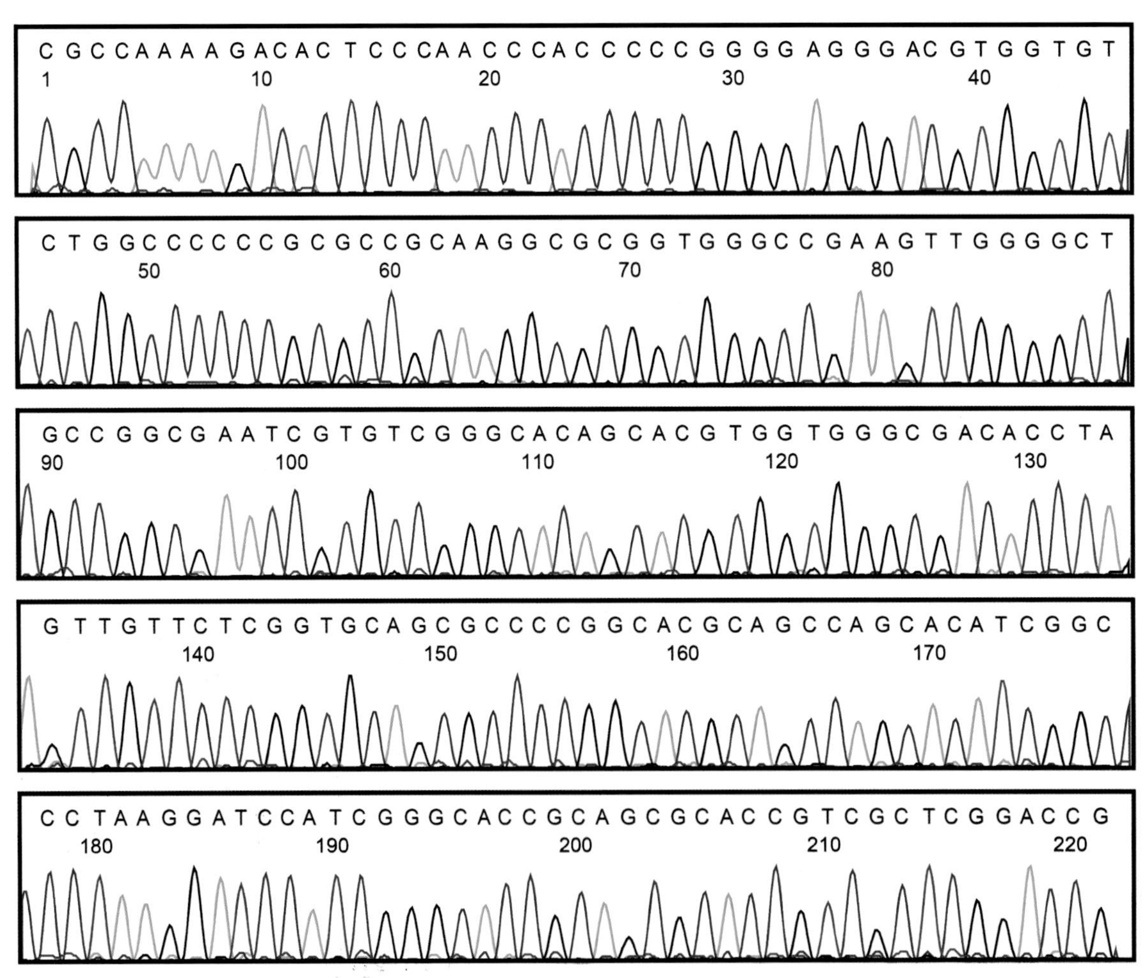

1　CGCCAAAAGA CACTCCCAAC CCACCCCCGG GGAGGGACGT GGTGTCTGGC CCCCCGCGCC GCAAGGCGCG GTGGGCCGAA

81　GTTGGGGCTG CCGGCGAATC GTGTCGGGCA CAGCACGTGG TGGGCGACAC CTAGTTGTTC TCGGTGCAGC GCCCCGGCAC

161 GCAGCCAGCA CATCGGCCCT AAGGATCCAT CGGGCACCGC AGCGCACCGT CGCTCGGACC G

206 薄荷

薄荷*Mentha haplocalyx* Briq.（FOC：*Mentha canadensis* L.），唇形科多年生草本，以地上部分入药。分布于南北各地。

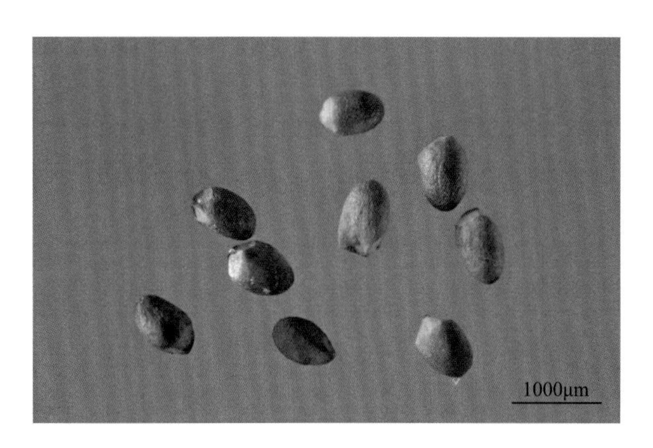

【种子形态】小坚果卵珠形，黄褐色，无毛或稍具瘤，顶端钝，有干而薄的外果皮，具小的基部合生面。种子极小，直径只有0.5～0.7mm，具小腺窝。胚直，具短而向下直伸的胚根。千粒重约0.1g。

【采集与储藏】花期7～9月，果期10月。在秋季开花期采集种子。种子成熟时可以将整个花序剪下，晾干后置于阴凉通风处储藏，避免受潮发霉。

【DNA提取与序列扩增】称取3～5mg种子，按照微型种子DNA提取方法操作。ITS2序列的获得参照“9107　中药材DNA条形码分子鉴定法指导原则”标准流程操作。

【ITS2峰图与序列】ITS2峰图及其序列如下。

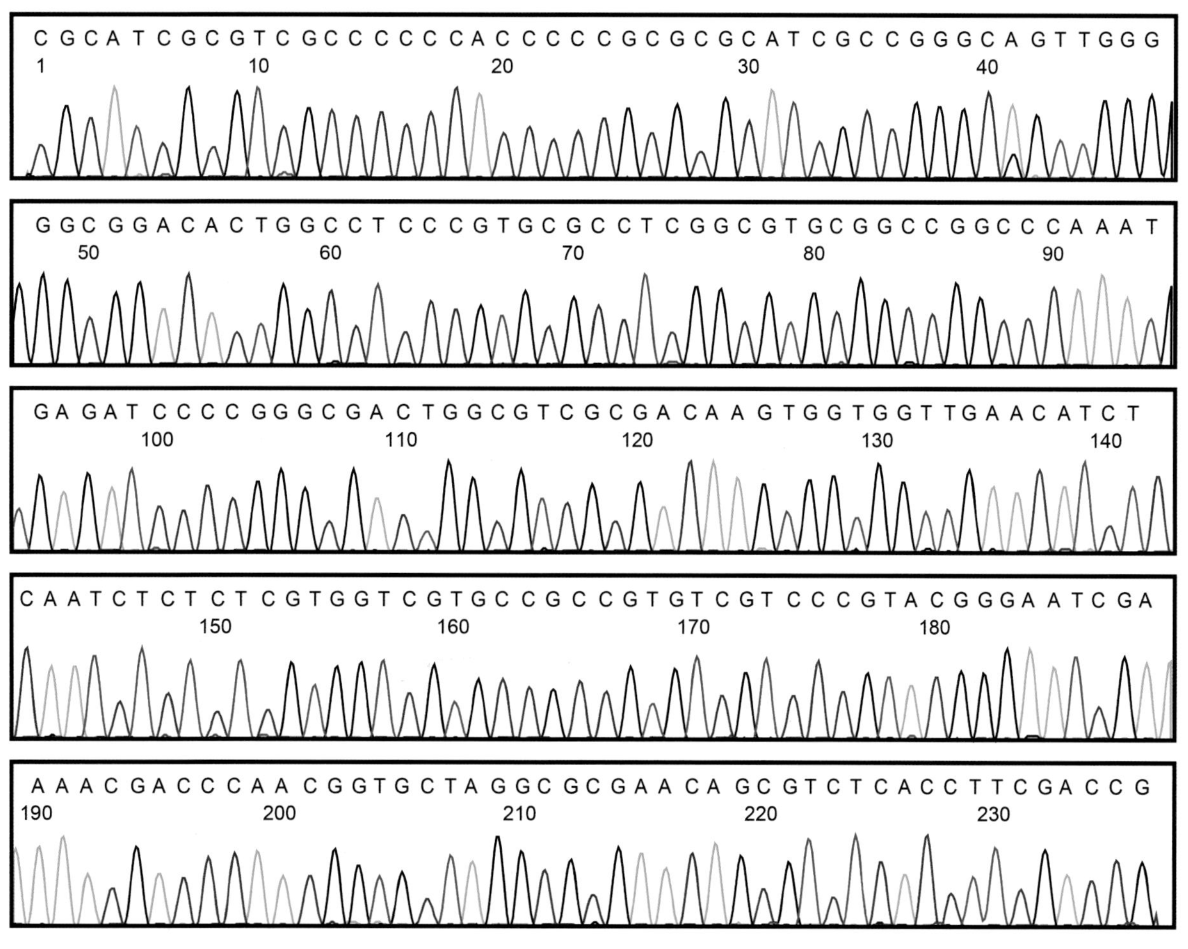

1 CGCATCGCGT CGCCCCCCAC CCCCGCGCGC ATCGCCGGGC AGTTGGGGGC GGACACTGGC CTCCCGTGCG CCTCGGCGTG
81 CGGCCGGCCC AAATGAGATC CCCGGGCGAC TGGCGTCGCG ACAAGTGGTG GTTGAACATC TCAATCTCTC TCGTGGTCGT
161 GCCGCCGTGT CGTCCCGTAC GGGAATCGAA AACGACCCAA CGGTGCTAGG CGCGAACAGC GTCTCACCTT CGACCG

207 橘

橘*Citrus reticulata* Blanco（FOC：柑橘），芸香科小乔木，以幼果、种子及果皮入药。主要分布于秦岭南坡以南、伏牛山南坡诸水系及大别山区南部，向东南至台湾，南至海南岛，西南至西藏东南部海拔较低地区。

【种子形态】种子多粒或少粒，稀无籽，通常卵形，顶部狭尖，基部浑圆；子叶深绿、淡绿或间有近乳白色；合点紫色；多胚，少有单胚。种皮平滑或有肋状棱，种子萌发时子叶不出土。千粒重约56.4g。

【采集与储藏】花期4～5月，果期10～12月。一般要求适当早采，通常果实成熟度达到八成左右即可采收，果面颜色转成本品种固有色彩的比例应大于2/3。

【DNA提取与序列扩增】取单粒种子，按照中型种子DNA提取方法操作。ITS2序列的获得参照"9107　中药材DNA条形码分子鉴定法指导原则"标准流程操作。直接测序困难时，可采用克隆方法获取序列。

【ITS2峰图与序列】ITS2峰图及其序列如下。

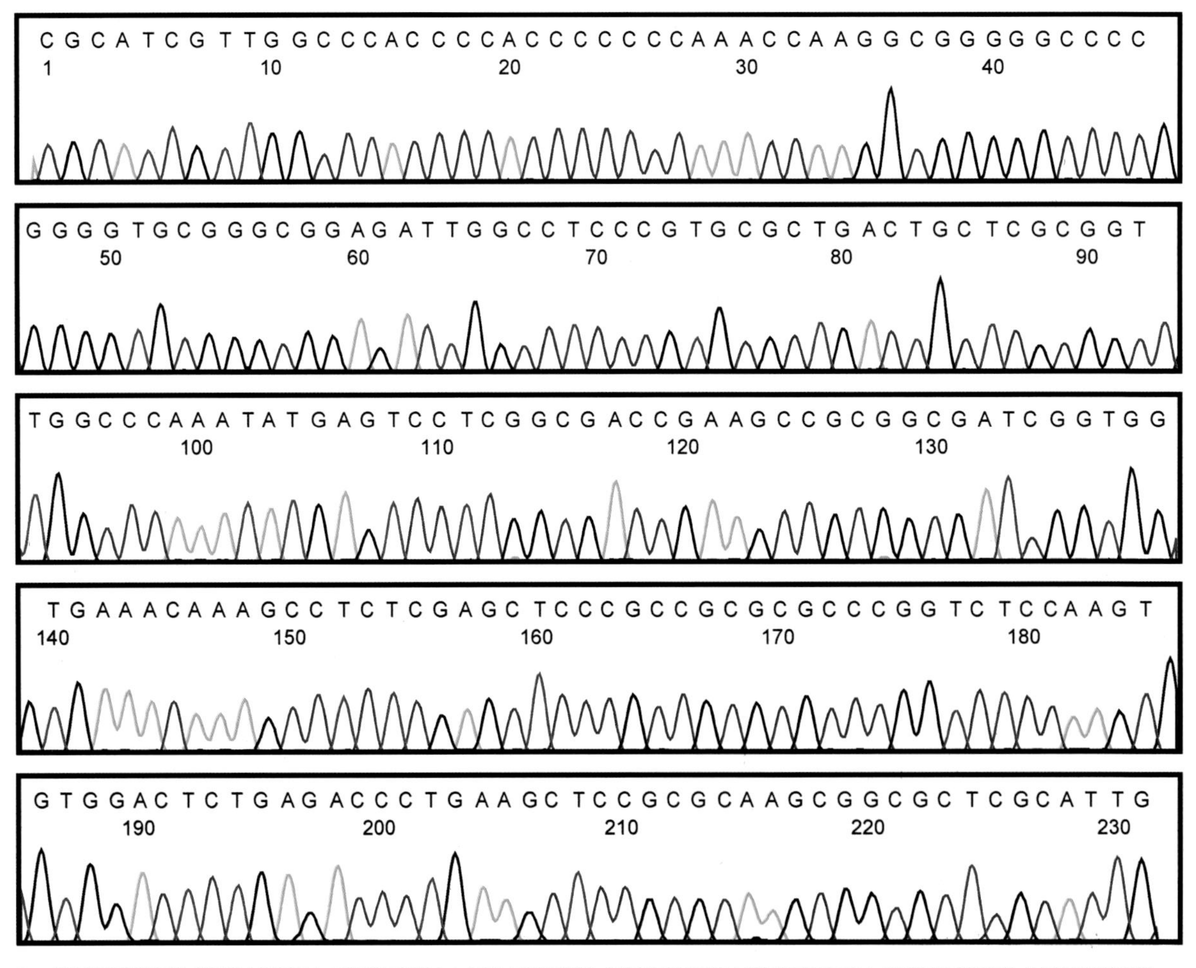

1　CGCATCGTTG GCCCACCCCA CCCCCCCAAA CCAAGGCGGG GGCCCCGGGG TGCGGGCGGA GATTGGCCTC CCGTGCGCTG
81　ACTGCTCGCG GTTGGCCCAA ATATGAGTCC TCGGCGACCG AAGCCGCGGC GATCGGTGGT GAAACAAAGC CTCTCGAGCT
161 CCCGCCGCGC GCCCGGTCTC CAAGTGTGGA CTCTGAGACC CTGAAGCTCC GCGCAAGCGG CGCTCGCATT G

208 藁本

藁本*Ligusticum sinense* Oliv.，伞形科多年生草本，以根和根茎入药。主要分布于湖北、四川、陕西、河南、湖南、江西、浙江等地区。

【种子形态】分生果幼嫩时宽卵形，两侧稍压扁，成熟时长圆状卵形，背腹压扁，长约4.0mm，宽2.0～2.5mm，背棱突起，侧棱略扩大呈翅状；背棱槽内油管1～3个，侧棱槽内油管3个，合生面油管4～6个；胚乳腹面平直。千粒重约1.6g。

【采集与储藏】花期8～9月，果期10月。在10月中下旬，藁本已停止生长，地上茎部分枯萎后采收，收获前先割去地上部分，用稻草捆起来晾晒，再将未采集的种子敲打下来，处理后储存。

【DNA提取与序列扩增】取多粒种子，按照小型种子DNA提取方法操作。ITS2序列的获得参照"9107　中药材DNA条形码分子鉴定法指导原则"标准流程操作。

【ITS2峰图与序列】ITS2峰图及其序列如下。

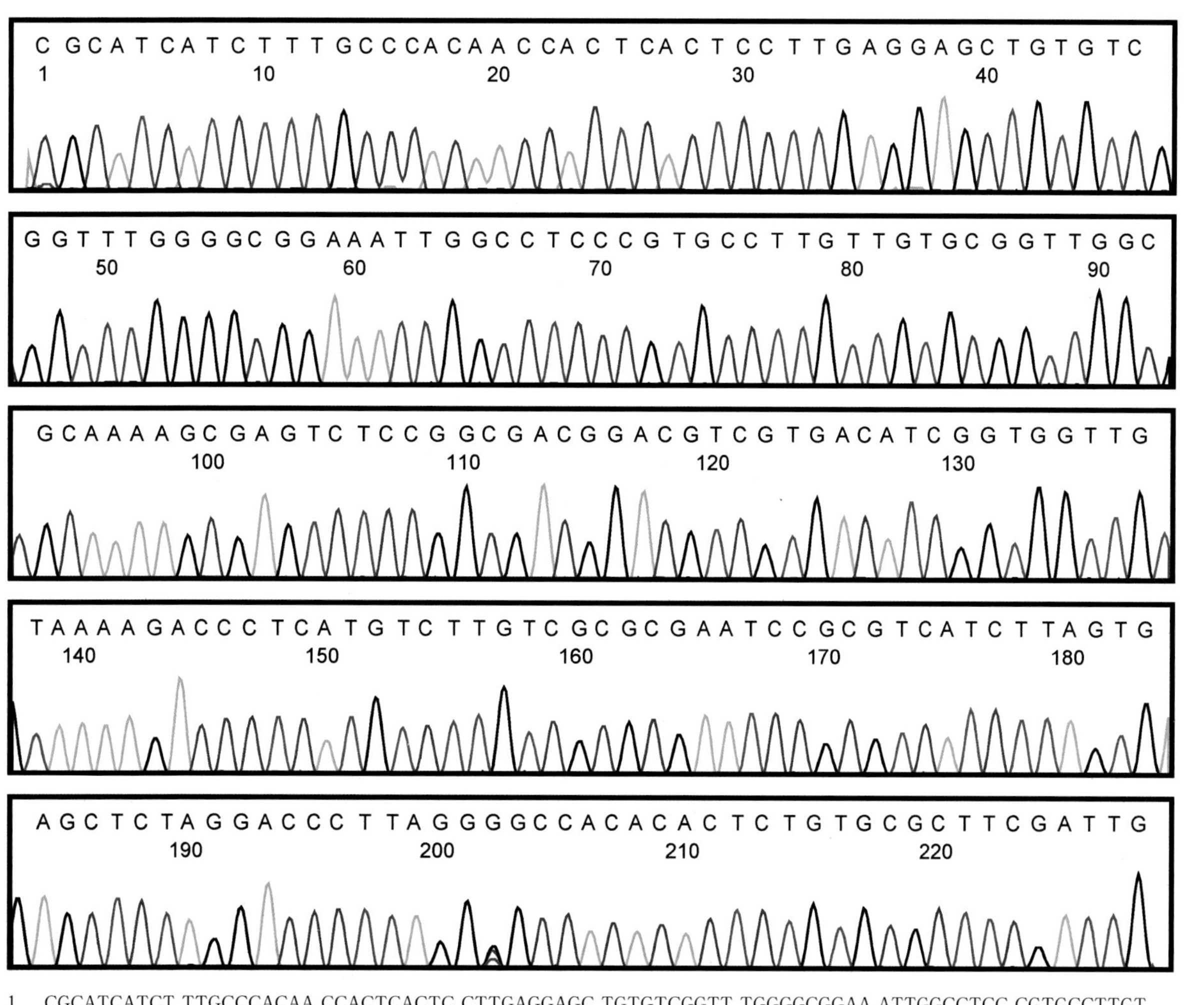

1　CGCATCATCT TTGCCCACAA CCACTCACTC CTTGAGGAGC TGTGTCGGTT TGGGGCGGAA ATTGGCCTCC CGTGCCTTGT
81　TGTGCGGTTG GCGCAAAAGC GAGTCTCCGG CGACGGACGT CGTGACATCG GTGGTTGTAA AAGACCCTCA TGTCTTGTCG
161 CGCGAATCCG CGTCATCTTA GTGAGCTCTA GGACCCTTAG GGGCCACACA CTCTGTGCGC TTCGATTG

209 瞿麦

瞿麦*Dianthus superbus* L.，石竹科多年生草本，以地上部分入药。主要分布于东北、华北、西北，以及山东、江苏、浙江、江西、河南、湖北、四川、贵州等地区。

【种子形态】蒴果圆柱形，先端5裂，位于宿存的萼筒中。种子多粒，倒卵形，常弯曲，长2.0～2.4mm，宽1.7～1.8mm，厚0.6～0.8mm，表面黑色至棕黑色，有的呈黑棕色，在体视显微镜下可见排列规则、稍微隆起的放射状短浅纹；顶端圆，基部具有小尖突，背面较平，腹面具1个倒卵形的平凹窝，中央有1条纵脊，中部有1个白色点状种脐。胚乳和胚均呈白色。千粒重约0.7g。

【采集与储藏】花期6～9月，果期8～10月。当蒴果黄白色枯干，种子为黑色时采收。

【DNA提取与序列扩增】称取3～5mg种子，按照微型种子DNA提取方法操作。或在适宜条件下萌发种子，取种芽进行DNA提取。ITS2序列的获得参照“9107　中药材DNA条形码分子鉴定法指导原则”标准流程操作。

【ITS2峰图与序列】ITS2峰图及其序列如下。

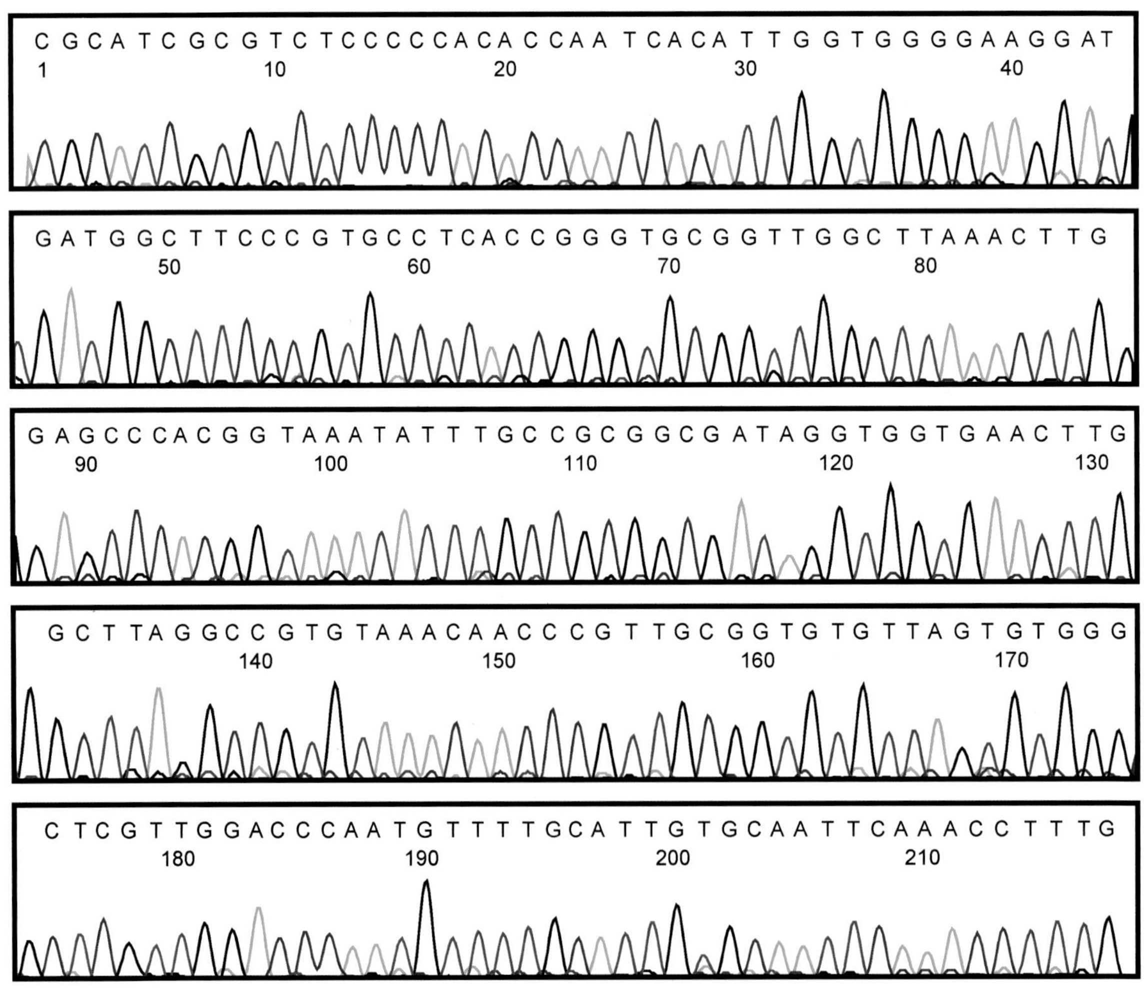

1　CGCATCGCGT CTCCCCCACA CCAATCACAT TGGTGGGGAA GGATGATGGC TTCCCGTGCC TCACCGGGTG CGGTTGGCTT
81　AAACTTGGAG CCCACGGTAA ATATTTGCCG CGGCGATAGG TGGTGAACTT GGCTTAGGCC GTGTAAACAA CCCGTTGCGG
161 TGTGTTAGTG TGGGCTCGTT GGACCCAATG TTTTGCATTG TGCAATTCAA ACCTTTG

210 藿香

藿香*Agastache rugosa* (Fisch. et Mey.) O. Ktze.，唇形科多年生草本，以全草入药。我国各地广泛分布。

【种子形态】小坚果三棱状，矩圆形或倒卵形，长1.6～2.1mm，宽0.9～1.1mm，表面暗褐色或棕褐色，顶端钝圆，在体视显微镜下观察具黄白色短毛，基部平截，具1个白色小圆突状果脐，背部略呈弓形隆起，两侧面平，腹棱平直，含种子1粒。种子椭圆形，表面污白色或淡棕红色，顶端钝圆，下端略尖，腹面具1条棕色线形种脊，合点位于种子近顶端，种脐位于种子近下端，种皮薄膜质。胚直生，白色，含油分；胚根短小；子叶2枚，肥厚，椭圆形。千粒重约0.3g。

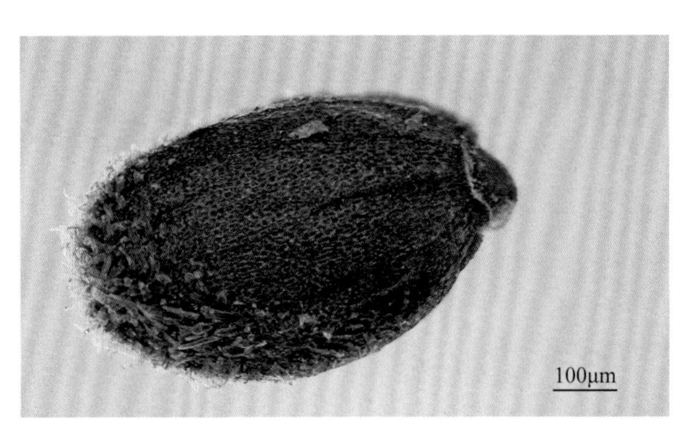

【采集与储藏】花期6～9月，果期9～11月。待种子呈暗褐色或棕褐色时采收。采用标准种子袋，装袋后悬挂在阴凉通风处保存即可。

【DNA提取与序列扩增】称取3～5mg种子，按照微型种子DNA提取方法操作。ITS2序列的获得参照“9107　中药材DNA条形码分子鉴定法指导原则”标准流程操作。

【ITS2峰图与序列】ITS2峰图及其序列如下。

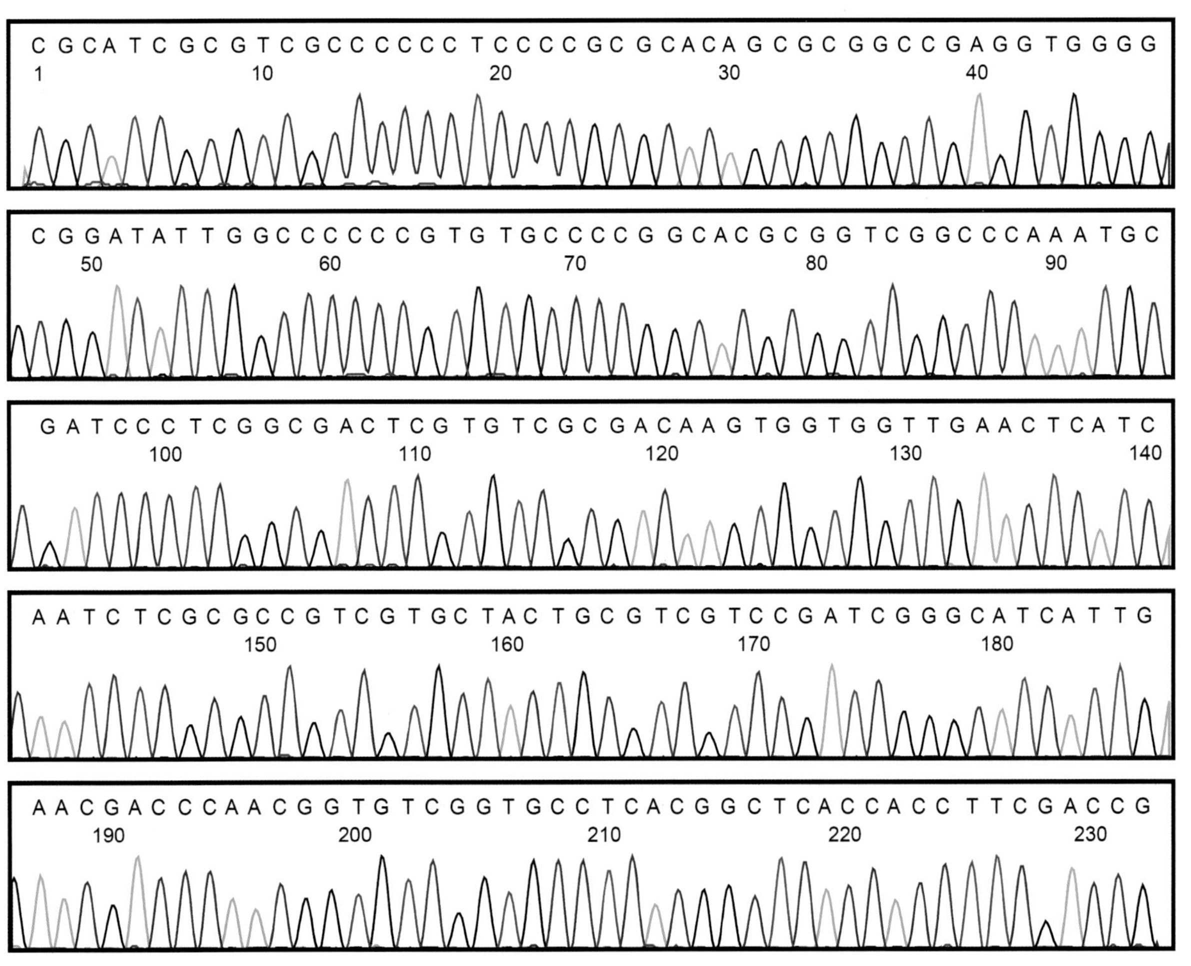

1　CGCATCGCGT CGCCCCCCTC CCCGCGCACA GCGCGGCCGA GGTGGGGCGG ATATTGGCCC CCCGTGTGCC CCGGCACGCG
81　GTCGGCCCAA ATGCGATCCC TCGGCGACTC GTGTCGCGAC AAGTGGTGGT TGAACTCATC AATCTCGCGC CGTCGTGCTA
161 CTGCGTCGTC CGATCGGGCA TCATTGAACG ACCCAACGGT GTCGGTGCCT CACGGCTCAC CACCTTCGAC CG

参 考 文 献

常青, 杨志平, 汪金小. 2016. 白木通种子贮藏研究. 农业与技术, 36(23): 21-22.

陈倩, 刘义梅, 刘震, 等. 2012. ITS2和*psbA-trnH*序列鉴别马鞭草科药用植物. 中国中药杂志, 37(8): 1107-1113.

陈士林. 2015. 中国药典中药材DNA条形码标准序列. 北京: 科学出版社.

陈士林, 姚辉, 韩建萍, 等. 2013. 中药材DNA条形码分子鉴定指导原则. 中国中药杂志, 38(2): 141-148.

陈随清, 王利丽. 2020. 中药鉴定学. 北京: 中国中医药出版社.

陈瑛. 1999. 实用中药种子技术手册. 北京: 人民卫生出版社.

成清琴, 王磊, 陈娟, 等. 2010. 丹参种子的超干贮藏研究. 中草药, 41(5): 825-829.

方海兰, 夏从龙, 段宝忠, 等. 2016. 基于DNA条形码的中药材种子种苗鉴定研究: 以重楼为例. 中药材, 39(5): 986-990.

方坚, 俞旭平, 徐秀瑛, 等. 1992. 超低温贮藏对半夏种子寿命的影响. 现代应用药学, 9(1): 8-10.

郭巧生, 等. 2008. 中国药用植物种子原色图鉴. 北京: 中国农业出版社.

郭世阳, 任学军, 张志雯, 等. 2019. 6个品种谷子种子形态比较和种皮微结构的扫描电镜观察. 种子, 38(6): 107-110.

国家药典委员会. 2020. 中华人民共和国药典: 一部. 2020年版. 北京: 中国医药科技出版社.

国家药典委员会. 2020. 中华人民共和国药典: 四部. 2020年版. 北京: 中国医药科技出版社.

韩建萍, 宋经元, 刘昶, 等. 2010. 基于叶绿体*psbA-trnH*基因间区序列鉴定肉苁蓉属植物（英文）. 药学学报, 45(1): 126-130.

胡晋. 2010. 种子贮藏加工学. 2版. 北京: 中国农业大学出版社.

胡晋, 关亚静. 2022. 种子生物学. 2版. 北京: 高等教育出版社.

胡晋, 关亚静. 2023. 种子检验学. 2版. 北京: 科学出版社.

黄远洁, 李卫东, 孟春梅, 等. 2017. 胖大海三种扫描电镜制样方法的观察比较. 电子显微学报, 36(1): 76-79.

姜云天, 张家兴, 王铭宇, 等. 2022. 外源水杨酸对长白山区月见草种子萌发的影响. 园艺与种苗, 42(11): 1-3, 21.

李隆云, 彭锐, 李红莉, 等. 2010. 中药材种子种苗的发展策略. 中国中药杂志, 35(2): 247-252.

李文义, 唐想芳, 王春瑶. 2023. 黄芪规范化优质高效栽培技术. 农业技术与装备, (3): 182-184.

李英杰, 段广德, 胡晓龙, 等. 2020. 高压电晕电场对金莲花种子萌发特性的影响. 内蒙古林业科技, 46(4): 16-19.

刘金欣, 潘敏, 张改霞, 等. 2016. 基于ITS2序列的中药材桔梗种子DNA条形码鉴定. 世界科学技术—中医药现代化, 18(2): 174-178.

刘金欣, 魏妙洁, 李耿, 等. 2018. 黄芩ITS2条形码数据库构建及其种子的DNA条形码鉴定方法建立. 中国实验方剂学杂志, 24(9): 37-45.

陆姣云, 田宏, 张鹤山, 等. 2023. H_2O_2浸种对盐胁迫下紫花苜蓿种子萌发和幼苗生长的影响. 草业学报, 32(10): 141-152.

罗焜, 陈士林, 陈科力, 等. 2010. 基于芸香科的植物通用DNA条形码研究. 中国科学: 生命科学, 40(4): 342-358.

罗焜, 马培, 姚辉, 等. 2012. 多基原药材秦艽ITS2条形码鉴定研究. 药学学报, 47(12): 1710-1717.

马秋贺, 马玉贺, 刘悦, 等. 2024. 道地药材天麻DNA真伪鉴定试剂盒的研制与评价. 中国现代应用药学, 41(9): 1198-1203.

庞晓慧, 宋经元, 徐海滨, 等. 2012. 应用ITS2条形码鉴定中药材麻黄. 中国中药杂志, 37(8): 1118-1121.

沈奇, 杨森, 徐静, 等. 2018. 种衣剂对紫苏发芽率及产量品质性状的影响. 中国农学通报, 34(28): 21-25.

石林春, 刘金欣, 魏妙洁, 等. 2018a. 基于DNA metabarcoding技术的如意金黄散处方成分鉴定研究. 中国科学: 生命科学, 48(4): 490-497.

石林春, 金钺, 赵春颖, 等. 2018b. 基于DNA条形码技术的知母种子基原鉴定. 中国实验方剂学杂志, 24(12): 21-27.

史锋厚, 李晓军, 刘传志, 等. 2012. 超声波处理对油松种子萌发初期物质代谢的影响. 种子, 31(7): 83-85.

孙长君, 龙雪雁, 程志号, 等. 2023. 不同前处理对高温储存毛酸浆陈种子萌发的影响. 热带农业科学, 43(5): 16-19.

孙群, 胡晋, 孙庆泉. 2008. 种子加工与贮藏. 北京: 高等教育出版社.

孙稚颖, 陈士林, 姚辉, 等. 2012. 基于ITS2序列的羌活及其混伪品的DNA条形码鉴定. 中草药, 43(3): 568-571.

孙稚颖, 宋经元, 姚辉, 等. 2011. 基于ITS2条形码的中药材赤芍及其易混伪品的DNA分子鉴定. 世界科学技术—中医药现代化, 13(2): 407-411.

陶萌春, 廖柏林, 罗盛金. 2014. 朱砂根播种育苗技术规程. 种子, 33(10): 126-128.

涂媛, 熊超, 师玉华, 等. 2014. 细小种子类毒性药材天仙子的DNA条形码鉴定. 世界科学技术—中医药现代化, 16(11): 2337-2342.

王国强. 2014. 全国中草药汇编（卷三）. 3版. 北京: 人民卫生出版社.

王金鹏, 李旻, 赵磊, 等. 2012. 中药材种子质量与检验的研究进展. 贵州农业科学, 40(10): 160-164.

王全喜, 张小平. 2021. 植物学. 2版. 北京: 科学出版社.

韦思梅. 2019. 安龙县薏苡黑穗病发生规律与防治研究. 贵阳: 贵州大学硕士学位论文.

肖培根, 陈士林, 张本刚, 等. 2010. 中国药用植物种质资源迁地保护与利用. 中国现代中药, 12(6): 3-6.

辛天怡, 娄千, 郝利军, 等. 2021. 市售中药饮片DNA条形码鉴定研究. 药学学报, 56(3): 879-889.

辛天怡, 姚辉, 罗焜, 等. 2012. 羌活药材ITS/ITS2条形码鉴定及其稳定性与准确性研究. 药学学报, 47(8): 1098-1105.

徐志强. 2018. 药用牡丹高产栽培技术. 江西农业, (24): 20, 32.

姚天月, 杜家会, 杨勇, 等. 2019. 薏苡黑穗病的发生特点及防治措施. 农技服务, 36(8): 65-66.

姚霞, 曹海禄. 2021. 中药材种子种苗标准现状及分析. 中国中药杂志, 46(3): 745-756.

冶建明, 宫子惠, 贾晓丽, 等. 2018. 超干处理对文冠果种子萌发特性的影响. 北方园艺, (24): 84-90.

袁梦博, 毋焕桧, 王军港, 等. 2023. 君迁子种子快速发芽方法的研究. 现代园艺, 46(3): 3-5.

张长征. 2013. 皂荚栽培技术及应用. 现代农村科技, (18): 55.

张改霞, 金钺, 贾静, 等. 2016a. 中药材北沙参种子DNA条形码鉴定研究. 世界科学技术—中医药现代化, 18(2): 179-183.

张改霞, 金钺, 贾静, 等. 2016b. 药用植物羌活种子DNA条形码鉴定研究. 中国中药杂志, 41(3): 390-395.

张浩, 孔祥富, 李鹏飞, 等. 2015. 甘草种衣剂对甘草某些生理指标的影响. 人参研究, 27(4): 31-34.

张尚智, 张建军, 刘玲玲. 2019. 我国中药材种子种苗标准发布状况及分析. 畜牧兽医杂志, 38(1): 49-54.

赵晴, 谢红波, 赵红玲, 等. 2019. 中药材种子DNA条形码鉴定研究进展. 中草药, 50(14): 3471-3476.

赵莎, 辛天怡, 侯典云, 等. 2013. 党参药材及其混伪品的ITS/ITS2条形码鉴定研究. 世界科学技术—中医药现代化, 15(3): 421-428.

赵文吉, 李敏, 黄博, 等. 2012. 中药材种子种苗市场现状及对策探讨. 中国现代中药, 14(3): 5-8.

中国科学院中国植物志编辑委员会. 1987. 中国植物志. 北京: 科学出版社.

中国医学科学院药用植物资源开发研究所. 1991. 中国药用植物栽培学. 北京: 农业出版社.

周建国, 马双姣, 黄玉龙, 等. 2016. 种子类药材补骨脂及其混伪品的ITS2条形码序列鉴定. 世界中医药, 11(5): 786-790.

朱艳霞, 陈东亮, 黄燕芬. 2021. 壮瑶药野甘草种子萌发特性研究. 中国农学通报, 37(10): 72-76.

朱英杰, 陈士林, 姚辉, 等. 2010. 重楼属药用植物DNA条形码鉴定研究. 药学学报, 45(3): 376-382.

Breman E, Ballesteros D, Castillo-Lorenzo E, et al. 2021. Plant diversity conservation challenges and prospects: the perspective of botanic gardens and the Millennium Seed Bank. Plants, 10(11): 2371.

Chase MW, Cowan RS, Hollingsworth PM, et al. 2007. A proposal for a standardised protocol to barcode all land plants. Taxon, 56(2): 295-299.

Chen SL, Pang XH, Song JY, et al. 2014. A renaissance in herbal medicine identification: from morphology to DNA. Biotechnol Adv, 32(7): 1237-1244.

Chen SL, Yao H, Han JP, et al. 2010. Validation of the ITS2 region as a novel DNA barcode for identifying medicinal plant species. PLOS ONE, 5(1): e8613.

Coissac E, Riaz T, Puillandre N. 2012. Bioinformatic challenges for DNA metabarcoding of plants and animals. Mol Ecol, 21(8): 1834-1847.

Ellis RH, Hong TD, Roberts EH. 1991. An intermediate category of seed storage behaviour? Ⅱ: effects of provenance, immaturity, and imbibition on desiccation-tolerance in coffee. J Exp Bot, 42(5): 653-657.

Gao T, Yao H, Song JY, et al. 2010a. Identification of medicinal plants in the family Fabaceae using a potential DNA barcode ITS2. J Ethnopharmacol, 130(1): 116-121.

Gao T, Yao H, Song JY, et al. 2010b. Evaluating the feasibility of using candidate DNA barcodes in discriminating species of the large Asteraceae family. BMC Evol Biol, 10: 324.

Hajibabaei M, Janzen DH, Burns JM, et al. 2006. DNA barcodes distinguish species of tropical Lepidoptera. Proc Natl Acad Sci USA, 103(4): 968-971.

Hebert PDN, Cywinska A, Ball SL, et al. 2003. Biological identifications through DNA barcodes. Proc R Soc Lond B, 270(1512): 313-321.

Hebert PDN, Stoeckle MY, Zemlak TS, et al. 2004. Identification of Birds through DNA Barcodes. PLOS Biol, 2(10): e312.

Hou DY, Song JY, Yao H, et al. 2013. Molecular identification of Corni Fructus and its adulterants by ITS/ITS2 sequences. Chinese Journal of Natural Medicines, 11(2): 121-127.

Janzen DH, Hajibabaei M, Burns JM, et al. 2005. Wedding biodiversity inventory of a large and complex Lepidoptera fauna with DNA barcoding. Philos Trans R Soc Lond B Biol Sci, 360(1462): 1835-1845.

Jia J, Xu ZC, Xin TY, et al. 2017. Quality control of the traditional patent medicine Yimu Wan based on SMRT sequencing and DNA barcoding. Front Plant Sci, 8: 926.

Kress WJ, Erickson DL, Shiu SH. 2007. A two-locus global DNA barcode for land plants: the coding *rbcL* gene complements the non-coding *trnH-psbA* spacer region. PLOS ONE, 2(6): e508.

Lahaye R, Van der Bank M, Bogarin D, et al. 2008. DNA barcoding the floras of biodiversity hotspots. Proc Natl Acad Sci USA, 105(8): 2923-2928.

Liu JX, Mu WS, Shi MM, et al. 2021a. The species identification in traditional herbal patent medicine, Wuhu San, based on shotgun metabarcoding. Front Pharmacol, 12: 607200.

Liu JX, Shi MM, Zhao Q, et al. 2021b. Precise species detection in traditional herbal patent medicine, Qingguo Wan, using shotgun metabarcoding. Front Pharmacol, 12: 607210.

Liu U, Breman E, Cossu TA, et al. 2018. The conservation value of germplasm stored at the millennium seed bank, royal botanic gardens, Kew, UK. Biol Conserv, 27(6): 1347-1386.

Ma XY, Xie CX, Liu C, et al. 2010. Species identification of medicinal pteridophytes by a DNA barcode marker, the chloroplast *psbA-trnH* intergenic region. Biol Pharm Bull, 33(11): 1919-1924.

Miller SE. 2007. DNA barcoding and the renaissance of taxonomy. Proc Natl Acad Sci USA, 104(12): 4775-4776.

Pang XH, Song JY, Zhu YJ, et al. 2010. Using DNA barcoding to identify species within Euphorbiaceae. Planta Med, 76(15): 1784-1786.

Roberts EH. 1972. Storage Environment and the Control of Viability. Syracuse: Chapman and Hall Ltd.: 14-58.

Sun ZY, Gao T, Yao H, et al. 2011. Identification of *Lonicera japonica* and its related species using the DNA barcoding method. Planta Med, 77(3): 301-306.

Vences M, Thomas M, Bonett RM, et al. 2005. Deciphering amphibian diversity through DNA barcoding: chances and challenges. Philos Trans R Soc Lond B Biol Sci, 360(1462): 1859-1868.

Ward RD, Zemlak TS, Innes BH, et al. 2005. DNA barcoding Australia's fish species. Philos Trans R Soc Lond B Biol Sci, 360(1462): 1847-1857.

White FJ, Ensslin A, Godefroid S, et al. 2023. Using stored seeds for plant translocation: the seed bank perspective. Biol Conserv, 281: 109991.

Xie HB, Zhao Q, Shi MM, et al. 2021. Biological ingredient analysis of traditional herbal patent medicine Fuke Desheng Wan using the shotgun metabarcoding approach. Front Pharmacol, 12: 607197.

Xin TY, Li XJ, Yao H, et al. 2015. Survey of commercial *Rhodiola* products revealed species diversity and potential safety issues. Sci Rep, 5: 8337.

Xin TY, Su C, Lin YL, et al. 2018a. Precise species detection of traditional Chinese patent medicine by shotgun metagenomic sequencing. Phytomedicine, 47: 40-47.

Xin TY, Xu ZC, Jia J, et al. 2018b. Biomonitoring for traditional herbal medicinal products using DNA metabarcoding and single molecule, real-time sequencing. Acta Pharm Sin B, 8(3): 488-497.

Zuo YJ, Chen ZJ, Kondo K, et al. 2011. DNA barcoding of *Panax* species. Planta Med, 77(2): 182-187.

中文名索引

B

八角茴香　56
巴豆　91
巴戟天　92
白芥　103
白蜡树　105
白木通　100
白头翁　102
白鲜　106
白英　104
白术　101
百合　119
半枝莲　107
暴马丁香　255
北乌头　99
萹蓄　228
扁豆　191
扁茎黄芪　192
播娘蒿　252
薄荷　259
补骨脂　151

C

苍耳　138
草珊瑚　175
侧柏　167
柴胡　199
朝鲜苍术　229
柽柳　185
赤小豆　135
川党参　71
川楝　72
川牛膝　70
垂序商陆　165
刺果甘草　159
刺五加　158
粗茎秦艽　224

D

大豆　64
大花红景天　63
大麻　65
大麦　62
大三叶升麻　61
丹参　88
当归　120
党参　200
刀豆　58
稻　256
地丁草　110
地肤　111
地锦　113
地榆　112
杜虹花　141
杜仲　140
多序岩黄芪　125

E

鹅不食草　237

F

防风　130
飞扬草　75
凤仙花　89

G

甘草　93
橄榄　254
杠板归　142
杠柳　143
藁本　261
枸骨　184
构树　157
关苍术　127
广金钱草　74
广州相思子　73

H

黑果枸杞　236
红花　131
红蓼　132
胡椒　178
胡芦巴　177
虎掌　162
虎杖　161
花椒　136
华东覆盆子　124
华中五味子　123
槐　241
黄檗　215
黄荆　213
黄连　212
黄芩　211
黄蜀葵　214
茴香　176
藿香　263

J

鸡冠花　153
蒺藜　238
桔梗　196

荠　137
金莲花　169
金荞麦　168
金樱子　170
荆芥　173
九里香　57
韭菜　187
菊苣　217
橘　260
决明　126

K

咖啡黄葵　163
榼藤子　245
苦参　154
宽叶羌活　208

L

辣椒　250
荔枝　179
连翘　144
莲　195
龙眼　97
路边青　242
轮叶沙参　160
绿豆　226

M

马鞭草　77
马齿苋　76
麦蓝菜　133
曼陀罗　219
蔓荆　244
毛钩藤　86
茅苍术　156
蒙古黄芪　240
密花豆　225
棉团铁线莲　230
膜荚黄芪　249
牡丹　146
牡荆　147
木蝴蝶　81
木棉　80
木通　79

N

南酸枣　180
宁夏枸杞　108
牛蒡　84
牛膝　85

P

胖大海　189
平车前　98
破布叶　198
蒲公英　239

Q

七叶树　54
漆树　251
祁州漏芦　128
茜草　174
羌活　149
秦艽　193
苘麻　155
瞿麦　262
拳参　205

R

人参　55
忍冬　152
肉桂　121

S

三七　59
桑　209
沙棘　150
山里红　66
山桃　68
山楂　69
山茱萸　67
珊瑚菜　172
芍药　114
蛇床　220
石榴　96
石香薷　95
石竹　94
使君子　166
蜀葵　243
薯蓣　257
丝瓜　109
菘蓝　210
苏木　139
素花党参　194
粟　231
酸橙　248
酸浆　247
酸枣　246

T

天麻　78
甜瓜　223
铁皮石斛　201
土木香　60
菟丝子　216

W

文冠果　90
吴茱萸　145
五味子　82

X

西伯利亚杏　117
西瓜　116
西洋参　118
狭叶柴胡　190
夏枯草　197

香椿　188
徐长卿　203

Y

鸦胆子　186
亚麻　115
阳春砂　129
野老鹳草　218
射干　202
益母草　206
益智　207
薏米　258
银柴胡　222
银杏　221
远志　134
越南槐　227

Z

皂荚　148
泽泻　171
樟　253
爪哇白豆蔻　87
知母　164
栀子　183
脂麻　204
枳　181
枳椇　182
中华青牛胆　83
朱砂根　122
紫草　234
紫茉莉　233
紫苏　232
紫薇　235

拉丁名索引

A

Abelmoschus esculentus 163
Abelmoschus manihot 214
Abrus cantoniensis 73
Abutilon theophrasti 155
Acanthopanax senticosus 158
Achyranthes bidentata 85
Aconitum kusnezoffii 99
Adenophora tetraphylla 160
Aesculus chinensis 54
Agastache rugosa 263
Akebia quinata 79
Akebia trifoliata 100
Alcea rosea 243
Alisma plantago-aquatica 171
Allium tuberosum 187
Alpinia oxyphylla 207
Amomum compactum 87
Amomum villosum 129
Anemarrhena asphodeloides 164
Angelica sinensis 120
Arctium lappa 84
Ardisia crenata 122
Astragalus complanatus 192
Astragalus membranaceus 249
Astragalus membranaceus var. *mongholicus* 240
Atractylodes japonica 127
Atractylodes koreana 229
Atractylodes lancea 156
Atractylodes macrocephala 101

B

Belamcanda chinensis 202
Brassica juncea 137
Broussonetia papyrifera 157
Brucea javanica 186
Bupleurum scorzonerifolium 190
Bupleurum chinense 199

C

Caesalpinia sappan 139
Callicarpa formosana 141
Canarium album 254
Canavalia gladiata 58
Cannabis sativa 65
Capsicum annuum 250
Carthamus tinctorius 131
Cassia tora 126
Celosia cristata 153
Centipeda minima 237
Choerospondias axillaris 180
Cichorium intybus 217
Cimicifuga heracleifolia 61
Cinnamomum camphora 253
Cinnamomum cassia 121
Citrullus lanatus 116
Citrus aurantium 248
Citrus reticulata 260
Citrus trifoliata 181
Clematis hexapetala 230
Cnidium monnieri 220
Codonopsis pilosula 194, 200
Codonopsis tangshen 71
Coix lacryma-jobi var. *ma-yuen* 258
Coptis chinensis 212
Cornus officinalis 67
Corydalis bungeana 110

Crataegus pinnatifida var. *major* 66
Crataegus pinnatifida 69
Croton tiglium 91
Cucumis melo 223
Cuscuta chinensis 216
Cyathula officinalis 70
Cynanchum paniculatum 203

D

Datura stramonium 219
Dendrobium officinale 201
Descurainia sophia 252
Desmodium styracifolium 74
Dianthus chinensis 94
Dianthus superbus 262
Dictamnus dasycarpus 106
Dimocarpus longan 97
Dioscorea opposita 257
Dolichos lablab 191

E

Entada phaseoloides 245
Eucommia ulmoides 140
Euodia rutaecarpa 145
Euphorbia hirta 75
Euphorbia humifusa 113

F

Fagopyrum dibotrys 168
Foeniculum vulgare 176
Forsythia suspensa 144
Fraxinus chinensis 105

G

Gardenia jasminoides 183
Gastrodia elata 78
Gentiana crassicaulis 224
Gentiana macrophylla 193
Geranium carolinianum 218
Geum aleppicum 242
Ginkgo biloba 221
Gleditsia sinensis 148
Glehnia littoralis 172
Glycine max 64
Glycyrrhiza pallidiflora 159
Glycyrrhiza uralensis 93
Gossampinus malabarica 80

H

Hedysarum polybotrys 125
Hippophae rhamnoides 150
Hordeum vulgare 62
Hovenia acerba 182

I

Ilex cornuta 184
Illicium verum 56
Impatiens balsamina 89
Inula helenium 60
Isatis indigotica 210

K

Kochia scoparia 111

L

Lagerstroemia indica 235
Leonurus japonicus 206
Ligusticum sinense 261
Lilium brownii var. *viridulum* 119
Linum usitatissimum 115
Litchi chinensis 179
Lithospermum erythrorhizon 234
Lonicera japonica 152
Luffa cylindrica 109
Lycium barbarum 108
Lycium ruthenicum 236

M

Melia toosendan 72
Mentha haplocalyx 259

Microcos paniculata 198
Mirabilis jalapa 233
Morinda officinalis 92
Morus alba 209
Mosla chinensis 95
Murraya exotica 57

N

Nelumbo nucifera 195
Notopterygium franchetii 208
Notopterygium incisum 149

O

Oroxylum indicum 81
Oryza sativa 256

P

Paeonia lactiflora 114
Paeonia suffruticosa 146
Panax ginseng 55
Panax notoginseng 59
Panax quinquefolium 118
Perilla frutescens 232
Periploca sepium 143
Phellodendron amurense 215
Physalis alkekengi var. *franchetii* 247
Phytolacca americana 165
Pinellia pedatisecta 162
Piper nigrum 178
Plantago depressa 98
Platycladus orientalis 167
Platycodon grandiflorus 196
Polygala tenuifolia 134
Polygonum aviculare 228
Polygonum bistorta 205
Polygonum cuspidatum 161
Polygonum orientale 132
Polygonum perfoliatum 142
Portulaca oleracea 76
Prunella vulgaris 197
Prunus davidiana 68
Prunus sibirica 117
Psoralea corylifolia 151
Pulsatilla chinensis 102
Punica granatum 96

Q

Quisqualis indica 166

R

Rhaponticum uniflorum 128
Rhodiola crenulata 63
Rosa laevigata 170
Rubia cordifolia 174
Rubus chingii 124

S

Salvia miltiorrhiza 88
Sanguisorba officinalis 112
Saposhnikovia divaricata 130
Sarcandra glabra 175
Schisandra chinensis 82
Schisandra sphenanthera 123
Schizonepeta tenuifolia 173
Scutellaria baicalensis 211
Scutellaria barbata 107
Sesamum indicum 204
Setaria italica 231
Sinapis alba 103
Solanum lyratum 104
Sophora flavescens 154
Sophora tonkinensis 227
Sophora japonica 241
Spatholobus suberectus 225
Stellaria dichotoma var. *lanceolata* 222
Sterculia lychnophora 189
Syringa reticulata var. *mandshurica* 255

T

Tamarix chinensis 185

Taraxacum mongolicum 239

Tinospora sinensis 83

Toona sinensis 188

Toxicodendron vernicifluum 251

Tribulus terrestris 238

Trigonella foenum-graecum 177

Trollius chinensis 169

U

Uncaria hirsuta 86

V

Vaccaria segetalis 133

Verbena officinalis 77

Vigna radiata 226

Vigna umbellata 135

Vitex negundo 213

Vitex negundo var. *cannabifolia* 147

Vitex trifolia 244

X

Xanthium sibiricum 138

Xanthoceras sorbifolium 90

Z

Zanthoxylum bungeanum 136

Ziziphus jujuba var. *spinosa* 246